Louis Jacolliot

Les Animaux sauvages

Paris, [1884]

LES

# ANIMAUX SAUVAGES

SCEAUX. — IMPRIMERIE CHARAIRE ET FILS

FRONTISPICE

Le Gorille attaque et tue le Lion.

# LES ANIMAUX SAUVAGES

PAR

Louis Jacolliot

ILLUSTRATIONS

DE

A. LANÇON

PARIS

LIBRAIRIE ILLUSTRÉE
7, RUE DU CROISSANT

MARPON & FLAMMARION
RUE RACINE, 26

LES

# ANIMAUX SAUVAGES

RÉCITS

D'HISTOIRE NATURELLE, DE CHASSES ET DE VOYAGES



## LES SINGES

### FAMILLE DES ANTHROPOIDES

### LE GORILLE

On a fait de si savants ouvrages d'histoire naturelle et de zoologie, tant de grands esprits ont éclairé de vives lueurs la physiologie des êtres animés qui vivent au-dessous de nous, et qui, comme l'homme, jouent leur rôle dans cet immense mouvement de la vie universelle qui entraîne tous les êtres vers un but inconnu... que je n'ai pas la pensée de fouiller plus avant l'organisme à l'aide du scalpel, ni d'enrichir la biologie d'un travail nouveau. Mais on permettra bien à un voyageur d'écrire l'histoire des animaux sauvages, tels qu'il les a vus chez eux ; c'est-à-dire dans les forêts, les jungles, les marécages, les déserts, et les lacs qu'ils habitent.

C'est là que j'irai surprendre le secret de leurs mœurs, de leurs habitudes, de leurs instincts féroces ou paisibles, et si je commence par le gorille c'est qu'il vient immédiatement après l'homme dans la classe des mammifères, l'ordre des *primates*, famille des anthropoïdes..

L'ordre des primates comprend en effet :

1° Le genre humain.

2° La famille des anthropoïdes.

3° Les cynocéphales.

4° Les macaques.

5° Les pithéciens.

6° Les abiens ou singes d'Amérique.

7° Les lemuriens ou faux singes.

La famille des anthropoïdes dont je vais m'occuper tout d'abord, se compose :

1° Du gorille. — Gorilla.

2° Du chimpanzé. — Troglodytes.

3° De l'orang-outang. — Simia-satyrus.

4° Des gibbons. — Hylobates.

Dans cette étude sur les singes, je me propose de donner à la famille des anthropoïdes et surtout au gorille, une place plus importante qu'aux autres genres du même *ordre*, dirigé en cela que je suis par de décisives raisons anatomiques et physiologiques.

Les anthropoïdes, du grec ανθροπος homme, comme leur nom l'indique, se rapprochent beaucoup plus de la forme humaine que leurs congenères des autres familles, et le gorille est plus voisin de l'homme par son organisation, qu'il ne l'est du chimpanzé et des autres individus les plus parfaits de son propre groupe.

La taille du gorille varie entre 1m70 et 1m90; ses ongles sont plats; sa face est dépourvue de poils, excepté sur la lèvre supérieure et au menton. Au sommet et à l'arrière de la tête, le poil s'allonge par touffes, ainsi qu'un commencement de chevelure. Son encéphale pèse de 500 à 570 grammes; sa poitrine et ses épaules sont au moins, comme développement, le double de celles de l'homme.

Il ne possède pas de queue, et n'a aucune callosité aux parties charnues du derrière. Sa colonne vertébrale est organisée de façon qu'il peut se tenir droit comme l'homme, s'aider de ses mains pour marcher comme les autres singes, et grimper aux arbres avec l'agilité d'un felidé.

Son nez est long, élevé à la racine, et déprimé près du bout; ses canines dépassent les incisives en longueur, et ses dents sont en rangées continues et en même nombre que chez l'homme. Il est frugivore et, chose bien extraordinaire, sa femelle possède un *retour périodique mensuel*, et elle accouche d'un seul petit, qui ne peut se tenir sur ses jambes et marcher qu'au bout de neuf à dix mois d'allaitement. Il se construit enfin une sorte de cabane avec des tiges de bambous et des branches d'arbre.

Parmi les analogies les plus frappantes du gorille avec l'homme, l'une des plus singulières est la longueur de l'humérus ou bras, qui est supérieure à celle de l'avant-bras; semblable chose ne s'observe point chez les chimpanzés.

Je crois qu'il ne sera pas sans intérêt de donner un résumé rapide des analogies qui s'observent entre les trois êtres qui se ressemblent le plus dans la nature, par leur structure anatomique : l'homme, le gorille, le chimpanzé.

D'après les études des professeurs Owen et Geoffroy Saint-Hilaire, le bras chez l'homme descend jusqu'au milieu de la cuisse ; chez le gorille, il s'approche du genou; chez le chimpanzé, il le dépasse. Chez le gorille l'humérus est moins long, proportionnellement au cubitus, que celui de l'homme, mais il est plus long que chez le chimpanzé.

Les omoplates sont plus larges chez le gorille que chez le chimpanzé, et se rapprochent plus des proportions de cet os chez l'homme. Mais l'analogie la plus décisive avec la structure humaine, est celle que présentent les os iliaques, ou os coxals. De tous les singes, le gorille est le seul chez qui ces os soient courbés en avant, de manière à produire une concavité dans le pelvis; pas un autre singe ne les a aussi larges en proportion de leur longueur.

Les membres inférieurs, quoique singulièrement courts chez le gorille, sont cependant plus longs proportionnellement aux membres supérieurs et au tronc que chez le chimpanzé; mais les deux points de comparaison sur lesquels on peut surtout se guider, sont le talon et l'hallier ou gros orteil.

Le talon, chez le gorille, a beaucoup plus de saillie que chez le chimpanzé ; le calcaneum est relativement plus gros, plus développé dans le sens vertical à son extrémité postérieure, et, en outre, il est tout aussi long. Enfin il est bien mieux taillé sur la forme et les proportions du calcaneum humain que celui de tous les autres singes.

Quoique le pied soit articulé à la jambe avec un léger relèvement de la plante, ce pied est cependant plus plantigrade chez le gorille que chez le chimpanzé.

Un gros orteil, fournissant point d'appui, soit pour se tenir debout, soit pour marcher, est peut-être le caractère le plus particulier de la structure humaine; c'est ce caractère qui fait la différence du pied et de la main, et donne le cachet à l'ordre *bimane*, que l'homme est seul à représenter. Il suit de là que chaque degré du développement du gros orteil chez le quadrumane est un pas fait vers la ressemblance humaine.

Chez le gorille comme chez le chimpanzé, cet orteil ne dépasse pas la première phalange du second doigt, mais il est plus gros et plus fort chez le gorille que chez le chimpanzé. C'est, chez tous les deux, un véritable pouce écarté des autres doigts, dont il s'éloigne chez le gorille au point de faire un angle de 60° avec l'axe du pied.

Pour la grosseur proportionnelle des molaires comparées aux incisives, le gorille se rapproche encore de l'homme d'un degré de plus que le chimpanzé.

Chez ce dernier singe, les quatre incisives de la mâchoire inférieure occupent une place égale à celle des trois premières molaires... tandis que chez l'homme et chez le gorille, les quatre incisives sont égales seulement aux deux premières molaires et à la moitié de la troisième.

Les proportions relatives de la branche ascendante et de la branche horizontale, témoignent d'une certaine affinité entre le gorille et l'homme. Dans le profil de la mâchoire inférieure tirez une ligne verticale, depuis la saillie qui termine en avant la branche montante de l'os maxillaire inférieur, et comparez-la à la longueur horizontale de l'alvéole, chez l'homme et le gorille; vous trouverez qu'elle est de sept dixièmes, et pour le chimpanzé de six dixièmes seulement.

Il résulte de ces comparaisons que, de tous les quadrumanes anthropoïdes, le gorille est celui dont la structure anatomique se rapproche le plus de celle de l'homme. Il n'en faudrait cependant pas conclure, même en admettant la théorie de Darwin, que le gorille soit l'ancêtre de l'homme; cette opinion soutenue par quelques anthropologistes, n'est qu'une hypothèse qui n'a rien de scientifique. Nous avons signalé les points de contact pour indiquer simplement que cet animal se rapproche plus de la structure humaine que les autres singes, mais si nous avions une comparaison à faire entre le gorille et l'homme, nous verrions que les deux êtres sont à une si énorme distance, qu'il faudrait plusieurs séries d'individus intermédiaires pour pouvoir les relier entre eux, et ces séries d'animaux, avançant chacun d'un ou de plusieurs degrés dans la perfection anatomique et physiologique, ne se rencontrent nulle part, ni parmi les fossiles dont la science reconstitue aujourd'hui les formes disparues, ni parmi la foule d'êtres actuellement existants.

On nous répond que ces séries de formes vivantes plus perfectionnées ont disparu, que les plus parfaits parmi les primates-singes, sont arrivés à la dignité humaine par la conquête de la parole, et que les autres, trop faibles dans cette lutte pour la vie, ont été atteints par métamorphose regressive.

C'est une théorie qui nous vient en grande partie d'Allemagne, et à laquelle on se hâte beaucoup trop de donner droit de cité chez nous. Au début de ces études sur les animaux, il nous paraît utile d'indiquer très rapidement quelles sont les doctrines physiologiques qui les dominent et les dirigent. La question du singe ancêtre de l'humanité, va nous en fournir l'occasion.

Précisons bien d'abord les tendances d'une école qui se prétend nouvelle, et qui ne fait que rééditer les vieux systèmes naturalistes de l'Asie.

« Rien, dit M. Hœckel, n'a dû ennoblir et transformer la faculté du cerveau de l'homme autant que l'acquisition du langage. La différenciation plus complète du cerveau, son perfectionnement et celui de ses plus nobles fonctions, c'est-à-dire des facultés intellectuelles, marchèrent de pair, et en s'influençant réciproquement, avec leur manifestation parlée. C'est donc à bon droit que les représentants les plus distingués de la philologie comparée, considèrent le langage humain comme le pas le plus décisif qu'ait fait l'homme pour se séparer de ses *ancêtres animaux*. C'est un point que Schleicher a mis en relief dans son travail sur l'importance du langage dans l'histoire naturelle de l'homme. Là se trouve le trait d'union de la zoologie et de la philologie comparée, la doctrine de l'évolution met chacune de ces sciences en état de suivre pas à pas l'origine du langage... il n'y avait point encore chez l'homme-singe de vrai langage articulé, exprimant des idées. »

Voilà qui est bien entendu : à l'époque où l'homme était encore un singe, il ne possédait pas le vrai langage, le langage articulé. Comme on le voit, messieurs les Germains n'hésitent pas, les questions les plus ardues ne les embarrassent guère; ils semblent dire : « Nous affirmons et c'est assez. » Alors que d'autres naturalistes s'épuisent en recherches, qu'il faudra encore, pendant des siècles, étudier des faits, recueillir des observations, eux interviennent et disent : « Quand l'homme était singe... » et la question est tranchée.

Ne cherchez pas à vous éclairer, ne posez pas de questions; on vous répond d'un ton qui n'admet pas de réplique :

« La linguistique, comme toutes les autres sciences naturelles, nous force à admettre que l'homme puise son origine dans l'évolution des formes inférieures... Si nous ne pouvons admettre, sans tomber dans des conceptions métaphysiques et puériles, que la faculté du langage articulé ait été, un beau jour, acquise sans cause, sans origine, *ex nihilo*, il nous faut bien accepter alors qu'elle est le fruit d'un développement *progressif des organes*. Cela suppose avant l'homme, *avant l'être* caractérisé par la faculté du langage articulé, *un autre être* en train d'acquérir cette faculté, c'est-à-dire en voie de devenir homme.

« Ainsi que Schleicher l'enseigne, il faut admettre qu'un certain nombre seulement de ces êtres encore dépourvus de la faculté du langage articulé, mais bien près de l'acquérir, la gagneront en réalité sous l'influence de *conditions heureuses*, et dès lors auront réellement droit à la dénomination *d'hommes*, mais que, par contre, un certain nombre d'entre eux, *moins favorisés par les circonstances*, échoueront dans leur développement et tomberont *dans la métamorphose regressive*. Nous aurions à reconnaître leurs restes dans les anthropomorphes, gorilles, chimpanzés, orangs, gibbons. »

Voilà donc les singes bien et dûment établis sur le premier degré de l'échelle qui conduit à l'humanité, que dis-je le premier degré?... un beau jour, ils conquirent le langage, et les voilà fait hommes.

Et la science allemande, pour en arriver là, n'a qu'à employer les formes vieillies de raisonnement de la scholastique. Voyez plutôt :

L'homme n'est homme que par le langage.

Or nos premiers pères ne parlaient pas.

Donc nos premiers pères furent les gorilles, les chimpanzés etc.

C'est tout à fait la dialectique d'Aristote.

La nature de tous les corps pesants est de tendre au centre de l'Univers.

Or tous les les corps pesants tendent au centre de la terre.

Donc le centre de la terre est le centre de l'Univers.

D'une part comme de l'autre, c'est ce qu'il faut démontrer que l'on considère comme prouvé dans les prémisses.

Les naturalistes de cette école ne devraient point tant médire de la vieille métaphysique, car ses formules surannées ne leur sont point aussi étrangères qu'ils voudraient le faire croire.

Donc, dans la donnée des disciples de Schleicher, les gorilles, les orangs-outangs, et autres mammifères *sous l'influence de conditions heureuses*, (au point de vue scientifique cette phrase est adorable) gagnent la faculté du langage articulé et deviennent hommes.

Les auteurs de cette légende sentent parfaitement qu'on va leur dire :

— C'est bien : mais alors, montrez-nous donc quelques-uns de ces gorilles, chimpanzés ou gibbons, en train de conquérir le langage articulé, et d'arriver à l'humanité ? Et d'avance ils nous répondent :

— Il n'y en a plus.

— Comment cela ?

— Ils ont été moins *favorisés par les circonstances*, — une nouvelle perle que cet argument ! — ils ont échoué dans leur développement, et sont tombés dans la métamorphose régressive.

En d'autres termes, ils ont fait un ou plusieurs pas en arrière. Les gorilles et les gibbons actuels sont des candidats malheureux à l'humanité, des aspirants qui n'ont pas été favorisés par les circonstances, Ces influences de *conditions heureuses* et ces *circonstances défavorables* qui font monter et descendre les singes sur l'échelle des êtres, et dispensent leurs inventeurs de tout autre argument, en même temps qu'ils les tirent de l'embarras où ils seraient de montrer le chimpanzé en train de conquérir le langage articulé, sont vraiment une merveilleuse trouvaille.

Parmi les millions de singes qui habitent actuellement le globe terrestre, on n'en peut rencontrer un seul qui soit en voie de transformation ; aussi bien chez lui que chez les autres mammifères, la science des faits indiscutables ne nous révèle qu'une chose, *la fixité des espèces*, et l'on ne comprend vraiment pas, de quels faits, de quelles observations, l'école naturaliste allemande peut étayer ses doctrines, quand elle vient poser comme un axiome, comme une base, les anthropoïdes au seuil de l'humanité.

Toutes ces belles choses qu'on nous donne comme conceptions nouvelles, ne sont, je l'ai dit plus haut, que la rénovation déguisée de vieux systèmes orientaux, qui, pendant des milliers d'années, ont fait partie des mystères des initiés, et ont traîné dans les pagodes d'Ellora et d'Elephanta, dans les temples de Memphis et d'Ephèse.

La doctrine des *transformations progressives* et des *métamorphoses régressives*, par laquelle l'animal, sous l'influence *des conditions heureuses*, arrive à la dignité d'homme, et quand il est sous l'empire de *conditions défavorables*, échoue dans son développement et retourne de plusieurs degrés en arrière, n'est autre que la doctrine de la métempsycose, ou transformation *progressive et regressive*, qui prend l'embryon vital dans la goutte d'eau, dans la plante, lui fait parcourir toute l'échelle des êtres jusqu'à l'homme, et le fait redescendre aussi dans des degrés inférieurs, lorsqu'il ne parvient pas à s'assimiler ou à conquérir les facultés nécessaires à une existence plus élevée.

A une époque où toute science n'existait ni en dehors du temple, ni en dehors du prêtre, la doctrine sur les transmigrations vitales avait été mise sous l'égide de l'idée religieuse, comme les règles d'hygiène, comme les lois civiles et criminelles, comme tout ce qui constituait la vie sociale de l'époque : mais peu nous importe que le savant ancien prêche dans le temple, que le savant moderne enseigne dans le livre, la doctrine des transformations progressives et des transformations régressives, nous ne nous laisserons pas prendre à ce rajeunissement de vieilles choses et de vieux mots, que les cerveaux allemands excellent à déguiser sous des formules nouvelles, et quand ils auront la prétention, comme en l'état, de faire servir leurs rêveries à la constitution d'une science aussi exacte que doit l'être l'*Histoire naturelle*, nous les prierons de nous fournir des preuves plus scientifiques que le passé n'en a données, plus scientifiques que le présent n'en a encore trouvées...

Et si on nous répond par des affirmations dans le genre de celle-ci, « le premier des primates, le gorille a mérité le nom d'homme, en conquérant le langage articulé, » nous renverrons cela dans le stock général des choses à étudier, et nous demanderons pour l'établissement des sciences naturelles des bases plus solides que ces épaisses légèretés germaniques.

Toutes ces affirmations, qui méritent à peine le titre d'hypothèses, ne sauraient avoir rien de commun avec l'étude *positive* des faits. La question se résume à ceci :

A-t-on rencontré un seul anthropoïde, un seul singe en train de se séparer de son groupe, et de se transformer dans le sens humain ? Non, n'est-ce pas !

Eh bien, tant qu'un fait *positif* ne viendra pas démontrer, d'une manière irréfragable, la possibilité de cette transformation, nous la tiendrons comme non existante, et à la doctrine du *transformisme*, nous préférerons la doctrine de la *fixité des espèces* sans aucune théorie absolue fermant la porte à l'avenir, et en tenant compte de l'hybridation, du polymorphisme, de l'influence des milieux, de l'intervention de l'homme et de la domestication.

Il se construit un abri contre la pluie. (Page 14.)

A l'imitation du savant français Lamarque, qui est le véritable auteur de cette doctrine, M. Darwin attribue l'origine des espèces à la modification lente mais continue des formes primitives, tout à fait différentes de ce qu'elles sont devenues ensuite. Moins parfaites lors de leur première apparition, ces formes perfectibles se seraient modifiées graduellement sous diverses influences, parmi lesquelles il établit en première ligne *la selection naturelle*, c'est-à-dire l'acquisition accidentelle d'un avantage organique, que l'hérédité vient ensuite perfectionner; et, en seconde ligne, *la concurrence vitale*, c'est-à-dire la loi en vertu de laquelle tous les animaux se disputant la nourriture, les mieux organisés doivent l'emporter, et les plus faibles, périr.

Ce système n'éclaire nullement la question de l'origine des espèces qu'il prétend résoudre; il est contraire à la méthode expérimentale, et a été imaginé *a priori*. Seule la fixité relative des espèces est conforme à l'état actuel de la science.

Le polymorphisme normal, ou variations de certaines formes, n'implique point la mutabilité, l'espèce varie naturellement, mais elle ne se transforme pas.

L'influence des milieux implique le maintien des espèces autant par leur flexibilité relative et l'adaptation en certaines limites aux conditions d'existence, que par leur impuissance à se transformer et à vivre dans des milieux différents.

L'action de l'homme sur les animaux, variée, continue, profonde, s'arrête aux appareils de la vie extérieure, elle n'a jamais effacé les traits distinctifs des types.

Les lois de la constitution des races, de l'hérédité, de la procréation, concourent à la fois à établir l'unité et la solidarité spécifiques.

La durée des races est conditionnelle et souvent éphémère, et le retour au type des ancêtres s'accomplit, dès que cessent les influences des phénomènes qui leur ont donné naissance.

L'hérédité crée entre les descendances, des liens puissants qui assurent et maintiennent la constance de chaque type.

Mais la plus haute expression de l'*unité dans l'espèce* est la *génération*, qui marque et mesure l'intervalle entre les types distincts; on n'a jamais vu, et on ne voit point, les espèces se mêler, se croiser indistinctement entre elles; on ne connaît point de suites intermédiaires indéfiniment fécondes; autant les espèces sont séparées, et les types intermédiaires irréalisables, autant sont faciles et productives les unions entre individus faisant partie du même groupe spécifique.

Je sais que les partisans *quand même* du système auquel M. Darwin a donné son nom, invoquent les siècles à l'appui de leurs théories, prétendant que la conquête du plus petit organe exige des périodes incommensurables de temps, mais en cela, s'ils paraissent échapper à l'argument de leurs adversaires, tiré de l'impossibilité où l'on est de rencontrer un animal en voie de transformation, ils n'échappent pas au même argument retourné contre eux, et qui consiste à leur demander sur quoi ils peuvent baser leurs doctrines, puisqu'ils ne peuvent produire ni un fait présent, ni un fait passé de variation organique assez important pour créer une espèce nouvelle.

Cette nuit mystérieuse des temps passés, ces siècles écoulés qu'ils appellent à leur aide, leur refusent du reste absolument leur secours, et c'est avec raison que le savant Agassiz a pu leur répondre :

« La zoologie montre qu'à des périodes différentes, il a existé des espèces différentes, mais nulle part on n'a découvert d'intermédiaires entre celles d'une époque et celles d'une autre époque consécutive. Tous les êtres finis, ont fait leur apparition successivement, à de longs intervalles; chaque espèce d'êtres organisés ayant vécu aux époques antérieures, n'a existé que pendant une période définie, et celles qui existent aujourd'hui, ont une origine relativement récente. »

Ainsi donc nous repoussons d'une manière absolue dans l'état actuel de la science, la *variabilité illimitée des espèces* pour admettre *la fixité des espèces*, une fixité absolue dans les traits distinctifs des types, mais capable de se modifier quant aux appareils de la vie extérieure.

Le principe qui présidera à la partie scientifique de ces études, est un positivisme strict, qui n'admettra que des faits démontrés d'une façon expérimentale.

Et c'est parce que nous n'avons rencontré aucun fait de cet ordre que nous repoussons l'opinion des anthropologistes qui veulent voir dans les gorilles, les chimpanzés, les gibbons, les précurseurs immédiats de l'homme. Si, au point de vue anatomique, il y a quelques points de contact, au point de vue physiologique et biologique, il n'y a plus de ressemblance; l'homme est homme, non parce qu'il pousse des sons articulés, mais parce qu'il possède la raison, la liberté, le jugement, la conscience de ses actes. Le gorille est une brute et des plus féroces, fort au-dessous ainsi que nous allons le voir bientôt, d'une foule d'animaux sous le rapport de l'intelligence. Ce n'est pas cette terrible bête, effroi des populations de l'Afrique australe, qui a jamais pu conquérir l'usage de la parole, et arriver à la civilisation.

Après avoir défini les principes qui nous guideront dans toutes les parties scientifiques pures de notre œuvre, et donné au gorille comme à tous les autres singes leur véritable place dans la classification naturelle des êtres, nous allons aborder le côté pittoresque de cette étude, et suivre le gorille au milieu des vastes solitudes et des épaisses forêts équatoriales, où il aime à cacher sa vie à tous les yeux.

Une rapide notice historique d'abord.

De tout temps les naturalistes eurent la vague notion d'un grand singe africain, marchant au besoin sur deux pieds, et se rapprochant beaucoup plus que les autres de la forme humaine; cette idée avait certainement pris son origine dans les récits merveilleux des voyageurs.

C'est dans la relation du voyage du Carthaginois Hannon autour de l'Afrique, qu'on trouve la première trace de ces contes légendaires.

La citation est intéressante à donner d'après Pline.

« Les Carthaginois ont décidé que Hannon entreprendrait un voyage par delà les colonnes d'Hercule pour fonder les cités lybophéniciennes. En conséquence il a mis à la voile avec soixante navires de cinquante rames chacun, portant à leur bord trente mille personnes, hommes et femmes, et des vivres et autres provisions, en quantité nécessaire... »

Les voyageurs devaient contourner l'Afrique, et ne s'arrêter que quand ils auraient rencontré le golfe Arabique, c'est-à-dire la mer Rouge.

Voici le passage du Periplus ou voyage d'Hannon, où il est fait allusion au gorille.

« Le troisième jour nous partîmes de cet endroit, et passant devant les courants de feu, nous arrivâmes à une baie appelée la Corne du Sud. Au fond de cette baie était une île comme celle que nous avions déjà rencontrée, puis un lac, et dans ce lac une autre île peuplée de sauvages : c'étaient en grande partie des femmes dont le corps était couvert de poils; nos interprètes les appelèrent *gorilles*... Nous nous mîmes à leur poursuite, mais nous ne pûmes atteindre les hommes; ils s'enfuyaient avec une extrême agilité, car ils sont *cremnobates*, c'est-à-dire qu'ils escaladaient les rochers et les arbres, et nous jetaient des pierres.

« Nous prîmes seulement trois femmes qui mordaient, égratignaient et déchiraient ceux qui les avaient saisies et qui se débattaient quand nous voulions les emmener.

« Nous fûmes donc obligés de les tuer. On les dépouilla de leurs peaux que nous remportâmes à Carthage, car nous fûmes obligés de repartir tout de suite; nous ne pouvions aller plus loin, nos provisions étant épuisées. »

D'après le même historien qui change le nom de gorilles en gorgones, ces peaux furent placées dans le temple de Junon, où on les voyait encore au temps de la prise de Carthage.

« *Penetravit in Gorgondes insulas Hanno, Pœnorum imperator, prodiditque hirta feminarum corpora viros pernicitate evasisse, duorumque gorgonum cutes argumenti et miraculi gracia, in Junonis templum posuit, spectatas usque ad Carthaginem captam.* »

Malgré le nom de *gorilles* donné à ces êtres par les interprètes d'Hannon, sont-ce bien des gorilles que le général carthaginois a rencontrés? Quand on connaît les mœurs de ces puissants et sauvages animaux, il est permis d'en douter. En effet, toutes les fois que leurs femelles sont attaquées, ils les défendent jusqu'à la mort, et il ne paraît guerre possible qu'ils se soient enfuis, les abandonnant aux Carthaginois; il ne me semble pas non plus admissible que ces derniers, eu égard à la force prodigieuse de l'animal, aient pu s'en emparer.

Le gorille attaque et tue le lion.

Après Hannon, il nous faut traverser les siècles, et arriver jusqu'au voyageur Andrew Batel qui, longtemps prisonnier des Portugais à Angola, consacre au grand singe africain qu'il nomme *pongo* le passage suivant:

« Le pongo, par toutes ses proportions, rappelle l'homme; il est de haute stature, il a une face humaine, les yeux enfoncés et de longs poils au-dessus des sourcils, son corps est couvert de poils, mais fort peu épais, et d'un brun foncé. Il ne diffère en rien de l'homme, si ce n'est par les jambes qui n'ont pas de mollets. Il marche sur ses pieds de derrière, et porte ses mains croisées derrière son cou. Il couche dans les arbres et se construit un abri contre la pluie.

« Il se nourrit de fruits qu'il trouve dans les bois et de fourmis, mais il ne mange d'aucune espèce de chair.

« Il ne parle pas, et n'a pas plus d'entendement que toute autre bête.

« Les gens du pays, lorsqu'ils voyagent dans les bois, allument du feu pendant la nuit; le lendemain quand ils sont partis les pongos viennent et s'asseyent autour du feu jusqu'à ce qu'il soit éteint; mais ils n'ont pas assez d'intelligence pour l'entretenir en y mettant du bois.

« Ils vont par troupe et tuent les nègres qu'ils rencontrent dans la forêt. Quelquefois ils rencontrent des éléphants qui viennent chercher leur nourriture au même endroit; alors, ils les battent tellement à coups de poing ou avec de gros morceaux de bois, qu'ils les forcent à prendre la fuite en hurlant.

« Les pongos ne se laissent jamais prendre vivants, car leur force est telle, que dix hommes n'en viendraient pas à bout, mais on s'empare des petits en leur lançant des flèches empoisonnées.

« Le petit pongo se suspend au sein de sa mère en s'y cramponnant des deux mains, de sorte que quand on tue une femelle, on prend le petit ainsi accroché à sa mère. Quand un pongo meurt parmi les siens, ceux ci recouvrent son corps de branchages, on voit très fréquemment de ces espèces de tombeaux dans les bois ».

Ici nous sommes réellement en présence du véritable gorille, et, à part quelques exagérations, qu'il faut mettre sur le compte des récits qu'il avait reçus des nègres, Battel a donné du grand singe, une description qui est encore vraie de nos jours dans la plupart de ses détails.

Bosman, qui a séjourné longtemps en Guinée, parle des grands singes de la façon suivante :

« Ils sont dans le pays par milliers. Le premier et le plus commun de tous est celui que nous appelons *smitten ;* il est d'une couleur fauve et devient très grand ; j'en ai vu, de mes propres yeux, qui avaient cinq pieds de haut, presque la taille d'un homme. Il est très méchant et très hardi ; un négociant anglais m'a même dit, ce qui paraît à peine croyable, que derrière le fort que les Anglais occupent à Wimba, ces singes, très nombreux, sont assez audacieux pour attaquer les hommes.

« J'ai vu des nègres, ajoute le voyageur en plaisantant, qui assurent que ces singes peuvent parler, et que s'ils ne le font pas, c'est qu'ils ne veulent pas s'en donner la peine ; ces singes sont forts laids et ce qu'il y a de mieux à en dire, c'est qu'ils sont capables d'apprendre tout ce qu'on voudra leur enseigner. »

Tout ceci n'est qu'un amas de racontars indigènes recueillis par le voyageur ; en effet, on trouve dans ce passage un mélange très inintelligent des divers traits qui conviennent à deux espèces de singes très différents l'un de l'autre, le gorille et le chimpanzé.

Si, d'un côté, on peut reconnaître le gorille à la férocité et au courage avec lequel il s'approche du fort des Anglais, pour livrer combat aux hommes, de l'autre l'obéissance avec laquelle ils se soumettent à une sorte de dressage ne peut se rapporter qu'au chimpanzé, qui, pris tout petit, s'apprivoise facilement et devient des plus sociables, tandis que le gorille ne s'adoucit pas en captivité, et est absolument incapable de recevoir la moindre culture.

Les naturels du Gabon ont coutume de dire qu'on apprivoiserait plutôt un caïman qu'un N'gena, c'est le nom qu'ils donnent au gorille.

En 1819 le voyageur Bowditch fit paraître à Londres une relation de voyage à la côte d'Afrique, dans laquelle racontant une excursion qu'il fit au Gabon, il parle du gorille en lui donnant pour la première fois, le nom de N'gena sous lequel il est connu des indigènes M'Pongoués.

« Notre sujet de conversation favori et le plus curieux, dit-il, quand il était question d'histoire naturelle, c'était le N'gena, un animal pareil à l'orang-outang, mais d'une taille bien plus élevée ; il a cinq pieds de haut, et quatre en largeur d'une épaule à l'autre. On dit que sa main est d'une grandeur démesurée, et qu'un seul coup de cette main peut donner la mort. Les voyageurs qui vont à Kaybe le rencontrent ordinairement ; il s'embusque dans les fourrés pour tuer les hommes qui passent, il se nourrit surtout de miel sauvage. Parmi les autres traits sur lesquels personne ne varie, ni hommes, ni femmes, ni enfants, chez les M'Pongoués et les Sekianis, on rapporte celui-ci : c'est qu'il se bâtit une cabane, grossière imitation de celle des indigènes, et qu'il dort sur le toit de cette demeure. »

Jusqu'à présent, nous ne nous trouvons en face d'aucun voyageur ayant réellement vu le gorille, et tous, n'en parlant que par ouï-dire, lui attribuent, comme Battel, une foule de traits qui appartiennent plutôt à la nature du chimpanzé.

Il était réservé au voyageur Paul du Chaillu de nous donner des détails plus circonstanciés et plus exacts sur cet étrange animal, qu'il a chassé et étudié pendant plus de cinq années dans l'Afrique équatoriale. Je lui emprunte la description suivante.

« Ma résidence en Afrique m'a procuré de grandes facilités pour nouer des relations avec les indigènes, et comme ma curiosité était vivement excitée par les récits que j'entendais faire de ce monstre si peu connu, je me suis déterminé à pénétrer dans ses repaires et à le voir de mes propres yeux ; c'est un bonheur pour moi d'être le premier qui puisse parler du gorille en connaissance de cause et si mon expérience et mes observations m'ont démontré que plusieurs des habitudes qu'on lui prête n'ont de fondement que dans l'imagination des nègres ignorants ou des voyageurs crédules, d'un autre côté, je suis à

Gorille protégeant la retraite de sa famille et de son petit. (Page 22.)

même de garantir qu'aucune description ne peut donner une idée trop forte de l'horreur qu'inspire son aspect, de la férocité de son attaque, et de l'implacable méchanceté de son naturel.

« Il vit dans les parties les plus solitaires et les plus sombres des jungles épaisses de l'Afrique, et de préférence dans les vallées profondes, bien boisées, ou sur les hauteurs très escarpées ; il se plaît aussi sur les plateaux, quand le sol est parsemé de gros quartiers de roches dont il fait ses repaires favoris. Les cours d'eau abondent dans cette partie de l'Afrique, et j'ai remarqué que le gorille se trouve toujours dans leur voisinage. »

Tout en ne perdant aucune occasion d'insister sur les instincts féroces de cet animal et surtout sur sa force prodigieuse qui le rend capable de terrasser et de tuer tous les hôtes de la forêt, même le lion, il renverse, en quelques lignes, une série de légendes dues pour la plupart, selon lui, à l'imagination ou à la frayeur des nègres qui habitent les mêmes forêts que le grand singe équatorial. Nous verrons cependant que sa sévérité n'est pas toujours de mise.

« Je regrette, dit-il, d'être obligé de détruire d'agréables illusions, mais le gorille ne s'embarque pas sur les arbres pour saisir avec ses griffes le voyageur sans défiance ; il ne l'étouffe pas contre ses pieds comme dans un étau ; il n'attaque pas l'éléphant et ne l'assomme pas à coups de bâton, il n'enlève pas les femmes de leurs villages ; il ne se bâtit pas une cabane de branchage dans la forêt, et ne couche pas sur le toit comme on l'a rapporté avec assurance ; il ne marche pas non plus par troupe, et, dans ce qu'on a raconté de ses attaques en masse, il n'y a pas l'ombre de vérité. C'est un animal vagabond et nomade, errant de place en place ; on ne le trouve guère deux jours de suite sur les mêmes terrains ; ce vagabondage provient en partie de la difficulté qu'il trouve à se procurer sa nourriture préférée. C'est un gros mangeur, qui sans doute a bientôt fini de dévorer toute la provision d'aliments à son usage dans un espace donné, et qui se trouve bien forcé d'en aller chercher ailleurs, aiguillonné sans cesse par le besoin. Sa vaste panse, proéminente quand il est debout, témoigne assez de son active consommation, et d'ailleurs une si forte charpente et un développement musculaire si puissant ne pourraient se sustenter par une alimentation médiocre.

« Il n'est pas exact de dire qu'il vit habituellement sur les arbres, ni même qu'il y séjourne jamais ; je l'ai presque toujours trouvé à terre, bien qu'il grimpe souvent sur un arbre pour y cueillir des baies ou des noix, mais quand il les a mangées il redescend à terre. Ces énormes animaux ne pourraient pas, en effet, sauter de branche en branche comme les petits singes. En examinant l'estomac de plusieurs sujets, j'ai pu m'assurer avec une certitude presque absolue de la nature spéciale de leurs aliments ; hé bien ! pour se procurer tout ce que j'y ai trouvé, ils n'ont pas besoin de monter sur les arbres. Ils aiment beaucoup la canne à sucre sauvage ; ils sont surtout friands de la substance blanche des feuilles d'ananas, de certaines graines qui croissent près du sol ; ils dévorent la sève de quelques arbres, et une espèce de noix dont la coque est très dure, si dure même que nous sommes obligés, pour la casser, de frapper très fort avec un lourd marteau. C'est probablement là une destination de cette puissance énorme des machoires qui me semblait un luxe inutile chez un animal herbivore. »

Notre voyageur soutient en outre :

Que le gorille ne dort pas sur les arbres, qu'il ne vit pas en troupe mais par couples, que les jeunes gorilles se réunissent parfois à quatre ou cinq pour prendre leurs ébats dans la forêt, jamais en plus grand nombre, et que les vieux mâles, sans doute ceux qui ont perdu leur compagne, errent solitaires dans le plus épais des bois et sont beaucoup plus féroces que les autres. Attaqué, le gorille adulte ne recule jamais, et malheur au chasseur qui n'a pas su réserver son feu pour le tirer à bout portant; son fusil, dont il voudrait vainement se servir comme d'une massue, est brisé comme un fétu de paille, et lui-même est mis en pièces en quelques secondes. Un seul coup de l'énorme pied, armé d'ongles, du gorille, éventre un homme, lui brise la poitrine, ou lui écrase la tête. De malheureux nègres qui ont voulu lui faire face, ont été broyés d'un seul coup. Il n'y a pas d'assaut d'animal dont la soudainété et la férocité soient plus fatal à l'homme; le gorille saisit ce dernier avec ses grands bras, l'attire sur sa poitrine comme un lutteur, et l'étouffe en broyant ses membres sous ses puissantes mâchoires, comme des brindilles de salsepareille sauvage. L'allure naturelle de ce terrible hôte des forêts africaines, n'est pas sur deux pieds, mais à quatre pattes, et il court avec une extraordinaire vitesse, faisant mouvoir en même temps le bras et la jambe du même côté. Quand il est poursuivi ou qu'il attaque, il pousse un court aboiement aigu et un rugissement qui lui est spécial ; la femelle et les petits ne poussent que des cris aigus; les mères ont, en outre, une sorte de gloussement tendre et vigilant pour appeler leurs petits. Ces animaux gardent la position verticale beaucoup plus facilement que le chimpanzé et les autres singes anthropoïdes. Leur taille varie comme celle des hommes. M. du Chaillu a rapporté des squelettes de gorille qui ont de cinq pieds deux pouces à cinq pieds huit pouces, mais le professeur Joffries Wyman en a recueilli de beaucoup plus grands, un entre autres qui dépassait six pieds anglais.

Moi-même j'en ai rapporté un de Mayamba, sur la côte du Congo, je dirai plus loin dans quelles circonstances, qui mesurait un mètre quatre-vingt dix centimètres.

La femelle est beaucoup plus petite et plus délicate; chez les deux sexes, la poitrine est dépourvue de poils, et la tête se garnit un peu plus tard chez la femelle, un peu plus tôt chez le mâle adulte, d'une sorte de couronne de poils roux, assez longs, qui affectent des airs de chevelure.

Peu de voyageurs, après du Chaillu, ont pu parler du gorille d'après leurs propres observations; il faut, en effet, passer de long mois à la côte d'Afrique, et dans les parties les plus malsaines, pour arriver à pouvoir étudier cet animal dans les vastes solitudes où il se cache. Six mois de séjour à Loango et Mayamba sur la côte du Congo, à la suite de mon voyage au Niger, me permettront d'ajouter quelques traits personnels aux observations de mes devanciers.

Je ne crois pas que le voyageur que je viens de citer, puisse échapper complètement aux reproches qu'il adresse à quelques-uns de ceux qui l'ont précédé dans l'Afrique équatoriale. J'en veux dire deux points sur lesquels je puis affirmer personnellement son erreur; on verra bientôt dans quelles circonstances j'ai été à même d'être renseigné sur ce que je vais avancer.

Il n'est pas juste de dire que le gorille ne se construit pas de cabanes de feuillage, et qu'il vit d'une façon tout à fait nomade.

Le gorille adulte qui n'est pas encore accouplé, ou le vieux mâle qui n'a plus de compagne, mènent, il est vrai, une vie vagabonde, errant à l'aventure au gré de leurs désirs ou de leur faim, mais celui qui vit avec sa femelle, se construit parfaitement un abri, où cette dernière repose avec son petit pendant que le mâle, couché au sommet de l'appentis de feuillage, qui a presque toujours un arbre pour support, veille en grignotant quelques racines, quelque ananas sauvage, à ce que rien ne vienne troubler la tranquillité des siens.

Il est un fait d'une vérité absolue, c'est que le jeune gorille tette pendant huit à neuf mois, et qu'il a besoin pendant une année au moins des soins tout spéciaux de sa mère; il ne commence à bien marcher qu'à cet âge, n'est très agile qu'à trois ou quatre ans, et n'acquiert son entier développement que très tard, de dix à douze ans, d'après les récits de tous les nègres de l'intérieur, qui n'ont jamais varié sur ce point.

Quand je leur posais cette question :

— Combien de temps faut-il au d'jna — c'est ainsi que les naturels du Congo le nomment — pour acquérir toute sa taille?

Ils me répondaient invariablement en me montrant des enfants de dix à douze ans, car ils n'ont, quoi qu'en aient pu dire certains voyageurs, aucune idée du temps. Jamais un nègre ne pourra vous dire son âge suivant nos formules habituelles, et il ne procède que par comparaison, quand il n'a pas, pour marquer la naissance de quelqu'un, son arrivée à la nubilité, ou sa mort, un événement important qui vienne fixer ses souvenirs.

Ainsi il vous dira : « mon fils est né, ou un tel est mort, pendant que l'amiral Pénaud est venu avec la frégate la *Flore* jeter l'ancre au Gabon, ou à l'embouchure du Congo. » Et cela se conçoit : le calendrier et le souvenir des ans qui s'écoulent sont des actes de civilisation, dont le Gabonais, le M'Pongoué, ou le Pahouin, n'a que faire. Tant que l'homme grandit et se développe, c'est la période des bons génies protecteurs; quand les premiers signes de décrépitude arrivent, c'est l'influence des mauvais esprits qui se fait sentir. A force de recevoir des malignes influences, l'homme se courbe vers la terre, et il finit par mourir quand ses cheveux sont tout blancs depuis longtemps. Voilà toute la science du Gabonais. Quant à partager cette existence, à la fractionner en années et en mois, il n'en a cure, il se contente de vivre.

Mais il ne suit pas de cette légèreté de caractère, que l'on doive absolument rejeter tout document émané des indigènes, quand ils n'ont intérêt ni à vous tromper, ni à exagérer leur récits par des motifs de terreur ou de superstition.

Je crois donc absolument aux faits dont les Pahouins ou Fans, comme on les appelle au cap Lopez, m'ont fait part sur la première enfance du jeune gorille et le temps relativement long qu'il met à se développer. Le noir est très observateur des choses de la nature, et s'il est parfois grand conteur d'histoires, quand il y trouve son intérêt, ce n'est pas sur des choses qui lui sont aussi indifférentes que celles-là que s'exercera son imagination.

Le gorille vit par couple, et on ne le rencontre solitaire que quand il n'a pas encore trouvé de femelle, ou qu'il a perdu celle de son choix. La principale occupation de ces animaux est d'élever leurs petits, et cela seul s'oppose à une vie aussi nomade que celle que du Chaillu leur a attribuée. Le petit gorille est toujours dans les bras de sa mère, et pendu à son sein; la fuite dans cette situation est difficile. Aussi le mâle, avec un instinct merveilleux, trouve-t-il le moyen de cacher sa petite famille dans les réduits les plus épais des forêts, dépistant ses ennemis, et allant presque toujours leur livrer bataille loin du toit de feuillage où reposent les siens.

C'est ce qui fait que beaucoup de gorilles, pris par ce voyageur pour des solitaires, étaient simplement des mâles, en quête de nourriture, et qui, poursuivis par les chasseurs blancs ou indigènes, jouaient avec eux des journées entières sans se laisser surprendre et dans le but bien évident de les éloigner du lieu de leur campement. Du Chaillu lui-même se plaint d'avoir chassé pendant des semaines, des gorilles constamment invisibles; il les sentait, il les devinait autour de lui, rencontrait à chaque instant des traces évidentes de leur passage, sans pouvoir parvenir à les rejoindre.

Dès qu'un petit est sevré, marche, commence à manger, la femelle ne tarde pas à en mettre un autre au monde, et ce sont de nouveaux soins qui commencent pour elle, et qui leur constituent une vie plutôt sédentaire qu'une existence vagabonde. Le jeune gorille ne quitte guère ses parents avant l'âge de l'accouplement; c'est ce qui fait que notre voyageur a pu en rencontrer quatre ou cinq jouant ensemble dans la forêt. Si en ce moment le père était survenu, et qu'on les eût poursuivis, il n'est pas douteux qu'on eût eu affaire à une petite troupe de gorilles, et il n'est également pas exact de dire que le gorille n'attaque jamais en troupe.

En dehors de toutes ces raisons, qui me portent à croire que cet animal, par la nature même de son existence, doit se construire des abris, il en est une qui pour moi les prime toutes : c'est que j'ai vu, dans les forêts de Malimba, un gorille que mes compagnons et moi avions surpris à la chasse, s'élancer d'un toit de feuillage sur le sol, en poussant des cris perçants, faire sortir de son refuge sa femelle et son petit, et protéger leur retraite, en nous faisant tête avec des rugissements affreux. Dans cette situation, il se battait la poitrine avec une telle force, que nous l'entendions résonner comme si l'horrible bête eût frappé sur une caisse vide. La question des aliments est enfantine; une lieu carrée de forêt équatoriale nourrirait plusieurs centaines de gorilles, car ils mangent toutes les graines, toutes les herbes d'une nature non vénéneuse, et font leurs délices du fruit et du feuillage de l'*élæis guineensis* si commun dans ces contrées.

Les ananas et la canne à sucre sauvage, ainsi qu'une foule d'autres plantes et arbustes dont ils sont très friands, poussent avec une telle abondance partout, qu'en vérité le gorille n'a pas besoin d'être très nomade pour récolter sa nourriture.

Il n'est pas très scientifique non plus de s'étonner de la force et de la puissance de la mâchoire de cet animal, par les motifs qu'il ne serait qu'herbivore. Dans les lieux où vit le gorille, il est exposé à rencontrer à chaque pas, le tigre, le léopard, la panthère, quelquefois le lion, quoique plus rarement; sa terrible mâchoire, capable de broyer l'épaule d'un lion comme un simple morceau de biscuit, est tout simplement, avec les griffes de ses mains et de ses pieds, son moyen de défense le plus énergique. Quant à ne pas se précipiter sur les noirs ou autres voyageurs, qui viennent inopinément à passer près de son repaire, c'est là une affirmation contraire non seulement à tout ce que les indigènes qui vivent sous la même latitude que lui m'ont raconté, mais encore à la simple logique. Une bête aussi féroce, qui fait tête aussi courageusement à ceux qui l'attaquent, sans jamais s'inquiéter de leur nombre, ne doit pas attendre d'être poursuivie pour développer sa férocité, et tout ennemi, à quel moment que ce soit, qui passe à portée de son bras, est immédiatement saisi et mis en pièces.

Il est une chose dont je suis absolument persuadé, c'est que tout gorille qui fuit, ruse avec le chasseur pour sauver sa femelle et son petit.

La femelle du gorille n'a ni la force ni le courage du mâle; des noirs en sont facilement venus à bout avec une lance, ou un simple couteau de chasse; elle ne se défend que quand elle est prise entourée, et qu'aucune chance de s'échapper ne se présente à elle; et, tout en mordant et cherchant à user de ses griffes, elle pousse des cris perçants et appelle le mâle à son aide. Si la quête de la nourriture n'a pas trop éloigné ce dernier, alors subitement la scène change : de terribles rugissements se font entendre, et le gorille se précipite comme un ouragan sur ceux qui assaillent sa compagne. Un coup de griffes d'ici, un coup de pied de là, chaque homme atteint tombe pour ne plus se relever. Malheur à quiconque voit son fusil faire long feu : il n'a pas le temps de relever son arme inutile, qu'il est assommé ou déchiré par la terrible bête.

Fort heureusement, le gorille meurt aussi facilement qu'un homme ; une seule balle en pleine poitrine, et il tombe la face contre terre en agitant ses grands bras écartés, et en poussant des cris, mélangés de râles et de soupirs, qui produisent un singulier effet sur ceux qui les entendent. A cette suprême minute de la mort, la terrible bête rend des sons qui ont quelque chose d'humain ; sa dernière plainte vous donne l'illusion d'un être plus élevé dans la classification naturelle, et il vous semble que vous venez de commettre un meurtre.

Une scène charmante que je n'ai pu contempler qu'une fois par le plus grand des hasards, est celle que vous offre le spectacle d'une mère, suivie de deux de ses petits, un déjà fort et vigoureux, mais encore *baby*, trois ou quatre ans à peine, et l'autre qui ne fait que de commencer à marcher. Je ne sais pas de tableau plus aimable et plus frais : le plus âgé gambade, appelle son jeune frère par ses cris et ses gestes, et l'engage à partager ses ébats; le plus jeune veut le suivre, essayer quelques gambades : vains efforts, il tremblote sur ses petites jambes, qui suffisent à peine à le porter, la mère l'encourage de la voix et du geste, le relève tendrement à chacune de ses chutes, et finit, en voyant sa maladresse et sa fatigue, par le prendre dans ses bras, entre lesquels le petit se couche et s'endort.

A ce moment-là, il ne faudrait rien avoir au cœur pour presser la détente de son arme, et changer en un champ de carnage cette clairière émaillée de fleurs, dans laquelle s'ébattent les animaux les plus rapprochés de l'homme, dans la nature, par la forme physique.

Je me souviens qu'après un certain temps de contemplation de ce gracieux spectacle, craignant que les noirs, mes compagnons, ne pussent résister longtemps au désir d'envoyer une balle au jeune gorille, qui, à tout moment, se trouvait à portée des buissons où nous étions cachés, je frappai vivement dans mes deux mains, et la scène changea avec la rapidité de l'éclair. La mère s'arrêta interdite, à l'audition de ce bruit inconnu; le plus âgé des deux petits s'élança vers elle, s'accrocha à son cou par les mains, lui passa ses petites jambes autour du corps, et, avec ses deux chers fardeaux, la pauvre bête s'élança dans le fourré, où elle disparut en un instant.

— Vous avez bien fait, capitaine, me dit l'illustre N'Otooué, mon guide, — tous les blancs sont capitaines pour les indigènes de ces côtes — un instant de plus j'allais tuer la mère pour m'emparer des petits.

L'acte du noir eût été doublement barbare, car les jeunes gorilles ne vivent pas en esclavage, je devrais plutôt dire en captivité, mais si étranges sont et la forme et les mœurs intimes de ces animaux, que j'oublie à chaque instant leur férocité et leur haine de l'homme, pour voir en eux comme l'illusion d'un être à part, appartenant à une classe qui, tout en étant loin encore de l'humanité, est déjà sortie de l'animalité.

Illusion naïve, j'ai bien dit le mot; le gorille, je ne saurais trop le répéter, est bien un animal, et un des moins parfaits, car si son orga-

Toute la journée, elles pilent le maïs. (Page 32.)

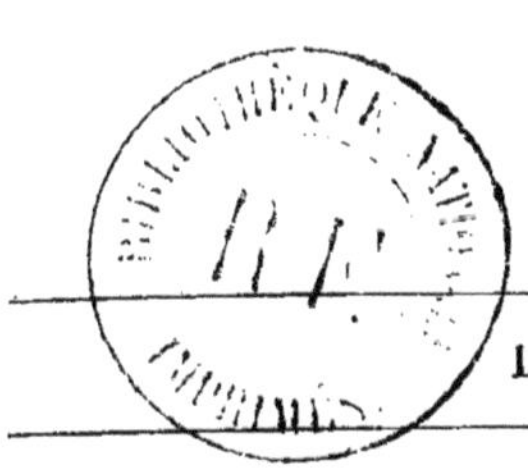



nisation anatomique le rapproche de l'homme, comme raison, intelligence, sociabilité, il s'en éloigne beaucoup plus que l'éléphant, et même que le chien.

Je connais la réponse de certains naturalistes : avant de se prononcer, il faudrait commencer par *domestiquer* le gorille et ne se prononcer qu'après la comparaison. Pour le chien, cela peut supporter la discussion, car il est certain que cet animal à l'état sauvage est peu sociable, mais il en serait autrement pour l'éléphant; pris à la chasse dans les forêts les plus sauvages de l'Inde ou de la Birmanie, ce dernier, en effet, se civilise en deux mois, tandis que le gorille, dont il est du reste impossible de s'emparer à l'état d'adulte, pris tout jeune sur le sein de sa mère, non seulement ne s'apprivoise point, mais n'accepte même pas la vie captive ; il meurt au bout de quelques mois, sans avoir cessé une seule minute d'égratigner et de mordre la main qui le nourrissait. Aucun traitement ne peut vaincre la férocité et la sauvagerie de ce petit monstre.

Après avoir relaté presque tout ce qui s'est dit ou écrit, au point de vue physiologique et naturel, sur le gorille, et indiqué, en les appréciant, les principales observations des voyageurs, je vais maintenant faire appel aux études que j'ai pu faire moi-même sur ce singulier animal, pendant les six mois que j'ai passés à la côte de Mayamba, en 1871.

Ce sera la partie pittoresque et anecdotique de mon œuvre. Je me propose, du reste, pour chacun des animaux dont j'écrirai l'histoire, d'ajouter les résultats de ma propre moisson à ceux de mes devanciers.

J'avais une lettre de crédit sur un traitant de la côte, M. Walter, et dès notre première entrevue, je lui fis part de mon intention de passer cinq ou six mois dans l'intérieur, pour compléter mes collections d'histoire naturelle. Il me promit de me fournir un guide sur la fidélité duquel je pusse compter.

Quelques jours après, en effet, il me présentait un grand diable de noir, de la race des Fans, qui répondait au nom de N'Otooué et qui, moyennant la modique somme d'une piastre par jour et une demi-piastre pour sa femme et son fils, se chargeait de me conduire à travers bois, jungles et marécages, jusque sur la côte de Mozambique, si ça me faisait plaisir.

Il parlait un peu d'anglais, chose très précieuse pour moi; car cela allait me permettre de profiter de tous les récits, plus ou moins légendaires, que comme tous ses compatriotes, grands conteurs, il n'allait sans doute pas manquer de me faire. Du reste il était très agréable pour moi de ne pas être obligé d'employer le langage assez rudimentaire du geste, pour correspondre avec un homme qui allait vivre avec moi pendant plusieurs mois.

— C'est tout ce que j'ai pu trouver de mieux, me dit M. Walter; je le connais depuis dix ans, qu'il vient échanger à mon comptoir de l'ivoire et des peaux, et il n'osera pas, par peur de se fermer la maison, vous jouer de trop vilains tours. Il est menteur, voleur, fanfaron et ivrogne, comme tous ses compatriotes; mais à part cela, ajouta mon hôte, avec un sourire, vous pouvez vous fier à lui

Le portrait de l'illustre N'Otooué ne sera pas long à faire ou plutôt à compléter, car, au moral, le négociant qui me l'avait procuré l'avait esquissé en quelques mots.

Physiquement, c'était un grand gaillard bien découplé, d'un noir d'ébène, la tête crépue comme une peau de mouton, et qui, pour tout vêtement, ne possédait qu'une ceinture d'écorce d'altea battue, à laquelle était suspendue par devant une peau de léopard; ses dents étaient limées en pointe, ce qui lui donnait un air de singulière férocité : on eût dit la mâchoire d'un jeune requin. Il était armé d'un fusil de Liège à un coup, et d'un grand arc en bois de fer de plus de deux mètres de haut; autour de sa ceinture était passée une hache de fabrication anglaise, dont il était très fier, et qu'il était très habile à manier.

Il appartenait à cette tribu cannibale des Pahouins ou Fans qui, depuis près d'un demi-siècle, envahit peu à peu le littoral de l'Afrique, sans qu'on puisse savoir de quel point de l'intérieur elle est partie

N'Otooué prétendait s'être civilisé au contact des blancs et ne plus manger ses semblables; il laissait cela aux pauvres noirs, disait-il, avec un geste superbe, qui n'avaient pas encore vécu dans la société des capitaines et des traitants. Je ne m'y serais pas fié un jour de disette et à deux cents lieues dans l'intérieur. Il se donnait comme le plus fameux chasseur d'éléphants de la contrée, et, de fait, il venait à chaque instant échanger des défenses de ces animaux aux comptoirs de la côte.

Il portait au cou une foule de gri gri, ou amulettes, qui étaient représentés par des dents de caïman, de tigre, des morceaux de bois de cerf, et des verroteries de toutes les formes. Il en avait ainsi pour le préserver de la fièvre, des fâcheuses rencontres, de la morsure des serpents, d'autres lui portaient bonheur dans ses expéditions. Il m'offrit de m'en repasser quelques-uns avant notre départ pour l'intérieur, moyennant un peu de rhum; mais je le remerciai en riant.

— Prends au moins cette dent de chat-tigre contre les mokissos, me dit-il.

Les mokissos sont les malins esprits qui hantent les bois pour faire tomber les voyageurs dans mille et un pièges qu'ils leur tendent. Comme je le priais de me laisser la paix une fois pour toutes avec ses fétiches, il me déclara gravement qu'il ne partirait pas avec moi si je n'acceptais pas son amulette, car il nous arriverait sûrement malheur au cours de notre excursion. Les mokissos devaient, pour le moins, nous attirer dans une tourbière ou nous précipiter dans quelque fosse à éléphant.

Quand je vis qu'il n'y avait pas moyen de lui faire entendre raison, j'acceptai son morceau de dent que je mis dans ma poche et il parut satisfait.

Sa femme, qui était encore moins vêtue que lui, si c'est possible, car elle ne possédait qu'une petite ceinture autour de laquelle pendait une série de cordelettes qui ne voilaient guère sa nudité, était une créature douce et soumise, chargée de porter notre eau dans de grandes calebasses et de préparer les repas; elle était aidée dans ses soins par son fils, jeune noir de la plus belle venue, d'une dizaine d'années environ. Comme on le voit, notre petite caravane n'était pas trop chargée; c'est, à mon sens, le meilleur moyen de voyager dans l'Afrique équatoriale, où il est impossible de faire accorder deux noirs ensemble pendant plus de huit jours, ou, s'ils s'accordent, c'est pour vous piller, et vous abandonner une belle nuit sans ressource au milieu d'une forêt, comme cela est arrivé à maints voyageurs. Je n'avais pas à craindre ce sort, car mon intention était de remonter de Mayamba au cap Lopès et au Gabon, sans jamais m'éloigner d'un rayon de plus de quarante à cinquante lieues de la côte.

A cette distance, les traitants des différents comptoirs finissent toujours par connaître quel a été le véritable sort d'un Européen que ses guides ont tué ou abandonné, et ils ont mille moyens de venger sa mort sans se compromettre, car il est, en dehors de toute question d'humanité, de l'intérêt même de leur exploitation et de leur sûreté personnelle, que la vie des blancs ne soit pas à la merci du premier noir vagabond qui veut s'approprier les armes ou la pacotille du voyageur.

Ils ont pour cela une façon très simple d'arriver à leurs fins, sans faire justice directement eux-mêmes de l'attentat qui a été commis.

Quand un blanc, quel qu'il soit, a été assassiné dans un des districts de l'intérieur, et dans un rayon où l'autorité des petits rois de la côte n'est plus reconnue, ils attendent que le chef de ce district ait besoin de marchandises européennes, et vienne dans le magasin de l'un d'eux pour faire des échanges.

Le négociant avec qui le hasard le met en rapport, le reçoit bien, lui offre un verre d'aloughou, ou rhum de traite, et amène habilement la conversation sur l'aventure. Le chef se défend comme de juste, d'avoir participé en rien au meurtre. Son interlocuteur se récrie, et déclare que tout le monde est persuadé, qu'un prince aussi puissant, aussi équitable... vous voyez la litanie d'ici, ne laissera pas impuni, le meurtre d'un de ses bons amis blancs dans ses états. Il termine d'ordinaire son allocution, en montrant un petit baril de rhum, dont il se réserve, dit-il, de faire cadeau au roi comme signe de bonne amitié, dès que le coupable sera châtié.

Alléché par le présent qui lui est destiné, le féroce roitelet retourne en grande hâte chez lui, et ne tarde guère à revenir avec la tête du meurtrier au bout d'une pique.

Le négociant qui me donnait ces détails, me dit, en terminant, avec un sourire singulier : « Nous ne sommes pas toujours bien sûrs que c'est le coupable qui a été réellement sacrifié, mais qu'y faire? en l'absence de toute justice régulière, nous sommes obligés de faire respecter le prestige de la race blanche comme nous le pouvons. Un de nos grands moyens d'action est encore de nous entendre tous et de menacer le roi de Loango et Mayamba, de nous retirer en masse avec nos marchandises, si justice ne nous est pas rendue ; alors, comme ce souverain est assez puissant pour faire respecter son autorité assez loin dans l'intérieur, nos excursions commerciales, dans certaines provinces du centre, sont entourées de quelque sécurité.

« Je crois donc, ajouta-t-il en forme de conclusion, que votre voyage pourra s'effectuer paisiblement, du côté des noirs du moins, à condition de ne pas vous éloigner de la côte plus que de raison. Quant aux périls résultant des animaux féroces, qui foisonnent dans nos forêts africaines, il faudra faire appel à votre sang-froid, à votre habileté et à vos armes pour vous en garantir. »

Je le quittai ainsi, et avec la ferme résolution de suivre ses conseils. Mon voyage à Mayamba n'avait pas pour but des questions d'hydrographie à résoudre, je ne cherchais point à percer le continent africain de l'Atlantique au canal de Mozambique. Beaucoup plus modestes étaient mes désirs : je tenais à collectionner tous les singes de la contrée, que je viendrais à rencontrer au bout de ma carabine, pour une étude que je préparais déjà sur ces animaux et que je publie aujourd'hui, et, surtout, à rapporter un gorille bien authentique, tué par moi. Dans ces circonstances, il devait me suffire de remonter jusqu'aux environs du cap Lopés, en explorant les forêts qui longent les fleuves Rembo et Ogooué, sans jamais m'éloigner de plus d'une cinquantaine de lieues de la côte, pour trouver amplement de quoi exécuter mon programme.

La région des gorilles s'étend du troisième degré de latitude australe, au premier degré de latitude nord, sur un prolongement de forêts vierges, de plaines marécageuses et de montagnes garnies de grands blocs erratiques, au milieu d'une nature volcanique et tourmentée, qui ne s'éloigne pas de la côte à une distance sensiblement plus grande que celle que j'ai indiquée plus haut.

Je ne dis point qu'on ne peut rencontrer de ces animaux plus avant dans le Sud ou dans le Nord, ou dans les contrées plus centrales; j'affirme seulement qu'aucun voyageur n'en a, jusqu'à ce jour découvert en dehors des limites que je viens de fixer. Quant à moi, j'ai rencontré les seuls qu'il m'a été donné d'apercevoir dans la région du Rembo, ou Ovenga, au milieu des grandes forêts qui limitent les terres basses et presque constamment inondées qui avoisinent ce fleuve, au lieu même où il fait un grand coude pour remonter brusquement le long de la côte jusqu'à Elindé.

Le jour même de notre départ, au campement du soir dans un petit village nègre, où le chef avait mis sa case à ma disposition, j'annonçai à N'Otooué mon intention de chasser le grand singe ou d'jna. Il en parut d'abord un peu effrayé, mais jetant un regard sur ma carabine à balle explosible, dont il avait déjà pu voir les merveilleux effets, sur un sanglier que, dans la journée, j'avais litteralement mis en pièces, il me répondit que rien n'était plus facile, et qu'il me conduirait dans les lieux où il établit de préférence sa demeure.

Les principaux habitants étaient rangés en cercle autour de nous. Quand mon guide leur eut fait connaître mes projets, tous aussitôt se mirent à parler à la fois en gesticulant, et je compris que chacun racontait son histoire sur cet étrange animal.

N'Otooué sur ma demande, se mit à me traduire avec volubilité, tous ces récits au fur et à mesure qu'ils se produisirent et j'entendis jusqu'à une heure assez avancée de la nuit, une série de contes à ce point merveilleux, que seule l'imagination nègre était capable de les inventer.

Il ne paraît pas dénué d'intérêt de relater quelques-unes des croyances superstitieuses qui ont cours au Congo sur le gorille. Je choisis parmi les plus singulières.

Les habitants de cette contrée croient, par exemple, que le d'jna n'est pas un animal, ainsi que les autres singes. D'après eux, le corps de ces bêtes étranges est animé par l'esprit de certains nègres morts, qui, pour des méfaits commis en cette vie, et qui leur interdisent pour longtemps le séjour du grand Maramba, créateur de l'Univers, sont obligés de revenir vivre sur la terre dans les corps de ces monstres.

Tous les gorilles ne sont pas ainsi hantés, mais seulement quelques-uns, plus grands, plus forts et plus méchants que les autres, qui se reconnaissent parfaitement entre eux à certains signes d'affiliation et se liguent pour faire à l'homme une chasse impitoyable.

D'après les indigènes, ces gorilles ajoutent à leur force et à leur férocité une intelligence égale à celle de l'homme. On ne peut ni les prendre ni les tuer; ils sont invulnérables, les balles même des carabines européennes s'aplatissent sur leur corps, non point parce que leur peau est plus dure que celle des autres, mais parce que, étant animés par l'esprit d'un trépassé, ils sont protégés contre toute attaque par un charme mystérieux. Parmi ces gorilles, il y en a qui, comme les vampires, s'élancent sur les voyageurs isolés, d'un coup de dent leur ouvrent la jugulaire, et ne les abandonnent qu'après leur avoir sucé tout le sang. D'autres, cachés dans le cœur de quelque gigantesque baobab, saisissent tous les malheureux qui passent à leur portée, les étranglent et les rejettent dans les broussailles, où ils ne tardent pas à devenir la proie des chacals et des vautours.

Il y en a qui, par ressouvenance de leur vie passée, s'ennuient de l'existence solitaire qu'ils mènent dans les bois, car ces gorilles N'chabouns, c'est-à-dire possédés, n'ont aucune fréquentation avec les autres; ils viennent alors rôder la nuit autour des villages, et malheur aux négresses que le hasard leur fait rencontrer : ils s'élancent sur elles, et les entraînent au plus épais de la forêt. Au dire des nègres dont l'imagination ne connaît point d'obstacle, les pauvres femmes sont obligées de servir de compagnes à ces affreuses bêtes; toute la journée, elles pilent le millet, égrènent le maïs et râpent la cassave,

Singe servi comme collation. (Page 39.)

pour préparer les repas des N'chabouns, car ces messieurs préfèrent de beaucoup la nourriture dont ils faisaient usage avant leur transformation, aux herbes et aux fruits sauvages qu'ils rencontrent dans la forêt.

Toute prisonnière qui tente de s'évader est immédiatement mise en pièces; c'est pour cela, affirment les conteurs indigènes avec une imperturbable assurance, qu'on n'en a jamais vu revenir une seule.

Je n'en finirais pas si je voulais relater toutes les histoires merveilleuses que j'entendis débiter ce soir-là, car mis en goût par les récits de N'Otooué, tous les assistants voulurent ajouter quelques traits au tableau fantastique que ce dernier avait esquissé, et dont les gorilles *possédés* avaient fait tous les frais.

De même qu'aux longues veillées d'hiver des contrées du Nord, il n'y a pas un paysan qui n'ait, le long des murs du cimetière, aux carrefours des forêts, entrevu quelque forme insaisissable et lugubre, ou entendu les hurlements sinistres et plaintifs du loup-garou, de même à cette première soirée, sous le ciel équatorial de l'Afrique, je ne vis pas un des noirs qui étaient venus s'accroupir autour de nous, qui n'eût, lui aussi, quelque conte à nous dire.

L'un avait surpris une troupe de N'chabouns en train de cueillir et de botteler des cannes à sucre, avec autant d'art qu'un homme eût pu y mettre; il s'était caché pour éviter le sort qui l'attendait s'il eût été aperçu des gorilles, et il avait été témoin du plus étrange des spectacles : la récolte finie, chaque animal avait chargé sur ses épaules, deux ou trois faix de cannes, et tous ensemble avaient repris le chemin de leurs réduits, en poussant des rugissements qui ébranlaient les forêts et faisaient fuir les fauves devant eux.

Un second nous affirma qu'il arrivait parfois que, même avant leur mort, les hommes étaient, par maléfice, métamorphosés en gorilles, et il nous conta l'histoire suivante.

Un de ses voisins, du nom de N'Dambé, ayant encouru la colère des « gangas » ou sorciers de sa tribu, rencontra un matin dans le chemin qu'il prenait pour aller de sa demeure à la forêt, un paquet de lianes épineuses, entrelacées d'une façon bizarre. Il l'écarta sans y faire grande attention, malgré les remarques de notre conteur qui était son compagnon. A quelques pas de là, ce fut bien une autre affaire : deux serpents morts, placés en croix l'un sur l'autre, barraient la route : nouvelle observation dont il ne tint pas compte. A l'entrée de la forêt, ils trouvèrent la dépouille d'un vautour noir et notre homme persista à suivre son chemin, malgré un dernier avertissement de son ami. Ils allaient reconnaître un champ de manioc sauvage, qu'ils avaient découvert près d'un marécage, quelque temps auparavant. En revenant le soir, comme ils s'étaient un peu attardé, la nuit les surprit en pleine forêt. N'Dambé commença alors à donner des signes extraordinaires d'agitation; puis, aux premiers rayon de la lune, à la grande terreur de son compagnon, il se mit à pousser des cris inarticulés, qui peu à peu se changèrent en hurlements, et au fur et à mesure que sa voix se modifiait, son corps suivait la transformation et finissait par prendre la forme du gorille.

Devant son ami cloué sur le sol par la frayeur, il poussa à ce moment un rugissement plus effroyable que les autres et s'enfuit sous bois. On ne l'a jamais revu, fit notre noir en terminant, avec un air de parfaite conviction...

En voilà assez, je crois, pour bien faire connaître le caractère des habitants de cette partie de l'Afrique, semblable du reste à tous ceux des peuples en enfance, et des intelligences que nulle instruction n'est venue développer.

Le voyageur ne doit donc accepter leurs récits, même sur les choses de leur pays qu'ils doivent le mieux connaître, qu'avec une réserve un peu sceptique, en se souvenant toujours, comme base d'appréciation, qu'entre deux faits, l'un simple et d'observation certaine, et l'autre d'ordre merveilleux, c'est toujours au fait merveilleux que le noir donnera la préférence pour vous le conter, non par besoin de tromperie, mais parce que son esprit est ordinairement plus porté aux choses mystérieuses et étranges, qu'aux choses simples et naturelles. Aussi, par une raison contraire, lorsque son imagination n'est pas excitée par les récits légendaires qu'il a entendu faire sur tel ou tel fait dès sa plus tendre enfance, et qu'il s'agit de petites observations sans importance, peut-on absolument se rapporter aux renseignements qu'il vous donne, surtout quand vous les recevez à peu près les mêmes dans chaque village et dans chaque tribu.

Ainsi, pour éclairer ma pensée d'un exemple, je crois que du Chaillu se trompe quand il affirme que le gorille ne monte que difficilement aux arbres, qu'il n'y grimpe que pour aller chercher des noix, dont il est fort friand, n'y passant jamais la nuit et préférant, pour se reposer, s'adosser contre un rocher ou le tronc de quelque palmier. Il n'y a là rien de merveilleux, rien qui pousse le noir à vous éblouir par des récits fantastiques, aussi préféré-je de beaucoup ajouter foi à ce que m'ont conté unanimement à ce sujet, tous les indigènes de la côte, à savoir que le gorille, dès qu'il n'était pas occupé à récolter les ananas sauvages et les herbes dont il compose sa nourriture habituelle, s'installait dans le cœur de quelque arbre gigantesque, où il avait coutume de passer la nuit, et de faire sa sieste de jour.

Je n'ai pas vu un seul noir varier sur cette circonstance, et comme elle ne mérite pas qu'on l'invente et qu'elle ne prête rien à la tendance de cette race de tout exagérer, il n'y a pas de doute que le fait ne doive être tenu pour réel. Le gorille, est du reste, admirablement conformé pour monter aux arbres et s'y tenir commodément.

Quel que fût mon désir, ce premier soir de campement, de mettre la conversation sur les habitudes et les mœurs véritables du grand singe que je me proposais de chasser, il me fut impossible d'amener les noirs à quitter leur sujet favori, et le gorille N'chaboun, c'est-à-dire le gorille fantastique, fit tous les frais de cette longue soirée.

Les noirs du Congo supérieur, c'est-à-dire du royaume de Loango, sont d'enragés noctambules; le jour, pendant les heures chaudes, ils dorment à l'abri de leurs cases de terre sèche et de bambous, ou sous un apentis de feuillage; mais dès que le soleil s'incline à l'horizon, que les fraîches brises de mer commencent à caresser la tige flexible des bananiers, ils secouent leur torpeur, se baignent, procèdent à leur toilette, pendant que les femmes et les esclaves préparent le repas du soir, et, leur appétit satisfait, ils vont se promener par les rues des villages. en fredonnant quelque refrain. Peu à peu les groupes se forment, chacun apporte ses cigarettes roulées dans des feuilles de maïs, et les conversations sans fin commencent, dans lesquelles, ainsi que nous venons de le voir, trépassés, revenants et loups-garous de nos contrées occidentales, sont remplacés par les N'chabouns et les milliers de transformations dont ils sont susceptibles.

Las de mes tentatives infructueuses, les membres alourdis par la fraîcheur relative de la nuit, je me jetais sur une natte dans la case que le chef du village avait fait préparer à mon intention, et ne tardai pas à m'endormir, bercé par le vague murmure des voix indigènes, qui continuaient leurs interminables récits.

Le jour s'annonçait à peine, qu'éveillé par N'Otooué, j'avalai rapidement une tasse de café noir préparée par sa femme, et nous prenions le chemin de la forêt.

Aussi loin que l'œil pouvait s'étendre, nous n'avions en face de nous qu'une vaste plaine, entrecoupée de bosquets de palmiers et *d'œleis guineensis* qui s'élevaient au milieu de champs cultivés de millet, de *shorgo* et de maïs. Au fond, à travers les échappées de verdure, nous apercevions comme une longue ligne bleuâtre avec des dentelures et des inégalités, qui s'irisaient de nuances diverses sous les premiers rayons du soleil levant; c'était, me dit mon guide, une succession de collines boisées, asile habituel des gorilles et des éléphants sauvages, où il avait coutume d'aller faire sa provision d'ivoire.

Il me conduisait donc sur un territoire de chasse qui lui était familier. Nous marchions dans la direction du nord-est, et autant que je pus en juger à l'œil nu, une distance de cinquante milles environ pouvait nous séparer des pics les plus élevés que nous apercevions.

Ces collines devaient être une des nombreuses ramifications des grandes sierras, ou chaînes de montagnes qui partent de la Guinée centrale et se prolongent jusqu'au cap, sans jamais s'éloigner de la côte, à une distance supérieure de cent ou cent cinquante milles.

Je ne sais rien de plus beau, de plus pittoresque, que le paysage africain, aux premières heures du jour. Nous marchions par de petits sentiers, à peine frayés par les pieds nus des esclaves et des chasseurs, au milieu d'interminables haies bananières, et de jeunes palmiers, couverts de leurs longues grappes de fruits dorés et savoureux, et dans l'intervalle laissé par les troncs de ces arbres entre eux, nous apercevions de longues bandes de verdure, qui se déroulaient de chaque côté de nous, chatoyantes à l'œil comme des tapis de velours émeraude; c'étaient les champs cultivés, en ce moment remplis d'esclaves, qui, levés longtemps avant le jour, ouvraient les canaux d'arrosage, ou sarclaient les jeunes plants, au bruit de chants monotones et lents qui semblaient faits exprès pour accompagner la cadence de leurs mouvements.

Puis tout à coup, la plantation cessait brusquement, le terrain, pendant quelques centaines de mètres, était envahi par les poivriers, les tulipiers aux fleurs nuancées, les buissons et les lianes; pendant quelques minutes, nous marchions sous un épais berceau de feuillage, plein de perruches criardes qui s'enfuyaient à notre approche, en nous lançant comme un défi leurs notes aigres et stridentes, pendant que les oiseaux chanteurs s'enfonçaient, muets d'effroi, dans le plus profond de la broussaille. De temps à autre, quelque gros ara vert et rouge s'enlevait lourdement d'une branche, en croassant comme une vulgaire corneille; ou bien c'était un de ces beaux merles métalliques, que nos élégantes payent au poids de l'or pour en orner leurs coiffures, qui s'envolait à quelques pas de nous, avec ce sifflement mélancolique et triste qui le caractérise!

Que de richesses du règne végétal! De tous côtés, autour de moi, resserrées dans un espace de quelques centaines de mètres carrés, se montraient les essences les plus singulières et les plus curieuses de la Flore équatoriale.

Ici la Commeline équinoxiale mélangeait ses rameaux à ceux du Souchet à fleurs distantes, *Cyperus distans;* la Kilingie en ombelle, coudoyait l'Oplismène d'Afrique, *Oplismenus africanus*, et la Carmentine élégante, dont les branches se mariaient à celles du Rotang, *Calamus secundiflorus*, formait avec ces derniers des buissons impénétrables qui servaient d'asile aux oiseaux-mouches et aux perruches à collier rose, qui y installaient, à l'abri de toutes les tentatives, leurs nids, leurs amours et leurs chansons.

En vérité, si je n'eusse écouté que mes goûts, j'eusse immédiatement abandonné tous mes projets de chasse, pour rester à butiner dans ces réduits enchanteurs. De quelles rares espèces, de quelles variétés admirables se fût enrichi mon herbier! mais j'étais parti avec cartouches et carabines, dédaignant les paisibles outils de botaniste, et il n'était plus temps de donner une autre direction à mon voyage.

Jusqu'au soir, nous ne fîmes que traverser une succession de bosquets et champs cultivés, interrompus de temps à autre par de petits villages, qui ne reconnaissaient plus guère que de nom l'autorité du souverain de Loando. Plusieurs chefs de ces agglomérations de cases indigènes voulurent nous imposer un droit de passage, mais N'Otooué qui, comme Pahouin, et fils d'une race plus énergique, méprisait souverainement ces pauvres diables, leur répondit que le capitaine blanc leur ferait cadeau, s'ils insistaient, d'une balle dans la tête. Cela ne m'empêcha pas de leur faire à chacun un petit présent pour me les rendre favorables.

Nous couchâmes encore ce jour-là dans un de ces kraos; mais, fatigué par la veillée précédente et quatorze heures de marche, je ne tardai pas à me jeter sur ma natte et à m'endormir.

Le lendemain, nous entrions en pleine forêt : à partir de ce moment, il fallait avoir l'œil sûr et la main prompte, car, au dire de mon guide, nous pouvions parfaitement rencontrer un tigre, une panthère ou un gorille.

Il n'en fut rien cependant, et nous arrivions sans encombre, un peu avant la chute du jour, au village pahouin qu'habitait N'Otooué. Le retour du chasseur avec un blanc fit une certaine sensation, et presque tous les habitants ne tardèrent pas à faire cercle autour de l'habitation de mon guide. Quand je sortis pour aller présenter mes salutations au chef, toute cette foule me suivit, mais sans trop de curiosité; depuis une vingtaine d'années, ces populations avaient eu trop d'occasion de voir des Européens, pour beaucoup s'étonner de la présence d'un de ces derniers. Je remarquai même que la plupart des jeunes garçons et des jeunes filles n'avaient plus les dents limées, ce qui était un signe d'infiltration évidente d'idées nouvelles.

Le chef, que N'Otooué me présenta sous le nom de M'Yenga, me serra la main à la manière européenne et me demanda immédiatement si je n'avais pas de cadeau à lui faire, signe de plus en plus évident que la civilisation avait passé par là. Je lui donnai un pistolet de Liège, une boîte de poudre et des capsules. Il parut satisfait, et, ayant appris que j'étais venu pour chasser le gorille, il déclara qu'il m'en ferait tuer un le lendemain.

Les péripéties de cette chasse étrange sont encore présentes à ma mémoire; je néglige donc toutes les observations ethnographiques que j'ai pu faire pendant mon séjour chez les Pahouins, et qui, du reste, ne rentrent point dans le cadre de cet ouvrage, pour m'en tenir absolument aux excursions que j'ai faites avec eux sur les terres du gorille.

Suivant la parole que M'Yenga m'avait donnée, notre première chasse eut lieu le lendemain.

Dès l'aube, le chef me fit prévenir de me rendre dans sa case où il m'attendait avec une dizaine de guerriers, prêts pour le départ. Chacun d'eux était muni d'un de ces vieux fusils de munition, épaves des anciens armements européens que les caboteurs viennent échanger sur ces côtes, du golfe de Guinée au pays de Benguela; ils portaient en outre une longue lance et un bouclier en peau d'éléphant, fixés par une courroie sur leur dos, et une hache passée à la ceinture; en cet état ils avaient plutôt l'air d'être équipés en guerre, que pour aller à la poursuite de quelque animal sauvage.

Avant de partir le chef m'invita à une collation, dont un singe, quelques poules rôties et des bananes cuites sous la cendre composèrent tout le menu.

Le singe était peu de mon goût; je pris un peu de volaille et quelques bananes, et les Pahouins eurent dévoré le reste en un instant.

Nous nous mîmes en marche sous la direction du chef et de N'Otooué, qui paraissait jouir de beaucoup de considération auprès des siens; le village était situé sur la première pente des collines que j'avais aperçues la veille. Nous nous engageâmes immédiatement dans une sorte de vallée assez étroite dont le sol montait en s'exhaussant entre deux murailles de côteaux boisés; au fond coulait un petit ruisseau qui semblait venir des plateaux supérieurs.

M'Yenga, qui marchait près de moi, me fit dire par mon guide qu'avant deux heures nous rencontrerions les gorilles. Il m'apprit qu'il n'était jamais venu dans cette vallée sans en tuer un ou deux.

— Ils affectionnent fort ces lieux, me dit-il, car ils y rencontrent en abondance les plantes et les fruits dont ils sont friands; des fourrés impénétrables leur permettent de cacher leurs petits à tous les yeux, et ils ont l'eau du ruisseau pour se désaltérer.

En ce moment, ayant aperçu un magnifique écureuil noir, j'épaulai mon fusil de chasse pour le jeter bas : c'était une magnifique pièce à conserver et très rare dans les collections d'Europe; mais le chef des Pahouins releva immédiatement mon fusil.

— Ne tire pas, me dit-il, au moindre bruit les gorilles seront avertis de notre présence, et ils se retireront à des hauteurs telles que la chasse pourrait devenir très dangereuse.

L'observation était juste ; la petite chasse, du reste, n'est pas de mise quand on poursuit les grands fauves quels qu'ils soient, à plus forte raison la même précaution devait être prise pour le gorille qui, à une force supérieure à celle de ses autres compagnons des bois, joint une astuce et une adresse beaucoup plus grandes.

La petite troupe de guerriers, l'oreille au guet, l'œil dirigé vers le sol, s'avançait lentement déployée en éventail, prête à saisir le moindre son, et à découvrir la moindre trace qui pussent signaler à son attention, la présence du terrible animal que nous venions troubler au milieu de ses domaines. N'Otooué, le chef et moi, nous marchions au centre, fusils et carabines armés et prêts à faire feu au premier signal.

Tout à coup M'Yenga me dit à voix basse, toujours par l'entremise du guide notre traducteur :

— As-tu déjà chassé le gorille?

— Jamais, chef, répondis-je.

— Bien! dans ce cas j'ai une observation à te faire.

— Je t'écoute, chef.

— De quelle arme comptes-tu te servir?

Le chef pahouin m'adressait cette question, car j'avais en ce moment ma carabine à la main, et à deux pas en arrière de moi le jeune fils de N'Otooué portait mon fusil de chasse.

— Je me servirai de cette arme, lui répondis-je en lui montrant ma carabine.

— Pourquoi pas de l'autre qui a deux canons?

— Parce que celle-ci, quoique n'ayant qu'une seule charge, est bien plus terrible que l'autre.

— Pourquoi cela?

Son œil, d'une singulière férocité, sondait le feuillage. (Page 48.)

— Parce qu'elle renferme une balle explosible, et que pas un animal ne peut résister au coup mortel qu'il reçoit de cette facon.

— Je ne comprends pas ce que tu veux me dire.

— Cela n'est pas très simple à expliquer, et une expérience vaudrait mieux que toutes mes paroles.

— Ce que dit le blanc est en effet pour moi comme s'il remuait les lèvres pendant la nuit.

— Si je tirais une seule de ces balles sur un de tes guerriers, il tomberait à l'instant, le corps horriblement déchiré; avec cette arme, quel que soit l'endroit où l'on atteigne son ennemi, bête ou homme, on ne blesse pas, on tue toujours.

— Bien! les blancs sont favorisés des esprits, ils découvrent toujours des armes nouvelles.

— A la première occasion je te montrerai la puissance de celle-ci!

— Oui! oui! les blancs savent beaucoup de choses, ils ont tous les fétiches à leur disposition, mais les blancs ne savent pas chasser le N'gena; malgré toute leur adresse, ils se feraient tuer par lui, s'ils n'avaient pas les noirs pour les conduire.

— Tu as raison, lui répondis-je, les blancs ne pourraient rien faire sans les noirs.

A ces paroles, le chef releva la tête et regarda les siens avec un indéfinissable sentiment d'orgueil.

— Écoute, continua-t-il au bout de quelques instants, puisque tu n'as jamais chassé le gorille, je vais te faire une recommandation.

— Sois persuadé que j'en tiendrai compte, chef.

— Il n'est pas difficile de tuer le gorille, une balle dans la poitrine et il est mort.

— Je l'avais déjà entendu dire, mais je suis heureux de voir confirmer la chose par un grand chef.

Le vieux Pahouin me lança un nouveau regard de satisfaction ; en quelques mots je m'en étais fait un ami à toute épreuve.

— Mais il ne faut pas le manquer, continua mon interlocuteur, car tu n'aurais pas le temps de prendre ton second fusil des mains du fils de N'Otooué, tu serais un homme mort.

— Il a raison, me dit le guide en achevant la traduction de cette phrase, un chasseur qui manque le gorille n'a pas le temps de fermer les yeux que la bête est sur lui.

— Je comprends, mais nombreux comme nous le sommes, un pareil danger n'est pas à redouter.

— C'est ce qui te trompe.

— A mon tour de ne pas comprendre.

— Nous sommes réunis maintenant, parce que la largeur de la vallée le permet, mais bientôt nous n'allons plus pouvoir marcher de front, nous serons obligés de nous diviser, de nous avancer isolément, et cachés les uns aux autres, par les buissons, les fouillis de branches et de lianes, chacun de nous sera obligé de veiller à sa propre sûreté. Un gorille caché dans un fourré peut se dresser inopinément devant vous, et vous mettre en pièces, avant qu'aucun de vos compagnons puisse seulement se douter de votre sort.

A ces paroles je sentis comme un léger frisson me parcourir tout le corps, un ennemi à qui on peut faire face, et l'on comprend que cela m'ait pu arriver quelquefois pendant mes pérégrinations dans l'Inde, l'Indochine, les Iles océaniennes et l'Afrique, ne m'a jamais fait peur, mais j'avoue que la perspective d'une attaque subite presqu'imprévue, de la part de cet animal que je n'avais jusqu'alors entrevu que par une sorte de mirage de la pensée, pendant les récits plus ou moins légendaires des naturels, n'avait rien qui pût me séduire.

Aussi répondis-je avec une certaine appréhension, que ma voix cependant ne trahit point, car sous aucun prétexte l'Européen en présence du danger ne doit laisser deviner son émotion à ses guides indigènes, qui le croient inaccessible à tout sentiment de peur.

— Je croyais que le gorille n'attaquait point l'homme à moins d'être déjà blessé.

— Qui t'a dit cela? fit le chef avec étonnement.

— Les voyageurs de mon pays, qui ont chassé le N'gena avant moi.

— Les voyageurs de ton pays n'ont jamais rencontré le gorille dans son repaire habituel ; sans cela, ils n'auraient point dit semblable chose. Toutes les fois que le grand singe est surpris dans son sommeil, ou qu'il veille sur le repos de sa compagne et de ses petits, il attaque tout ce qui passe à sa portée. Fais donc ton profit de ce que je viens de te dire, veille sur tous les buissons, regarde entre les branches de chaque gros arbre, arrête-toi, pour sonder la forêt, au moindre bruit, et si le N'gena se dresse devant toi, vise bien, tire vite, et ne le manque pas, car lui, sois-en sûr, ne te manquera pas.

Comme on le voit, la situation était de moins en moins rassurante, car, que faire contre un être qui se cache et qui, de tous les massifs, peut s'élancer sur vous?

J'ai toujours beaucoup admiré ces voyageurs qui, à chaque pas, et à chaque page, font de véritables hécatombes de tigres, de panthères, de crocodilles, et cela, avec un sang-froid exempt de toute émotion, du moins au bout de leur plume. J'avoue très simplement que, chaque fois que je me suis trouvé en face d'un danger sérieux et imminent. j'aurais donné beaucoup pour être ailleurs. Cela ne m'a pas empêché, de faire bonne contenance et d'avoir la main solide.

Nous passâmes une partie de notre journée, tout en gravissant les pentes agrestes, où la végétation devenait de plus en plus serrée à mesure que nous approchions des sommets des premiers plateaux, à fouiller tous les buissons, à battre tous les bosquets, sans rencontrer autre chose que des singes d'espèces vulgaires, et des chacals, qui s'enfuyaient épouvantés. Une seule fois, une petite panthère noire, à peine grosse comme un guépard, s'élança d'un rocher, et disparut en moins de rien dans la broussaille, je la tins pendant quelque secondes au bout de ma carabine, la tentation était trop forte: j'allais tirer malgré la recommandation de M'Yenga, lorsqu'une réflexion subite m'arrêta : si le bruit, me dis-je rapidement, allait faire sortir subitement un gorille des fourrés voisins, je me trouverais en face de lui, impuissant et désarmé.

J'abaissai mon arme et continuai mon chemin.

Le vieux chef m'avait observé sans mot dire ; pour rien au monde il ne m'eût renouvelé ses recommandations, mais il fut heureux de voir que j'avais tenu compte de ses paroles.

— C'est comme cela que doit faire un vrai chasseur, dit-il avec un geste amical.

La nuit vint que nous étions encore occupés à battre les fourrés ; nos hommes n'avaient relevé que quelques traces insignifiantes, ce qui laissait à présumer que les gorilles, s'il s'en était trouvé quelques-uns sur notre chemin, nous avaient cédé la place au fur et à mesure que nous avancions.

Nous fûmes obligés de camper où nous nous trouvions, et notre souper qui fut des plus frugal, les Pahouins ayant peu l'habitude des provisions, se composa de quelques bananes sauvages, grosses et dures et de quelques grillades de singes, tués à coups de bâton ou à coups de lance, dans la journée.

La fatigue et la faim aidant, je me décidai à goûter de cet animal dont je trouvai la chair coriace, mais moins désagréable que je ne m'y attendais.

Nous passâmes là une des nuits les plus singulièrement étranges que je puisse retrouver dans la masse de mes souvenirs de voyageur. Les nuits équatoriales ne sont pas calmes comme celles des contrées du nord. Pendant tout le temps que dure la chaleur, les fauves restent abrités dans leurs tanières, attendant l'ombre et la fraîcheur du soir pour partir en quête de leur nourriture. Aux derniers rayons du soleil, la nature fatiguée semble s'éveiller pour une vie nouvelle, les premiers rugissements du tigre ou du léopard commencent à rouler dans les vallées, se mêlant au bruit solitaire des torrents ; on dirait que ces rois des forêts, en quittant leurs lits de mousses, au fond de quelques réduits, veulent annoncer ainsi chaque soir, la prise de possession de leur empire. Les gorilles, perchés sur une branche de banian, ou sur le toit de feuillage de leur case grossière, leur répondent par des notes plus légères, plus graves et tout aussi terribles ; ils semblent les défier de venir se mettre à portée de leurs griffes puissantes, et soyez sûrs que la recommandation ne sera pas perdue, les fauves suivront le cours des ruisseaux, se répandant dans les plaines voisines, mais pas un, averti par ce cri étrange, par cette note qui a quelque chose d'humain dans sa sauvagerie, et qui se termine en roulement de tonnerre, ne se hasardera à venir s'ébattre dans le lieu que le gorille a choisi pour y établir son campement. Il sait à quel ennemi terrible il aurait affaire, et le N'gena peut régner sur ces forêts, en paisible souverain.

Et cependant, contraste charmant, pendant que le tigre et le grand singe, échangent de loin leurs notes menaçantes, des milliers d'oiseaux chanteurs, qui pendant toute la journée avaient cherché au plus épais des bois un abri contre les ardeurs du soleil, se réveillent, et sur chaque branche d'arbre et de buisson, font entendre à l'envie leurs chansons mélodieuses.

Cette nuit, le concert fut complet : fauves et rossignols des bois firent entendre tour à tour leurs rugissements et leurs chants.

J'avais fait allumer un feu pour chasser les moustiques et éloigner les visites dangereuses, et, enroulé dans une couverture, la tête sur mon sac de voyage en guise d'oreiller, je passai de longues heures à contempler le spectacle saisissant que j'avais sous les yeux, avant de goûter les bienfaits du repos.

A la lueur vacillante de la flamme qui, selon la brise, se portait tantôt d'un côté, tantôt de l'autre, les ombres, les buissons, les profondeurs de la forêt prenaient les aspects les plus fantastiques, et la silhouette des guerriers pahouins, dont la moitié veillaient, détachés à quelques pas en sentinelle, se profilait d'une façon singulière sur le fond de feuillage que le feu colorait en rouge sombre.

De grand matin, nous pénétrâmes dans les parties les plus touffues et les moins abordables de la forêt, animés par l'espoir d'être plus heureux dans nos recherches. Nous marchions avec prudence.

De tous côtés, nos hommes relevaient des pistes fraîches, ils nous signalèrent plusieurs endroits où des gorilles avaient dû surement passer la nuit; il était facile de le reconnaître aux déjections laissées par ces animaux.

Et cependant les heures se succédaient, la chaleur commençait à devenir accablante, des traces de gorille partout, sur les arbres, dans les fourrés, et pas un seul qui daignât nous attendre, nous disputer le passage. J'en éprouvais, je puis le dire, le plus vif désappointement; le danger et son cortège de craintes avaient complètement disparu de mon esprit, pour faire place à cette furie de poursuite quand même. que tous les chasseurs connaissent; l'attente, toujours suivie d'insuccès, me donnait la fièvre, et je n'avais plus qu'un but, qu'un désir : me trouver en présence de cet insaisissable animal qui semblait se jouer de toutes mes recherches.

A un moment donné, M'Yenga me saisit par le bras, brusquement; je ne pus m'empêcher de tressaillir.

— Qu'y a-t-il? demandai-je.

— Rien encore, me répondit le chef.

— Ces gorilles sont donc ensorcelés! fis-je avec un accent de mauvaise humeur que je ne pus dissimuler.

A ces mots, je vis N'Otooué qui me regardait d'un air étrange.

— Ne parle pas ainsi, me dit-il, tu nous porterais malheur.

— Comment cela? lui répondis-je sur le même ton, flairant quelque superstition nouvelle.

— Je ne traduirai pas ta phrase au chef, continua le guide, car il croirait tout de suite que nous sommes en présence de gorilles *possédés* et pour rien au monde tu ne lui ferais continuer cette chasse.

— Va t'en au diable! avec toutes tes sottes histoires.

— La raison ne parle pas en ce moment par la bouche du capitaine blanc, me répondit simplement N'Otooué.

Le guide avait raison, et je me tus.

M'Yenga voulut à toute force savoir ce que nous avions dit, car l'animation de mes réponses, sinon le sens, ne lui avait pas échappé. Le guide lui répondit que j'étais tout à fait en colère, à cause de l'impolitesse des N'genas qui persistaient à fuir notre visite. Mais il n'eut pas le temps d'en dire plus long : un des rabatteurs qui ne se trouvait pas à plus de vingt mètres en avant de nous, venait de faire entendre un petit cri semblable à celui du lézard Jecko, dont les Pahouins ont l'habitude de se servir entre eux, lorsqu'ils veulent appeler l'attention d'un compagnon sur quelque chose.

A l'instant même, et instinctivement, tout le monde s'arrêta.

L'indigène qui avait donné le signal, se rabattit sur nous en rampant.

— Qu'y a-t-il ? lui demanda le chef.

— N'gena ! fit le Pahouin en plaçant un doigt sur son front.

— Dans quelle direction ?

Le guerrier étendit la main en avant de nous, un peu sur la droite.

— En avant de ce bouquet de grands arbres.

— Attendez-moi tous ici, nous dit le chef, avec ce ton bref de commandement qu'il savait prendre avec ses hommes.

Puis, s'adressant à moi :

— Que le capitaine blanc me suive, me dit-il.

N'Otooué ne m'eut pas plus tôt traduit cette parole, que le chef, qui s'était lentement baissé jusqu'à terre, se mit à ramper en avant dans la direction que le guerrier venait de nous indiquer ; je le suivis, et je dois dire qu'à ce moment, je me trouvais de nouveau sous le coup d'une émotion peu commune.

Pendant cinq minutes, un siècle, je vis le chef s'avancer insensiblement sans faire entendre le moindre bruit, écartant lentement de la main les broussailles, qu'il n'abandonnait que quand elles m'avaient livré passage. Tout à coup, il s'arrêta, se souleva à demi, et à travers un épais rideau de feuillage, sembla concentrer son regard sur un point fixe dans l'espace. Mon cœur battait à tout rompre.

Enfin, il me fit signe d'approcher... à mon tour, je sondai la forêt d'un coup d'œil... je sentis mes cheveux se hérisser sur ma tête. Au fond d'une clairière, debout sur une case de feuillage, un énorme gorille, les narines au vent, interrogeait l'espace...

C'était la première fois qu'il m'était donné d'apercevoir cet étrange et terrible animal, cause principale de mon voyage dans le Loango.

On eût dit qu'il avait flairé le danger, car son œil, d'une singulière férocité, sondait la muraille de feuillage qui le séparait de nous, avec une fixité qui nous montrait parfaitement qu'il ne se trompait pas sur la direction qu'il devait prendre pour attaquer ses ennemis.

Je le visai en pleine poitrine. (Page 53.)

Le vieux M'Yenga, habitué à ce genre de spectacle, ne bougeait pas plus qu'un Terme; pour moi, un étonnement profond où se mêlait une certaine épouvante, me clouait littéralement sur le sol : je ne m'attendais pas à rencontrer un animal d'un aspect aussi terrifiant. C'est un des rares faits de ma vie de voyageur où j'ai pu constater que la fiction que l'imagination se forme, était au-dessous de la réalité parfois.

Debout, la tête en avant, battant sa poitrine de ses longs bras, il poussa d'abord trois rugissements, où l'accent spécial de la bête fauve sembla se mêler à des cris humains sortis d'un gosier articulé comme le nôtre ; il fit éclater une série de notes grondantes, graves et sonores, qui, fortes d'abord, semblèrent parcourir ensuite toute l'échelle de la gamme descendante, en diminuant de volume et d'éclat, comme ces roulements de tonnerre qui crépitent dans la nue et s'éteignent dans une roulade lointaine, après avoir ébranlé le ciel de leurs premiers coups.

Tout à coup le chant criard de la perruche à collier rose se fit entendre près de nous. Le gorille s'arrêta étonné; instinctivement je levai moi-même la tête dans le feuillage, cherchant à apercevoir sur quelle branche d'arbre était perché l'animal qui chantait. Dans un pareil moment, je ne vis rien ; mais le même cri s'étant de nouveau fait entendre, je m'aperçus que j'étais le jouet d'une imitation admirablement réussie ; M'Yenga, en effet, se servait de ce signal pour rappeler tous ses compagnons autour de lui.

Mais quel que fût le degré d'habileté auquel était parvenu le chef des Fans, le gorille sembla ne s'y point tromper, car ce bruit ne fit que redoubler sa fureur.

En ce moment, tous les guerriers nous avaient rejoints en rampant dans l'herbe avec les mêmes précautions que nous.

— Chef, fit N'Otooué, d'une intonation si basse que c'est à peine si le son de sa voix parvint jusqu'à moi, la bête nous a dépistés depuis longtemps.

— A quoi vois-tu cela? demandai-je au guide, en retenant mon souffle.

— Regarde, me répondit-il, ses narines sont contractées par la colère qu'excitent nos émanations, son œil farouche ne quitte pas le buisson qui nous abrite.

— S'il nous sent si près de lui, pourquoi ne nous attaque-t-il pas? notre présence lui ferait-elle peur à ce point?

— Peur, le N'gena!... tu ne conserveras pas longtemps cette pensée.

— Qu'attend-il donc pour fuir ou s'élancer sur nous?

Comme je prononçais ces paroles, le vieux chef pahouin me fit un geste plein d'énergie pour m'inviter au silence.

En ce moment, les cris de fureur du gorille et les rugissements qui leur succédaient, redoublaient d'intensité. Il était évident, même pour un chasseur aussi inexpérimenté que moi, qu'il se passait quelque chose d'anormal.

L'horrible animal faisait claquer ses crocs formidables, s'agitait en tous sens, mais ne quittait pas son toit de feuillage... et je me posais pour la dixième fois cette double question : « Qu'attendons-nous pour lui envoyer un coup de carabine, et qu'attend-il pour nous prévenir? »

Dix fois j'avais épaulé mon Devisme à balles explosibles; dix fois le vieux pahouin en avait, d'un geste, abaissé le canon.

Je ne tardai pas à avoir l'explication de ce mystère.

Au moment où je regardais notre ennemi avec le plus d'attention, comme fasciné par cet étrange spectacle, N'Otooué, me fit signe d'abaisser mes regards vers la terre; j'obéis machinalement et j'aperçus, en frissonnant d'horreur, une seconde tête de gorille qui émergeait à demi du feuillage qui ombrageait la case grossière, dont le toit servait d'asile à son compagnon.

— C'est la femelle, me dit N'Otooué, en murmurant ces paroles plutôt qu'il les prononçait; comprenez-vous maintenant pourquoi le gorille ne s'élance pas sur nous? Il est arrivé en ce moment au paroxysme de la fureur, parce que, malgré ses appels réitérés, ses objurgations, ses cris, il ne peut pas parvenir à se faire écouter de sa compagne.

— Que désire-t-il donc?

— Il voudrait la voir détaler sous bois, puis il viendrait régler son compte avec nous, mais elle, qui, sans doute, allaite un petit avec la prudence que fait naître la sensibilité maternelle, ne veut pas sortir de son réduit, sans s'être rendu compte du danger, et surtout sans savoir de quel côté elle devra tourner ses pas, pour mettre sa progéniture en sûreté.

Au bout de quelques instants, elle sembla se décider, car, d'un seul bond, elle s'élança hors de son abri : le guide ne s'était pas trompé, elle tenait un petit gorille à peine âgé de quelques jours dans ses bras. Le jeune âge de son enfant avait certainement été cause de ses longues hésitations.

Sa sortie fut saluée par le mâle par un rugissement plus terrible encore que les autres, je sentis mes cheveux se hérisser sur ma tête, et il ne pouvait en être autrement, en face d'une scène aussi saisissante et aussi imprévue.

Au bout de quelques secondes d'observation, la femelle n'hésita pas. Elle comprit, avec un flair merveilleux, que le danger était dans notre direction, et faisant volte-face, elle s'élança sous bois sans pousser un seul cri.

Satisfait de son obéissance, le gorille sauta en bas de son toit de feuillage, en grondant avec moins de fureur; sa famille était désormais en sûreté, et le but de ses efforts atteints, il semblait se préparer à la rejoindre, non sans jeter des regards furibonds vers le massif de verdure qui lui voilait ses ennemis.

— Attention! me dit N'Otooué sur un signe de M'Yenga, voulez-vous tuer celui-là.

Je fis un signe énergique d'affirmation.

— Alors, poursuivit le guide après avoir interrogé le chef du regard, il faut nous découvrir, sans cela il va nous échapper.

Nous fîmes irruption dans la clairière.

En nous apercevant, le gorille s'arrêta!

— Ne tirez qu'au commandement, fit rapidement N'Otooué.

Ce n'était pas le moment de l'interroger sur la singulière direction donnée à la chasse. J'épaulai mon arme et j'attendis.

L'animal était à environ cinquante pas de nous, bien de face; en moins d'une seconde, je l'eusse couché par terre; la tentation était forte mais j'y résistai. Chaque fois que j'ai chassé dans l'intérieur de l'Afrique australe avec des chefs indigènes, je me suis toujours fait une loi de me soumettre aveuglément à leur consigne, tout en veillant de mon mieux à ma sûreté, bien entendu.

On peut être sûr que ces gens, habitués aux sauvages habitants de leurs forêts, ne s'amuseront pas à vous faire d'inutiles recommandations. Dans tous les cas, je me suis bien trouvé de cette façon d'agir.

Le gorille s'était jeté à quatre pattes dans la posture qu'il affectionne pour courir dans les halliers, mais notre vue, en un instant, lui rendit toute sa fureur; il se redressa immédiatement sur ses longs pieds, avec un rugissement terrible et prolongé qui ébranla la forêt et, toute hésitation ayant disparu, il s'avança sans se presser dans notre direction, en se frappant avec force la poitrine de ses longs bras.

Ce geste paraît lui être familier, surtout dans ses grands moments de colère; depuis dix minutes à peine que nous étions arrivés en face de lui, c'était la troisième fois que je le voyais faire retentir ainsi sa large poitrine. Je ne puis mieux comparer les sons qu'il faisait entendre, en accomplissant cet acte, qu'à ceux des tam-tams, quand on les garnit de drap, pour les marches funèbres.

Il se frappait à coups redoublés, avec une sorte de cadence qu'il ponctuait avec de véritables roulades de rugissements, et des regards d'une férocité sans pareille.

M'Yenga me fit signe qu'il s'en remettait à moi, du soin de tirer le premier.

— Puis-je tirer à volonté, répondis-je rapidement.

— Attends qu'il ait dépassé le tronc de ce palmier mort, et surtout ne le manque pas, tu n'aurais pas le temps de cligner de l'œil, qu'il serait sur nous.

C'était comme toujours N'Otooué qui m'avait transmis les paroles du vieux chef pahouin; il s'acquittait à merveille de son rôle de traducteur.

L'arbre qu'on venait de m'indiquer, n'était pas à vingt mètres de nous.

J'épaulai avec soin mon arme... le gorille approchait... je visai en pleine poitrine... l'animal dépassait à peine la ligne du palmier, que la détonation de mon Devisme faisait retentir la forêt, et que la bête tombait sans pousser un cri.

Le coup avait été foudroyant.

Je m'élançai pour me rendre compte de l'effet terrible produit par ma balle explosible, mais N'Otooué me retint.

— Prends garde, me dit-il, il peut se relever encore, et il lui suffit d'un seul coup de griffes pour t'ouvrir le ventre et te tuer.

Le conseil était prudent, je m'y conformai.

Cependant je dois dire que j'étais dans la persuasion la plus complète que le gorille n'avait pas vécu une seconde après mon coup. Les cartouches dont je me servais, fabriquées par le grand armurier de Paris, n'avaient jamais trompé mon attente, et dans mes chasses au tigre, au Bengale, il ne m'était pas arrivé de voir un animal atteint se relever.

Le gorille en effet ne bougeait plus, aucun mouvement du corps n'indiquait la plus faible respiration, il était bien mort.

M'Yenga cependant avant de nous laisser approcher, envoya un de ses hommes, le pousser légèrement avec sa lance. Peine inutile, le N'gena ne devait plus faire peur à personne.

Quand je montrai aux Pahouins la terrible blessure qu'il avait reçue, (l'animal portait au-dessous du cœur un trou à y mettre les deux poings), ils regardèrent ma carabine d'un air effrayé, et se mirent à parler avec volubilité entre eux.

— Que disent-ils? fis-je à N'Otooué.

— Ils sont tous d'accord qu'ils donneraient bien deux femmes et dix esclaves pour en posséder la pareille.

Une telle convoitise n'était pas de mon goût... Que de voyageurs se sont fait tuer au centre Afrique, uniquement parce qu'ils avaient de trop belles armes!... J'usai immédiatement d'un stratagème qui devait avoir pour résultat de mettre ma personne et mes armes en sûreté.

J'avais dans mon approvisionnement toute une série de cartouches vides pour la chasse au petit gibier, et je les confectionnais moi-même selon mes besoins et avec le numéro spécial de plomb qui m'était nécessaire pour l'animal que je voulais atteindre. Je chargeai ostensiblement ma carabine avec une de ces cartouches munies de leurs capsules seulement et la remettant à M'Yenga lui-même, je me plaçai à un mètre de l'embouchure du canon, en ordonnant au chef pahouin de me tirer en plein corps.

Et comme il hésitait, je lui dis :

— Écoute sans crainte mes ordres, cette carabine est une arme fétiche qui ne part qu'entre mes mains.

N'Otooué traduisit fidèlement, je pense, car le vieux chef, épaula immédiatement, et pressa sur la détente; le chien s'abattit, mais un petit bruit sec, celui de la capsule qui éclatait, se fit seulement entendre et M'Yenga effrayé me rendit immédiatement mon arme, dont les autres indigènes s'éloignèrent avec effroi, comme s'ils eussent craint que quelqu'influence maligne ne leur jetât quelque sort.

La superstition a un tel empire chez ces peuples, que pas un de mes compagnons, après cette aventure, n'eût accepté en cadeau cette carabine, qu'il prisait si haut quelques instants auparavant.

Désormais ; je pouvais être tranquille.

Je mesurai le gorille que je venais de tuer, sa taille dépassait un mètre quatre-vingt-dix centimètres. C'était, ainsi que j'ai pu m'en assurer depuis, un des plus grands de l'espèce.

Je demandai alors à N'Otooué pourquoi le vieux chef, ne m'avait pas laissé tirer sur la femelle; toute la troupe eût en même temps déchargé ses armes sur le gorille mâle, et nous eussions pu nous emparer du petit, qui eût été pour moi une capture du plus grand prix. Vu le jeune âge du petit gorille, on eût pu l'élever au lait de vache et si j'étais arrivé à le sauver, j'aurais peut-être pu le priver, et fait faire le premier pas à l'importante question de la domestication du gorille.

Après m'avoir écouté attentivement, l'illustre N'Otooué me demanda un verre de rhum, en l'honneur du beau coup que, grâce à lui, je venais de faire. Je vidai la moitié de ma gourde dans une calebasse et je la présentai d'abord au chef. Le vieux Pahouin n'en laissa pas une goutte. Remplie de nouveau, N'Otooué la reçut en tremblant de joie, et imita son ami. Après l'avoir consciencieusement vidée, il me répondit :

— J'ai bien entendu tout ce que tu m'as dit, et je vais parler très bien sur tout cela, il n'y a rien qui délie aussi bien la langue que la *bonne* liqueur des *bons* blancs. M'Yenga a parfaitement dirigé la chasse, c'est un vieux chef qui connaît tout ce qu'il faut faire dans le Mafoua (désert africain) ; si nous avions manqué la femelle, elle se retournait contre nous pour défendre son petit, et nous avions sur le dos deux gorilles au lieu d'un ; dans ce cas, il y aurait eu certainement mort d'hommes ; quant au petit, ne regrette pas de n'avoir pu t'en emparer, il n'aurait pas vécu plus de quatre ou cinq jours sans la mère.

Ayant ensuite demandé si, parmi les indigènes qui m'accompagnaient, il ne s'en trouvait pas quelques-uns qui eussent tenté d'apprivoiser de jeunes gorilles, il me fut répondu avec un ensemble parfait que le léopard, le tigre, la panthère même s'adoucissaient dans l'état de captivité, mais que le N'gena ne se pouvait priver quelque fût l'âge où on s'en emparât. Cependant aucun de mes Pahouins ne put m'affirmer qu'il eût lui-même tenté l'aventure ; tous parlaient par oui-dire. Du reste, le fait était sans grande importance pour eux, et ils ne comprenaient pas qu'on se donnât la peine de chercher à civiliser un animal aussi féroce et qui n'était bon à rien.

N'Otooué me déclara en effet, d'un ton convaincu, qu'il faudrait être fou pour perdre ainsi son temps ; que cette *mauvaise bête*, au surplus, ne valait pas même le coup de fusil employé à la tuer, car enfin elle ne fournissait ni ivoire, ni pelleterie qu'on pût aller échanger contre du rhum ou de la poudre dans les boutiques des traitants.

Très pratique ce brave N'Otooué !

On conçoit que je ne leur parlai pas de l'intérêt scientifique ; c'eût été lettre morte pour mes gens. Je dus donc me contenter, pour le moment, de leur affirmation ; mais comme j'étais décidé à étudier la question par moi-même, je promis une forte récompense à celui des indigènes qui pourrait me procurer un jeune gorille vivant. Tous me jurèrent qu'ils m'en apporteraient un sous peu, mais aucun d'eux ne put tenir sa parole, tant il est difficile de s'emparer d'un de ces jeunes animaux, que le père et la mère défendent jusqu'à la mort.

Le hasard, plus heureux parfois que tous les efforts les plus persévérants, se chargea, mais beaucoup plus tard, d'exaucer mes désirs.

De cette première chasse, je pouvais retenir comme absolument démontré, le fait que le gorille se construit des espèces de cases, et que le mâle, quand ces réduits abritent sa jeune famille, affectionne de veiller à sa sûreté en se plaçant, comme une sentinelle, sur le toit de feuillage de cette sorte d'habitation.

Il me parut aussi hors de doute, en tenant compte des récits unanimes des indigènes et de ce que je venais de voir par moi-même, que le gorille attaque parfaitement l'homme, dès qu'il le voit, et sans attendre d'être blessé par lui, mais que la femelle ne fait pas tête au danger, et qu'elle se préoccupe surtout de fuir pour mettre son petit en lieu sûr.

Nous campâmes vingt-quatre heures en ce lieu pour me donner le temps de préparer le crâne de mon gorille; je ne pouvais songer à sauver le squelette entier, car toutes les côtes du côté gauche et la plus grande partie de l'épine dorsale avaient été littéralement mises en pièces par ma balle explosible.

Mes Pahouins se partagèrent la chair de l'animal qu'ils firent griller sur des charbons ardents, et la mangèrent à demi-saignante encore. J'aurais bien voulu y goûter, ne fût-ce que pour pouvoir me prononcer en connaissance de cause sur la saveur de cette viande singulière, mais je dois dire que, malgré tous mes efforts, je ne pus me décider; il me semblait que cette chair avait quelque chose d'humain, et rien ne parvint à me faire surmonter ma répugnance.

La cervelle ne fut pas du festin; le chef M'Yenga se la réserva : il la plia soigneusement dans une feuille de bananier, et dépêcha un de ses hommes pour la porter aux gangas — sorciers — de son district, qui fabriquent avec cet ingredient et de l'huile de palmier une espèce de pommade dont le charme est véritablement magique. Il suffit, en effet, de s'en barbouiller le corps pour n'avoir plus rien à craindre des N'gena. On peut aller se promener en pleine forêt sans armes, et, loin de vous fuir, le gorille le plus féroce vient à vous, avec les mines les plus charmantes, vous remet dans votre bon chemin si vous êtes égaré, vous donne à manger si vous avez faim, bref exerce à votre égard tous les droits de l'hospitalité.

— Je t'en donnerai, au retour, dans un petit tube en bambou, me dit le vieux Pahouin, toi qui veux essayer d'apprivoiser le N'gena; c'est le meilleur moyen que tu puisses employer.

Je remerciai le chef avec effusion, en l'assurant que je ne manquerais pas d'user de sa drogue à l'occasion.

Mais il y avait un revers à la médaille, les meilleures choses ne

Le guide saisissant le petit gorille.. (Page 64.)

peuvent pas durer toujours, cette merveilleuse pommade perdait de ses effets, au fur et à mesure, qu'elle disparaissait par le jeu naturel des fonctions de la peau, et, par contre, la férocité du gorille avec lequel vous vous trouviez augmentait dans la même proportion. Tant que la pommade était fraîche, il vous accablait de protestations, d'amitié, dès qu'elle commençait à rancir, il vous assommait.

— C'est ainsi, me dit en terminant M'Yenga, que le grand Maramba qui a créé tout ce qui existe n'a pas voulu qu'il y ait rien de parfait sur la terre.

Je regardai mon sauvage bien en face : le vieil hypocrite ne sourcilla pas, et son histoire se termina par une nouvelle demande de rhum que je me hâtai de satisfaire, dans une mesure très modérée cependant. Je partageai le restant de ma gourde entre lui et mon guide N'Otooué.

La plupart des voyageurs et du Chaillu, mon devancier, lui-même, représentent les noirs de ces contrées, comme des espèces de sauvages à moitié abrutis, que le blanc ne peut maintenir dans l'obéissance que par la crainte ; il y a du vrai dans cette opinion, et l'Européen qui ne saurait pas inspirer le respect, en un tour de main, serait dépouillé, volé et abandonné au milieu de la première forêt qu'il traverserait, et cela par ses propres guides. Il y a donc une certaine manière de se conduire avec l'Africain : M'Pongoué, M'Bondémos, Sekianis, Pahouins ou citoyens du royaume de Loando, pour que rien dans leur esprit ne porte atteinte à votre prestige. Mais j'ai remarqué que ces prétendus sauvages vous observaient avec une finesse extrême, et savaient admirablement faire tourner à leur profit les faiblesses de caractère ou de tempérament, les qualités bonnes ou mauvaises qu'ils avaient pu découvrir chez vous.

Pour peu qu'on soit sensible à la flatterie, ils le remarquent avec une rapidité extrême, et vous accablent des plus louangeuses hyperboles ; ils savent prendre pour vous parler un air de sincérité naïve à convaincre les plus incrédules, et, au fond, je suis persuadé qu'ils se moquent parfaitement de vous. Il y a chez tous ces gens une finesse native, un penchant à l'astuce et à la ruse, dont il faut tenir grand compte dans les relations avec eux, et surtout quand on veut porter un jugement sur la moyenne générale de leur intelligence. Je vais peut-être étonner le lecteur, mais je puis affirmer, que je ne place pas ces populations africaines beaucoup au-dessous des paysans de certaines contrées de la France.

Un exemple pour mettre ma pensée en lumière.

Un soir, je reposais tranquillement sous la tente de feuillage que N'Otooué et sa femme édifiaient chaque soir à mon intention. Nous étions chez les Ovengas, je causais avec un matelot anglais déserteur, qui était venu s'établir dans le pays, tout à coup, nous entendîmes mon guide qui chantait au milieu d'un groupe nombreux d'Ovengas qui ponctuaient chacune de ses paroles par d'interminables éclats de rire.

— Vous ne savez pas ce que chante votre homme, me dit l'Anglais, qui avait tout à coup interrompu la conversation pour mieux écouter.

— Je ne m'en doute même pas, répondis-je.

— Eh bien, je vais vous le traduire.

— Volontiers.

— Avez-vous une bonne canne entre les mains?

— Je ne vois pas le rapport...

— Inutile! Prenez ce jonc flexible; maintenant écoutez :

Mes amis, les blancs sont très bons,
En avez-vous goûté, en avez-vous goûté?
Ils ont la chair blanche comme les poules
Et délicate comme celle du Nsiégo M'Bouvé.
En avez-vous goûté, en avez-vous goûté?
Comme vous engraissez les porcs dans le marigot,
Moi, je mène mon blanc dans les bois
Et puis je le mangerai, car les blancs sont très bons ;
En avez-vous goûté, en avez-vous goûté?

En entendant cette étrange poésie, je ne pus m'empêcher de rire, malgré la colère qu'elle excita en moi. Je n'en étais point surpris, car je connaissais toutes les fanfaronnades dont le sieur N'Otooué était capable; cependant on avouera que celle-là dépassait la mesure.

Mon guide chantait toujours, à la grande joie des Ovengas.

— Il en a bien encore pour une heure au moins, me dit mon compagnon, car sa verve ne tarit pas.

— Et toujours sur le même sujet.

— Toujours sur le même sujet. En ce moment, il vous fait manger beaucoup de bananes, de maïs et d'ananas sauvages, pour rendre votre chair plus savoureuse.

Je me levai, le rotin de l'Anglais à la main, et, pénétrant au milieu du cercle des indigènes, je fis pleuvoir sur les côtes de mon improvisateur, une grêle de coups, appliqués de main de maître. Je renonce à dépeindre l'effroi du malheureux, qui, chantant dans sa langue, se croyait absolument en sûreté. Il se jeta immédiatement à plat ventre et implora son pardon, en me jurant sur tous les mokissos de sa tribu, qu'il n'avait voulu que s'amuser un peu de la crédulité des Ovengas.

Je ne m'arrêtai que quand je jugeai la correction suffisante. Cet acte était d'une nécessité absolue. Si j'eusse été seul, je me fusse abstenu d'intervenir, même ayant compris le sens des paroles de N'Otooué, les Ovengas n'eussent pas manqué de dire en riant à mon guide :

— Chante donc cela à ton bon blanc dans sa langue.

Et comme il n'eût pas osé le faire, les rieurs n'eussent pas été de son côté.

Mais, dans ce cas particulier, avec un autre Européen qui, les gens du pays le savaient, connaissait la langue et devait ne pas manquer de me faire connaître les plaisanteries dont j'étais l'objet, dans l'intérêt même de ma sûreté, je ne pouvais fermer les yeux, sur l'effronterie de N'Otooué.

Ce fait, si simple en apparence, se fût répandu dans tout le pays comme une traînée de poudre, et qui donc alors, parmi les Abuyas, les Isengos, les Apingis, et Ashiras que je voulais encore visiter pour compléter ma collection de singes, eût respecté un blanc qui se laissait ainsi traiter par son guide?

Je n'eus plus, depuis ce jour, à me plaindre de N'Otooué, qui sembla, au contraire, redoubler de soumission et de soins empressés, pour me faire oublier sa mauvaise plaisanterie.

On excusera cette disgression sur le caractère des noirs du pays des gorilles; il était d'autant moins inutile de le bien faire connaître que je suis destiné à conduire le lecteur pendant de longs mois encore dans cette contrée, à la chasse de l'éléphant sauvage, du rhinocéros et de l'hippopotame.....

J'avais mon premier gorille, le vieux M'Yenga avait tenu sa parole, nous n'avions plus qu'à retourner au village des Fans; cette excursion était terminée.

Je fis au chef les présents que je lui avais promis, et j'allégeai mes porteurs d'un petit baril de rhum, à l'intention des autres Pahouins qui m'avaient accompagné.

Je restai à peu près une huitaine de jours dans le village, et, quand je fus sur mon départ, les chefs se réunirent pour me faire leurs adieux.

Ils procédèrent à mon égard à une cérémonie bizarre qui existe chez les Fans, lorsque l'un d'eux veut adopter quelqu'un.

Le vieux chef M'Yenga me prit le bras et, me piquant légèrement avec une épine, fit jaillir une gouttelette de sang, il s'en fit autant à lui-même : alors un autre chef, s'approchant avec deux petits éclats de roseau, enleva ces deux gouttes de sang, plaça l'une, celle de M'Yenga sur mon bras à la place même où j'avais été piqué, et l'autre au même endroit, sur le bras du vieux chef.

— Maintenant, me dirent les Pahouins, tu es notre blanc, car tu es devenu le fils de M'Yenga, tu peux maintenant voyager dans toutes les tribus des Fans, partout tu seras reçus comme un des nôtres.

Comme signe de reconnaissance, on me remit un morceau de bambou, sur lequel quelqu'artiste de la bande avait tracé une série de signes bizarres, à l'aide d'une pointe de fer rougie au feu.

Chose étrange, chez tous les peuples de civilisation rudimentaire, ce qu'on appelle l'état d'enfance, ce genre d'adoption d'un étranger par un village, une tribu, existe avec des formalités et des cérémonies variées, et les tendances du cerveau humain sont tellement les mêmes partout, que l'idée reste, malgré le progrès des mœurs et des idées, et que cette coutume se retrouve plus tard chez les nations civilisées, sous le nom de droit de cité... Il n'y a plus mélange du sang, mais c'est toujours l'étranger qu'on adopte.

Je vais maintenant épuiser la question du gorille, en disant quelques mots de la tentative que je fis pour apprivoiser un de ces jeunes animaux.

J'ai rapporté plus haut que, pendant mon séjour dans le premier village pahouin, bien que tout le monde se fût mis en campagne pour gagner la récompense promise, personne n'avait pu me procurer un jeune gorille, et que j'avais dû à un pur hasard la satisfaction de ce désir.

En quittant mes amis les Pahouins, j'avais annoncé à N'Otooué mon intention de me diriger sur le fleuve Rembo ou Ovenga, et de l'atteindre à peu près à l'endroit où, faisant un coude à moins de quinze lieues de la côte, il remonte brusquement au nord pour se jeter vingt-cinq ou trente lieues plus haut dans l'océan. Cette contrée m'était signalée comme fréquentée par les gorilles et contenant une variété infinie de singes de toutes espèces.

Le voisinage de la côte étant malsain en raison de la grande quantité de marécages qu'on y rencontre, nous inclinâmes un peu dans l'est, où se trouvent des terrains plus élevés et généralement boisés. Ces lieux sont en outre très abondamment pourvus d'animaux de petite chasse, cerfs, sangliers et poules sauvages, en telle quantité qu'on n'a pas à craindre la famine.

Cinq jours après mon départ, nous avions relevé la tente légère que je faisais toujours planter en forêt; car rien n'est dangereux comme les rosées des nuits qui tombent des feuillages, dans les bois africains. Je marchais en avant, en causant avec N'Otooué; après nous, venaient la femme et le fils du guide, et, un peu en arrière, mes cinq porteurs, qui fredonnaient une chanson du pays sur un ton nasillard, fait pour marquer la cadence de leurs pas, ainsi que les refrains de matelots unissent, par la mesure, tous les efforts, quand on vire au cabestan... Tout à coup N'Otooué s'arrêta, en faisant signe à tout le monde de l'imiter : un petit cri strident venait de traverser l'espace.

Je portais ma carabine au repos sur l'épaule, ne m'attendant à rien. Avec la rapidité de la pensée, le canon tombait sur ma main gauche : j'étais prêt... Il ne faut jamais se laisser surprendre dans le mafaoua; dix secondes d'hésitation peuvent parfois vous coûter cher.

— Qu'y a-t-il? fis-je rapidement à mon guide.

— Ce cri que vous avez entendu...

— Eh bien?

— C'est celui d'un jeune gorille qui appelle sa mère.

— En es-tu sûr?

— Parfaitement sûr! préparez-vous à tirer, nous n'avons entendu aucun bruit de branchage froissé par la fuite de la bête : ou bien la mère ne se doute pas de notre présence, ou bien elle est trop éloignée de son petit, et craint en se pressant trop de nous révéler le lieu où se trouve ce dernier... Venez, agissons avec prudence.

Nous nous avançâmes seuls, tous deux retenant notre souffle; un second cri se fit entendre de nouveau, à une assez faible distance de nous, tout était silencieux dans la forêt, et j'étais à ce point ému qu'il me semblait percevoir les mouvements de mon cœur.

N'Otooué me précédait... A un moment donné, je l'entendis prononcer rapidement ce seul mot :

— Attention!

Et je le vis épauler rapidement son fusil et tirer, un cri terrible répondit à la détonation, et avant que j'eusse eu le temps de me rendre compte de ce qui se passait, une masse noire et velue, toute couverte de sang s'abattait sur le guide.

Avec la vitesse de la pensée, j'avais le revolver en main, et je faisais sauter la cervelle au gorille, à l'instant même où, de sa large et puissante mâchoire, il allait broyer le cou de N'Otooué.

Le guide qui n'était point blessé, car quelques égratignures à l'épaule n'étaient guère à compter en ce moment, s'était relevé d'un bond et saisissait par la peau du dos un petit gorille qu'il me présentait avec un cri de triomphe.

C'était un petit animal d'un an à peine, haut d'environ soixante à soixante cinq centimètres, il poussait des cris de terreur et malgré son jeune âge, faisait tous ses efforts pour mordre la main qui le tenait.

Qu'on juge de ma joie, le danger couru n'était rien en comparaison de la capture ; car, d'après les récits des naturels, j'avais absolument abandonné tout espoir de pouvoir jamais m'emparer d'un gorille en bas âge.

Je ne pus cependant m'empêcher de gronder N'Otooué.

— Tu as commis une grave imprudence, lui dis-je ; si j'avais seulement été à dix pas de toi, je ne pouvais te porter secours avant que le N'gena t'ait broyé le cou et écrasé la tête.

— Si je n'avais pas tiré, la bête s'échappait, le petit lui avait déjà passé le bras autour du cou, le temps de vous laisser passer devant moi, et elle disparaissait sous bois.

Tout ému, j'allais m'oublier jusqu'à remercier N'Otooué, d'avoir ainsi, de propos délibéré, joué sa vie pour satisfaire un désir qui ne devait lui paraître qu'un caprice, lorsqu'il se chargea en deux mots de me rappeler à la réalité.

— Le capitaine, me dit il, est un bon blanc, il donnera à son ami N'Otooué, le prix convenu.

— Quel prix? fis-je tout étonné, ne voyant pas tout de suite où tendait la question.

— Est-ce que le capitaine n'a pas dit aux Fans : je donnerais bien un fusil de chasse à deux coups et un baril de rhum à celui qui m'apportera un jeune N'gena?

— Certainement.

— Eh bien! N'Otooué est un Pahouin, et il a procuré un jeune N'gena au capitaine.

— Et tu demandes alors que je te remette comme prix de ta capture.....

— Ce que le capitaine a promis.

A la poursuite d'un gorille.

— Soit! j'aime mieux ça que ton dévouement, et je tiendrai ma parole ; je vais te donner à l'instant le fusil de chasse, et les munitions nécessaires, car l'un ne va pas sans l'autre, tu vois que je suis bon prince, quant au rhum ne compte pas recevoir le baril entier tout de suite.

— Pourquoi cela?

— Parce que tu es à mon service pour tout le temps du voyage, et que je ne veux pas que tu te grises à en perdre la raison. Voici la proposition que je puis te faire : si tu veux, je te donnerai un verre de rhum tous les jours, jusqu'à ce que tu aies épuisé ta provision. Si cet arrangement ne te convient pas, tu ne recevras le baril qu'à notre arrivée au cap Lopes, c'est-à-dire à la fin de notre excursion.

— Je préfère recevoir le baril au cap Lopes.

— C'est entendu.

J'avais cru un instant... un seul instant, que quelque chose d'élevé pouvait germer dans la tête d'un Africain. Je m'étais grossièrement trompé. Mon guide ne s'était dévoûé, avait failli laisser sa peau entre les mains du gorille, non pour me sauver la vie ou satisfaire un de mes désirs; il voulait simplement gagner un baril de rhum pour se griser à son aise.

L'Africain ne fait rien pour rien... maintenant quand je dis l'Africain, je crois que je suis souverainement injuste et que le *bimane* que certains anthropologistes ne séparent pas des animaux de l'ordre des *primates*, famille des *anthropoïdes*, qui a nom l'homme, est à peu près le même sous toutes les latitudes. Il y met plus de formes dans les pays civilisés, mais, par contre, que de fois il vous dépouille sans rien vous donner en échange.

N'Otooué était à mon service, me devait son assistance en tout état de cause; tout son temps m'appartenait, j'étais donc parfaitement en droit de l'empêcher, en ne lui donnant point le rhum tout de suite, de se mettre pendant huit ou dix jours dans un état qui eût mis ma petite caravane, à la merci de tous les hasards... Et, si je puis m'exprimer ainsi, le hasard avec tous ses dangers imprévus est presque la règle dans l'Afrique équatoriale.

J'avais donc mon jeune gorille, tous mes désirs étaient comblés, et, sur l'heure, je commençai son éducation, en lui administrant une légère correction avec une branche de banian.

Le traitement fit effet et le petit animal, saisi de terreur, ne chercha plus à mordre.

Il m'était impossible de faire mes essais de dressage en continuant notre marche; je résolus donc de stationner pendant quelques jours dans le village le plus voisin.

Je donnai, en attendant, le petit gorille à un de mes porteurs, en lui enjoignant de ne point lui faire de mal, tout en se garantissant cependant de ses morsures.

Le soir même, nous atteignions Strombé, centre habité assez important, situé à vingt-cinq ou trente kilomètres à l'est du Rembo. Le souverain du pays se nommait Yengueza, il avait déjà vu plusieurs blancs trafiquants, qui étaient venus faire des échanges dans ses États.

Il m'offrit l'hospitalité, et déclara à tous ses sujets assemblés que j'étais *son blanc*, et qu'on eût à me respecter comme tel.

Ceci fait, il me tendit la main, je savais ce que cela voulait dire; en quel lieu que ce soit, sur notre croûte terrestre, le langage des signes ne change pas.

Je lui donnai un revolver et une boîte à musique; l'arme le combla de joie, car il y avait déjà longtemps qu'il en désirait une semblable; mais la petite *serinette* qui jouait une demi-douzaine d'airs, éleva son bonheur jusqu'au ravissement.

Il se la passa au cou à l'aide d'une cordelette, et, poussant les ressorts et tournant la manivelle ainsi que je le lui avais indiqué, il se mit à se promener dans tout le village, suivi par ses sujets des deux sexes, qui poussaient à qui mieux mieux des interjections d'étonnement et de plaisir. Ayant ainsi assuré ma situation dans le village, je pus me livrer en paix à mes tentatives de civilisation.

J'avais fait confectionner par mes hommes une cage assez forte en bambou, et j'y avais installé mon gorille sur un lit d'herbes sèches; cette opération ne s'était pas accomplie sans peine, car la méchante petite bête, revenue de son premier effroi, avait repris toute sa férocité et distribuait à droite et à gauche coups de dents et coups de griffes qui eussent occasionné de terribles blessures, si l'illustre N'Otooué, mon guide, n'eût trouvé le moyen de rendre la fureur du monstre inutile. Pendant qu'il le faisait tenir par deux hommes, il lui avait coupé les griffes, et lui avait emprisonné le cou dans une fourche, qui permettait de le maintenir à distance.

En cet état, nous avions été obligé de le tenir fortement par la nuque, afin de lui enlever l'espèce de cangue qui le maintenait en respect, mais qui l'eût par trop gêné dans la cage. Nous avions réussi, non sans attraper quelques coups de dents.

N'Otooué, étant d'avis qu'il fallait donner un nom à mon prisonnier, je l'avais appelé Joseph. C'était une véritable antithèse, car on sait que les hommes les plus illustres qui ont porté ce nom, ont été des modèles de douceur et de sociabilité... du moins l'histoire nous l'apprend, et mon jeune gorille ne devait point marcher sur les traces de ses patrons.

J'eus beau, pendant les premiers jours de sa captivité, lui faire donner l'eau la plus pure, les meilleurs fruits de la forêt, bananes, ananas, herbages parfumés, il ne voulut toucher à rien. Cependant, un matin, je m'aperçus que ses provisions avaient un peu diminué et que la calebasse pleine d'eau était vide : la faim avait eu raison de son obstination. Je jugeai le moment opportun pour intervenir et l'habituer peu à peu à ma présence et à ma voix.

En m'apercevant, il se recula dans le coin le plus éloigné de la cage et se mit à gronder en me montrant les dents, lorsque je faisais le tour de cette prison à claire-voie, il se précipitait du côté opposé chaque fois que j'arrivais auprès de lui. Si je passais ma main à travers les barreaux pour le caresser, il s'élançait la gueule ouverte de toute la vitesse dont il était susceptible, et je n'avais que le temps de me retirer de même, si je voulais éviter ses terribles crocs.

Malgré son jeune âge, sa dentition était entièrement achevée, et il ne lui manquait que la force des mâchoires, pour être très dangereux. Il n'eût pas fallu cependant se hasarder à lui laisser un de ses doigts sous la dent : je crois bien qu'il ne vous l'aurait pas rendu. Un matin, en cherchant à s'échapper, tentative qu'il renouvelait chaque fois qu'on ouvrait sa cage, il mordit un de mes hommes à l'épaule et du coup, il emporta le morceau.

Il continua tous les jours qui suivirent à ne vouloir manger et boire que la nuit. Voyant que je n'arrivais à rien, et ne voulant point finir mes jours à Strombé, je résolus de changer de tactique, je ne lui fis plus donner aucune nourriture, et quand je vis qu'il devait être talonné par la faim, je m'approchai de lui, avec des morceaux de cannes à sucre sauvages, et des jeunes plants d'ananas dont j'avais remarqué qu'il était très friand.

Il me regarda en poussant ses mêmes grognements, mais cependant je remarquai toutefois, que ses yeux quand ils cessaient de se porter sur moi, s'abaissaient avec un certain plaisir, sur les fruits que je lui présentais, cela me fit un instant bien augurer du succès final de mes tentatives. En effet, comme pour donner raison à mes prévisions, Joseph, au bout de quelques heures de ce manège répété, s'approcha doucement de l'extrémité de la cage où je me tenais, passa le bras au dehors, m'arracha vivement un morceau de canne à sucre et, se retirant précipitamment, s'en fut le manger du côté opposé.

Le lendemain, il satisfit complètement sa faim, acceptant et prenant directement de moi tout ce que je lui présentais ; mais mes tentatives pour le toucher furent aussi vaines qu'aux premiers jours. Ayant voulu me hasarder à passer la main sur le pelage fauve de son dos, je n'eus que le temps de la retirer pour éviter le terrible coup de dent qu'il essaya de me donner.

Je ne pus rien obtenir de plus : tant que je lui présentais sa nourriture, il acceptait de rester près de moi, sans trop faire de façon ; dès que je n'avais plus rien à lui donner, il se retirait en grondant et en me faisant d'atroces grimaces.

Un matin, pendant qu'on lui changeait la litière de fourrage sur laquelle il se reposait, il s'élança sur le noir, au moment où ce dernier ouvrait la cage, le mordit cruellement, et s'élança au dehors. J'étais témoin de la scène ; mais tout cela avait eu lieu si rapidement que je n'avais pas eu le temps d'intervenir.

Joseph fuyait à toutes jambes vers la forêt ; je me mis à crier, et les indigènes qui se trouvaient en avant, armés de pieux et de lances, se disposèrent à barrer au jeune gorille le chemin du mafoua.

Quand ce dernier vit qu'il ne pourrait point passer, il s'élança vers un œleis gnineensis, qui élevait à quatre-vingt-dix pieds dans les airs son tronc droit et élancé, et se mit à grimper avec moins d'agilité qu'il n'en aurait eu, si N'Otooué ne lui eût coupé les griffes, mais avec assez de vitesse pour être hors de toute atteinte, lorsque les noirs qui le poursuivaient, arrivèrent au pied de l'arbre.

Je le regardais s'élever, non sans une certaine curiosité, de temps à autre il s'arrêtait pour gronder et nous jeter un regard de défi, puis il reprenait son ascension. Quand il arriva au sommet de l'arbre géant, il se cacha dans le bosquet de feuillage qui le couronnait, et ne donna plus signe de vie.

Un des guerriers d'Yengueza s'offrit, moyennant une récompense débattue, à aller le chercher. Je n'avais pas encore abandonné tout espoir de réussite, et j'acceptai.

Le noir, après s'être entravé les deux jambes à la manière de ceux qui vont récolter les fruits de l'œleis, se mit à gravir lentement le tronc lisse et glissant de l'arbre de Guinée, tout alla bien pendant la première moitié du trajet. Il emportait, roulé autour de sa ceinture, un de mes filets de pêche, et parvenu au sommet, il devait habilement le jeter sur le jeune gorille, et s'emparer ainsi de l'animal, sans courir de danger sérieux.

Quand le noir eut dépassé le point milieu environ de l'œleis, nous aperçûmes tout à coup le gorille sortir de sa cachette de feuillage et se pencher en avant, en se retenant à une branche pour observer les mouvements de celui qui lui donnait l'assaut.

Le spectacle était des plus singuliers à observer, et, en entendant les grondements de fureur que Joseph se mit à pousser, je compris que le noir n'aurait pas raison de lui aussi facilement qu'il l'avait pensé.

A un moment donné, comme il continuait à monter, il reçut sur la tête tout un régime de fruits que messire Joseph venait d'arracher de l'arbre; à celui-là un autre succéda bientôt, et nous assistâmes au plus amusant des spectacles; en quelques minutes, le jeune N'gena eut complètement dépouillé l'œleis de sa couronne de fruits, et il resta sans armes défensives.

L'indigène, en tournant habilement autour de l'arbre, avait évité l'atteinte de la plupart des projectiles improvisés que le singe lui avait lancés, et qui, du reste, vu leur état de maturité, ne pouvaient guère plus lui faire de mal qu'une pomme pourrie.

Quand le gorille vit qu'il ne lui restait plus rien sous la main, il comprit sans doute son impuissance, car il se réfugia de nouveau au point le plus élevé de l'arbre en poussant de petits rugissements accompagnés des grimaces les plus féroces. Nul doute que si le noir venait à manquer d'habileté, en lui lançant le filet, le jeune gorille ne lui fît sentir la puissance de ses dents.

L'acte final de cette amusante scène approchait, car l'assaillant n'était plus qu'à quelques brassées du sommet.

On ne voyait et on n'entendait plus le gorille.

Le noir ne montait plus qu'avec les plus grandes précautions, car l'extrémité de l'arbre de Guinée était si frêle qu'elle commençait à se plier en demi-cercle sous son poids. Il n'y avait pas cependant d'accident à craindre, car la nature fibreuse du bois rendait toute cassure brusque impossible; l'arbre pouvait plier, il ne romprait pas.

A cet instant suprême, la scène ne manquait pas d'émotion. Il pouvait arriver que le singe, acculé, se précipitât sur son adversaire, qui ne pouvait employer qu'un bras à sa défense, et lui fît sentir la puissance déjà considérable de ses dents. Il n'y aurait rien eu d'étonnant alors à ce que, sous l'impression de la douleur, le noir n'abandonnât l'arbre, et ne fût précipité de près de cent mètres de haut sur le sol. Fort heureusement que l'aventure ne prit pas ce côté dramatique. Au moment où l'agresseur lançait d'une main vigoureuse le filet sur la branche supérieure où s'était réfugié le gorille, nous aperçûmes ce dernier, avec la vitesse de la pensée, se glisser le long du tronc de l'œleis, et s'arrêter à trois ou quatre mètres au-dessous du noir: le filet n'emprisonna plus qu'un bouquet de feuillage.

Un éclat de rire général, accueillit la manœuvre du singe, et la déconvenue de son adversaire.

Il fallut au noir une grande demi-heure pour dégager son filet, qui s'était accroché dans une foule de petites branches, et, pendant ce temps, Joseph continua à l'observer avec le plus imperturbable sang-froid. Lorsque le noir commença à descendre, le filet à la main, et prêt à en coiffer le singe si ce dernier tentait la même manœuvre dans le sens supérieur pour lui échapper, le gorille l'imita, et se mit à descendre l'arbre à son tour.

— Nous le tenons, fis-je avec joie, en faisant signe aux indigènes de s'approcher doucement du tronc de l'œleis.

— Pas encore, massa (maître), me répondit N'Otooué en secouant la tête d'un air mystérieux.

— Comment fera-t-il maintenant pour s'échapper?

— C'est sûrement un N'chaboun, un gorille possédé, me dit le Pahouin en baissant la voix.

— Tais-toi, lui répondis-je en accompagnant ces paroles d'un geste impérieux.

Si les gens de Strombé s'étaient seulement douté de ce que venait de me dire le guide, ils eussent abandonné la partie à l'instant même, et nul doute que je n'eusse été obligé moi-même de quitter tout de suite le village, pour éviter quelqu'accusation de sorcellerie.

Un blanc arrivant dans leur pays avec un gorille *possédé*, il n'en fallait pas davantage, dans l'esprit des Ovengas, pour attirer sur eux les plus terribles malheurs; et, malgré la respectueuse crainte que j'inspirais à tous ces gens-là, ma propre sûreté exigeait impérieusement que rien ne vînt exciter leurs idées superstitieuses.

L'événement cependant donna raison aux prévisions de N'Otooué. Lorsque le gorille vit que nous entourions l'arbre et qu'il allait sûrement devenir notre prisonnier, il remonta avec vitesse le long du tronc de l'œleis, évita le côté ou son adversaire était prêt à lui lancer de nouveau le filet, et lui passant sur le corps sans perdre son temps à chercher à le mordre, il regagna le bouquet de feuillage qui lui avait déjà donné asile.

Le noir se remit à sa poursuite avec furie, et la même scène à la montée et à la descente, se renouvela dans les mêmes circonstances. Les deux adversaires ne pouvaient ainsi faire la navette toute la journée, et force fut d'abandonner ce genre de poursuite.

Le chef de Strombé me suggéra alors une idée, la meilleure de toutes, sans contredit.

— Tu ne prendras jamais le N'gena de cette façon, me dit-il, et de jour surtout.

— Que ferais-tu à ma place? lui répondis-je.

— Il faut garder l'arbre jusqu'à la nuit, pour empêcher le gorille de s'enfuir; au coucher du soleil, tu étendras ton filet au pied de l'œleis, N'Otooué ou quelqu'autre de tes hommes se cachera, en tenant la corde de la coulisse, sous un tas de feuillage, et le N'gena sera pris, dès qu'il touchera le sol.

Ainsi nous fîmes, car le conseil de Yengueza était le seul pratique en cette occurrence, et, le soir même, Joseph, repris et maté par une correction d'importance, était remis en cage.

— Cela n'empêche pas, me dit de nouveau N'Otooué, qui tenait à son idée, mais cette fois quand nous fûmes seuls, c'est certainement l'esprit d'un trépassé qui s'est réfugié dans le corps de ce vilain petit monstre, et je suis certain, *massa*, que tu ne pourras pas l'apprivoiser.

Ce diable de guide devait encore avoir raison. Malgré tous mes soins, toutes mes prévenances, il me fut impossible d'influer en quoi que ce fût sur les mœurs sauvages de mon captif; la captivité semblait au contraire augmenter de jour en jour sa férocité. Il était arrivé à me connaître parfaitement, quand il avait faim même et qu'il me voyait passer, il m'appelait, à l'aide de petits cris spéciaux, qu'il semblait avoir inventés à mon usage,mais malheur à moi si je me laissais aller jusqu'à m'approcher un peu trop de lui : il étendait rapidement le bras ou la jambe, et je laissais presque toujours en sa possession une partie de mon vêtement.

Je voyais très bien que ce n'était pas à ces objets inanimés qu'en voulait la méchante bête, et qu'il eût voulu mordre en pleine chair. Inutile d'affirmer, n'est-ce pas, que je m'employai de mon mieux à ne pas lui donner cette satisfaction.

Tous les jours, le roi et les habitants de Strombé, me répétaient que je n'arriverais à aucun résultat, que pareille chose avait été tentée vingt fois par les indigènes, et que le jeune gorille était toujours mort dans le mois de sa captivité.

Le vingt et unième jour de sa capture, Joseph commença en effet à refuser toute nourriture, il se tapit dans un coin de sa cage, et l'œil morne et chagrin, il sembla ne plus regarder qu'avec indifférence ce qui se passait autour de lui.

Il parut bientôt en proie à une fièvre violente, car à chaque ins-

Le pauvre gorille, la tête appuyée sur mes genoux... (Page 75.)

tant, il se jetait sur sa calebasse pleine d'eau, et la vidait jusqu'à la dernière goutte... Je pus le toucher alors, sans qu'il cherchât à me mordre; il me semblait même que, de son œil demi éteint, il me regardait avec moins de férocité; j'eus comme un remords d'avoir enlevé le pauvre animal à la vie libre de la forêt, je le retirai de sa cage, et le couchai sur un lit de mousse et de feuilles, en plein soleil; il se laissa faire comme un enfant, sans chercher à fuir.

Il était au cinquième jour de sa maladie, lorsqu'il se mit à tousser péniblement; de temps à autre, il était saisi par des accès de suffocation qui le laissaient sans forces et sans mouvements sur son lit de douleur. Le pauvre N'gena succombait aux attaques d'une phtisie galopante, causée par les privations et les souffrances de sa captivité.

Les noirs me conseillaient de m'en débarrasser au plus vite en le tuant, plusieurs même m'offrirent de me rendre ce service, je refusai : ce pauvre petit gorille me donnait l'illusion d'un enfant. Malgré sa faiblesse, il avait conservé au plus haut degré l'instinct de la conservation; au moindre mouvement que l'on faisait près de lui, son œil presque sans force, s'illuminait tout à coup de fugitives lueurs : il craignait, cela était évident, qu'on ne le frappât, et, chose étrange, il avait beaucoup plus peur des noirs que de moi.

Je l'entourai des soins les plus empressés et les plus tendres, j'étais persuadé que, si je le sauvais, il ne recouvrerait plus avec moi sa férocité native... mais tous mes efforts furent vains, il alla en dépérissant de jour en jour, d'heure en heure, et, le neuvième jour de sa maladie, sur le soir, son agonie commença.

Jamais je n'oublierai l'impression pénible, douloureuse que cette fin excita en moi. Le pauvre gorille, la tête appuyée sur mes genoux, tremblant de froid malgré les quarante degrés de chaleur que nous avions, commença à faire entendre ces hoquets lents et saccadés, qu'on appelle le râle des mourants... Je l'avais déjà entendu une fois, dans une triste circonstance : un ami d'enfance était mort entre mes bras, et je ne l'avais plus oublié... Eh bien, qu'on juge de mon émotion... le gorille meurt comme l'homme!

Il pouvait être onze heures du soir, quand, dans un suprême tressaillement, le pauvre Joseph rendit l'âme.

Je le déposai doucement sur son lit de feuillage, en ordonnant qu'on n'y touchât pas, et je me levai, l'esprit tristement agité par cet événement. La solitude où je me trouvais, seul de ma race, la nuit, au milieu des grandes forêts de l'Afrique australe, contribua sans doute à donner à cet événement plus d'importance qu'il n'en avait en réalité ; mais j'avais habité l'Inde pendant de longues années, et ce pays de métempsychose et de croyances merveilleuses, où la vie de l'animal est respectée presque à l'égal de celle de l'homme, avait toujours une grande influence sur mes idées, aux heures de rêveries; et, ce soir-là, la mort du petit gorille me reportant malgré moi, sur ce mystérieux terrain de l'origine des races, je me demandai si l'homme, incapable de créer un brin d'herbe, avait bien le droit, de faucher la vie sous toutes ses formes autour de lui, plus souvent encore par caprice que par besoin, et si c'était bien son rôle ici-bas de rompre sans cesse quelques-unes des mailles de la chaîne universelle qui relie tous les êtres... toutes les sphères... tous les mondes.

Le lendemain, je fis enterrer le pauvre N'gena aux pieds d'un arbre, et, tout pensif, je fis mes préparatifs pour le départ... et, malgré moi, songeant aux théories de certains anthropologistes modernes, je me demandai si je n'avais pas interrompu l'ascension d'un primate vers l'humanité... Au bout de quelques heures de marche, je souris de mes idées... mais n'importe, j'ai toujours conservé une impression singulière de la mort du jeune gorille... cela ressemble trop à celle d'un enfant...

En dehors de toute question de sentiment, et pour revenir à une appréciation plus saine, plus scientifique, je dois dire que, d'après ma propre expérience, et les unanimes récits de tous les noirs, je ne crois pas que le gorille puisse être *domestiqué*. Il y a, dans la nature de cet animal, une telle sauvagerie et une telle férocité, que l'homme ne pourra jamais en avoir raison.

J'ai eu l'occasion de répéter l'expérience que je viens de citer sur un animal plus âgé qui me fut procuré chez les Asshiras; le résultat fut absolument le même au point de vue de l'adoucissement de caractère, seulement, l'aventure ne se termina pas par la mort du gorille, l'animal rongea ses barreaux une belle nuit, et prit tout simplement la fuite. Je ne sais pas ce qu'on obtiendrait d'un couple qu'on parviendrait à faire vivre en cage et à s'y reproduire. Peut être arriverait-on à quelque résultat avec leur descendance, après plusieurs générations élevées dans la servitude; mais, dans l'état actuel de la question, je considère le problème comme absolument résolu : le gorille pris jeune ne peut être apprivoisé. Quant à s'en emparer, quand il est parvenu à l'âge adulte, cela est aussi impossible que de s'emparer de vive force d'un grand tigre royal du Bengale ou d'un lion de l'Atlas.

Et encore n'est-il pas permis de comparer ces animaux au terrible N'gena. Il est un fait incontestable, c'est que le lion, si commun en Afrique, est fort rare dans toutes les contrées que fréquente le gorille. Quelques voyageurs, du Chaillu entre autres, ont prétendu même que le lion avait complètement disparu des pays habités par le grand singe équatorial. Le fait n'est pas exact, et le pays des gorilles renferme quelques lions; mais ces derniers, ne sont pas de taille à résister à ces terribles adversaires, ils fuient sous bois et se dérobent, dès que la voix du grand singe fait retentir les forêts.

Cet animal est si féroce, et d'une telle force qu'il ne cède à aucun autre, pas même à l'éléphant; ce dernier il est vrai a raison de lui, mais il reçoit de tels coups de griffes et de telles morsures, que, d'après les dires des indigènes, il préfère l'éviter, et ne pas se mesurer avec lui.

Dans l'ordre des primates, et même dans sa propre famille, celle des anthropoïdes, le gorille doit certainement occuper une place à part, c'est une race particulière de singes, dont nous ferions, si nous étions en autorité de changer la classification naturelle, une famille toute spéciale.

Nous avons vu qu'au point de vue anatomique pur, il se rapprochait beaucoup plus de l'homme que du chimpanzé, il suit de là que, si cela ne suffit pas pour qu'on puisse le ranger dans le *genre* humain, à coup sûr on ne devrait pas non plus le confondre avec le chimpanzé, l'orang ou le gibbon.

Il serait donc plus juste de rétablir la classification de la manière suivante :

## CLASSE DES *MAMMIFÈRES*

### Ordre des primates

1° Le genre humain.
2° La famille des gorilles.
3° Les anthropoïdes.
4° Les cynocéphales.
5° Les macaques.
6° Les pithéciens.
7° Les cébiens ou singes d'Amérique
8° Les lemuriens ou faux singes.

Nous ne faisons qu'émettre une idée qui nous paraît rationnelle, car nous n'avons pas la prétention dans ces récits où nous mêlons la science au pittoresque, et aux observations du voyageur de modifier les théories plus ou moins arbitraires de l'école.

Nous en avons fini avec ce mystérieux gorille qui, à ne considérer que sa charpente anatomique, est bien l'être, qui dans la nature, se rapproche le plus de l'homme.

Il est certain que son domaine a du être plus étendu autrefois, mais on ne le rencontre aujourd'hui qu'aux environs de l'équateur ; deux degrés au dessus, trois degrés au-dessous, forment la limite extrême des lieux qu'il paraît maintenant exclusivement habiter.

Chez les Oscébas, les Pahouins, les Bakalais, les habitants du Loango, tous les vieillards m'ont affirmé que les gorilles étaient autrefois plus communs.

Souvent le soir, dans mes pérégrinations chez les M'Pongoués, je mettais la conversation sur cet animal étrange, qui, quoi que l'on fasse, restera comme un point d'interrogation, sur les limites du règne humain et du règne animal, au point de vue de la forme et de la constitution physique, et, au milieu des choses légendaires dont ils émaillaient leurs récits, je les ai toujours trouvés tous d'accord sur cette question de la dépopulation du gorille dans les forêts de l'Afrique. D'après leurs dires unanimes, ils étaient obligés de défendre leurs récoltes contre ses agressions, il n'était pas rare de les voir rôder le soir autour des villages, venant s'emparer des régimes de bananes, jusqu'au seuil des habitations, tandis qu'aujourd'hui, quand on veut voir un gorille, il faut lui donner la chasse, jusque dans les solitudes les plus profondes, où il aime à se cacher, et encore n'est-on pas toujours assuré du succès de ses tentatives. Que de fois ne revient-on pas sans avoir découvert la moindre trace du grand singe !

Serait-ce une espèce qui s'en va? Les gorilles ont-ils terminé leur évolution. Et, dans quelques milliers d'années, nos descendants ne trouvant plus que leurs ossements à l'état fossile, seront-ils réduits à de mystérieuses conjectures sur ce squelette presqu'humain... qui est déjà pour nous un des plus étranges documents du passé.

Il est certain qu'un animal de cette force, de cette vitalité, n'est pas de notre âge, ne fait pas partie du groupe d'êtres animés qui sont apparus dans les premiers temps de la période quaternaire. Il faut remonter aux époques tertiaires, pour l'entrevoir, se promenant par grandes troupes au milieu des vastes forêts de l'Afrique et de l'Asie, contemporain du dinothérium, du mégalosaurus, dont la science n'a pu que reconstituer les formes, ainsi que du rhinocéros, et de l'éléphant, qui comme lui s'en vont, et comme lui ne sont plus que des épaves des âges primitifs de la terre.

L'espèce qui disparaît, n'a plus de rôle à jouer dans l'ensemble, et ce n'est pas sans motif qu'elle quitte la scène du monde, bien que ces motifs soient, et qu'ils seront à jamais impénétrables.

L'arrivée de l'homme peut-être... mais non, son action directe est liée à ces disparitions, il vient à son tour, à son heure, le dernier, la terre s'est modifiée dans le règne végétal pour le recevoir, le nourrir, elle s'est modifiée aussi dans son règne animal, elle s'est métamorphosée pour recevoir son dernier né, l'être le plus parfait, qu'elle s'est épuisée à produire, comme une synthèse de tous les autres.

Ce n'est point la poursuite, ce n'est point la chasse plus ou moins acharnée que leur fait l'homme, qui fait disparaître ces grandes espèces.

Le lion pullule en Afrique, le tigre infeste par milliers les grandes forêts de l'Asie.

Les jungles de l'Inde fourmillent d'animaux féroces, tout aussi dangereux pour l'homme. Ce roi de la création ne peut même pas se défaire des serpents, que dis-je des serpents? un simple scorpion défie sa puissance, il en tue un, mille renaissent.

Rhinocéros, éléphants, gorilles, il faut bien l'admettre, s'en vont, pour des causes indépendantes de la volonté humaine, ce sont des acteurs qui, leur rôle fini, s'en vont se coucher dans la poussière qui a déjà recouvert les os de leurs ancêtres, peut-être servent-ils à préparer ce mystérieux engrais, cette semence inconnue, d'où la nature, en se transformant d'âge en âge, tire les espèces nouvelles qui apparaissent aux nouvelles périodes.

Mystère de science et de rêverie, qui frappe le philosophe, le rêveur, aussi bien que le savant... mystère qui se montre partout, et dont la solution n'est nulle part.

Tout se transforme, tout se modifie sans cesse sur ce globe, la vie c'est le mouvement universel, la mort n'est qu'un agent de transformation, mais là s'arrête ce que nous en pouvons entrevoir et, quand nous assistons au départ des grandes espèces d'animaux, comme l'éléphant, le rhinocéros, le gorille, nous ne pouvons que constater cette lente disparition indépendante de notre volonté, de notre action... N'est-ce pas du reste le rôle éternel de la science : constater tout, et ne trouver la clef nulle part.

## ORANG-OUTANG. — CHIMPANZÉS. — GIBBONS

### Le Chimpanzé.

Dans cette famille des anthropoïdes, le chimpanzé est le singe qui, après le gorille, se rapproche le plus de l'homme comme construction physique. J'ai indiqué plus haut quels étaient les rapports anatomiques des trois êtres, je n'y reviendrai pas.

Ce singe habite à peu près les mêmes contrées que le gorille, c'est-à-dire les grandes forêts qui s'étendent entre le tropique Nord et l'équateur. On ne le rencontre pas cependant dans la partie australe de l'Afrique, et son domaine peut se limiter dans les contrées qui sont comprises entre le dixième degré nord de l'équateur, c'est-à-dire la Nigritie et la Guinée.

Quelques-uns ont été vus au Gabon, mais ces cas sont excessivement rares, car il ne paraît pas que le gorille supporte facilement le chimpanzé dans les lieux qu'il fréquente, et ce dernier n'est point de force à se mesurer avec son terrible adversaire.

Quelques traits suffiront pour me mettre en règle avec cet animal qui soutient avec le N'gena les rapports les plus intimes, et lui a longtemps disputé le premier rang parmi les anthropomorples. Je me bornerai donc à bien indiquer surtout, par quels côtés il diffère de son rival des solitudes africaines.

Le chimpanzé, *homo Troglodytes niger*, vulgairement appelé homme des bois, dont l'espèce la plus connue est celle à pelage noir, atteint la taille moyenne de l'homme adulte, de 1 mètre 60 centimètres à un mètre quatre-vingts.

Il a la face nue, le museau court, le front arrondi, la partie externe de l'oreille très grande, mais de forme humaine. Ses mains sont garnies d'ongles plats, son nez est camus, ses yeux petits, il ne possède ni queue, ni abajoue, et n'a que fort peu de callosités aux parties fessières.

Il grimpe aux arbres avec beaucoup plus de facilité que le gorille, et se tient droit comme lui, mais il ne peut marcher dans cette position dès qu'il veut avancer, il est obligé de s'appuyer sur ses membres antérieurs, tandis que le grand singe du Gabon, qui dans une course rapide, s'aide également de ses quatre pattes, se tient debout ou assis

Le lendemain, je le fis enterrer. (Page 76.)

au repos, et s'avance toujours dans la position verticale, soit qu'il attaque, soit qu'il se défende.

Quoique d'un naturel assez sauvage, surtout quand il a atteint tout son développement, le chimpanzé s'apprivoise très facilement, et c'est par là qu'il rachète son infériorité anatomique en présence du gorille. Il est aussi intelligent, aussi doux, aussi sociable, dès qu'il est domestiqué, que ce dernier est au contraire stupide et féroce. Ce qui fait que si l'un se rapproche plus de la conformation humaine par la forme physique, l'autre, au contraire se rapproche davantage de l'homme, par la vivacité de son intelligence, et la douceur de ses mœurs.

Ce troglodyte est à l'état libre, excessivement industrieux, il sait se construire à des hauteurs de huit à dix mètres du sol, sur de grands arbres, des abris solides, où il se loge avec les siens. Il ne construit jamais à terre, comme le gorille, car, alors que ce dernier vit surtout à terre, et ne grimpe presque jamais sans nécessité, le chimpanzé, au contraire, affectionne le séjour élevé dans les arbres touffus, où il se livre quand on ne le voit pas, à des exercices de gymnastique, à faire le désespoir du plus habile acrobate.

Dans mon voyage au Niger et sur les côtes de Guinée, j'ai rencontré une foule de ces animaux, et presque toujours je les ai vus, soit suspendus aux branches supérieures des baobabs, soit les pieds croisés autour du tronc d'une œleis-guineensis, et me regardant passer avec un étonnement mêlé d'inquiétude.

Au moindre mouvement, ils fuyaient avec rapidité faisant de branche en branche des sauts vertigineux, et ils finissaient par se réfugier dans leur abri, où ils se tenaient invisibles et cachés, sans que rien pût parvenir à les en faire sortir.

Ces constructions élevées la plupart du temps au confluent de deux branches maîtresses, se composent de tiges de bambou et de branchages entrelacés et maintenus dans la position que le chimpanzé leur donne sur l'arbre, par des lianes qu'il sait entortiller et tresser avec beaucoup d'art.

Une particularité remarquable, que j'ai eu occasion de relever souvent, c'est que l'arbre choisi, quel qu'il fût comme essence, était toujours un peu éloigné des autres dans la forêt de façon qu'aucun animal ne pût pénétrer dans l'espèce de château-fort que le singe y avait construit, en s'aidant des branches des arbres voisins.

L'ascension ne se peut donc faire que par l'arbre même qui supporte la petite cabane. Aussi ne sais-je rien de curieux comme le spectacle d'une famille de chimpanzés surprise dans la forêt à quelques pas de son gîte, et le regagnant en toute hâte.

La mère monte d'abord, un ou deux nourrissons suspendus à son cou; s'il y a un jeune enfant d'un ou deux ans dans la famille, il suit lentement, en poussant de petits cris, parfois, arrivé au milieu de l'arbre, il pousse des cris de détresse, ses forces le trahissent, il va tomber, la mère alors se laisse glisser de quelques pieds, allonge un de ses grands bras au-dessous d'elle, ramène le petit sur une de ses épaules, où il s'accroche en désespéré, et elle continue son ascension avec son multiple et précieux fardeau.

Pendant ce temps-là, le mâle resté au pied de l'arbre pour défendre les siens au besoin, regarde les arrivants en grinçant des dents d'une façon qu'il veut rendre terrible, et qui n'est que comique. Dès que sa compagne est en sûreté, il s'élance à son tour, et en quelques enjambées, il a tôt fait de la rejoindre, ne croyez pas cependant qu'il va se tenir longtemps tranquille dans son blockhaus de feuillage, cachez-vous, ne faites pas de bruit, et vous assisterez bientôt au plus charmant de tous les spectacles. N'entendant plus rien, le mâle ne tarde pas à montrer au dehors son visage étonné, il sonde d'un œil inquisiteur les massifs d'alentour, plus rien... les ennemis sont partis, c'est à peine si une brise légère agite doucement les feuilles des palmiers, les petits écureuils gris sautent de branche en branche, et les grands aras blancs sillonnent la voûte verte de leur vol silencieux et pesant... le danger est passé, c'est le moment de se livrer à la joie.

Le chimpanzé paraît alors à l'ouverture de sa demeure aérienne, il pousse de petits cris d'appel, puis, avec l'élégance d'un gymnasiarque et une force musculaire sans égale, il saisit le premier bout de branche venu, s'enroule pour ainsi dire autour en se suspendant d'une seule main, se relève par un mouvement de trapèze, d'un seul bond franchit sa cabane et s'élance au plus haut de l'arbre, où sa femelle ne tarde pas à le rejoindre, avec celui des petits chimpanzés qui commence à prendre des forces, le nourrisson est resté sur le lit de mousse qui tapisse l'intérieur de l'habitation patrimoniale.

Alors le mâle, la femelle, le petit se livrent à une partie de sauts, de gambades, de cris joyeux, qui pendant longtemps vont troubler d'une façon étrange et charmante le silence de la forêt.

Il n'est pas sans intérêt de dire comment le chimpanzé s'y prend pour construire un abri.

Les matériaux qu'il emploie se composent de branches de divers arbres, encore garnies de leur feuillage, et de lianes qui servent, ainsi que je l'ai déjà dit, à rattacher le tout au tronc de l'arbre qui doit supporter la petite case.

Le toit qui recouvre le tout est de forme hémisphérique comme celui des habitations d'une foule de tribus africaines, et la première fois qu'il me fût donné d'apercevoir une de ces huttes singulières suspendues à six ou sept mètres au-dessus du sol, je la pris pour le retiro de quelque chasseur fantaisiste qui l'aurait ainsi élevée au-dessus du sol, pour pouvoir y passer la nuit à l'abri de toute attaque des fauves.

Quand le chimpanzé est parvenu à réunir au pied de l'arbre qu'il a choisi une quantité suffisante de branches de lianes, il grimpe sur l'aloès ou sur tout autre palmier qui doit supporter sa case, avec un paquet de lianes qu'il retient d'une main ; arrivé à la hauteur qui lui convient, il se met à faire autour du tronc de l'arbre comme une sorte de bourrelet de lianes épineuses, de temps à autre il pousse un petit cri, et sa femelle, restée en bas, gravit l'arbre à son tour et porte une branche d'arbre à l'ouvrier, qui la reçoit et l'encastre dans le paquet de lianes qu'il a préparé.

La même manœuvre se continue jusqu'à ce que le dernier chevron de la charpente soit ainsi placé. Comme l'animal n'emploie que des lianes vertes, il s'en suit que ces cordages naturels se resserrent en se séchant et que le tout devient d'une solidité à toute épreuve.

Il en est de même pour les branches de construction, elles sont cueillies et employées toutes fraîches, et quand le singe les a placées dans l'axe voulu, et qu'il leur a donné la solidité nécessaire, il tresse dans un ordre parfait et avec l'habileté d'un vannier, toutes les petites tiges dont sont garnies les branches maîtresses, entremêlant de ci de là de jeunes plants de bambous, pour donner à l'ensemble plus de consistance. Le toit en est si artistement confectionné qu'il est à l'épreuve de la pluie.

Le chimpanzé ne se contente pas de se construire une seule de ces cases ; chaque couple en possède quatre ou cinq, souvent plus, placées souvent à une grande distance les unes des autres, dans les lieux où abondent les productions naturelles qui servent à la nourriture de ces animaux. C'est à cette circonstance qu'il faut attribuer l'erreur de certains voyageurs qui, comme Du Chaillu, ont prétendu que le chimpanzé noir ou chimpanzé constructeur, que l'on rencontre dans la Nigritie, la Guinée et le Gabon n'habitait pas la même case aérienne que sa femelle. Le fait n'est vrai que pendant les premiers mois d'allaitement du petit. Je suis obligé de dire aussi que c'est bien à tort que le voyageur que je viens de citer s'attribue la découverte de cet amimal ( *Troglodytes calvus*). Le chimpanzé noir, dit le constructeur, était connu et, décrit depuis plus d'un siècle quand il l'a de nouveau rencontré dans les forêts de l'Ogooué. Il a beau l'appeler de son nom indigène N'Shiego-M'Bouvé, et non Nsiego-Mbouvé, comme il écrit, cela n'empêche pas ce singe d'être un pur chimpanzé, parfaitement classé, il faut autre chose qu'un nom indigène estropié pour créer une espèce nouvelle, quand bien même on l'appellerait *Troglodyte calvus*, au lieu de *Troglodytes Niger*.

Il y a des chimpanzés qui ne construisent pas, mais rien ne les différencie de leurs autres congénères, au point de vue anatomique, et il est à remarquer qu'on les rencontre dans le mafoua africain, vastes plaines garnies de bambous, de palmiers nains et d'arbrisseaux qui ressemblent assez par la nature de leur paysage aux jungles de l'Inde, et on ne trouverait pas un seul arbre assez fort pour supporter la case du chimpanzé, si légère qu'elle soit.

Nous serions donc en présence de singes qui auraient perdu l'habitude de se construire des abris de feuillage, uniquement parce qu'ils se sont trouvés dans des contrées peu favorables au développement de cette faculté. Une autre opinion pourrait difficilement prévaloir, lorsqu'on voit le même animal se réfugier sur les arbres et s'y édifier des abris dès qu'on le rencontre dans les forêts du Benin, de la Nigritie, de la Guinée et du Gabon.

Notre climat est peu favorable au chimpanzé, et nos ménageries et jardins d'acclimatation n'en conservent que fort difficilement, ils finissent tous par succomber à des maladies de poitrine.

Très intelligents et susceptibles d'une grande culture étant jeunes, ils semblent en vieillissant perdre peu à peu ces qualités, car ils deviennent alors insociables et méchants, au point qu'on est souvent obligé de s'en défaire.

J'en ai vu un chez un traitant de Formose, M. Silberman, dont l'éducation ne laissait vraiment rien à désirer.

A la suite du meurtrier voyage que j'ai fait au Niger, où je laissai les deux tiers de mes compagnons, je me reposai pendant près de deux mois chez ce négociant, d'origine suisse, établi à la côte d'Afrique depuis de longues années. C'est là que je fis la connaissance de *master* Jack, chimpanzé de la plus belle venue; sa taille dépassait un mètre soixante-cinq centimètres, son pelage noir entremêlé de quelques poils blancs sur la poitrine, était soyeux et bien fourni, son visage nu et poli paraissait toujours être rasé de frais; le beau collier de poil qui lui encadrait la face, lui donnait un faux air de charpentier américain, et au lieu de se développer en museau, le bas de son visage s'aplatissait à donner l'illusion d'une face humaine. Bien que le chimpanzé n'ait pas d'ordinaire la station droite très facile, Jack avait conquis, sélectionné pour ainsi dire, cette façon de se tenir et de marcher, grâce au noir qui l'avait élevé et qui à l'aide d'un bâton à triple branche attaché à son collier, l'avait forcé dès la plus tendre enfance à se tenir debout. Les anneaux de la colonne vertébrale s'étaient développés dans cette direction, à ce point qu'au bout de quelques années, l'animal préférait la position verticale à celle généralement adoptée par ses congénères ; ses oreilles étaient grandes mais parfaitement bordées, son front large et bombé dénotait une rare perspicacité, enfin ses mains presque de forme humaine, ne possédaient pas de griffes, mais bien des ongles véritables que Cayor entretenait avec le plus grand soin.

Cayor était un beau noir sénégalais, né dans le pays même dont il portait le nom. Son maître lui avait donné ce sobriquet comme plus facile à prononcer que celui que lui avait transmis son père. C'est lui qui avait pris Jack tout petit dans son nid de feuillage et l'avait dressé avec un art et une patience infinie.

Comme tout chimpanzé bien élevé, master Jack avait été habitué à de nombreux soins domestiques, dont il s'acquittait parfaitement ; il servait à table comme un maître d'hôtel, desservait à chaque service sans trop casser de vaisselle ; sur un signe vous donnait de l'eau ou du vin, remportait à la cuisine les plats vides, et accomplissait tout cela avec une évidente bonne humeur et force grimaces des plus amusantes ; beaucoup de serviteurs noirs, lourds et paresseux eussent dû imiter son adresse et sa vivacité.

Mais il était une charge qu'il ne fallait point lui confier, c'était celle d'apporter les fruits du dessert ; l'éducation de l'homme et la vie civilisée avait plutôt augmenté que diminué sa gourmandise naturelle, et c'est en croquant les plus beaux spécimens de la corbeille, qu'il apportait les ananas, goyaves, bananes et mangues destinés à la table du maître.

Quelquefois même, quand on ne faisait pas attention à lui, il s'enfuyait avec la collection de fruits toute entière, allait cacher le tout dans la petite hutte de bambous qu'on lui avait fait construire dans la cour, et retournait paisiblement de temps à autre grignoter le produit de son larcin.

Cela n'était pas toujours très amusant, car le brigand ne se contentait pas de s'attaquer aux fruits du pays que l'on pouvait aisément remplacer. Un jour il vola un magnifique panier de pommes et de poires que M. Silberman venait de recevoir de France, et qui devaient faire l'ornement d'un dîner de cérémonie ; on ne s'en aperçut que le lendemain ; on courut dans la hutte du singe, mais on n'y trouva que la preuve de sa friponnerie, le panier était vide.

Je fus moi-même victime de la gourmandise du chimpanzé et d'une façon qui indique un tel développement intellectuel chez cet anthropomorphe, que je ne puis résister au désir de conter l'aventure. Pendant mon séjour chez l'hôte aimable à l'hospitalité duquel j'ai certainement dû le retour de ma santé après les souffrances que j'avais endurées dans le Benin, j'avais l'habitude de prendre tous les matins, au point du jour, une tasse de café noir très fort avec un sandwich de pain grillé, puis, fatigué par la chaleur étouffante de la nuit, je m'endormais paisiblement une heure ou deux, bercé par le ramage matinal des petites perruches à collet rose qui se poursuivaient dans le feuillage des multipliants gigantesques, dont les branches s'étendaient jusque sous les vérandahs de notre demeure.

J'entendais vaguement mon fidèle Samba, noir du Benin, qui ne m'avait pas quitté un instant depuis le Bornou jusqu'à l'embouchure du Formose, monter dans ma chambre et se retirer sans bruit, après avoir déposé sur une petite table la liqueur parfumée de Moka ou de Porto-Rico, et j'étais obligé de faire un effort pour dissiper la somnolence qui commençait à m'envahir, grâce à la fraîcheur relative du matin, pour pouvoir prendre cette légère collation.

J'avais fini par étendre machinalement la main, saisir la petite coupe de porcelaine, en avaler le contenu et reprendre mon doux sommeil interrompu, sans avoir presque conscience de mon acte, quand je ne mangeais pas mon sandwich au beurre, ce qui m'arrivait souvent, j'en faisais cadeau au chimpanzé qui en était fort friand.

Un matin, j'eus beau me livrer à ma manœuvre habituelle, je ne rencontrai rien sous la main. Et cependant mes sens ne m'avaient pas trompé, j'avais parfaitement entendu et même entrevu Samba quand il avait pénétré dans ma chambre ; qu'était devenue ma tasse de café?

Je ne m'en préoccupai pas plus que de raison, car ne faisant ce repas matinal que sur ordonnance de médecin, je n'y tenais, il faut le dire, que médiocrement.

Dans la journée, j'oubliai d'en parler à Samba, comme d'une chose de fort minime importance.

La même scène se renouvela, le lendemain matin, et dans les mêmes circonstances. Samba était parfaitement venu à son heure habituelle, et comme la veille, deux minutes après, le café avait disparu.

Je soupçonnai immédiatement un petit négrillon qui m'apportait de l'eau tous les matins, et je résolus de le surprendre afin de lui donner une leçon de savoir-vivre méritée.

Le jour suivant donc Samba vint accomplir son service comme d'habitude et m'éveilla avant de se retirer; je restai au lit la tête légèrement tournée vers la muraille, pour laisser croire au ravisseur que je m'étais de nouveau endormi, mais l'oreille tendue, et prêt à me lever au moindre bruit; au bout de cinq minutes, n'entendant absolument rien, je me hasardai à regarder tout doucement la petite table en bambou sur laquelle on déposait mon déjeuner, quel ne fut pas mon étonnement, elle était nette et vide!

Et je n'avais rien entendu, c'était à croire à la magie!

J'appelai Samba.

— Où est Tom? lui dis-je (c'était le nom du petit nègre).

— Je viens de le voir à la cuisine, *massa*, me répondit le noir.

— Ne l'as-tu pas vu monter dans les appartements après toi?

— Samba n'a pas vu cela.

— Comment faire pour le savoir?

— Samba va demander à Tom.

— Garde-t'en bien, il est menteur comme un négrillon, c'est le cas de le dire, et il te ferait quelque histoire.

— Est-ce que Tom a volé quelque chose à massa?

— Regarde, fis-je en lui montrant la table en rotin.

— Samba ne comprend pas.

— Comment, tu ne vois pas que mon café n'est plus là?

— Oui, massa, il n'est plus là.

— Hé bien! fis-je avec une nuance d'impatience, il ne s'est pas envolé tout seul. Je me suis levé cinq minutes après ton départ et il avait déjà disparu.

— Massa n'a pas pris son café ce matin.

— Ni ce matin, ni hier, et c'est ainsi depuis trois jours.

— Les yeux grands ouverts, la bouche béante, Samba restait immobile devant moi comme un terme.

— Voyons, lui dis-je, il n'y a que Tom dans la maison pour se rendre coupable d'un pareil tour.

Le brave garçon, revenu peu à peu de son étonnement, se mit à secouer la tête d'un air mystérieux.

— Ce n'est pas Tom, me dit-il alors, qui a volé le café.

— Qu'est-ce qui te fait prendre sa défense?

— Tom est parti ce matin à quatre heures avec le cuisinier Crou-

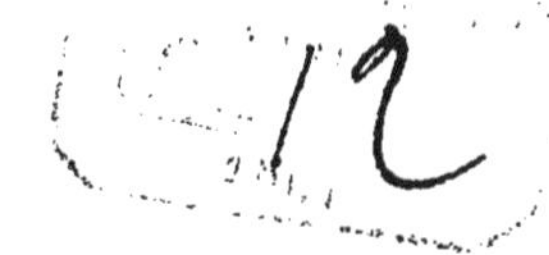

Famille de chimpanzés.

man pour aller chercher du poisson, je viens de le voir arriver, et quand massa m'a appelé, il n'avait pas encore quitté son panier.

La raison était péremptoire, mais qui donc pouvait se moquer de moi ainsi?

— Massa ne sait pas qui lui a escamoté son café, fit Samba en redoublant ses mines singulières.

— Non! et je donnerais bien deux doubles piastres pour frotter l'échine au voleur avec mon rotin.

— Eh bien! ce sont les mafoucs.

En prononçant ces paroles, le nègre avait baissé la voix et il roulait de gros yeux autour de lui, comme s'il m'eût fait la plus terrible des confidences.

— Qu'est-ce que c'est que ces gens-là?

— Ce ne sont pas des gens, massa.

— Va-t'en au diable avec tes airs mystérieux.

— Ce sont les mauvais génies du Niger qui, furieux de n'avoir pas pu faire mourir le blanc, viennent maintenant lui jouer des tours de leur façon.

Je ne pus retenir un éclat de rire.

— Mon brave Samba, lui répondis-je, si je ne suis pas mort dans les marais de la Nigritie, c'est grâce à ton dévouement et à ma forte constitution, quant à tes mafoucs...

— Ne dites pas de mal d'eux, massa.

Le pauvre Samba venait de prononcer ces paroles avec une émotion si vraie, un effroi si peu joué, que je ne jugeai pas utile pour le moment de combattre ses superstitions, et je résolus de ne m'en remettre qu'à moi seul du soin de surprendre l'audacieux qui venait ainsi depuis quelques jours me priver de ma collation habituelle.

Le soir, à dîner, je contais la chose et je vis mon hôte sourire comme s'il eût su à quoi s'en tenir sur l'auteur de ma mystification.

— Avez-vous la clef de cette singulière aventure? lui dis-je.

— A peu près, me répondit-il.

— Vous connaissez l'habile fripon qui m'enlève ainsi sandwich et café, sans que le moindre bruit ne vienne trahir son larcin.

— Comment, vous n'avez pas deviné? fit M. Silberman en riant de plus belle; et c'est Jack? parbleu.

— Votre chimpanzé?

— Lui-même.

— J'aurais dû m'en douter.

— Il n'y a que lui qui soit capable d'un pareil tour d'adresse, d'entrer dans votre chambre, de s'approcher de votre lit et d'accomplir sa méchante action sans que rien ne puisse déceler sa présence.

— Évidemment, répondis-je à mon hôte, vous avez raison; mais je veux en avoir le cœur net.

— Cela vous sera bien facile; vous n'avez qu'à ne pas perdre de vue la tasse que Samba vous portera demain matin.

Je me promis bien de suivre le conseil et de prendre Jack la main dans le sac.

A son heure Samba entra, me servit et s'esquiva, ainsi que nous en étions convenus. Les yeux demi-clos, je ne perdais pas de vue la tasse que mon serviteur venait de déposer près de mon lit.

Je n'attendis pas longtemps; mais l'étrange spectacle qui s'offrit à ma vue me fit croire pendant quelques instants que j'étais le jouet d'un songe, et pendant une ou deux secondes, les mafoucs de Samba et leur noire malice me traversèrent le cerveau. La petite tasse et sa soucoupe s'avançaient insensiblement du centre de la table vers une des extrémités, sans que rien d'apparent ne vint m'indiquer la cause de ce mouvement.

Je me levai brusquement sur mon séant et le mystère à l'instant même fut dévoilé.

Accroupi derrière la table qui le cachait à mes yeux, master Jack, qui avait dû entrer à quatre pattes dans ma chambre pour ne pas se laisser apercevoir, la main dissimulée par la tasse elle-même, d'un doigt recourbé appuyé sur la soucoupe, faisait glisser le tout vers lui avec une grimace de satisfaction gourmande que rien ne saurait dépeindre.

Il était tellement occupé, qu'il ne s'aperçut pas tout d'abord du mouvement que j'avais fait, mais je ne pus retenir une exclamation de plaisir, tant j'étais satisfait d'avoir saisi le gaillard au milieu même de sa manœuvre.

— Ah! c'est bien toi, gredin, fis-je en lui parlant comme à un homme et lui montrant le poing.

En se voyant surpris, le chimpanzé d'un bond s'élança vers la porte, mais Samba qui veillait lui barra le passage; alors avec une vitesse extraordinaire et une force incomparable, le singe sauta sur le rebord d'une croisée éternellement ouverte sous ces latitudes, et s'aidant d'une corniche en bois qui faisait saillie, il s'élança sur la terrasse de la maison, et de là dans les branches d'un banian séculaire qui se trouvait à quelques mètres de l'habitation.

Réfugié dans cette forteresse improvisée, il se mit à nous adresser une série de grimaces, et à pousser tous les cris les plus drôles de son répertoire.

Mais ce fut bien autre chose quand Samba se mit à lui montrer, en ayant l'air de l'en menacer un énorme rotin. Il entra dans une fureur sans égale, et brisant toutes les branches qui se trouvaient à sa portée, il se mit à les lui lancer d'un air de défi comique ; en un instant, la terrasse sur laquelle nous nous étions rendus en fut couverte.

Jack ne s'apaisa qu'à la voix de son maître, et ne descendit de son arbre qu'à l'appel de son ami Cayor. Je pris la tasse de café et les tartines de pain beurrées, objet du litige, et je les lui donnai; il me regarda avec un certain étonnement et finit par accepter sans façon.

Nous fûmes depuis les meilleurs amis du monde.

Pendant toute cette scène amusante, comme en toutes circonstances où je pus l'examiner quand il se laissait aller à son instinct, je puis dire que ce qui m'étonna le plus fut de voir avec quelle vive intelligence il associait ses idées, prenait un parti, toujours le meilleur, et savait déployer des ressources infinies pour arriver à ses fins. Ce que son cerveau contenait de ruses et de finesses est inimaginable.

Ainsi, on aura peut-être quelque peine à croire ce que je vais avancer, et cependant j'affirme avoir vu vingt fois le fait suivant: M. Silberman avait un de ces énormes molosses dont la race ne s'est conservée qu'à Londres, et qu'un de ses correspondants lui avait expédié. C'était une véritable curiosité sous ces latitudes, où les chiens d'Europe vivent peu d'ordinaire, en raison de la chaleur, et surtout des détritus organiques qu'ils rencontrent à chaque pas et dont ils font leur pâture ; celui-là avait résisté, grâce à la précaution qu'on avait eue de ne jamais le laisser sortir seul du vaste enclos qui attenait à l'habitation, et de ne jamais lui donner d'os.

Jack, qui n'était point facile cependant dans ses liaisons avec les animaux, avait pris ce chien en amitié, et comme il avait remarqué le goût de son compagnon pour la nourriture qui lui était défendue dans l'intérêt de sa santé, il volait tous les os qu'il pouvait à la cuisine pour les lui porter.

Le molosse de son côté, par reconnaissance, passait des journées à servir d'oreiller au singe, car ce dernier n'avait pas de plus grand bonheur que de reposer étendu sur une natte, et la tête sur le dos de son gros ami.

La nouvelle aventure de Jack défraya les propos de table du soir, car le dîner, dans les contrées équatoriales, est à peu près le seul moment où tous les membres d'une même famille ainsi que les invités se trouvent réunis, le seul moment que l'on puisse consacrer à la causerie.

Sans doute, il ne fait pas moins chaud que dans le jour, souvent même la température est plus accablante, mais les magasins sont fermés, les affaires sont terminées, et les dames, pâles roses d'Europe transplantées sur le sol brûlant de la côte d'Afrique, ont daigné quitter leurs chambres rafraîchies par l'air factice des pankahs, et faire un brin de toilette, pour faire honneur à la table familiale.

D'abord la fatigue est extrême, on goûte aux mets du bout des lèvres, chaque parole est un effort, la chaleur des bougies augmente encore la lourdeur de l'atmosphère qui vous environne, mais aux premiers verres de bourgogne, les langues commencent à se délier, les pâles jeunes mères voient un peu de vermillon leur monter aux joues, et quand arrive le champagne frappé, ce compagnon obligé de tous les repas du soir dans les comptoirs africains, on ne songe plus au climat, aux souffrances de la journée, à la température énervante que l'on va retrouver une fois l'excitation passée, et l'on cause par plaisir de faire échange de pensée avec un de ses semblables, et comme on se lie facilement, et comme les amitiés vont vite. Ah! les belles soirées que ces soirées coloniales, ma parole, je ne sais ce qui me retient quand je rassemble ces souvenirs, quand j'écris sur ce passé pour en revivre quelques instants, non, je ne sais ce qui me retient de lever le camp et de courir de nouveau le monde, à la recherche de ces émotions toujours jeunes, toujours nouvelles, qui ont le mérite de l'imprévu, ce grand charmeur que rien ne remplace dans la vie; car rien n'est beau, aimable, frais et charmant comme ce qu'on n'attend pas..... qui n'a dans sa vie quelque souvenir improvisé? chasse, amour ou repas qu'il ne donnerait pas pour un demi-quart d'empire en Chine, celui-là me comprend, et celui-là c'est tout le monde, car nul n'a été assez déshérité pour n'avoir pas eu de ces joies.....

Pour un hors-d'œuvre c'en est un, et des plus corsés, mais, ma foi, je ne l'efface pas, il n'est point toujours facile de retenir sa plume, quand on remue à pleine main des souvenirs qui vous ramènent à l'âme et au cœur quatorze années de voyages et de courses aventureuses à travers le monde.....

Donc ce jour-là, master Jack eut les honneurs de la soirée! Ce fut, dans la famille de mon hôte à qui ferait valoir son esprit et sa rare intelligence; on nous conta tous ses tours par le menu, et dans tous je trouvai quelque chose de personnel qui montrait bien que cet animal ne se bornait pas à imiter ce qu'il avait pu voir, mais imaginait, concevait et exécutait pour son propre compte.

L'illustre Cuvier s'est trompé quand il a placé le chien au-dessus du chimpanzé comme intelligence; de son temps, du reste, cet animal était mal connu, mal étudié, et le grand naturaliste ne s'était pas dégagé suffisamment des anciens errements de la philosophie cartésienne, pour donner aux animaux leur véritable place dans la nature. Il a reconstruit certains anneaux dans la chaîne du passé, par des efforts de génie qu'on ne saurait méconnaître; mais il n'était pas de cette époque où Claude Bernard a pu dire aux analystes qui s'attardaient dans les êtres doués de mouvement :

« Avant de faire la psychologie de l'homme et des animaux, tentez donc celle de la plante. »

Parole immense, qui indique que l'immortel savant admettait l'unité du principe de vie sur la terre, avec des agrégats plus perfectionnés chez les uns que chez les autres, en vertu d'une loi progressive dont la clef n'existe pas sur notre sphère.

Mais avec ce grand principe de la vie universelle, une pour tous, pour la fleur comme pour l'insecte, pour l'éléphant comme pour l'homme, fluide impondérable qui s'échappe du même foyer et qui, comme la lumière passant par une lentille, concentre plus de rayons, plus de force, plus de vie, sur les êtres arrivés à un degré supérieur de perfectionnement, on arrive à ne plus considérer les animaux comme des manifestations d'un principe vital inférieur, mais comme des êtres d'une moindre concentration fluidique, et comme le moteur est le même avec de simples différences de forces psychiques, on supprime le mot d'instinct qui ne signifie absolument rien, et on le remplace par celui d'intelligence qui à lui seul est toute une révolution scientifique.

Oui, l'intelligence des animaux; oui, l'acte vital raisonné dans ses manifestations, spéciales à chaque être selon ses besoins; oui, le ciron, la fourmi, le chimpanzé, l'éléphant, l'homme pensant, se souvenant, agissant, comparant, jugeant avec des degrés différents de force et de projection, suivant son élévation sur l'échelle des êtres, voilà la vérité scientifique, voilà la grande conquête du siècle, plus d'être à part, plus de chair, plus de sang, plus d'os plus perfectionnés, ou mieux de matière différente, rien que de l'hydrogène, de l'oxygène, de l'azote, du fer, de l'arsenic, du phosphore, de la chaux, etc..... et tout cela dans des combinaisons plus parfaites simplement chez les uns que chez les autres.

Et en cela la science ne détruit par le ψυχη, l'âme, le principe de vie, mais elle le voit et l'admet partout.

Comme on étudie, comme on interroge alors différemment les animaux ? et ce n'est qu'à la lumière de ces principes seuls qu'on arrive à établir leur véritable classification intellectuelle. Instinct suffisait à tout, surtout à la paresse de l'étude ; intelligence oblige à la vérité, il faut tenir compte d'un être qui pense.

Non, le chien domestiqué par l'homme, arraché par de longs et persévérants efforts à ses forêts, le chien que rien ne différencie du loup au point de vue anatomique, ne peut disputer la palme de l'intelligence au chimpanzé ; combien de générations, combien de portées nées dans l'esclavage, a-t-il fallu pour assouplir ses mœurs ? tandis que ce troglodyte, cet homme des bois, comme l'appelle le peuple, dès qu'il touche à l'homme, s'adoucit, se civilise, et non seulement devient susceptible d'éducation plastique, accomplit des travaux qu'on ne croyait accessibles qu'à la race la plus noble, mais encore se développe sous le rapport intellectuel au point de se souvenir au bout de plusieurs années, et de reconnaître des amis ou ennemis qu'il n'aura vus qu'en passant, et de leur témoigner haine ou affection, avec une rectitude de mémoire qu'on ne trouve jamais en défaut.

Il est difficile de bien connaître le chimpanzé en Europe, la pauvre bête s'étiole sous nos latitudes; quelques mois après son arrivée elle commence à lutter contre la phtisie, le mal l'aigrit; au lieu de se développer, elle semble perdre tout ce qu'elle a acquis et elle ne tarde pas à tomber dans une noire mélancolie et dans des souffrances qui ne se terminent que par une mort hâtive.

C'est dans les forêts du Gabon ou de la Guinée, au milieu des senteurs balsamiques des vétivers et des salsepareilles sauvages, sous l'ombrage des grands baobabs, des aloès, des tamariniers et des palmiers aux larges feuilles dentelées, qu'il faut venir voir le chimpanzé dans sa force et son adresse, là qu'il faut venir le prendre, le domestiquer à force de soins, de bons traitements, et alors on aura devant soi un

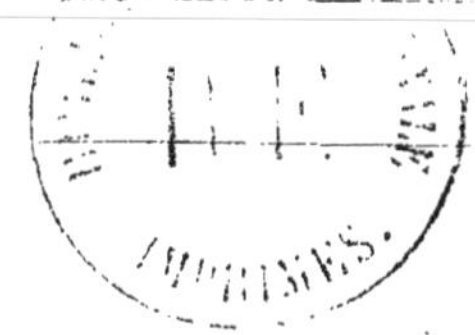

Ce n'était qu'un jeu pour lui de déboucher une bouteille. (Page 99.)

véritable sujet d'études, qui à chaque instant vous donnera cent occasion d'admirer son intelligence prime-sautière, et l'inventive fertilité de son imagination.

J'ai dit plus haut que Jack, après la découverte de son larcin, craignait tellement d'être châtié qu'il s'était réfugié dans un arbre, et n'avait pu être calmé que par la vue de son maître, et les caresses de son ami Cayor; je dois expliquer à ce propos que la vue de M. Silberman exerçait sur lui une véritable fascination ; quand ce dernier était à la maison, il était rare que master Jack ne fut pas d'une sagesse exemplaire. Cela venait de ce que mon hôte n'avait jamais plaisanté avec lui, qu'il lui parlait toujours d'un ton très doux, mais sans familiarité, et que, d'un autre côté, il ne lui refusait jamais les friandises de la table qui excitaient son envie.

Cette double attitude avait produit chez Jack deux sentiments qu'il était très facile de constater, d'un côté un respect mêlé d'une certaine crainte, et de l'autre une vive affection.

Il est inutile de dire que l'animal avait contracté de nombreux défauts à la cuisine, les fruits et les pâtisseries ne tentaient pas seuls sa gourmandise, il possédait en outre un amour immodéré pour le vin, il était impossible de laisser traîner une bouteille de la bienfaisante liqueur quelque part, et le majordome y veillait, sans que master Jack ne s'en emparât, et en un clin d'œil elle était vide; l'animal était alors, on le conçoit, dans un état complet d'ébriété, dans cette situation il n'écoutait plus personne, et se livrait à toutes les excentricités que lui suggérait son imagination, une de ses plus étranges marottes était de se rendre dans sa hutte et de briser les plats de terre dans lesquels on lui servait son eau et sa ration de riz.

Rien n'était singulier comme de voir à quel point Jack, en cet état, ressemblait à un homme pris de vin. Il faisait d'atroces grimaces à tout le monde, s'emparait de tout ce qui se trouvait à sa portée pour le manger ou le boire, rossait d'importance tous les négrillons de l'habitation et méconnaissait même la voix de Cayor.

Puis comme tout bon ivrogne, il prenait des idées fixes, une de ces idées consistait à monter sur le toit de sa cabane pour s'y tenir en équilibre ; dès que cette manie avait germé dans son cerveau, il n'avait plus de cesse qu'il ne la mît à exécution; il se cramponnait alors aux bambous qui servaient de muraille extérieure à sa case, grimpait péniblement en s'aidant de leurs nodosités, puis, arrivé à mi-chemin, retombait lourdement sur le sol aux éclats de rire de tout le personnel domestique assemblé.

Jack ne s'émouvait pas pour si peu, il recommençait son ascension avec une ténacité digne d'un meilleur sort, car sa seconde tentative avait immédiatement la même conclusion que la première, et il passait des heures à vouloir accomplir le même tour de force.

Dès que les fumées du vin s'étaient un peu dissipées, il parvenait enfin à gravir le toit de sa hutte, passait ses jambes et ses bras autour du bambou qui émergeait du toit circulaire de paille et de feuilles de pendanus, et d'ordinaire il s'endormait là jusqu'à ce qu'il eût retrouvé sa raison.

Mais ces équipées ne se terminaient pas toujours d'une manière aussi simple, et je fus témoin d'une entre autres qui faillit avoir un dénouement tragique. On comprend que dans la maison d'un traitant, possédant un des plus importants comptoirs de la côte de Guinée, il devait être très difficile d'empêcher master Jack de se livrer de temps à autre à ses goûts. Le vin en bouteilles, en caisses, en fût est remisé un peu partout dans ces sortes de factoreries, et les serviteurs noirs ne se gênent pas pour en voler, dès que le maître ou les employés tournent le dos. Jack, comme on doit le penser, n'avait pas l'entrée des magasins, mais le gaillard avait un œil de lynx pour découvrir les lieux où les noirs cachaient leurs soustractions, et il ne se faisait nullement faute de voler les voleurs.

Les tours d'adresse qu'on lui avait appris pour émerveiller les convives, lui venaient alors en aide, ce n'était qu'un jeu pour lui de déboucher une bouteille aussi proprement qu'un sommelier. Donc un jour, Jack avait profité d'un défaut de surveillance du majordome, ou trouvé dans quelque cachette l'objet de sa convoitise, toujours est-il que, dès huit heures du matin, il était complètement ivre et faisait le diable à quatre dans la cour. Mon hôte était déjà à son comptoir, les dames n'étaient pas encore levées, et Cayor, parti pour la pêche la veille, n'était pas encore rentré, le singe pouvait donc se livrer librement à ses exercices les plus excentriques. J'étais tranquillement occupé à écrire dans ma chambre, qui donnait précisément sur la partie de l'enclos où se passait l'aventure, lorsque des cris perçants mêlés à des éclats de rire m'attirèrent sous la vérandah.

Je fus très étonné de voir que Jack n'était plus dans la cour, puis, suivant la direction des regards de tous les noirs qui levaient la tête en l'air à qui mieux mieux, j'aperçus le singe qui grimpait lentement dans l'immense baobab dont le feuillage abritait une partie de l'habitation, il tenait sous son bras Tom, le négrillon, qui s'agitait comme un diable et poussait des cris de terreur, ni plus ni moins que si on l'eût écorché.

— Tais-toi, tais-toi, lui criaient les nègres de tous côtés, il ne te fera pas de mal.

Peine perdue, le pauvre Tom n'était pas en état d'écouter la recommandation. Quant au singe, cette scène paraissait l'amuser énormément, car il continuait son ascension dans l'arbre en grimaçant de la plus étrange façon.

Master Jack ne paraissait pas être dans un état complet d'ivresse, car il semblait prendre grand soin en montant de ne point blesser le petit Tom, la moindre des choses cependant pouvait faire arriver un accident.

A un moment donné, le pauvre négrillon, comme fou de terreur, s'accroche à une branche avec tant de force, que le chimpanzé est obligé de s'arrêter; furieux de cette résistance, ce dernier se mit à secouer son fardeau vivant avec tant de force que Tom est obligé de céder. Jack qui, pour ce dernier exploit, l'avait saisi par les jambes, l'emporta la tête en bas au plus haut de l'arbre en faisant retentir l'air de ses cris joyeux et nous régalant de ses grimaces les plus comiques.

La scène eût été vraiment amusante sans l'état d'ébriété de Jack. Sauter de branches en branches en portant le petit nègre, en temps ordinaire, n'eût été qu'un jeu pour lui; mais comme je craignais un dénouement tragique, j'envoyai en grande hâte chercher M. Silberman. Le Khrouman avait à peine quitté l'habitation pour aller prévenir son maître, que Cayor rentra de la pêche.

A la vue de l'exploit de son élève, le brave Sénégalais commença par rire à se désarticuler la mâchoire; quand il était parti, il en avait pour un quart d'heure, aussi coupai-je court à son accès, en lui ordonnant d'un ton bref de rappeler le chimpanzé.

— Ne vous fâchez pas, *massa*, me répondit-il d'un air étonné, car c'était la première fois que je lui parlais avec sévérité.

— Je ne me fâche point, Cayor, mais enfin tu avoueras que le moment est assez mal choisi pour donner carrière à ta gaieté.

— Massa peut-être sûr que Jack ne fera pas de mal à Tom, le singe aime beaucoup le petit gamin.

— Il suffit d'un faux pas, d'un rien...

— Un chimpanzé tomber d'un arbre, massa?

— Peut-être pas lui, mais l'enfant peut lui échapper. Jack n'est pas tout à fait dans son état normal, il a encore volé du vin ce matin.

— Oh! le gredin, fit le noir d'un accent comique, et il l'a bu sans son ami Cayor.

Sur mon ordre, le noir se mit en devoir de rappeler Jack, car enfin je voulais mettre un terme aux souffrances du pauvre Tom, dont les cris amusaient la valetaille. Mais aux signaux réitérés qu'il lui fit, aux injonctions qu'il lui adressa, le chimpanzé ne répondit que par une série de grimaces qui ne fit qu'augmenter la bonne humeur de la galerie. Blessé au vif par l'insolence de son élève, Cayor s'empara d'un rotin, le brandit au-dessus de sa tête et annonça à Jack, en prenant une pose théâtrale, que s'il n'obéissait pas à l'instant même, il allait être immédiatement châtié de la belle façon.

Nouvelles grimaces de Jack, fureur indicible de Cayor, qui voulut immédiatement s'élancer dans l'arbre pour faire respecter son autorité. Je m'y opposai, car cette poursuite aurait pu avoir des suites fâcheuses; j'étais très inquiet, je l'avoue, de la tournure que prenait cette petite scène, lorsque M. Silberman parut.

Les choses changèrent immédiatement de tournure.

Le silence le plus complet remplaça les cris et les huées dont les nègres avaient jusqu'à ce moment salué les frasques de master Jack, et ce dernier, sur un simple signe de son maître, descendit lentement de l'arbre, en prenant d'infinies précautions, pour ne point blesser le petit Tom; il touchait à peine terre que l'enfant s'enfuyait avec toute la vitesse dont il était capable vers les cases à nègres; quant à lui, il reçut avec soumission deux ou trois coups de cravache que lui administra M. Silberman, avec promesse d'une distribution plus abondante s'il venait à recommencer ce genre d'exploits.

Jack s'en fut tout penaud se coucher dans sa paillotte.

En entendant le luxe de recommandations que mon hôte faisait à son chimpanzé, qui semblait les recevoir d'un air contrit, je ne pus m'empêcher de sourire.

M. Silberman saisit ma pensée.

— Vous trouvez étrange, me dit-il, que j'adresse à Jack une pareille mercuriale.

— Non, lui répondis-je, la parole a été donnée ou conquise par l'homme pour traduire ses sensations, et il est arrivé à tout le monde de gesticuler et de parler, même en présence d'objets inanimés, faisant obstacle à un travail ou même à la réalisation d'un simple caprice.

— Alors vous ne croyez pas que mon singe ait compris ce que je lui disais.

— Je suis persuadé que vous possédez sur lui un très grand empire, mais il me serait difficile de penser qu'il ait perçu le sens exact de vos paroles.

— Eh bien, vous êtes dans l'erreur, vous n'accordez pas au chimpanzé, comme tous ceux qui n'ont pas vécu avec lui, toute l'intelligence qu'il mérite?

— Notez que j'ai dit « le sens exact de vos paroles » en émettant un simple doute sur son degré d'entendement.

— Eh bien, mon cher hôte, c'est, pour me servir de vos propres expressions, le sens exact de mes paroles qu'il a compris.

— Vous m'étonnez.

— Et cette opinion, je vous en donne l'assurance, n'a rien d'exagéré.

— Comment, il sait maintenant qu'il s'exposerait à une correction nouvelle et plus exemplaire encore s'il recommençait le même tour.

— Il le sait à n'en pas douter.

— Il y a longtemps que j'ai fait justice des vieux préjugés de l'antique scholastique et de la philosophie cartésienne, je ne crois plus à un instinct mécanique, mais à des degrés différents d'intelligence selon les espèces et les races..... mais jusqu'à ce jour, je l'avoue, je n'avais accordé qu'à l'éléphant seul la faculté de localiser si facilement ses perceptions. Par exemple, le chien arrive à comprendre ce qu'on exige de lui, en répétant vingt fois l'expérience, son cerveau épais exige une série d'impressions identiques, avant que l'idée s'imprime assez fortement pour que la mémoire la retrouve à chaque réquisition, l'homme seul possède la faculté de la localisation instantanée, après lui l'éléphant étonne par la rapidité ds son concept, c'est-à-dire par la réalisation synthétique en idée, de la sensation ressentie.

— Nihil est in intellectu, quod non prius fuerit in sensu, fit mon hôte, qui comme tout bon Germain, ne pouvait perdre l'occasion de placer une citation d'école.

— Vous avez raison, mon cher monsieur Silberman, lui répondis-je. Il n'y a rien dans l'intelligence qui n'y ait été amené par les sens, en d'autres termes, pas d'idée sans une sensation qui la précède; l'intelligence n'est donc, dans son plus et son moins, qu'une question de sensation et de perception plus ou moins rapide, et pour en revenir à votre chimpanzé, je ne croyais pas que chez cet animal, la perception pour être durable, pour être conservée par la mémoire, n'eût pas besoin de sensations plus répétées, plus multiples.

— Je vais vous donner une preuve indéniable de ce que j'ai avancé!

— Je la recevrai bien volontiers.

— Fixons bien la position de la question. Jack a-t-il, oui ou non, compris que je lui défendais sous peine d'une correction plus forte de recommencer l'exploit de ce matin... C'est bien cela, n'est-ce pas?

— Parfaitement.

— Eh bien, vous allez voir en cinq minutes mon singe refuser et accepter d'accomplir ce tour.

Le petit Tom reçut l'ordre de revenir, et Jack fut rappelé par Cayor, sur l'invitation de M. Silberman, le nègre enjoignit au chimpanzé de s'emparer de Tom et de l'emporter de nouveau dans l'arbre.

L'enfant était prévenu que ce n'était qu'un jeu, et qu'on ne laisserait pas à Jack le loisir d'exécuter ses prouesses.

Mais Jack, au lieu d'obéir aux injonctions de Cayor, se mit à se gratter la tête suivant sa coutume lorsque quelque chose d'insolite troublait son entendement, et ce faisant il regardait alternativement, et le nègre et son maître.

M. Silberman ne bronchait pas; quant à moi, je suivais toute cette scène avec un intérêt peu commun.

Nouvelle tentative du noir et même manœuvre du chimpanzé.

— Comprend-il bien ce que son ami Cayor lui demande? fis-je à mon hôte, c'est là le point obscur que je voudrais voir s'éclaircir d'une façon à ne pas laisser l'ombre d'un doute.

— Vous allez recevoir pleine satisfaction, me répondit mon interlocuteur.

Le noir eut beau prendre alternativement tous les tons, essayer de la menace et des caresses, tenter Jack par la gourmandise; peine perdue, ce dernier n'eut pas la moindre velléité d'obéissance. Au bout d'un quart d'heure d'efforts de toute nature, il devint évident que le chimpanzé n'exécuterait pas les ordres de Cayor.

— Il me semble, me dit alors M. Silberman, qu'il est absolument prouvé que le singe n'a point saisi les intentions du noir, ou refuse de lui obéir, vous voyez que je ne tranche pas la question.

— Vous êtes d'une impartialité absolue.

— Je vais vous laisser le soin de juger vous-même; à mon tour d'intervenir.

Mon ami montrant alors le petit Tom à Jack, puis le baobab, d'un seul geste lui commanda d'emporter l'enfant dans l'arbre, le singe se leva en hésitant un peu.

— Allons, vivement, fit le maître en faisant claquer sa cravache. Ne doutant plus de l'intention de celui qui le commandait, l'animal s'élança sur l'enfant, s'en saisit malgré sa résistance et ses cris, et en deux bonds extraordinaires fut sur les premiers branches du Ficus Africana.

— Êtes-vous convaincu, me dit mon hôte avec un air de triomphe. J'étais simplement émerveillé, et je ne m'en cachais pas.

— Et remarquez bien, continua mon ami, que si je n'avais pas été là, Cayor l'aurait envoyé vingt fois de suite dans l'arbre avec le négrillon.

L'aventure était concluante.

Vingt fois par la suite j'ai été témoin de faits de raisonnement et de perception rapide, aussi curieux que celui-là, et je suis arrivé à cette conviction absolue, que le chimpanzé par l'éducation, et la cohabitation avec l'homme, est capable d'arriver à un très haut degré de culture intellectuelle.

J'étonnerai peut-être bien des gens en avançant le fait suivant, mais je le déclare absolument authentique, j'ai vu des chimpanzés reconnaître leur maître sur leur portrait, et cela d'une façon à ne laisser aucun doute dans l'esprit le plus prévenu.

Mais je ne saurais trop le répéter, on ne verra ces intelligents animaux donner la mesure complète de leur faculté, que dans leur pays d'origine, sous ces chaudes latitudes, appropriées à leur constitution spéciale. Partout ailleurs, ils s'étiolent, et meurent victimes prématurées de l'homme, de cet être qui bouleverse tout dans la nature pour satisfaire ses caprices, qui chauffe les fleurs des tropiques avec du charbon de terre, dans ses serres, et transporte les animaux de l'équateur dans ses jardins d'acclimatation où il n'acclimate que la souffrance et la destruction.

Quelques jours avant mon départ de la côte du Vieux-Calabar, M. Silberman me dit un soir, à l'issue du dîner:

— J'ai une excursion à faire dans la rivière de Rouyme, êtes-vous des nôtres.

— Vous savez que je reviens du Niger, lui répondis-je, et que je vous suis arrivé grelottant la fièvre et me tenant à peine debout, à vous de voir ce que je puis supporter de fatigues nouvelles.

— Nous remonterons la rivière en chaloupe à vapeur, et en cette saison, vous n'avez guère à craindre les *paludéennes*.

— Je suis à votre disposition, mon cher hôte.

— Quelque grand que soit le plaisir que j'aie à vous avoir pour compagnon de cette excursion, je ne vous proposerais pas de la faire avec moi, si je ne savais que vous ne perdez aucune occasion de moissonner des faits et des documents pour votre étude sur les singes.

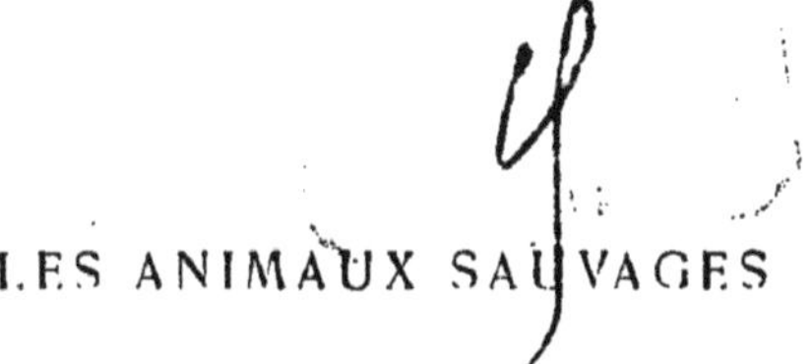

Les nègres lui reprochent de venir relever leurs calebasses pendant la nuit. (Page 110.)

— Cela est vrai, depuis que je voyage, c'est une étude qui m'a toujours attiré, et je collectionne, en vue de le publier plus tard, tout ce qui a trait, non seulement aux singes, mais encore à tous les animaux sauvages, m'est avis qu'on a trop fait leur histoire naturelle et pas assez leur histoire intime, il y a peut-être là une lacune intéressante à combler.

— Je puis donc compter sur vous.

— Entièrement.

— Avec ma chaloupe, du reste, vous n'avez pas à craindre de ces excès de marche, qui pourraient vous ramener les fièvres du Formose, vous ne mettrez pied à terre que quand il vous plaira, c'est-à-dire le moins possible. Je désire simplement vous montrer une des merveilles du pays : à deux jours de navigation d'ici se trouve une vaste forêt, où les myrianthes arbres, les rotangs mêlent leur feuillage et leurs fleurs, chargés de lianes grimpantes, aux feuillages des tamariniers, des tulipiers et des palmiers de Guinée. On appelle ce lieu la forêt des singes, tellement il est garni de ces animaux, qui semblent s'être donné rendez-vous dans ces ombreuses solitudes, pour y réunir à peu près toutes les espèces et toutes les races connues de cette partie de l'Afrique.

— Vous n'avez pas besoin de me tenter davantage, mon cher hôte, puisque mon parti est pris; pour un pareil spectacle, j'affronterais toutes les fatigues, et puisque vous avez eu soin de les supprimer d'avance... je n'ai plus qu'à vous dire : Quand partons-nous ?

— Demain matin à la pointe du jour.

M. Silberman allait remonter la rivière pendant quelques jours pour traiter quelques affaires de gomme et approvisionner une petite factorerie qu'il avait créée dans l'intérieur.

Je prévins mon fidèle Djamba, car bien que le voyage dût être assez court, la moindre excursion à la côte d'Afrique entraîne toujours d'indispensables préparatifs.

Il faut visiter ses armes, ses munitions, compléter sa pharmacie de poche, emporter les drogues nécessaires à la conservation des animaux que l'on peut tuer, etc., une foule de minutieux détails appellent sans cesse votre attention, jusqu'à la dernière minute qui précède le départ.

Longtemps avant l'heure fixée, j'étais sur pied pour donner le coup d'œil du maître à mes cantines.

Après une frugale collation, nous prîmes place, M. Silberman, un de ses employés et moi, dans une charmante chaloupe bien aménagée pour les excursions en rivière, et dont le confort particulier ne laissait rien à désirer. Sous le couronnement de poupe se lisait ce mot « Jenny. » mon hôte avait donné à son petit navire le nom de sa fille aînée, aimable enfant d'une dizaine d'années, qui faisait la joie de la maison.

Le mécanicien de la Jenny était un compatriote du nom de Leclerc, il sortait des arts et métiers, avait servi l'État où il avait eu les galons d'adjudant, et était venu par un de ces hasards singuliers de l'existence échouer à la côte d'Afrique.

Je ne raçonterai pas les péripéties peu émouvantes du reste de notre voyage dans le fleuve, les rivages de toute cette partie de l'Afrique sont formés de terrains d'alluvions, couverts de palétuviers, et les côtes basses et marécageuses offrent fort peu d'intérêt pittoresque à l'œil du voyageur.

Tous ces fleuves de Formose, de l'Oivaré, du Kouara, de Bony, du vieux Calabar, qui viennent au golfe de la Guinée se jeter dans l'Atlantique, n'ont, pendant les trente ou quarante lieues de parcours qui précèdent leur embouchure, absolument rien de remarquable, à offrir à ceux qui les visitent, si ce n'est les dangers de leur navigation pestilentielle.

Ce n'est que le lendemain de notre départ que les palétuviers commencèrent à abandonner les rives du fleuve, qui peu à peu se couvrirent de cet arbre connu sous le nom de palmier vinifère — *raphia vinifera* — si utile aux habitants de cette contrée.

A ce titre le lecteur me saura peut-être gré de lui en dire quelques mots.

Ce palmier, dont les naturels tirent cette liqueur que l'on connaît vulgairement sous le nom de vin de palme, est un arbre de grandeur moyenne, dont les feuilles a folioles pennées et épineuses, ont jusqu'à six ou sept pieds et plus de développement en longueur.

Les régimes du fruit ou spadix sont également très grands, j'en ai vu qui mesuraient plus de quatre pieds de hauteur, et tellement chargés de fruits que deux hommes les portant à l'aide d'un bâton passé entre les branches du régime en avaient leur charge, c'est, ainsi que je viens de le dire, une des productions les plus utiles et les plus communes de toute la côte de Guinée.

Le tronc sert aux habitants à former la carcasse de leur habitation. Les feuilles disposées artistement en plusieurs faisceaux, après qu'on a tourné les folioles d'un seul côté, sont placées alternativement et entaillées comme les bottes dont se servent les couvreurs de chaume en Europe. Elles composent les côtés de la couverture et deviennent très solides par la précaution qu'ont les naturels d'attacher les folioles avec des lianes encore vertes qui se resserrent en se séchant et donnent ainsi à la toiture qu'elles relient une grande consistance. Quand elles sont bien installées, le vent le plus violent ne les soulève point.

Ces sortes de couvertures de feuillage forment également de bons et sûrs abris contre les ardeurs du soleil et les intempéries de la saison des pluies.

Mais en même temps, elles servent de repaires naturels à de grandes quantités de gros rats, de vipères et de couleuvres, lesquelles du reste y donnent constamment la chasse aux rats, leurs compagnons d'habitation.

Avant d'employer le tronc du palmier vinifère, les nègres en retirent, pendant de longues années, la sève, à l'aide d'incisions qu'ils pratiquent au cœur de l'arbre, et qu'ils munissent de petits tubes de bambous, qui servent de courant conducteur au vin de palmier.

Des calebasses artistement placées sous ces conduits, reçoivent la liqueur enviée, qui remplace pour les habitants de ces contrées, notre vin et notre eau-de-vie.

Lorsque la calebasse est descendue le matin avant le lever du soleil, le jus du palmier est doux, légèrement sucré, frais à la bouche, et n'est pas absolument désagréable aux palais européen, mais une heure ou deux après l'apparition du jour, ce jus qui fermente rapide ment sous l'action de la chaleur devient absolument imbuvable pour tout autre que des nègres, habitué à cette boisson.

Lorsqu'on veut couper l'arbre pour la construction on le pressure jusqu'à la moelle pour l'épuiser en liqueur, il donne alors un liquide blanchâtre tirant sur le gris que les indigènes nomment *Bourdou* et qui, beaucoup plus chargé en alcool que le vin de palme ordinaire, est d'autant plus préféré des noirs qu'il les met plus rapidement dans un état complet d'ébriété.

Les fruits de cet arbre précieux servent aussi à faire une pareille boisson, mais de seconde qualité.

Les indigènes en ramassent tous les mois de très grandes quantités, et après les avoir dépouillés de leur enveloppe écailleuse, ils laissent fermenter les amandes et en retirent une liqueur plus colorée et qui les enivre comme de l'eau-de-vie, quoique à leurs dires, elle soit moins savoureuse que celle qu'ils récoltent naturellement par incision.

Cet arbre a encore pour le noir cette qualité, que son peu d'élévation permet de faire la cueillette des fruits et de recevoir le vin de palme sans danger, ce qui n'a pas lieu avec l'*œlëis Guinensis*, qui élève souvent son couronnement de feuillage et de fruits à plus de cinquante mètres au-dessus du sol.

Ce n'est pas sans intention que je viens de donner la description complète du palmier vinifère, car cet arbre porte dans le pays un nom qui le rattache singulièrement à notre sujet, les naturels le nomment « l'arbre du chimpanzé. »

Cette appellation est absolument méritée, car le grand singe de Guinée en dispute souvent la possession aux hommes, c'est avec le feuillage de cet arbre qu'il construit ces tentes-abris qu'il attache avec des lianes aux troncs des multipliants, ou des œleis. Et pour tout dire, les nègres lui reprochent également de venir relever leurs calebasses pendant la nuit et de se délecter du jus bienfaisant qu'il y trouve.

Pour un peu ils prétendraient que l'animal sait exploiter comme eux, le raphia vinifera en vin de palme, car sur le terrain du conte et des récits légendaires les habitants du Formose n'ont rien à envier aux nègres du royaume de Loango. Leurs histoires sur le chimpanzé n'ont pas le caractère de férocité de celles que l'on prête au gorille, mais cela vient simplement de la différence de caractère des deux animaux.

L'intelligence du chimpanzé lui a fait prêter par le populaire les exploits les plus merveilleux, dans lesquels il bat toujours l'homme par la ruse et l'adresse.

Un exemple de cette littérature singulière.

Voici un conte que j'ai recueilli sur les rives du vieux Calabar de la bouche même des jeunes mères indigènes, qui l'apprennent à leurs enfants dès que ces derniers peuvent balbutier avec suite quelques paroles.

« Le chimpanzé est fin, très fin, malheur aux petits enfants qui quittent leur mère pour aller cueillir des fruits sauvages dans la forêt; le chimpanzé est très fin, il les enlève et les fait travailler pour lui, à récolter des racines et des ananas et à porter des feuilles de palmiers pour bâtir sa maison.

« Un jour le chimpanzé rencontre le mestré. Bonjour, marchand d'esclaves, lui dit-il, où vas-tu? De quel droit passes-tu dans ma forêt? Obba chimpanzé (chimpanzé, mon seigneur), répondit le mestré, je traverse la forêt pour aller chez ton frère, le sultan du Haoussa, qui doit me livrer deux cents esclaves, si l'obba daigne me laisser passer sans me faire de mal, je lui ferai cadeau de six paires d'eclaves à mon retour.

« Les hommes sont menteurs et fripons, dit le chimpanzé, je veux bien accepter ton offre, mais laisse-moi ton fils en otage; et le mestré qui avait grand peur pour lui, laissa son fils entre les mains du chimpanzé, et il s'en fut au pays du Haoussa, chez le sultan qui lui avait promis des esclaves.

« Quand il fut près de l'obba, il lui dit : Monseigneur, donne-moi des gardes pour me protéger contre le chimpanzé, car je crains bien de ne pouvoir traverser sa forêt une seconde fois sain et sauf; et le sultan du Haoussa lui donna des gardes pour le protéger lui et ses esclaves, et lui faire rendre son fils.

« Quand ils revinrent dans la forêt, le chimpanzé vit bien que le mestré n'avait pas eu confiance en lui, mais il cacha sa colère dans son cœur, et il invita le mestré avec ses gardes à manger dans sa case le millet bouilli et le shorgo sucré, et comme ils avaient accepté, il s'en alla par la forêt récolter toutes les calebasses de vin de palmier qu'il put rencontrer et il les rapporta au mestré et aux gardes qui s'enivrèrent et tombèrent dans un profond sommeil.

« Alors le chimpanzé a pris les lances des soldats, et pendant qu'ils dormaient il leur en perça le cœur; quand le mestré s'éveilla : Où sont tes gardes, lui dit le chimpanzé, et pour se venger, il donna la liberté à tous ses esclaves, mais il emmena le mestré et son fils en servitude, et les força à travailler pour lui. On ne les a jamais revus, sur les rivages de la grande mer d'où ils étaient partis.

« Le chimpanzé est fin, très fin, malheur aux petits enfants qui quittent leur mère pour aller cueillir des fruits sauvages dans la forêt, le chimpanzé est très fin, il les enlève et les fait travailler pour lui à récolter des racines et des ananas et à porter des feuilles pour construire sa maison. »

Je n'ai pas besoin de faire remarquer le caractère naïf de cette histoire, qui par elle-même est des plus simples, et n'a pas dû mettre à une grande torture l'imagination du conteur nègre qui le premier la mit au jour, mais il est singulier de remarquer que le chimpanzé joue ici, non seulement le rôle le plus habile, le plus intelligent, mais encore le plus honnête, il ne se venge que parce que le marchand d'esclaves a amené des gardes pour ne lui point payer la redevance convenue, et même le tuer si c'était possible.

Les noirs de Guinée sont également persuadés que les chimpanzés ne sont autres que des hommes, qui pour leurs méfaits sur la terre, ont été condamnés par le grafénd tiebe à venir vivre pendant quelques années sur la terre dans le corps du grand singe.

D'après eux lès chimpanzés parlent parfaitement dès qu'ils sont seuls entre eux, mais jamais, par peur d'être reconnus, ils n'articuleront une seule parole en présence de l'homme, dès qu'ils ont ainsi dans cette situation inférieure racheté leurs fautes, ils reviennent à la dignité d'hommes.

N'est-ce pas extraordinaire de retrouver sur ce coin de terre de l'Afrique, coin de terre encore barbare et que des siècles pourront à peine tirer de sa sauvagerie, comme un écho, des vieilles doctrines de métempsychose asiatique...

Soixante heures seulement après notre départ, nous arrivâmes au point que mon hôte m'avait indiqué comme but de notre excursion. Un peu avant le coucher du soleil, nous aperçûmes sur la droite du fleuve, une longue ligne bleuâtre, à qui la distance où nous nous trouvions, pouvait aussi bien indiquer les limites d'une forêt que le sillon d'une chaîne de collines peu élevées se profilant à l'horizon sur les teintes rouges du ciel.

Nous continuâmes à filer à petite vapeur pour nous en rapprocher, car c'était la forêt des singes.

Il faisait nuit quand nous stopâmes, mais une des ces nuits africaines pendant lesquelles l'œil le plus exercé ne peut même pas distinguer le moindre objet à deux pas devant soi.

— Restez dans la cabine, me dit mon ami, couvrez-vous bien, et ne vous exposez pas à l'humidité pestilentielle du fleuve.

— Pourquoi ces paroles?

— Il faut que je vous quitte.

— Que se passe-t-il donc?

— Rien d'insolite, je vous assure.

— Hé bien! alors.

— Je vous ai promis un spectacle merveilleux, laissez-moi vous faire une surprise, je doute que vous ayez jamais assisté à une scène pareille à celle qui s'offrira à vous au lever du soleil, mais nous sommes obligés de faire quelques préparatifs indispensables.

Orang-outang.

— De la mise en scène, fis-je en riant.

— Soit; nous allons tout mettre en place pour le changement de décor à vue. Ne vous inquiétez pas de notre absence, nous viendrons vous chercher au moment voulu, je vous laisse votre Djamba, au cas où vous auriez besoin de quelque chose.

...nple planche mettait la chaloupe en communication avec ...'entendis bientôt mon hôte qui donnait ses ordres en lan... et quittait le navire, suivi de ses serviteurs.

...'avoue, vivement intrigué, quelle était cette surprise que l'on me préparait et pourquoi ces allures mystérieuses; j'appelai mon fidèle noir.

A toutes mes questions, je n'obtins que cette seule réponse :

— Je ne sais pas, massa.

Il était évident que M. Silberman lui avait fait la leçon; il ne me restait qu'un seul parti à prendre, faire trève à d'inutiles investigations et prendre un peu de repos.

Je m'enroulai dans une couverture et me couchai sur le divan de la cabine; la faculté du sommeil a toujours été très développée chez moi, pendant tous mes voyages, et c'est un peu à cela que je dois d'être resté robuste, malgré de rudes épreuves, non que j'aie pris l'habitude de dormir longtemps, ce qui est bien la chose la plus funeste que je connaisse pour un voyageur, mais j'ai toujours fermé les yeux et pris mon passage pour le pays du rêve et des chimères, quelques secondes après avoir pris la position horizontale.

La nuit était profonde encore quand je m'éveillai, une main me tirait doucement par le bras, et à la vague lueur de la lampe de l'habitacle, je reconnus mon hôte.

— Excusez-moi de vous déranger, mais c'est le moment, me dit-il en souriant.

— Déjà, fis-je en me mettant sur pied d'un bond.

— Avant une demi-heure vous verrez apparaître le jour.

Djamba avait préparé le thé et des tost au beurre; nous prîmes rapidement cette première collation, si nécessaire dans ces meurtrières contrées où on ne doit jamais sortir à jeun, et nous quittâmes le bord.

— Où me conduisez-vous? demandai-je à mon ami.

— Dans la forêt des singes.

Il n'ajouta pas un mot... les allures mystérieuses de la veille continuaient, je n'insistai pas, on allait m'offrir, M. Silberman me l'avait dit, quelque chose à grand spectacle, c'était bien le moins que je laisse à ceux qui venaient de passer une nuit blanche à mon intention, le plaisir qu'ils se promettaient de la surprise qu'ils m'avaient ménagée.

Nous marchâmes pendant un quart d'heure environ nous tenant par la main pour ne pas nous égarer, Cayor nous précédait et nous guidait avec une sûreté dont eût été incapable ma faible vue européenne.

Tout à coup je sentis la tête de colonne qui s'arrêtait.

— Nous sommes arrivés, me dit mon hôte, maintenant laissez-vous diriger par Cayor.

Le noir me prit par la main et me conduisit près d'un arbre; c'est un énorme banian, me dit-il, qui nous sert chaque fois que nous faisons faire cette excursion à quelque étranger qui est venu à la factorerie.

Il me fit alors toucher les deux montants d'une échelle.

— Je monte, me dit-il, suivez-moi.

Je me laissai conduire sans faire l'ombre d'une réflexion; bientôt le vide se fit devant moi, j'avais beau étendre la main, elle ne rencontrait plus d'échelon.

— Donnez-moi la main, fit Cayor.

— Mais où diable sommes-nous? ne pus-je m'empêcher de répondre avec une nuance d'impatience.

— Ne craignez rien, vous allez vous installer au cœur même du baobab, on pourrait y tenir cinquante personnes à l'aise.

En effet quittant l'échelle d'un pied hésitant d'abord, je suivis l'impulsion en avant que me donnait la main du noir avec la plus grande précaution, et je fus bientôt très commodément appuyé contre une branche maîtresse de l'arbre et les pieds parfaitement assurés sur un corps dur et résistant.

— A quelle distance sommes-nous du sol? demandai-je à Cayor, car je tenais, ne connaissant pas les lieux, à m'assurer par avance des dangers que pourrait offrir une chute.

— A trois mètres à peine, mon cher ami, me répondit M. Silberman qui, à son tour venait, d'opérer son ascension et s'installait près de moi.

— Quand frappez-vous les trois coups, fis-je par manière de plaisanterie.

— Attendez quelques minutes, me fut-il répondu sur le même ton, le soleil qui est le grand régisseur de la scène va s'en charger.

— Tout le monde est-il en haut? demanda alors mon ami.

— Oui, massa, oui, massa... répondirent une dizaine de voix qui semblaient venir des branches supérieures.

— C'est bien, qu'on fasse silence.

Le jour se couche et se lève sous les tropiques, presque sans crépuscule, avec la rapidité d'un changement de décors à vue, M. Silberman n'avait pas achevé de parler, qu'une pâle lueur envahissait la forêt, bientôt la lumière argentée, était chassée par le rayon fauve et or, et en moins de deux minutes, l'astre du jour inondait la forêt de ses ardents rayons.

Quel spectacle extraordinaire s'offrit alors à mes yeux, en un instant je compris tout.

Le cœur du baobab dans lequel nous nous trouvions avait été garni à hauteur d'homme d'une ceinture de feuilles de palmiers, enlacées par leurs tiges flexibles, et soutenues par des lianes tordues autour des branches de l'arbre.

De cet abri improvisé nous pouvions voir tout ce qui se passait autour de nous, sans être vus nous-mêmes.

Avec les premiers rayons du soleil, un immense cri de joie composé de cent notes diverses avait retenti sous les arceaux de la forêt, faisant trembler la voûte de feuillage, je plongeai avidement mes regards en avant... aussi loin que la vue pouvait s'étendre, on n'apercevait que des milliers de troncs droits et élancés de palmiers de Guinée, éloignés à une distance de cinq ou six mètres seulement les uns des autres, et chaque tronc d'*œleis guineensis*, de la base au sommet, était garni de petites cases de bambou et de feuillage, attachées autour de l'arbre par des lianes, comme des tourelles, suspendues ainsi que des grappes aux flancs d'une colonnade de verdure.

Chacune de ces cases abritait un groupe de chimpanzés, qui, aux premières lueurs du jour, avaient quitté leur abri pour se suspendre aux arbres dans les poses les plus variées et les plus pittoresques; c'est par centaines, c'est par milliers de couples qu'on les apercevait. Dès que la forêt fut en pleine lumière, nous assistâmes à un spectacle vraiment féerique, peu à peu tous les chimpanzés, abandonnant leurs cases, s'élancèrent dans les branches supérieures des arbres, et se mirent en se jouant, à se poursuivre les uns les autres, la force et l'agilité qu'ils dépensaient ainsi était vraiment extraordinaire, tantôt ils se balançaient au bout d'une branche, et l'abandonnant, d'un vigoureux élan, s'élançaient sur un arbre voisin, tantôt ils se laissaient glisser avec une rapidité vertigineuse, le long des aloès, et couraient en gambadant et en faisant mille cabrioles sur le tapis vert de la forêt.

Nous passâmes près de deux heures à les regarder s'ébattre ainsi, en pleine liberté, c'était étrange et charmant, et nous étions si bien cachés dans notre abri de verdure, que pas un seul instant les singes ne parurent se douter de notre présence.

Je ne sais combien de temps cette scène aurait duré, si M. Silberman, en chasseur enragé qu'il était, puis peut-être aussi pour avoir un motif de départ n'avait rapidement épaulé sa carabine, et envoyé une balle à un des plus grands et des plus robustes de la troupe.

Le chimpanzé tomba, en poussant un cri déchirant, sur le gazon, un léger tressaillement agita tous ses membres l'espace de quelques secondes, puis il resta immobile, la balle dirigée par une main habile l'avait frappé au cœur.

— Voilà pour votre collection, me dit mon hôte.

— Qu'avez-vous fait? lui répondis-je, tous les singes sont en fuite.

— Il est temps de songer au déjeuner et au retour, notre promenade nocturne m'a donné un appétit qui tourne à la souffrance.

M. Silberman avait raison, mais le spectacle que nous venions d'avoir sous les yeux était si singulier et si original que j'eusse volontiers passé la journée entière, à le contempler.

Au moment où la détonation ébranlait la forêt, tous les chimpanzés avaient disparu avec la rapidité d'un éclair.

L'animal que mon hôte venait d'abattre, était un des plus beaux de l'espèce; nous l'emportâmes à l'habitation où j'eus tout le loisir de le préparer, il fait depuis l'ornement de ma collection.

J'ai tenu à relater les péripéties de cette excursion, que je fis pendant mon séjour à la côte de Guinée, parce qu'elles tendent à prouver l'exactitude de ce fait que les indigènes m'ont affirmé bien souvent, à savoir que les chimpanzés aimaient à se réunir dans les lieux les plus solitaires des forêts et à y vivre par troupes. J'ai entendu dire également qu'ils reconnaissaient des chefs, leur obeissaient et observaient entre eux une certaine hiérarchie.

De semblables faits sont bien difficiles à expérimenter, il faudrait vivre longtemps de la vie nomade dans le désert africain pour pouvoir les affirmer avec autorité et avec quelque critique scientifique.

Il est certain cependant que partout où les animaux vivent par troupes, on les voit, comme le castor et l'éléphant, observer entre eux une certaine discipline, et l'intelligence que nous avons observée dans le chimpanzé! serait assez de nature à faire penser qu'il n'est point rebelle à cette rudimentaire socialité.

Ces milliers de cases bâties en un seul lieu prouvent tout au moins qu'ils recherchent la société de leurs semblables, et cette vie en commun suffit pour faire naître des liens qu'il est bien difficile de concevoir, si l'on n'admet pas chez ces animaux certains accords tacites, certaines conventions acceptées de tous, sans lesquelles le bon voisinage ne saurait exister.

C'est encore une importante différence à signaler entre le chimpanzé et le gorille, alors que ce dernier ne vit qu'en famille, l'autre paraît susceptible d'association, ce qui lui donne, sur son adversaire, une incontestable supériorité intellectuelle.

Quel étrange problème. Le gorille qui se rapproche le plus de l'homme par sa conformation anatomique, est un des animaux qui s'en éloignent le plus par la sauvagerie de ses instincts et la férocité de ses mœurs, et le chimpanzé, qui est plus éloigné que lui de l'être humain au point de vue physique s'en rapproche, d'une façon vraiment singulière sous le rapport intellectuel... allez donc après cela, dans l'état actuel de la science, poser des règles et des principes absolus sur l'origine des espèces?

Transformations constantes, agrégations mystérieuses, qui modifient les mondes et les êtres où sont les lois qui vous régissent? dans quel coin de l'univers est allumé le flambeau, source universelle de mouvement et de vie qui anime tous les êtres?

Chaque pas que l'on fait ne permet qu'une chose... poser un point d'interrogation sans réponse.

Le mystère est partout et la clef nulle part, qu'il s'agisse de l'origine de l'homme ou de celle du chimpanzé.

---

## L'ORANG-OUTANG

En 1867, le *Cambodge*, magnifique navire des Messageries maritimes, commandé par un de mes amis, le lieutenant de vaisseau Jehenne, un des marins les plus distingués de notre flotte, me prenait à Ceylan, destination de Singapoor.

J'étais parti de Pondichéry avec l'intention d'aller passer quelques mois à Bornéo, le pays de l'oiseau de paradis et du grand singe orang-outang.

J'avais commencé dans l'Inde mes collections d'histoire naturelle, et chaque nouvel animal que je pouvais ajouter à mes richesses me causait une joie inexprimable.

Quelle riche contrée pour le naturaliste que cette contrée de l'archipel Malaisien, et quelles myriades de podarges au bec bleu et vert, de martins-pêcheurs, de piverts, de *nectarivios* aux couleurs métalliques j'y ai récoltés, sans parler de l'argus, faisan, et des autres grandes espèces, que d'insectes merveilleux, que de fleurs et de plantes rares, et dont je ne puis parler aujourd'hui, car le plan méthodique de cet ouvrage m'oblige à rester étroitement dans mon sujet, sous peine de déflorer par avance le livre de cette collection que je dois consacrer aux oiseaux, et mes études ultérieures sur les insectes et les plantes des tropiques.

En une dizaine de jours j'étais à Singapoor, je serrai la main de l'aimable officier dont j'avais été l'hôte et qui continuait sa route sur Saïgon, et je m'installai à Oriental-Hôtel, en attendant que je pusse trouver un bateau du pays en partance pour Saraouak, petite ville de la côte nord de Bornéo, ou je désirais me rendre.

La vue de Singapoor, pour le voyageur qui arrive directement d'Europe, doit être d'un attrait singulier, la diversité des races qu'il y coudoie est d'un effet réellement pittoresque, Malais, Chinois, Japonais, Cambodgiens, Anamites, indigènes de Manille, des Philippines, des Célèbes, de Java, de Sumatra, Tlingas, Bengalis, Singalais et Parsis de l'Inde, noirs de la côte d'Afrique, Arabes de Mascate et de Zanzibar, Houat de Madagascar, se coudoient à chaque pas dans les rues et dans les bazars de la ville anglaise qui a détrôné Malacca, et est aujourd'hui le plus grand dépôt de marchandises de toute l'Indo-Chine et de l'archipel Malaisien.

Tlingas et Singalais tiennent de petites boutiques dans les bazars. Les Bengalis sont gens de service, les Javanais, matelots ou porteurs d'eau, les Arabes trafiquent de tout et sur tout. Les Parsis sont banquiers, armateurs, se soutiennent entre eux, et malgré leur petit nombre relatif, jouissent au bazar, qui est la bourse du pays, d'une très grande influence à cause de leur fortune.

Mais ce sont les Chinois qui dominent toutes les autres races à Singapoor, par leur richesse, leur activité, leurs relations, les différentes branches de commerce qu'ils exploitent, et surtout leur nombre, à ce point que le pays a l'air entièrement d'une ville du céleste-empire.

Mais je m'arrêtai peu à contempler ce spectacle qui n'avait rien de nouveau pour moi, car j'avais pu voir pendant de longues années le monde entier se donne rendez-vous sur le strand de Calcutta.

La première chose dont je m'inquiétai, fut de trouver un bon domestique qui parlât facilement les différents idiomes en usage sur ces côtes, et surtout le malais des ports, sorte de langue franque, que tout le monde comprend dans l'Archipel.

Dès que j'eus fait connaître mon intention à Oriental-Hôtel, ce fut comme une traînée de poudre qui courut jusque dans les bazars, et le défilé commença, je n'exagère pas en disant que je dus mettre à la porte une cinquantaine de postulants, avant de trouver à peu près ce qu'il me fallait; si j'avais été moins au courant des choses de l'extrême Orient il est certain qu'avec un choix aussi varié, j'aurais infailliblement fini par engager quelque fripon émérite, ils possédaient tous les qualités que j'exigeais d'eux, et cent autres encore, je n'avais pas le temps d'ouvrir la bouche qu'ils étaient cuisiniers, tailleurs, raccommodeurs, cordonniers, repasseurs... Je n'avais que l'embarras de me décider.

Il me fallait en effet un serviteur possédant ces qualités multiples, car j'allais pendant plusieurs mois mener la vie solitaire du chasseur au milieu des jungles et des forêts de Bornéo, et être obligé de me suffire à moi-même.

Je me défiai à bon droit des gaillards les plus délurés en apparence, car j'ai toujours remarqué que ces gens prêts à tout faire, ou sont des fainéants invétérés, ou vous plantent là à la première occasion, après vous avoir indignement volé.

A la fin j'en vis un qui, debout dans un coin de l'embrasure de la porte, semblait attendre patiemment que j'aie renvoyé tous les autres pour se présenter.

Je le regardai avec attention et à la forme de son turban et de ses vêtements, je reconnus un indigène de l'Inde méridionale du Trancencor et du Malayalum, du moins cette opinion fut le résultat de mon examen.

— Malabare, lui dis-je en tamoul, ingué va (viens ici).

— Doré coupренga (monsieur m'appelle), fit-il en portant les deux mains au front et les étendant dans ma direction, ce qui est une des formes du salut dans le sud de l'Inde.

J'étais fixé, mon homme était bien ce que j'avais pensé. J'en fus, on peut le croire, on ne peut plus heureux, car on comprend que je dusse préférer à tout autre, un domestique issu d'un pays que j'habitais depuis près de dix années, et dont je parlais la langue; aussi,

Femelle d'orang-outang et son petit. (Page 127.)

eût-il fallu qu'il fût bien ignorant et bien mauvais pour que je ne l'engageasse point.

Je continuai la conversation.

— Oui, c'est bien à toi que je m'adresse, approche.

— Me voici à vos ordres, Doré.

— Quel est ton nom ?

— Sinnassamy, fils de Sinnatamby.

— Ton pays ?

— Karikal, dans le Carnatic.

— Quoi ! tu es né en pays français ?

— Oui, seigneur.

Le hasard me servait véritablement à souhait.

— As-tu servi chez des Européens à Karikal ?

— J'ai été péon du gouvernement.

— Sous quel gouverneur?

— Sous M. Testor de Ravisy.

— Je le connais... très bien, sais-tu faire la cuisine européenne.

— Oui, Doré.

— De mieux en mieux, et le service ordinaire ?

— J'ai rempli toutes les fonctions de dobachi.

L'expression de dobachi en tamoul signifie intendant, chef de la domesticité, j'avais trouvé mon affaire.

— Tu sais où je vais ?

— Non, mais si vous me prenez à votre service, mon devoir est de vous accompagner partout où il vous plaira de me mener.

— Nous partirons sous peu pour Bornéo, combien veux-tu gagner pas mois ?

— Dix roupies (vingt-cinq francs).

— Va pour dix roupies, tu es engagé, et maintenant Sinnassamy, fais-moi le plaisir de mettre tous ces gaillards-là à la porte.

D'un geste l'Indien fit comprendre aux autres compétiteurs ce que j'exigeais d'eux, et en quelques secondes toutle monde eût disparu.

— Puis-je adresser une question au maître, fit mon nouveau serviteur avec tous les salams et précautions d'usage, car les serviteurs indous n'adressent jamais la parole à leurs maîtres sans y être engagés.

— Je t'écoute.

— Doré vient de l'Inde puisqu'il parle tamoul.

— En effet, je viens de la vieille Pondy, la ville du soleil comme on l'appelle dans ton pays.

— Et en revenant de Bornéo, Doré retournera-t-il à Pondy ?

— C'est mon intention.

— Et si je suis un bon serviteur, le maître me ramènera-t-il au pays de mes ancêtres?

— Si tu ne me donnes aucun grave sujet de plainte je te le promets volontiers.

— C'est bien, maître, Sinnassamy sera un bon serviteur.

J'avais fait une véritable trouvaille, car pendant tout le temps de mon séjour en Malaisie je n'eus pas le plus petit reproche à lui adresser, aussi le brave garçon rentra-t-il avec moi à Pondichéry.

C'était ce qu'on appelle en style de marin, un *débrouillard*, à partir de ce moment je n'eus plus à m'occuper de rien, mes ordres donnés, je me reposais les yeux fermés sur lui de leur exécution.

— Samy, lui dis-je le premier soir de son engagement en lui donnant seulement la seconde partie de son nom selon l'usage indigène, il faut que dans les deux ou trois jours tu m'aies trouvé une *proas* pour me transporter à Bornéo. La proas de grande navigation, est une barque malaise pontée avec laquelle on peut sans danger entre les époques de mousson parcourir toutes les îles de la Malaisie. Le seul risque que l'on court pendant ces périodes de calme, est de rencontrer un de ces pirates chinois, qui infestent les nombreux détroits des îles de la Sendo, et pillent tous les navires, barques et jonques trop faibles pour leur résister.

Mais cette crainte, ne devait pas m'arrêter, car de Singapoor à Saraouak la route est trop fréquentée pour que ces forbans se hasardent à la parcourir.

Le lendemain même Samy m'avait trouvé ce que je désirais, et nous prenions passage à bord d'une barque mahométane, qui portait à Bornéo un convoi de Chinois qui allaient exploiter une forêt dans les environs de Saraouak.

Je ne puis traverser le détroit qui sépare Singapoor de Bornéo sans vous dire quelques mots d'une bien intéressante question, qui intéresse aussi bien l'histoire naturelle que l'ethnographie, c'est la délimitation exacte de l'Asie et de l'Océanie dont je veux parler. Cette question vous expliquera pourquoi, passé Bornéo, on ne trouve plus dans les autres grandes îles du sud-est l'orang-outang ou grand singe asiatique, avec lequel nous allons bientôt faire connaissance.

Le lecteur excusera cette légère digression, qui du reste ne sera pas de notre sujet, car elle fixera le point du globe qui a vu naître l'orang-outang, et cela d'une façon si exacte, que la rencontre de ce singe sur un point quelconque des îles de la Malaisie, rattache forcément ce point au grand continent asiatique.

Et puis, ne dois-je pas tenir ma parole, et n'ai-je pas promis des récits de voyages en même temps que des récits de chasse et d'histoire naturelle.

C'est au voyageur Wallace, qui a séjourné huit ans dans la Malaisie, visitant dans tous les sens ce vaste archipel, l'étudiant, le scrutant à fond, en naturaliste. en ethnographe, que l'on doit la détermination de cette limite.

Observant sur les cartes marines les sondages de toute cette mer pleine d'îles, qui s'étend entre l'Indo-Chine, la Nouvelle-Guinée et l'Australie, il a remarqué que ces îles reposent sur deux plateaux sous-marins, d'altitudes très inégales ; l'une à l'est que l'on atteint à une profondeur moyenne de moins de cinquante brasses, l'autre à l'ouest qui se trouve à plus de cent brasses.

Entre les deux plateaux règne une profonde fissure, une sorte de vallée sans fond, dirigée du sud-ouest au nord-ouest, parcourue par un courant considérable, et passant entre les îles de Bâli et de Lombok, entre Bornéo et les Célèbes, entre les Philippines et les Moluques, l'un de ces plateaux est la continuation naturelle de l'Asie, c'est-à-dire des Indes, l'autre semble un prolongement de l'Australie, un reste de quelques grands continents affaissés sous les eaux, et dont les épâves seraient les terres actuelles de l'Océanie orientale et méridionale.

Ainsi, on doit appeler la partie occidentate de la Malaisie *région Indo-Malaise*, et la partie orientale, *région Austro-Malaise.*

La différence des productions entre les deux régions n'est pas moins caractéristique que celle qui naît de la géographie sous-marine. A l'ouest, c'est-à-dire à Sumatra, à Java, à Bali, à Bornéo, aux Philippines, on trouve les oiseaux de l'Asie, les éléphants, les rhinocéros, les grands ruminants, *les orangs-outangs*, les pics, les grives et une foule d'autres oiseaux qui appartiennent aux Indes.

A l'est de la fissure dont j'ai parlé plus haut, à partir de Lombok, ce sont des êtres tout différents, qui se rattachent à la faune de la nouvelle Guinée et de l'Australie, les didelphes, les oiseaux de paradis, etc...

L'ethnographie vient se joindre à l'hydrographie et à la zoologie pour la détermination des deux grandes divisions physiques de l'archipel, à l'ouest sont les Malais au type mongolique, au teint brun, ou olivâtre, ou légèrement rouge, au visage plat, au nez petit et bien fait, aux cheveux noirs droits, à la barbe rare droite aussi, à la petite stature, à l'esprit défiant, au maintien réservé et poli, au caractère tranquille, impassible et point affectueux.

A l'est sont les Papouas ou Papous, à la stature élevée, à la couleur de suie, aux cheveux abondants, disposés en brosse immense autour de la tête, à la bouche large et avancée, au nez proéminent, surtout allongé et anguleux, ce qui les distingue essentiellement des nègres d'Afrique.

Leur caractère est aimable et gai, leur parole rapide, toute expressive, et leur esprit très communicatif. Ils sont toujours en mouvement, d'une activité presque fébrile, et ont beaucoup plus de goût que les Malais pour les arts ; on le reconnaît à leurs demeures et à leurs ustensiles qu'ils savent orner d'une manière pittoresque. Ils sont enfin plus intelligents quoiqu'on croie généralement le contraire, et si les Malais ont gagné du terrain sur eux en franchissant un peu la limite que j'ai fait connaître, ils le doivent à l'influence puissante de la civilisation asiatique, qui règne depuis longtemps chez eux et qui les a portés jusqu'au Calabar à Lombok, à Sambana, et dans une partie des Moluques.

Ainsi, pour la partie qui nous regarde spécialement, celle qui a trait à l'histoire naturelle, en dehors de la ligne qui passe à la pointe de Sumatra, longe le sud-est de Bornéo et va faire tête à l'extrémité des Philippines, nous n'irons point chercher l'orang-outang, qui est pour ainsi dire l'animal caractéristique de la partie Indo-Asiatique de la Malaisie, ou région Indo-Malaisie.

Les lieux où vit l'animal que nous allons étudier, bien fixés, nous n'avons plus qu'à débarquer à Saraouak, où la barque musulmane nous conduisit avec dix jours de retard, causés par un vent contraire qui nous força constamment de louvoyer.

A peine à terre, Samy s'enquit des lieux où nous devions nous rendre pour faire une abondante moisson d'insectes, d'oiseaux d'espèces variés, et surtout pour rencontrer le grand singe que les Dyaks ou indigènes connaissent sous le nom de mias. On nous indiqua la rivière de Sadong, qui coule à l'est de Saraouak, et qui depuis sa source jusqu'à la mer est, des deux côtés, bordée d'épaisses et profondes forêts.

Je louai un porteur Dyak pour le transport de nos provisions et nous partîmes. Deux jours après nous étions en plein territoire de chasse, et mon plus vif désir était surtout de rencontrer l'animal que j'allais chercher.

Orang-outang est une expression de la langue de Bornéo, qui signifie homme des bois, et qui sert à désigner vulgairement le eimiasatyrus, du groupe des singes anthropoïdes. Nous venons de délimiter les lieux où on le rencontre.

Avant de continuer à enregistrer nos propres observations, il nous paraît utile suivant la règle que nous avons adoptée, de donner sur cet animal le résumé des opinions de la science; ce singe n'était pas connu avant l'anatomiste Camper, qui, ayant pu étudier un individu de cette espèce, publia sur lui un travail très complet en 1779.

L'orang-outang ne dépasse guère la taille de un mètre quarante centimètres, mais il est très robuste de formes, et son corps possède environ les deux tiers de sa hauteur en circonférence.

Ses bras sont beaucoup plus longs d'un quart, que ses membres inférieurs, il suit de là qu'en marchant à quatre pattes, il peut cependant le faire dans une atitude demi-verticale, mais jamais il ne se tient debout sur ses membres inférieurs, pour marcher debout comme l'homme, ainsi qu'on le croit vulgairement.

Dans le jeune âge son poil est roux, il tire sur le noir quand il devient adulte.

Les orangs vivent isolés dans les épaisses forêts de Sumatra et de Bornéo, et par couples seulement; ils ne sont pas actifs comme le chimpanzé et aiment à passer leurs journées debout dans les arbres où les jambes croisées autour d'une branche, la tête penchée en avant dans une attitude mélancolique, poussant de temps en temps de sourds grognements, renforcés par leur poche laryngienne.

A moins d'être poursuivis, ils ne grimpent que très lentement et avec la plus grande prudence sur les arbres, et la nuit, comme le troglodyte des forêts africaines, ils se réfugient dans une petite case de feuillage qu'ils construisent pour s'y reposer et y abriter leurs petits, ils marquent à ces derniers la plus vive tendresse et pourvoient à tous leurs besoins ainsi qu'à ceux de leurs femelles, quand elles sont contraintes pour le jeune âge de leurs nourrissons, à rester au logis.

Ils se nourrissent de bourgeons, de feuilles, de jeunes pousses d'arbres et d'écorce de bambous, leurs dents sont appropriées à ce régime, et la couronne de leurs molaires est comme guillochée. Pris jeunes, ils sont susceptibles de se domestiquer très aisément et capables de la même culture que le chimpanzé, mais leur caractère en vieilissant devient violent et porté à la méchanceté, le front, chose singulière, proéminent chez les adultes, devient fuyant à mesure qu'ils vieillissent.

Leur intelligence est très développée, bien que Cuvier, comme pour le chimpanzé du reste, leur ait donné cette qualité, le grand naturaliste n'a fait de ces animaux peu connus alors, qu'une étude des plus incomplètes, il n'y a rien d'étonnant à ce qu'il se soit trompé sur leur compte.

J'étais installé depuis plus de quinze jours sur les rives supérieures du Sadong, sans que ma bonne étoile ait pu me faire rencontrer un seul mias, il est vrai que la moisson d'insectes et d'oiseaux que je faisais sur les bords de la rivière m'avait jusqu'à ce jour amplement dédommagé de cette privation, que je pensais du reste ne devoir être que momentanée.

Le Diak que j'avais pris à mon service comme porteur, me dit un jour que je ne trouverais pas d'orang-outang le long du fleuve, et qu'il fallait pour cela pénétrer plus avant en forêt, il donnait pour raison à cela que ce singe préférait les séjours ombreux de l'intérieur aux clairières, qui avoisinent le Sadong.

Je compris que le conseil était bon, et j'ordonnai à Samy de lever la tente.

Le Dyak nous servit de guide, et nous nous enfonçâmes un peu dans l'ouest, en nous éloignant du cours de la rivière. Le second jour de notre départ, il nous affirma que nous pourrions nous arrêter, et que le lieu où nous nous trouvions était très fréquenté par les orangs-outangs.

L'indigène ne s'était pas trompé, et grâce à lui je pus faire une abondante moisson d'observations et de faits curieux sur les habitudes et les mœurs du mias, ainsi que les naturels appellent le grand singe de Sumatra et de Bornéo; je vais cueillir dans mes notes les parties les plus intéressantes de ces souvenirs.

Un matin, je venais de tuer un *Gymnurus Rofflesei*, et j'examinai avec la plus vive attention, ce singulier animal qui semble être le trait d'union du putois et du porc, lorsque j'entendis du bruit dans le feuillage qui faisait comme une voûte de verdure au-dessus de ma tête, je levai les yeux, et restai comme pétrifié d'étonnement; à une hauteur

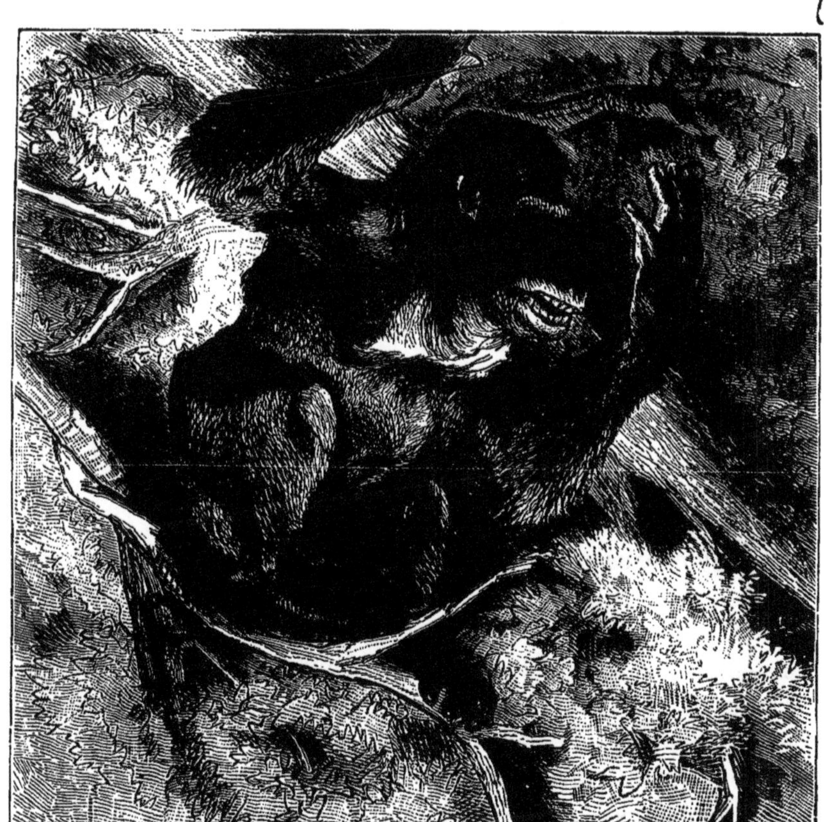

Orang-outang se cachant pour mourir dans le feuillage. (Page 133.)

de huit à dix mètres au moins, un énorme orang-outang, tranquillement assis sur une branche de tamarinier, me regardait en grinçant des dents.

Le Dyak qui m'accompagnait pour porter les provisions ainsi que les ustensiles qui servaient à Samy pour préparer le déjeuner en forêt, me faisait une foule de signes singuliers, accompagnés de paroles que je ne comprenais guère.

Mon Indou traduisit :

— Il vous dit, Saëb, de tuer le mias d'un coup de carabine, parce que c'est un mâle et qu'il est déjà âgé.

— Je trouve la raison singulière

— Il prétend que les vieux attaquent l'homme et sont très dangereux.

— C'est bien, répondis-je, s'il fait mine de venir sur nous, je lui enverrai une balle qui mettra un terme à ses mauvaises intentions.

Il est certain qu'un de mes plus vifs désirs était de me procurer le squelette d'un orang-outang, arrivé à son entier développement, mais je remis à une autre fois la satisfaction de ce projet, préférant voir d'abord l'animal évoluer dans sa pleine liberté. J'ordonnai à mes hommes de frapper dans leurs mains, et de pousser de grands cris pour l'effrayer et le décider à partir, rien n'y fit, il était là menaçant et grinçant des dents, et j'en étais à me demander si je ne ferais pas mieux de suivre le conseil du Dyak, lorsque la scène changea de face, le mias de lui-même finit par se lever et comme à tout hasard, j'épaulai mon arme, je le vis saisir une branche d'arbre voisine, s'y suspendre et s'éloigner lentement en se dirigeant d'arbre en arbre.

Un gymnasiarque eût certainement accompli ce tour de force avec plus de grâce, mais rien ne saurait rendre la facilité indolente avec laquelle cet animal s'éloigna de nous, en passant d'un arbre à l'autre, sans élan, sans la moindre apparence d'efforts.

Nous le suivîmes pendant quelques instants, puis il atteignit des fourrés tellement impénétrables, que nous fûmes obligés de revenir sur nos pas; cette façon de s'en aller à la force des bras peut donner une idée de la force vraiment extraordinaire de l'animal.

Ce fut mapremière rencontre avec l'orang-outang. Le Dyak superstitieux en diable, raconta à Samy avec une foule de détails qu'on me permettra de passer, que puisque je n'avais pas tué le mias, ce serait bien certainement le mias qui me tuerait.

Je ne fis que rire de la prédiction, mais la persistance de l'indigène à parler de la férocité de ce singe, m'engagea à lui demander s'il avait été témoin de quelque aventure de ce genre.

A la question posée par Samy, il répondit qu'il connaissait une foule de cas, dans lesquels des voyageurs ainsi attaqués dans la forêt avaient succombé.

Je supprime les indications du traducteur intermédiaire pour donner plus de rapidité au dialogue.

— Ecoute, Dyak, comprends bien ce que je veux de toi.

— J'ouvre mes oreilles à tes paroles comme si j'entendais mon père.

— Eh bien, je veux savoir si tu as été toi-même attaqué, ou même simplement poursuivi, par un mias.

— Pour vous *parler la vérité* (je conserve les termes imagées du langage oriental) je n'ai jamais été ni attaqué ni poursuivi par le mias.

— Tu ne parles alors que ouï dire.

— Je n'ai pas seulement entendu raconter ces choses-là, Saëb.

— Le fait que je désirerais te voir préciser est cela : l'orang-outang attaque-t-il sans être provoqué ?

— Je ne sais pas, Saëb, tout ce que je puis vous affirmer, c'est que quand il est en colère, un homme seul et sans armes à feu ne peut pas se débarrasser de lui.

— Tu as cependant rencontré souvent des noirs dans la forêt?

— Autrefois j'en voyais presque tous les jours, car avant de me louer à Bornéo ou à Sarraouak pour conduire les voyageurs, je passais des mois entiers dans les bois ; à l'époque de la récolte de la cannelle j'étais *écorceur*.

— Eh bien! tu viens de me dire il n'y a qu'un instant que tu n'avais jamais été attaqué par le grand singe.

— C'est vrai, Saëb.

— Je dois donc en conclure que le mias ne s'en prend à l'homme que quand il est provoqué par lui.

— Je ne puis vous dire autre chose, mais vous entendrez tout le monde dans ce pays professer la même opinion, et vous n'enverriez pas un seul Dyak dans la forêt, sans qu'il soit muni d'un fusil ou d'une bonne lance.

Je n'en pus tirer autre chose.

De toute cette conversation cependant, résulta pour moi la conviction que l'orang-outang se défendait et n'attaquait pas.

Pendant les six mois que je restai dans le district de Sarrauak, il ne se passa guère de semaine que je n'eusse l'occasion de voir ou de rencontrer, trois ou quatre mias, et je puis dire que jamais un seul n'a fait mine de s'élancer sur moi.

Donc, à cette question : Le grand singe de Bornéo attaque-t-il? je ne puis répondre que comme le Dyak que javais pris à mon service : Je ne sais pas, et le point est encore à éclaircir.

Tous les récits des voyageurs que j'ai interrogés pour pourvoir combler cette lacune dans mes observations, ne m'ont pu donner satisfaction ; quelques-uns n'ont vu cet animal que dans leur imagination, car il n'a jamais paru dans les lieux où ils le placent et le confondent sans doute avec le chimpanzé ; d'autres, qui l'ont pu observer dans la presqu'île de Malacca ou dans les grandes îles de la Sonde, n'affirment que sur la foi des contes indigènes, sans pouvoir citer, sur le point qui nous occupe, un seul fait d'observation personnelle. Le voyageur Russel, qui a vécu pendant de longues années à Sumatra et à Bornéo, pas plus que les autres, ne peut trancher la question. Les faits suivants, que que je vais citer d'après lui et qui ont été invoqués par quelques naturalistes officiels, loin de prouver que l'orang-outang attaque, démontrent au contraire, qu'il ne revient sur ses adversaires que quand, poursuivi, acculé par eux, il se trouve dans l'impossibilité de s'échapper.

Je transcris cet intéressant passage du volume publié par le voyageur anglais, avec d'autant plus de plaisir qu'il se rapporte précisément à des lieux que j'ai visités et où j'ai vécu plusieurs mois.

Un matin je revenais à mon campement après une longue promenade sous bois, à la recherche des merveilleux insectes que recèle le pays, lorsque Charly, jeune serviteur de seize ans qui m'accompagnait comme aide, accourut derrière moi, hors d'haleine, en s'écriant d'une voix tremblante d'émotion :

— Vite, monsieur, vite, prenez votre fusil.

— Qu'y a-t-il, Charly ?

— Un grand mias.

Le pauvre garçon était à demi suffoqué en prononçant ces mots.

— Où se trouve-t-il ? lui demandai-je en saisissant mon fusil qui était toujours chargé à balle du canon droit, par précaution.

— Là, monsieur, là, dans le sentier des mines, il ne peut nous échapper.

Heureusement que j'avais avec moi deux Dyaks, je leur ordonnai de me suivre, en criant à Charly de m'apporter de suite des munitions.

Le sentier qui conduisait de notre clairière aux mines s'élevait sur le penchant de la colline, parallèlement au tracé d'un nouveau chemin qui en contournait la base, et où travaillaient plusieurs Chinois ; le mias ne pouvait donc s'échapper dans une forêt marécageuse qui se trouvait au bas, sans descendre pour traverser la route, ou sans franchir le sentier pour tourner les clairières. Nous marchâmes avec précaution, sans bruit, écoutant le plus léger son qui pût trahir le mias, nous arrêtant par intervalles pour regarder.

Charly nous rejoignit bientôt à l'endroit où il avait vu l'animal ; je mis une seconde balle dans l'autre canon de mon fusil et nous choisîmes nos positions, certains que le singe devait être quelque part près de nous.

Au bout de quelques instants j'entendis un bruissement très léger au-dessus de ma tête, mais j'eus beau regarder je n'aperçus rien. Je marchai dans toute les directions pour voir en plein chaque côté de l'arbre sous lequel je me trouvais, j'entendis encore le même bruit, mais plus distinct, et je vis les feuilles remuer comme par le mouvement d'un animal pesant, passant d'un arbre à l'autre.

Je criai immédiatement à tout le monde de s'approcher et d'essayer de découvrir quelque chose, de façon à ce que je pusse tirer, mais cela n'était pas facile, car le mias avait un talent particulier pour se dérober à notre vue au milieu du feuillage épais.

Bientôt cependant un des Dyaks m'appela en me faisant signe du doigt ; j'aperçus un grand corps à poil d'un roux noirâtre, et une énorme face noire qui regardait en bas comme pour savoir ce qui causait un tel tumulte. Je fis feu immédiatement, l'orang se sauva ; de sorte que je ne pus dire si je l'avais atteint.

Pour un aussi grand animal, il se remuait très silencieusement et cependant vite, je dis au Dyak de le suivre et de ne pas le perdre de vue pendant que je chargeais mon fusil. La jungle en cet endroit était remplie de grands débris angulaires de rocs tombés de la montagne et de plantes grimpantes entrelacées. Nous vîmes le mias courant, sautant grimpant, atteindre le sommet d'un arbre élevé qui se trouvait près du chemin où les Chinois travaillaient, là précisément où l'animal avait été découvert ; les Chinois exprimaient leur étonnement, criant de toutes leurs forces « Ya, ya, tuau orang-outang, tuau. »

Voyant qu'il ne pouvait aller plus loin saus quitter le bois, il retourna vers la colline, je tirai deux fois sur lui et le suivis le plus vite possible, en tirant deux autres coups pendant qu'il regagnait le sentier ; mais il était toujours plus ou moins caché par le feuillage, et protégé par les grosses branches sur lesquelles il marchait.

Une fois, pendant que je chargeais, je le vis parfaitement, il suivait une grande branche, à moitié debout; arrivé au sentier, il monta sur un des arbres de la forêt, et nous vîmes qu'il avait une jambe fracassée par une balle. Il ne pouvait plus s'en servir et la laissait pendante ; il se logea entre deux branches, caché par le feuillage, et parut ne plus vouloir bouger. Je craignis qu'il ne restât et mourût dans cette position, or, comme la nuit arrivait, je ne pouvais faire abattre l'arbre ce jour-là ; je tirai donc encore.

Il quitta sa place, gagna la colline et fut obligé de se réfugier sur des arbres plus bas, il se fixa sur des branches de manière à ne pas tomber et se ramassa sur lui-même comme mort ou mourant.

Je priai les Dyaks de monter sur l'arbre et de couper la branche sur laquelle reposait l'animal ; mais ils eurent peur, disant qu'il n'était pas mort et qu'il les attaquerait.

Nous secouâmes alors l'arbre voisin, arrachâmes les plantes grimpantes et fîmes tout ce que nous pûmes pour le déranger, mais sans effet ; je pensai que le mieux était d'envoyer chercher deux Chinois avec leurs haches pour abattre l'arbre. Pendant que le messager était en route, un Dyak prit courage et grimpa ; le mias ne l'attendit pas, gagna un autre arbre où il s'enfonça dans une masse épaisse de branches et de plantes grimpantes qui nous le cachaient presque complètement. L'arbre était petit heureusement ; quand les haches arrivèrent nous l'eûmes bientôt abattu, mais il était tellement accroché par les lianes aux arbres voisins, qu'au lieu de tomber il pencha seulement.

Le mias ne bougeait pas et je craignais que malgré tous nos efforts il ne nous échappât.

La nuit arrivait, et il aurait fallu abattre six troncs au moins pour renverser l'arbre auquel nous en voulions. Comme dernière resource, nous nous mîmes tous à arracher les lianes, l'arbre fut alors très ébranlé, puis au bout de quelques minutes, quand nous commencions à perdre tout espoir, l'animal tomba pesamment comme un géant.

C'était un géant en effet grand comme un homme, il était de l'espèce appelée *mias chappan ou mias pappan*, par les Dyaks dont la face s'élargit des deux côtés par un repli de la peau, les bras étendus avaient une longueur de deux mètres vingt et un centimètres, il avait un mètre vingt-sept centimètres de la tête aux talons ; le tour du corps, juste sous les bras, était de quatre-vingt-seize centimètres, le buste était aussi long que chez l'homme ; les jambes étaient excessivement courtes à proportion.

En l'examinant, nous vîmes qu'il avait été blessé d'une manière terrible, ses deux jambes étaient cassés, une jointure de la hanche et le bas de l'épine dorsale étaient complètement brisés.

Nous trouvâmes deux balles aplaties, l'une dans son cou, l'autre dans ses mâchoires, et pourtant il vivait encore ; quand il tomba, les deux Chinois le lièrent sur une perche et le portèrent à la maison, et je fus occupé avec Charly toute la journée du lendemain à préparer sa peau et à faire bouillir les os pour nettoyer le squelette.

Je ne crois pas qu'un pareil fait de chasse puisse être invoqué pour prouver la férocité de l'orang-outang, ni même sa facilité à se défendre quand il est attaqué.

Voilà un pauvre animal, poursuivi, traqué, servant de cible à un naturaliste, c'est-à-dire à l'espèce la plus maladroite de chasseurs qui existe; il est criblé de balles dont pas une ne parvient à le tuer; il fuit sanglant d'un arbre à l'autre, gravit une colline, revient sur ses pas, et finalement se cache pour mourir dans le feuillage d'un arbre, sans avoir tenté le moindre retour offensif..... et on oserait parler de sa sauvagerie, de sa férocité; mais un chien, cet animal fidèle par excellence ne se laisserait pas traiter ainsi par un étranger, sans revenir sur l'imprudent qui le poursuivrait de cette façon.

J'avais raison de dire que l'autorité de Russell invoqué par certains naturalistes, loin de donner raison à ces derniers se retournait plutôt contre eux.

Le fait suivant fixera bien, je crois, la portion de vérité qui peut se dégager de toutes les allégations pour ou contre, émises sur cette question.

Encore quelques lignes de citation du même naturaliste.

Dix jours après, des Dyaks vinrent nous dire qu'un de leurs compagnons avait été presque tué par un mias; à quelques milles en descendant la rivière, il y a une maison Dyak dont les habitants avaient vu un grand orang-outang manger les jeunes rejetons d'un palmier, au bord du cours d'eau; cet animal, effrayé, se retira dans la jungle voisine, et des hommes armés de piques et de haches coururent pour lui barrer le passage.

L'homme qui se trouvait en tête essaya de passer sa lance en travers du corps de l'animal, mais le mias s'empara de l'arme et saisissant le bras de son ennemi entre ses dents, le mordit au-dessus du coude, et le déchira d'une manière terrible.

Si ses compagnons avaient été loin, il aurait été plus sérieusement blessé, sinon tué, car il ne pouvait plus se défendre ; mais l'animal fut bientôt achevé à coups de pique et de hâche. Le blessé resta longtemps malade et ne recouvra jamais complètement l'usage de son bras.

Les Dyaks me dirent que le mias était encore à la place où il avait été tué; je leur offris une récompense pour me l'apporter à mon campement, mais ils ne purent le faire que le lendemain.

Voilà la seconde observation du voyageur anglais, et à mon sens elle démontre surabondamment, que l'orang-outang, jusqu'à preuve du contraire, pourrait bien avoir été calomnié.

En effet, si ce mias s'est défendu et a fort maltraité un de ses adversaires, il faut observer qu'il a d'abord cherché à fuir dans la jungle voisine du lieu où il avait été surpris se régalant de jeunes pousses de palmier, et qu'entouré de toutes parts par les Dyaks armés de haches et de lances, il n'a fait tête sur un des assaillants, que quand ce dernier a tenté de lui traverser le corps avec sa pique.

Il me semble que le pauvre mias était parfaitement en état de légitime défense. A ce compte-là qui ne serait pas taxé de férocité? l'homme tout le premier, l'homme surtout, devrais-je dire, car enfin ce prétendu roi de la création n'a que ce mot à la bouche pour flétrir l'acte si naturel d'animaux qui ont le tort de se défendre quand il va les attaquer chez eux.

Jusqu'à présent nous ne voyons donc guère à l'aide de quels faits on pourrait démontrer la férocité de l'orang-outang. Et maintenant que j'ai cherché, en dehors de mes propres observations, sur quelle donnée positive s'appuyait cette opinion, je me sens d'autant plus à l'aise pour la combattre que je n'ai rien rencontré qui pût la soutenir avec quelque apparence de raison.

Je dois dire que, pour moi, la plupart des récits des indigènes qui finissent par passer dans les livres des voyageurs, où un savant en quête de renseignements finit par aller les cueillir un beau jour, ne sont que des contes bleus, inventés par la crainte et la superstition.

Comme tous les Orientaux, les Dyaks sont de grands conteurs d'histoire, les cieux, la terre, les eaux, les forêts, sont remplis par eux de génies bons et mauvais, qui font sans cesse sentir leur action sur ce monde; pour cela ils passent tantôt dans le corps des hommes, tantôt dans celui des animaux; il est donc certain que l'orang-outang surtout, à cause de sa vague ressemblance avec la forme humaine, ne pourrait éviter de jouer un rôle important dans les récits des indigènes.

Aussi, d'après les gens du pays, le corps de cet animal est-il presque toujours hanté par quelque diablotin sans cesse occupé à attirer les voyageurs dans le plus profond de la forêt, pour les déchirer à belles dents.

D'autres sont des orangs-outangs vampires et se nourrissent du sang de leurs victimes.

Lutte d'un mias et de deux Dyaks. (Page 139.)

Sous toutes les latitudes, les superstitions populaires sont les mêmes, si l'orang-outang joue ce rôle d'animal possédé à Sumatra et à Bornéo, en Afrique c'est le gorille, et il n'y a pas si longtemps qu'en Europe, nos paysans croyaient encore au loup-garou... Il serait même facile de trouver encore telle ou telle contrée, où l'influence de ce mystérieux animal qui passé minuit, courait les campagnes en poussant des hurlements plaintifs, n'a pas encore disparu.

Il n'y a donc rien d'étonnant à ce que, quand on interroge les naturels de Bornéo, ils nous représentent le mias comme un être doué des plus mauvais instincts, et nous le dépeignent sous les plus fâcheuses couleurs.

Ce n'est pas à de pareilles sources que l'histoire naturelle pourra puiser pour donner à ses études des bases positives et vraies. Quelques lignes encore, du voyageur Russell, que je viens de découvrir en feuilletant de nouveau son livre, en finiront définitivement avec cette question de férocité de l'orang-outang, et cela tout à l'avantage de cet animal.

Je chassais, dit-il, avec deux Dyaks, lorsque nous trouvâmes un mias ; il tomba au premier coup de feu, mais il ne semblait pas gravement blessé, car il grimpa immédiatement à l'arbre le plus proche ; je fis feu encore et il tomba de nouveau, le bras cassé et une blessure au corps.

Les deux Dyaks coururent immédiatement sur lui, et chacun d'eux le saisit d'une main, me disant de couper une branche pour l'entraver pendant qu'ils le retiendraient. Mais bien que cet animal eût un bras cassé et qu'il fût encore tout jeune, il était trop fort pour ces deux sauvages, et malgré tous leurs efforts il les rapprochait de plus en plus de sa gueule.

Ils furent obligés de le lâcher ; il grimpa pour la seconde fois à un arbre, et pour éviter une seconde lutte, je lui logeai une balle au cœur.

Ceci dissiperait tous les doutes, s'il pouvait encore en exister, et je crois que l'orang-outang n'attaque que dans l'imagination, naturellement portée à l'exagération, des indigènes, et que les récits des voyageurs et des naturalistes ne sont que les reflets de ces exagérations.

Le voyageur anglais dont nous venons de citer à diverses reprises l'opinion, ou du moins les exploits cynégétiques, nulle part n'affirme que le mias attaque l'homme, à moins qu'il ne soit mis dans l'impossibilité de s'échapper.

Donc l'orang-outang se défend et n'attaque pas l'homme, voilà ce qu'il est permis d'affirmer comme étant le plus probable sur cette question. Les forêts de Bornéo et de Sumatra sont du reste pleines de Chinois qui débitent des arbres en planches, et d'écorceurs qui récoltent la cannelle, et je n'ai jamais entendu dire qu'un seul ait été victime de l'orang-outang.

Le lecteur a pu voir que j'éprouvais un certain plaisir à parler de cet animal et à le défendre contre des préventions peut-être imméritées. D'abord comme motifs généraux, il y a celui-ci, que pendant le temps de mon séjour à Bornéo, j'ai toujours vu le mias fuir devant moi au moindre bruit, puis, raison toute particulière, j'ai eu occasion d'élever un petit orang-outang, et il m'a marqué un tel attachement, une telle reconnaissance de mes soins, que je me suis tout naturellement laissé porter à aimer cet animal qu'il est si facile de domestiquer.

Voici dans quelle circonstance ce fait est arrivé.

Je m'étais, on s'en souvient, installé en pleine forêt, mes bagages contenaient une toile de tente pour camper, une petite couchette en fer se repliant sur elle-même et contenant dans ses flancs une petite table et deux chaises également en fer, tout cela ne tenait pas plus de place qu'une valise ordinaire.

Mon installation, comme on le voit, était des plus rudimentaires, mais elle était largement suffisante pour la contrée et nos besoins; cependant, comme j'étais obligé de faire mes préparations d'histoire naturelle et de manger sur la même table, je résolus de voir si avec les modestes instruments dont je disposais, scie à main, hache, clous et marteaux, je ne parviendrais pas à me confectionner une table grossière, pour mes préparations d'histoire naturelle.

Je partis avec tout mon monde à la recherche d'un arbre dont le volume ne fût point tel qu'il opposât à nos efforts une résistance invincible; je venais d'aviser un jeune pendanus et j'allais y porter la scie, lorsque Samy, qui rôdait à la recherche d'ananas et de mangues sauvages dont il était fort friand, vint en toute hâte m'avertir qu'il venait de découvrir les restes d'une scierie chinoise abandonnée depuis longtemps, où se trouvait une certaine quantité de planches mal équarries, et délaissées sans doute à cause de leurs défauts, mais qui pourraient, en choisissant les meilleures, faire parfaitement mon affaire.

Je le suivis, heureux de l'aventure, car j'étais déjà à me demander comment je m'y prendrais, une fois l'arbre abattu, pour l'obliger à se changer en planches; arrivé au lieu indiqué, la première chose que j'aperçus, en levant les yeux autour de moi, comme pour inspecter les arbres voisins, fut une grosse tête noire, aux yeux grands ouverts, qui nous regardait à travers le feuillage.

C'était un mias. Malgré ma répugnance à donner la mort à un être inoffensif, comme je voulais absolument emporter un squelette d'orang-outang, j'épaulai mon arme et je fis feu avec rapidité pour ne pas me donner le temps de la réflexion; atteint au front, le mias tomba du premier coup lourdement sur le sol, et en même temps que lui, un petit roula tout étourdi à nos pieds.

C'était une femelle que je venais ne tuer; comme elle était absolument cachée dans le feuillage, je n'avais pu juger de son sexe, et encore moins savoir qu'elle était en train d'allaiter un jeune mias.

Si j'avais pu mieux l'apercevoir, je n'eusse certainement pas envoyé une balle à la pauvre bête, car j'éprouvais une véritable peine en voyant que je venais de priver bien malheureusement un pauvre petit être de sa mère dont il ne pouvait certainement pas encore se passer.

Je crus même tout d'abord avoir accompli un double meurtre, car le petit mias restait à deux pas de moi la tête enfouie dans l'herbe sans donner aucun signe de vie.

— La pauvre bête est morte, fis-je à Samy d'un ton chagrin : il me semblait que je venais de tuer un enfant.

— Non, Saëb, répondit l'Indou, qui venait de le relever, il est transi de peur, voilà tout.

A peine le petit animal se sentit-il dans les bras de Samy, qu'il se mit à pousser des cris perçants, comme si on l'écorchait.

— Voyez comme il ouvre les yeux, me dit mon domestique.

Il paraissait en effet n'avoir d'autre mal que la peur.

— Quel âge lui donnes-tu? demandai-je au Dyak.

— C'est à peine s'il a un mois, me répondit l'indigène, voyez, il n'a pas de dents.

— A quel âge les dents font-elles donc leur apparition chez les orangs-outangs?

— Pas avant deux mois, Saëb.

Le pauvre petit tremblait de tous ses membres, je le pris dans mes bras pour essayer de le calmer, mais malgré mes caresses je ne pus y parvenir. Je l'emportai dans ma case, et il se cramponnait à mon bras comme un désespéré. Il était très fort et plein de vie malgré son jeune âge.

Mais comment faire pour l'élever, il ne pouvait se passer de lait, et je n'en avais pas. J'expédiai mon Dyak, avec ordre de ne pas revenir sans me ramener une chèvre. Il me répondit que ma commission ne serait point très facile à exécuter, mais enfin qu'il allait faire son possible ; en attendant, je ne savais que donner à mon nourrisson ; me souvenant de mon infructueuse tentative pour élever un jeune gorille sur la côte du Congo, je tenais beaucoup à voir si je rencontrerais le même insuccès avec le jeune orang-outang.

En attendant le retour du Dyak, je fis une panade très claire que je sucrai convenablement, et j'en présentai un peu au pauvre orphelin à l'aide d'une cuillère à café, mais il refusa énergiquement de se laisser introduire ce mélange dans la bouche.

A force de tentative j'eus une idée de génie. Je voyais bien que le petit mias avait faim, je trempais mon doigt dans la bouillie et je le plaçai sur le bout de ses lèvres ; il se mit à le saisir avec avidité, et en agit ni plus ni moins qu'avec le sein de sa mère. Je répétai la même manœuvre aussi souvent que cela me sembla nécessaire, et le mias finit par renoncer à cette nourriture ; mais cette préparation culinaire était trop forte pour son jeune estomac, il la rendit au bout de quelques instants, j'en fus on ne peut plus ennuyé, car je m'attachais de plus en plus à la pauvre bête.

— Si vous ne trouvez pas de lait, il mourra, Saëb, me dit Samy.

Et je fus bien forcé de convenir que rien pour lui ne remplacerait cet aliment naturel.

Sur le soir je vis arriver Dyak avec un vieux Chinois qui tirait une chèvre par la corde. C'était une magnifique bête dont les mamelles gonflées comme des outres étaient d'un heureux présage pour mon jeune élève.

Je ne pus dissimuler ma joie et mal m'en prit, car on va voir que le citoyen du Céleste-Empire, comme âpreté et astuce, en aurait revendu à toute la tribu d'Israël.

— Voilà votre commission faite, Saëb, fit le Dyak en s'approchant, j'ai couru la jungle toute la journée pour rencontrer cet animal.

— Quel prix demande ce Chinois ?

— Je ne sais pas, Saëb.

— Comment, tu ne sais pas !

— Le Tin-To n'a jamais voulu me dire à combien de roupies il estimait sa chèvre.

A ces paroles, je compris que j'étais à la merci de mon vendeur.

— Combien? fis-je simplement au Chinois, en lui montrant l'animal.

— Ma chèvre n'est pas à vendre, me répondit-il en clignant doucement les yeux d'un air hypocrite.

— Comment pas à vendre?

— Non, Saëb.

— Alors que viens-tu faire ici?

— J'ai rencontré ce Dyak, qui m'a dit : Tin-To, il y a un Européen, mon maître, qui désire voir ta chèvre, il te donnera un bon dédommagement pour ta peine, alors je suis venu, mais la route est longue et je suis bien fatigué. Cela débutait bien.

Je pris immédiatement le parti, autant pour m'amuser que pour ne pas subir les exigences du Chinois, de faire assaut de ruses avec lui.

— J'en suis fâché pour toi, lui répondis-je immédiatement, mais tu as eu tort de te déranger pour si peu.

— Je suis venu pour faire plaisir au Saëb.

— Hé bien, tu en seras pour tes peines, mon pauvre Tin-To.

— Je ne comprends pas, fit le pauvre diable visiblement inquiet de la tournure que je donnais à la conversation.

— C'est bien simple, je n'éprouve pas le besoin de voir ta chèvre.

— Alors ce Dyak m'a trompé.

— Oui, s'il t'a dit que je ne désirais que la voir; non, s'il t'a dit que je voulais l'acheter.

Les yeux du Chinois étincelèrent de plaisir.

— J'ai dit au Saëb que je ne pouvais vendre cet animal.

— Hé bien, tu peux t'en aller, lui répondis-je.

Et pour couper court à cette conversation, ou plutôt pour forcer le Chinois à la porter sur un autre terrain, je le quittai brusquement, et je rentrai dans ma case, je pris un de mes livres, et m'étendant sur mon lit, je me mis à lire de l'air le plus indifférent du monde.

Cinq minutes ne s'étaient pas écoulées, que je vis comme une ombre obstruer l'ouverture de ma porte.

— Dis à ce Chinois, fis-je à Samy, de se retirer de là ; il me gêne dans ma lecture.

— Saëb, fit le malin compère d'un ton suppliant.

— Encore toi, que veux-tu ?

— J'ai dit que je ne pouvais pas vendre ma chèvre, mais je n'ai pas dit ce dont je serais capable pour te faire plaisir.

— Tu n'es qu'un mauvais plaisant.

— Non, Saëb, je suis vieux, et le lait de cet animal me sert de boisson, me réconforte, si le vieux Tin-To s'en défait, il tombera malade.

— Qui t'empêchera d'acheter une autre chèvre ?

— Ce ne sera pas celle-là, Saëb, je l'ai élevée toute petite, et cela me fait saigner le cœur, rien que de penser que je puis la quitter.

— Eh bien, garde-là, et une bonne fois laisse-moi la paix.

— Combien le Saëb m'en donne-t-il.

— Moi ! pas une cache.

— Cependant le Saëb vient de me demander à quel prix j'estimais cet animal.

— Hé bien, quand tu auras répondu à ma question, à mon tour je répondrai à la tienne.

— Je crois que cent roupies ne serait pas un prix exagéré. (Deux cent cinquante francs.)

— Tu as raison, c'est pour rien !

— Alors c'est marché conclu, fit le Chinois en laissant malgré lui percer la joie que lui avait causé ma réponse.

— Soit, répondis-je en riant, mais il te reste à trouver un acheteur.

— Le Saëb se moque de moi, fit le Chinois tout penaud.

— Écoute, Tin-To, lui dis-je en redevenant sérieux, et horriblement agacé par sa duplicité. Si d'ici cinq minutes tu ne m'as pas fait une proposition acceptable, je te fais chasser de ce lieu à coup de rotin par mon domestique.

— Hé bien, va pour cinquante roupies, je perds moitié sur la bête.

Je ne répondis rien.

— Voyons, est-ce trop encore? je ne puis cependant pas la céder à perte, donnez-moi vingt-cinq roupies, et la chèvre est à vous, mais je vous jure que ce n'est pas la moitié de ce qu'elle vaut.

Pour toute réponse j'appelai le Dyak.

— Saëb! fit l'indigène en accourant.

— Tu vois ce rotin, fis-je en lui montrant une tige flexible de jonc que je venais de couper.

Orang-outang mangeant avec une cuillère. (Page 150.)

— Oui, Saëb.

— Hé bien, si à l'instant même ce Tin-To, ne quitte pas ma case...

— Je comprends, répondit le Dyak, en faisant le moulinet avec le rotin.

— Le Saëb est très fort, répondit le Chinois qui comprit qu'il n'y avait plus moyen de plaisanter, il peut prendre la chèvre pour le prix ordinaire.

— Je ne le connais pas, fis-je, désirant le pousser dans ses derniers retranchements.

— Hé bien ! que le Saëb la prenne pour cinq roupies. (Douze francs cinquante centimes.)

— C'est encore une roupie de trop, répondis-je pour le torturer ; en effet une chèvre, à Bornéo, ne vaut pas plus de huit à dix francs.

— J'ai fait une si longue route, répliqua le pauvre diable d'un ton suppliant.

J'eus pitié de lui.

— Allons, tiens, lui dis-je en tendant la main, voilà dix roupies, cinq pour l'animal, et cinq pour ta peine.

Ne pouvant en croire ses oreilles, le Chinois sauta sur l'argent que je lui présentais, et après l'avoir compté et recompté et s'être assuré que les roupies étaient toutes bonnes, il prit la fuite plutôt qu'il ne s'en alla, tellement il craignait que je ne revinsse sur le marché.

En légitime possession de l'animal, je fis tirer une petite tasse de lait par Samy, et renouvelai l'expérience avec le doigt : le plaisir que le petit mias eut à recevoir cette boisson, ne saurait se dépeindre, il fermait les yeux dans une attitude pleine de jouissances infinies, et il fallait entendre les cris qu'il poussait lorsque je lui retirais mon doigt pour le tremper de nouveau dans le lait, et que je tardais un peu à le lui rendre ! il ressemblait exactement à un bébé que sa nourrice éloigne du sein, avant qu'il soit satisfait.

Comme mon doigt ne pouvait pas lui servir éternellement de biberon, j'imaginai de l'habituer à téter la chèvre, en admettant que cette dernière consentît à adopter un pareil nourrisson.

Voici comment je m'y pris et le succès dépassa mes espérances : je trempai dans le lait, comme j'avais fait de mon doigt, le bout des tétines de la chèvre, et j'approchai la bouche du petit mias ; il commença par se débattre, de nouveau effrayé par la vue de cet animal qu'il ne connaissait pas. Je le calmai doucement, car je commençais à avoir quelque influence sur lui, et je repris mes tentatives. A un moment donné, une goutte de lait tomba sur les lèvres du petit singe, ce fut pour lui comme une révélation, car il ouvrit la gueule et saisit timidement la tétine de la chèvre, d'où était partie la bienfaisante liqueur, et, tout joyeux de sa trouvaille, il se mit à téter de toutes ses forces. L'animal, d'une douceur extrême, s'y prêta de son mieux, et une heure ne s'était pas écoulée qu'à notre grand étonnement nous le vîmes se retourner, et promener sa langue sur le jeune mias, ni plus ni moins que s'il eût donné à téter à un de ses petits.

Le jeune orang-outang était sauvé, nous lui avions trouvé la plus fidèle et la plus tendre des nourrices ; les soins que la chèvre lui rendait, étaient des plus touchants et au bout de quelques jours, elle quittait d'elle-même la jungle où le Dyak la menait paître, pour accourir donner le sein au petit mias aux heures accoutumées. Quand ce dernier la voyait, il faisait éclater sa joie par mille cris et grimaces des plus réjouissantes.

Un mois ne s'était pas écoulé, qu'il se suspendait à la toison de l'animal, par les doigts crochus de ses quatre pattes, et l'accompagnait sous bois ; il grandit peu à peu et eut bientôt la force de marcher. Au fur et à mesure qu'il devenait robuste, il gambadait autour de sa mère adoptive, s'élançant sur son dos à la moindre alerte.

Quand il s'éloignait un peu trop sous bois, et que la chèvre venait à le perdre de vue, il fallait voir à l'aide de quels bêlements plaintifs l'animal le rappelait... c'était vraiment touchant à voir.

Un jour que je venais de tuer un perroquet tout près du lieu où les deux animaux prenaient leurs ébats, le petit mias effrayé par la détonation de mon arme, avec l'instinct naturel à sa race, se réfugia dans un arbre. Aussitôt la chèvre, qui ne le voyait plus, de pousser des cris plaintifs et de le chercher dans les broussailles voisines ; en la voyant s'éloigner, le mias de son côté, fit retentir la forêt de ses plaintes ; la chèvre revint sur ses pas, et finit par apercevoir son nourrisson à deux mètres du sol, au milieu du feuillage d'un jeune cotonnier.

Elle se dressa tout debout le long de l'arbrisseau et le petit singe qui n'attendait que cela sans doute, s'élança sur la tête de sa mère-nourrice, et en un second bond fut à terre.

Peu à peu il avait appris à me connaître, et il était avec nous tous d'une gentillesse extrême. A l'âge de trois mois, je commençai à lui donner des bananes dont il se montra très friand, il s'habitua ainsi peu à peu à tous les fruits, mais son bonheur le plus grand, sa gourmandise la plus appréciée resta toujours le lait de sa chèvre.

Je fus très heureux de pouvoir assister jour par jour au développement intellectuel du petit mias, et je puis dire que la facilité de l'orang-outang à tout apprendre est vraiment extraordinaire. A quatre ou cinq mois notre jeune élève connaissait par leur nom tous les objets de ma case, c'est-à-dire qu'il suffisait de les lui indiquer par la parole pour qu'il vous les apportât immédiatement ; il était certainement plus développé à cet âge-là, que beaucoup d'enfants de deux et même de trois ans.

Seulement chez ces derniers, le développement, lent au début, marche à pas de géant avec l'âge, tandis que chez l'orang-outang il s'arrête ; tel l'animal est à un an, tel il sera toute sa vie.

Mystère singulier et profond.

Pourquoi ce brusque arrêt, dans le développement, chez des animaux, qui, pendant les premiers mois de leur croissance, sont beaucoup supérieurs comme force, mémoire, intelligence, jugement, à l'homme, pris dans les périodes de temps correspondantes ?

Nous ne pouvons que poser cette interrogation, et constater notre impuissance à y répondre.

Grâce à la nourrice que je lui avais procurée, le petit mias continua à se développer avec une étonnante rapidité, et rien ne saurait donner une idée de l'affection que la chèvre lui portait. Le jeune animal reposait d'ordinaire sur un lit de feuilles sèches dans un coin de la case en bambou que j'avais fait construire près de ma tente. Hé bien, il ne s'écoulait guère d'heures sans que la chèvre qui broutillait de çà et de là dans la forêt, n'interrompît subitement sa promenade pour accourir près de son nourrisson.

Dès qu'elle se trouvait près de lui, elle lui envoyait de la voix, les appels les plus touchants, et le couvrait de tendres caresses. Elle lui léchait le visage, tout le corps, et lui présentait le sein, offre que le petit mias ne repoussait jamais. Il fallait voir alors avec quelle avidité ce dernier se gorgeait de lait; en accomplissant cette importante fonction, il levait les yeux avec des airs de gourmandise et de béatitude qui témoignaient de la jouissance profonde qu'il éprouvait.

Parfois Samy, pour le contrarier, tirait légèrement la chèvre par le licol, et l'obligeait à interrompre son repas, pendant quelques instants, le petit mias entrait alors en fureur : il criait, se débattait, lançait des coups de pied à droite et à gauche avec les mêmes façons qu'un bébé qu'on arrache au sein de sa nourrice avant qu'il soit entièrement rassasié.

Il ne se calmait que lorsqu'on lui rendait sa mère improvisée. Un matin, un des Chinois qui travaillaient dans la forêt, vint me proposer de lui acheter un singe de petite race qu'il avait apprivoisé. C'était un entellus-presbytes, à peine gros comme un jeune chat ; bien qu'il eût toute sa taille, il faisait piètre figure en présence du mias, qui pouvait parfaitement jouer à son égard, le rôle du géant en face du pygmée. Seulement, contraste frappant encore, le petit Entelle savait parfaitement se servir lui-même, et manger seul, tandis que le gros mias était incapable de prendre par lui-même le moindre aliment.

Je plaçai les deux singes ensemble, et ils devinrent tout de suite amis : l'entelle, plus intelligent puisqu'il avait acquis tout son développement, en agit de suite en despote avc son compagnon, et c'était plaisir de voir les petites manières dont il usait pour arriver à ses fins.

Voulait-il dormir par exemple, il tirait les jambes du mias, montait le long de ses longs bras, lui donnait des petites claques sur les joues, et prolongeait ce manège jusqu'à ce qu'il fût parvenu à le faire coucher ; alors il se blottissait entre ses cuisses, dans la partie la plus soyeuse de son pelage, et se livrait paisiblement au sommeil. Il fallait entendre les cris qu'il poussait lorsque par hasard le mias, las de cette posture, se relevait, ou se couchait dans une autre position ; il ne se taisait que quand son ami avait repris une position qui lui permît de continuer sa sieste.

Mais toute médaille a son revers ; le mias, par contre, semblait considérer le petit entelle, comme une sorte de poupée qu'on lui avait donnée pour le distraire, et quand il était d'humeur à jouer, il le saisissait par la peau du cou, par une patte, ou même par la queue, et le tenait ainsi suspendu dans l'espace, le balançant au gré de ses caprices, et en usant avec lui comme un gamin avec son polichinelle.

Il fallait voir alors le petit singe se cramponner au bras du gros mias, pousser des cris de frayeur, et adoucir son regard pour obtenir pitié de son ami ; mais l'orang-outang, qui trouvait cela très amusant, prolongeait au gré de ses désirs le supplice de l'Entelle, dont les yeux se remplissaient alors de grosses larmes. Il n'y avait qu'un moyen de terminer cette scène qui finissait par être réellement pénible pour le pauvre petit presbyte, c'était d'envoyer le Dyak chercher la chèvre dans la forêt ; le mias quittait tout pour puiser la vie à longs traits, dans les puissantes mamelles de l'animal.

Mais si la scène changeait, elle n'en devenait que plus amusante, le mias tétait avec une telle gloutonnerie qu'il prenait à peine le temps d'avaler le lait qui lui arrivait à flots dans la gueule, et parfois le bienfaisant liquide s'écoulait le long de ses joues, le petit singe grimpait alors le long du corps de son ami, s'accrochait aux poils de son cou, et collant son petit museau contre la joue du mias, il recevait avec une joie non dissimulée les gouttes de lait qui s'échappaient de ses lèvres.

Quand l'orang-outang, gorgé, se laissait retomber sur son lit de feuillage, le visage tout barbouillé de lait, l'entelle se chargeait de faire sa toilette et lui léchait toute la figure, avec mille petits gestes des plus comiques qui témoignaient de sa satisfaction.

Lorsque je commençai à donner au mias un peu de bouillie de farine de riz cuite dans du lait et sucrée avec du jus de canne, ce fut bien une autre affaire. Le presbyte, monté sur l'épaule de son ami, d'une main se tenant à une de ses oreilles ou à un bouquet de poil, employait l'autre à enlever avec habileté tout ce qui tombait, et quand le hasard, d'accord avec l'appétit du mias, tardait trop à lui faire sa part, il saisissait la cuillère au passage, s'en servait comme de point d'appui, et s'enroulant pour ainsi dire au tour de ma main, il mangeait à même dans la cuillère ou dans la noix de coco qui servait d'assiette, jusqu'à ce qu'il fût rassasié, mais, chose bien singulière, dans cette position, il ne semblait pas satisfaire sa faim avec la quiétude d'esprit qu'il montrait quand on lui donnait sa part sur un morceau de feuille de bananier; ses petits yeux inquiets allaient constamment de l'assiette au mias, et du mias à moi-même, comme s'il eût attendu une correction pour prix de son audace.

Dans les premiers temps le gros mias n'y comprenait pas grand'-chose, mais peu à peu il prit goût à cette bouillie sucrée, et son intelligence se développant, il finit par comprendre que l'entelle lui volait sa part, car un beau jour, au grand étonnement de Samy, qui leur donnait la pâtée, le mias, impatienté de voir le petit singe qui, selon son habitude, avait sauté sur le bras de l'Indou et se plongeait le nez dans la succulente bouillie, le saisit d'un mouvement brusque par le cou, et le tint suspendu en l'air pendant tout le temps que mon domestique le fit manger.

Le fait se renouvelant chaque fois, et la gloutonnerie du petit entelle, n'ayant d'égale que l'entêtement du mias, à ne pas permettre que son compagnon touchât avant lui à la nourriture commune, je donnai l'ordre de leur faire régulièrement leur part à chacun, et la bonne harmonie ne fut plus troublée, du moins en ma présence, car, chaque fois que j'étais en forêt, à herboriser, ou à rechercher quelques-uns de ces merveilleux coléoptères qui semblent s'être enveloppés d'un morceau d'arc-en-ciel, tellement leur robe est riche et nuancée, le Dyak et Samy, restés à la case et amusés par le manège des deux singes, ne manquaient jamais de les mettre en lutte de gourmandise. Quand je n'étais pas très éloigné, j'entendais souvent des cris perçants mêlés d'éclats de rires qui ne pouvaient laisser aucun doute sur leur mutuelle origine.

Cependant le mias grandissait à vue d'œil grâce à cette nourriture lactée, et son intelligence augmentait dans une proportion plus forte encore, il nous connut bientôt tous les trois et sut parfaitement distinguer chacun de nous des autres, je dirai plus: cette distinction qu'il sut faire rapidement de nos personnes, il sut l'appliquer très vite, à la différence de nos situations.

Pour bien me faire comprendre, j'ai besoin de rappeler, ce qui du reste est à la connaissance de tous, avec quelle persistance, avec quel sentiment des situations, les chiens, dans les habitations, distinguent les maîtres des domestiques; j'ai rayé depuis longtemps de la langue dont je me sers, le mot d'instinct qui, à mon sens, ne signifie rien, car tout ce que font les animaux, est parfaitement raisonné, et si l'acte est rudimentaire eu égard à ceux que nous accomplissons nous-mêmes, il n'en est pas moins complet eu égard au besoin ou au résultat auquel il s'applique, et la pensée qui le conçoit et qui préside à son exécution, n'agit pas autrement, toute proportion gardée chez les espèces inférieures, que chez les espèces perfectionnées.

Il n'y a qu'un immense réservoir de fluide vital où tout ce qui se meut va puiser, comme c'est la même eau qui arrose partout la terre, comme c'est le même air que tous respirent, comme ce sont les mêmes matériaux qui composent partout les os, la chair, le sang, les muscles, il n'y a qu'une question de proportion et de pondération différentes.....

Il n'est pas niable, je le répète, que le chien ne distingue parfaitement le maître du domestique, et bien qu'il vive souvent très peu avec le premier, ne lui marque plus d'affection et ne lui obéisse plus facilement qu'au second; ce fait d'intelligence est bien plus accentué encore chez le singe que chez le chien, et au fur et à mesure que le petit mias grandissait, ce sentiment de hiérarchie domestique se développait avec une intensité qui m'étonnait au plus haut point.

Il n'était pas en ma possession depuis trois mois, qu'il avait acquis ses principales dents et commençait à marcher avec assurance, mais aussi sa volonté et son intelligence avaient augmenté dans des proportions beaucoup plus fortes et il en était arrivé, comme les enfants mal élevés, à obliger son entourage à lui céder sur tout, mais des nuances très sensibles se montraient dans ses exigences; ainsi, il semblait n'avoir nulle considération pour le Dyak qui le lavait, le menait promener, et opposait à tous ses caprices une inaltérable patience, il lui tirait les cheveux, les poils de la moustache, lui donnait des gifles et cherchait à le mordre dans ses moments de mauvaise humeur.

Le brave homme ne faisait que rire de ces manières, et de fait tout cela ne manquait pas de côtés comiques et amusants.

L'Indou Samy, moins patient, ne tolérait ces façons d'agir que suivant l'humeur du moment, et ne craignait pas, quand l'animal dépassait les bornes, de lui administrer une légère correction ; au demeurant, il était bon avec lui et le gâtait suffisamment pour mériter son affection; eh bien ! chose étrange, le mias avait parfaitement su modeler sa conduite sur le caractère de Samy, quand ce dernier était d'humeur joviale, le singe l'accablait d'agaceries; quand il n'était pas tourné à la plaisanterie ou que son service l'occupait, il n'avait qu'un signe à faire pour que le mias s'en fût tristement se coucher dans le coin de la case qui lui était consacré, mais il ne s'habituait pas à être traité ainsi, et il revenait à la charge jusqu'à ce que l'Indou ait consenti à se dérider.

Avec moi qui ne le grondais jamais, et qui, au contraire, le bourrais de friandises, il ne se permettait pas la moindre familiarité déplacée; quand il criait, refusait de se coucher le soir, battait son petit camarade, ou égratignait le pauvre Dyak, qui était bien l'être le plus débonnaire que j'aie connu, alors que toutes les tentatives de Samy lui-même pour le faire obéir avaient échoué, je n'avais qu'à paraître pour le faire rentrer dans le devoir. Sans rien faire de particulier pour cela, je ne perdis jamais par la suite mon influence sur lui.

Je dois dire que le petit presbytes-entellus avait établi sans peine les mêmes distinctions entre nous, mais il les faisait comprendre d'une façon différente ; ainsi, il me montrait plus d'affection que de crainte, le contraire avait lieu avec mes deux domestiques, ce qui me fit les soupçonner de n'être pas toujours très doux avec lui pendant mon absence. J'avais baptisé le petit entelle du nom de Jacques, et le mias avait reçu celui de Joseph, en souvenir du petit gorille que j'avais essayé d'élever au Congo.

Quelques jours suffirent pour que Jacques et Joseph fussent familiarisés avec leurs noms, et bientôt on put appeler l'un ou l'autre,

Chinois fumant de l'opium. (Page 160.)

Liv. 20.

sans qu'aucun d'eux se trompât, et prit pour sien le nom de l'autre.

Bref, ma tentative d'élevage fut pleinement couronnée de succès, et le mias, gros, gras et frais, fit honneur aux fécondes mamelles qui l'avaient nourri. Toutes ses dents avaient poussé, je l'avais depuis trois mois et demi environ, et je jugeais qu'il pouvait être âgé de cinq mois, il mangeait parfaitement les jeunes pousses de bambous, les ananas sauvages, les bananes, les goyaves, et tous les fruits de la forêt; je jugeai qu'il était temps de le sevrer, le lait de la chèvre n'était plus pour lui qu'une inutile gourmandise, et je dois dire que je n'attendais pas ce moment sans impatience, car il y avait fort longtemps que je n'avais pas de lait pour mon thé, et l'on comprendra combien cette privation devait m'être sensible, quand on saura que depuis de longues années j'étais habitué à boire un litre de lait tous les soirs, avec un peu de pain ou de biscuit sec, cela composait la plupart du temps tout mon dîner.

Malgré cela je n'eus pas à me reprocher une mesure prise trop hâtivement dans mon intérêt personnel, car au bout de trois mois, j'en ai eu la preuve fort souvent depuis, l'orang-outang sèvre brutalement son petit. Je vais en terminer de suite avec mes deux élèves, mon intention était de les ramener tous deux en Europe, et d'en faire don à quelque jardin public de mon pays, mais le hasard en décida autrement, et j'en fus on ne peut plus heureux, car je ne trouve rien d'absurde, comme d'enfermer dans une cage pour le plus grand plaisir des visiteurs, de pauvres animaux qu'on a élevés, choyés, aimés, et qui finissent par mourir de consomption phtisique, loin des grands bois qui les ont vu naître,

En quittant Bornéo, je me rendis aux Philippines, où un de mes bons amis, don José Castro y Valladorès, juge à Manille, s'étant pris d'une sincère affection pour Jacques et Joseph, dont l'éducation était à ce moment des plus parfaites, je me fis un plaisir de les lui offrir.

M. Jacques, une serviette au cou, assis sur un coin de la table, mangeait gravement et proprement comme un petit garçon bien appris, en se servant de la cuillère et de la fourchette, comme s'il eût appartenu au premier genre de l'ordre des Primates, tandis que M. Joseph, la même serviette sur le bras et non au cou, servait aussi gravement qu'un valet de pied.

Je dois seulement avouer que, quand on ne le voyait pas et même un peu quand on le voyait, il volait sans vergogne les meilleurs fruits du dessert... il ne comprit jamais où devait s'arrêter son droit de gourmandise.

On n'est pas parfait!

Je puis avouer, sans être taxé de sensiblerie, que ce fut les larmes aux yeux que je me séparai de ces deux charmants compagnons, qui, par leur bonne humeur, leur gentillesse et, disons le mot, leur affection, n'avaient pas peu contribué à charmer les longs mois que j'avais passés à Bornéo.

Mais j'y suis encore, et le lecteur m'excusera d'avoir empiété sur mon récit, pour lui faire connaître de suite le sort de Jacques et de Joseph.

Je ne suis pas le premier voyageur qui ait tenté d'élever un jeune mias ou orang-outang; mais je suis le seul, je crois, qui ait réussi, du moins je n'en connais pas d'autre exemple, cela tient je crois à ce que j'ai pu donner du lait au petit mias, tandis que dans la plupart des autres tentatives faites avant ou après moi, on n'a eu pour élever le jeune orang-outang, que de l'eau de riz ou de coco et des fruits, toutes choses dont ne s'accommodait pas plus l'estomac des petits mias, que ne s'en accommoderait celui de nos jeunes enfants.

La chose qui m'a le plus frappé et qui doit être retenue dans cette éducation *quasi maternelle*, a été de voir à quel point le petit mias, dans toutes ses façons d'agir, ressemblait à un jeune enfant.

Il était presque toujours couché sur le dos, tenant ses quatre pattes en l'air, et se roulant nonchalamment de côté et d'autre, il voulait s'emparer de tout ce qu'il voyait sans parvenir à diriger sa main vers l'objet de sa convoitise, quand il éprouvait quelques besoins, il ouvrait une large bouche, se renversait en arrière en se débattant sur sur sa couche, il criait comme un bébé, et ses yeux se remplissaient de larmes, l'illusion était complète, rien absolument ne faisait différer ses plaintes de celles d'un enfant.

Pendant ce temps-là le petit presbyte qui allait, venait, sautait, grimpant sur le toit de l'habitation, mangeant à la course les fruits qu'on lui envoyait, formait avec le gros mias, si naïf et si enfantin, le plus singulier des contrastes.

Quand ce dernier voulut s'essayer à la marche, il eut toutes les hésitations, toutes les craintes, toutes les chutes du petit être humain qui ébauche ses premiers pas sous l'œil attentif de sa nourrice, il se traînait sur ses jambes, roulait sur lui-même, et quand il était parvenu à faire quelques pas sans tomber, il relevait la tête et semblait nous regarder d'un air de triomphe.

Dès qu'il était malpropre, il criait comme un possédé jusqu'à ce que le Dyak soit venu le laver et changer le feuillage de son lit.

Chose bien singulière, si aucun de mes deux domestiques ne se trouvait dans la maison, il s'en apercevait parfaitement et se taisait aussitôt, mais dès qu'il entendait le moindre bruit, une voix, un pas au dehors, il recommençait de plus belle et ne s'arrêtait que quand on avait déféré à ses désirs, ou satisfait à ses besoins.

Ses plus grandes douleurs, je l'ai déjà dit, étaient apaisées par l'arrivée de la chèvre, il indiquait alors sa joie par de petits soupirs de satisfaction, exactement semblables à ceux que poussent les bébés de sept à huit mois quand ils revoient leur mère qui s'est absentée pendant quelques instants.

Que de fois, lorsque le petit mias se laissait aller à l'expansion naturelle de son caractère, ne l'ai-je pas observé avec le plus étrange étonnement, tellement dans toutes ses manières enfantines que l'éducation n'avait pas encore pu lui donner, il se rapprochait de l'humaine nature.

Rien ne m'a jamais fait autant rêver qu'un pareil spectacle, et je dois avouer que je n'ai rien pu remarquer jusqu'à l'âge de quatre à cinq mois, qui différencie le fils de l'orang-outang, du fils de l'homme, si ce n'est ce point déjà indiqué plus haut, que le développement du mias est de beaucoup plus rapide que celui de l'enfant.

Il me reste peu de chose à dire de l'orang-outang; en général presque toutes les chasses que l'on peut faire à Bornéo, dans le but de se procurer un de ces animaux pour le naturaliser ou préparer un squelette anatomique, se ressemblent.

L'orang-outang vit toujours en forêt, et sans aller par troupes, tous les animaux de même espèce fréquentent les mêmes lieux, on est réduit à les tirer dans les fourrés les plus épais où ils se refugient, et où il arrive souvent qu'on est obligé de les abandonner après les avoir blessés.

J'avais déjà préparé une magnifique peau afin de la faire naturaliser à mon retour en France, et peu partisan du meurtre des animaux en général, mon intention était de me borner à la capture d'un autre orang-outang, dont je désirai préparer le squelette pour ma collection.

J'attendais une occasion favorable, ne voulant m'adresser qu'à un des plus grands de l'espèce, lorsqu'un matin je vis mon Dyak et Samy pénétrer sous ma tente d'un air joyeux.

— Saëb, me dit l'Indou, Dyak vient vous apporter une bonne nouvelle.

— Est-ce que le courrier est arrivé, fis-je avec joie.

J'avais envoyé depuis plusieurs jours un Chinois à Saraouak pour savoir si le paquebot de Bornéo n'avait rien apporté pour moi; et j'attendais son retour avec la plus vive impatience.

— Le Chinois n'est pas de retour, Saëb.

— Alors allez au diable tous deux, répondis-je sous le coup d'une mauvaise humeur que je ne pouvais pas maîtriser.

Samy traduisit fidèlement mes paroles, car il me répondit d'un ton mi-sérieux, mi-moqueur :

— Dyak ne sait pas où est ce pays, Saëb.

Cette boutade contribua plus que tout autre chose à me dérider, et je repris d'un ton radouci :

— Voyons, quelle est cette nouvelle si intéressante?

— Dyak, en allant à la recherche de la chèvre qui s'était égarée ce matin dans la forêt, a découvert la retraite d'un vieux mias, qui sera très facile à tuer, seulement il faut traverser les marécages qui sont en avant du Sadong.

— Dis à Dyak qu'il aille se promener avec son mias, je ne tiens pas à m'embourber.

— Dyak insiste, Saëb.

— A çà! est-ce que vous n'allez pas me laisser la paix tous les deux; je vous trouve bien osés de pénétrer dans ma tente sans que je vous aie appelé.

— Saëb!...

— Il n'y a pas de Saëb qui tienne, déguerpissez ou vous allez faire connaissance avec ce jonc qui ne demande qu'à vous caresser l'échine.

Les deux gaillards se retirèrent l'oreille basse

Dans l'Inde comme en Cochinchine, à Bornéo et dans tout l'extrême Orient, il ne faut jamais laisser un serviteur indigène se permettre la moindre liberté. Ces gens ne connaissent au monde que la force et la moindre condescendance est prise par eux pour une marque de faiblesse.

Je dis cela pour faire comprendre ma conduite, car je suis naturellement porté à être très doux pour les gens d'humble condition.

Dans toutes ces contrées c'est une nécessité de se faire respecter si on veut être servi.

J'ai connu beaucoup d'Européens qui, à leur arrivée dans l'extrême Orient, se sont mis à marquer toute leur répugnance pour certaines corrections *nécessaires* qu'on est parfois obligé d'infliger à ces grands enfants volages et corrompus qu'on appelle les Indous, les Annamites, etc., que l'on prend à son service. Ils parlaient de civilisation, d'humanité, de dignité humaine, mais ils n'ont pas tardé à en rabattre, et à voir que la question se posait ainsi, ou rentrer de suite en Europe, berné par le dernier des parias, des palefreniers, ou refuser de devenir l'esclave de ses propres domestiques, et alors les mener *manu militari.*

J'ai connu un brave garçon qui, me voyant sans exaspération cependant donner du pied au derrière à mon cuisinier, qui m'avait volé sur les comptes du bazar, me déclara qu'il n'aurait jamais recours à de pareilles façons d'agir, aussi dégradantes pour celui qui les employait que pour le serviteur qui devait les subir.

Il était frais débarqué de la veille, aussi me contentai-je de sourire et de le renvoyer à six mois de date.

Huit jours après ses serviteurs lui avaient bu tout son vin, lui mangeaient ses provisions et se couchaient dans son lit.

A la première correction qu'il se décida à donner il fallut lui enlever des mains son dobachy.

Ceci dit pour expliquer la façon dont j'avais reçu le Dyak et Samy qui s'étaient permis d'entrer dans ma tente sans y avoir été appelés, je continue mon récit.

A déjeuner, mes deux gaillards paraissaient assez embarrassés, je sentais bien qu'ils avaient envie d'excuser leur audace du matin, mais ils n'osaient prendre la parole sans y être engagés.

Dans l'intervalle, le Chinois porteur de mon courrier était arrivé, et cela m'avait rendu d'humeur plus accommodante, aussi entre la banane et le café m'adressai-je à Samy qui me servait.

-- Ne m'as-tu pas dit ce matin, fis-je en souriant, que le Dyak connaissait le gîte d'un superbe mias?

— Oui, Saëb, répondit l'Indou, du côté des marigots.

— Eh bien, dis au Dyak de tout apprêter pour le départ; nous allons aller le chasser après déjeuner.

L'Indou se hâta d'accomplir la commission que je venais de lui donner, et j'entendis les deux bons apôtres qui battaient des mains en signe de joie. Je dois dire pour expliquer ce fait, que chaque fois que je les emmenais à la chasse, j'avais l'habitude de leur donner en rentrant le soir, une roupie qu'ils allaient immédiatement écouler chez un Chinois qui avait installé une petite boutique de callou, jus fermenté de cocotier, et d'arrak, sorte d'eau-de-vie de riz, un peu plus bas sur le Sadong, à l'intention de ses compatriotes qui travaillaient dans la forêt.

Ces Chinois, qui exploitaient les bois de Bith et les essences propres à la teinture, se réunissaient le soir chez leur compatriote avec tous les vagabonds de la contrée, et là ils passaient une partie des nuits à boire, à fumer l'opium et à jouer.

Samy et le Dyak n'affectionnaient rien tant que d'aller passer quelques heures dans ce tripot, où ils étaient toujours sûrs de trouver de la mauvaise compagnie, et comme il leur fallait un peu d'argent pour faire figure ils me poussaient sans cesse à entreprendre quelque excursion, comptant sur ma largesse accoutumée pour satisfaire leurs vices.

Mon séjour à Bornéo touchait à sa fin, j'avais fait une très abondante moisson de plantes et d'insectes, et mes collections s'étaient enrichies d'une foule de singes de petites espèces qui devaient m'être d'un précieux secours pour l'ouvrage que je publie aujourd'hui ; mais, par un fatal hasard je n'avais pu encore me procurer un squelette d'orang-outang, dont quelqu'une des parties osseuses n'eût été endommagée par les balles.

Un trou dans la peau se peut jusqu'à un certain point dissimuler sous la fourrure, mais un os du crâne ou fémur, un tibia brisé ne se raccommode pas.

L'offre du Dyak, repoussée d'abord, après réflexion avait fini par me séduire, et j'étais fermement résolu à tenter une dernière fois l'aventure.

Ce qui rend si difficile la capture d'un orang-outang qui ne soit pas trop atteint pour pouvoir faire une belle pièce anatomique, est la nécessité où l'on se trouve de tirer le mias dans l'épais feuillage des grands arbres où il se réfugie dès qu'il aperçoit ou entend quelque chose d'insolite dans la forêt.

Même blessé à mort il se raidit, se cramponne aux branches, et souvent rend le dernier soupir au centre d'un tel fouillis de feuillage, de lianes reliant le tout, que son corps reste suspendu a trente ou quarante mètres au-dessus du sol, et qu'il est impossible de le faire tomber sans monter dans l'arbre, ce qui souvent n'est pas facile, et est dans tous les cas, toujours fort imprudent.

Nous parcourions des immenses méandres. (Page 163.)

Et encore avant d'en arriver là, combien de coups de fusil ne tire-t-on pas, car on ne se peut persuader qu'il ne tombera pas sur un coup bien appliqué.

Je n'avais donc, ainsi que je viens de le dire, que dix squelettes des plus incomplets; le désir de réparer cette lacune faillit, comme on va le voir, me coûter la vie.

Après le déjeuner je fis, selon mon habitude, une demi-heure de sieste, et nous partîmes.

— Saëb n'emporte pas sa carabine à balles explosibles, me demanda Samy, comme nous quittions l'habitation.

— Non, lui répondis-je, mon fusil de chasse suffira.

Je voulais m'ôter ainsi tout moyen d'endommager trop fortement 'animal que nous allions chasser.

— Saëb me permettra-t-il une réflexion ?

— Parlez.

— J'ai interrogé Dyak, et il paraît que la partie de la forêt où nous ous rendons, est des plus dangereuses.

— Que veut-il dire par là?

— Dyak prétend que nous pouvons rencontrer des tigres.

— Que ne le disait-il plus tôt.

— Depuis ce matin Dyak n'ose plus parler à Saëb, que faut-il aire?

— Eh bien, répondis-je après un instant de réflexion, je prendrai ia carabine et une demi-douzaine de balles explosibles, ce ne serait n effet pas agréable, s'il plaisait à un de ces animaux de nous rendre isite, de se trouver presque désarmé en face de lui.

Le fusil de chasse que j'emportais, calibre n° 24, bon pour tuer un inge à vingt-cinq ou trente mètres dans le feuillage d'un arbre, n'eût té qu'un joujou bien impuissant en présence d'un tigre.

Nous ne rencontrâmes pas de tigres, et cependant, sans la sage révoyance de Samy, il est à peu près certain que je ne pourrais pas ujourd'hui, rassembler mes souvenirs de voyage, et écrire cette istoire pittoresque des singes et des animaux sauvages, dont près de uatorze années de voyages et de recherches m'ont procuré les ıatériaux.

Nous remontâmes le Sadong pendant environ une heure, et les ›rêts qui garnissaient les deux rives du fleuve commencèrent à evenir moins épaisses; le sol était moins accidenté également, et on pressentait un changement notable dans la configuration des ›rrains supérieurs.

Je vis bientôt mes prévisions se réaliser, car nous nous trouvâmes u bout de quelques instants, au commencement d'une immense laine marécageuse, mélange singulier de tourbières, de cours d'eau resque stagnants, dont la direction cependant semblait indiquer qu'ils › déversaient dans le Sadong.

Et au milieu de ces marais, s'élevaient çà et là comme des oasis, es bouquets d'arbres, qui formaient avec la verdure des lianes qui les ıtouraient, le plus singulier de tous les contrastes.

On eut dit une succession de petites îles flottantes.

— Regardez bien, Saëb, me dit le Dyak, voyez-vous le cinquième bosquet de banians et de tamariniers qui se trouve sur votre droite.

— Parfaitement, il est même plus touffu que les autres.

— Eh bien, Saëb, c'est là que le grand mias dont je vous ai parlé a établi sa demeure.

— Comment peut-il vivre là, il est impossible qu'il puisse y trouver sa nourriture.

— Il va dans la forêt chercher les fruits dont il a besoin, et puis il revient dans ce lieu pour se reposer; en cherchant la chèvre ce matin, je l'ai vu déguerpir devant moi, très étonné de ce qu'il ne cherchait pas, comme les autres mias, à se réfugier au sommet d'un arbre, je l'ai suivi, et je l'ai vu s'engager dans le marais, et pénétrer dans ce massif d'arbres, d'où il n'est plus sorti.

— Y a-t-il un chemin à peu près sûr pour se rendre auprès de lui?

— Oui, Saëb!

— Eh bien, guide-nous, nous te suivons.

Ces lieux avaient dû autrefois être cultivés en rizière, car on voyait de tous côtés de petites levées de terre qui annonçaient certainement d'anciennes cultures.

Nous nous engageâmes sur un de ces petits sentiers, avec les plus grandes précautions, car le sol détrempé ne devait un peu de consistance qu'aux touffes d'herbes et à l'enchevêtrement de leurs racines.

Nous sentions le terrain fléchir sous nos pas, comme si nous eussions marché sur une tourbière, dont la surface desséchée eut reposé sur un sol boueux, à tout moment nous étions obligés de nous arrêter pour chercher ou poser le pied, et parfois, le Dyak, lui-même, malgré l'habitude qu'il prétendait avoir de marcher et de s'éloigner dans les marécages, paraissait n'être point trop sûr de la direction que nous devions suivre.

Nous parcourions en effet des immenses méandres, pour nous rendre vers le bosquet qui servait d'asile au mias, et qu'il nous eût été impossible d'atteindre en droite ligne.

Les passages les plus dangereux étaient ceux qui serpentaient entre deux arroyos, sortes de canaux, larges et profonds, qui charriaient lentement leurs eaux vers le Sadong, l'étroit sentier qui séparait ces cours d'eau était si glissant, qu'on avait toutes les peines du monde à se tenir debout, bientôt la terre plus détrempée encore, nous laissa voir très distinctement les empreintes des pieds du mias.

Ces vestiges, profondément enfoncés dans la boue, étaient très grands, et, à la simple vue, nous faisaient préjuger de la taille de l'orang-outang qui devait être énorme.

Une chose qui démentait toute mon expérience, était le lieu même choisi par l'animal pour y établir sa demeure, peut-être avait-il été souvent chassé, attaqué dans la forêt, et se sentait-il plus en sûreté au milieu de ces marais.

A première vue, il m'avait semblé qu'une marche de quelques minutes dût suffire pour nous conduire près de l'animal, et depuis plus d'une demi-heure que nous contournions les pièces de terre inondées, nous ne paraissions pas avoir fait plus de la moitié du chemin.

Je ne suis pas un homme à pressentiments, mais il me parut à ce moment que notre course à travers ces arroyos, et ces tourbières, était contraire à la plus vulgaire prudence, je n'eus pas le temps de suivre librement le cours de cette idée qui venait de me traverser le cerveau comme un éclair, que le Dyak qui marchait à quelques pas en avant de moi, s'arrêta subitement.

— Horoua! horoua! fit-il d'une voix presque altérée.

— Halte! répondit Samy, traduisant ses paroles.

— Qu'y a-t-il donc, fis-je d'un ton légèrement inquiet.

Pour abréger, je sténographie directement le dialogue échangé entre le Dyak et moi, sans faire mention à chaque réponse de la traduction de l'indou.

— Veux-tu répondre? insistai-je avec impatience.

— Saëb, le pauvre Diak s'est trompé.

— Comment cela? explique-toi, voyons.

— Saëb, c'est la marée.

— Comment, la marée.

— Oui, c'est l'heure où la mer monte.

Je crus que le Dyak était devenu fou.

— Pas de mauvaise plaisanterie, ou gare au rotin.

— Le Diak ne plaisante pas, Saëb, ces marigots qui s'étendent au loin, à perte de vue, sont en communication avec la mer et à marée haute ils sont couverts d'eau.

— Qu'est-ce que tu me chantes-là, le flux et le reflux de l'Océan sont à peine sensibles dans ces contrées, l'Océan peut monter, c'est à peine s'il donnera assez d'eau à tes marigots pour nous offrir une simple lavée de pied.

— Saëb a raison, mais si peu que l'eau monte, elle va couvrir les sentiers, et nous ne verrons plus notre chemin.

— Et alors?

— Alors, Saëb, nous serons obligés de rester ici sans pouvoir avancer ni reculer jusqu'à la descente des eaux.

— Et c'est toi qui nous a mis dans cette situation, m'écriai-je avec fureur, je ne sais ce qui me retient.

— Pardonnez-moi, fit le pauvre diable, saisi d'effroi, à la pensée de la correction méritée que je pouvais lui infliger.

En disant cela, il s'était reculé brusquement, et faillit perdre l'équilibre et tomber dans un des arroyos qui bordait le même sentier sur lequel nous nous trouvions.

— Allons, lui dis-je d'un ton radouci, ce n'est pas le moment de récriminer, essayons plutôt de sortir de là, car je ne me sens pas d'humeur à rester planté sur cette étroite chaussée pendant six à sept heures au moins.

— Il n'y a qu'à gagner rapidement le premier bosquet qui se trouve en face de nous, mais nous n'en n'aurons guère le temps, car l'eau monte, répondit le Dyak d'un air abattu.

Je me contins, car il était inutile d'abrutir complètement le misérable, qui n'avait déjà plus la tête à lui.

— Essayons toujours, répondis-je d'un ton bref.

Nous continuâmes à marcher, mais au bout de quelques minutes je compris l'inutilité de nos efforts, ces terrains plats, tous peu élevés au-dessus du niveau de l'Océan, étaient envahis presque instantanément dès que la mer battait son plein, et nous fûmes obligés de nous arrêter, bien que n'ayant de l'eau qu'un peu au-dessus de la cheville, cela suffisait pour passer le niveau sur tous les petits sentiers, et le marécage était en ce moment transformé en un vaste étang, du sein duquel seuls les bouquets d'arbre faisaient saillie.

Il était devenu impossible de distinguer le moindre sentier. Il n'y avait plus qu'à prendre son mal en patience, et c'est ce que je me disposais à faire, songeant au proverbe : bon cœur contre mauvaise fortune, lorsque tout à coup la scène tourna au tragique.

Je regardais dans le lointain cette vaste nappe d'eau qui miroitait au soleil, pour tâcher de deviner la ligne de l'Océan, lorsque j'entendis le Dyak crier d'une voix étranglée :

— Saëb! Saëb!

— Qu'y a-t-il encore?

— Naga! Naga!

Samy, le cou tendu, l'œil hagard, regardait dans une direction que le Dyak indiquait du doigt, et oubliait de traduire.

A mon tour je devins attentif, mais je ne vis rien, alors me retournant vers Samy.

— Voyons, me répondras-tu à la fin.

— Saëb, fit le pauvre diable à voix basse en me désignant plusieurs points noirs que je commençais à distinguer dans le lointain ce sont les crocodiles.

— Des crocodiles... répétais-je machinalement sans oser y croire.

— Oui, Saëb, les crocodiles.

Un terrible frisson venait de m'envahir tout entier, la sueur perlait sur mon front.

— Ne te trompes-tu pas, fis-je me raccrochant à cette dernière branche.

— Non, Saëb, je ne me trompe pas, nos yeux mieux exercés que les vôtres, suivent tous leurs mouvements, ils sont quatre et se dirigent en droite ligne sur nous.

Les crocodiles au milieu de ce marécage, c'était la mort, et la mort la plus affreuse, celle que l'on voit venir lentement, inévitablement, que l'on calcule à une minute près, et contre laquelle on ne peut rien.

Je n'avais que six cartouches à balles explosibles, et malgré la force pénétrante de ces terribles engins, je ne pouvais guère compter sur leur puissance pour nous défendre; dans l'eau le crocodile est à peu près invulnérable; pour que la balle en éclatant fasse son effet, il faut qu'elle entre, que les morceaux en se dispersant foudroient instantanément l'ennemi, et le dos de l'alligator est à l'épreuve de toute arme à feu, surtout quand par la position de l'animal on ne peut l'atteindre qu'obliquement.

Cependant les horribles bêtes étaient encore très éloignées de nous, cinq à six cents mètres au moins, et il fallait la vue exercée des indigènes pour les distinguer parfaitement à cette distance.

Il ne nous restait plus qu'une seule ressource, c'était de tâcher d'atteindre, coûte que coûte, un des îlots garnis d'arbres dont nous étions pour ainsi dire entourés.

Le malheureux Dyak, dont l'inconcevable oubli nous avait mis dans cette situation, reprit la tête de notre petite colonne, sans hésiter, sondant à droite et à gauche le terrain avec sa lance.

Décrire cette marche dans l'eau, poursuivis par les alligators, est chose impossible, nous ne pouvions mettre un pas devant l'autre, sans nous être, au préalable, assurés de l'endroit où nous le placions, toutes mes facultés étaient employées à ce sauvetage, et si d'un côté nous constations avec joie que de nous au bosquet le plus voisin, la distance diminuait, nous ne pouvions nous empêcher de remarquer que la distance diminuait également des crocodiles à nous.

Cependant une lueur d'espoir commença à se faire jour en nos cœurs, il nous sembla bientôt que nous nous rapprochions plus rapidement du refuge où tendaient tous nos vœux, que nos ennemis se rapprochaient de nous.

Bientôt même cela ne fit plus l'ombre d'un doute, nous les distancions, cela venait de ce que les terribles bêtes étaient à chaque instant arrêtées par les levées de terre, ou petits sentiers qui entouraient les diverses parties du marigot, qui avaient été autrefois autant de rizières différentes, et comme l'eau qui recouvrait ces jetées n'était pas suffisante pour leur permettre de nager, les alligators étaient obligés de s'arrêter et de gravir ces petits talus, opération que la disposition de leur corps ne leur permettait pas d'exécuter aussi rapidement qu'il l'eut fallu pour nous atteindre.

Nous n'étions plus environ séparés que par une distance de cinquante mètres du bosquet sauveur, lorsque tout à coup, avec la vitesse d'un éclair, sans que nous ayons eu le temps de proférer une seule parole, nous sentîmes le sol détrempé du sentier, que le Dyak était parvenu à suivre par un miracle d'intelligence, céder sous nos pas, et nous nous trouvâmes précipités tous trois à la fois dans le marécage.

Instinctivement, Samy et moi, nous avions élevé au-dessus de nos têtes les armes et les cartouchières, bien nous en prit, car quand nous touchâmes un sol relativement rendu assez solide par la quantité d'herbes aquatiques qui y poussaient, nous n'avions de l'eau que jusqu'à la poitrine.

— Le sort nous en veut, fis-je avec désespoir, cette fois nous sommes bien perdus !

— Pas encore, Saëb, me répondit Samy, voyez, la brise qui se lève est pour nous, nous avons le *vent debout*, donc les crocodiles qui ne peuvent plus nous voir, puisque notre tête est maintenant juste au niveau des arroyos, ne parviendront que très difficilement à nous trouver puisqu'ils ne peuvent être guidés vers nous par nos émanations.

— Tu as peut-être raison, fis-je en inspectant les lieux environnants.

— Nous n'avons, continua l'Indou, qu'à tenir la tête légèrement inclinée, pour ne pas être aperçus.

— Mais, fis-je aussitôt croyant à une trouvaille, marchons dans l'eau, et gagnons le bosquet.

Le Dyak secoua la tête.

— Tu ne partages pas cette opinion.

— Non, Saëb!

— Crains-tu de rencontrer des endroits plus profonds.

— C'est d'abord inévitable; ensuite pour franchir la distance qu'il nous reste à parcourir, nous rencontrerons au moins une dizaine de levées qui s'écrouleront sous notre poids quand nous voudrons les gravir, et le seul résultat que nous obtiendrions serait de signaler de nouveau notre présence à l'ennemi.

En prononçant ces paroles, le Dyak leva légèrement la tête, au préalable il s'était couvert le chef avec des plantes aquatiques qu'il avait arrachées autour de lui et il s'était mis à inspecter le marécage.

Nous vîmes que tout allait bien, car son visage respira immédiatement un sentiment de joie, dont il nous fut facile de déterminer les motifs.

— Les crocodiles ont perdu notre piste, demandais-je aussitôt.

— Ils ne savent plus de quel côté se diriger, répondit le Dyak, bon, voilà maintenant qu'ils se séparent, trois nous tournent complètement le dos.

— Et le dernier?

— Le dernier semble persister dans la première direction.

— Alors il viendrait sur nous.

— En droite ligne.

— Avec un seul ennemi, il y a quelque espoir de lutter, ne le perds pas un instant de vue.

— Non, Saëb.

La situation dans laquelle nous nous trouvions était toujours des plus périlleuses, et nul ne pouvait prévoir comment elle allait pou-

Longtemps encore l'horrible bête fut agitée... (Page 176.)

LIV. 22.

voir se dénouer, cependant, étant donné que nous n'avions pu gagner le bosquet à temps, notre position était incontestablement meilleure qu'au début; il n'était point sûr que le seul crocodile, qui s'acharna à nous poursuivre, et qui par hasard avait conservé la bonne direction, pût la maintenir jusqu'au bout, et, dans tous les cas, la résistance était possible, et sans trop de présomption, armés comme nous l'étions, nous pouvions espérer la victoire.

Sur une nouvelle interrogation de ma part, car je ne me serais, pour rien au monde, hasardé à lever la tête, le Dyak ayant répondu que l'alligator avait toujours le cap droit sur nous, je vis qu'il était temps de faire ses préparatifs de défense.

Je pris ma carabine des mains de Samy et je l'armai d'une cartouche à balle explosible que je choisis avec soin et je passai mon fusil de chasse à l'Indou.

— Écoute bien mes instructions, lui dis-je.

— Je reçois vos paroles, Saëb, comme le sable reçoit la goutte d'eau.

— Le crocodile, d'après ce que dit le Dyak, paraît persister à venir sur nous.

— Oui, Saëb.

— Je vais le laisser s'approcher jusqu'à dix pas de nous.

— Oui, Saëb.

— Là je tirerai à la partie la plus vulnérable qu'il me montrera, soit au ventre, soit à l'œil, soit dans la gueule, soit sous l'aisselle.

— Oui, Saëb.

— Il peut arriver qu'il reste sur place, mais aussi il peut se faire que la balle glisse sur sa cuirasse naturelle et éclate sans pénétrer dans son corps, tu me comprends?

— Parfaitement, Saëb.

— Alors, sans hésiter un seul instant, sans te laisser envahir par la peur, tu te tiendras derrière moi, et tu me tendras mon fusil de chasse en échange de ma carabine.

— Oui, Saëb.

— Je puis compter sur toi?

— Jusqu'à la mort.

— C'est bien, je saurai récompenser ton courage et ton dévouement.

— Saëb sait bien que le domestique Indou n'est que l'ombre de son maître.

Le brave garçon avait raison, je pouvais compter sur lui. Dans cet admirable pays de l'Inde, lorsqu'on a le bonheur de pouvoir trouver un domestique qui appartienne à une caste respectée, le serviteur est réellement, ainsi que vient de le dire Samy, l'ombre de son maître. Il vous suit partout, à la chasse au tigre ou à l'éléphant sauvage, sans faire la moindre réflexion, toujours en avant, toujours prêt à faire à son maître un rempart de son corps, et cela sans exaltation, sans forfanterie, simplement et comme un devoir, qui ne mérite même pas la reconnaissance du maître, à qui le dévouement est dû *jusqu'à la mort*.

Mon Indou n'avait donc pas exagéré en me faisant cette réponse, et je pouvais m'y fier.

Je venais à peine de prendre mes dernières dispositions que le Dyak me dit à voix basse, avec un sentiment de mystérieux effroi qu'il ne cherchait pas à déguiser :

— Maître, c'est un crocodile possédé.

— Qu'entends-tu par là.

— J'entends par là que son corps doit être habité par quelque mauvais génie.

Certes le moment était des plus solennels et peu favorable à la gaieté, je ne pus cependant m'empêcher de lui demander en souriant à quoi il pouvait reconnaître semblable chose.

— Mais, maître, me répondit le pauvre Dyak, s'il n'était pas possédé, qui donc le dirigerait en droite ligne sur nous.

— Comment! la direction n'a pas varié.

— Pas d'une simple coudée.

— Et à quelle distance de nous se trouve-t-il en ce moment?

— Soixante à quatre-vingts pas à peine le séparent de nous.

C'était le moment d'intervenir, j'avais besoin de m'assurer par moi-même des dires du Dyak, et, le cas échéant, de ne plus perdre de vue l'ennemi qui s'avançait, pour profiter de tous les avantages qu'il pouvait m'offrir.

— Mets-moi sur la tête un paquet d'herbes aquatiques, fis-je au Dyak.

Ce dernier s'empressa de déférer à mon ordre.

Dès que j'eus le crâne et le visage convenablement abrité sous les herbes qui devaient donner le change au crocodile, je me redressai lentement dans l'eau, et élevant la tête au-dessus du niveau des berges de l'arroyo dans lequel nous avions été précipités, je regardai.

Je ne chercherai pas à dissimuler l'impression que je ressentis, un immense alligator s'avançait lentement, mais sûrement de notre côté. J'étais tout frissonnant d'horreur, malgré cela je cherchais à me renseigner rapidement sur les motifs de sa marche aussi directe sur nous.

Il me fut facile au bout de quelques instants d'attention de me rendre compte de ce problème, le crocodile ne nous voyait pas, donc la vue n'avait pu le diriger.

Le vent venait de son côté et non du nôtre, donc il n'avait pas eu son odorat pour guide ; en observant sa marche je vis qu'il ne nageait pas, il suivait lentement la berge d'un arroyo, du côté des rizières, et comme cette berge courait directement dans notre sens, il était arrivé sur nous sans s'en rendre compte et uniquement par la nature du chemin qu'il avait choisi.

Il n'était pas à plus de quarante mètres de nous en ce moment et ce qui me montrait à quel point mes prévisions étaient justes c'est qu'il ne paraissait pas le moins du monde se douter de notre présence.

A ce moment une pensée rapide me sillonna le cerveau.

— Si je le tirais à trente mètres, pensais-je, j'aurais, si je le manque, le temps de recharger ma carabine et de lui envoyer une nouvelle balle.

Il n'y avait pas à hésiter.

Pour ne pas les surprendre je dus prévenir mes hommes.

— Le crocodile s'approche, au premier moment favorable je vais tirer, leur dis-je à voix basse.

— Bien, Saëb, répondit le Dyak, d'un ton tout aussi calme que s'il n'eût pas été à quelques pas du plus terrible des animaux quand on vient surtout le braver dans son empire.

— Je suis prêt, Saëb, fit l'Indien, aussi simplement que son compagnon ; seulement, alors que chez lui, c'était indifférence parfaite sur le résultat final, tellement il était prêt à partager mon sort quel qu'il fût, chez le Dyak la tranquillité qu'il affichait sans ostentation, lui venait tout entière, de la confiance qu'il accordait aux armes européennes.

Il m'avait vu avec mon Devisme à balle explosible faire sauter un arbre en mille morceaux, et cela lui suffisait, me voyant de sang-froid et prêt à tirer, pour prévoir sans crainte le même résultat.

— Tu n'as donc pas peur maintenant, lui dis-je, prêt à épauler mon arme.

— Dyak avait peur il y a quelques instants, parce qu'ils étaient quatre, et que tu étais seul avec un seul fusil qui éclate.

— Et maintenant?

— Maintenant, c'est bien différent, quand Dyak a vu qu'il n'y en avait plus qu'un, Dyak s'est dit qu'un alligator n'était pas plus dur qu'un arbre.

Je ne m'étais pas trompé sur les motifs que j'assignais à la tranquillité de mon serviteur, il était là simplement, comme dans une avant-scène attendant l'inévitable exécution du traître au cinquième acte.

Mais la situation n'avait rien perdu de sa gravité, l'alligator s'avançait toujours, avant cinq mètres il allait nous apercevoir, et c'en était fait de nous, si nous commettions la moindre maladresse.

Il n'était pas à plus de vingt-cinq mètres de notre arroyo quand je résolus de brusquer le mouvement.

— Samy, fis-je à voix basse.

— Saëb, me répondit le fidèle serviteur.

— Saisis bien mes paroles, je viens de changer complètement mon plan de bataille.

— Je vous écoute, maître.

— Tu vas t'éloigner un peu de moi, en te baissant jusqu'au niveau de l'eau, pour ne pas éveiller l'attention de l'alligator.

— Oui, Saëb.

— Quand je te ferai signe tu t'arrêteras.

— Oui, Saëb.

— Alors sur un autre signe de moi, sans hésiter, vise bien la bête et envoie-lui une balle n'importe où pourvu que tu la touches.

— Oui, Saëb.

— Tu m'as bien compris, je te fais éloigner pour ne pas être aveuglé par la fumée, au moment de tirer.

— J'ai parfaitement compris.

— Laisse-moi bien te répéter cela, l'important est que tu le touches, tu ne lui feras certainement pas même une simple égratignure, mais cela suffira pour l'effrayer, il lèvera la tête hors de l'eau pour voir d'où lui vient cette attaque, et si fugitif que soit le moment pendant lequel il me montrera une partie vulnérable de son corps, il peut être sûr de son affaire.

— Je suis prêt à exécuter vos ordres, Saëb.

— Va, lui dis-je avec une émotion contenue.

Pas un muscle de son visage n'avait bougé, on eût dit une statue de bronze mise en mouvement par un mécanisme caché.

Le Dyak jouait toujours, de mieux en mieux, son rôle de spectateur.

Cependant Samy, qui de prime abord s'était placé derrière moi, peu à peu s'était dégagé, comme son camarade et moi il s'était enveloppé la tête d'herbes aquatiques, et s'éloignait lentement, incliné dans l'arroyo, ayant de l'eau jusqu'au cou et tenant son fusil au-dessus de sa tête pour qu'il ne fût pas mouillé!

Quand je jugeai qu'il se trouvait à la distance voulue, je lui fis signe de s'arrêter.

Je regardai une dernière fois le crocodile, il s'était arrêté humant l'air autour de lui, avec une certaine apparence d'inquiétude, malgré la direction contraire du vent, commençait-il à percevoir quelque émanation inconnue, qui le troublait dans sa marche? Je ne pris pas le temps de résoudre mes doutes, la situation était trop belle pour n'en pas profiter, je fis un second signe à Samy et j'épaulai mon arme.

A peine la crosse de ma carabine était-elle au niveau de ma joue droite, que le fusil de Samy faisait entendre cette détonation *chante clair* des canons d'acier fondu, et que l'œil au point de mire, je tenai le crocodile sous mon arme : je fus sur le point de crier bravo, un flot de sang s'échappait à l'œil gauche du monstre que la petite balle avait crevé en ricochant, mais ce n'était pas le moment de perdre son temps, cette blessure ne pouvait que doubler la fureur du monstre qui s'était soulevé à demi sous le coup de fouet de la douleur, ce ne fut qu'un éclair, j'aperçus vaguement la membrane jaunâtre de son cou, mais ce fut assez, je visai avec la vitesse de la pensée, et je tirai.

Pendant cinq secondes,... tout un siècle, je m'attendis à un bond formidable, il me semblait voir déjà l'eau voler en gerbes de tous côtés, et la terrible queue du monstre nous faucher, comme des épis mûrs... Ce ne fut heureusement qu'une vision d'imagination, je n'avais pas même essayé de recharger ma carabine, car avec mes recommandations et les préparatifs de Samy, le temps s'était écoulé rapidement et le crocodile n'était plus guère qu'à quinze pas de nous lorsque nous l'avions tiré.

Au bruit de la détonation de mon arme j'avais fermé les yeux, et j'avais eu ainsi que je viens de le dire quelques instants de cauchemar, mais je les rouvris vite, en entendant les cris de triomphe que poussaient mes deux serviteurs.

Je me dégageai de l'eau de toute ma hauteur et je regardai... le crocodile n'avait pas fait un pas de plus, la balle explosible pénétrant sous le cou, avait en éclatant séparé complètement la tête du tronc. . . . . . . . . . . . . .

Mais pendant longtemps encore, le corps de l'horrible bête, fut agité par une succession de mouvements nerveux qui prouvaient que malgré la décollation, la vie organique n'avait pas complètement disparu. . . . . . . . . .

Je ne dois pas cacher que malgré la position assez singulière dans laquelle je me trouvais, avec de l'eau jusqu'à la poitrine et cela depuis près d'une heure, je ne pus retenir un immense soupir de soulagement. . . . . . . . . . . . . .

On ne se voit pas de sang-froid à deux doigts de la mort, et on ne revient pas ainsi à la certitude, d'avoir repoussé le danger, sans une assez forte secousse cérébrale, et la volonté qui pendant ces terribles moments, avait dominé tout mon être, de façon à me laisser toute ma liberté d'action, et à me permettre de concentrer mes forces de résistance, faillit comme chez tous les sanguins, m'abandonner après le succès. . . . . . . . . . . . . .

Les nerfs détendus, l'effort de volonté devenu inutile, je faillis m'évanouir, je fus obligé de m'appuyer pendant quelques instants contre la berge de l'arroyo, tout me semblait tourner autour de moi, j'avais comme de vagues sensations de vertige, et peu s'en fallut que je ne tombas dans l'eau, peu à peu cependant ces symptômes disparurent, et je redevins entièrement maître de moi.

Mes deux hommes qu'aucune crainte ne retenait, eux, s'étaient élancés hors du canal, sans s'inquiéter du plus ou moins de solidité des berges, et avaient couru vers leur ennemi mort, pour le contempler de près, ce fut pendant cinq minutes un concert d'exclamations et d'hyperboles à n'en plus finir, mes deux serviteurs s'accordèrent sur un point, et déclarèrent qu'ils avaient vu peu d'alligators plus grands.

Dans leur empressement à constater la mort du terrible animal, ils m'avaient oublié, je les appelai, et grâce à leur aide, je parvins à sortir de l'eau ; le côté opposé à l'arroyo était une ancienne rivière et ne contenait pas plus de trente à quarante centimètres d'eau, mais cette quantité était suffisante pour couvrir presque entièrement le corps de l'alligator.

Il me fut facile cependant de le mesurer, il avait plus de dix mètres de long.

Gibbon.

C'était bien un crocodile de la véritable espèce, sa tête était oblongue et deux fois plus longue que large, ses pieds de derrière étaient palmés ; vivant presque constamment dans l'eau, cette espèce est bien armée pour la natation ; son museau était raboteux et inégal ; son cou assez marqué, autant que j'ai pu en juger malgré l'affreuse blessure qui, en le partageant en deux, avait déchiré toutes les chairs. Sa gueule était fendue au delà des oreilles, et sa mâchoire inférieure seule était mobile.

Ses yeux, très rapprochés, étaient placés en avant et garnis d'une membrane clignotante. Il possédait cinq doigts aux pieds de devant, armés de griffes, et quatre aux pieds de derrière.

Tout son corps était recouvert de plaques assorties juxtaposées, et revêtues d'un épiderme écailleux tellement épais, qu'on comprend qu'une pareille cuirasse fût à l'épreuve de la balle.

Sur le dos, les plaques se relevaient en arêtes très saillantes, et sa queue était armée de deux crêtes dentelées en forme de scie.

Sa couleur, verdâtre sur le dos, tournait au jaune terreux en s'approchant du ventre; c'était en somme un terrible compagnon dont nous n'eussions certainement pas eu raison aussi facilement sans l'accident qui, en nous précipitant dans l'eau, fit notre principale force en nous permettant de nous dérober à ses regards jusqu'à ce qu'il fût à notre portée. Quelques heures après, l'Océan en se retirant, le mit complètement à sec, et telle est la force dissolvante de la chaleur dans ces contrées, qu'il entrait déjà en décomposition. Nous le laissâmes en cet état, car il eût été impossible de le transporter sur la terre ferme, seul endroit où il m'eût été possible d'en préparer le squelette.

Ce fut avec une véritable joie que je regagnai les bords du Sadong que j'avais bien cru un instant ne plus revoir. Je ne fis aucun reproche à ce pauvre Dyak, qui avait causé tout le mal par son imprévoyance. On est heureux d'avoir pu assister à pareille scène, quand on a eu la chance d'en revenir, mais je me promis bien *in petto* de ne suivre dorénavant que mes inspirations.

L'Oriental est ainsi fait, que par enfantillage, oubli et inconstance il peut, lorsqu'on ne contrôle ni ses avis ni sa direction, mettre vingt fois par jour votre vie en danger.

L'idée qu'il se fait du courage et de la puissance des armes européennes ne contribue pas peu à le rendre imprudent à l'extrême. Dans sa pensée intime, le maître se tirera toujours bien d'affaire avec tous les siens.

En rentrant, la chance sembla nous revenir, car aux environs de l'habitation, Samy tua, presque à bout portant, avec mon fusil de chasse un fort beau mâle adulte que je préparai à la manière indigène.

Après avoir grossièrement nettoyé les os avec un couteau, Dyak les porta près d'une énorme fourmilière qu'il entoura d'un rempart de planches, et en moins de huit jours, les fourmis me rendirent le tout aussi blanc que de l'ivoire.

J'en ai fini avec l'orang-outang, mais le lecteur me permettra de lui demander de rester encore quelque temps avec moi à Bornéo ; nous avons d'autres singes à visiter, et à ceux qui voudront bien me suivre, je ferai mon possible pour leur faire un séjour agréable.

## Les gibbons.

*(Hylobates)*

Les gibbons forment le dernier groupe de la famille des anthropoïdes, ordre des primates, genre hylobates.

Ils sont inférieurs à tous les autres.

En effet, ce groupe de singes commence, signe bien significatif, à présenter des callosités fessières, et sa taille ne dépasse guère un mètre cinquante centimètres, et encore est-il assez rare d'en rencontrer qui atteignent ce développement.

Le corps des gibbons est garni d'une fourrure épaisse, leurs bras sont démesurément longs, à ce point que, dans la marche, ils les emploient comme des béquilles en les écartant en forme de triangles, dont les deux mains, appuyées sur le sol, formeraient chaque extrémité de la base.

Ils n'ont, comme la plupart des singes que quatre incisives, droites, à la mâchoire, et des molaires tuberculeuses.

Leurs ongles sont plats à tous les doigts.

Leurs mâchoires, plus ou moins saillantes, servent à former une sorte de face rudimentaire, qui ne mérite guère que le nom de museau.

Un os maxillaire toujours distinct supporte les dents incisives, la main est plus grossière, plus imparfaite que chez les autres primates. Leur colonne vertébrale peu cambrée ; leurs os iliaques, longs, étroits, se redressent le long du sacrum ou petit bassin dont la cavité longue et étroite est en rapport avec le crâne étroit et allongé qui doit la parcourir.

Leurs os des membres sont de dimensions très inégales, ainsi, leur humérus, toujours démesurément long, est toujours plus long que le fémur.

Le rapport du radius à l'humérus, qui est chez l'homme blanc en général de 75,5, est de 90,8 chez les gibbons.

Leur cerveau pèse à peine quatre cents à quatre cent cinquante grammes ; celui du chimpanzé pèse de cinq cent quarante à cinq cent soixante et celui du gorille de cinq cent soixante-sept à cinq cent quatre-vingts.

Celui de race indo-européenne, c'est-à-dire de race blanche, pèse en moyenne treize cents grammes.

On voit que l'animalité la plus rapprochée de la famille humaine n'est pas près de se rapprocher d'elle par le poids et la valeur de l'encéphale.

Les gibbons sont encore rangés dans une classe spéciale de singes, dont font presque partie tous ceux des anciens continents, celle dont la queue est nulle et non prenante, qu'elle soit courte ou longue.

Tous les singes qui appartiennent au groupe des gibbons sont d'une extraordinaire douceur ; il est très facile de les domestiquer, et bien qu'ils soient moins intelligents que les chimpanzés et les orangs-outangs, ils sont d'un commerce beaucoup plus agréable, et plus susceptibles peut-être, en raison de leur docilité, de recevoir l'influence de l'homme et de la vie civilisée.

Loin de devenir, comme leurs confrères du même ordre, en vieillissant, revêches, quinteux et cruels, les atteintes de l'âge semblent les rendre plus sociables et plus doux encore.

Ces singes sont très communs dans les forêts de l'Inde, de Java, Sumatra, Bornéo, et dans presque tout le groupe d'îles de la Sonde. La presqu'île de Malaca, la Cochinchine, l'Annam, Siam, le Tonking en possèdent aussi une foule de variétés.

La caractéristique des membres qui composent ce groupe, est de vivre par grandes masses ; il est acquis que partout où ils se rencontrent en certain nombre, ils reconnaissent l'autorité d'un chef, et agissent sous sa direction.

Il est aussi une particularité singulière que je ne saurais passer sous silence : partout où les gibbons vivent en troupe, ils se réunissent au lever et au coucher du soleil, et saluent le lever et le coucher de cet astre par d'épouvantables clameurs. C'est sans doute une manière spéciale de témoigner leur joie ou leur surprise, toujours est-il que le gibbon ne manque jamais à cette coutume, même quand il est isolé.

J'ai gardé longtemps à Pondichéry un gros entellus noir, qui chaque soir nous régalait d'une chanson criarde et monotone, au moment où les derniers rayons du soleil doraient la cime des grands cocotiers qui entourent la ville, et le matin, quelques instants avant le jour, nous étions sûrs d'entendre de nouveau ses notes tristes et mélancoliques.

Le cri de ces animaux est vraiment extraordinaire et d'une intensité peu commune ; il possède une poche en communication avec son larynx, qui lui permet d'emmagasiner l'air qui doit produire le son, et de faire entendre son cri à des distances considérables.

Un point qu'on ne saurait négliger quand on parle des gibbons, car il leur est absolument particulier, c'est le soin extraordinaire qu'ils prennent d'éloigner de leur centre d'habitation les cadavres de leurs morts.

Quand on connaît bien leurs habitudes, il suffit de passer quelques jours sous bois, non loin des lieux où se trouve établie une de ces petites républiques de gibbons, pour les surprendre en train de conduire, si je puis m'exprimer ainsi, un des leurs à sa dernière demeure.

J'ai été témoin différentes fois d'un pareil spectacle dans les forêts du Carnatic, et je dois dire que j'en ai toujours été étonné.

Moins que l'homme peut-être qui emploie sa volonté, son action sur ses organes, souvent à les détourner de leur rôle naturel, l'animal en général n'agit jamais, sans raison, sans motif sérieux. Je ne veux certes pas accorder à cet acte des gibbons une importance exagérée, mais je suis persuadé qu'il a pour but d'obéir à une des lois naturelles de l'hygiène à laquelle les bêtes se soumettent plus qu'on ne croit : éloigner des lieux qu'ils habitent toutes les émanations infectieuses.

Depuis l'oiseau, qui nettoie le nid où repose sa couvée, jusqu'à la bête fauve qui purge sa bauge, son repaire, des restes de chair que la putréfaction atteint, jusqu'aux lapins qui retirent au dehors les cadavres des leurs, que furet ou putois ont tués dans le terrier, partout on retrouve le même instinct hygiénique.

Mais ce qu'il y a d'extraordinaire chez les gibbons, c'est qu'ils se mettront à quatre pour transporter leurs morts, un porteur soutenant le corps par chaque membre, et c'est ainsi qu'ils s'en vont au plus épais de la jungle, toujours dans quelque lieu retiré, déposer la dépouille de celui qui a cessé de vivre.

Quand on les surprend en cet état, au déclin du jour sous les profonds arceaux des forêts qui commencent à s'estomper d'ombres et de mystères, on dirait de sinistres fossoyeurs, qui s'en vont jeter les restes mortels de quelque misérable à la fosse commune...

J'ai dit plus haut que les gibbons formaient le dernier groupe des anthropomorphes, le groupe le plus imparfait. Ceci s'entend surtout du point de vue anatomique, dans lequel l'homme est pris comme terme de comparaison, mais cela est bien différent s'il s'agit d'établir une hiérarchie intellectuelle.

Ainsi, d'une intelligence incontestablement moins vive que les chimpanzés et les orangs-outangs, la comparaison entre eux et le gorille sur ce point est toute à leur avantage.

D'où il suit que le gorille qui, dans l'ordre des primates, se rapproche le plus de l'homme par sa stucture anatomique, est celui de tous les singes anthropomorphes qui s'en éloigne le plus au point de vue intellectuel.

On pourrait bien discuter la question de savoir si l'intelligence de l'animal est en raison directe de la soumission aux idées, aux volontés, aux caprices de l'homme, mais enfin, comme nous ne pouvons juger que par comparaison, il est clair que ceux des animaux qui arrivent à s'assimiler le mieux les idées de l'homme, doivent être tenus par nous comme les plus intelligents.

Un dernier trait spécial, qui sert encore à caractériser tous les gibbons, c'est qu'ils ont un cri, le même pour tous, qu'ils poussent invariablement quand ils veulent exprimer la joie; ce cri peut se rendre par l'interjection gutturale : *ra! ra!*

Il n'y a certainement rien d'extraordinaire à ce que ces singes expriment la joie par une sorte de cri, mais ce qui est à remarquer, c'est que toutes les variétés assez nombreuses de gibbons poussent invariablement le même cri pour le même objet, et ensuite que ce cri augmente de force, d'intensité, subisse des flexions diverses, passant de la joie calme, discrète, à la joie excessive, suivant la nature des sentiments qui agitent l'animal.

Il y a là une véritable tentative d'articulation et d'agglutination du son, bien que ces sons divers soient rendus avec les mêmes inflexions vocales.

Sur ce son ou cri *ra!* on peut chanter toute la gamme musicale, nous sommes donc en droit de dire que ces différences de sons constituent bien, quoique très rudimentaires encore, un commencement d'articulation, presque une tentative de parole.

Nous en avons fini avec les traits généraux qui appartiennent à tous les gibbons. Nous pouvons ajouter que tous les renseignements que nous avons déjà donnés sur les singes des autres groupes anthropomorphes, les chimpanzés et les orangs-outangs surtout, peuvent s'appliquer également pour la plupart aux gibbons; nous ne ferions donc que tomber dans d'inutiles redites si nous voulions entrer dans de plus grands détails sur les mœurs, les habitudes, les caractères généraux, communs à tous les membres de ce dernier groupe.

Il ne nous reste donc plus qu'à établir, de notre mieux, la classification de tous les singes qui appartiennent à ce groupe des gibbons, nous n'en dirons que peu de mots, puisque les traits généraux du groupe sont communs à toutes ses variétés; nous nous attacherons surtout à indiquer les côtés par lesquels ils se différencient assez, quoique légèrement, pour former une variété. On pourrait établir des sous-variétés presque à l'infini. On nous saura gré de ne pas nous noyer dans ces questions un peu byzantines de la classification. Dans ce groupe des gibbons, nous comprenons :

1° Les siamangs.
2° Les hylobates lar.
3° Les hylobates agilis.
4° Les hylobates leuciscus.
5° Les gibbons noirs.
6° Les gibbons de rafles.
7° Les gibbons nourous.
8° Les gibbons cendrés.
9° Les ilylobates leucogenys.
10° Les gibbons entelloïdes.
11° Les presbytes malalophos.
12° Le presbyte entellus.
13° Le presbyte larvatus.
14° Le colobus ursinus.
15° Le colobus satanas.

Quelques explications sur ces variétés de gibbons ne seront pas dénuées d'intérêt scientifique. En règle alors avec la partie didactique de mon œuvre, je pourrai conduire le lecteur à la chasse de quelques-uns de ces animaux, dans les forêts de Bornéo, les jungles de Ceylan ou de l'Inde.

### Les siamangs.

(*Siamanga syndactyla.*)

Le siamang, il est presque inutile de le répéter, offre tous les caractères généraux de l'espèce.

Il est grand, car il atteint communément la taille de un mètre quarante-cinq à un mètre cinquante centimètres, celui qu'on rencontre dans l'Inde a le pelage d'un beau noir, très fourni et très doux au toucher ; il a cela de particulier que le deuxième et le septième orteil sont réunis, c'est pour cela qu'il a reçu pour le distinguer de ses autres congénères, le nom de siamanga syndactyla.

J'ai vu de grandes troupes de ces siamangs dans les montagnes de Gengi, non loin des ruines de l'antique et célèbre pagode de ce nom; ils étaient là par milliers, sur les crêtes des rochers, sur les murs démantelés et à demi enfoncés dans la mousse, sur les colonnes tronquées, les chapiteaux, les entablements encore debout, donnant, par leurs cris, leurs grimaces, leurs gestes, leurs cabrioles, une sorte de vie singulière à ces antiques ruines qui leur servaient d'abri.

Le spectacle était vraiment bizarre et intéressant à contempler, surtout au soleil couchant.

Au moment où les derniers rayons de l'astre du jour donnaient aux vestiges du vieux temple indou un aspect étrange et saisissant, toutes ces grandes figures noires, qui gesticulaient en hurlant sur les pans de murailles, le *goparam* encore debout, et sur les tours carrées des angles du monument, donnaient l'illusion d'un ballet de diablotins et de sorcières, sur des ruines illustrées par de mystérieuses légendes.

Le désir me vint de rapporter de mon excursion un de ces singuliers acteurs, et dès le lendemain, deux Indous s'approchaient de mon campement avec un siamang adulte dans toute sa force, et des plus beaux qu'il se puisse voir.

Le marché fut vite fait, c'est à peine si un singe vaut dans l'Inde un ou deux fanons de six à douze sous, j'offris une roupie, et les deux indigènes, ne pouvant en croire leurs oreilles, sautèrent avidement sur la pièce et s'enfuirent en laissant la corde qui attachait l'animal aux mains d'un de mes domestiques; les braves gens en voyant cette somme énorme, 2 fr. 50, qu'ils ne gagnaient pas toujours en un mois, avaient craint que je ne revinsse sur ma proposition.

Ces grandes figures noires gesticulaient. (Page 184).

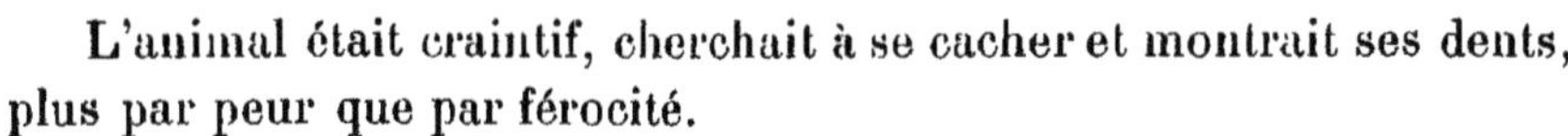



L'animal était craintif, cherchait à se cacher et montrait ses dents, plus par peur que par férocité.

En quelques jours il devint si doux, et si sociable que je le faisais manger à côté de moi, à ma table de campement.

Il fut en peu de temps très habile à distinguer les mets qu'on me servait, la viande n'avait pour lui aucun attrait, aussi regardait-il d'un air indifférent les premiers plats qu'on me servait et qui, en général, se composaient de poisson de rivière, de volailles et de gibier; mais dès qu'on apportait le carry, sorte de mets national des Indous, qui fait partie de tous les repas et qui se compose de légumes ou de viandes que l'on mange avec du riz préparé d'une certaine façon, le siamang faisait éclater sa joie par mille *ra! ra! ra!* prononcés sur des intonations différentes. Il était excessivement friand du riz qu'il mangeait à pleines assiettes, d'abord en y portant la bouche sans façon, à la manière des chiens; puis, quand ce premier accès de gloutonnerie était passé, il était très amusant de le voir manger le riz grain par grain en épluchant avec soin tous ceux qui n'étaient pas complètement décortiqués, ce qui est fréquent, car le riz de l'Inde dont on se sert pour son usage journalier, n'est pas étuvé comme celui que l'on expédie en Europe, et dès lors conserve assez souvent quelques parties de sa première pellicule que les indigènes enlèvent assez mal avec leurs procédés primitifs de battage et de vannage à la volée.

Mais où sa joie ne connaissait plus de bornes, c'est quand arrivaient les fruits du dessert, ananas, mangues, goyaves, bananes, letchis, sapotilles, jamrosas, pommes-cannelles et autres dont il était extrêmement friand et qu'il prenait sans façon et sans attendre qu'on le servît.

Peu à peu je l'habituai à se servir d'une cuillère pour manger le riz, alors on lui passait une serviette autour du cou, à la grande joie de mes domestiques indigènes qui l'avaient baptisé Gengy, du nom des montagnes où on l'avait pris, et qui disaient en le voyant manger que Gengy était devenu un monsieur d'Europe « Doré Faranguy » puisqu'il mangeait en se mettant des morceaux de fer ou d'argent dans la bouche.

Je dois dire, pour faire comprendre la valeur de cette plaisanterie, que les Indous, du paria au rajah, du soudras au brahme, ne connaissent pas l'usage de ces instruments; tous mangent avec leurs doigts. Ils enroulent les petits morceaux de légumes ou de viande, pour ceux qui en mangent, dans de petites boulettes de riz qu'ils fabriquent avec la main droite, et qu'ils s'envoient dans la bouche avec la plus grande dextérité, sans même avoir recours aux petits bâtonnets si incommodes des Chinois.

Peu à peu messire Gengy prit goût au thé, au café, et sut déguster sa demi-tasse en véritable amateur, mais, chose étrange, celui de tous nos produits qui excita le plus rapidement sa convoitise fut le vin; quand je lui en donnais un peu dans une calebasse, il le buvait avec une telle béatitude, passait sa langue sur les parois du vase pour en obtenir les dernières gouttes de liquide, avec de telles façons gourmandes qu'il n'y avait pas moyen de tenir son sérieux, il avait parfaitement remarqué quel était le récipient qui contenait la divine liqueur, et un jour qu'on ne faisait pas attention à lui, il s'empara d'une bouteille qu'un domestique avait oublié de boucher, et se mit en devoir de la boire. J'arrivai sur ces entrefaites, le dobachy ou chef de la domesticité, responsable de tous les faits et gestes des gens placés sous ses ordres, s'apprêtait à la lui enlever; je lui fis signe de n'en rien faire, et j'observai. Le singe, gêné d'abord par notre présence, ne tarda pas à se remettre, il commença par lécher le goulot de la bouteille, puis, après diverses tentatives, l'ayant par hasard un peu soulevée, et voyant que le bienheureux liquide, par ce moyen arrivait à sa bouche, il continua le même geste, et ne laissa la bouteille que quand il l'eut complètement vidée.

Inutile de dire qu'il fut immédiatement pris d'ivresse, et, chose qui une fois de plus me frappa, car j'avais déjà eu occasion de l'observer chez le chimpanzé et l'orang-outang, il se mit à imiter toutes les étranges et risibles façons des hommes pris de vin.

La comédie fut si amusante qu'il arriva plus d'une fois à mes indigènes de me voler du vin, non pour le boire comme ils faisaient autrefois, mais pour le donner au singe et s'amuser aux dépens du malheureux Gengy.

Je fus obligé d'employer les grands moyens pour contraindre mes gaillards à renoncer à ce genre de distraction.

Je ramenai Gengy à Pondichéry et le confiai à mon *meti*, domestique dont la fonction est de servir à table, qui en quelques semaines en fit un singe savant, qui certainement eût fait la fortune d'un bateleur, en Europe.

Gengy montait la garde comme un cipaye, battait du tambour d'une façon fantaisiste, mais enfin il en battait.

Il allait puiser de l'eau à la fontaine avec une panelle, soufflait dans une espèce de roseau façonné en musette, imitait les porteurs de palanquins et montait merveilleusement à cheval sur un pauvre petit bourriquet que j'avais à cet effet acheté à un Topas.

Les Topas sont les sangs-mêlés de l'Indoustan, produit du blanc et de la femme indigène.

Une si haute culture intellectuelle ne devait pas le préserver d'un trépas tragique. Il mourut victime de la première passion qui s'était développée chez lui à son premier contact avec les hommes. On l'attachait la nuit à l'aide d'une corde attachée au bas des reins. Un soir, j'ai toujours soupçonné un des payas, gamins de l'habitation chargés des pankas et des braseros pour les cigares, d'avoir fait le coup, on lui donna une bouteille de vin.

Nous nous étions absentés à l'occasion d'un mariage, et tous nos Malabars avaient eu beau jeu, le lendemain on trouva mon pauvre Gengy sans vie. A force de tourner autour de sa corde, il avait fini par l'engager dans la ferrure d'un balcon ; puis, ayant voulu passer de l'autre côté, la corde s'était trouvée trop courte, et il était resté suspendu la tête en bas. Remonter s'il n'eût pas été ivre n'eût été pour lui que l'affaire d'un instant, mais il avait été étourdi, puis frappé d'une congestion cérébrale, tout son sang lui était coulé goutte à goutte des narines sur le sol.

Je me suis un peu étendu sur cet animal dans une pensée de justice, et de vérité scientifique. Plusieurs naturalistes anglais et français, qui décrivent paisiblement les mœurs des animaux au coin de leur feu, ont soutenu que le siamang, était un animal stupide ne reconnaissant ni amis ni ennemis, j'ai cru de mon devoir de protester à l'aide de la meilleure de toutes les protestations, celle des faits.

Le pauvre Gengy n'est pas le seul animal de cette espèce que je pourrais citer en exemple, j'en ai possédé d'autres, j'ai pu en observer plusieurs dans des maisons étrangères, et je dois dire que partout j'ai trouvé le siamang très doux, très sociable, très facile à dresser, et se pliant aisément, dans l'état de domesticité, à tout ce que l'on pouvait exiger de lui. Il sait partout reconnaître son maître, s'attache à qui le traite bien, et parmi tous les gens qui l'entourent, sait distinguer aisément ceux qui lui témoignent quelque affection.

De pareilles erreurs sont moins rares qu'on ne le croirait dans la science qui paraît la mieux assise, la science de l'école, la science officielle, pour l'appeler par son nom, car fort souvent des faits erronés, reçoivent leur consécration de savants consciencieux, qui, sur la foi de voyageurs qu'ils connaissent, affirment des observations qui n'ont été faites que très superficiellement.

On oublie les récits du voyageur pour ne plus voir que l'autorité du savant qui les a pris sous sa protection. Je suis heureux d'avoir réhabilité auprès de mes lecteurs le pauvre siamang, qui continue mélancoliquement sa promenade sous bois, sans même se douter de la méchanceté de ses détracteurs.

Ce doux et charmant animal possède au plus haut point l'amour des siens. Le père et la mère n'abandonnent jamais leur petit, ils lui cueillent des fruits, des racines, des herbages, tant qu'il veut bien se laisser nourrir, c'est le petit siamang qui, jaloux de liberté, quitte un jour le coin du bosquet qui l'a vu naître, parce qu'il se sent assez fort pour pourvoir lui-même à ses besoins, mais il ne quitte pas la famille pour cela, et chaque soir il se réunit aux siens pour faire sa partie dans le concert de cris et de hurlements qui accompagne le coucher du soleil, et qui se renouvelle le lendemain matin.

On a traité cette coutume, relatée par M. Bennett et sir Charles Rafles, d'histoire fantastique inventée à plaisir. J'affirme le fait pour l'avoir observé dans l'Inde et à Sumatra. Il y a plus : chaque fois qu'il m'a été donné d'assister à un pareil spectacle, j'ai toujours vu le plus vieux siamang de la bande, celui que tous regardent comme leur chef, inviter tous les autres par des cris spéciaux, à venir se joindre à lui. Les siamangs accouraient en foule à cet appel et l'infernal concert commençait pour s'éteindre le soir avec la nuit, le matin avec les premiers rayons du jour.

Un dernier fait suffisamment remarquable pour qu'il soit noté : Quand la femelle du siamang fait une double portée dans laquelle se trouve un mâle et une femelle, immédiatement les parents se partagent les soins à donner à leur progéniture.

La mère donne à têter aux deux petits, et c'est le père qui s'occupe de leur propreté, qui les porte en cas de danger, et qui va chercher la nourriture de sa femelle.

Quand les enfants sont plus grands et commencent à manger, les soins sont toujours partagés entre le père et la mère, mais d'une autre façon ; la mère soigne plus particulièrement la petite femelle, et le père le petit mâle.

Sur le sol le siamang n'est pas des plus agiles, il marche avec lenteur, plutôt par soubresaut que par pas, et il est assez facile de s'emparer de lui dans cette position, mais dans les arbres il est inabordable. S'aidant de ses puissantes mains et de ses pieds, il passe d'une branche à une autre avec une rapidité sans pareille.

J'en ai poursuivi un pendant un jour entier sur la côte de Malabar, dans les immenses et épaisses forêts qui s'étendent sur tous les contreforts des Gathes; il m'a été impossible de m'en emparer. J'avais avec moi, en outre du personnel de domestiques qui m'accompagnait toujours à la chasse, une cinquantaine d'indigènes qui s'étaient joints à nous, et malgré tout ces renforts, le siamang nous échappa.

Je voulais le prendre vivant, on a déjà pu le voir, j'aime peu à tirer sur les singes et sur tous les animaux en général sans nécessité, et alors nous entourions les arbres sur lesquels il se réfugiait ; dix, quinze Indiens grimpaient dans le feuillage pour lui jeter un nœud coulant autour d'une jambe ou d'un bras, mais le siamang ne se laissait pas approcher.

A peine les indigènes avaient-ils gagné la première branche de l'arbre, que l'animal s'élevait rapidement, saisissait la pointe d'une branche et d'un effort léger et gracieux s'élançait dans l'arbre voisin. On le cernait de nouveau, et la même manœuvre recommençait ; quand il arrivait dans un arbre qui n'avait pas de communication possible en avant, il revenait sur ses pas et parcourait avec le même flegme, et la même agilité tous les arbres qui lui avaient déjà servi de refuge.

Il faisait cela sans colère, sans daigner même nous faire la moindre grimace, il roulait ses gros yeux d'un air un peu inquiet, et c'était tout, dès qu'un Indien s'approchait de lui, il recommençait sa voltige, à des hauteurs et à des distances à dérouter le gymnasiarque le mieux exercé.

Nous finîmes par renoncer à notre poursuite, la nuit approchait, les cris des chacals et les hurlements lointains des fauves venaient nous avertir qu'avec les derniers rayons du jour commencerait une nouvelle chasse dans la forêt dont nous pourrions bien être le gibier, et le chasseur, le grand tigre des jungles de l'Inde.

Cependant, comme je voulais absolument remplacer mon pauvre Gengy, mort si misérablement, et que je tenais par-dessus tout, à posséder un singe de la même espèce, ayant déjà pu reconnaître sa docilité, sa douceur et son intelligence. Nous remîmes au lendemain la continuation de nos recherches, nous gagnâmes, en toute hâte, une de ces anciennes tours carrées en briques rouges, que les anciens rajahs, rois du pays, avaient fait construire de distance en distance, dans les endroits les plus déserts pour servir d'abri aux voyageurs.

Pendant les longues années de mon séjour dans l'Inde, il m'est arrivé assez souvent de passer la nuit dans un de ces refuges, chaque fois j'y ai éprouvé les sensations les plus étranges et les plus âpres.

Qu'on se figure une sorte de tour d'environ six à huit mètres de chaque côté, élevée de deux à trois étages et munie à sa base d'une porte massive en bois de bith, à moitié rongée par le temps et l'humidité de la forêt, qu'on avait autant de peine à fermer qu'à ouvrir, chaque étage se composait d'une chambre carrée, avec deux bancs de briques stuqués, régnant tout le tour des murs, et sur lesquels les voyageurs étaient libres de déposer leurs nattes.

Au sommet, une sorte de terrasse qui s'élevait dans le feuillage des multipliants, et qui permettait de jouir sans danger de la fraîcheur relative des nuits, et du concert étrange qui s'élevait de tous les coins de la forêt.

Cette nuit-là les tigres, attirés par nos chevaux que nous avions parqués dans la pièce du rez-de-chaussée de la tour, ne cessèrent de rôder à quelques pas de notre abri, en faisant entendre de temps à autre leurs notes aiguës, graves parfois qui roulaient sous les arceaux de la forêt comme un tonnerre lointain pendant les nuits d'orage.

A ces rugissements, qui parfois éclataient tout à coup à quelques mètres de la tour, venaient se joindre le glapissement de la panthère noire qui se glissait dans l'herbe et s'approchait de la porte mal jointe de notre bengalow, pour voir si elle ne trouverait pas à égorger un de ces animaux dont les émanations l'avaient attirée.

C'était parfois comme un feu croisé d'yeux ardents qui flambaient dans l'obscurité, et nous devinions que plusieurs de ces terribles bêtes rôdaient silencieusement ensemble, autour de notre abri. A ce moment le capitaine Maxwell, mon compagnon de chasse, tirait au hasard un coup de revolver dans la direction des éclairs, la détonation ébranlait la forêt, les fauves fuyaient, et tout rentrait dans le silence, pendant quelques instants.

Mais un quart d'heure, vingt minutes ne s'étaient pas écoulés, que les fauves s'approchaient de nouveau en rampant. Ils n'étaient aussi acharnés que parce que, dans cette partie des forêts du Malabar, les grands carnassiers ne trouvent point facilement leur nourriture. Le tigre des Gathes est presque toujours affamé, car il n'a pour se nourrir, que les daims et les cerfs qui lui échappent à la course, ou les

Chasseurs de crocodiles.

sangliers, qui ne marchent que par bandes de deux ou trois cents, lui font tête avec un courage inouï, et le forcent presque toujours à abandonner sa proie.

Sans les singes qu'il guette et dont il lui est facile de s'emparer quand ils touchent terre, il passerait de nombreux jours sans rien trouver à mettre sous ses terribles dents.

Une fois, un cri plus aigu que les autres se fit entendre sur le coup de revolver du capitaine.

— Touché, fit mon compagnon de route.

— Vous pensez ? lui dis-je.

— Parfaitement, écoutez

Nous prêtâmes l'oreille, la bête râlait, mais elle avait dû être touchée au bon endroit, car c'est à peine si un léger sifflement, entremêlé de hoquets, arrivait jusqu'à nous.

Le lendemain matin, nous trouvâmes étendu, à quelques pas de la tour, un magnifique jaguar, la balle de mon ami lui était entrée dans le corps au-dessous de l'épaule, et l'avait tué presque instantanément.

Nous reprîmes notre excursion sous bois.

Cette fois, après quelques heures de recherches, nous parvînmes à nous emparer d'un jeune siamang que nous surprîmes à terre, nos rabatteurs le cernèrent, et l'un d'eux très habilement lui prit le cou entre les deux hanches d'un morceau de bois fendu. En cet état il ne pouvait plus mordre ni égratigner. Nous lui attachâmes une courroie autour des hanches, et en quelques jours il devint d'une exemplaire docilité.

Il vint occuper à Pondichéry, dans ma maison, la place laissée libre par son congénère, et les observations que j'ai pu faire sur lui, n'ont fait que me confirmer dans cette opinion que j'ai émise plus haut, que le siamang était un des singes les plus dociles, les plus intelligents, et qui se pliait admirablement à tout ce que l'homme exigeait de lui.

### Hylobates lar.

*(Gibbon noir.)*

Cette espèce de gibbon a reçu le nom d'hylobate lar, qui signifie « traverseur d'arbres », à cause de l'agilité avec laquelle il parcourt les forêts en ne se servant que des branches des arbres dont il s'aide comme d'un trapèze.

Cet animal forme la transition entre le gorille, le chimpanzé, l'orang-outang et les espèces inférieures de singes.

Comme les premiers il possède d'énormes bras, des jambes fortes et musculaires, un développement vraiment extraordinaire de la poitrine, et, comme les derniers, il commence à avoir ces callosités fessières, qui sont un signe évident de l'infériorité de l'espèce au point de vue anatomique.

Son cri se compose de deux syllabes *oua! oua!* qu'il répète constamment en leur donnant des intonations différentes selon qu'il veut exprimer la joie, la douleur, la surprise. Comme demeure, il affectionne les lieux boisés, surtout les montagnes entrecoupées d'ombreuses vallées. On le rencontre assez communément dans l'Inde, mais son pays de prédilection, celui où on ne peut guère faire un pas sans le rencontrer, c'est la presqu'île de Malacca.

Il est aussi très commun à Siam, où les indigènes ont pour lui une grande vénération. Il ne ferait même pas bon dans les villages du nord de le frapper, on s'exposerait à se faire faire un mauvais parti par les habitants.

Une légende mythologique protège ces animaux.

Il paraît qu'autrefois pour employer la formule qui précède toutes les fables, un de leurs dieux ayant excité la colère du maître de tous les dieux, ce dernier le condamna à aller garder les troupeaux sur la terre, chez un affreux tyran, qui lui en faisait voir de toutes les couleurs.

Ceci se passait dans les déserts de la Tartarie. Un jour, à bout de souffrances, le pauvre dieu avait résolu de s'enfuir.

Il s'en fut trouver un gibbon noir dont il avait fait la connaissance en gardant ses chameaux, et il lui proposa de lui servir de guide, lui offrant de le protéger, lui et toute sa race, éternellement, dès qu'il pourrait reprendre sa qualité de dieu.

Or, le maître des dieux et des hommes en l'envoyant sur la terre, lui avait dit :

— Tu recouvreras ta dignité et ta puissance, lorsque tu rencontreras un temple abandonné, où tu pourras établir ton culte.

Le gibbon accepta, et les voilà partis à la recherche de cette merveilleuse pagode ; ils profitèrent, pour s'échapper, d'une de ces nuits épaisses, que les anciens appelaient protectrice des amoureux et des voleurs. Mais cela ne faisait pas l'affaire du roi du Touran qui se mit, aussitôt qu'il s'aperçut du départ de son berger divin, à la poursuite des fugitifs.

Il les atteignit sur la lisière d'une épaisse forêt qui s'en allait sans interruption jusqu'au pays de Siam.

— Allons! fit le pauvre dieu, je vois bien que la colère céleste n'est pas encore apaisée, voilà que je vais retomber entre les mains de mon bourreau.

— Pas encore, répondit le gibbon, et si vous voulez m'écouter, je me fais fort de vous soustraire à la colère de tous ces gens-là.

— Quel est ton projet?

— Montez sur mon dos, et enroulez fortement vos bras autour de mon cou.

— Que ferais-je en cet état ?

— Rien que de vous tenir immobile, et je vais vous emporter dans la forêt, dans des lieux où vos ravisseurs ne pourront pas vous suivre.

Fut dit fut fait.

Le dieu s'accrocha aux épaules du gibbon, et ce dernier l'emporta dans la forêt. Au moment où le roi du Touran se croyait sûr, à l'aide de ses soldats, de s'emparer des fugitifs, le singe s'élança dans les arbres, gravit avec une agilité surprenante jusqu'au sommet des plus hautes branches, et de là se mit à courir d'arbre en arbre, avec une telle vitesse, qu'il fut impossible à ceux qui les poursuivaient de les atteindre.

Quelques heures après, le dieu et sa monture étaient absolument délivrés de toute crainte.

Ce fut le gibbon qui pourvut à la nourriture de tous deux, car son compagnon, malgré son origine divine, était aussi faible et aussi impuissant qu'un enfant, jusqu'à ce qu'il ait pu réaliser la condition imposée à sa réhabilitation par le maître des dieux.

Ils marchèrent ainsi de pair, et camarades pendant de longs jours et de longs mois, sans voir la fin de l'interminable forêt, où ils s'étaient réfugiés.

Un soir cependant, ils furent récompensés de leurs peines, car ils arrivèrent un peu avant le coucher du soleil, au commencement de vastes plaines couvertes de rizières, et de cultures de toutes sortes.

A la sortie de la forêt, se trouvait un temple abandonné, car il ne possédait plus pour faire les ablutions du soir, qu'un vieux bonze tout déguenillé.

— Que fais-tu là, dit le dieu au prêtre.

— J'attends la mort.

— Laisse-moi passer, je t'apporte la vie

Et le dieu pénétra dans le temple.

Au même instant, il fut entouré d'un rayon lumineux et des voix célestes se firent entendre dans la nue.

Le bonze s'était jeté à plat ventre et murmurait :

— Merci, ô magnanime ! ô sublime Bouddah ! tu as enfin exaucé mes prières, je mourrai content, puisque ton culte va de nouveau fleurir dans ce temple.

Le bruit de l'apparition se répandit partout, du nord au midi, du levant au couchant, les peuples, les princes, les rois, vinrent contempler la grande merveille ; le dieu avait disparu, il est vrai, mais il avait laissé comme signe de son passage l'auréole d'or qui avait entouré son corps terrestre.

Le Talapoin qui m'a conté cela à Siam, m'a affirmé qu'il avait vu cette auréole de ses propres yeux, suspendue comme un nimbe éclatant, au milieu du temple; il m'engagea même fortement à aller m'assurer de la vérité de ses assertions par moi-même. Je préférai le croire et m'en aller reprendre le paquebot.

On comprend que le singe qui a eu l'honneur de porter un Bouddah soit un véritable objet de vénération pour les indigènes de la contrée où s'est accomplie cette merveille.

Toutes les autres remarques et observations que nous avons faites à propos du siamang, sont également applicables à l'hylobate lear.

### Hylobates agilis.

Ce genre de gibbon ne diffère pas essentiellement de ses autres compagnons du même groupe, si ce n'est qu'il ne vit presque pas à terre.

Continuellement au sommet des plus grands arbres, il se livre aux exercices les plus variés, et qui indiquent une énorme force musculaire, il passe d'une branche à l'autre, par le seul secours des bras, et en se lançant en avant, à des distances tellement considérables, que la force musculaire et la justesse du coup d'œil qui lui sont nécessaires pour mener à bien cette promenade aérienne, sont vraiment extraordinaires.

C'est un gymnasiarque naturel.

J'ai connu à Malacca un Anglais qui avait fait construire chez lui un immense hangar en planches, et il l'avait fait garnir, comme dans nos cirques, d'une série de trapèzes, si éloignés les uns des autres, qu'aucun acrobate, si habile qu'il fût, n'eût pu s'en servir à de telles distances pour renouveler les tours de Léotard.

Ceci fait, notre homme s'était fait apporter par des chasseurs indigènes, une demi-douzaine de gibbons de cette espèce, et il les avait simplement enfermés dans la vaste habitation qu'il avait fait préparer pour eux.

Au bout de quelques jours, rien que sous l'empire de leurs habitudes, les jeunes hylobates accomplissaient autour des trapèzes, des balançoires, des cordes, suspendus dans l'espace, des merveilles de voltige à donner le vertige.

Pas un de nos gymnastes, même parmi les plus vantés, n'eût essayé le plus simple de leurs tours sans se briser les reins.

L'hylobate agilis, se rencontre dans l'Inde, dans les vallées ombreuses et couvertes de grandes forêts de l'Hymalaya. Malacca, Sumatra, sont aussi des lieux où on le rencontre en très grande abondance.

Certains naturalistes le confondant avec le gibbon noir, ont prétendu que le pelage de l'hylobate agilis était toujours de cette couleur. C'est là le résultat d'une indiscutable erreur. La fourrure de cet animal va du jaune clair au marron très foncé, et nous mettons qui que ce soit au défi de nous montrer un seul hylobate agilis pourvu d'un pelage entièrement noir.

A Sumatra, les indigènes le nomment oungka-pouli, c'est-à-dire le singe adroit, et de fait, il est difficile de voir un animal plus habile, plus leste, plus gracieux dès qu'il tient une branche d'arbre entre les mains.

Il possède de telles qualités d'équilibriste, qu'il lui arrive souvent de prendre sa course sur une petite branche mince et horizontale que la moindre impulsion met en mouvement, et de s'arrêter net sans s'appuyer à rien et restant en équilibre sur cette branche, qui, sous son poids, s'est mise à se balancer de bas en haut.

C'est un spectacle réellement nouveau et des plus attrayants, pour le voyageur fraîchement débarqué à Sumatra ou dans la presqu'île de Malacca, que celui qui lui est donné par une troupe de singes qui, soit en liberté dans la forêt, soit en captivité, soit dans des lieux bien installés, fait montre de son savoir-faire. Cette variété ne vit pas en société comme les autres gibbons, et on ne trouve guère réunis ensemble que les membres de la même famille.

La voix de cet animal a cela de particulier, qu'elle est douée d'inflexions douces et fortes, selon les sentiments qu'il éprouve, et que de cette façon, il peut tour à tour rendre des sons caressants, tendres, en exprimant le dépit ou la colère.

Il a, j'ai pu m'en rendre compte souvent, une gamme de sons des plus variés, qui présentent même un certain attrait musical, lorsque la mère, par exemple, regarde jouer son petit et qu'elle l'encourage de la voix.

Il faut entendre toutes les douceurs qu'elle lui adresse dans une série d'inflexions charmantes, exprimant admirablement la tendresse maternelle, sentiment que tous les animaux du reste savent admirablement rendre.

Mais je n'oserais pas affirmer, comme certains naturalistes, que le nom d'hylobate agilis lui vienne autant de l'agilité de sa voix que de celle de ses mouvements, et qu'il est capable de vocaliser une gamme chromatique aussi bien que peut le faire un gosier humain.

Les écrivains, anglais pour la plupart, qui ont avancé pareille chose, ont, sans le vouloir sans doute, été séduits par les récits merveilleux de quelques voyageurs, sans avoir pu contrôler leurs dires par eux-mêmes.

Je puis leur affirmer que j'ai entendu souvent, dans l'Inde et dans les grandes îles du détroit de Malacca et de la Sonde, ce gibbon se livrer en pleine liberté aux émissions de voix que nécessitaient les circonstances, et je n'ai remarqué qu'une chose, la douceur caressante des divers sons fournis par son gosier, et, jamais en dehors de cela, je n'ai vu ce charmant animal développer les qualités musicales qu'on se plaît à lui prêter un peu à crédit, dois-je dire.

Avec l'homme, il est de manières douces et affectueuses, se plaît dans sa société et se montre très reconnaissant des attentions qu'on a pour lui et des caresses qu'on lui fait.

### Hylobates leuciscus.

Ce gibbon se trouve dans l'Inde, dans le Cambodge, à Siam, et dans la presqu'île de Malacca, c'est dans ce dernier pays qu'il est le plus abondant; comme caractères généraux, il partage tous ceux de sa race, et particulièrement ne se différencie de l'hylobate agilis, dont nous venons de parler, que par le pelage blanc qui lui entoure tout le visage; de là son nom de leuciscus, du grec λευχος, blanc.

A part cela, tout ce que nous avons dit du précédent gibbon peut se rapporter à lui comme agilité et force des membres, douceur et sociabilité.

Comme tous les singes de son groupe, il a la face complètement dépourvue de poils.

### Presbytes melalophos.

Ce singe, que nous rangeons également dans le groupe des gibbons, n'offre rien de bien extraordinaire à l'observateur.

Notons cependant qu'il a une aptitude remarquable à se tenir debout, les pattes de derrière, beaucoup plus longues que celles de devant nous donnent ainsi une raison anatomique de cette facilité; lorsqu'on l'aperçoit debout dans la forêt, à la chute du jour, il représente assez bien une sorte de caricature humaine.

Il possède une queue très longue, mais ne s'en sert pas, elle ne pourrait lui servir de crochet pour se suspendre aux branches comme les singes d'Amérique.

Il faut noter une singulière différence anatomique que ses organes intérieurs présentent avec ceux des autres gibbons, cela servirait à lui faire constituer un groupe, s'il n'était pas préférable en histoire naturelle, de ne pas étendre à l'infini les classifications ; il a l'estomac construit comme ceux des ruminants.

C'est à Sumatra qu'on le rencontre le plus fréquemment, il est d'une couleur unique, un marron tirant beaucoup sur le noir, ainsi que l'indique le nom de mélalophos qui lui est donné.

Quant au nom de presbyte, qui complète son appellation scientifique et qui signifie vieillard, il lui convient admirablement, car il a une face ridée, et une tournure vieillotte qui est la caractéristique de son type.

### Presbytes entellus.

(*Semnopithèque.*)

Nous nous trouvons en présence d'une variété assez importante du groupe des gibbons, la variété des semnopithèques, qui renferme des singes voisins des pithéciens ; c'est à proprement parler une variété de transition.

Quelques naturalistes les ont même rangés parmi les pithéciens, nous les maintenons dans le groupe des gibbons, parce que la caractéristique des callosités fessières que nous avons admise comme indiquant la fin des anthropomorphes, se rencontre faible encore, mais commençant à se montrer comme chez tous les gibbons.

Ces animaux vivent surtout dans l'Inde, leurs membres sont longs et grêles, leurs mains antérieures, étroites et à pouces très courts.

Leur queue est très longue et musculeuse, leur museau très court et peu saillant, les callosités faibles, je viens de le dire, les abajoues n'existent pas, signes de plus qui les rattachent aux gibbons ; ils sont très doux de caractère et ont dans toutes leurs manières un air de gravité qu'une légende indoue, dont nous parlerons bientôt, attribue à des causes mythologiques.

Le lendemain, nous le trouvâmes étendu. (Page 194.)

On divise ces singes en plusieurs espèces :

Le presbytes entellus, qui est le type le plus parfait du groupe.

Le semnopithèque vastique.

Le semnopithèque à fesses blanches.

Le semnopithèque à fourrure.

Le semnopithèque à capuchon.

Le semnopithèque de Dussumier.

Le semnopithèque aux mains jaunes.

Le semnopithèque nemœus.

Nous ne nous occuperons que de l'entellus que les Indous nomment hannouman.

Cette espèce a la face, les pieds et les mains noirs, le pelage blanc, et le collier de barbe qui entoure le visage, jaune.

Sa taille atteint un mètre vingt et même un mètre vingt-cinq centimètres ; sa queue depasse souvent soixante centimètres.

L'entellus-hannouman est très commun dans toute l'Inde, surtout dans la province du Carnatic et au Bengale. Les Indous de toute classe ont pour lui une telle vénération, qu'ils le laissent pénétrer dans leurs jardins et manger tous leurs fruits, sans même permettre qu'on fasse mine de le chasser.

Cette tolérance l'a rendu d'une facilité inouïe de relations ; il entre sans façon dans les habitations européennes et s'empare de tout ce qui est à sa convenance pour sa nourriture, c'est une véritable ruine pour les vergers, car il ne voyage jamais qu'en troupe.

Vous vous couchez le soir, possédant un jardin superbe, rempli d'ananas, de bananes, de pommes-cannelles, de goyaves, tout cela est mûr, pendant aux branches d'une façon appétissante, le lendemain au réveil... plus rien.

Dès l'aube une troupe d'hannouman s'est abattue sur votre propriété, et vous l'a en moins de rien mise au pillage, et les voleurs sont là, mangeant sans vergogne à votre barbe les fruits qu'ils vous ont volés.

Vous ordonnez à vos domestiques indigènes de chasser les intrus... pas un ne bouge.

Vous réitérez l'ordre... tout le monde s'enfuit.

Vous prenez un bâton et vous procédez vous-mêmes à une exécution sommaire, et tous vos domestiques quittent votre service... votre maison est à l'instant mise à l'index.

Et les Indous se conduisent ainsi du cap Comorin à l'Hymalaya, du golfe Persique à Calcutta, tant est grand le respect superstitieux qu'ils portent à l'entellus-hannouman.

Cette vénération est si générale que nous allons donner la légende mythologique sur laquelle le culte extraordinaire est basé ; ce faisant, nous ne sortirons pas de notre sujet, le plan de cet ouvrage nous permet : les récits de chasse, de voyages, d'histoire naturelle. La légende dans laquelle les singes se sont conduits de façon à conserver à travers les âges la vénération des Indous, a le droit d'y trouver place.

Le lecteur va voir que, par d'autres côtés, elle présente également un grand intérêt ethnographique, ce que le voyageur ne dédaigne jamais.

Nous extrayons, en l'abrégeant, cette légende du Ramapourana, ouvrage sanscrit, fameux, destiné à chanter les exploits de Rama, héros légendaire dont les exploits font tous les frais d'un autre poème fameux dans l'Inde et à Ceylan : le Ramayana.

## Légende de Rama et du singe Annouma.

Rama ou Vichnou, incarné sous ce nom, eut pour père Dacharada, souverain du grand pays d'Aodya ou Aody, et pour mère Kahoulla.

Il passa les premières années de sa vie sous la conduite du savant pénitent Gautama, dans les sombres forêts propres à l'étude et à la méditation.

Ce fut là que, touchant par mégarde avec les pieds la nymphe Ohalla, changée précédemment en pierre par la malédiction d'un pénitent qu'elle avait outragé, il lui rendit la vie et sa première forme.

Il se rendit ensuite à la cour de Djamadogny, roi de Militta. Ce prince, témoin de plusieurs de ses prouesses, lui proposa de tendre un arc énorme qui avait appartenu à Siva, dieu de la guerre, et que ce dernier lui avait donné comme un talisman.

Sa fille, la belle Sita, devait être le prix de cet exploit. La jeune princesse était d'une beauté tellement merveilleuse que tous les rois de la contrée avaient essayé de tendre l'arc pour arriver à obtenir sa main, mais aucun n'avait pu réussir.

Rama en vint à bout sans le moindre effort, et la possession de la belle Sita fut la récompense de sa force et de sa valeur.

A peine le mariage fut-il célébré que le père de Rama, qui sentait la vieillesse approcher, rappela son fils auprès de lui pour lui remettre les rênes du gouvernement.

De retour à la maison paternelle, un jour qu'il s'amusait à tirer des flèches, il en décocha une avec tant de force que, passant par-dessus les murailles du palais, elle manqua de tuer la femme d'un brahme sauyassis qui passait. Ce dernier, furieux, se servant du pouvoir enchanté qu'il tenait des mentrams ou formules de sorcellerie magique, qui sont l'apanage de sa caste, prononça quelques mots mystérieux de conjuration, et ajouta :

Quel que soit celui qui a fait cet acte, dieu, roi ou homme, je veux qu'il ne soit jamais complètement heureux; je veux par ma puissance et celle des dieux supérieurs qui m'inspirent, qu'il ne réussisse jamais entièrement dans ses entreprises.

Il dit, et Rama quoique dieu devait supporter les effets de la malédiction du pénitent, car nul sur la terre et dans le ciel ne peut se soustraire aux effets des mentrams.

Un mot d'explication à ce sujet :

Les mentrams, si fameux dans l'Inde, ne sont autre chose que des prières ou des formules consacrées, qui ont tant de vertu qu'elles peuvent, disent les Indous, *enchaîner le pouvoir des dieux.*

Les mentrams servent à invoquer, à évoquer ou à conjurer. Ils sont ou conservateurs ou destructeurs, utiles ou nuisibles, salutaires ou malfaisants.

Il n'est sorte d'effets qu'on ne produise, sorte de choses qu'on n'obtienne par leurs moyens.

Envoyer le démon dans le corps de quelqu'un, l'en chasser, inspirer de l'amour ou de la haine, causer des maladies ou les guérir, procurer la mort ou en préserver, faire périr une armée entière ; il y a des mentrams infaillibles pour tout cela et pour bien d'autres choses encore.

La magie semble avoir établi son domicile de prédilection dans l'Indoustan. Sous ce rapport, le pays n'a rien à envier à l'antique Thessalie ni à cette Colchide rendue si fameuse par les enchantements de Circé et de Médée.

Il n'y a aucun Indou qui, tous les jours de sa vie, ne rêve sortilège et maléfices. Rien pour lui n'est attribué au hasard ou à des causes naturelles : contradictions, contre-temps, événements malheureux, maladies, morts prématurées, stérilité des unions, tout est imputé aux pratiques magiques de quelque enchanteur soudoyé par un ennemi.

Brahma, Vichnou, Siva, eux-mêmes, sont soumis au pouvoir des magiciens. Il y a des divinités que ces derniers évoquent de préférence, ce sont les planètes, et les Boutams, ou esprits infernaux, qui renferment en eux les principes destructeurs, les Pretas ou revenants, les Pisatchas ou esprits mauvais, Kaly, la déesse du sang, Marana Davy, la déesse de la mort.

J'ai dit combien était grande l'efficacité des mentrams, ils ont un tel ascendant sur les dieux, et même sur ceux de premier ordre, que ceux-ci ne sauraient se dispenser de faire dans le ciel, dans l'air, et sur la terre tout ce que le magicien ordonne.

C'est ce qui se trouve exprimé dans le sarite sanscrit suivant :

Dêvadinam djagat sarvam
Mantradinam ta dêvata
Tau mantram Brahmanadinam
Brahmanna mama dêvata

c'est à dire :

Tout ce qui existe est au pouvoir des dieux,
Les dieux sont au pouvoir des mentrams,
Les mentrams sont au pouvoir des brahmes ;
Donc, les dieux sont au pouvoir des brahmes.

Pas n'est besoin d'insister, croyons-nous, sur ces étranges croyances, qui ont eu cours du reste chez tous les peuples d'origine indo-européenne, pour faire comprendre que le pauvre Rama, atteint par la malédiction du brahme, devait dorénavant voir toutes ses entreprises traversées par la malédiction du sort.

Quelque temps après son retour dans les États de son père, Kochily, la seconde femme de son père, le roi Dacharada, désirant ardemment obtenir la couronne pour son propre fils, alla trouver Rama, et prétextant d'un songe que les dieux lui auraient envoyé, dans lequel il lui était prédit que son fils régnerait, elle somma Rama de ne pas s'opposer aux desseins de Brahma, le maître des dieux, et de céder la couronne à son fils. Avant de lui répondre, Rama voulut consulter la volonté céleste dans les sacrifices, et cette consultation lui fut défavorable, conséquence évidente de la malédiction du Brahme. Il ne murmura pas contre sa destinée et, se dépouillant des insignes royaux, il abdiqua l'empire et se retira de nouveau dans les forêts avec sa chère femme Sita et son frère Latchoumana.

Un jour qu'il s'était écarté à la chasse dans les bois, Latchoumana coupa les oreilles des six têtes du monstre femelle Sauparna, sœur du géant à dix têtes, Ravana, roi de Lanka, c'est-à-dire de l'île de Ceylan.

Ce monarque, indigné de l'insulte faite à sa sœur, s'en vengea en faisant enlever Sita, femme de Rama, pendant une absence de ce dernier.

Rama, de retour à son ermitage, instruit du malheur qui lui était arrivé pendant son absence, fit éclater la plus vive douleur, et ne pensa plus qu'à retirer sa chère Sita des mains de son ravisseur.

Pour cela il lui fallait une armée, il la fit demander à son frère, le fils de Kochily, au profit duquel il avait abdiqué, mais cette armée lui fut refusée.

Rama dévora son affront et jura d'en tirer plus tard une vengeance exemplaire.

C'est alors que les singes vont intervenir.

Leur chef Annouma les ayant rassemblés, leur demanda si, dans cette pénible situation où se trouvait Rama, incarnation du dieu Vichnou, abandonné des dieux et des hommes, ils ne trouvaient pas bon que, eux les singes, allassent offrir à Rama le secours de leurs bras.

Les singes partagèrent à l'unanimité l'avis de leur général.

Comme Rama, impatient de savoir des nouvelles de sa femme, projetait d'envoyer sans plus tarder quelqu'un à Ceylan pour y prendre des informations, et l'entreprise n'était pas facile car il y avait un bras de mer à traverser, Annouma vint le trouver et lui offrir son alliance et il proposa, en attendant que Sangriva, le roi de tous les singes, levât une nombreuse armée pour l'expédier à Rama, d'aller lui-même à Ceylan chercher des nouvelles de Sita.

L'agilité extraordinaire de ces singes rendait l'un d'entre eux plus propre que tout autre individu à la réussite d'une pareille ambassade, aussi en fût-il chargé immédiatement.

Le brave singe se mit en route, traversa le détroit qui sépare le cap Comorin de l'île de Ceylan en s'élançant de rochers en rochers par des bonds prodigieux; ce ne fut qu'un jeu pour lui d'arriver près de la tour, située au milieu d'épaisses forêts où Sita était gardée prisonnière.

Le singe grimpa au sommet de l'arbre le plus voisin de la tour et se mit à chanter dès qu'il aperçut la belle Sita qui vint à la nuit prendre le frais sur la terrasse.

La tradition populaire a conservé ce chant naïf que les porteurs de palanquins et les bateliers vous redisent en vous conduisant sur la côte de Coromandel.

A quoi pense la brune Sita,
Fille de la terre, quand elle regarde
Au loin le soir par-delà les sombres forêts,
Vers les pays du soleil couchant.

et Sita de répondre :

Je viens écouter si la brise des nuits,
Qui vient du pays du couchant,
Ne m'apportera pas les paroles,
D'espoir de Rama, mon bien-aimé.
Ne pleure plus, Sita, fille de la terre,
Je suis envoyé par lui... etc.

Inutile de continuer : comme tous les chants légendaires qui touchent aux berceaux des peuples, la complainte d'Annouma et de Sita, atteint un nombre de couplets qui ne permet pas de les donner ici.

Annouma revint près de Rama avec l'assurance que la belle Sita, certaine qu'on ne l'abandonnait pas, attendrait avec patience la venue de ses alliés.

Sur ces entrefaites, et pendant qu'Annouma était à Ceylan, Rama, à l'aide de conjurations magiques dont il possédait, lui aussi, le secret, avait fait punir le singe Baly, frère du singe Sagriva parce qu'il voulait lui disputer la couronne. Cet acte de bon allié, comme on le pense, n'avait fait que resserrer les liens d'amitié qui les unissaient.

Libre de porter toutes ses forces ailleurs, Sangriva, mit toutes ses troupes à la disposition de son ami Rama, sous le commandement du général en chef Annouma.

Ce fut un jeu pour cette armée de singes de parcourir les épaisses forêts qui garnissaient toute la pointe orientale de l'Inde; ils arrivèrent rapidement à la pointe Comorin, en face de Lanka. Mais là on reconnut que si Annouma, le général, avait pu, par des bonds prodigieux, atteindre Ceylan, de rochers en rochers, il n'en serait pas de même pour l'armée entière, et qu'il était de toute nécessité de construire une digue.

C'est encore Annouma qui dirigea cette opération ; pendant que ses soldats transportaient des blocs de pierre, lui, déracinait les arbres

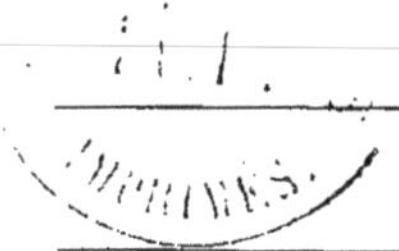

Les offrandes consistent en productions de la nature. (Page 222.)

et les rochers et portait, dit le Ramayana, chaque fois autant de pierres qu'il avait de poils sur son corps ; c'est également lui qui, entouré d'une petite troupe de travailleurs d'élite, amoncelait tous ces matériaux dans la mer. Il eut bientôt achevé la besogne et joint l'île de Lanka au continent.

Cependant Rama, sur le point de traverser avec son armée de singes, reçut un nouveau service des plus signalés. Sangriva ayant fait alliance avec les ours qui habitaient les mêmes forêts que les singes, lui envoyait, à titre de renfort, une armée de ces animaux.

C'est en cet état qu'il traversa le bras de mer pour aller attaquer au milieu de ses montagnes et de ses épaisses forêts, son formidable ennemi. Avant de se mettre en marche, il offrit un sacrifice à Brahma, le père des dieux et des hommes, puis, se retournant vers son armée, il s'écria :

— Braves singes, ne vous laissez pas effrayer par le nom des géants que vous allez combattre ; leur force leur devient inutile dès que les dieux ne sont pas de leur côté. Avançons donc sans crainte et sans délai, puisque nous allons combattre les géants, ces éternels ennemis des dieux, nous sommes assurés de la victoire.

Ravana, roi de Ceylan, le monstre à dix têtes, régnait en effet sur les géants, fils de Urvasi, la terre, qui à différentes fois avaient voulu affronter le ciel en entassant montagnes sur montagnes.

Sous les ordres de Rama et d'Annouma toute l'armée s'ébranle enfin, traverse le détroit et pénètre dans l'île de Ceylan.

Ravana avait été prévenu de l'approche de ses ennemis, et il avait accumulé sur la route qu'ils devaient traverser, difficultés sur difficultés pour arrêter leur marche ; à tout moment, les armées combinées des singes et des ours étaient obligées de livrer combat aux plus étranges adversaires.

Ils eurent d'abord à affronter des milliers de crocodiles qui garnissaient les marais de Lanka, et qui s'opposaient à leur passage ; tantôt ils rencontraient des fleuves débordés dont les eaux leur offraient d'insurmontables difficultés; tantôt c'était le feu du ciel qu'une troupe de magiciens aux ordres de Ravana déchaînaient sur les assaillants. Tantôt des forêts entières étaient livrées aux flammes et leur opposaient une barrière infranchissable. Mais les braves singes, sous les ordres de leur général, avaient juré de triompher ou de mourir.

Bientôt tous ces obstacles furent surmontés, et l'armée des alliés arrivait devant les Lankapoor. Ravana fut obligé d'accepter le combat pour tenter d'éviter le siège de sa capitale.

Après des fortunes diverses, le géant Ravana fut battu en plusieurs rencontres, dans lesquelles Annouma et ses singes se montrèrent toujours au premier rang, et il fut obligé de s'enfermer dans Lankapoor, sa suprême espérance. Le siège fut long ; il dura dix ans avec les péripéties les plus étranges de victoires et revers parmi les alliés.

Cette lutte gigantesque avait divisé tous les dieux et toutes les déesses, qui avaient pris parti, les uns pour Rama, les autres pour le géant Ravana, et chacun d'eux employait tous les moyens en sa possession, pour faire triompher les siens.

Rama eut enfin le dessus!

Ravana fut enfin vaincu et tué en combat singulier, par son adversaire, et Sita, délivrée, fut rendue à son époux. Elle fut ramenée en triomphe dans la ville d'Aodya où, grâce à la valeur d'Annouma et de ses singes, Rama put châtier son frère qui lui avait refusé une armée, et reconquérir son trône.

En quittant Ceylan, Rama avait placé sur le trône vacant de cette île merveilleuse le frère de Ravana, le géant Bivichana; en reconnaissance des services qu'il en avait reçus pendant cette longue guerre, il lui dit en le quittant qu'il porterait la couronne pour lui et ses descendants aussi longtemps que les singes et leur général, le célèbre Annouma, seraient vénérés dans ses États.

Bichivana jura une alliance éternelle avec les singes.

Mais les épreuves de Rama n'étaient pas finies, la malédiction du brahme lancée contre lui, devait encore produire des effets d'autant plus terribles que le malheureux prince, ignorant qu'elle existât, ne pouvait accomplir les sacrifices qui auraient pu neutraliser sa funeste influence.

Quelque temps après son retour à Aodya, Rama étant sorti de son palais la nuit, selon sa coutume et en grand secret, pour entendre sans être vu les plaintes de ses sujets, et se rendre compte par lui-même de tout ce qui se passait dans la ville, entendit un blanchisseur qui se querellait avec sa femme et menaçait de la battre.

Rama s'approcha, et il assista au colloque suivant:

— Que t'ai-je donc fait, disait la malheureuse.

— Je veux te chasser de la maison.

— Ne suis-je pas bonne, dévouée, prête à te servir, à accomplir tous tes désirs.

— J'ai entendu mon voisin le potier suspecter ta conduite, et je ne suis pas homme, entends-tu bien, à garder chez moi comme le fait notre souverain Rama, une femme qui a été au pouvoir d'un autre.

Il était écrit que le bonheur du pauvre roi ne serait jamais complet.

En entendant ces paroles, Rama resta immobile et, comme s'il eût été frappé par la foudre, il rentra chez lui plongé dans la plus amère douleur.

Il fit appeler de suite Latchoumana son frère et lui fit part de ce qu'il venait d'entendre. En vain ce dernier chercha à le consoler, à lui prouver que la vertueuse Sita n'avait jamais cessé d'être digne de son affection, il n'y put parvenir ; Rama ne put chasser de son souvenir cette terrible conversation ni s'arracher le trait mortel qu'elle avait enfoncé dans son cœur.

Il fit venir Annouma, le singe fidèle qui était resté à sa cour, lui confia ses chagrins, et lui ordonna de prendre Sita, de la conduire dans la forêt et de la mettre à mort.

Mais Annouma refusa d'obtempérer à cet ordre. Grand roi, dit-il à son ami, n'avons-nous, mes singes et moi, supporté tant de peines, tant de travaux, tant de combats, que pour mettre à mort celle que nous avons délivrée, excusez mon embarras, je suis prêt à combattre encore vos ennemis, mais n'espérez pas de moi que je porte les mains sur la belle et infortunée Sita.

Rama alors s'adressa à Latchoumana son frère, et lui ordonna d'exécuter ses ordres.

Latchoumana, homme très avisé, comprit que s'il n'obéissait point, le roi s'adresserait à quelque officier subalterne, qui ne craindrait pas d'attenter aux jours de la princesse, aussi accepta-t-il nourrissant un secret dessein dans son cœur.

Il emmena donc Sita dans la forêt avec le projet de la sauver.

Mais à quel stratagème va-t-il se livrer pour persuader à son frère que le forfait qu'il lui a commandé a été accompli.

Dans la forêt où Sita avait été conduite, il se trouvait plusieurs de ces arbres, qui, quand on entame leur écorce, répandent un suc couleur de sang. Latchoumana tend son arc, prend la flèche qui était destinée au cœur de Sita, la décoche contre un de ces arbres, la teint du suc qui en découle, et abandonne Sita à son malheureux sort.

Il va annoncer ensuite à Rama que sa vengeance est satisfaite, et pour preuve, il lui montre la flèche teinte, dit-il, du sang de la pauvre princesse.

Or, Sita était enceinte au moment où on l'avait abandonnée dans la forêt, elle fit éclater son désespoir en poussant des cris lamentables, et en versant des torrents de larmes.

Non loin de là, le saint pénitent Vasichta avait établi sa retraite; surpris des accents plaintifs qui retentissent dans la forêt, il s'approche de Sita, et lui demande qui elle est et ce qui cause son affliction.

L'infortunée, interrompant ses sanglots et prenant un air de dignité qui remplit aussitôt le pénitent d'une crainte respectueuse, lui répondit en ces termes :

— Je suis Sita. J'ai eu le roi Djamandagny pour père, la déesse de la Terre pour mère et Rama est mon époux.

A ces mots le pénitent, pénétré des sentiments de la plus profonde vénération, se prosterna devant la déesse, puis, s'étant relevé en joignant les mains, il lui dit :

— Illustre déesse, pourquoi vous liver à la douleur et au désespoir? Avez-vous donc oublié que vous êtes la reine et la maîtresse du monde, et que c'est de vous que dépend le salut de toutes les créatures.

Il lui adressa encore quelques paroles de consolation, et la conduisit à son ermitage, où il lui offrit le sacrifice.

Peu de jours après, Sita accoucha de deux jumeaux que le pénitent Vasichta éleva avec autant de soins que s'ils eussent été ses propres enfants.

Sur ces entrefaites, Rama ayant résolu de faire le grand sacrifice de l'Ekiam, lâcha le cheval qui devait y servir de victime, et qu'il était obligé de reprendre à la chasse, avec tous les rois ses voisins, et les seigneurs de sa cour.

Poursuivi par l'équipage royal, cet animal, après avoir parcouru de vastes pays, vint dans la forêt où vivaient les deux fils de Sita, ceux-ci, pleins de force et de courage, quoiqu'ils ne fussent encore âgés que de cinq ans, allèrent au-devant de lui et l'arrêtèrent.

Le singe Annouma, qui était général des armées de Rama, fut envoyé avec une armée considérable pour recouvrer le cheval, et combattre les fils de Sita, mais il fut vaincu par eux et chercha son salut dans la fuite.

A la nouvelle de ce désastre, Rama se mit lui-même à la tête de toutes ses troupes, et vint en personne attaquer ces nouveaux ennemis. Mais il fut vaincu à son tour par les fils de Sita et taillé en pièces avec ses soldats, un seul échappa parce que Sita avait ordonné qu'on lui fît grâce de la vie, ce fut le singe Annouma, en souvenir de son dévouement à la cause de Sita.

Ce haut fait accompli, le pénitent Vasichta, voyant Rama et tous les siens couchés dans la poussière, prononça sur eux les mentrams qui donnent la vie, et tous ressuscitèrent à l'instant.

Rama, en apprenant que sa femme était vivante et qu'il avait été vaincu par ses fils, de dépit refusa de les voir et regagna ses États à la tête de ses troupes.

Annouma qui avait supplié son ami de reprendre sa femme, et d'emmener ses fils qui seraient l'ornement du trône d'Aodya, se voyant refusé, déclara qu'il resterait avec Sita, jusqu'à ce qu'elle et ses fils fussent ramenés en triomphe dans la capitale.

De retour chez lui, Rama persista dans le désir de procéder au sacrifice du Grand-Ekiam ; ce désir devait certainement lui avoir été mis en tête par quelques divinités favorables, car pour l'accomplissement de ce sacrifice, le plus saint de tous, il devait dévorer le charme que le brahme Taniassys avait jeté sur lui.

Pour cela il invita de nouveau tous les rois et tous les princes ses voisins, ainsi qu'une grande quantité de brahmes qui devaient sanctifier la cérémonie par leur présence.

Le jour où le cheval devait être lâché, il y eut une grande réunion de brahmes magiciens qui, après avoir interrogé les astres, les entrailles des victimes, et accompli les conjurations habituelles, déclarèrent à l'unanimité que ce sacrifice, une seconde fois, ne réussirait pas, à moins que Rama ne rappelât auprès de lui sa femme et ses enfants.

Rama y consentit, mais d'assez mauvaise grâce ; toujours aveuglé par le sort, qui avait pesé sur toute sa vie, il s'obstinait à conserver ses injurieux soupçons, et la défaite que lui avaient fait subir ses fils, n'était point fait pour lui faire oublier ses rancunes.

Cependant, comme il voulait accomplir l'okiam, il fut obligé de se rendre au pronostic des brahmes.

Il envoya une ambassade dans la forêt qu'habitait Sita, et la princesse, suivie du fidèle Annouma revint avec ses fils à Aodya, avec tous les honneurs dus à son rang.

Le cheval fut lâché dans les forêts selon les prescriptions de la loi religieuse ; il fut repris à la chasse par Rama et tous ses invités, et ramené au lieu où il devait être immolé ; le sacrifice réussit parfaitement.

Ceci fait, Rama qui, en rappelant sa princesse, n'avait fait que dissimuler son ressentiment, voulut alors répudier de nouveau sa femme et la renvoyer dans les bois, mais le sage Annouma et tous les rois présents intercédèrent pour elle et représentèrent au roi que de grands malheurs, certainement, ne manqueraient pas de l'atteindre s'il persistait dans son dessein.

Rama ne voulut céder à leurs instances que si la princesse consentait, en se soumettant à l'épreuve du feu, à prouver que sa vertu n'avait subi aucune atteinte.

Fière de son innocence, Sita consentit.

On prépara donc trois épreuves, car la princesse avait déclaré qu'elle se soumettrait à la triple ordalie.

On nomme ordalie, dans l'Inde, cette espèce de jugement de Dieu qui existait encore chez nous au moyen âge, et par lequel les coupables étaient admis à prouver leur innocence, en se soumettant aux épreuves de l'eau, du feu, etc..., et à condition d'en sortir victorieux.

On prépara donc un bûcher avec des bois de santal et de rose, à cause de la qualité de la princesse, et Sita étant montée sur le faîte, le bûcher fut inondé d'huile, et le brahme sacrificateur y mit le feu.

Quand le dernier morceau de bois fut consumé, Sita apparut debout et souriante sur les cendres du bûcher, l'étoffe même de son pagne n'avait pas été atteinte.

Un murmure d'admiration parcourut la foule, et tous les assistants furent d'avis que, devant une preuve aussi manifeste d'innocence, toute nouvelle épreuve devait cesser.

Mais Rama n'y consentit pas.

— La princesse, elle-même, a voulu subir trois épreuves, que les autres aient leur cours.

Le brave singe Annouma déclara alors devant toute la cour, que si le moindre malheur arrivait à la princesse, il abandonnerait immédiatement le service de Rama et quitterait la province d'Aodya avec toute son armée.

— Qui est-ce qui t'a donc pu pousser, ô roi! lui dit-il dans un discours resté célèbre dans la vieille littérature indoue, à traiter ainsi ton épouse chérie? As-tu donc oublié dix années de luttes où la victoire et la défaite souvent se suivaient le même jour? As-tu donc oublié les souffrances de tes compagnons d'armes, que tu fais aujourd'hui si peu de cas de leurs conseils?... etc.

Il y en a une vingtaine de pages sur ce ton, le lecteur nous saura gré de passer... Quand les Indous se mettent à faire parler un de leurs héros, ils sont pis que le vieil Homère, qui, si tant est qu'il ait existé, a bien pris aux Orientaux ses ancêtres, une bonne part de leur loquacité.

Sita répondit sur le même ton, en persistant dans son idée, et elle débita pour le moins trois cents vers.

Rama donna non moins longuement la réplique, tous les brahmes présents, les rois et les princes firent à leur tour leur partie dans le concert, et enfin, finalement, les épreuves continuèrent.

Plongée dans l'huile bouillante, la princesse se mit à sourire gracieusement, comme si elle eût pris un simple bain d'eau tiède.

Puis, sortant de là, elle se mit à marcher avec une rare aisance sur des barres de fer rougies au feu, sans que ses pieds délicats en parussent le moins du monde incommodés.

D'unanimes acclamations montrèrent à Rama avec quelle joie la foule avait assisté à ces indiscutables manifestations de l'innocence de leur reine.

Mais l'effet du grand sacrifice de l'Ekiam ne pouvait se produire qu'à l'expiration de douze jours à partir du coucher du soleil, et jusqu'à ce moment Rama devait rester frappé d'aveuglement.

En effet, malgré toutes les épreuves subies, il continua à mettre en doute la vertu de Sita, et cette dernière, voyant qu'elle ne pouvait détruire les odieux soupçons de son mari, se retourna vers les assistants et leur dit :

— Je vous prends à témoin tous que je n'ai plus qu'à quitter la vie !

Accablée de confusion et de honte, elle versa alors un torrent de larmes, et dans l'accès de sa douleur et de son désespoir, se souvenant qu'elle était fille de la terre, elle adressa à sa mère la prière suivante :

« O Terre ! chaste déesse, toi dont je tiens l'existence, justifie-moi en ce jour aux yeux de l'univers, aux yeux de tous mes amis, aux yeux de mon injuste époux, s'il est vrai que je n'aie jamais cessé d'être une femme vertueuse, rends un témoignage authentique de ma chasteté..., entr'ouvre-toi sous mes pieds et engloutis-moi dans ton sein. »

Ces paroles étaient à peine prononcées que la terre exauçait ses vœux et l'ensevelissait vivante dans son sein.

Et au moment où elle s'entr'ouvrait, une voix se faisait entendre distinctement dans la nue et elle disait :

— Malheureux Rama, c'est le onzième jour de l'okiam seulement que tu connaîtras la valeur du trésor que tu as perdu.

En entendant ces mots, le singe Annouma s'enfuit pénétré de douleur, mais au lieu de retourner dans son pays, il courut droit aux forêts qu'habitait le sage pénitent Vasichta et lui conta ce qui venait d'arriver.

Ce dernier, immédiatement, se mit à réciter les mentrams appropriées à la circonstance, et la Terre s'entr'ouvrant à quelques pas du

— Et toi, fis-je, comment, tu comportes-tu ?... (Page 224.)

saint personnage, rendait Sita, plus radieuse et plus belle que jamais.

Cependant elle dit d'un ton triste au pénitent :

— O Vasichta, mon père, pourquoi m'as-tu, par tes prières, rappelé sur cette terre, puisque j'ai perdu l'amour de mon époux?

— O vertueuse princesse! écoute mes paroles, répondit le saint pénitent; le soleil n'aura pas par deux fois quitté son lit de feu par delà l'Océan, pour venir éclairer cette forêt, que tu verras ton époux tout en larmes venir te réclamer, et t'emmener en grande pompe dans ses États.

En effet, lorsque le onzième jour du sacrifice de l'Ekiam se fut accompli, Rama éprouva comme une étrange sensation; subitement il recouvra sa qualité de dieu, qu'il ne croyait pas avoir jamais perdue, ce qui, en toute occasion, avait causé son étrange aveuglement, et subitement il comprit toute l'horreur de sa conduite; mais en même temps il vit clairement quelle avait été la cause de son malheur.

Avant que le brahme son ennemi put se douter de ce qui l'attendait, il prononça rapidement les mentrams mystérieuses qui devaient le venger, et le brahme magicien, cause de tout le mal, fut à l'instant même changé en chien.

— Qu'il ne recouvre jamais la forme humaine, dit le dieu, tant que le culte de Vichnou, mon père, existera sur la terre.

Et immédiatement, il partit, suivi de toute sa cour, pour aller retrouver sa femme dans l'ermitage de Vasichta, car maintenant qu'il avait retrouvé sa qualité divine, rien ne pouvait plus être caché à ses yeux, ni dans le passé, ni dans le présent, ni dans l'avenir.

Où est la vertueuse princesse reine d'Aodya? fit Rama au savant pénitent.

Or, ce dernier qui, malgré sa sagesse, eût voulu mettre Rama dans la confusion de ses actes, lui répondit :

— C'est à Rama que je devrais adresser semblable demande.

— Ne me reconnais-tu pas ? fit le dieu irrité ; je suis une incarnation du dieu que tu adores.

Je sais, répondit Vasichta, que tu as méconnu la vertu de la plus chaste princesse qui ait jamais existé dans le monde, mais j'ai vu aussi dans la fumée des sacrifices que le onzième jour de l'Ekiam tu viendrais me la demander, c'est pour cela que j'ai prononcé les mentrams qui rendent à la vie, et que la reine d'Aodya t'attend dans mon ermitage.

Le pénitent avait prononcé ces paroles le front incliné vers la terre.

Et Rama, après l'avoir entendu, lui dit :

Lève la tête et regarde.

Le pénitent obéit, mais à peine eut-il regardé Rama qu'il se jeta le front dans la poussière en signe d'adoration.

Rama venait de se révéler à lui tout resplendissant de lumière.

Relève-toi, lui dit alors le dieu, en récompense des services que tu as rendus à Sita et à mes fils, je t'annonce que tu as terminé de parcourir la chaîne des migrations terrestres et qu'à ta mort tu revêtiras un corps environné de lumière, et que tu iras t'absorber dans le Grand-Tout du germe immortel qui a créé les cieux et les mondes, pour y jouir d'un bonheur éternel.

En ce moment, Sita, qui s'était tenue cachée dans l'ermitage, accourait le front rayonnant de bonheur et de joie.

— Et toi, mon épouse chérie, pardonne-moi; mais mes yeux aveuglés par un sort affreux, persistaient à ne point reconnaître ta vertu que je proclame aujourd'hui à la face du monde.

Et comme Annouma, le singe fidèle, s'approchait en faisant retentir la forêt de ses acclamations, Rama lui dit :

— Et toi, mon fidèle compagnon, toi qui as partagé tous mes travaux, toutes mes luttes, toutes mes douleurs, toi qui, malgré mon aveuglement, m'es toujours resté fidèle et a toujours défendu ma chaste et malheureuse épouse, approche et écoute :

Tant que cette terre que tu habites sera maintenue dans l'espace par la main des dieux, tant que Sourya promènera dans l'air et l'éther ses radieux rayons, tant que les Marants qui soufflent du nord au sud, de l'orient au couchant, promèneront les nuages au gré de leurs désirs, tant que les étoiles brillent dans les cieux, tant que les mers viendront en murmurant faire une ceinture d'écume à la terre, tant que la fleur du lotus flottera comme l'esprit de la création sur les eaux, tant que durera le jour de Brahma, j'ordonne, moi, incarnation du dieu Vichnou et son représentant dans les mondes inférieurs, que toi et les tiens, tes descendants et leurs descendants, vous soyez vénérés sur cette terre à l'égal des dieux, que tous les peuples vous rendent hommage comme à l'image la plus pure, au type le plus parfait de l'honneur, de la vaillance et du dévouement. Malheur à qui vous méconnaîtra, malheur à qui vous frappera, malheur à qui vous refusera la nourriture; c'est moi qu'on méconnaîtra, moi qu'on frappera en vous, moi à qui on refusera la nourriture, car je vous déclare sacrés et vos représentants sur la terre, jusqu'à la consommation des siècles qui verra le jour de Brahma, tomber dans le cahos, alors que l'heure du repos commencera pour les dieux, pour les hommes, pour tout ce qui existe.

J'ai dit, vous avez la parole d'un dieu, et ceux qui ne seront point fidèles, verront les plus sombres malheurs s'abattre sur leur tête et sur celles de leurs descendants.

Il y aurait des choses merveilleuses à conter sur tous les détails particuliers de cette légende, un simple commentaire de toutes les idées, coutumes et croyances qu'elle indique nous permettrait aisément de faire l'histoire religieuse toute entière de la vieille religion brahmanique. Ce sont travaux qui nous sont chers que ces exhumations historiques et religieuses, mais ils ne seraient point ici à leur place, et cette légende que je n'ai donnée que parce qu'elle rentre dans le cadre des récits du voyageur, et surtout parce que les singes y jouent le principal rôle, ne doit pas m'entraîner en dehors des limites que je me suis tracées.

Cependant, pour faire comprendre au lecteur ce que c'est que ce jour de Brahma qui, à chaque instant, revient dans la bouche de Rama, je me permettrai encore quelques lignes de hors d'œuvre.

De même que le soleil partage sur la terre la vie humaine en jours et nuits, de même les Indous, pour expliquer la création et la destruction périodique de tout ce qui existe, ont imaginé de soumettre Brahma le dieu créateur, à cette fiction des jours et des nuits.

Tout leur système théogonique et cosmographique repose sur cette fiction.

Tant que dure le jour de Brahma, c'est-à-dire quelques milliards d'années, la création marche, vit, se développe, tous les types restent dans le cerveau du dieu, prennent une forme, l'univers progresse, les soleils éclairent les mondes, les hommes vivent et font leur évocation vers la divinité.

Dès qu'arrive la nuit, qui dure autant que le jour, tout se dissout, tout se désagrège, tout retombe dans le non-être, la matière s'accapare; il ne reste plus que Brahma, le dieu germe, qui se repose dans le vide, des fatigues qu'il a supportées pendant son jour, car pendant cette période il est forcé de soutenir tout ce qui existe par un effort constant de sa volonté.

Voilà! je reviens à mes singes, et que ceux que n'intéressent pas les vieilles légendes, les antiques traditions de cet admirable pays de l'Inde, ancêtre de la Grèce et de toutes les nations indo-européennes, me jettent la première pierre.

Pour finir ma légende en deux mots, je dirai que Rama, pour vivre heureux loin des soucis de ce monde avec sa chère Sita, partagea son trône entre ses deux fils et se retira avec la princesse dans les forêts habitées par leur ami Vasichta. Un beau jour, comme ils étaient dieu et déesse, ils retournèrent au ciel, où les pieux Indous continuent à leur adresser leurs vœux.

Quant à Annouma, il resta avec ses singes à la cour des deux jeunes princes, et il ne contribua pas peu par sa vaillance, à entourer leur trône de splendeur et d'éclat.

Après cette légende, il est facile de comprendre les motifs de vénération des Indous, en dehors de ce que nous venons de conter, tous les livres religieux du brahmanisme, tous les poèmes héroïques célèbrent les vertus des singes et de leur illustre général.

Le culte d'Annouma est répandu dans toute l'Inde. Les sectateurs de Vichnou, il est vrai, ont pour lui une prédilection toute particulière; mais parmi les autres sectes, aucune ne refusera de lui rendre honneur.

Le singe Annouma se voit représenté dans la plupart des temples et dans beaucoup d'endroits fréquentés, on le trouve aussi dans les bois et autres lieux déserts, mais dans les cantons où les vichnounistes sont en majorité, on ne fait pas un seul pas, sans rencontrer l'image de leur bien-aimé Annouma.

Les offrandes qu'on lui fait consistent en de simples productions de la nature, jamais il n'est l'objet de sacrifices sanglants.

Dans les lieux où ces animaux ont coutume de se rendre en foule, le pauvre Indou ne se contente pas de les laisser dévaster son jardin et ses récoltes, on le voit encore préparer de grands plats de riz qu'il arrose avec le jus parfumé de la canne à sucre, et qu'il s'en va porter pieusement au coucher du soleil, dans les lieux qui serviront de passage à ces animaux.

L'entellus-hannouma, changé en demi-dieu ! je ne crois pas que l'histoire d'aucun autre peuple nous présente une chose aussi singulière, et surtout aussi difficile à expliquer.

Presque partout l'homme a considéré le singe comme une caricature de sa propre forme, et il a plutôt songé à le chasser de ses récoltes, qu'à le placer sur l'autel de ses multiples vénérations.

L'origine de la vénération que les Indous professent pour cet animal, malfaisant entre tous et peu intéressant en somme, est, je le répète, peu facile à rencontrer! Le siège de Lanka, l'enlèvement de Sita par le géant à dix têtes qui régnait à Ceylan, l'armée des singes, alliée de Rama et ses exploits, toute cette histoire enfin dans laquelle on retrouve en germe la légende improbable du siège de Troie et celle de Geneviève de Brabant, ne vaut pas la peine d'arrêter un seul instant notre attention ; ce sont les contes bleus que l'on rencontre au berceau de tous les peuples, au seuil de toutes les agrégations humaines qui ne sont pas encore arrivées à la civilisation et à la science, mais qui sont indignes d'être conservés autrement qu'à titre de curiosités antéhistoriques.

Je serais assez disposé à croire, en cherchant des raisons plus humaines et partant plus logiques, que les premiers Indous ont été frappés de l'extraordinaire ressemblance que l'entellus-hannouma offre avec l'espèce humaine, surtout dans la face ; figurez-vous une figure de vieillard noirâtre et ridée, tout encadrée par une magnifique barbe d'un blanc un peu roux, qui se termine en pointe sous le menton, et vous aurez une idée exacte de ce presbyte, ajoutez à cela qu'il est d'une familiarité et d'une insolence rares, et nous arrivons à comprendre comment il peut se faire qu'il se soit glissé d'abord dans l'intimité de l'Indou, du cultivateur surtout, intimité que le moindre fait a pu changer plus tard en un sentiment superstitieux grâce à un service rendu par hasard, semblable à celui que rendirent par hasard les oies du Capitole en prévenant les Romains par leurs cris inquiets de la présence des Gaulois qui se préparaient à donner l'assaut.

Pendant plusieurs années, j'ai collationné dans l'Inde tous les faits qui pouvaient avoir rapport aux singes de cette contrée, et surtout à l'entellus, dont les mœurs familières, développées encore par des siècles d'impunité, m'étonnaient au plus haut point. Comme je cherchais à me renseigner en toute occasion sur les causes du respect religieux qu'il inspirait, un brahme à qui de longues relations communes permettaient la franchise à mon égard, me répondit à cette question que je lui avais posée carrément.

— Vous êtes trop intelligent pour croire aux plaisanteries du Ramayana.

— Ce sont contes à peine bons pour amuser les petits enfants.

— Comment expliquez-vous alors cette vénération dont vos compatriotes (et vous le premier, quand vous êtes au milieu de la foule) entourent le singe Annouma, surnommé aussi le singe des pagodes.

— C'est bien simple, nous en avons gardé le souvenir dans les temples. Il y a quelques siècles, le temps ne fait rien à la chose, mais c'était bien longtemps avant l'invasion des Arabes, il y eût comme une trombe d'eau immense qui, en s'abattant sur l'Inde, en quelques heures fit déborder presque toutes les rivières. C'était pendant la nuit, et la plupart des habitants croyant à un simple orage ne se doutaient de rien.

« La tradition rapporte que les singes couchés dans les arbres, sur les pans des murailles et les toits d'habitations, en voyant l'eau envahir peu à peu les jardins, se mirent à pousser de tels cris de détresse, que les habitants, réveillés à temps, purent mettre en sûreté leurs personnes et celles de leur famille.

« Ce serait en mémoire de cela que les habitants des campagnes auraient laissé les singes agir avec les fruits de leurs vergers et leurs récoltes de riz comme s'ils étaient leurs copropriétaires.

— Et toi, fis-je à mon brahme, qui habitait la campagne, comment te comportes-tu avec eux ?

— Oh ! moi, fit-il en souriant, je n'ai pas le moyen de nourrir tous ces fainéants comme cela. Pendant plusieurs mois, chaque nuit, j'ai chassé tous ces maraudeurs avec un énorme rotin, et ils ont pris l'habitude d'aller ailleurs ; dès qu'une nouvelle troupe voudra recommencer à élire domicile chez moi, je recommencerai aussi.

Je tenais mon explication, c'était tout ce que je désirais, le respect dont l'entelle-hannouma était entouré avait bien son origine dans un service rendu, la chose ainsi devenait plausible et jusqu'à un certain point naturelle.

La superstition religieuse, en donnant plus tard ce singe comme allié du dieu Vichnou, incarné dans Rama, avait consacré d'une façon indélébile la croyance populaire, et c'est ainsi qu'insulter le singe Annouma, le presbytes entellus, dans l'Inde, est un crime aussi grand que d'insulter le dieu son allié.

A côté de ces motifs, qui sont encore des raisons de sentiment, j'en ai découvert d'autres pendant de longues pérégrinations dans les forêts et les jungles de l'Inde, qui ne sont peut-être pas dénués de valeur.

Un jour que je me rendais à Cuddaloor, village du Carnatique, sur le territoire anglais, à quelques lieues de Pondichéry, je m'arrêtai pour déjeuner au milieu d'une magnifique forêt de banians dont un seul peut mettre à l'ombre un régiment de cavalerie, bêtes et hommes, le fait a été plusieurs fois démontré par les troupes anglaises ou françaises dont ces contrées ont été le champ de bataille, et je le cite parce

Singe macaque. (Page 237.)

qu'il est bien connu, et qu'ensuite il peut donner au lecteur par cet exemple, une image de la splendeur du règne végétal de l'Inde.

Une véritable armée de singes de cette race presbytes entellus, avait établi son domicile, au milieu des branches de ces grands arbres, et c'était un plaisant spectacle que de les voir se livrer à leurs ébats habituels sans nul souci de notre présence.

Les uns rongeaient des racines ou des fruits fraîchement cueillis; d'autres se suspendaient au bout des branches et se balançaient comme des enfants; d'autres se poursuivaient au plus haut du feuillage, s'élançaient à terre avec une vitesse vertigineuse, et remontaient de même dans leur forteresse verdoyante, pendant que les mères, avec des tendresses touchantes, encourageaient les premiers pas de leurs petits ou berçaient dans leurs bras ceux dont les reins n'étaient pas encore assez forts, les membres assez solides, pour se tenir en équilibre sur quelque grosse branche.

Je me disposais à faire la sieste dans mon hamac de voyage, et déjà je m'étais arrangé pour fermer les yeux malgré les cris des entellus et le caquetage des perruches, lorsque tout à coup je vis un singe s'élancer d'un arbre à terre, en poussant une série de cris particuliers; il se précipitait alors sur un serpent qu'il avait aperçu, et d'un vif mouvement l'écrasait contre terre.

Ce fut comme un signal, tous les presbytes annouma se mirent à chercher des serpents, et je les vis en moins d'une heure en tuer une vingtaine sous mes yeux. Le serpent qui se cache partout dans l'Inde, sous le chaume, dans les maisons, les rizières, est le plus grand ennemi de l'Indou. Ne serait-ce pas cette qualité de tueur de serpents, spéciale à cette race de singes, qui aurait fait vénérer à l'Indou son défenseur de chaque jour, le presbytes entellus?

## Presbytes Larvatus.

A côté de l'entellus hannouma, si vénéré des Indiens, nous plaçons le presbytes larvatus ou kahoo, comme le nomment les indigènes de Bornéo, qui l'ont également en très grande affection comme forme générale. Il se distingue peu de l'entellus ; comme lui, il a la face dépourvue de poils, encadrée par une barbe d'un blanc jaunâtre, et le pelage général blanc, il est de mœurs assez douces et très aimé des naturels de Bornéo où il abonde.

La différence des deux singes consiste en ce que le kahoo possède un nez d'une forme singulière, allongé comme une petite trompe et légèrement relevé, ce qui lui a fait donner parfois le nom de singe au nez *retroussé*.

Quelques naturalistes ont prétendu que ce singe se servait de ce prolongement nasal pour se suspendre aux branches d'arbres et s'aider dans sa marche aérienne ; je ne crains pas de donner le plus formel démenti à cette histoire, rapportée sans doute par des voyageurs qui n'ont sans doute jamais vu le presbytes larvatus en liberté.

En Angleterre on est allé jusqu'à l'appeler le singe à trompe ; or ce nom ne saurait lui convenir en aucune façon, sa proéminence nasale n'est qu'une simple curiosité.

Cet animal est très sociable et vit par grandes troupes comme l'entellus. On le rencontre surtout dans l'Inde et à Bornéo.

Celui de l'Inde, ainsi que nous l'avons dit plus haut, a le pelage uniformément blanc; mais cette espèce est rare à Bornéo. Dans cette dernière contrée la robe du presbytes entellus est d'un brun rougeâtre à reflets dorés.

Cette espèce est fort belle, et la douceur de son caractère égale le charme de ses formes.

Elle est très vénérée à Bornéo, où les indigènes racontent à son sujet une légende assez semblable à celle des oies du Capitole.

Bornéo ayant été envahie par les gens de Sumatra, l'armée bornéenne, repoussée dans une première bataille, s'était réfugiée dans un camp retranché qui avait défié tous les efforts de l'ennemi.

Ce dernier, par une ruse, parut abandonner la lutte et se diriger vers la mer comme pour se rembarquer, mais la deuxième nuit de son départ, il revint à marches forcées, pensant surprendre les Bornéens dans une quiétude trompeuse, et s'emparer de leur camp.

Le subterfuge eût réussi, sans une dizaine de kahoo, qui réveillèrent l'armée bornéenne par leurs cris. Les gens de Sumatra, surpris de trouver leurs adversaires sur leurs gardes, attaquèrent faiblement et comme découragés, la fortune tourna contre eux et ils furent taillés en pièces.

Pas un homme de Sumatra ne put regagner son pays, ceux qui furent épargnés furent réduits en esclavage.

Remarquons à ce propos, à titre de curiosité, que chez presque tous les peuples de l'Orient et de l'Asie nous avons retrouvé pendant nos voyages, cette légende d'une armée sauvée par les animaux domestiques qu'elle possédait dans son camp. Tantôt c'est le singe, tantôt le chien, tantôt l'éléphant ou le cheval, tantôt l'oie comme à Rome, qui jouent le rôle de sauveurs, mais le fond de la légende est le même partout.

Cela n'a rien d'étonnant pour qui connaît la composition des armées anciennes, qui traînaient avec elles tout un personnel d'esclaves, de serviteurs et d'animaux de toutes espèces ; et l'on sait qu'au milieu de la nuit, au moindre bruit étranger le chien donnant de la voix, le cheval hennit, l'éléphant gronde ; la similitude des légendes n'indique donc point une légende plus ancienne composée de siècles en siècles et de peuples à peuples, comme cela a eu lieu pour certaines fables, mais bien un fait naturel qui a dû se reproduire souvent, en raison des mêmes circonstances de temps, de mœurs, de coutumes qui le rendent probable.

Quoi qu'il en soit, il ne ferait pas bon, dans l'intérieur de Bornéo, là où les infiltrations d'idées européennes n'ont pu encore faire leur œuvre de destruction du passé, de maltraiter un Kahoo.

## Les pithéciens.

J'ai suffisamment indiqué les caractères généraux et particuliers du groupe des singes, qui est le plus élevé de la classe des mammifères, en tant que par sa forme anatomique il se rapproche le plus de celle de l'homme, et qui forme la famille la plus importante de l'ordre des Primates.

Ils ont, pour me résumer, aux membres antérieurs et plus généralement anx membres postérieurs, un pouce opposable aux autres doigts; leur taille varie depuis celle du ouistiti, plus petit qu'un écureuil jusqu'à deux mètres.

Leur corps maigre est recouvert d'un pelage assez fourni et de couleur variable.

Leur visage est presque toujours dépourvu de poil; quelques-uns n'ont pas de queue, d'autres l'ont fort longue et souvent prenante.

Leur régime, en général, est frugivore, un très petit nombre se nourrit parfois d'insectes.

Les grandes variétés, celles qui se rapprochent le plus de l'homme comme structure anatomique n'ont ni queue ni callosités fessières, ce qui est un signe de supériorité.

Il y a de grandes différences entre eux sous le rapport de l'intelligence, à part le gorille qui est une brute féroce et terrible, incapable de *domestication*, presque tous les autres singes, à des degrés divers, jouissent d'une certaine sociabilité, ils ont de la malice, un grand esprit d'imitation, du goût pour le vol, la rapine; les uns sont graves, d'autres pétulants et vifs. Ils s'apprivoisent facilement, cependant les grands singes ne sont doux et traitables que pendant leur jeunesse; en vieillissant, ils deviennent maussades, farouches, méchants, et finissent, dans la domesticité, par tomber dans une sorte de marasme qui les conduit rapidement à la mort. J'ai, dans les pages qui précèdent, indiqué leurs mœurs, leurs coutumes, leur tempérament; j'ai fait assister le lecteur à mes chasses dans les mafoucs africains, les jungles de l'Inde, les forêts de Bornéo ; je ne pourrais, dans les groupes qui me restent à examiner, que répéter des traits semblables, narrer des aventures similaires et abuser de l'attention du lecteur que je désire conduire le plus rapidement possible, maintenant, dans les solitudes ombreuses habitées par les grands mammifères contemporains des âges disparus : l'éléphant, le rhinocéros, l'hippopotame, etc...

Le reste de mon travail sur les singes va donc se borner à une sorte de classification avec quelques lignes seulement d'explications pour chaque sujet.

Après le gorille, le chimpanzé, l'orang-outang, les gibbons, dont j'ai fait cinq classes à part, je vais sous les noms de Pithéciens, de Macaques, de Cynocéphales, de Cébiens et de Lémuriens, classer les autres singes de l'ancien et du nouveau continent. J'y ajouterai les choptères qui forment le deuxième ordre de la classe des mammifères, et que l'on a longtemps considérés comme des oiseaux.

Au premier rang des pithéciens se trouvent les *colobus* (en grec, κολοβος). Ces singes sont caractérisés par une face nue, un museau court, des mains antérieures dépourvues de pouces et comme mutilées et une queue floconneuse à l'extrémité.

### Colobus ursinus.

Ce singe a été ainsi nommé à cause d'une longue fourrure noire et très fournie qui le fait ressembler à un ours, cela lui donnerait de loin un aspect peu rassurant, si sa taille et sa queue terminée en panache ne venait immédiatement faire connaître au voyageur, le genre d'animal qu'il vient de rencontrer. Ce singe ne se rencontre qu'en Afrique.

### Colobus satanas.

Cet animal, qui habite les mêmes contrées que le précédent, se distingue de son congénère par une fourrure d'un noir de jais et plus longue de moitié au moins que la sienne.

Sa tête est garnie d'une forêt de poils noirs hérissés qui s'avancent sur le front, et lui donnent un air terrible, de là son nom de colobus satanas.

Il n'y a pas d'animal plus doux et plus facile à dresser quand on le prend jeune, la facilité de son caractère et la douceur de ses manières contrastent singulièrement avec son aspect féroce.

### Colobus gueréza.

Le colobus gueréza est un charmant animal natif de l'Abyssinie, qui marie très agréablement dans son pelage le blanc et le noir.

Le sommet de la tête est noir, mais le visage est encadré de blanc.

Il en est de même pour le corps, tout le dos est d'un noir de jais, et toute la pointe de la fourrure qui garnit les reins ainsi que l'extrémité de la queue est du blanc le plus pur.

Il se nourrit de légumes et d'insectes.

La beauté de sa fourrure la fait réserver aux personnages de distinction qui seuls ont le droit de la porter.

### Colobus fuliginosus.

Cette espèce de singes habite l'ouest de l'Afrique, son pelage n'a rien de remarquable, il ne peut point non plus passer pour beau, mais il est d'un caractère si doux, si aimant, il se domestique avec une telle facilité, que les indigènes en font leur compagnon habituel. On ne rencontre pas dans un village indigène, une seule case qui n'ait son singe familier, assis gravement près de la porte, ou sur le point culminant du toit.

### Les Cercopithèques

Les Cercopithèques sont un genre de singes de la tribu des Pithéciens, ainsi nommés à cause de leur longue queue.

Ces singes sont caractérisés par des formes grêles, une queue très développée, un nez peu saillant et un museau très court.

Ils possèdent des callosités fessières et des abajoues. Leur taille varie de quarante à soixante centimètres. Ils sont très doux dans leur jeunesse et s'apprivoisent très bien; mais en vieillissant, sans être méchants, ils deviennent très indociles.

Ils vivent par grandes troupes dans les forêts de l'Afrique, et se font garder par des sentinelles; à l'approche du danger, ils s'élancent dans les arbres et font pleuvoir sur les assaillants une grêle de fruits et de branches d'arbres.

Pendant mon séjour dans les forêts de Mayamba avec l'illustre N'Otooué qui était fort friand de la chair de ces animaux, surtout de celle du singe vert, j'avais presque tous les jours l'amusant spectacle d'une lutte sous bois entre ces animaux et mon guide. L'Africain parvenait toujours à en tuer un pour le souper de la famille et le sien, mais ce n'était pas toujours sans recevoir des éclaboussures; il avait souvent le visage endommagé par les projectiles des singes.

### Cercopithèque mona.

Ce singe se distingue par un pelage marron, le dessus des extrémités noir, et deux grandes taches blanches aux fesses. Très facile à domestiquer.

### Cercopithèque sabœus.

Ce singe est aussi appelé *callitriche*, *singe vert* et singe de Saint-Jacques. Tout le dos et les reins sont verts, sa poitrine est blanche, sa face est noire et le bout de sa queue est jaune. Il est très familier et se dresse aisément.

### Cercopithèque mélarhinas.

Ce singe nommé mélarhinas, à cause de son nez noir, est aussi connu sous le nom de Talapoin; cette singulière appellation lui vient de l'air grave avec lequel il reste assis pendant des journées entières avec l'aspect méditatif d'un Talapoin en prière.

Cette espèce de singes est très commune dans la Haute Asie, le Cambodge, le Siam, le Tonckin.

### Cercopithèque petaurista.

Cet animal reçoit aussi le nom d'*Ascagne* et de singe au nez blanc. On le rencontre par grandes troupes dans les forêts de la Négrétie et dans le bassin du Sénégal.

### Cercopithèque nictitans.

Le nictitans, ou singe au long nez, ne se distingue de ses congénères que par la longueur de son appareil nasal. Sa fourrure est fort belle. Il habite les mêmes contrées africaines que le précédent.

### Cercopithèque cephus.

Communément connu sous le nom de moustac, ce singe est de beaucoup le plus petit de tout son groupe, il est vraiment gentil avec sa mine éveillée, son collier de poil fauve qui lui encadre le visage et la belle fourrure noire qui lui sert de robe; il y en a qui ne sont guère plus gros que les ouistitis. Cette espèce a cela de particulier qu'elle ne s'acclimate pas. Tous ceux qu'on a tenté d'amener en Europe, malgré les soins les plus empressés, au bout de quelques mois sont pris d'une toux violente compliquée de fièvre, sous notre climat meurtrier, la phtisie fait son œuvre avec une rapidité sans égale. Rien n'est plus pénible comme de voir le pauvre petit être passer par toutes les phases d'nne maladie de poitrine : ses yeux, songis par la douleur, semblent vous demander par quelle barbarie on l'a soustrait au soleil bienfaisant des tropiques, aux tièdes effluves des forêts qui l'ont vu naître ?... et quelques jours après on le trouve mort au fond de sa boîte tapissée de coton.

Ce charmant animal reconnaît parfaitement les bons soins qu'on prend de lui, et il a pour tous ceux qui l'approchent des caresses d'enfant. Il habite les rives du Formose en Afrique.

### Cercopithèque griseo-viridis.

Ce singe reçoit généralement le nom de Grivet, son pelage est d'un gris verdâtre très sombre, de là sans doute son nom; il a le ventre et le bout de la queue teintés de blanc.

L'Afrique est sa patrie, il est très connu en Abyssinie.

### Cercopithèque pygerythrus

Son nom vulgaire est *le Vervet;* il offre de grands points de ressemblance avec le Grivet, mais sa fourrure est beaucoup plus foncée, elle est d'un vert presque noir.

Crocodiles se chauffant au soleil.

Ses canines, chez le mâle, sont aussi beaucoup plus longues, et ses lèvres plus fortes.

Cet animal est natif du Sénégal où il est extrêmement abondant; il vit par grandes troupes et presque toujours sur les arbres; il est très agile et vif dans ses mouvements.

Dans la domesticité il est familier, aimant, docile, et fait un excellent compagnon pour les bateleurs qui vont de foire en foire et vivent de son adresse. Il est très imitateur, et quand on possède un de ces animaux, il faut bien se garder de faire quoi que ce soit devant lui, qu'on ne désire pas lui voir accomplir. Je vais à cet égard citer un fait aussi amusant que curieux, qui s'est passé sous mes yeux.

Pendant mon séjour à la côte de Mayamba, je logeais chez une vieille dame de Saugunlà, qui se prétendait d'origine portugaise, et répondait au prénom de dame Inès, suivi du nom ronflant de Corvajol; elle possédait un de ces vervets qui était bien la bête la plus malicieuse, la plus charmante et la plus fine qui se puisse voir.

De mon côté je possédais un bel ara vert et rouge du Brésil, qui chantait tous les couplets en vogue, comptait jusqu'à dix sans se tromper, imitait le coq, les aboiements du chien, et le bruit de la trompette, bref, un ara savant comme un maître d'école, je n'attendais qu'une occasion pour l'expédier à ma famillle en Europe.

Singe et ara vivaient en assez bonne intelligence, le vervet de temps à autre arrachait bien une plume à l'ara, et ce dernier ne se gênait guère pour riposter par un coup de bec, mais jusque-là rien de grave n'était venu troubler leur bonne harmonie.

Maintenant que j'ai présenté tous mes personnages, passons au drame.

Je ne dînais point chez dame Inès, qui se bornait à me confectionner tous les matins une tasse de chocolat avec des tortilles de maïs qui étaient, ma foi, succulentes; un jour cependant je cédai à ses instances, et il fut décidé que le soir même je goûterais une olla podrida dans la confection de laquelle elle se prétendait passée maître.

Ayant dans la journée trouvé à acheter deux magnifiques pintades, je les lui apportai pour qu'elle les adjoignît dans la marmite aux *garbanjos*, au petit lard, aux saucisses et à la pièce de bœuf qui mijotaient déjà sur le feu.

Dame Inès tua proprement les deux volailles, les pluma, les troussa dans les règles de l'art, et les déposa dans le bouillon déjà parfumé qui chantait dans le pot-au-feu, puis ayant appris que le *carniero* avait tué un mouton, elle courut, en me confiant la garde de la maison, pour acheter un beau carré de poitrine... Jamais sous le ciel des Espagnes y compris le Portugal, on n'avait vu une pareille olla podrida.

C'est le pot-au-feu, le plat national de tous ceux qui sont nés dans la péninsule Ibérique, et il faut bien se garder de traduire, comme le faisait un de mes amis, olla podrida, par perdrix à l'ail. L'olla podrida est une manière de pot-pourri, qui consiste à faire bouillir dans de l'eau avec du sel et des piments, toutes les viandes connues avec tous les légumes possibles, mais il n'y a pas d'olla podrida sans garbanjos.

Connaissez-vous les garbanjos?

Non! Alors vous n'êtes pas digne d'habiter le monde civilisé.

Que deviendrait-on, mon Dieu, s'il n'y avait plus de garbanjos.

Les garbanjos sont des...

Mais je renonce à les décrire, demandez cela à un Espagnol.

Cependant pour les autres peuples, je m'en vais vous dire ce que cela est :

Si le garbanjo était allongé au lieu d'être rond.

S'il était blanc au lieu d'être jaune.

S'il était tendre, au lieu de rivaliser avec les balles de revolver.

Il pourrait jouer tout bonnement le rôle d'un haricot de Soissons de troisième ordre.

Mais comme le garbanjo n'est ni allongé, ni blanc, ni tendre, il reste garbanjo *for ever*, et c'est là son mérite.

Mais n'allez jamais en Espagne si vous n'aimez pas les garbanjos.

Comme la Tia restait longtemps chez le boucher, la bonne dame s'arrêtait des heures quand elle trouvait à qui parler, je m'assurais que l'homérique pot-au-feu ne risquait rien, que son ébullition était égale et je m'en fus faire un tour de promenade sur les bords de la mer, en recommandant au négrillon seul serviteur de l'établissement de ne pas quitter la case.

Je n'y étais pas depuis un quart d'heure, que le gamin vint me chercher, tout essoufflé et les traits décomposés. Que se passait-il donc?

Dans l'impossibilité d'obtenir un éclaircissement, je rentrai en toute hâte au logis, et je restais comme pétrifié de stupéfaction devant le spectacle étrange *qui s'offrit à mes yeux* comme on dit dans les vieilles tragédies.

Le singe de dame Inès avait plumé mon ara tout vif, et il s'efforçait malgré les coups de bec qu'il en recevait, de l'introduire dans le pot-au-feu en compagnie des garbanjos.

La vue de sa maîtresse plumant les pintades avait subitement éveillé ses instincts de cuisinier.

### Cercopithèque cynosurus.

Ce singe appelé aussi le Malbranc, forme l'intermédiaire entre les Pithéciens et les Cynocéphales, son pelage est noir, il habite les îles Célèbres.

### Cercopithèque ruber.

C'est un singe à toison rouge que l'on nomme aussi le Patas. Il est originaire de l'Afrique, et est très commun dans les contrées de l'ouest, notamment au Sénégal.

### Cercopithèque diana.

Cette espèce de singe est remarquable par la beauté de sa fourrure, qui a des nuances blanches autour de la tête et du cou, châtoyante comme la lumière argentée de la lune, de là son nom de Diana, un des noms mythologiques d'Hécate. On trouve ce singe dans tout le Congo et dans les forêts qui avoisinent le golfe de Guinée.

### Les Macaques.

Les Macaques forment un groupe intermédiaire, entre les Pithéciens et les Cynocéphales. Ils diffèrent des premiers par la forme de leurs museaux plus gros et plus prolongés, et des Cynocéphales, par leur museau beaucoup plus court.

Leurs lèvres sont minces, leurs abajoues sont très développées, leur corps épais et trapu.

Ils ont les membres robustes, le cou court, la tête grosse, cinq doigts à chaque main, et des callosités fessières très développées, les uns ne possèdent pas de queue, d'autres en ont de très développée.

Ils sont très dociles, très doux, et d'une adresse et d'une sagacité sans pareilles.

Les Macaques forment plusieurs genres :

Les Macaques proprement dits.

Les Mangabeys.

Les Magots.

Les Cynopithèques.

Les Macaques se divisent en trois sections.

1° Les espèces à longue queue qui renferment:

### Le Macaque cynomologus.

Qui habite l'Inde, Ceylan et la haute Asie.

### Le Macaque sinicus.

Appelé vulgairement le *Bonnet chinois* à cause de sa coiffure. Originaire du Bengale dans les forêts du Réar.

### Le Macaque rhésus.

Assez semblable à l'Entellus Annouma, et habitant les mêmes conrées de l'Inde.

### Le Macaque toquc.

Qui n'est qu'une variété du Sénicus.

2° Les espèces à queue moyenne qui renferment :

### Le Macaque silenus.

Appelé encore le Macaque à crinière, et par les indigènes l'Ouanderou, comme les autres, il est originaire de l'Inde; et est susceptible d'une grande culture.

### Le Macaque erythrœus.

Appelé encore Blésus à queue moyenne, habite l'Inde.

3° Les espèces à courte queue qui renferment :

### Le Maïmou.

Ou singe à queue de cochon, habite l'Inde.

### Le Macaque ursinus.

Ou Ursin, originaire des forêts de la côte du Coromandel.

### Le Macaque speciosus.

Ou singe à face rouge.

### Le Macaque niger.

Ou singe noir. Ces deux derniers sont très communs dans les forêts du Carnatique, dans le sud de l'Inde; ils sont très familiers, viennent se promener par troupes près des habitations, et vivent côte à côte avec les écorceurs de cannelle, les forestiers, et en général avec tous les indigènes que leurs métiers forcent à habiter les forêts. Sur la côte malabare, ils sont entourés d'un respect presque égal à celui que les Indous professent pour le singe Annouma.

### Les Cynocéphales.

Pendant la grande guerre de Ceylan, les Macaques passent pour avoir été les serviteurs des singes guerriers commandés par Annouma.

Les Cynocéphales sont caractérisés par des abajoues et un museau très allongé tronqué à l'extrémité; leur crêtes sourcillières sont très développées et s'élèvent au-dessus des yeux, de façon que le front se trouve entièrement effacé, ce qui les fait ressembler à des chiens; de là leur nom de Cynocéphale (tête de chien). Leur queue est de longueur médiocre, et leurs fesses sont calleuses.

Leur patrie est l'Afrique; ils sont très intelligents, assez sociables mais malfaisants.

Ils deviennent farouches en vieillissant.

Ce sont des Cynocéphales que l'on voit représentés dans les bas-reliefs égyptiens.

Voici les noms des principaux : le Mandrille à face bleue, au nez rouge et à la langue barbue.

Le Babouin au pelage jaune verdâtre et à face noire.

L'Hamadryas ou Tartarin à face couleur de chair, orné d'une longue crinière.

Les Papians, Cynocéphales de petite taille, répandus en Afrique et en Arabie.

Le Cynocéphale porcarius, ou singe à museau de porc.

## Les Cébiens.

Les Cébiens ou Sapajous sont les singes du nouveau continent. Ils ont vingt-quatre dents de lait, de trente-deux à trente-six dents, une queue prenante, les narines écartées, et pas de callosités fessières. Ils sont tous très intelligents, très sociables et très doux.

Les principaux genres sont : les Sajous, les Triades, les Alèles, les Barbons, les Callitriches, les Lagotriches, les Saïmiri, les Nictipithèques, et les Saki. Les Jacchus vulgaris, Adipus, et Rosalia.

## Les Lemuriens.

Pour mémoire seulement je classe les Lemuriens, appelés aussi faux singes ; ce sont des animaux nocturnes à museau allongé, et ne soutenant que des rapports éloignés avec les singes. Voici les principaux groupes de ces animaux Lemur Macâco, —L. Catta, — L. l'Albifrans, — L. Ruber, — Diadema, — Loris gracilis — Nicticebus javanicus, — Indris laniger, — Gelago minor, — Tarsitus spectrum — Gelago Moholi. — Cheiromys madagascariensis, — Galeo pithecus volans.

Éléphant d'Afrique.

## L'ÉLÉPHANT D'AFRIQUE

**Elephas africanus.**

Je suis heureux, je l'avoue, d'avoir à parler de l'éléphant, d'abord pour rendre hommage à un vieil ami qui, pendant quatorze années de courses aventureuses autour du monde, m'a rendu les plus signalés services, et ensuite parce que je tiens à accomplir une œuvre de justice en *replaçant* au premier rang dans la nature, le plus noble, le plus intelligent et le plus fidèle animal qui existe sur notre globe.

Le véritable roi des animaux c'est l'éléphant, et non le lion, et il n'est pas nécessaire de faire une révolution scientifique, pour enlever à ce dernier sa couronne et le faire descendre de son trône usurpé.

Nul être vivant, pas même l'homme aidé des moyens d'action que son industrie lui a procurés, ne pourrait triompher de l'éléphant par la force.

Il n'est pas d'entrave qui lui résiste, pas de cage ou de prison où on le puisse faire entrer s'il n'y consent.

On peut le tuer avec des engins de guerre, le faire tomber dans une fosse où on le fait périr avec des flèches empoisonnées, en lui tendant des embuscades... On ne le soumet pas sans sa volonté, il ne s'apprivoise point comme d'autres animaux, par la force de l'habitude et des privations... il faut le civiliser par la raison.

Le fauve dont on se rend maître a des retours à la vie sauvage ; il faut le garder dans des lieux bardés de fer, puis un beau soir, sous les feux de la rampe, un éclair lui passe dans l'œil, il voit rouge; au lieu de sauter dans le cerceau que lui tend le saltimbanque belluaire, il s'élance sur lui et le met en pièces devant la foule abrutie par l'épouvante.

L'éléphant qu'on civilise ne songe plus aux jungles où s'est écoulée sa jeunesse ; libre, il ne s'enfuit pas au désert, il n'a pas la nostalgie des grands bois et des vastes plaines où il pâturait jusqu'au ventre ; l'homme l'attire, il devient son ami fidèle, le compagnon de ses travaux.

Je l'ai rencontré à Ceylan, sur les longues routes poudreuses de l'Indoustan, sur les marchés de Bénarès, dans les jungles, dans les forêts de la Birmanie et de l'Indo-Chine, dans les vastes solitudes de l'Afrique australe, partout, je l'ai vu meilleur que l'homme qui l'exploite dans sa force et sa bonté, ne demander pour les services qu'il lui rend qu'un peu d'affection et des bons traitements.

On n'a qu'une chose à craindre de lui : son vaste cerveau est sujet à cette étrange et mystérieuse maladie des civilisés... la folie. Alors il ne connaît plus personne, n'a plus conscience de lui-même, et comme on ne peut lui mettre la camisole de force, il faut, cela est arrivé à Genève, il y a quelques années, l'abattre à coups de canon.

Mais qu'on se rassure, les cas de folie furieuse sont tellement rares qu'on les cite; le plus souvent, quand le pauvre animal perd la raison, il se retire dans quelque coin de l'habitation, refuse toute nourriture, et succombe au bout de quelques jours, sans que rien puisse le soustraire à la maladie noire qui l'emporte.

Dans ce cas, les Indous disent dans leur poétique langage, qu'il est mort « le cœur brisé. »

Avec cet admirable quadrupède, il faut rayer le mot d'instinct de notre langue, car il se souvient, comprend, raisonne, associe ses idées, et accomplit ces deux opérations de *comparaison* et de *jugement* qui sont la base même de l'intelligence.

En vérité, soit comme force brutale, soit comme force intellectuelle, quelle piètre figure ferait le lion en face d'un pareil adversaire !

N'en déplaise à Aristote, qui, je crois, a sacré le lion roi des forêts, ce dernier se voit arracher sa royauté par la science moderne. Son courage n'est qu'une férocité aveugle et irraisonnée, sa générosité n'est qu'une fable des naturalistes de l'école de Buffon. On l'avait sacré roi, il fallait lui octroyer des qualités royales.

Cruel et stupide, ce félin ne doit pas être placé comme intelligence au-dessus du tigre ou de la panthère. On ne se paie plus de légendes et l'écrivain grec et M. de Buffon seraient bien étonnés, s'ils pouvaient voir non seulement leur lion détrôné, mais encore tout le passé de ruines que l'esprit moderne laisse derrière lui dans son ascension rapide vers le progrès, par l'examen, la critique et la raison.

Oui, au point de vue de l'intelligence, l'éléphant occupe bien après l'homme le premier rang dans la nature, et nous pouvons affirmer que nul animal, pas même le plus perfectionné des anthropomorphes, ne peut lui disputer cette place aujourd'hui scientifiquement conquise.

Quelques mots d'histoire naturelle d'abord, bien que je n'aie pas l'intention de m'attarder dans la science pure, ce que je n'ai du reste point fait jusque-là ; il faut, pour que mon étude soit complète, que l'on connaisse la place qu'occupe mon héros dans l'universelle classification des êtres.

Son non vient du grec Ελέφας — Éléphas — il appartient à la classe des vertébrés, genre des mammifères ou animaux portant mamelles, de l'ordre des proboscidiens ou animaux pourvus de trompes, du grec προβοσχις — proboskis — trompe.

Cet ordre de proboscidiens ou porteurs de trompe, n'est plus aujourd'hui représenté que par l'éléphant ; on lui rattache, dans la classification scientifique, les grands fossiles disparus, des premiers temps de la période quaternaire, tels que lés mastodontes, les dinothériums, les mammouths, dont on a retrouvé des troupeaux entiers, conservés depuis des millions d'années dans les glaces de la mer Blanche.

Il existe plus de dix espèces de ces éléphants fossiles, et les fouilles géologiques n'ont pas encore dit leur dernier mot.

Qui nous dira quel mouvement géologique ou sidéral a causé le cataclysme. qui, des vastes forêts de l'Asie, a refoulé ces animaux vers les pôles et les a encastrés au milieu des glaciers, qui, depuis des millions d'années, n'ont point rendu leur eau à la circulation terrestre ?

Mystère profond, qui se rattache aux mouvements périodiques de notre globe que l'on suppose sans les pouvoir expliquer, car entre deux périodes d'action, des civilisations, des générations de peuples disparaissent sans que leur souvenir survive autrement que par des fables inexpliquées, aux cataclysmes partiels qui les ont enfouis dans l'oubli...

Les savants dont c'est le métier, nous apprennent que la trompe de l'éléphant n'est qu'un simple prolongement du nez ; dans tous les cas, c'est un nez prolongé d'une terrible force et d'une merveilleuse délicatesse, car il sert à son propriétaire pour accomplir, tantôt les travaux les plus rudes, exigeant un énorme développement de force, tantôt les ouvrages les plus minutieux qui ont surtout besoin d'adresse et de dextérité.

De sa trompe, l'éléphant assomme un rhinocéros, ou cueille une *bête à bon Dieu* sur la pétale d'une fleur.

Il possède deux longues incisives qui atteignent parfois plus d'un mètre de développement en dehors de la bouche ; elles ont reçu le nom de défenses, parce qu'à l'état sauvage il s'en sert pour terrasser ses ennemis.

Le reste de sa dentition, très simple, et uniquement appropriée au régime végétal, se compose d'une ou deux paires de molaires, sortes de lames osseuses enveloppées d'émail et maintenues par la substance corticale. A mesure qu'elles s'usent, les molaires postérieures s'accroissent d'arrière en avant et viennent les remplacer, ce qui fait que, suivant son âge, l'animal possède une ou deux molaires de chaque côté de la mâchoire.

Comme le singe et l'homme, il n'a que deux mamelles pectorales et cinq doigts à chaque pied.

La plante de son pied forme une énorme pelotte très fibreuse, très résistante et en même temps très élastique, qui empêche les doigts de fléchir sous l'énorme masse de son corps.

Nous ne possédons plus aujourd'hui que deux espèces d'éléphants :

L'éléphant africain, ou éléphant d'Afrique;

L'éléphant indien, ou éléphant des Indes.

L'éléphant des Indes a la tête doublement bombée, les oreilles petites et des molaires présentant des ellipses allongées et des bords.

L'éléphant d'Afrique a la tête simplement bombée, les oreilles grandes et des molaires offrant des losanges d'émail.

Il est généralement plus petit que son congénère asiatique, on le prétend aussi moins intelligent et moins sociable ; nous sommes loin de partager cette opinion, quand on donne en effet pour la soutenir l'exemple de l'abandon dans lequel le laissent les Africains qui n'essayent pas, dit-on, de le domestiquer, sous prétexte qu'ils ont reconnu la chose impossible, ou oublié trop légèrement qu'il n'en a pas toujours été ainsi.

En effet, les éléphants d'Annibal ont montré que les Carthaginois savaient admirablement les dresser soit à la guerre soit aux ouvrages de la vie civilisée.

Les victoires d'Héraclée et d'Asculum que Pyrrhus, roi d'Épire, gagna sur les Romains ne furent dues qu'à la terreur qu'inspirèrent les éléphants de guerre qu'il tirait de la côte africaine, aux soldats de Rome.

Les éléphants gladiateurs que l'on vit plus tard à Rome sous les empereurs, descendre dans les cirques et combattre à la pique et à l'épée, hommes et bêtes, avaient la même provenance.

Devant les chasses qu'on lui a faites, l'éléphant s'est retiré du Soudan et de la Nigritie ; il a fui vers les grands lacs de l'intérieur, et s'est répandu dans le Congo, le Mozambique et les autres contrées de l'Afrique centrale, dont les profondes solitudes ont longtemps favorisé son développement et sa vie paisible.

Puis, là comme ailleurs, la civilisation a fait son œuvre, la civilisation qui détruit tout, bouleverse tout dans la nature au profit de l'homme. Les marchandises des blancs sont venues tenter les nègres d'Afrique, et ils se sont mis à traquer le géant des forêts, le poursuivant, le détruisant par tous les moyens en leur pouvoir, pour se procurer son ivoire qui sert à leurs échanges, et ils ne se sont plus inquiétés de l'attirer à eux par de bons traitements, n'ayant plus à lui demander en retour des services dont ils n'avaient que faire.

Une dent d'éléphant rapporte plus à ces brutes, en rhum, en étoffes, en poudre qu'une année de travail, et l'Africain aime mieux tuer l'éléphant que d'en faire son compagnon et de travailler avec lui.

Il n'y a donc rien d'étonnant à ce que l'éléphant d'Afrique soit en apparence moins susceptible de civilisation que celui d'Asie.

Il y a des hérédités qu'on ne saurait nier et il est logique de penser que l'éléphant, traqué depuis cinq ou six siècles, soit habitué à fuir le voisinage de l'homme, et à considérer ce dernier comme son ennemi.

Tous les animaux du reste, même ceux d'une intelligence bien moindre, sont ce que les font les hommes, suivant les contrées qu'ils habitent.

Voyez le corbeau : chez nous il vit par bandes, ne se laisse pas approcher, et à la moindre alerte, s'élance très haut dans les airs... Pourquoi? parce que l'homme ignorant comme toujours des services que peuvent lui rendre les animaux qui vivent autour de lui, l'a toujours proscrit, poursuivi, tué, pour l'unique plaisir de détruire cette bête entre toutes.

Voyez au contraire cet animal dans l'Inde, où la loi et les mœurs le protègent d'une façon absolue, car il est le grand voyer du pays: il devient si familier qu'il ne quitte pas les balustrades des terrasses, entre dans votre salle à manger pour ramasser les miettes, pénètre dans la cuisine où il goûte aux plats avant vous, et s'en va tranquillement picorer avec les poules à l'heure de la pâtée.

J'ai vu quelquefois les domestiques indigènes les repousser doucement du pied pour défendre leur carrey, et maître corbeau, sans quitter la place, faire respecter son droit de cité à coups de bec et d'aile.

Il est incontestable que le peu de sociabilité de l'éléphant actuel de l'Afrique, est dû aux chasses nombreuses dont il a été l'objet, et à la brutalité des populations qui l'entourent.

Un exemple va achever de le prouver.

Autrefois, le meurtre de l'éléphant, dans l'Inde, était puni de mort ; depuis que les rajahs et les brahmes ont perdu leur puissance, et que le gouvernement de leur pays est passé aux mains des Européens, ces derniers, les Anglais surtout, ne se font pas faute de poursuivre les éléphants, et à tous les plaisirs intelligents déjà inventés par eux, tels que les courses de chevaux, la boxe, les combats de coqs, de dogs, les massacres de pigeons, les citoyens d'Albion ont ajouté le *sport de l'éléphant.*

Hurrah! pour les braves gens. Ils se font construire de solides abris sous bois, sur le passage que suit habituellement un troupeau d'éléphants qui se rend à l'abreuvoir, et de leur blockhaus, élevé sur quelque multipliant inaccessible ou entre les branches d'un banian séculaire, caché par un épais feuillage, ils tirent sans danger avec des cartouches explosibles sur les éléphants qu'ils ont pu viser à loisir et sans danger.

J'ai connu à Ceylan un major anglais qui se vantait d'en avoir tué par ce moyen plus de deux mille en vingt ans, je ne pus pas m'empêcher de le regarder avec dégoût, la première fois que je l'entendis se faire honneur de cet exploit aussi lâche que brutal.

Pourquoi cette stupide dépopulation d'un animal si utile, et qui ne demande qu'à vivre côte à côte avec l'homme, en le servant et en accomplissant pour lui la portion la plus rude de ses travaux?

Toujours est-il que les Anglais à Ceylan et dans l'Inde, imitent sous prétexte de chasse, la barbarie des noirs du Congo et du Mozambique.

Eh bien! il est un fait que l'on a parfaitement constaté, c'est que depuis un siècle environ l'éléphant sauvage, dans l'Inde, s'est retiré beaucoup plus loin des centres habités et qu'il devient de jour en jour plus difficile de l'aborder.

Depuis quelques années, cependant, les Anglais les ont dressés pour la guerre à l'imitation des rajahs ; ils les ont divisés en escouades avec des chefs de files qu'ils connaissent et auxquels ils obéissent aveuglément.

Ils servent spécialement à l'artillerie et rendent les plus grands services.

Partout où, au lieu de bêtes de somme, il faut des porteurs intelligents, cet admirable animal est là pour suppléer l'homme et lui prêter le concours de sa force colossale.

Aujourd'hui qu'ils ont pu aprécier les services que rend l'éléphant, pourquoi les Anglais ne proscrivent-ils pas le meurtre de ce brave et fidèle serviteur ?

Mais c'est affaire à eux, et vous persuaderez difficilement à un Anglais que la vie d'un animal puisse compter pour quelque chose devant son plaisir.

Quelques mots encore sur l'éléphant d'Afrique, je glane dans les souvenirs d'un voyageur.

J'ai déjà parlé à propos du gorille du voyage que je fis il y a quelques années à Mayamba sur la côte de l'Afrique centrale, et j'ai conté comment un négociant près duquel j'étais crédité, m'avait procuré comme guide le plus grand chasseur d'éléphants de la contrée, l'illustre N'Otooué, qui chaque année venait en échanger à son comptoir une dizaine contre les produits d'Europe, poudre, verroterie, rhum, fusils, pagnes, dont les noirs sont si friands.

Je cherchais alors avec ardeur, on s'en souvient, l'occasion de tuer un gorille qui manquait à ma collection, aussi j'avais accepté avec empressement, l'offre que le chasseur m'avait faite de me conduire au milieu des forêts impénétrables de la contrée jusqu'aux grands villages de la nation des Fans à laquelle il appartenait.

Il m'avait averti que, pendant le cours de cette excursion, nous étions exposés à rencontrer plutôt des éléphants que des M'Ourb hs, c'est ainsi qu'il appelait le grand singe qui semble avoir limité son séjour dans les lieux qui s'étendent du Congo à l'Équateur.

Nous partîmes, et pendant le voyage, il me fut impossible d'apercevoir le moindre gorille.

J'ai déjà narré avec tous les détails de la situation comment chaque soir nous nous retirions dans quelque village nègre, quand nous pouvions en rencontrer sur notre route, et comment chaque matin nous repartions avec une nouvelle ardeur, pour rentrer le soir avec la même déception.

N'ayant au début de cet ouvrage à ne m'occuper que du grand singe africain, j'ai à dessein laissé dans l'ombre la description et le récit de tous les événements qui ne s'y rapportaient pas directement et qui devaient cependant trouver leur place lorsque j'aurais à m'occuper d'autres animaux.

C'est ainsi que j'ai conservé pour cette partie de mon livre tout ce qui pouvait se rapporter aux éléphants.

Un soir, comme nous revenions au campement harassés de fatigue, mon Africain lui-même se servait de son grand arc de chasseur comme d'un bâton pour alléger sa marche, la course avait été longue, nous avions parcouru de vastes étendues de forêts et de marécages, et le retour était d'autant plus pénible que nous n'étions plus soutenus par l'espoir d'une rencontre avec l'introuvable animal que nous cherchions.

La nuit venait et les ombres qui couronnaient et estompaient les sommets des banians et des grands palmiers de Guinée (Elois Guinensis) nous annonçaient qu'il allait devenir dangereux de s'attarder trop longtemps sous bois.

LIV. 32. 32

Ils servent à l'artillerie et rendent les plus grands services. (Pages 247.)

Tout à coup mon guide m'arrête d'un geste.

— Écoute, me dit-il.

Je prêtai l'oreille, mais à travers les mille bruits indéfinissables de la forêt je ne perçus que quelques cris lointains de chacals qui commençaient à sortir des fourrés pour quêter leur nourriture.

Le chacal est si commun dans les déserts de l'Afrique australe que mon compagnon ne m'avait sans doute pas arrêté pour si peu. Ses sens dlus exercés que les miens, devaient percevoir sans doute quelque bruit étrange qui ne parvenait pas jusqu'à moi.

Après quelques minutes d'une attention soutenue, pendant lesquelles son visage sembla indiquer qu'il éprouvait un étonnement mêlé d'une certaine anxiété, il se décida enfin à parler.

— Il y a beaucoup d'éléphants en avant de nous, tout un kraal sans doute, me dit-il.

Le mot kraal signifie village, et par extension tribu.

— A quoi peux-tu reconnaître, lui répondis-je, la présence de ces animaux ?

— J'entends leurs cris, marchons doucement pour ne pas éveiller leur attention.

Je continuai à ne rien entendre, mais toute recommandation de cette nature a trop d'importance dans la forêt vierge, pour qu'on ne s'y conforme pas immédiatement... Je hâtai le pas en retenant mon souffle.

N'Otooué avait raison ; au bout de quelques instants, les cris qu'il venait de me signaler me parvinrent assez distinctement pour que je puisse sans hésiter, moi aussi les attribuer à des éléphants.

Mon Africain était devenu soucieux.

— Ce n'est pas un campement de ces animaux que nous allons rencontrer, fit-il à voix basse... regarde.

Nous étions parvenus à l'extrémité d'une clairière assez vaste... des tas d'ossements et de défenses d'éléphants gisaient de tous côtés, les uns à demi couverts par l'herbe et la mousse, les autres revêtus de lambeaux de chair desséchée.

Une odeur nauséabonde qui venait de deux énormes corps en putréfaction, affectait désagréablement mon odorat.

— Quel est ce lieu ? dis-je à mon guide.

— C'est un cimetière d'éléphants, me répondit N'Otooué d'un air mystérieux en donnant à sa voix une intonation singulière... Écoute, les cris redoublent, les éléphants conduisent peut-être quelqu'un des leurs au charnier.

Ce n'était plus des cris que nous entendions, mais des hurlements plaintifs et prolongés qui faisaient retentir, à intervalles inégaux, les arceaux de la forêt.

Nous nous cachâmes dans un fourré, et voilà l'étrange spectacle qui se déroula sous nos yeux.

Une dizaine d'éléphants parurent tout à coup, à l'autre extrémité de la clairière, au milieu d'eux marchait péniblement un colosse affaibli par l'âge et la maladie; pour l'engager à se presser, ses camarades le frappaient à coups redoublés de leur trompe, le malheureux se rendait ainsi accompagné au cimetière de ses congénères, il employait ses dernières forces à venir se coucher sur le lit de mousse séculaire qui avait déjà vu blanchir les os de ses ancêtres.

Quand ce pauvre animal qu'on était obligé de soutenir de tous côtés, parut être arrivé dans un lieu favorable, ses gardiens l'abandonnant, lui imprimèrent une légère poussée, et le géant des forêts qui depuis deux siècles peut-être se promenait à l'ombre des siens, des banians et des tamariniers tomba en poussant un dernier hurlement plus éclatant, plus douloureux que les autres, puis il commença à râler, la mort approchait, et de tous côtés les aras, les merles métalliques, et les petits singes noirs qui s'étaient déjà installés sur la branche où ils devaient passer la nuit, fuyaient en poussant des cris pleins de frayeur, pendant que les chacals faisaient entendre leurs glapissements joyeux dans les buissons... ils ne devaient pas attendre que le pauvre animal fût mort pour commencer à le dévorer.

Au moment où les éléphants se retiraient, une imprudence de N'Otooué nous fit apercevoir dans un coin de la clairière où nous nous étions abrités, et sans hésiter, ils fondirent sur nous.

— Nous sommes perdus, fit mon Africain qui n'était brave en face de ces terribles animaux, que quand il pouvait leur décocher ses longues flèches empoisonnées dans une fosse habilement dissimulée, où il avait fait tomber quelque imprudent.

— Que faut-il faire? lui demandai-je rapidement.

— Envoie-leur un coup de carabine, cela pourra les effrayer, me cria-t-il en se sauvant à toutes jambes.

Il n'y avait pas à hésiter, j'exécutai la prescription du guide, je m'avançai de quelques pas et je tirai dans la direction des animaux sans prendre la peine de les viser. J'avais calculé de m'élancer sur un arbre voisin, si je venais à manquer mon effet.

L'explosion de mon arme ébranla l'espace, le troupeau d'éléphants s'arrêta subitement et se retournant de même, disparut avec la vitesse de la pensée dans les profondeurs de la forêt.

Quand N'Otooué vint me rejoindre, il chercha à me prouver effrontément qu'il ne s'était enfui que dans mon intérêt.

— Rien, me dit-il avec un sang-froid imperturbable, n'aurait pu retenir les terribles animaux, s'ils avaient reconnu le grand chasseur d'éléphant, c'est pour cela que je me suis caché.

Il n'y avait rien à répondre, je me permis cependant de lui rire au nez pour lui montrer que je n'étais pas dupe de sa hâblerie.

Nous rentrâmes au campement, en nous entretenant de l'aventure dont nous venions d'être les témoins, et mon guide m'affirma que toutes les stations d'éléphants avaient aussi leurs cimetières où ils conduisaient leurs mourants à coups de trompe pour débarrasser leur kraal des émanations des cadavres en putréfaction.

Quand un des leurs vient à périr de mort subite, ils le traînent jusqu'au lieu ordinaire de leur sépulture.

N'Otooué, ce soir-là, était en veine de récits et on doit penser que j'en profitais pour le mettre à contribution. On ferait un volume avec les choses merveilleuses qu'il me conta, et je pus m'assurer que l'éléphant d'Afrique avait les mêmes mœurs, les mêmes habitudes que celui de l'Inde.

Comme lui, il vit en société, il reconnaît des chefs auxquels il obéit aveuglément.

Cette société a des lois parfaitement définies.

Les anciens seuls qui exercent l'autorité, ont le droit de faire changer le campement de leur kraal, lorsque la nourriture commence à manquer dans les pays que les éléphants habitent.

Ce sont eux également qui distribuent à chacun sa part dans la récolte commune de fourrages, de racines et de fruits.

On commence par servir les jeunes éléphants qui ne tettent plus, puis les mères, puis enfin les mâles.

N'Otooué me l'affirma pour l'avoir vu cent fois, on réserve pour les vieillards les herbes et les fruits les plus tendres, et ce n'est que quand ils sont servis que les autres reçoivent, à leur tour, la part qui leur revient.

J'ai pu depuis dans diverses excursions que je fis avec le chasseur indigène, m'assurer de l'exactitude de ses assertions.

Chose bien remarquable, tous les petits sont élevés en commun, et bien que les mères connaissent parfaitement leur progéniture, elles donnent le sein indifféremment à tous les enfants du même kraal, quand le leur est rassasié bien entendu.

On a prétendu que si on enlevait pendant quelques jours un jeune éléphant qui vient de naître à sa mère, cette dernière ne le reconnaîtrait plus, au milieu de tous les petits du troupeau, et certains naturalistes partant de ce fait ont nié l'intelligence de l'éléphant.

Je déclare ce fait absolument faux, et je le prouverai par la suite, mais en admettant pour un instant la possibilité de son existence, il me paraît difficile de s'en servir contre l'éléphant seulement.

Enlevez à une femme son enfant, quelques heures après sa naissance, au bout de cinq ou six jours, conduisez la nouvelle accouchée dans une salle au milieu de cinquante à soixante bébés du même âge, et dites-lui de reconnaître le sien... elle en sera parfaitement incapable, qu'est-ce que cela prouve?

L'éléphant a ses détracteurs en histoire naturelle, j'aborderai plus tard ce côté de la question, et je réunirai dans un passage spécial, toutes les attaques dont cet animal a été l'objet de la part d'écrivains ignorants ou prévenus, et j'y répondrai par des faits indiscutables.

A la moindre alerte, les chefs poussent un cri bien connu de leurs compagnons, aussitôt les petits dirigés par les mères sont placés au centre, ces derniers les entourent et les mâles composent la dernière barrière, et soit qu'on attende le choc de l'ennemi, soit qu'on se mette en marche, on n'abandonnera plus cette position.

Quelquefois, dans les vastes solitudes du Lualuba deux partis opposés d'éléphants s'abordent, la lutte est terrible, les arbres volent en éclats, comme de faibles roseaux, la forêt retentit des cris des combattants, les blessés et les morts jonchent le sol, quelques mâles survivants se sauvent au plus épais des bois, et les vainqueurs adoptent les enfants et les femelles des vaincus.

Des punitions sont administrées par les chefs aux esprits insoumis, et il n'est pas rare de voir un jeune éléphant saisi par des anciens, recevoir en criant comme un écolier une série de coups de trompe qui sont toujours le prix d'un acte d'insubordination.

En marche, quand le kraal change de station, de cent, deux cents lieues même du séjour qu'il abandonne, les éléphants campent tous les soirs dans la même position qu'ils adoptent pour la route ou le combat, mais ces précautions ne leurs suffisent pas, ils placent aux avant-postes un certain nombre d'entre eux qui leur servent de sentinelles avancées.

Les chefs qui dirigent le troupeau vers le point inconnu où toute la tribu va s'établir, choisissent toujours ces campements du soir avec une rare intelligence; il y a toujours à quelques pas de là un ruisseau d'eau douce et de l'herbe verte pour le repas.

Il est une époque de l'année, celle du rut, où l'autorité des anciens supporte de rudes atteintes et parfois même est entièrement méconnue; les femelles quittent le kraal et s'en vont errer sous bois en compagnie des jeunes mâles qu'elles attirent sur leurs pas... mais ce n'est pas tout que de suivre les coquettes, ce n'est pas tout même que d'être choisis par elles, les chevaliers doivent encore sortir vainqueurs du tournois; et *les favorisés* vont avoir à soutenir de rudes combats avec *les dédaignés* pour arriver à la possession de leurs conquêtes.

Le village est presque désert, seuls les vieillards sont restés, n'ayant plus d'autres consolations que celles du souvenir... *Laudatores temporis acti.*

Cependant tout s'est calmé, peu à peu les couples se sont assortis, et, chose bien étrange, que je n'oserais affirmer si elle n'était d'accord avec tous les témoignages que j'en ai reçus et avec mes propres observations, chaque couple s'isole pendant la saison des amours.

Ils s'en vont pendant un mois, six semaines, deux à deux, cacher leurs ébats dans les réduits les plus profonds de la forêt, puis ils reviennent à la vie commune, mais une fois rentrés, ils ne s'oublient plus, la lutte n'a lieu chaque année entre les mâles que pour la possession des jeunes femelles qui atteigent l'âge adulte, les anciens restent unis par couples, et la mort seule peut dissoudre cette union.

La pudeur de l'éléphant, dont on a tant parlé, n'est pas le résultat d'une invention de voyageur, cet animal aime peu à livrer à des yeux profanes le secret de ses amours, et c'est ce qui explique qu'il ne se reproduise pas facilement dans les cases incommodes et étroites qu'on lui donne pour habitation en Europe.

Dans les grandes plantations de Ceylan et de l'Inde, où ils ont l'espace et la permission d'errer en liberté, les femelles sont aussi fécondes qu'à l'état sauvage. Ce n'est donc pas la domesticité de l'éléphant qui nuit à sa reproduction.

L'éléphant d'Afrique si peu connu, si peu observé jusqu'à ce jour, et comme conséquence si mal apprécié, doit être complètement réhabilité.

Ses mœurs, à l'état sauvage, sont de tout point semblables à celles de son congénère des jungles de l'Asie: comme lui, il vit en société dans une espèce de phalanstère et l'intelligence qu'il y développe montre qu'à l'état civilisé, il rendrait à l'homme les mêmes services et serait un compagnon aussi utile et aussi fidèle. Il suffira pour cela de ne plus le traiter en ennemi.

Avant de voir le grand éléphant des Indes et de l'extrême Orient s'épanouir dans la plénitude de ses facultés, aussi bien à l'état de nature où il a constitué une véritable société oligarchique, qu'à l'état civilisé où il est devenu l'ami et le protecteur de son maître, il me reste à dire comment les indigènes chassent son camarade de l'Afrique australe, et pour cela c'est encore à mes souvenirs de chasse et de voyage que je vais m'adresser.

Toutes mes tentatives pour rencontrer un gorille dans le bas Congo, où ils sont du reste excessivement rares, ayant échoué, je finis par accepter de remonter jusqu'au pays des Fans, dont mon guide était originaire, mais avant de m'engager dans cette longue excursion, je prêtai l'oreille aux propositions de N'Otooué qui depuis le jour où il était entré à mon service, n'avait cessé de me proposer une chasse à l'éléphant sauvage, comme la plus merveilleuse et la plus attrayante des distractions.

Un soir qu'il insistait de nouveau sur le même sujet, j'acceptai à une condition, c'est qu'après avoir assisté à toutes les péripéties de la chasse nous ne tuerions pas l'éléphant.

N'Otooué qui ne tenait qu'à une chose, se faire payer par moi comme guide et s'emparer en outre de deux belles défenses qu'il pourrait ensuite échanger contre plusieurs barils de ce rhum dont il était si friand et qu'il trouvait chez les traitants de Mayamba, ne se serait-il point laissé persuader aisément si la promesse que je lui fis de lui doubler ses gages pendant tout le temps que durerait la chasse, ne l'eût rendu de composition plus facile.

Il engagea quatre autres indigènes pour lui servir d'aides, et nous partîmes un beau matin pour le territoire des éléphants.

Les cinq noirs étaient munis de pelles et de pioches achetées dans les comptoirs européens de la côte, car nous allions chasser simplement à l'embuscade, c'est-à-dire prendre un éléphant dans une fosse où

Sentinelles avancées. (Page 255.)

il s'agissait de le faire tomber ni plus ni moins que l'astrologue de la fable.

Ce spectacle, que N'Otooué avait promis de me donner sans effusion de sang, car je dois avouer que pour rien au monde je ne voudrais ni tuer un éléphant, ni être cause de sa mort, ne laissait pas que de piquer ma curiosité; rien n'est facile comme de creuser une fosse, c'est un jeu d'enfant que de la recouvrir de branchages et d'herbes, de façon à la dissimuler aux yeux de l'animal qu'on veut surprendre, mais, cela fait, comment attirer un éléphant hors de son kraal, l'éloigner des siens et le faire tomber dans le piège?... Voilà ce qui faisait pour moi le principal attrait de notre excursion.

Nous étions à plus de soixante lieues de la côte de Loango, et à quelques milles de nous s'étendaient d'impénétrables forêts, où l'éléphant devait trouver abondamment, et les gras pâturages, et les asiles pleins d'ombre et de fraîcheur qu'il affectionne.

N'Otooué, qui nous dirigeait en droite ligne vers les grands massifs, m'affirma qu'il connaissait, presque sous la lisière, un kraal d'éléphants auquel il n'avait pas rendu visite depuis près d'une année, mais qui, d'après ses suppositions, ne devait pas être abandonné. Nul lieu n'était en effet plus favorable pour y établir un long campement ; cette partie de la forêt était abondamment pourvue de fruits et de jeunes pousses d'arbres que l'animal affectionne plus particulièrement, et de plus, elle était arrosée par une petite rivière claire et profonde dont nous remontions le cours, et où il devait trouver à s'abreuver et à prendre ces bains prolongés d'eau douce dont il est très friand, et qui semblent faire partie de l'hygiène de l'intelligent colosse.

Sur le soir nous campâmes à la lisière même de la forêt, en nous abstenant de tout bruit qui eût pu éveiller l'attention. Nous ne fîmes même pas de feu pour préparer notre nourriture et nous dûmes nous contenter de galettes de maïs et de cassavé que la femme de N'Otooué avait préparées le matin.

Pour moi, j'avais comme toujours la ressource de mes conserves que je partageai avec mes noirs.

Je leur donnai une boîtes de sardines, et pour ce faible présent je m'attirai de la part des pauvres diables toute une série de congratulations.

Les indigènes du Congo, et en général de toute la côte d'Afrique, sont extrêmement friands de ces préparations de Nantes ou de Concarneau, et on pourrait faire un commerce considérable d'échange dans l'intérieur, rien qu'avec ces petites boîtes de fer-blanc pleines de petits poissons parfumés dans l'huile.

Nous ne pouvions non plus songer à faire du feu pour éloigner les fauves pendant la nuit, c'eût été avertir les éléphants de notre présence, et la réussite de cette chasse toute de surprise était dans l'ignorance absolue où l'éléphant devait rester à notre égard.

Que nous soyions seulement flairés, et nous nous exposions à être chargés par eux ou à les voir quitter la contrée pendant plusieurs jours.

J'ai souvent fait cette remarque singulière : l'éléphant ne redoute aucun animal ; il n'a pas davantage peur de l'homme, et cependant la présence des animaux les plus dangereux, comme le rhinocéros, son éternel ennemi, n'agit pas sur lui comme celle de l'homme.

Quand les émanations du rhinocéros arrivent jusqu'à lui, il gronde de colère, a hâte de voir son ennemi en face, de commencer le combat, dont il sort du reste, presque toujours vainqueur ; quand, au contraire, il devine la présence de l'homme, non seulement il ne cherche pas ce dernier, mais encore il s'enfonce dans le plus profond de la forêt pour l'éviter.

Éprouve-t-il pour l'homme une de ces terreurs mystérieuses, qu'il ne peut s'expliquer? On le croirait, si ce n'était pas un fait démontré, que l'éléphant sauvage charge l'homme avec fureur dès qu'il l'aperçoit devant lui.

Et cependant il y a quelque chose là à expliquer, l'émanation humaine, chasse l'éléphant de son kraal, du lieu où il a l'habitude de se reposer, de son village enfin, et la présence de l'homme le met en fureur.

Je signale le fait; il est d'accord avec tout ce que m'ont conté les indigènes de l'Afrique australe et de Ceylan, d'accord avec toutes les observations que j'ai pu faire moi-même, mais je ne me charge pas de l'expliquer... Je dois dire qu'il est commun à l'éléphant d'Afrique et à celui de l'Asie.

Donc, nous devions prendre les plus minutieuses précautions pour que l'animal que nous allions troubler dans ses domaines ne pût ni nous dominer ni nous apercevoir.

Une nuit sans feu, pour éloigner les fauves, est une nuit dangereuse à passer dans les forêts de l'Afrique australe.

N'Otooué choisit prudemment pour nous installer un espace dépourvu de broussailles, pour nous permettre de voir autour de nous, et assez éloigné du cours d'eau que nous avions suivi pendant le jour, afin de ne point disputer ainsi leur abreuvoir aux lions et aux panthères.

Mon hamac fut installé par mon guide à une branche de tamarinier, à une hauteur vertigineuse, et je dus, pour parvenir à glisser dans les mailles du filet protecteur, faire de véritables prouesses de gymnastique. J'y parvins cependant, mais ce hamac, accroché à au moins cinq mètres du sol pour me mettre à l'abri des fauves, présentait un autre danger : le moindre faux mouvement en dormant pouvait me précipiter en bas, et sans nul doute, en pareil cas je me brisais les reins.

Une fois couché je n'osai plus bouger, et cette fatigante perspective d'une chute m'eût certainement fait passer une nuit sans sommeil, si je n'eusse trouvé le moyen de remédier à cet inconvénient.

Dans mes approvisionnements de voyageur j'avais des pelotons de ficelle de différente grosseur ; je m'en fis donner un par N'Otooué et je me mis tranquillement à réunir comme par un lacet les deux bouts du hamac. Je pouvais en cet état serrer à volonté, et toute espèce de chute était devenue entièrement impossible.

Tout ceci avait été fait rapidement avant la nuit, ces précautions eussent été impossibles à prendre après le coucher du soleil.

Les noirs N'Otooué et sa famille s'étaient installés comme ils avaient pu sur les arbres voisins, car il eût été aussi imprudent pour eux de passer la nuit à terre que pour moi.

Toute la nuit, dans ces immenses forêts, les fauves sont en chasse pour quêter leur nourriture, ils courent le nez au vent, prêts à saisir la moindre émanation qui viendra leur révéler la présence d'une proie. Par contre, tout fuit devant eux, tout se cache à leur approche: l'acharnement qu'ils mettent à la poursuite, leurs victimes le mettent à s'y soustraire, aussi peut-on dire avec raison qu'à part les jours de grandes aubaines, quand lion ou tigre tombent sur quelque buffle écarté du troupeau, le fauve est presque toujours affamé.

Mais il est très rare que les buffles se laissent surprendre. Ils s'en vont, ces grands ruminants au noir museau, par troupes de plusieurs milliers. Le jour ils pâturent jusqu'au ventre dans l'herbe des *mafouas*, mais sans se séparer, et au premier cri d'alarme, tous relèvent leurs larges fronts aux longues cornes tordues et acérées, les petits et les mères au centre, toute la troupe s'ébranle comme un roulement de tonnerre. Malheur au tigre ou au lion qui est venue la troubler au pâturage: vingt, quarante, cent mâles le lancent dans les airs, le reçoivent, le rejettent, le déchirent et finissent par le fouler aux pieds hurlant de douleur, ensanglanté et impuissant.

Quand la nuit arrive, le troupeau serre ses rangs, toutes les bêtes s'accroupissent dans l'herbe, en avant sont les plus fortes, les plus expérimentées, et si d'aventure le fauve croit pouvoir profiter de l'ombre et du silence pour égorger une de ces magnifiques proies, il trouve en un clin d'œil tout le monde debout et prêt à la défense.

Quels combats alors se livrent dans les jungles! Les buffles, aveuglés par la colère, frappent en aveugles et souvent se donnent des coups de cornes entre eux, mais le fauve est tué également, avant qu'il ait pu égorger un seul des petits.

Ah ! les rudes nuits que ces nuits africaines ; quels étranges concerts on y entend, lorsque à l'abri de tout danger immédiat, on peut, soit sur un des grands arbres géants de ces forêts, soit dans une de ces embarcations qu'on laisse dériver au fil de l'eau sur quelque fleuve de l'Afrique australe aux sources mystérieuses, percevoir les mille bruits du désert ! quelle émotion singulière vous étreint soudainement la poitrine, quand tout à coup un rugissement sonore, parti du rivage, vient vous tirer de la rêverie à laquelle votre esprit s'est livré... A ce premier rugissement succède un autre, puis un autre encore, le mâle appelle sa femelle qui lui répond, puis c'est une voix menaçante qui s'élève comme pour dire au tigre qui a commencé : « Prends garde de chasser sur mes terres, » et l'on entend le lion pousser à intervalles inégaux ses notes graves et prolongées.

Mais bientôt tout se tait, c'est un troupeau d'éléphants qui vient à l'abreuvoir. Il a changé de kraal le matin, et toute la journée il a marché, sous les ardeurs du soleil, à la recherche d'une source d'eau vive et claire, car l'éléphant préfère ne pas boire, que de s'abreuver à l'eau des étangs.

La nuit est venue, la troupe ne s'est pas arrêtée ; il lui faut de l'eau avant de choisir le campement, de l'eau pour les petits qui geignent près de leurs mères, après avoir bu jusqu'à la dernière goutte de leur lait, mais les émanations fraîches sont arrivées, l'eau n'est pas loin ; les mâles qui sont en éclaireurs la sentent, le murmure du ruisseau ou du fleuve arrive à leurs oreilles ; ils se hâtent de pousser leurs joyeux cris d'appel, que toute la troupe répète avec empressement, tous accourent, mais en même temps, les buffles, les lions, les tigres, les panthères s'enfuient dans les hautes herbes ; ils cèdent la place au véritable roi des forêts, à l'éléphant, dont tous reconnaissent la supériorité.

Et pendant que les grands proboscidiens s'abreuvent à longs traits, eux et leurs petits, des milliers de cris étranges et mélancoliques se font entendre de tous côtés : ce sont les chacals qui, cachés dans les hautes herbes, saluent de leurs plaintes pleines de terreur, la présence des géants des forêts.

Quels âpres souvenirs vous laissent ces nuits étranges où la mort vous environne de toutes parts à la moindre imprudence, et comme on les préfère avec leurs émotions, leurs dangers, à ces fades nuits de l'Occident, où la lune n'éclaire plus que des montagnes déboisées, des cheminées d'usine, et des trains de chemin de fer qui passent en sifflant près des garde-barrières qui les saluent du drapeau.

Que de souvenirs étranges à ces heures du repos, reviennent parfois me troubler et me pousser à reprendre mon existence de voyageur, mais l'âge des longs jours de fatigue et des nuits sans sommeil s'est envolé... *N'empêche*, c'était bien beau.

Je m'en allais avec quelques indigènes, le revolver à la ceinture, la carabine à l'épaule, à travers les jungles de l'Inde, de la Birmanie, de Bornéo, de l'Afrique australe, insouciant des bruits du monde et des luttes des civilisés plus terribles que les luttes des fauves, mangeant à tour de rôle le carry, la bouillie de millet, le manioc, les galettes à la pâte d'igname, le maïs grillé ou le mouton au couscoussou, heureux de vivre pour moi et d'user mes jours aux grands spectacles de la nature... Ce temps s'est écoulé... n'y pensons plus que pour graver à la plume les émotions de ma jeunesse...

N'Otooué ne s'était pas trompé dans ses prévisions, car plusieurs fois pendant cette nuit, les cris de l'éléphant parvinrent jusqu'à nous.

Au jour, mon guide se mit à la besogne. A moins de cinq cents mètres du lieu qu'il avait choisi pour notre campement se trouvait une vieille fosse de chasse qui lui avait servi l'année d'avant, et son intention était de la faire servir de nouveau à ses desseins.

Aidé des noirs qu'il avait engagés, il descendit dans la fosse et se mit à la déblayer, ce fut l'affaire de quelques heures de travail pour la rendre de nouveau propre à la chasse que nous étions venus faire.

Cette fosse était située dans un lieu qui n'était point très fréquenté par les éléphants. N'Otooué me l'apprit, et cela ne fit que redoubler la curiosité avec laquelle j'assistai à ces préparatifs.

— A quoi reconnais-tu, fis-je à mon guide, que les éléphants ne fréquentent point cette partie de la forêt?

— A cela que tous les arbustes y sont intacts, signe qu'ils ne se sont point frayé de passage par là, les jeunes arbres y sont tellement pressés du reste, que cela seul est une preuve qu'ils n'y sont pas encore venus pour y chercher leur nourriture.

— A quoi peut te servir alors ta fosse, s'ils n'ont pas l'habitude de fréquenter ces parages?

— Je saurai bien en attirer quelques-uns ici.

Je n'insistai pas, car je vis parfaitement qu'il entrait dans l'intention de N'Otooué de jouir de ma surprise.

En effet, le soir venu, mon guide m'installa comme la veille sur un banian qui étendait à quelques pas de la fosse ses puissants rameaux, mais sans mon hamac cette fois. Près de moi se trouvait sa femme et son jeune fils ainsi que deux des noirs engagés.

On aurait pu au cœur de l'arbre, entre les branches maîtresses, installer une table de dix couverts. Nous étions donc parfaitement à notre aise.

Pour augmenter ma sûreté, à tout événement, je m'étais attaché à l'aide d'une forte ceinture de chasse et d'une courroie qui me laissait la liberté de mes mouvements, à une branche secondaire. Je n'avais donc, quoi qu'il pût arriver, aucune crainte de tomber.

La fosse déblayée avait été d'abord garnie de longs bambous dont les extrémités étaient dissimulées dans la terre, puis de feuilles de palmiers et enfin de légères mottes de terre garnies d'herbe; c'était à s'y méprendre même pour ceux qui avaient vu confectionner ce chasse-piège.

N'Otooué et les deux autres noirs, à la chute du jour, s'étaient enfoncés sous bois.

Ni la femme du guide, ni les autres indigènes ne parlaient un langage que je pusse comprendre; il me fut donc impossible d'obtenir aucun éclaircissement sur les suites de notre aventure.

Au bout de quelques heures, pendant lesquelles je cherchai à percevoir et à comprendre les moindres bruits qui me venaient de la forêt, j'entendis tout à coup dans le lointain une série de cris aigus comme des éclats de trompette maniée par un joueur inhabile; puis tout rentra dans le silence.

Cinq minutes après environ, les mêmes cris se firent entendre de nouveau, et il me sembla que, dans le lointain, un éléphant sauvage avait, de sa voix sonore, répondu à cet appel singulier. Même temps d'arrêt, et répétition de la même scène; mais cette fois je ne me trompai pas, et je distiguai parfaitement le cri des éléphants. Les notes criardes qui continuaient à les précéder, restaient néanmoins inconnues pour moi.

Et ces cris et les rugissements qui leur répondaient s'avançaient sensiblement de notre côté.

Mais bientôt le silence se fit complètement. Je prêtais l'oreille avec avidité à toutes ces péripéties. Dix minutes s'écoulèrent encore sans que le plus petit son traversât l'espace.

Tout à coup j'entendis comme une sorte de bruissement dans les arbustes qui nous environnaient, et le son criard de trompe qui m'avait tant intrigué retentit au-dessous de l'arbre qui me servait d'abri.

Cette fois je compris : j'avais vu souvent dans l'Inde de jeunes éléphants élevés dans les habitations, et leur cri de détresse, quand ils craignaient d'être battus pour quelque méfait, était trop connu de moi pour que je pusse m'y tromper.

Mais je ne pouvais supposer qu'un jeune éléphant pût, seul la nuit, se diriger de notre côté. Ce fut un trait de lumière, et je pensai immédiatement que c'était là le moyen dont usait N'Otooué pour attirer quelque éléphant du troupeau à sa suite, et le faire tomber dans l'embuscade qui avait été tendue.

Je ne me trompais pas, car ayant poussé le vocable habituel :

— Qui est là?

— C'est nous, répondit immédiatement N'Otooué, mais silence.

Je me le tins pour dit.

Dans le lointain la grande voix d'un éléphant avait de nouveau répondu.

N'Otooué poussa de nouveau son cri, puis il me dit rapidement, en sourdine :

— Ne vous effrayez pas, nous montons dans l'arbre.

Quelques secondes après en effet, mon guide et ses deux hommes étaient installés près de nous.

Aussitôt les cris perçants du jeune éléphant perdu se firent entendre de nouveau avec une telle perfection, que je compris qu'un animal de la même race pût s'y méprendre à distance; c'était merveilleux d'imitation.

Je sus le lendemain que N'Otooué et les deux noirs qui imitaient ces sons à tour de rôle, se servaient d'une espèce de trompe en roseau qui leur permettait de changer complètement la nature du son de la voix humaine.

A partir de ce moment, appels imitant ceux du jeune éléphant en détresse et réponses du mâle ou de la femelle envoyé à sa recherche, se succédèrent sans interruption.

— C'est merveilleux, fis-je à N'Otooué à voix basse.

— Ce n'est rien encore, c'est quand l'éléphant qui cherche le petit qu'il croit égaré va être à deux pas de nous, qu'il va falloir redoubler d'adresse.

— Comment cela?

Un cimetière d'éléphants.

— Tu ne comprends pas ?

— Je crois entrevoir que tes cris d'imitation devront être plus perfectionnés encore, car il est plus facile de tromper à distance qu'à quelques pas, et il faut absolument que tu amènes l'éléphant dans la fosse.

— Ce n'est pas tout.

— Explique-toi.

— Attends que je donne la réplique, c'est à mon tour.

En prononçant ces mots, N'Otooué lança ses deux sons de trompe et reprit la conversation.

— Je suis à toi, me dit-il.

— Je t'écoute.

— Quand l'éléphant sera assez près de nous pour que le petit perdu, s'il existait réellement, pût se sentir sur le point d'être délivré, il faudra changer ses cris de détresse en cris de joie, car l'éléphant est très fin, et il ne comprendra pas que le petit continue à geindre à son approche.

— C'est merveilleux, répondis-je.

— N'Otooué est un grand chasseur, répondit le guide en se rengorgeant.

— Et qui sera chargé de pousser ces cris d'allégresse?

— Moi seul, tu ne trouverais pas deux hommes sur toute la côte capables de tromper ainsi un éléphant... Maintenant, cessons de parler, notre proie approche.

N'Otooué adressa quelques mots rapides aux noirs, et le silence ne fut plus troublé que par les cris d'appel qui continuaient de plus belle et les réponses de l'éléphant.

Je compris que le guide avait donné l'ordre à ses compagnons de se taire, car à partir de ce moment, lui seul répondit à l'animal qui s'approchait de plus en plus.

Bientôt nous pûmes entendre le bruit que faisait le colosse en passant à travers les arbustes que son corps faisait ployer.

De temps à autre il s'arrêtait pour briser un jeune arbre qui l'arrêtait dans sa marche ; nous entendions alors le bruit sec qu'il produirait, puis il continuait à se rapprocher de nous.

Chose singulière, chaque fois que N'Otooué poussait son cri, nous n'entendions plus rien pendant quelques secondes, puis la réponse nous arrivait claire et sonore.

Sans doute avant de continuer sa marche en avant, l'éléphant humait l'air pour distinguer les émanations qui lui arrivaient, mais nous ne risquions point d'exciter sa défiance, notre guide avait eu soin de nous placer à contre-vent.

Nous commencions déjà à pouvoir apprécier, par le bruit de ses pas, la distance qui nous séparait de l'animal, lorsqu'il sembla s'arrêter.

Deux énergiques cris de détresse restèrent sans réponse.

Nous avait-il éventés?

Je n'osai communiquer cette pensée à N'Otooué dans la crainte d'être entendu de celui que nous cherchions à attirer dans le piège.

Je ne saurais dire à quel point ce silence était énervant.

La nuit était si complète qu'il n'était même pas possible de distinguer la branche d'arbre à laquelle j'étais attaché. C'était une de ces nuits sombres, si sombres qu'on eût dit que la lumière s'était pour toujours retirée de la terre.

Cela dura deux minutes à peine, mais ce silence et cette obscurité, aussi complets l'un que l'autre, me donnaient la sensation d'un léthargique se réveillant tout à coup dans un caveau funéraire.

A un moment donné, j'eus comme une sensation de vertige, je me cramponnai après la branche de banian auquel je m'étais attaché tellement il me sembla que j'allais tomber. Je compris alors combien était bonne la précaution que j'avais prise de m'attacher à l'arbre, sans cela, je ne puis répondre de ce qui fût arrivé. Je revins vite à moi, cependant.

Je pensais que N'Otooué allait continuer à amorcer l'éléphant, il n'en fut rien, la lutte d'habileté commençait.

L'adversaire du guide fut vaincu. Ce silence sembla en effet finir par lui peser beaucoup plus qu'à nous, car au bout de quelques instants, il sembla donner quelques signes d'inquiétude. Des ronflements très accentués, qui sont chez cet animal des marques évidentes d'inquiétude, ne tardèrent pas à se faire entendre, et N'Otooué jugea sans doute que le moment d'intervenir était arrivé, car il fit entendre un cri plus strident et plus prolongé encore que les autres.

L'éléphant répondit immédiatement par une note plus adoucie, presque comme un appel maternel.

— C'est une femelle, me dit rapidement le guide à voix basse.

— A quoi le reconnais-tu?

— Aux cris qu'elle vient de proférer, c'est ainsi que l'éléphant appelle ses petits.

Et sans plus attendre, N'Otooué répondit par une série de petits grognements criards, représentant avec une perfection à s'y méprendre, ceux que pousse le jeune éléphant à l'approche de sa mère.

A partir de ce moment, ce ne fut plus entre l'éléphant qui s'approchait, et mon guide, qu'un concert des plus tendres.

A chaque cri nouveau, N'Otooué modulait une réponse nouvelle.

C'était réellement un grand artiste parmi les Faus, que ce nègre qui trompait un animal avec les cris propres à sa race.

Le dénouement ne pouvait tarder.

Quand mon guide vit le moment propice, il se mit tout à coup à pousser des hurlements singuliers, comme si le petit animal qu'il représentait, eut éprouvé quelque souffrance imprévue.

L'éléphant poussa aussitôt un rugissement menaçant, et nous l'entendîmes s'élancer au secours de celui qu'il devait croire menacé par quelque ennemi inconnu, en renversant sous lui tous les obstacles.

Tout à coup, il fit entendre un cri terrible, il venait de tomber dans la fosse.

— Il est pris, fit N'Otooué à haute voix.

Les noirs firent alors retentir la forêt de hourras d'allégresse.

La pauvre bête, que ses bons instincts, son amour pour les petits de sa race, venait de faire prendre si piteusement au piège, en entendant ces sons qui lui étaient inconnus, se mit à mugir tristement.

C'était à fendre l'âme.

Le pauvre gros colosse faisait des efforts extraordinaires, dont les effets arrivaient jusqu'à nous, pour tâcher de sortir de la fosse où il était tombé : peine perdue, le piège qui lui était tendu avait été construit selon toutes les règles de l'art, par un homme qui en faisait son métier, et, seul il devait renoncer à l'espoir de sortir de cette espèce de silo , où il ne pouvait se mouvoir par défaut d'espace.

Ce qui complète la perfidie de ces engins, c'est qu'ils sont toujours construits, ou mieux creusés entre deux gros arbres, et dans une situation telle, que l'animal ne peut s'écarter, et doit fatalement tomber dans l'embuscade.

N'Otooué n'était point généreux, à peine les cris de triomphe des noirs eurent-ils cessé que, pour narguer sa victime, il se mit de nouveau à pousser les mêmes appels de détresse, qui avaient attiré le pauvre colosse dans ses filets.

Je lui intimai l'ordre de se taire.

Avoir pitié d'un ennemi vaincu à la guerre, est une chose qui n'entrera jamais dans le crâne épais d'un Africain, mais, montrer quelque générosité pour un pauvre animal qui souffre, est une chose qui lui paraîtra suprêmement ridicule, et je fus obligé de réitérer mon ordre pour être obéi.

— Est-ce que Massa a peur de faire pleurer l'éléphant? me dit le drôle en éclatant de rire.

— Écoute, maître N'Otooué, lui répondis-je sans perdre mon temps à des discussions oisives, s'il t'arrive de transgresser mes ordres, je te promets demain, au point du jour, la plus belle volée de coups de bambous que le dos d'un nègre aura jamais reçue.

— C'est bien, Massa, je suis à vos ordres, vous me payez pour me taire comme pour parler, pour marcher comme pour dormir, et je dois vous obéir.

— Je t'engage à ne plus l'oublier.

— Oui, mais j'engage Massa à ne plus me menacer du rotin, N'Otooué est de la race des chefs, et il ne se laisserait point frapper.

— Allons, je vois que tu tiens à ta correction, soit, tu l'auras.

— Prenez garde à vous, maître.

— Dix coups de rotin de plus au lever du jour.

— Nous sommes quatre, maître..

— Si les autres s'en mêlent, ils recevront leur part également.

Quelques lecteurs penseront sans doute que j'étais fort imprudent en parlant ainsi, je leur répondrai simplement que, dans l'intérieur de l'Afrique, le voyageur blanc qui veut se faire respecter de ses guides, ne doit pas leur permettre la moindre réflexion sur ses ordres, le noir doit être constamment tenu dans le respect de celui qu'il conduit, et quand il manque, il doit être rappelé rudement à l'ordre, même par une correction manuelle, sans cela le voyageur est perdu.

La nuit entière s'écoula dans un calme relatif, le pauvre éléphant ne cessa pas une minute ses infructueuses tentatives pour revenir à la liberté, cela me navrait réellement de l'entendre souffler et se plaindre, et franchement, je trouvais le plaisir que j'avais voulu me procurer cruel et barbare. Au milieu de toutes les réflexions qui venaient m'assaillir, j'en étais à me demander, si le pauvre animal n'était pas victime de son amour maternel, et je me forgeais un petit roman qui était des plus probables, je voyais une des femelles du troupeau qui, n'apercevant pas son petit près d'elle, s'était mise à sa recherche, les cris de N'Otooué et de ses compagnons étaient venus la troubler, l'égarer, elle avait suivi une fausse piste, et s'était fait prendre.

Je dis que mon roman est probable, est-ce bien le roman que je désirais dire ? Si cette supposition n'est pas la vraie, l'autre est aussi intéressante pour l'intelligent animal, car alors, les cris d'appel imités par N'Otooué ont été entendus dans le kraal, et un des chefs aura ordonné à notre victime d'aller à la recherche du petit égaré.

Dans un cas comme dans l'autre, la pauvre bête était aussi intéressante pour moi, et je me jurai bien de ne permettre à aucun prix, le lendemain, à N'Otooué et à ses noirs, de la tuer avec leurs flèches empoisonnées.

Je me doutais parfaitement de l'assaut que j'allais avoir à soutenir, car les deux défenses de la bête étaient une véritable richesse pour mes gens, mais je n'étais parti qu'à cette condition, et j'étais résolu à faire respecter mon autorité. Pour éviter toute surprise, avant même qu'il fît jour, je pris le parti de traiter la question.

N'Otooué et les autres noirs depuis un instant parlaient, gesticulaient, s'animaient. Le sens de leurs discours était perdu pour moi, mais je compris qu'ils devaient parler de notre prisonnier, car le mot de N'Oury — éléphant — revenait à chaque instant sur leurs lèvres.

Je m'imaginai aisément, à l'animation de la conversation, que les gaillards devaient déjà supputer entre eux les bénéfices qu'ils allaient retirer des défenses du pauvre animal, qui geignait à quelques pas de nous.

J'allais interrompre le colloque, pour demander à N'Otooué quelle chose si intéressante pouvait bien les occuper, lorsque ce dernier prenant audacieusement le devant, me dit :

— Savez-vous, Massa, ce que disent ces quatre hommes noirs qui sont avec nous ?

J'allais répondre que je l'ignorais, ne connaissant pas leur langage, lorsque l'idée me vint subitement d'intriguer le drôle.

— Certainement que je le sais, répondis-je, avec un aplomb à déconcerter mon interlocuteur.

— Alors, Massa, répondit ce dernier en hésitant, comprend maintenant le parler de Loango ?

— Oui, celui-là et bien d'autres.

Du temps que j'y étais, cela ne me coûtait pas plus de prendre des airs de polyglotte africain.

— Alors, Massa peut répéter à N'Otooué ce que nous venons de dire ?

Je suivis mon inspiration.

— Je puis te le répéter à la lettre.

— N'Otooué serait bien heureux d'entendre.

— Eh bien! ouvre tes larges oreilles, maître fripon. Voilà ce que vous désirez; tes compagnons t'ont demandé quelle serait la part qui leur reviendrait sur l'échange des dents d'éléphant, aux comptoirs des traitants de Malimba ou de Loango, est-ce vrai?

— Oui, Massa, répondit N'Otooué d'un air piteux.

— Alors tu leur as répondu que tu ne demandais pas mieux que de leur donner leur part d'usage sur la côte pour les engagés de chasse, c'est-à-dire un cinquième à se partager entre eux quatre, mais que tu craignais bien que je ne voulusse pas y consentir, est-ce que je me trompe?

— Non, Massa! c'est bien cela, fit alors le pauvre diable complètement ahuri.

— Alors tes compagnons t'ont répondu simplement, qu'il fallait tout bonnement envoyer promener le blanc, qu'il n'était pas le maître des forêts africaines, que les éléphants étaient aux noirs.

— Massa, Massa, fit le pauvre diable d'un ton suppliant.

— Et ils ont ajouté que si le blanc faisait le méchant, on le tuerait comme l'éléphant, est-ce bien cela, réponds? fis-je en terminant d'une voix de tonnerre.

— Pardon, maître, fit le pauvre diable qui tremblait de tous ses membres, je n'ai pas consenti qu'on vous tuât. N'Otooué est un chasseur, ce n'est pas un rôdeur de forêt.

En disant cela, contre son habitude, il ne mentait pas, les quatre engagés, récoltés dans l'intérieur, à cinquante lieues de la côte, ne pouvaient être que des fieffés frippons, qui se seraient souciés de la mort d'un homme comme d'une banane, mais, pour N'Otooué, c'était autre chose.

Depuis de longues années, il échangeait l'ivoire, les cornes de buffle, les écailles, la poudre d'or, avec les traitants de Mayamba et de toute la côte, et le meurtre d'un blanc, surtout d'un blanc qui lui avait été confié, non seulement lui fermait tous les comptoirs, mais

Les cris et les rugissements s'avançaient. (Page 263.)

encore l'exposait à être mis à mort par le premier chef de village venu, jaloux de se faire bien venir des trafiquants, ces dispensateurs de marchandises européennes.

N'Otooué savait très bien que pour la promesse d'un simple baril de rhum, sa vie ne vaudrait pas chère, si j'étais tué par lui, ou s'il me laissait tuer, et que le premier maraudeur venu lui couperait la gorge pour obtenir la récompense promise.

Le jeu n'en valait point la chandelle, comme on dit vulgairement, et je crus fermement que le guide n'avait pas eu un seul instant l'idée de s'associer à la proposition de ses engagés.

J'étais, pour ainsi dire, inscrit au *doit* de N'Otooué sur les registres de M. Walter; pour passer à son *avoir*, il fallait qu'il me ramenât à la côte, ou, si je préférais rentrer en Europe par le cap Lopez, N'Otooué devait rapporter à Mayamba, au même négociant, une attestation de ses bons services signée de moi et de deux traitants de la côte, sans cela il ne pouvait reparaître sans être immédiatement traité comme mon assassin.

Le jour commençait à paraître, et bien que les images de tout ce qui m'entourait fussent encore confuses, je distinguais vaguement la silhouette des quatre noirs, de N'Otooué et de sa famille.

Pendant tout le temps que j'avais semblé me donner pour réfléchir, le guide s'était maintenu dans une posture suppliante près de moi, au fur et à mesure que le jour grandissait, je prenais une pose plus dramatique et c'est la main sur mon revolver qu'au bout d'un moment je répondis à N'Otooué en fronçant les sourcils :

— C'est bien, j'ai tout entendu, tu n'as pas trempé dans les projets d'attentats contre ma personne que tes engagés avaient conçu, et bien t'en a pris, car j'allais vous casser la tête à tous les cinq avec mon revolver.

Mais ce n'est pas tout; des hommes engagés par toi à mon service ont comploté contre ma vie, quelle peine méritent-ils d'après les lois en usage dans les forêts de l'Afrique?

— Ils méritent la mort, répondit le guide d'une voix grave.

Dans ce moment, N'Otooué, qui croyait sa tête gravement compromise, aurait, avec la générosité des Africains, sacrifié tous les siens pour se sauver. Il est de fait cependant que la loi du talion existe dans ces contrées avec toute sa force barbare, mais souvent nécessaire, et qu'un homme dont la vie a été menacée par un autre a droit de le mettre à mort, pour éviter de subir le même sort.

Il est certain également que si N'Otooué y eût prêté les mains si peu que ce fût, les quatre engagés se fussent jetés sur moi par surprise et m'eussent assommé sur place, j'étais donc en ce cas en parfait état de légitime défense, et si j'eusse fait un exemple je dois déclarer aujourd'hui, à plus de dix ans de distance de ces faits, que ma conscience serait parfaitement en paix.

Mais le sang me répugnait, je ne l'ai jamais versé pendant le cours de mes longs voyages et je ne voulais point laisser dans mon passé, le souvenir d'une exécution sanglante, c'eût été certainement pratique et prudent. Stanley, cet écumeur des forêts africaines qui, pour suivre le cours du Congo, a massacré plus de deux mille noirs qui avaient le tort de ne pas comprendre sa mission, n'eût pas hésité, lui : avant de continuer sa route, il eût froidement brûlé la cervelle aux quatre noirs et tout eût été dit.

Pour moi, je n'eus pas même l'idée qu'un complot non suivi de tentative pouvait me constituer le justicier de ces sauvages, j'ai plus de respect que cela pour la vie humaine, même dans ses formes les plus inférieures, mais je me concédai parfaitement le droit de leur infliger une punition exemplaire.

N'Otooué attendait toujours une décision.

— Qu'est-ce que le maître ordonne ?

— Tu vas connaître ma volonté.

— Massa peut être assuré que j'exécuterai tout ce qu'il me dira.

— C'est bien, tu n'aurais pas dû accepter de prendre part à la conversation que j'ai entendue ce matin, mais enfin tu n'es point, je le répète, coupable d'avoir voulu attenter à mes jours, je te pardonne.

— N'Otooué, au comble de la joie, s'était jeté à mes pieds et m'embrassait les genoux.

J'avais une pose réellement théâtrale et qui n'eût point trop fait mauvaise figure, dans un drame quelconque du désert : d'une main je tenais ma carabine, de l'autre mon revolver prêt à faire feu. N'Otooué était à mes pieds, sa femme et son fils s'étaient jetés à plat-ventre dans l'herbe, et à deux pas les quatre noirs regardaient tout cela d'un air effrayé. Comme on voit, tout y était, sujet principal, accessoires et fond.

— Relève-toi, fis-je à mon guide, et fais savoir aux quatre engagés que, pour les punir des projets qu'ils avaient tramés contre moi ils vont recevoir chacun vingt-cinq coups de rotin, et fais-leur bien connaître que si un seul cherche à s'échapper je lui brûle la cervelle avec mon revolver.

Mes paroles furent immédiatement traduites par N'Otooué, et, chose extraordinaire, pas un des quatre misérables ne protesta, tellement ils avaient conscience d'avoir mérité une punition plus forte encore.

— Tu vas attacher ces quatre hommes à un arbre, fis-je du ton impérieux du commandement.

N'Otooué n'avait pas fini de traduire mes paroles que les quatre engagés s'étaient d'eux-mêmes placés à un arbre.

Tout à coup l'un d'eux se retourna, adressa quelques paroles aux autres qui inclinèrent la tête en signe de consentement, et il pria N'Otooué de me traduire leurs desseins.

— Massa, me dit N'Otooué, ces quatre noirs veulent demander quelque chose à ta justice.

— Parle. Je m'attendais à un recours en grâce, il n'en était rien.

— Cet homme dit qu'ils ont mérité beaucoup plus que cela, et il te remercie au nom de tous de la légèreté de la punition, il vient te soumettre une proposition.

— Laquelle ?

— Ces quatre hommes vont recevoir chacun vingt-cinq coups de rotin, cent en tout. Eh bien, ils viennent te demander la grâce de tirer au sort pour savoir quel est celui qui prendra les cent coups de rotin pour son compte.

Je trouvai, je l'avoue, la proposition originale et je voulus savoir quels motifs avaient pu les pousser à me la faire.

N'Otooué, les ayant interrogés, me répondit :

— Ces quatre hommes ont une femme et des petits enfants ; s'ils reçoivent chacun vingt-cinq coups de rotin, et ils s'attendent à ce qu'ils seront rigoureusement appliqués, ils vont être huit à dix jours sans pouvoir pêcher ou récolter le millet, et les femmes et les petits enfants auront faim.

Cette simple requête avait eu le don de m'attendrir plus que ne l'auraient fait toutes les jérémiades du monde ; cependant un point m'en parut suspect et je résolus de l'éclaircir.

Je savais parfaitement que dans presque toute l'Afrique c'étaient les femmes qui se livraient aux rudes travaux des champs, et par conséquent j'en conclus que mes quatre gaillards voulaient abuser de mon ignorance ; cependant je posai la question à N'Otooué.

— Massa se trompe, me répondit-il ; ces hommes appartiennent à la classe des pêcheurs, et chez ces gens les femmes ne font que faire la cuisine et soigner les petits enfants ; elles ne travaillent pas au dehors.

— Mais alors il y en aura un dont la famille souffrira, celle de celui qui va payer pour tous.

— Non, car les trois autres, ils viennent de s'y engager tous dans l'incertitude où ils sont de celui qui sera frappé par le sort, donneront à sa famille le tiers de leur chasse, de leur pêche, de leur récolte ou de leurs grains.

— Et tu crois qu'ils tiendront parole ?

— Oh! Massa, ces choses-là se font très souvent ici, et jamais un noir n'a manqué à la parole donnée.

A partir de ce moment une nouvelle décision venait d'être prise dans ma pensée, mais je voulais pousser l'exemple jusqu'au bout.

— Soit, j'accepte, répondis-je à N'Otooué.

Quand ce dernier leur eut fait connaître mes intentions, ils vinrent en signe de remerciement, s'agenouiller à mes pieds; puis ils se réunirent pour interroger le sort, ce qu'ils firent comme nos enfants, à l'aide de trois morceaux de bois d'inégale grandeur, le plus petit était celui qui devait offrir son corps à la bastonnade.

En deux secondes le sort se prononça, et celui qui n'avait pas été favorisé dégrafa son pagne, le confia à un de ses camarades et s'en fut auprès d'un arbre pour que N'Otooué l'y attachât.

— Pourquoi vient-il de donner son pagne à son compagnon? fis-je à N'Otooué.

— Parce que, dit-il, il est fort pauvre, et que, ne pouvant s'acheter un autre pagne, il ne veut pas qu'il soit taché de sang.

Tout cela était dit sans pose, sans ostentation ; il avait comploté la mort du blanc et le blanc se vengeait, tout cela était dans l'ordre, mais il était pauvre et il avait quadruplé lui-même son châtiment, pour que sa famille ne souffrît pas de la faim, et ensuite, comme on allait sans doute taper dur, il ne voulait pas tacher de sang son unique vêtement.

Pauvre diable, j'étais touché jusqu'aux larmes. En cinq minutes j'avais oublié qu'il avait voulu m'égorger, et, faisant la part de cette vie sauvage qu'il menait, si peu propre à développer de nobles instincts j'en arrivai à me dire que je n'avais pas le droit de me constituer mon propre juge dans une affaire qui me touchait de si près, et au moment où N'Otooué avait achevé d'attacher sa victime, je lui criai :

— Dis à cet homme que je lui fais grâce en faveur de sa femme, et de ses petits enfants, mais que s'il recommence il en recevra le double.

Le pauvre diable! ne pouvait en croire ses oreilles; cette générosité n'est pas dans les mœurs africaines; aussi, vint-il se précipiter à mes genoux pour me présenter, sous toutes les formes en usage dans la contrée, ses remerciements et ses salams; cette scène n'avait guère pris plus de temps à s'accomplir que je n'en ai mis à la raconter. Malgré l'ingratitude proverbiale des noirs, je n'eus pas l'occasion de me repentir de ma générosité.

Pendant ces événements, le jour avait crû avec la rapidité qu'il met à grandir dans les contrées tropicales, et le soleil commençait à inonder la forêt de lumière.

Depuis qu'il faisait jour, l'éléphant s'était tu dans sa fosse; les violents et inutiles efforts qu'il avait faits pendant la nuit semblaient l'avoir épuisé; de temps à autre, on apercevait sa trompe qui s'élevait un peu au-dessus de l'orifice de sa prison, comme pour chercher un point d'appui qu'il ne rencontrait pas.

Je m'approchai lentement avec N'Otooué pour voir dans quelle position se trouvait le colosse. Quel ne fut pas mon étonnement de l'apercevoir, à l'aide de ses défenses, amonceler la terre sous ses pas; pour cela, il avait attaqué la paroi de gauche de la fosse, les terres s'écroulant peu à peu, le sol s'exhaussait, et l'on pouvait parfaitement prévoir qu'avant deux heures d'un semblable travail l'animal se serait rendu lui-même à la liberté.

Ses cris de la nuit, son silence depuis l'apparition de la lumière, tout me fut expliqué; tant qu'il n'avait pu se rendre compte de sa situation, il avait crié, appelé les siens à son secours; aussitôt qu'il avait pu examiner le genre de piège qui lui avait été tendu, il avait cessé de geindre et s'était mis au travail.

Il est certain que, s'il eut pris ce parti de suite, il eût été dehors, bien avant le lever du soleil. L'animal était si occupé à son œuvre de délivrance; nous avions pris du reste de telles précautions pour nous approcher, qu'il ne nous avait pas aperçus.

Comme je faisais un pas de plus en avant, qui allait me découvrir, N'Otooué m'arrêta d'un geste.

—Ne vous approchez point trop, votre vue va le faire entrer en fureur.

La recommandation n'avait pas eu lieu que le fait se produisait.

En apercevant ces êtres inconnus près de sa fosse, on eût dit que l'éléphant avait vaguement la conscience que nous étions pour quelque chose dans sa captivité, car il se mit à pousser des cris terribles en agitant sa trompe dans tous les sens comme pour s'emparer de nous.

Par manière de bravade N'Otooué lui tendit un long bambou, l'éléphant le saisit avec une telle rapidité, et le tira si vivement à lui que N'Otooué faillit perdre l'équilibre et tomber dans la fosse; sa vie n'aurait pas valu chère si pareil événement lui était arrivé, rien au monde n'aurait pu le sauver, il eût été massacré par l'éléphant, avant même qu'il eût touché terre.

La fureur de l'animal, loin de se calmer, redoubla, il brisa le bambou qu'il venait de saisir et le jeta dans notre direction; ses longues et larges oreilles lui battaient violemment sur les tempes, ses petits yeux lançaient des flammes, on voyait parfaitement que, dans son impuissance, il cherchait quelque moyen d'exercer sa vengeance contre nous.

Tout à coup, nous le vîmes enfoncer sa trompe dans la terre molle qu'il venait de remuer, et il nous lança subitement tout ce qu'il put saisir de terre et de petits cailloux; fort heureusement, il ne put agir avec assez d'adresse, car nous nous trouvions un peu sur le côté, sans cela il eût pu, avec la force colossale qu'il avait imprimée à son jet, nous blesser fort grièvement.

— Retirons-nous, fit N'Otooué, la prudence même exige, puisque vous ne voulez pas que nous tirions l'animal avec une flèche empoisonnée, que nous quittions au plus tôt ces lieux. Le premier acte de l'éléphant après sa délivrance, sera de se mettre à notre poursuite, et son merveilleux instinct peut le guider fort loin sur nos pas, nous n'avons pas trop de deux heures de travail, qui lui sont encore nécessaires avant de sortir pour mettre le plus d'espace entre lui et nous. En nous voyant nous retirer, l'éléphant se mit à crier de plus belle... Tout à coup N'Otooué, me saisit par le bras en tremblant...

— Qu'y a-t-il? fis-je aussitôt.

— Écoute ces hurlements lointains, les éléphants accourent au secours de leur camarade, nous sommes perdus.

— Il est impossible qu'un vieux coureur des bois comme toi, ne trouve pas le moyen de nous tirer de là.

— Nous n'avons pas le temps de la réflexion, en moins de cinq minutes tout le troupeau sera sur nous.

— Alors nous allons nous laisser massacrer sur place?

— Non!... nous allons nous réfugier dans l'arbre qui vous a abrité pendant la nuit, c'est la seule voie de salut qui nous reste.

Nous n'avions pas un instant à perdre, les cris des éléphants répondant à ceux de leur camarade tombé dans la fosse, nous permettaient d'apprécier la faible distance qui les séparaient de nous, et sans le fouillis d'arbustes et de lianes que les colosses étaient obligés de traverser et qui gênaient leur course, nous n'eussions même pas eu le temps de suivre le conseil de N'Otooué.

Nous n'étions pas dans l'arbre, que l'avant-garde débouchait dans la clairière, où mon guide avait attiré l'éléphant pris au piège, et de tous côtés nous aperçûmes des centaines de trompes qui faisaient saillie au milieu des arbustes : on eût dit, de loin, le corps des animaux étant encore caché dans les hautes herbes, d'énormes serpents qui se tordaient dans le feuillage.

Ces trompes s'enroulaient autour des arbres qui gênaient la marche des colosses, d'un seul coup les brisaient et les jetaient au loin, c'était un des plus étranges et des plus terribles spectacles que j'aie vue de ma vie... tout un troupeau d'éléphants qui se ruait dans la jungle, mis en fureur par les cris de détresse d'un de leurs camarades !...

Le captif, qui avait la perception exacte du secours qui lui arrivait, hurlait à l'unisson, mais ses appels désespérés s'étaient changés en cris de joie.

En moins de rien les éléphants eurent retiré leur compagnon de la fosse, deux trompes se tendirent à la fois, le captif les saisit, et d'un vigoureux effort se trouva délivré.

Il se passa alors une chose extraordinaire. Pendant quelques instants les éléphants entourèrent leur ami, et lui firent mille caresses à leur manière, auxquelles il parut prendre le plus vif plaisir, chaque nouvel arrivant s'approchait de lui, les trompes s'entrelaçaient, les défenses choquaient ensemble, le captif délivré, semblait conter ses angoisses, ses souffrances, et le nouveau venu y prendre part.

Mais tout cela dura peu ; après avoir délivré leur camarade, il restait aux éléphants à châtier ceux qui étaient venus les troubler dans leur solitude, ils ne tardèrent pas, avec une sûreté d'intelligence peu commune, à nous découvrir dans l'arbre qui nous servait de refuge, ils l'entourèrent immédiatement, et cent mille trompes menaçantes, se dressèrent immédiatement devant nous, pendant que des cris de fureur ébranlaient la forêt.

Je ne saurais rendre l'impression saisissante et terrible à la fois de cette scène grandiose ; aussi loin que nos regards pouvaient s'étendre, nous apercevions les dos noirs des éléphants qui tranchaient avec le vert sombre du feuillage.

Le banian qui nous donnait asile, était à l'abri de toute attaque directe, c'était un de ces géants du règne végétal, que plusieurs siècles s'étaient employés à construire, son tronc principal qui avait au moins dix à douze mètres de circonférence, offrait à lui seul une résistance qu'aucune force connue n'aurait pu ébranler, mais ce n'était pas tout, les branches de ces sortes de ficus poussent horizontale-

Troupeau d'éléphants s'abreuvant au bord d'un fleuve.

ment, leurs extrémités semblent comme attirées vers le sol, peu à peu elles s'inclinent, dès qu'elles touchent terre, elles prennent racine et donnent naissance à de nouveaux banians qui, au fur et à mesure qu'ils poussent, voient leurs branches, s'étendre et se reproduire à leur tour, et toujours ainsi, jusqu'à ce qu'un fleuve, un lac, un terrain sablonneux, ou des roches affleurant le sol viennent arrêter le développement.

Il y a dans le centre de l'Afrique, dans l'Inde, à Ceylan, des forêts de banians qui doivent leur existence à deux ou trois troncs principaux, seulement; sur la route de Pondichéry à Coudaloor, il y a un seul banian, qui sous son ombrage, et celui de ses troncs multipliés, a abrité toute une armée au temps des guerres de Dupleix.

Le banian sous lequel nous étions momentanément en sûreté, étendait ses rejetons aussi loin que les regards pouvaient pénétrer, et tous ceux qui se trouvaient dans un rayon de vingt-cinq à trente mètres seulement, étaient presque aussi gros que lui.

Les éléphants eurent vite constaté l'impuissance où ils étaient de nous atteindre, ils semblèrent en prendre leur parti, et sur un cri d'un d'entre eux qu'ils reconnaissaient pour chef, se turent instantanément et se réunirent comme s'ils allaient tenir conseil.

On ne saurait mettre en doute la faculté qu'ont ces étranges animaux de se communiquer leurs impressions, et d'agir avec ensemble sous la direction de leurs chefs. Ceux-là seuls peuvent nier ces faits qui n'ont jamais mis les pieds dans l'extrême Orient, mais je n'insiste pas, mon intention étant de consacrer un passage spécial à l'examen des faits qui prouvent l'intelligence personnelle et collective de l'éléphant.

Le résultat du conseil de nos ennemis ne se fit pas longtemps attendre, en effet, sans même daigner se retourner de notre côté, le gros de la troupe reprit le chemin de la forêt, avec la plus complète indifférence, du moins cela nous parut ainsi; car je ne pus m'empêcher de m'écrier :

— Enfin, nous sommes sauvés.

— Pas encore, Massa, me répondit N'Otooué.

— Comment l'entends-tu ?

— Je crois même, que sans un secours qu'il nous est permis d'espérer sans savoir comment il nous viendra...

— Eh bien !

— Eh bien, nous sommes à peu près sûrs de finir nos jours ici.

Je sentis comme un frisson me parcourir tout le corps.

— D'où te vient ce triste pronostic?

— Je connais les éléphants, Massa, ils n'abandonneront point comme cela la partie. Tenez, voyez plutôt, le troupeau regagne son campement, mais le chef a placé des sentinelles qui ne nous quitteront ni jour ni nuit, jusqu'à ce que leur vengeance soit satisfaite.

N'Otooué disait vrai, huit éléphants après le départ des leurs, vinrent se placer tranquillement autour du banian sur lequel nous avions cherché un abri, et comme pour nous narguer se mirent tranquillement à manger l'herbe et les jeunes pousses d'arbres qui se trouvaient près d'eux. De temps à autre, ils s'approchaient des ficus, levaient leur trompe avec colère, puis voyant qu'ils ne pouvaient nous atteindre, retournaient tranquillement à leur poste d'observation.

— Voyons, N'Otooué, réponds-moi franchement combien de temps cela va-t-il durer.

— Jusqu'à ce que la faim nous oblige à descendre de notre refuge, et dans ce cas nous serons assommés sur place.

Je connaissais mon homme, il n'était pas d'une bravoure telle qu'il pût parler avec autant de sang-froid du triste sort qui nous attendait suivant lui. Il me sembla d'abord qu'il exagérait notre situation, puis ensuite qu'il connaissait quelque moyen de nous en tirer, qu'il était dans l'intention d'exploiter pour faire appel à ma générosité. Cependant je ne tardai pas à reconnaître que pour cette fois du moins j'avais en partie calomnié l'Africain, il était littéralement abruti par la peur, de là le ton en apparence indifférent qu'il avait pris pour me répondre, je m'aperçus rapidement de l'état dans lequel il se trouvait, et je cherchai sans plus tarder à produire une réaction favorable.

— Voyons, N'Otooué, lui dis-je, il est impossible que toi, le plus grand chasseur d'éléphants de la contrée, tu ne trouves pas le moyen de sortir de là.

Le pauvre diable secoua la tête; cependant, à mes paroles, son œil avait brillé d'orgueil.

Je poursuivis:

— Pendant tes longues pérégrinations sous bois tu n'as donc jamais été attaqué par les éléphants?

— Si, une fois, j'ai été obligé de me réfugier dans un arbre comme nous venons de le faire.

— Et alors?

— Alors les éléphants comme aujourd'hui ont placé des sentinelles, je suis resté trois jours sans boire ni manger, je ne pouvais presque plus me tenir sur l'arbre, et j'allais tomber aux pieds des terribles animaux, lorsqu'on est venu à mon secours.

— Comment cela?

— Ma femme avait eu le temps de se cacher dans les broussailles, la première nuit de ma captivité, elle parvint à s'éloigner en rampant et courut à marche forcée jusqu'au premier village de notre tribu. Tous les guerriers s'armèrent, et vinrent me délivrer.

— Comment, ils osèrent lutter corps à corps avec les éléphants?

— Non, ils vinrent au nombre de plusieurs milliers, poussant de grands cris et tapant sur des tams-tams, l'éléphant n'aime pas le bruit de cet instrument, et ceux qui me gardaient effrayés par le bruit, rentrèrent dans le masoua; il était temps, je n'avais presque plus la force de me retenir aux branches de l'arbre où j'avais cherché un refuge. Voilà, Massa, mais nous n'avons aucun secours de cette nature à attendre, nous sommes à plusieurs journées de marche des villages de ma tribu, et nous n'avons aucun moyen de faire prévenir les miens.

— Et ton expérience de chasseur ne te suggère rien, pour essayer de nous sauver?

N'Otooué était redevenu un peu maître de lui, il réfléchit quelques instants, et il me répondit :

— On pourrait essayer deux choses, mais elles sont tellement dangereuses que cela ne change guère notre situation.

— Voyons, fis-je avec joie, car une lueur d'espoir venait d'entrer dans mon esprit, explique-toi.

— Nous pouvons mettre le feu à la forêt, en incendiant les herbes sèches qui sont autour de nous, seulement nous avons neuf chances sur dix d'y laisser notre peau.

— Comment cela?

— Nous sommes à quelques pas de la lisière de la forêt, et entourés de petites clairières, dans lesquelles le soleil pénétrant avec facilité, en dessèche lianes et arbustes, c'est donc autour de nous que le feu va tout d'abord se développer, il ne gagnera la masse de la forêt qu'au fur et à mesure que les arbustes environnants se seront desséchés par la chaleur.

— Alors d'après toi, nous serions immédiatement le centre du foyer?

— Voyez tout autour de nous l'herbe, les arbrisseaux, sont déjà à moitié brûlés par le soleil, cela prendra feu comme l'amadou de notre briquet, le feu chassera immédiatement les éléphants, mais nous serons brûlés vifs, sans grande chance d'échapper.

— Si minime que soit cette chance, nous la tâterons si ton second moyen n'est pas préférable. Un mot encore, comment ferais-tu pour incendier la forêt, car enfin pas plus que nous tu ne peux descendre de notre refuge?

N'Otooué sourit à cette question.

— Je mettrais le feu à mon pagne, et je le lancerais dans l'herbe.

Il n'y avait rien à répondre.

—Mon second moyen, continua N'Otooué, est moins dangereux à essayer, mais il est plus impraticable.

Au moment de me le faire connaître, le guide s'arrêta tout à coup.

Un des éléphants s'était rapproché de notre arbre, et nous regardait en agitant sa trompe avec fureur, tout d'un coup il se dressa contre le tronc du ficus et, s'allongeant autant qu'il le put, il fit de sérieux efforts pour nous atteindre, nous étions dans le cœur de l'arbre, et sa trompe tendue n'était pas à plus de cinquante à soixante centimètres de nous, son souffle puissant nous fouettait la figure comme un violent coup d'éventail.

C'était à donner le vertige.

Les quatre rabatteurs, la femme de N'Otooué et son jeune fils, qui n'avaient pu apprécier de suite la distance, s'étaient réfugiés au haut des branches.

En voyant l'impuissance de ses efforts, l'animal se mit à pousser des cris terribles, ses compagnons accoururent, et à son exemple essayèrent de nous donner l'assaut, peine perdue, leur tentative ne fut pas plus heureuse que celle de leur camarade.

A un moment donné je fus pris cependant d'une terrible émotion.

Un des éléphants qui sautait avec fureur perdit l'équilibre et roula aux pieds de l'arbre, un de ses compagons se servit immédiatement de lui comme d'un marche-pied, et pendant une seconde à peine, sa trompe s'éleva à la hauteur de notre refuge, N'Otooué et moi, nous nous étions instinctivement rejetés en arrière, sans cela un de nous eût été pris ou assommé.

Aussi prompt que l'éclair, N'Otooué avait enfoncé sa lance dans la trompe de l'éléphant qui retomba à terre en poussant des cris de douleur.

— Voilà une chose bien inutile, fis-je à N'Otooué, qui n'aura d'autre résultat que d'augmenter leur fureur.

— Vous vous trompez, Massa, N'Otooué n'a pas fait une chose inutile, vous connaissez l'intelligence de ces animaux, eh bien, celui que je viens de blesser venait de trouver par hasard le moyen d'atteindre le cœur de l'arbre, en s'aidant d'un de ses compagnons, soyez sûr qu'avant cinq minutes, tous eussent agi de la même façon et cette partie si commode de l'arbre nous eut été interdite, nous eussions été obligés de nous réfugier dans les branches supérieures.

Je ne pus le dissimuler, N'Otooué avait raison. La blessure que N'Otooué avait faite à l'agresseur était assez légère, elle fut cependant suffisante pour motiver le départ du blessé qui rentra sous bois en geignant comme un enfant.

L'éléphant, malgré sa grosse masse, et l'épaisseur de sa peau, deux choses qui nous donnent une idée d'insensibilité relative, est très sensible à la douleur physique quand il n'est pas échauffé par la lutte.

— Nous n'avons plus que sept gardiens, fis-je avec joie. Si nous pouvions les renvoyer tous de la même manière.

— N'y comptez pas, Massa, le remplaçant de celui qui est parti ne va pas tarder à paraître.

— Dis-tu vrai?

— Je vous l'affirme, je suis trop au courant des habitudes de ces animaux, pour me tromper.

— Voyons donc ton dernier moyen, bien que tu le déclares peu pratique, j'ai comme un pressentiment qu'il est supérieur au premier.

— Je ne crois pas Massa, si nous étions seuls tous les deux, peut-être serait-il bon... mais nous sommes trop nombreux.

— Voyons toujours, je t'écoute?

— Voici... vous voyez ces branches horizontales dont les rejetons comme des radicelles se sont inclinés vers la terre, ont pris racine à leur tour et ont donné naissance à d'autres arbres.

— Parfaitement.

— Eh bien, la nuit venue, il s'agirait de suivre lentement ces branches, en retenant son souffle de passer d'arbres en arbres et d'atteindre ainsi la lisière de la forêt, qui n'est pas à plus de trois ou quatre cents pas d'ici.

— Et c'est cela que tu déclares impraticable?

— Oui, Massa.

— Pourquoi cela?

— Le moyen bon pour une ou deux personnes au plus ne vaut rien quand on est en nombre. Sans y voir la nuit aussi bien que le tigre ou le lion, l'éléphant distingue assez bien les objets dans l'obscurité, pour pouvoir se diriger la nuit. Donc, au moindre bruit que nous ferons, nos gardiens nous suivront patiemment d'arbres en arbres et nous assommeront dès que nous tenterons de toucher terre.

— Es-tu bien sûr de ce que tu avances ?

— Parfaitement sûr, dès que l'alerte sera donnée par le plus petit bruit, par le moindre faux mouvement, nous aurons toute la troupe à nos trousses.

— Eh bien, N'Otooué, lui répondis-je d'un ton convaincu, c'est ce que nous tenterons cette nuit même, mieux vaut finir comme cela que de mourir de faim.

— A votre volonté, Massa, fit N'Otooué, seulement il sera bon de ne partir qu'un ou deux à la fois, nous commencerons tous deux, car il faut que je vous guide, ma femme suivra avec le petit, et les rabatteurs ensuite.

— Dis-moi, N'Otooué.

— Massa.

— Ne penses-tu pas que ceux qui resteront dans l'ombre, devront faire le plus de bruit possible pour détourner l'attention des éléphants ?

— C'est une très bonne idée, à laquelle je ne songeais pas, mais qui va augmenter nos chances de moitié..

— Alors maintenant tu crois un peu plus à la réussite.

— Je crois, Massa, que les premiers qui partiront avec beaucoup de prudence pourront peut-être se sauver, mais je n'ose rien affirmer, car l'animal que nous devons dépister a l'ouïe encore plus fine que la vue.

— Soit, il vaut mieux jouer notre vie de suite alors que nous sommes encore pleins de force et d'énergie que d'attendre que les souffrances de la faim nous poussent à des partis plus extrêmes encore.

— Je vous l'ai dit, Massa, je suis à vos ordres.

— Donc ce soir dès que la nuit sera venue nous tenterons l'aventure.

A cet instant de notre conversation un cri lointain se fit entendre.

— Voici le remplaçant de l'éléphant blessé qui arrive, me dit N'Otooué.

— En es-tu sûr ?

— Regardez.

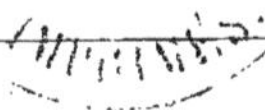

Éléphant d'Asie.

A moins de cent mètres de nous, une masse noire faisait ployer sous le poids de son corps, les hautes herbes et les arbustes qu'il dédaignait d'arracher, c'était bien un éléphant... Mais était-il envoyé pour remplacer le blessé, j'hésitais encore à le croire, mais bientôt le doute ne me fut plus permis, le nouveau venu fut reçu par ses camarades avec des signes de connaissance non équivoques, ce fut un frôlement général de trompes, et de défenses se choquant légèrement les unes contre les autres, ces gestes, chez l'éléphant, sont tellement naturels que deux individus de cette espèce ne se rencontrent jamais sans les échanger, c'est une sorte d'accolade, une manière de politesse habituelle et banale, qu'on pourrait comparer à la poignée de main chez l'homme.

Les assiégeants se trouvaient de nouveau au complet, mais instruit sans doute par la mésaventure de celui de leurs camarades qui avait été obligé de quitter la partie, ils n'essayèrent plus de donner l'assaut, ils recommencèrent même pour nous narguer à broutiller d'ici de là quelques jeunes branches, mais sans nous perdre de vue un seul instant.

Un fait va démontrer avec quelle attention ils nous surveillaient. Au pied même de l'arbre se trouvait une petite caisse à provisions que nous avions apportée du campement pour déjeuner après la chasse et que dans notre précipitation à nous réfugier dans le buisson, nous avions oublié de prendre avec nous. Elle nous eut rendu en ce moment surtout un signalé service, car elle contenait une certaine quantité de boîtes de conserves, quelques bouteilles de vin et du rhum, et environ deux livres de ces biscuits de voyage, dont se sert la marine américaine, et qui sont connus sous le nom de *pilote' s bread, pain de pilote.*

Ces biscuits sont admirablement confectionnés, ils remplacent parfaitement le pain, et je n'ai jamais compris qu'ils ne soient pas d'un usage général pour les armées en campagne.

Le soleil commençait à monter à l'horizon et malgré les dangers de notre situation, la nature réclamait ses droits, et la faim se faisait sentir.

— Comment faire, dis-je à N'Otooué, pour avoir cette caisse ? Nous ne pouvons cependant rester toute la journée sans manger.

— C'est difficile, Massa, cependant la chose n'est pas tout à fait impossible.

— Il y a dix piastres et une bouteille de rhum pour toi si tu réussis.

— Voilà, je me charge bien de sauter au bas de l'arbre, et d'y remonter, avant que les éléphants qui broutent en ce moment à vingt-cinq à trente pas de nous puissent m'atteindre, mais je ne pourrais pas regagner l'arbre avec la caisse.

— Alors il n'y faut plus songer.

— Il y a un moyen de tourner la difficulté.

— Il y a du rhum dedans.

Les yeux de N'Otooué s'allumèrent de convoitise.

— Je vais essayer, dit-il.

— Si tu envoyais un des rabatteurs ?

— Non, je veux les dix piastres et le rhum pour moi seul.

— A ton aise, mais ne va pas te faire tuer au moins.

— Soyez sans crainte, Massa, les éléphants sont assez éloignés maintenant pour que je puisse tenter l'aventure.

En prononçant ces mots, le guide se mit à dérouler de sa ceinture la corde en fibre de coco, que tous les Africains de cette contrée ont l'habitude de porter, et qui leur sert pour attacher les animaux tués à la chasse, les faix de bois mort ou tout autre fardeau qu'ils désirent porter.

— Que vas-tu faire de cela? lui demandais-je.

— Massa ne comprend pas?

— Non, je l'avoue.

— Eh bien! je vais laisser le bout de cette corde aux mains des rabatteurs, avec l'autre je ferai un nœud coulant, que je passerai autour de la caisse dès que j'aurai touché terre, et je remonterai rapidement dans le buisson, pendant que mes compagnons tireront rapidement la caisse à eux.

— Et tu penses que tu auras le temps de faire tout cela avant que les éléphants soient sur toi?

— Je vais le tenter, j'en serai quitte pour regagner l'arbre et abandonner la caisse, si les éléphants arrivent trop rapidement sur moi.

Je n'avais plus d'objection à faire, du reste, dans la situation où nous étions, manger, réparer nos forces, pour la tentative d'évasion de la nuit prochaine, valait bien qu'un homme jouât sa vie.

N'Otooué fit d'un signe descendre deux des indigènes, sur l'espèce de plate-forme, formée par le cœur de l'arbre, et leur donna ses ordres. La corde à la main, ils se préparèrent à hisser la caisse dès que N'Otooué aurait passé le nœud coulant.

Pendant quelques instants le guide observa les éléphants.

— Tu hésites, lui dis-je.

— Non, Massa, je calcule la distance, et je me demande si je dois descendre de l'arbre d'un seul bond, ou si je dois me glisser à terre, en essayant de ne pas éveiller leur attention.

— Le second moyen me paraît meilleur.

— Je me range à votre avis.

En ce moment les éléphants, sans être fort éloignés de nous, se trouvaient cependant à une distance qui, vu l'habileté de N'Otooué, permettait d'espérer le succès.

Sans hésiter, le guide commença sa périlleuse descente. J'étais debout haletant, le cou tendu, l'œil fixé sur les colosses qui disparaissaient à moitié dans les hautes herbes, prêt à saisir le moindre signe d'attention et à donner l'alarme.

Tout alla bien jusqu'au moment où N'Otooué toucha terre, mais ce dernier n'était pas vers la caisse que toute la troupe en s'ébranlant à la fois se mit à le charger avec une vitesse vertigineuse.

— Remonte, remonte, criai-je au pauvre diable, ou tu es perdu.

Sans m'écouter, d'un bond l'Africain fut sur la caisse, la soulever, lui passer le nœud coulant, fut l'affaire d'un instant, d'un autre côté les rabatteurs halant sur la corde, en deux mouvements la soulevaient dans les airs.

En deux enjambées N'Otooué était arrivé au pied de l'arbre, mais il n'avait pas le temps de remonter, les éléphants étaient à peine à dix pas de lui, et l'eussent saisi au milieu même de son ascension.

Le pauvre diable était perdu.

Nous nous mîmes à pousser de grands cris pour essayer d'effrayer les éléphants, rien n'y fit, rien ne put les arrêter dans leur course.

La femme de N'Otooué et son jeune fils criaient et gémissaient à fendre l'âme.

Quant à l'Africain, debout, adossé à l'arbre, sans armes, il attendait les assaillants de pied ferme. Il n'avait plus une seconde à vivre, les éléphants étaient sur lui...

Alors se passa une scène étrange, insensée, que je n'oublierai de ma vie...

Au moment où il allait être saisi, N'Otooué — avec un sang-froid et une agilité merveilleuse, s'élança entre les éléphants qui le cernaient, et en quelques enjambées énergiques, se trouvait à vingt mètres d'eux, avant qu'ils aient eu le temps de revenir de leur surprise.

Il avait calculé sur la difficulté que ces animaux éprouvent à se retourner rapidement, difficulté qui était encore augmentée par le nombre des assaillants, et il ne s'était pas trompé.

En effet, les éléphants en voyant leur ennemi leur échapper, avaient voulu opérer tous ensemble un mouvement de volte-face, mais ils s'étaient embarrassés les uns les autres, et le temps d'arrêt qui en résulta, bien que relativement court, fut suffisant, pour que N'Otooué, saisissant une branche horizontale d'un banian, d'un vigoureux mouvement de trapèze, s'éleva du premier bond de sept à huit pieds de terre, le second le mit hors d'atteinte, mais cette fois encore il n'était que temps. Le guide n'avait pas quitté la branche horizontale, que les trompes furieuses des éléphants s'enroulaient autour d'elle.

Il était sauvé !

Nous rejoindre en passant de branches en branches ne fut qu'un jeu pour lui.

Le résultat de l'aventure fut que les éléphants se massèrent autour de nous et ne bougèrent de la journée.

Cet exploit avait grandi N'Otooué de moitié dans mon estime, il avait déployé un tel courage, un tel sang-froid, que quand il nous eût rejoint, je ne pus m'empêcher de lui serrer la main avec émotion.

— J'espère que j'ai bien gagné mon rhum ? me dit-il.

Ces paroles me rappelèrent à la réalité.

S'il s'était agi de sauver quelqu'un, il n'eût pas bougé de l'arbre, mais il aurait joué sa vie pour une bouteille de tafia.

Je ne m'en étonnai pas, tous les Africains sont ainsi.

Je lui donnai ses dix piastres qu'il confia immédiatement à sa femme; quant au rhum, il s'installa commodément sur une branche et se mit à le déguster lentement sans songer à en offrir à ses camarades.

Ne voulant pas faire de jalousie, j'en donnai deux autres bouteilles pour les quatre Africains.

Et comme la femme de N'Otooué tendait de mon côté ses mains suppliantes, je lui en donnai un verre.

Pour moi, après avoir fait la distribution des vivres, je me mis à déjeuner plus par raison que par appétit, car j'avais, je l'avoue, l'estomac serré, et par conséquent peu disposé à prendre de la nourriture.

Il fallait cependant prendre des forces pour la nuit, je m'en acquittai de mon mieux, et, chose singulière, mais qu'ont pu remarquer tous ceux qui ont mangé sur la planche du naufragé, ou dans toute autre situation portant danger de mort, je sentis au bout de quelques instants comme un flot de forces nouvelles circuler dans mes veines, je me trouvais plus rassuré et presque confiant dans l'issue favorable de notre périlleuse aventure.

Tant il est vrai que l'esprit est solidaire du corps, et que la force morale ne peut soutenir longtemps, là où les forces physiques font défaut.

Quant à nos hommes, dès qu'ils eurent fini leurs rations ils jetèrent à la tête des éléphants leurs bouteilles vides avec toutes les injures que put leur fournir leur répertoire, et j'eus toutes les peines du monde à les empêcher de jouer avec le danger.

Le jour s'écoula avec une désespérante lenteur, il me semblait que cette nuit si désirée qui allait nous permettre de tenter la délivrance n'arriverait jamais.

Quand le soleil commença à décliner rapidement à l'horizon, ensevelissant peu à peu dans l'ombre nos ennemis et la forêt nous tînmes rapidement conseil,N'Otooué et moi, pour arrêter d'avance tous les points de notre périlleux sauvetage.

L'ordre du départ arrêté entre nous le matin fut communiqué aux rabatteurs, et ils s'y soumirent sans réflexion.

Un peu avant le coucher du soleil, ils se mirent à chanter et à frapper dans leurs mains pour attirer l'attention de nos assiégeants.

A chaque nouveau départ, ceux qui restaient devaient continuer ce bruit; quant au dernier, il lui devenait facile, étant seul, de se glisser dans les arbres, en retenant son souffle, et sans éveiller l'attention des terribles bêtes. A deux on n'est jamais sûr de son camarade; aussi N'Otooué prétendait-il avec quelque apparence de raison, que le dernier était plus sûr de se sauver que les autres.

Quand le moment fut venu, N'Otooué me dit simplement :

— Donnez-moi vos armes qui pourraient vous gêner pour passer de branche en branche et suivez-moi :

Je me levai tremblant d'émotion !...

J'avais assez étudié de jour la branche principale de notre banian, qui devait nous conduire jusqu'au plus prochain rejeton du géant des forêts qui nous servait d'asile, pour pouvoir m'y engager sans difficultés, mais après, c'était l'inconnu, et je devais me laisser conduire comme un enfant par mon guide.

Cependant nos rabatteurs et les deux membres de la famille de N'Otooué, faisaient retentir l'air d'une musique infernale, et les éléphants agacés par ce charivari, ne tardèrent pas à faire entendre de sourds grondements.

A la faveur de ce bruit, le départ était possible sans éveiller l'attention.

— Allons, me dit N'Otooué, c'est le moment.

Et en s'inclinant en avant, il me plaça les deux mains sur la branche maîtresse que nous devions d'abord traverser. Je la saisis entre les jambes et je me mis à la franchir doucement, en m'aidant des mains.

Tout à coup je sentis le guide me saisir par le bras.

— Nous sommes au second arbre, me dit-il, laissez-moi vous guider.

Avec une intelligence de coureur des bois, il m'aida à me lever, à traverser le centre du banian, et de nouveau, je me trouvai sur une autre branche, dans la posture que j'avais précédemment adoptée, nous la franchîmes de même, et nous atteignîmes notre second arbre.

Cette manœuvre se renouvela cinq fois avec le même succès. Nous venions d'atteindre le cinquième arbre lorsque N'Otooué s'arrêta.

— Faisons une station de quelqnes minutes ici, me dit-il à voix basse, il est bon de savoir si nous ne sommes pas suivis .

Nous écoutâmes quelques instants, mais mes compagnons, restés dans le banian, faisaient un tel tapage qu'il nous fut impossible de percevoir tout autre bruit. Cependant, nous entendions le grondement des éléphants qui continuait à répondre aux cris des captifs, et cela contribua à nous donner l'assurance que nous n'avions pas été *filés* par un des colosses qui nous gardaient.

Nous reprîmes notre marche de gymnastes sans rien diminuer de notre prudence, et peu à peu nous comprîmes aux cris des voix qui ne nous arrivaient plus que faiblement, que nous avions déjà mis une distance respectable entre nos agresseurs et nous.

Les branches que nous traversions devenaient de plus en plus flexibles, les troncs de banian qu'elles reliaient plus minces, et le feuillage moins épais laissait passer de vagues lueurs sidérales, qui nous permettaient si faibles qu'elles fussent de distinguer vaguement les troncs et les branches d'arbres auxquels nous devions notre salut. Mais ces derniers devinrent bientôt si faibles que la prudence la plus vulgaire nous ordonna bientôt de quitter ces abris, qui se rompant sous notre poids, pourraient attirer sur nous par le bruit toute la bande d'éléphants.

Ce fut l'avis de N'Otooué, et nous descendîmes lentement à terre en prenant toutes les précautions imaginables.

Mon pied touchait à peine le sol, qu'un involontaire frisson me parcourut tout le corps, je m'attendais de seconde en seconde à sentir la trompe d'un éléphant s'abattre sur ma tête, et je me souviens que la pensée suivante me traversa le cerveau en manière de consolation.

— Bah ! je serai assommé sur le coup, et je ne sentirai rien.

Cependant, non seulement les secondes, mais les minutes se passèrent sans que rien d'insolite se passât autour de nous.

— Nous ne sommes pas encore complètement hors de danger, me dit N'Otooué en faisant sa voix aussi faible que possible, mais enfin nous pouvons espérer... les éléphants ne se doutent pas de notre départ, venez.

— Où allez-vous me conduire maintenant ?

— A la lisière de la forêt... silence... et suivez-moi, je vous l'ai dit, nous ne sommes pas encore sauvés.

Il me prit par la main pour mieux me diriger ; et nous nous mîmes à glisser comme des ombres, retenant notre souffle au milieu des hautes herbes qui envahissaient d'autant plus l'endroit où nous étions, que les arbres se faisaient plus rares ; de temps à autres nous nous arrêtions pour écouter, puis nous reprenions notre marche silencieuse. La nuit était si profonde, une nuit sans lune que je distinguais à peine mon conducteur ; l'obscurité était plus complète à terre que dans le feuillage des arbres.

Il y avait longtemps que nous n'entendions plus les cris des indigènes et les sourds grondements des éléphants, un silence qu'on ne trouve la nuit que dans les jungles et dans les nécropoles nous environnait de toutes parts, les oiseaux chanteurs de la nuit, si communs dans les forêts africaines semblaient s'être donné le mot pour fuir cette partie de la forêt.

Nous marchions depuis une heure environ dans les hautes herbes lorsque N'Otooué, s'arrêta brusquement.

— Qu'y-a-t-il ? lui demandai-je.

— Laissez-moi écouter, me répondit-il.

Au bout d'une minute environ qui me sembla un siècle, N'Otooué me dit en me prenant de nouveau par le bras :

— Je croyais que nous étions suivis, c'est une fausse alerte, continuons notre marche.

Peu après nous atteignions les limites de la forêt, et la lumière des astres qui lançait quelques clartés blafardes sur la plaine me causa une joie inexprimable.

Pendant toute cette longue marche, nous ne nous étions inquiété ni des serpents si abondants dans ces parages, ni des tigres, des panthères, que nous pouvions rencontrer sur notre route, le terrible danger auquel nous avions hâte d'échapper, ne nous avait pas permis un

Le banian où nous avions cherché un refuge... (Page 284.)

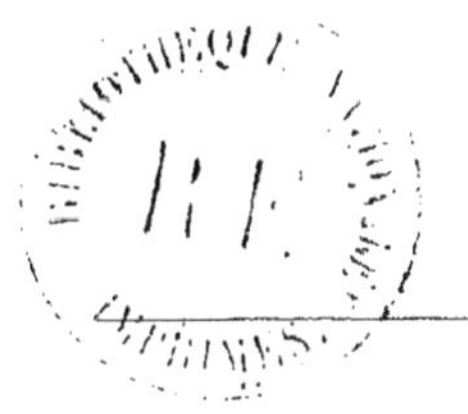



seul instant de songer aux funestes rencontres qu'il est toujours possible de faire dans ces contrées surtout la nuit.

— Vous êtes maintenant hors de danger, me dit N'Otooué, je vais vous quitter.

— Me quitter?

— Oui, ne faut-il pas que N'Otooué rentre sous bois pour aller au-devant de sa femme et de son fils?

— C'est juste, je n'y songeais plus.

— Vous allez marcher droit devant vous, en maintenant toujours à votre gauche la croix du sud; au point du jour vous vous arrêterez sur les bords du ruisseau que nous avons rencontré hier, le jour venu vous n'aurez plus rien à craindre des fauves rentrés dans leurs tanières, et vous pourrez prendre quelques instants de repos.

— C'est bien, je suivrai tes instructions.

— Nous vous rejoindrons avec tous les effets que nous avons laissésplus haut dans notre campement.

— Adieu, N'Otooué, sois assuré que je saurai reconnaître le service que tu...

Je n'eus pas le temps d'achever ma phrase, le guide venait de me saisir par le bras et il m'entraînait derrière un buisson.

— Cette fois je ne me trompe pas, me dit-il rapidement, j'ai bien entendu le bruit que fait une branche sèche qui se brise.

— Pensez-vous que les éléphants...

— Non, nous n'avons plus rien à craindre d'eux, ils ne se hasarderont pas en plaine, et du reste ils arriveraient comme une trombe, et ce n'est pas une branche de bois mort brisé, mais un fouillis d'arbustes foulés renversés qui nous avertirait de leur présence, ce doit être quelqu'un des nôtres qui arrive.

Comme il finissait ces mots, il fit entendre le cri du tano.

Le même signal nous fut renvoyé à une faible distance de nous.

— C'est la femme à N'Otooué et mon fils, me dit simplement le guide.

Quelques instants après en effet la mère et l'enfant étaient près de nous.

— Voilà qui change tous nos projets, me dit le guide, les rabatteurs sont des gens qui vivent constamment dans la forêt, ils sont parfaitement à même de suivre le chemin des banians et de dépister les éléphants sans notre secours, nous ne les attendrons donc pas. Nous allons, si vous le voulez bien, Massa, passer au campement, nous y prendrons les objets que nous y avons laissés, et nous continuerons notre marche jusqu'au lever du soleil, qui nous permettra de nous reposer.

Je dois avouer que la tournure qu'avait pris l'incident me plaisait fort, je préférai, on le conçoit, la compagnie du guide à la solitude. Nous ne fûmes rejoint par les rabatteurs que le lendemain, les gaillards avaient, avant de partir, vidé la caisse de provisions restée dans l'arbre, elle contenait encore quelques bouteilles de vin et deux de rhum. Ils s'étaient grisés de la belle façon, et c'est un miracle qu'ils aient pu en cet état opérer leur sauvetage.

Après quelques jours de repos, je continuai avec N'Otooué mon voyage d'exploration.

Là se termine à peu près tout ce que je puis dire de l'éléphant d'Afrique.

Avant de passer plus particulièrement à son congénère l'éléphant des Indes, il me paraît utile de dire un mot d'un bien singulier article écrit par M. Charles d'Orbigny dans le *Dictionnaire d'histoire naturelle* sur l'éléphant. Le savant officiel y *traite de niaiseries qui se refutent d'elles-mêmes*, tous les faits d'adresse, de mémoire, d'intelligence, d'attachement , attribués assez universellement à l'éléphant.

M. Charles d'Orbigny ne nous présente pas d'autre autorité que sa qualité de *savant officiel* pour soutenir de pareils paradoxes, mais il trouve l'autorité suffisante: lui seul et c'est assez.

Les historiens et naturalistes anciens et modernes, les nombreux voyageurs, les Sénégalais, les Indous, les Birmans qui considèrent l'animal comme un ami de la maison, se trompent, dans les nombreux faits qu'ils ont relevés et qu'ils relèvent tous les jours. C'est M. d'Orbigny qui l'affirme, αὐτος ἐφή... Niaiseries les récits des historiens qui vous représentent les Romains vaincus par les éléphants d'Annibal et de Pyrrhus disciplinés à la guerre, sottes histoires que tous les récits des voyageurs. M. d'Orbigny, du fond de son cabinet où il s'est borné à voyager, a raison contre tout le monde.

Cela est si fort, si singulier, si imprévu, si en dehors de tous les faits observés de la commune croyance que mon ami Anquetil le grand voyageur en Birmanie et dans l'Indo-Chine qui l'a relevé sur plus d'un point, a pensé que *ce savant* avait dû abandonner l'article éléphant à la rédaction de quelques-uns de ces pauvres diables qui *piochent pour les dictionnaires* à un ou deux centimes la ligne... J'ignore ce que cette supposition peut avoir de vrai, mais il est certain que l'article éléphant du *Dictionnaire d'histoire naturelle* de M. Ch. d'Orbigny, malgré ses allures de science officielle, n'est qu'un tissu de légèretés fantaisistes.

Il me sera facile de le démontrer avec l'irréfutable autorité des faits.

Voyons d'abord les dires de l'article en question. M. d'Orbigny prétend :

1° Que l'éléphant est un captif, et non un animal domestique, parce qu'il n'obéit qu'à la crainte.

2° Que toute éducation imposée à l'éléphant consiste à lui faire plier les jambes pour recevoir son cavalier avec le fardeau ; à obéir à la voix du cornac, et surtout à son crochet aigu quand il le tire par l'oreille.

3° Que l'éléphant, quelque privé qu'il soit, ne manque jamais de se sauver dans les bois dès qu'il en trouve l'occasion.

4° Que l'éléphant est dénué de mémoire, et comme preuve M. d'Orbigny raconte, je ne sais d'après quelle autorité, qu'un de ces animaux pris dans un piège, dépaysé, et ramené dans la même contrée, se laissa reprendre par les mêmes moyens.

5° Qu'on ne saurait accoutumer l'éléphant à entendre la détonation d'une arme à feu sans prendre la fuite, et que depuis l'invention de ces armes on n'a pu l'employer qu'à porter des bagages.

(Après la guerre d'Abyssinie que les Anglais n'ont pu faire qu'à l'aide de leurs batteries d'artillerie d'éléphants, M. d'Orbigny n'aurait pas dû laisser subsister une pareille affirmation dans son dictionnaire.)

6° Que la mère ne reconnaît pas son petit quand elle en est séparée pendant deux ou trois jours, et que celui-ci la trouve insensible à ses supplications.

7° Enfin que les mères à l'état sauvage se laissent teter indistinctement par tous les petits du troupeau.

(Comment expliquer alors que la femelle soit insensible aux supplications de son petit après deux jours de séparation, puisqu'elle laisse teter tous les petits du troupeau?..) De la science faite ainsi n'est que pure naïveté. Je vais répondre :

Est-il vrai que l'éléphant ne soit qu'un captif et non un animal domestique, le premier de tous, et que son éducation soit aussi bornée que le prétend M. d'Orbigny?

En vérité, quand on a habité les contrées de l'Extrême-Orient, où ce puissant animal se meut librement dans sa force, compagnon, aide et protecteur de l'homme, on s'étonne d'avoir à répondre à une pareille question. Un captif l'éléphant ? Quelle naïveté !

Venez donc le voir à Ceylan sur les rives du Gandarra ou du Kalloo...

Il y a six mois, il était encore dans les forêts de Kattragam ou dans les gorges de Badaulla, roi de la jungle, il ne redoutait aucune attaque, et de sa trompe ployait les arbres en se jouant pour en manger les fruits.

Un jour il aperçoit une troupe de ses congénères, qui semblent errer à l'aventure, l'imprudent court au-devant d'eux, il est saisi, garrotté par ses frères et dans sa rage impuissante, il aperçoit pour la première fois sans pouvoir lui faire payer cher sa témérité, l'homme qui a dressé *les siens* à cette chasse étrange, et dont il va sous peu devenir l'ami.

Le fait est absolument authentique, les éléphants privés servant à prendre les éléphants sauvages, eh bien, je le demande à M. Ch. d'Orbigny, si l'éléphant privé ne cherche qu'une occasion de s'enfuir dans les bois, qui donc empêche les équipages de chasse composés souvent de quinze et vingt éléphants, de rester dans la jungle quand ils y sont? qui donc les empêche de faire cause commune avec leurs congénères sauvages, au lieu de les capturer ? Il n'y a qu'une chose à répondre c'est que l'article auquel nous répondons a été écrit avec une impardonnable légèreté.

Voilà donc l'éléphant captif, et il s'en va dans les parcs d'artillerie des Anglais, où on le dresse à porter une pièce de campagne, dont il supporte le feu et le choc sans broncher au bout de huit jours d'exercice, ou bien il passera aux mains de quelques marchands d'huile de coco, de poterie, de riz ou de poisson fumé.

Supposons-le dans cette dernière condition. Toutes les semaines il part pour les grandes villes commerçantes de la côte. Pointe-de-Galles, Kaltoura, Negombo, Colombo, porter aux consignataires du bazar, les marchandises de son maître.

D'abord c'est un serviteur qui le conduit, puis un enfant, et on finit par le faire aller seul sans qu'il se trompe jamais, ni de route, ni de lieu de destination.

Deux ou trois jours après il rentre, sa commission faite, et en attendant le jour où il recommence son voyage hebdomadaire, il va ramasser dans les forêts, du bois et des fruits pour la famille de son maître, de l'herbe et des jeunes pousses de bambou dans la jungle pour la nourriture des buffles et la sienne, et le soir venu il manœuvrera le balancier dont les Indiens se servent pour puiser de l'eau, et pendant une heure ou deux selon les besoins, il arrosera les rizières et les champs de bétel.

Quelle force le retient donc? il n'est pas attaché; quelle chaîne et quel poteau ne briserait-il pas? seul, il n'aurait qu'à vouloir; accompagné, d'un seul coup de trompe il assommerait son cornac... Pourquoi ne regagne-t-il pas les savanes aux horizons sans fin où s'est écoulée son enfance. N'est-ce pas, monsieur d'Orbigny, que c'est là un singulier captif?

Mais ce n'est pas tout encore.

Dans le cours de sa longue existence, il changera souvent de maître, bon et dévoué pour tous, il se pliera avec facilité à toutes les exigences des situations nouvelles dans lesquelles il pourra se trouver, et sera tour à tour portefaix, bûcheron, commissionnaire, chasseur, quêteur des pagodes, éléphant de combat contre les rhinocéros et les tigres, dresseur et chef d'escouade dans les *box* d'artillerie de l'armée anglaise.

J'ai vu des éléphants loués comme portefaix pendant un certain temps, faire tous les jours leur service, et le soir venu s'en aller ni plus ni moins qu'un homme de peine coucher chez eux, c'est-à-dire chez leur maître.

J'en ai vu d'autres dans les monts Kotmalès à Ceylan, couper sur des hauteurs inaccessibles avec de longues haches dont on leur avait enseigné l'usage, des arbres gigantesques dont le tronc servait à la construction des quilles de navires, les ébrancher à deux ou trois selon la masse, les charger sur leurs épaules et les apporter à Colombo sur le port, où d'autres éléphants les recevaient et les empilaient selon toutes les règles de l'art. Qu'on s'adresse à tous les capitaines au long cours de Marseille, Bordeaux, Nantes et le Havre qui ont fréquenté ces contrées et notamment les ports de la côte ouest de Ceylan... Il n'en est pas un seul qui me donnera un démenti.

Et ces éléphants sont seuls, travaillent seuls dans les forêts; c'est à peine si l'homme qui est chargé de leur surveillance vient les visiter une fois par jour... Ils n'ont qu'un pas à faire pour regagner les gorges profondes d'où montent de temps en temps jusqu'à eux, les cris de leurs sauvages congénères, et ce pas ils ne le font jamais, il n'y a pas d'exemple dans l'Inde d'un éléphant retourné à la vie des bois; bien plus, ils prennent pour ceux des leurs qui mènent la vie de la jungle une haine qui se traduit par des luttes gigantesques, dans lesquelles il est rare que l'éléphant sauvage ne soit pas vaincu par l'éléphant civilisé... Il faut voir avec quelle joie ce dernier conduit son captif à son maître.

Tous les territoires de chasse à Ceylan et dans l'Inde Anglaise sont divisés en cercles, et commandés par des officiers de l'armée.

Là, on se livre à la chasse et au dressage des éléphants pour les besoins spéciaux du train et de l'artillerie.

Les Anglais les ont employés dans toutes leurs guerres de l'Indo-Chine, et tout récemment la guerre d'Abyssinie contre Théodoros n'aurait jamais pu être entreprise sans eux.

En toutes circonstances ils ont affronté le feu avec le plus grand courage, et à deux pas des batteries qu'ils avaient amenées en ligne. Bien plus ils ont servi sans broncher d'affût pour les pièces légères.

On sait également que toutes les grandes chasses aux tigres qui ont lieu dans l'Inde se font à dos d'éléphant, et que des haoudah, où ils sont placés, les chasseurs dirigent par dessus la tête de leurs montures, un véritable feu de file de mousqueterie sur les fauves.

Après de pareils faits qui sont connus du monde entier, qui pour l'artillerie ont fait l'objet de mémoires spéciaux publiés par les officiers anglais, et pour les chasses, sont gravés, dessinés, publiés à centaines de mille d'exemplaires dans les *magasines* anglais, après de pareils faits, dis-je, comment se peut-il qu'une œuvre comme le *Dictionnaire d'histoire naturelle*, ose affirmer que l'éléphant se saurait entendre la détonation d'une arme à feu sans prendre la fuite?

L'article entier est de cette force, et témoigne à l'égard des faits et gestes de l'éléphant d'une ignorance des plus regrettables, dans un livre dont la nature spéciale est d'offrir, sur chaque question traitée, le résumé des vérités tenues pour scientifiques.

On voit qu'il y a loin de ces fonctions multiples, intelligentes et raisonnées, à l'acte simple et machinal de ployer les jambes pour recevoir un fardeau auquel M. d'Orbigny borne les aptitudes de l'éléphant. A propos de l'éléphant qui conduit les bois de construction de navire, seul jusqu'à Colombo, je vais montrer à mes lecteurs que ce fait ne s'appuie pas seulement sur mon affirmation.

« Un soir, dit le major Skinner, officier de l'armée anglaise des Indes, je me promenais à cheval dans la forêt près de Kandy (Ceylan). Tout à coup mon cheval s'arrête effrayé d'un bruit qui se faisait dans la forêt. On entendait le cri : ourmph! ourmph! sourdement répété.

« Je vis bientôt d'où venaient ces cris, c'était un éléphant domestique qui, laissé à lui-même, avait entrepris un travail difficile; il s'effor-

Il me reconnut et me tendit sa jambe blessée. (Page 308.)

çait de transporter une lourde poutre qu'il avait chargée sur ses défenses, mais le sentier était trop étroit, il était forcé d'incliner la tête tantôt à droite, tantôt à gauche, et cet exercice lui faisait pousser des grognements de mauvaise humeur.

« Dès qu'il nous aperçut il leva la tête, nous considéra un instant, jeta son fardeau à terre et se rangea de côté contre le bois pour nous livrer passage.

« Mon cheval tremblait de tous ses membres, l'éléphant le remarqua, et s'enfonçant plus avant dans le fourré, il répéta son ourmph ! d'un ton plus doux comme pour nous encourager. Mon cheval tremblait toujours. Enfin, il franchit le chemin ; aussitôt l'éléphant reparut, reprit sa poutre et continua son pénible travail. »

Il est difficile de trouver un fait plus parlant en faveur de l'intelligence de l'éléphant.

Qu'on remarque bien ceci : c'est que dans cette petite aventure que le major Skinner appuie de son autorité, se trouve la complète opération d'intelligence, qui exige mémoire, comparaison, jugement, volonté que l'on croyait jusqu'ici réservée aux facultés humaines.

*Mémoire.* — L'éléphant a été obligé de se souvenir des chevaux et des hommes qu'il avait déjà vus, de se rappeler qu'il n'avait pas en face de lui des êtres dangereux, contre lesquels il devait lutter, que bien au contraire plus faibles que lui il devait les protéger... Si cela n'est pas, pourquoi a-t-il livré passage? Allez donc demander à un lion de l'Atlas, ou à un tigre du Bengale en liberté, de nous céder le pas?

*Comparaison.* — Il a été obligé en comparant le chemin trop étroit, la longueur de sa poutre, de se rendre compte d'où venait l'obstacle au passage des nouveaux venus.

*Jugement.* — Il a alors commencé son raisonnement, en jugeant que tout le monde ne pouvait passer à la fois, c'était au plus gros fardeau à céder le pas.

*Volonté.* — Et il a exécuté sa décision en jetant son fardeau dans les broussailles et en s'effaçant lui-même.

Bien plus, comprenant qu'il effrayait le cheval, il s'est mis à adoucir ses ourmph pour l'engager à passer.

Si tout cela ne se trouve pas dans l'acte de l'éléphant, car on ne dira pas ici que c'est une affaire de dressage, mis inopinément en face d'une situation qu'il ne pouvait prévoir, l'éléphant a agi comme un ouvrier qui eût porté un fardeau encombrant, et ce dernier n'eût pas agi autrement que l'éléphant pour faire place au major Skinner et à sa monture. Je le répète donc si tout cela ne se trouve pas dans l'acte de l'éléphant, *mémoire*, *comparaison*, *jugement*, *volonté*... qu'on m'explique comment l'instinct seul pourrait produire des choses aussi merveilleuses... et alors loin de me tenir pour convaincu je répondrai que cet instinct-là est si près de l'intelligence qu'il est impossible de l'en distinguer.

Qu'on essaie donc de retrouver de semblables faits à l'encontre des autres animaux.

Un officier français au service de l'ancienne Compagnie des Indes, détruite après la révolte de 1857, le commandant Mowat, rend également compte en ces termes des services que cet animal rend dans le train et l'artillerie de l'armée anglaise :

« Dans les marches militaires à travers les contrées incultes et peu frayées du Bengale, il est d'usage d'employer les éléphants à la suite des convois. Ces animaux sont si bien dressés, que s'il survient un accident à une voiture, à une pièce d'artillerie, et que les chevaux ne puissent les tirer d'un mauvais pas ; dès qu'un éléphant s'aperçoit de l'accident, il accourt près de la voiture embarrassée, sans même attendre l'avertissement de son mahout — nom du cornac au Bengale — et la dépose en la soulevant avec sa trompe, il ne la quitte que quand elle est remise en bon chemin, et que les attelages peuvent suffire à la besogne ; il reprend alors sa place dans la colonne, prêt à recommencer au premier besoin. »

Est-ce qu'il n'y a pas dans ce second fait, encore un acte absolu du raisonnement individuel de la part de l'éléphant ? Prétendra-t-on qu'on lui avait enseigné à traîner en même temps, les batteries d'artillerie, et à porter secours aux attelages embourbés, cela finira par faire une éducation tellement compliquée qu'il faudra bien finir par reconnaître la rare intelligence de celui qui la reçoit... mais soit ! Il n'en est pas moins vrai que quand *il* agit lui-même, reconnaissant son secours utile, il fait une opération intellectuelle.

J'emprunte les faits suivants à Anquetil, le voyageur infatigable que l'on ne saurait trop consulter quand il s'agit des choses de la Birmanie.

On conçoit qu'avant de conter ceux dont j'ai été témoin moi-même je tienne à m'entourer de sérieuses autorités, et faire la preuve que l'éléphant est un *être intelligent* dont le dressage double les facultés, ainsi que font la tradition et l'éducation pour l'homme.

« A Yénangoo, localité birmane réputée par ses mines d'huile minérale, un mahout se tenait à l'arrière d'une barque, près du bordage, pendant que l'éléphant charriait des jarres de pétrole.

« L'Iraouaddy est très profond, très large, très rapide en cet endroit. Le mahout trébucha sur le pont, tomba dans le fleuve, poussa un cri d'angoisse en se voyant entraîné par le courant.

« Le pachyderme s'élance, nage de toutes ses forces, rattrape le mahout qui se noyait, le saisit avec sa trompe, le place sur son dos et le ramène au rivage. »

Un autre exemple :

« Un matin, il y eut embarras de bêtes de somme devant une porte à Mandaley. La roue d'une lourde charrette passa sur le pied de l'éléphant, celui-ci se mit à pousser des beuglements effroyables. Son maître, un Parsis, de mes voisins, fut obligé de quitter son baoudah. On attache ce pachyderme à un anneau ; je lui entortille le pied d'une serviette imbibée d'eau-de-vie camphrée, je consolide la compresse tant bien que mal et on dirige le boiteux vers son étable. Dans l'après-midi, j'allais voir mon Parsis qui me conduisit près de l'éléphant. L'animal était couché sur sa litière, il me reconnut et me tendit sa jambe blessée ; par curiosité je renouvelai le pansement les jours suivants de même, puis j'eus recours à un siccatif, le calomel... Le croirait-on? Depuis lors, cet éléphant, ne passait jamais devant ma porte sans jeter un cri particulier. Quand je le rencontrais, il me frottait doucement le dos, le bras, les épaules avec sa trompe, et reniflait à me donner la chair de poule... »

Du même encore, sur l'éducation des petits par leurs mères :

« Autant les femelles font preuve d'adresse, de dextérité, d'aptitude, et pour ainsi dire, d'amour-propre dans tout ce qu'elles font, autant elles déploient de sollicitude, de tendresses à élever leur progéniture.

« N'allez pas croire que la mère chérisse et dorlote bêtement son petit, pas du tout ! C'est de sa part une vigilance attentive, incessante, graduelle, calculée avec intelligence. Loin de lui prodiguer des caresses inutiles, elle tient l'œil constamment ouvert sur lui, tour à tour lui enseignant ce qu'il doit savoir ; et s'opposant à ce qu'il fasse ce qu'on lui interdira plus tard.

« Elle s'étudie donc encore à écarter tout danger, elle veille à ce que rien ne lui manque, mais elle n'hésite pas à le châtier à la moindre faute qu'il commet.

« A Mandaley, un Arménien, du nom de Ma-Kartich, possédait un éléphant femelle, qu'il laissait vaguer dans un enclos, attenant à son habitation. Cette femelle avait un petit habitué à jouer avec les enfants de la maison. Jamais animal plus malin, plus espiègle et de manières plus drôlatiques. Parfois, il suivait les enfants jusque dans la cuisine située de plain-pied, puis il entrait avec eux. La mère d'accourir aussitôt ; mais sa taille la forçait à l'attendre à la porte. Quand cette invasion n'excitait ni les cris des enfants, ni les plaintes des domestiques, elle ne lui témoignait aucun mécontentement ; par contre s'il se sauvait après avoir brisé de la vaisselle ou dérobé quelques bottes de légumes, elle le rossait d'importance et le cas échéant le contraignait à restituer l'objet volé. »

Un dernier emprunt :

« Il existe en face de Rangoon, sur la rive droite de l'Iraouaddy, des ateliers maritimes affectés aux réparations des bateaux à vapeur du service administratif postal.

Un jour, je venais de traverser le fleuve à l'effet de visiter l'établissement, lorsque je vis s'avancer sur le rivage un éléphant femelle suivi de son petit, lequel pouvait avoir environ quatre ans.

« C'était l'heure habituelle où les ouvriers interrompent le travail pour prendre un léger repas, et faire la sieste. Dans cet intervalle, mettant le temps à profit, le pachyderme qui était employé à faire tourner un manège mécanique prenait un bain et donnait une leçon de natation à son petit.

« Effectivement, la mère entra dans l'eau, nagea un instant pendant que son petit l'examinait de la plage ; après quoi elle vint le chercher, et le contraignit à se baigner avec elle, aux endroits les plus profonds, les plus périlleux.

« Voyez-vous, d'ici, notre écolier s'exténuer en efforts superflus sans pouvoir vaincre la violence du courant ? Alors la mère passant sa trompe sous la sienne, l'aidait à remonter le fleuve, à peu près comme un maître guiderait un élève en le soutenant par le menton.

« L'ayant ramené sur la rive, elle le laissa reprendre haleine, et voulut recommencer cet exercice. Le petit s'avisa de regimber, mais ne faisant ni une ni deux, elle lui administra cinq ou six coups de trompe sur les fesses, et le força de se jeter à l'eau. »

De ces faits et d'une foule d'autres qu'il serait trop long de citer ici, le voyageur que je viens d'invoquer conclut ainsi :

« L'éléphant est reconnaissant, donc il n'oublie pas ; il est rancuneux, donc il se souvient ; il s'acquitte avec exactitude de la besogne que le mahout lui confie, donc il a du discernement. Égaré au milieu des solitudes, il sait retrouver sa route ; châtié pour une faute, il n'y retombe plus ; élevé par un Parsis ou un musulman, vivrait-il un siècle, il ne perdra jamais l'habitude de saluer le lever et le coucher du soleil. »

C'est ainsi que s'expriment les gens qui ont étudié l'éléphant dans l'Extrême-Orient, qui ont vécu avec lui...

Et cependant Anquetil se défend d'être un fanatique de l'éléphant, il n'a même pas des sympathies bien prononcées pour lui, nous apprend-il ! *il ne fait que lui rendre justice.*

Pour moi, j'avoue mon faible pour ce merveilleux animal. Il est surtout deux facultés qu'il possède au plus haut degré : la mémoire et la reconnaissance.

On vient de voir comment s'est comporté avec son bienfaiteur l'éléphant soigné par Anquetil, voici un fait plus étonnant peut-être encore, dont je puis garantir l'authenticité. Je l'emprunte à un ouvrage, dont l'auteur me touche de trop près, pour que je ne saisisse pas avec bonheur l'occasion de le citer.

« Une fillette qui venait assez souvent avec ses parents, passer quelques jours sur la plantation d'un de nos amis, le major Dally, située sur les rives du Bramapoutre, aux environs de Dakka, avait pris en grande affection un des éléphants de l'habitation.

« Inutile de dire qu'elle accompagnait ses caresses d'une foule de friandises auxquelles l'animal gourmand comme personne, se montrait des plus sensibles. Elle n'eût goûté à rien, sans conserver la part de son gros compagnon. Un jour la mère, éplorée, accourut sur la plantation de notre ami, on venait de lui voler son enfant, des Yerous-varous, sortes de nomades montrant des bêtes fauves, avaient séjourné quelque temps dans le pays, l'enlèvement leur était attribué, mais il avait été impossible de suivre leurs traces.

« Sravana, c'était le nom de l'éléphant, adorait l'enfant, chaque fois que la petite Emma se trouvait sur l'habitation, il se constituait son gardien, la menait promener le long du fleuve et dans les rizières, lui cueillant des fleurs et des fruits, attrapant avec sa trompe des oiseaux-mouches, et des bengalis dans le calice des fleurs de bananiers ; la nuit, il veillait autour de la chambre où se trouvait le berceau.

« Un mot, une caresse de la jeune fille avaient plus de poids sur sa volonté que tous les ordres de son cornac.

« En apercevant la voiture dans laquelle elle avait l'habitude de venir, il accourut avec empressement... Il fallait voir son désappointement, sa douleur à la vue du boggey vide.. Quelques mots que lui dit Moniram Dalal, son cornac, le firent entrer dans une violente colère...

« Avait-il compris ? Je ne sais, toujours est-il qu'après avoir fait retentir la forêt de ses rugissements menaçants, il partit avec Moniram Dalal, à la recherche de la jeune Emma.

« Trois semaines après, il était rentré avec l'enfant sur son dos.

« Il avait surpris les Yerous-varous, au moment où ils allaient passer le Gange en face de Radjemahl.

« Leur ravir la jeune fille, prendre par le cou celui qui la portait, et le jeter dans le Gange, fut l'affaire d'un instant, les misérables furent si effrayés de la brusque apparition de l'éléphant, et de sa rapide agression qu'ils s'enfuirent dans toutes les directions, sans que ce dernier, dans sa joie, songeât à les poursuivre. »

Enfin dans un remarquable article, d'autant plus intéressant qu'il semble avoir à cœur de venger l'éléphant des singulières attaques de M. d'Orbigny, en résumant tout ce que les voyageurs et les officiers anglais, chefs de stations de chasse ou dressage, ont dit ou écrit, M. Gaildez s'exprime ainsi :

« L'art de chasser l'éléphant qui remonte à l'époque la plus ancienne, se pratique aujourd'hui sur une plus vaste échelle que jamais dans les possessions anglaises de l'Inde, à cause des services que rend en tout genre cet animal.

« Tant que les éléphants n'avaient d'autre rôle que de rehausser l'éclat des fêtes de râjahs ou des processions religieuses, on se contentait de chasser des individus isolés ; on les prenait soit en les faisant séduire par les femelles apprivoisées, soit grâce à l'agilité et à l'adresse d'hommes dont c'était la dangereuse profession.

« Deux hommes suffisaient à prendre un éléphant; tandis que l'un, monté sur un éléphant domestique, détournait son attention en l'irritant et en le provoquant, l'autre se glissait derrière l'animal et lui passait au pied un lien solide.

« Une fois ce lien (généralement en fer forgé) passé autour d'un gros arbre, l'éléphant devenu captif, était obligé de se soumettre à ses nouveaux maîtres, et de se rendre à discrétion.

« Depuis que les Européens établis dans l'Inde ont résolu d'employer les éléphants au même degré que les chevaux et les autres animaux domestiques, il fallut recourir à un autre système de chasse pour se procurer un plus grand nombre de ces animaux.

« Dans l'île de Ceylan les Portugais, et après eux les Hollandais organisèrent le système des battues, et les Anglais en leur succédant, ont continué leurs traditions.

« Des battues annuelles se font à Ceylan, et dans le nord de l'Inde, et font tomber au pouvoir des chasseurs des troupeaux entiers d'éléphants.

« Mais si on parvient à prendre vivants et sans blessures, des animaux d'une telle force et d'une *telle intelligence*, c'est en profitant de la terreur et de l'inexpérience des éléphants sauvages, et surtout en employant comme auxiliaires des éléphants apprivoisés.

« Bien loin d'avoir de la répugnance à servir l'homme contre leur propre espèce, ils apportent à cette besogne un entrain et une intelligence admirables, ils poussent les éléphants sauvages sous les arbres auxquels on doit les attacher ; pendant qu'on les attache, ils les empêchent de détourner les liens d'un coup de trompe, ils protègent leurs propres maîtres contre les coups de trompe des captifs.

« C'est également à l'aide des éléphants apprivoisés qu'on dresse les captifs.

« Dans le dépôt de remonte pour les éléphants que le gouvernement anglais entretient à Dacca dans le Bengale, on garde un certain nombre d'éléphants choisis parmi les plus forts et les plus intelligents pour dresser les nouveaux venus.

« Ce sont comme de vieux sergents instructeurs, sous la direction desquels passe chaque génération de recrues.

« Le dressage de l'éléphant est le travail de quelques mois, mais il ne faut le mettre au travail que lentement et par degrés quand l'obéissance est entrée dans sa nature et qu'il a contracté de l'affection pour les personnes qui le soignent.

« L'obéissance à son gardien est chez l'éléphant, *le résultat de l'affection* plus encore que de la crainte, et à cet égard sa docilité ressemble plus à celle du chien, qu'à celle du cheval. Elle va jusqu'à surmonter la douleur et l'on en a la preuve dans la résignation avec laquelle sur l'ordre de son mahout il avale les médicaments les plus répugnants et se soumet non pas seulement à des saignées, mais encore à des opérations chirurgicales pénibles, telles que l'enlèvement au bistouri, ou par le fer, de tumeurs profondes, ou d'ulcères. Tous les éléphants ne se résignent pas à oublier aussi rapidement que d'autres, leur vie de liberté dans la forêt. Aussi faut-il les traiter avec douceur et avec égards, et encore la mortalité est-elle grande chez eux pendant les premiers mois de captivité; on en voit se coucher tout d'un coup et mourir sans qu'on observe chez eux la moindre trace d'aucune maladie. Les indigènes, dans leur langage poétique, expriment ce genre de mort en disant que l'animal est mort le cœur brisé.

« *L'extrême sensibilité de son caractère fait que l'influence du moral sur le physique est aussi grande chez lui que chez l'homme.* »

Combien cette phrase empruntée textuellement à l'écrivain que nous citons, est loin des curiosités du *Dictionnaire d'histoire naturelle !*

« Dans certaines parties de l'Asie, dans les régions de Siam, et

Liv. 40.

Il transporte les pieux de bois et les dispose en piles. (Page 315.)

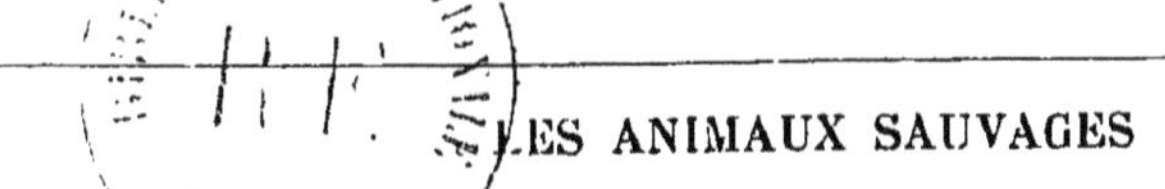


dans les rares régions de l'Inde anglaise, laissées aux souverains indigènes, on dresse les éléphants, aux combats singuliers comme chez nous on fait des coqs. Ces combats répugnent au caractère natif de l'éléphant, être très doux, qui à l'état de liberté n'attaque ni l'homme, ni les animaux. »

C'est par un régime de mets excitants, continué pendant des mois qu'on arrive (triste conquête de l'homme), à rendre l'éléphant méchant. Les Indous appellent *must*, cet état de rage auquel ils amènent cet animal. Les mâles seuls peuvent être dressés à ce métier, la douceur plus grande encore des éléphants femelles, ne permet pas de leur inculquer cette éducation perverse.

Mais l'éléphant remplit un rôle plus utile et plus civilisateur : l'homme en a fait l'auxiliaire de ses travaux.

Dans l'île de Ceylan, il figure au service des ponts et chaussées, on l'emploie à traîner et à porter de lourds matériaux, pierres et poutres.

Dans la coupe des forêts, il transporte les pièces de bois, et les dispose en piles. Il montre à cette opération une dextérité surprenante; une fois dressé, l'homme n'a presque pas à intervenir dans son travail; quelques éléphants même ont réussi à apprendre un procédé mécanique, auquel ils ont recours dans les cas extrêmes.

Quand la pile atteint une certaine hauteur, et qu'ils ne peuvent plus à deux élever jusqu'au sommet la lourde pièce d'ébène, ou d'autres bois précieux et lourds, ils disposent deux autres pièces contre la pile, et sur ce plan incliné roulent en haut la pièce qui les embarrassait.

En Birmanie, on emploie les éléphants dans les scieries de bois de teck; non seulement ils apportent le bois de la forêt, mais ils le disposent avec leur trompe sur le support, où il doit être scié en planches, le poussant avec leurs pieds jusqu'à ce qu'il soit en place, et regardant des deux côtés si tout est bien en ordre...

L'éléphant sauvage habite de préférence les forêts; le jour, il se retire au plus épais des fourrés, pour éviter les rayons de soleil et pour se reposer; la nuit il se livre à ses pérégrinations, et descend les fleuves pour s'y baigner.

« *Il connaît une certaine organisation sociale :* vit non pas à l'état d'isolement comme le plus grand nombre des animaux, mais en famille. »

Chaque famille forme un troupeau, qui comprend de vingt à cinquante individus se gouvernant monarchiquement.

Ils choisissent entre eux l'individu le plus fort et le plus intelligent, qu'il soit mâle ou femelle, ils en font le chef de la bande, lui obéissent aveuglément et lui témoignent le plus grand dévouement.

Le chef guide le mouvement du troupeau, pose les sentinelles et joue le rôle d'éclaireur dans les expéditions nocturnes.

La famille, on pourrait presque dire le clan, est si étroitement unie qu'elle est fermée à tout étranger. Tant qu'un éléphant reste seul, soit que son troupeau ait été tué ou pris, soit qu'il en ait été séparé par un accident, il n'est pas reçu dans une autre famille, et il est forcé de vivre solitaire.

La solitude aigrit le caractère de l'éléphant, naturellement doux et inoffensif; et ces célibataires malgré eux, auxquels on donne le nom de *yundah* dans l'Inde et celui de *roguah* à Ceylan, deviennent sauvages, et commettent souvent des dégradations dans les champs cultivés près des habitations.

On les chasse sans chercher à les prendre vivants, leur caractère persécuté se prêterait moins facilement au dressage.

L'intelligence de cet animal se manifeste dans bien des circonstances de sa vie en liberté; à Ceylan, on a plus d'une fois remarqué que pendant des orages accompagnés de violents coups de tonnerre, des bandes d'éléphants sortaient de la forêt pour aller stationner en pleins champs, et ne rentraient dans la jungle, que quand le tonnerre avait cessé de gronder.

Dans les forêts vierges qu'ils habitent, l'homme profite des chemins qu'ils frayent pour leur passage; et on a dit ingénieusement que là les éléphants représentent toute l'administration des ponts et chaussées.

Ces chemins vont d'ordinaire des hauteurs dans les cours d'eaux.

On a remarqué que dans les montagnes leurs chemins sont disposés avec une intelligence d'hommes du métier. Ces chemins suivent généralement la crête d'une chaîne de montagne, évitent les pentes rapides et à Ceylan, les *arpenteurs du gouvernement* ont constaté que même dans les forêts, où la vue ne permettait pas de découvrir la ligne la plus droite, les éléphants suivaient toujours la ligne qui communiquait le plus commodément avec le point opposé.

Le docteur Hooker décrivant l'ascension de l'Himalaya, dit que les indigènes n'admettent pas le zigzag dans leurs chemins, et qu'ils abordent en lignes droites les montées les plus raides tandis que le chemin des éléphants *est une œuvre excellente d'ingénieur*, et tout au contraire des indigènes, suit des détours judicieux.

Je recommande maintenant les lignes suivantes du même M. Gaidoz à M. d'Orbigny qui prétend que l'éléphant n'a plus servi à rien dans les armées depuis l'invention des armes à feu, car, suivant lui, il ne pourrait s'habituer à leur détonation.

« Depuis l'époque romaine on ne vit d'éléphants en Europe qu'à de rares exceptions, le kalife Araoun-ad-Raschid en envoya un en présent à Charlemagne; les annalistes du temps racontent l'étonnement que causa l'arrivée de cet animal à Aix-la-Chapelle. Plus tard Frédéric II, à son retour de Palestine, saint Louis, à son retour de Syrie, amenèrent chacun un éléphant en Europe. Après leurs découvertes et leurs conquêtes dans les Indes, les Portugais firent cadeau au pape Léon X d'un jeune éléphant. Mais l'éléphant, comme animal de guerre, ne devait plus se rencontrer qu'en Asie.

« Les Sassanides de Perse s'en servirent dans leurs luttes contre les empereurs de Constantinople.

« Dans l'Inde, où la race est indigène, les éléphants n'avaient jamais cessé d'être employés à la guerre. Ils ne sauvèrent pourtant pas l'Inde de la conquête tartare. »

M. Gaidoz paraît ignorer que les Tartares eux-mêmes ont combattu dans l'Inde avec des éléphants.

« Les conquérants de l'Inde adoptèrent cette institution militaire des pays conquis. Le grand Aklear de Delhi entretenait six mille de ces animaux.

« Lorsqu'il entreprit en 1577 la conquête de Bengale, il se fit suivre de six cents éléphants et dans une expédition ultérieure, il en emmena sur le dos desquels il *avait installé de petites pièces de canon en fer servies par quatre canonniers*. »

L'invention des armes à feu n'avait pas mis fin à l'emploi des éléphants de guerre; on trouvait au contraire avantageux de pouvoir les tenir loin de la mêlée, en établissant des pièces de campagne sur leur dos et ils servaient en quelque sorte d'affûts vivants et mobiles.

Lorsque Thomas Roë fut envoyé en 1615 à la cour d'Agra comme ambassadeur de Jacques Ier il vit trois cents éléphants qui portaient de petits canons de six pieds de long, du calibre de deux livres, ces pièces étaient montées sur le dos même de l'animal ainsi que les quatre servants.

Les éléphants figurent dans toutes les guerres des souverains indigènes contre les Français au temps où ces derniers possédaient un empire dans l'Inde et contre les Anglais.

Notre contradicteur veut-il savoir maintenant ce que l'antiquité aussi bien que les voyageurs actuels ont pensé de ces tours qu'il traite de niaiseries qui se réfutent d'elles-mêmes. Il va être servi à souhait.

Mais les spectacles les plus curieux sont ceux où les éléphants remplissent les rôles de mimes, de saltimbanques et d'acrobates. Les Romains avaient poussé très loin l'art de dompter ces animaux, et de leur faire accomplir les exercices les plus difficiles.

Les dompteurs modernes ne font rien que les *mansuetorici* de Rome n'aient inventé il y a des siècles. Ceux de Rome ont obtenu de ces animaux des actes de docilité et des tours d'adresse, dont on n'a pas vu d'exemple plus frappant dans les temps modernes.

On les dressait à des exercices si complets et si disproportionnés avec leur énorme taille, qu'on aurait peine à les croire vrais sans les témoignages les plus formels des écrivains de l'antiquité.

Dans les combats de gladiateurs que donna Germanicus, raconte Pline, les éléphants exécutaient des mouvements singuliers ressemblant à des sortes de danses.

Leurs exercices ordinaires étaient de jeter dans les airs des armes que le vent ne pouvait détourner de leur course, et les recevoir ensuite sur leur trompe, de figurer entre eux des attaques de gladiateurs, et de se livrer aux ébats folâtres de la Pyrrhique, danse d'origine dorienne. Puis ils marchèrent sur la corde tendue.

Quatre éléphants en portèrent un cinquième dans une litière figurant une nouvelle accouchée; et dans des salles pleines de peuple, ils allèrent prendre place à table, en marchant à travers les lits, avec tant de ménagements qu'ils ne touchèrent aucun des buveurs.

« Il est curieux, dit l'historien romain, de les voir aller de bas en haut sur des cordes, mais ce qui l'est encore davantage c'est de les voir revenir du haut en bas; ces cordes raides qu'on désignait du nom grec de catadromus, étaient tendues transversalement du sol à un point élevé et les acrobates devaient descendre et monter par le même chemin. »

Ce n'est pas la seule fois que Rome assista au spectacle d'éléphants funambules, elle le revit de nouveau, raconte Suétone, dans les fêtes données par Néron et par Galba; on vit sous Néron un illustre chevalier romain se livrer à toutes sortes d'exercices, monté sur un éléphant.

La docilité naturelle de l'éléphant rendait possibles ces jeux étranges. Pline en donne un exemple dont il garantit l'authenticité :

« Un éléphant d'une intelligence trop lente pour retenir ce qu'on lui enseignait, ayant été plusieurs fois fustigé, fut trouvé, *c'est un fait certain*, répétant la nuit sa leçon. »

Tout ce que l'écrivain, que nous venons d'analyser et de citer, a dit de l'éléphant des Indes, a été puisé aux sources les meilleures et les plus certaines.

MM. Witley-Stokes, secrétaire du gouvernement de l'Inde ; le colonel Wills, commissaire général de l'armée du Bengale ; le major Skinner, le major Harcourt, commandant la batterie d'éléphants de Gwalior ; le capitaine Holland, chef de service du train des éléphants pendant la guerre d'Abyssinie, et une foule d'autres qui ont été à même soit dans les stations de chasse et de dressage, soit à la guerre, d'étudier et d'apprécier à sa juste valeur, l'intelligence, l'adresse, la bonne volonté, toutes les qualités enfin de cet étrange animal, qui s'attache à l'homme, au point d'oublier ses compagnons, les savanes aux horizons sans fin où s'est écoulée son enfance, et même sa liberté...

M. d'Orbigny qui a rédigé ou endossé le singulier article auquel nous répondons, oserait-il encore traiter de niaiseries, les faits certifiés par cette pléiade d'officiers anglais?

Captif, cet être intelligent et bon qui suit son maître, partage ses travaux, protège sa femme, joue avec les petits enfants et lève bien haut la jambe pour ne pas écraser une bête à bon Dieu qu'il aperçoit dans l'herbe!.. Allons donc! il faut avoir une bien grande envie de se singulariser pour oublier l'histoire, traiter de niaiseries tous les récits des auteurs anciens et modernes sur ce noble animal, et aller même jusqu'à méconnaître les tours d'adresse qu'il accomplit.

L'auteur de l'incroyable article que nous avons tenu à honneur de discuter n'est donc jamais entré dans un cirque?

Que d'erreurs, sous prétexte de science, sont accréditées par ces articles, d'allures pédantesques, dont on bourre nos dictionnaires, articles que le commun des lecteurs croit dus à la plume plus ou moins autorisée du savant qui couvre le volume de son pavillon, et qu'on fabrique dans les mansardes du quartier latin de un à cinq centimes la ligne. Nous avons découvert les sources de l'article du *Dictionnaire des sciences naturelles*, que M. d'Orbigny a protégé de son nom, il est extrait presque mot pour mot d'un mémoire rédigé par un commis de l'ancienne Compagnie des Indes, dans le but secret de faire repousser en assemblée générale, l'établissement d'un parc d'éléphants de guerre à Pondichéry.

Et voilà ce qu'on vous offre comme la science des sciences... Aujourd'hui les Anglais ont des batteries d'artillerie d'éléphants, des parcs d'éléphants de guerre. Rien n'y fera, la science officielle ne peut pas avoir tort, et on n'enlèvera pas du *Dictionnaire d'histoire naturelle* l'article qui prétend que l'éléphant ne peut s'habituer à la détonation d'une arme à feu.

Inutile d'insister.

L'éléphant est pour les Indous ce qu'il y a de plus beau, de plus noble, de plus intelligent dans la nature après l'homme, et Manou, le vieux législateur antédiluvien, va même jusqu'à le citer comme un modèle de grâce lorsqu'il indique au brahme toutes les qualités qu'il doit rencontrer dans sa femme.

« Qu'il prenne une femme bien faite, dont le nom soit agréable à prononcer, qui ait la démarche gracieuse d'un jeune éléphant... »

Le poète Vina-Suati a dit de lui « qu'il était l'homme des âges disparus ».

Sans doute, je ne célébrerai pas cet admirable animal avec le même lyrisme, mais il est une chose qui me frappe dans toutes ces louanges de la poétique orientale. Les Indous sont excessivement égoïstes, ingrats, adorateurs de la puissance et du résultat, et s'ils ont de tout temps dans leur histoire, leurs poèmes, leurs chants, célébré la race intelligente de l'éléphant, c'est qu'ils en ont obtenu les plus grands services. Les rajahs ont été jusqu'à leur conférer des grades dans leurs armées.

Nulle part dans l'Inde, comme dans tout l'Orient, du reste, le chien si bon, si attaché à son maître, si reconnaissant, n'est l'emblème de la fidélité, c'est une idée de notre temps de l'avoir représenté ainsi ; pour tous les Orientaux, le nom de chien est une insulte, et cette épithète, on le sait, suffisait pour mettre aux prises les héros d'Homère. Pourquoi ? Le chien mangeait, tenait une place sous la tente, à l'ombre, et ne servait à rien. Tout est là pour l'Oriental.

Et, chose étrange, signe ethnographique indiscutable de notre origine indo-asiatique, en même temps que nous faisons de cet animal l'emblème de la fidélité, que Toussenel, l'admirable écrivain, a pu dire que le chien était ce qu'il y avait de meilleur dans l'homme, le nom de cet animal est également chez nous une grossière injure.

Pour en revenir à l'idée que je veux exprimer, je n'ai cité ce fait du chien méprisé dans l'Inde parce que ses qualités n'ont rien de pratique que pour prouver que les Indous n'eussent montré ni le res-

Le tigre sauta au front de son adversaire. (Page 326.)

pect ni l'enthousiasme avec lesquels ils parlent de l'éléphant dans toutes les circonstances, si ce noble animal n'avait forcé leur admiration égoïste par les services qu'il leur rendait.

Je sais parfaitement que les Indous vont toujours aux extrêmes, et qu'il ne faut pas prendre à la lettre tout ce qu'ils disent quand ils embouchent la trompette épique ; aussi ne traduirai-je pas au lecteur quelqu'une des innombrables épopées que l'éléphant a inspirées aux poètes du Gange, parce qu'elle nous conduirait au delà de la vérité ; je n'en constaterai pas moins que, comme les rois qui ont leur épopée exagérée dans l'histoire et cependant se sont distingués par quelques côtés, il faut bien que l'éléphant, lui aussi, ait mérité, dans une mesure qu'on peut ramener à son véritable titre, les admirations exagérées dont il a de tout temps été l'objet dans l'Indoustan.

Après les traits d'intelligence, dont j'ai emprunté le récit à MM. Gaidoz, Anquetil, Skinner, Mowat et autres, il me sera bien permis de faire le récit de ceux que j'ai pu observer moi-même ; le lecteur verra s'il n'y a là qu'une simple machine organisée, à peine douée d'instinct et que l'on est réduit à mener par la terreur.

Essayez donc de mener le tigre par la terreur?... Et qu'est la force du tigre, en comparaison de celle de l'éléphant ?

En 1864, je me trouvai dans la capitale du Maïssour, sous le dernier rajah médiatisé que les Anglais ont laissé régner dans la contrée, si on peut appeler régner le semblant de prérogatives royales qu'ils lui avaient laissées sous l'autorité d'un résident. La ville avait un aspect lugubre parce que c'était la veille du Moharem, fête que les sectateurs d'Aly célèbrent très religieusement. Elle a lieu en mémoire d'Hassan et de Huessein, et dure dix jours, pendant lesquels les musulmans, à moins qu'ils ne portent le vert comme descendant du Prophète, prennent des turbans et des ceintures de couleur noire.

Comme presque tous les musulmans de l'Inde, le nabab du Maïssour et ses sujets étaient de la fête d'Aly.

Pour célébrer le Moharem, chaque prince de la famille royale, chaque musulman riche possède un lieu orné d'un grand nombre de lampes garnies de talk, que l'on appelle *Iman-Baureh*. On y place les cénotaphes des deux saints personnages, que l'on forme à l'aide de matériaux proportionnés à la richesse de celui qui les emploie. On y consacre souvent des sommes considérables.

Je restai dans la ville pendant tout le temps de cette fête religieuse, car je savais qu'elle devait se terminer par des réjouissances, des jeux et des combats d'éléphants et de tigres.

Le dernier jour du Moharem, me promenant au milieu de la foule pour jouir du singulier coup d'œil qu'offraient tous ces gens venus des différents côtés de la province, je rencontrai le cortège des pleureurs qui promenaient un mannequin représentant le cheval d'Huessein percé de flèches de toutes parts.

Les préjugés religieux des musulmans de l'Inde se sont à ce point affaiblis au contact des Indous qui sont bien les peuples les plus tolérants qui existent, en ce sens qu'ils respectent toutes les religions, qu'à ma simple demande le cortège s'arrêta pour que je pusse examiner le cheval avec plus de facilité. Les porteurs poussèrent même la complaisance jusqu'à l'approcher de mon palanquin.

L'Iman-Baureh du nabab, que je visitai plusieurs fois pendant les cérémonies, est le plus bel édifice que j'aie vu en ce genre. Il était gardé par deux éléphants blancs tout caparaçonnés d'or.

Le roi avait fait construire ce monument pour célébrer chaque année le Moharem, et plus tard lui servir de tombeau.

Il consiste en trois salles parallèles fort longues. Dans chacune d'elles se trouvait un éléphant agenouillé du côté du soleil levant et faisant le *salam* à tous les visiteurs ; pour cela, l'intelligent animal touchait la terre de sa trompe, et, la relevant, la portait à sa poitrine et au front en guise de salut. Toutes les deux ou trois heures, un autre éléphant venait relayer son camarade.

Le tombeau des saints musulmans, ou plutôt leur simulacre, se trouvait dans une rotonde en marbre qui se trouvait située à l'extrémité de la salle du milieu. Quatre éléphants tenant des piques dans leurs trompes étaient placés aux quatre côtés du tombeau pour le garder, et éloignaient à l'aide de leurs piques ceux qui auraient voulu s'approcher trop près du cénotaphe.

Devant le tombeau se trouvait un parterre d'herbes symboliques tout entouré de bordures en marbre noir, sur lesquelles étaient incrustés en marbre blanc des versets du Coran.

Enfin, tout en avant, au pied du catafalque de Hassan et de Huessein, se trouvait le tombeau que le nabab avait fait construire pour lui, et qui jour et nuit, toute l'année, était gardé par un éléphant blanc. Cet animal avait aux oreilles des pendants en diamants qu'on estimait à plus de cent mille francs pièce. Le nabab possédait six éléphants pareillement ornés pour se relayer autour de son tombeau. Chose bien singulière, ces éléphants se laissaient parfaitement toucher, caresser; mais si vous aviez l'imprudence de porter la main à leur oreille, un ronflement sonore accompagné d'un geste de trompe non équivoque vous avertissait immédiatement d'avoir à vous retirer ; nulle autre personne que leur cornac ne pouvait toucher à leurs pendants d'oreille.

Le tombeau était couvert d'un dais de drap d'or soutenu par quatre colonnes garnies de nacre; il est tourné du côté de la Mecque, afin que, quand le nabab viendra y dormir son dernier sommeil, ses pieds soient placés dans la direction de la cité sainte.

L'Iman-Baureh est construit sur une terrasse élevée, entourée de tous côtés par de vastes jardins gardés, comme le monument lui-même, par des escouades d'éléphants.

La nuit venue, le monument funéraire resplendissait de fanaux innombrables placés sur la coupole et sur toutes les murailles ; l'éclat de ces fanaux était encore augmenté par des girandoles de verres de toutes couleurs, qui réfléchissaient la lumière des bougies, et qui étaient suspendues de tous côtés, à l'intérieur comme à l'extérieur.

Le parquet du monument, et tous les jardins qui l'entouraient, étaient couverts de candélabres qui ne laissaient que l'espace suffisant pour marcher. Toutes les branches de ces candélabres étaient également en verres de couleur.

La troisième salle, dont je viens de parler, en outre du tombeau de Hassan et Huessein, et du nabab, était d'un bout à l'autre remplie de cénotaphes placés sur des plates-formes de trois pieds de hauteur.

Pendant les dix jours que dura la fête religieuse, les parvis du temple, et jusqu'aux allées des jardins, furent couverts de pénitents, les uns agenouillés, les autres couchés les bras en croix, qui récitaient constamment à haute voix des versets du Coran.

Chaque matin au lever, et chaque soir au coucher du soleil, tous les éléphants en faction dans les jardins et dans le monument se réunissaient devant l'Iman-Baureh, sans qu'un seul cornac eût besoin d'intervenir pour les guider, et là, s'agenouillant tous en masse, ils levaient leur trompe dans la direction de l'astre radieux qui se levait ou allait disparaître, et lui faisaient le *salam* d'une façon solennelle et si grave, que le spectateur européen se prenait à croire, comme l'Indou, que l'éléphant, même à l'état sauvage, saluait le soleil.

Devant les éléphants se tenaient une dizaine de moullahs qui appelaient alors les fidèles à la prière, et, l'invocation terminée, anathématisaient tous les infidèles sectateurs d'Abou-bekr, d'Omar et d'Othman.

Une simple réflexion en passant :

Les Turcs et le kalife de Constantinople sont sectateurs d'Omar, les musulmans de l'Inde sont, comme les Persans, sectateurs d'Aly ; donc, en anathématisant tous les sectateurs d'Omar, les moullahs ou prêtres couvraient les musulmans turcs de leurs malédictions. On peut juger d'après cela de la valeur des affirmations anglaises qui déclaraient, lors de la dernière guerre turco-russe, que la Grande-Bretagne était obligée de soutenir le sultan de Constantinople, sous peine de voir se révolter les musulmans de l'Inde.

J'affirme, au contraire, que, quand on voudra, on fera marcher les musulmans de l'Inde contre les musulmans d'Asie Mineure et d'Europe, infidèles sectateurs d'Abou-bekr et d'Omar.

Je fus, comme de juste, invité par le rajah à assister aux fêtes qui devaient suivre les cérémonies du Moharem, et de même que les éléphants avaient fait le plus bel ornement de ces dernières, les réjouissances qui allaient avoir lieu, devaient tirer d'eux leur principal attrait.

On commença par des combats de tigres.

Un espace d'environ cinquante pieds carrés, situé dans une plaine, entre la rivière du Caverrey et le palais du Nabab (Doulat-Klaneh, séjour de la puissance), avait été garni de palissades.

De peur que le tigre dans sa fureur pût s'élancer sur nous, un semblable accident ayant failli arriver à la cour du Nabab à des fêtes précédentes, l'endroit où nous étions placés avait été garni par une forte grille de bambou.

Le tigre était renfermé dans une petite cage placée de côté, et dont on le fit sortir au moyen de feux d'artifices. Il fit plusieurs fois le tour de l'arène en rugissant, et vint nous regarder fixement. Un buffle ayant été poussé sur le champ de bataille, le tigre se retira dans un autre coin, l'autre animal l'épia sans vouloir engager le combat.

Lorsque par des feux d'artifices lancés à plusieurs reprises, on eut obligé le tigre à changer de place, le buffle s'avança vers lui à petits pas, jusqu'à ce que l'ayant vu couché à terre, il tomba en arrêt devant lui, les cornes tendues et en renaclant fortement; mais le tigre ne parut pas faire attention à son ennemi.

C'est en vain que l'on fit entrer cinq autres buffles successivement. Aucun d'eux ne voulut se décider à commencer l'attaque, et chose étrange, le tigre les regardait avec le plus majestueux dédain, il semblait ne les point trouver dignes de lui. A un moment donné, eut lieu un incident singulier, un petit chien étant tombé dans l'arène, le tigre se dirigea à pas lents de son côté, mais sans aucun signe apparent de colère, le pauvre animal, saisi de terreur, se mit à faire le tour de l'arène en poussant des cris de terreur, le tigre le poursuivit en augmentant de vitesse. Tout à coup, se sentant sur le point d'être acculé, le petit chien se retourna, et fit tête à son ennemi, en lui montrant les dents. Nous crûmes qu'il allait être broyé d'un seul coup ; il n'en fut rien. Au moment où le tigre faisait mine de s'élancer sur lui, il sembla se raviser, et se coucha par terre en le regardant, comme fait un chat qui joue avec une souris.

Le Nabab ordonna alors qu'on introduisît un éléphant.

Soudain, le silence se fit dans toute la foule. Le tigre allait bien être obligé de se battre ou de se faire tuer lâchement.

Une porte s'ouvrit tout à coup, et l'éléphant s'avança dans l'arène avec son cornac sur le dos. A la vue de l'énorme bête, le tigre poussa un long mugissement, que nous prîmes avec raison pour un signe de terreur : car l'animal s'élança contre la palissade et essaya de la franchir, sans pouvoir y parvenir ; à sa vue, l'éléphant était entré en fureur et avait couru droit à lui. Le tigre avait alors cherché son salut dans la fuite ; mais l'arène était trop étroite, et l'éléphant eut vite fait de lui barrer le chemin ; éperdu, sur le point d'être écrasé sous les larges pieds de l'animal, le tigre sauta au front de son adversaire, et essaya de s'y maintenir des griffes et des dents, mais l'éléphant le saisit avec sa trompe, et le lança contre terre avec une telle violence, que l'animal en eut les reins brisés, et resta sur le sol à demi assommé. Cet exploit accompli, le vainqueur ne daigna pas pousser plus loin son triomphe ; il se dirigea alors vers le Nabab, qu'il aperçut dans sa loge grillée, il lui fit salam, le plus respectueusement du monde, puis il s'en fut paisiblement vers la porte par où il était venu. Comme elle tardait à s'ouvrir, il l'enfonça tout simplement et sortit, sans plus s'inquiéter des vivats et des applaudissements de la foule.

Le soleil était déjà haut sur l'horizon, et la suite des fêtes fut remise au lendemain.

Ce jour-là, nous nous rendîmes dans un des jardins du Nabab : on avait servi pour nous et pour une nombreuse compagnie, un déjeuner dans un pavillon qui avait vue sur la rivière, dans le lieu même où l'on faisait baigner les éléphants. Un combat entre deux de ces animaux devait être le spectacle de la matinée.

La plaine était couverte d'une foule de peuple, et l'on avait mis sur pied un corps de fantassins et de cavaliers armés de lances, autant pour la contenir que pour nous faire honneur.

L'interprète nous expliqua que ce n'était pas à proprement d'un combat, mais d'une sorte de lutte courtoise, dont nous allions être témoins, et dans laquelle ces deux animaux n'allaient point chercher à se faire du mal, mais bien à prouver leur force et leur adresse.

Les éléphants qu'on amena en face de nous, entre le pavillon et le fleuve, étaient bien les deux animaux les plus beaux de l'espèce que j'aie encore vus : d'une taille énorme, la peau noire et luisante, l'œil plein de feu, la démarche assurée, les défenses longues et bien plantées : leur vue seule indiquait d'avance l'acharnement du combat. Chacun d'eux possédait son cornac assis sur son dos, et attaché fortement par une ceinture.

Les deux éléphants s'avancèrent d'abord avec la plus grande vitesse à la rencontre l'un de l'autre. Quand ils ne furent plus qu'à quelques pas, ils s'arrêtèrent.

— Allons, Dourga, fit un des cornacs à sa monture, salue ton adversaire.

Et Dourga fit complaisamment le salam.

— Rends le salut, Yavana, répondit le second cornac, et Yavana rendit pareillement le salut.

Ceci fait, les cornacs se cramponnèrent sur le dos de leurs animaux et le combat commença.

Les deux éléphants s'élancèrent l'un sur l'autre et du premier coup le choc fut tel qu'ils se mirent sur leurs pieds de derrière, leurs trompes relevées en l'air s'enlacèrent, et ils se mirent à se pousser, l'un avançant, l'autre reculant, selon que l'un ou l'autre avait fait un effort plus violent.

Je fus très surpris de voir comme les cornacs, malgré cette posture, demeuraient fermes sur le dos de leur monture. Dans ces luttes, les cornacs pour être à l'abri de la trompe de l'autre éléphant, se placent sur le milieu du dos de l'animal qu'ils montent et se tiennent presque couchés, accrochés à une courroie. Ils paraissent s'intéresser vivement au succès des animaux qu'ils conduisent, les encouragent, les excitent de la voix et du geste.

Le but que devait atteindre un des deux éléphants qui luttaient devant nous, le plus fort ou le plus adroit, était de forcer son adversaire à reculer jusqu'au bord de la rivière, et de le jeter dans l'eau.

Après une heure environ de lutte et d'efforts, un des éléphants qui avait perdu graduellement du terrain, fut obligé de sauter dans la rivière pour ne pas y être jeté par son adversaire, ce qu'il fit délibérément. On déclara alors le combat terminé. Mais les deux adversaires ne l'entendaient pas ainsi : celui qui s'était jeté à l'eau se mit à traverser la rivière à la nage, et l'autre le suivit malgré les efforts des deux cornacs.

Il était évident que la bataille allait recommencer sur l'autre rive.

Celui qui avait eu le dessous arriva avant son adversaire sur l'autre rive ; l'élévation du sol et la difficulté de l'accostage le favorisant, il prit une position convenable, et quand le second éléphant se présenta, il le repoussa et l'empêcha d'accoster. Pendant plus d'une demi-heure, l'éléphant placé sur la berge tint son adversaire en respect, et il fut décidé à l'unanimité par les juges du camp, que l'animal battu la première fois par la force, avait su prendre sa revanche par l'adresse.

Les cornacs reçurent l'ordre de ramener leurs éléphants sur la rive du départ, et de guerre lasse, les deux animaux parurent obéir. Mais arrivés au milieu du fleuve très profond en cet endroit, ils se défièrent de nouveau ; malgré les efforts de leurs conducteurs, ils cherchèrent à se pousser dans le courant, s'inondant d'eau avec leur trompe, mais ni l'un ni l'autre ne put se signaler par un avantage marqué.

La victoire fut déclarée indécise, et le prix du combat qui consistait en un faix de cannes à sucre, mets dont les éléphants sont très friands, fut partagé entre les deux adversaires.

Il y eut encore plusieurs autres luttes semblables entre les différents éléphants du troupeau du Nabab, mais elles ne présentent aucunes particularités plus curieuses que celles que je viens de raconter.

Sur le soir, quand la foule se fut retirée, le Nabab nous fit assister à une pêche curieuse dans le Godavery avec des loutres. Ces animaux sont aussi privés que des chiens, ils plongent dans l'eau, et selon la façon dont ils ont été dressés, les uns poussent le poisson dans les filets, les autres le happent avec les dents et l'apportent sur le rivage. Cette pêche faite avec flambeaux la nuit, est bien une des choses les plus attrayantes qui se puisse voir.

Le lendemain, quand nous le quittâmes, le Nabab me donna deux éléphants pour nous servir de monture, jusqu'à ce que nous ayons regagné le territoire français.

De l'ensemble des faits que je viens de conter, il ressort surabondamment, que l'éléphant est constamment associé à la vie des Indous, à leurs fêtes, à leurs cérémonies religieuses, que ces intelligents animaux comprennent ce que l'on veut d'eux, et l'exécutent avec une rare adresse.

Il y a loin de ces éléphants, gardiens des tombeaux, saluant le soleil levant, aux animaux abrutis que le *Dictionnaire d'histoire naturelle* nous a présentées.

Je ne voudrais pas quitter le Maïssour, sans dire quelques mots d'une des choses les plus curieuses que j'aie vues pendant le voyage que je fis dans cette contrée, je veux parler des jardins suspendus du lac de Veloor.

Il se jette à l'eau, vous poursuit, en vous aspergeant d'eau. (Page 332.)

Ce lac est situé au milieu des montagnes de la côte Malabare, à l'extrémité de la frontière du Maïssour, du côté de Bedanore. Ses rives sont bordées d'une verdure épaisse provenant de diverses variétés de joncs et de roseaux, et d'autres plantes aquatiques qui s'étendent fort avant dans l'eau. Elles croissent de même sur les bancs, îlots et bas-fonds, qui entrecoupent l'immense nappe d'eau.

La disposition qu'ont les glaïeuls de pousser et d'étendre leurs racines horizontalement de manière à former le long du rivage, une sorte de réseau ou tissu à mailles solides et fortement entrelacées comme celles d'un filet, est bien connue des jardiniers du pays qui ont su utiliser merveilleusement cette disposition naturelle.

Au commencement du printemps, quand les eaux sont encore basses, les jardiniers coupent et enlèvent horizontalement les racines de ces bancs de roseaux, avec la terre qu'elles enlacent, à environ deux pieds au-dessous du niveau de l'eau, et ils en forment une bande ou litière d'une grande longueur.

Par ce moyen, ils obtiennent une plate-bande, mobile, flexible et flottante, dont les parties terreuses et végétales sont fortement unies sur environ deux pieds d'épaisseur, six à sept de largeur, et cent de longueur.

Quand cette plate-forme a commencé à prendre une certaine solidité, on tire du fond du lac de la vase que l'on jette comme une couverture de terre par-dessus les herbes Quand il y a assez de terre végétale, le jardinier y sème des concombres, des courges, des melons, des pastèques, des melons d'eau, des gombauds, et tout cela vient sans culture, sans arrosage, sans soins, sous la double et constante action du soleil et de l'eau.

D'ordinaire, le jardinier amarre son jardin flottant à son bateau, et le maintient près de sa demeure, à l'aide de longs piquets enfoncés dans la vase du lac. Qu'il vienne à transporter ses pénates plus haut ou plus bas sur le lac, il emmène son jardin avec lui.

Ces jardins flottants, sont ordinairement entourés d'un rempart également flottant, composé d'une ceinture de joncs, roseaux, glaïeuls, fougères et autres plantes aquatiques qui sont en général impénétrables, et qui n'offrent d'accès pour les bateaux des propriétaires que par certains côtés. Ces passes sont si bien disposées, si bien dissimulées à tous les yeux, que sans une attention très minutieuse, il serait impossible à un étranger d'en soupçonner l'existence.

Il arrive souvent que des maraudeurs viennent pendant la nuit couper les liens qui amarrent les jardins aux embarcations des propriétaires; ils les remorquent alors à de grandes distances, les mêlent avec d'autres, et il est alors absolument impossible de les reconnaître.

Pour prévenir ces accidents, les jardiniers de Veloor ont des éléphants veilleurs de nuit; ils se mettent à quinze ou vingt pour avoir un de ces animaux, qui veille avec un soin vigilant sur l'ensemble de leurs propriétés. On peut passer près de lui, la nuit; accroupi sur les bords du lac ou du fleuve, car il y a aussi des jardins flottants sur le Cavery, il ne s'inquiétera nullement de votre présence; descendez même le cours de l'eau en embarcation, il vous observera sans paraître faire attention à vous. Mais que vous vous approchiez par mégarde des jardins confiés à sa vigilance, aussitôt, il se lève en grondant, et si vous touchez seulement à un jonc des buissons qui le bordent, il se jette à l'eau, vous poursuit, en vous aspergeant d'eau, et vous ne pouvez faire cesser sa fureur qu'en vous éloignant.

N'ayez crainte qu'il s'endorme; il connaît l'importance de sa mission, et du coucher au lever du soleil, il ne fermera pas l'œil, il ne perdra pas de vue un seul instant les longues bandes de verdure, qui se détachent pendant la nuit en plus sombre sur les eaux.

Par exemple, aux premiers rayons du soleil, sa veille est finie, et les maîtres reconnaissants, le laissent libre jusqu'au soir de ses actions; il s'en va alors, à droite et à gauche, broutant dans la jungle, se baignant dans le fleuve, se reposant à l'ombre de quelque baobab géant, jusqu'à l'heure où il doit recommencer sa faction.

Dans les forêts des Gaths, sur la côte de Malabar et aux environs du lac de Veloor, vivent des troupes considérables d'éléphants sauvages. Ces animaux paraissent avoir une véritable prédilection pour les lieux agrestes et paisibles où les cours d'eaux abondent.

Sur les bords du lac, à peu de distance des lieux où je visitai les jardins suspendus, se trouvait un des abreuvoirs fréquentés par ces monstrueux quadrupèdes.

C'était une excavation large et profonde. Chaque nuit ces animaux venaient s'y rouler; partout le sol était affaissé sous leurs pieds, et il était facile de reconnaître leur nombre prodigieux, à la quantité de trous profonds dont toute cette partie de la berge du lac est comme criblée.

Les Indiens jardiniers me racontèrent que de temps à autre ils venaient par bandes à la nage, pour dévaster les jardins, et manger les melons, les courges et autres fruits dont ils sont très friands. L'éléphant gardien se jetait bravement au-devant d'eux; mais il se faisait rosser d'importance, sans pouvoir, vu le nombre, empêcher la déprédation. Mais, depuis quelque temps, les excursions des éléphants sauvages avaient complètement cessé : il avait suffi, pour éloigner ces animaux, de jeter au milieu d'eux quelques pièces d'artifices enflammées; cet ennemi inconnu, contre lequel ils ne pouvaient rien, avait à ce point effrayé ces colosses qu'ils n'étaient plus revenus.

Comment trouvez-vous ces éléphants qui se font battre par les leurs, pour conserver les propriétés de leurs maîtres?

Le dévouement de l'éléphant, pour les personnes qu'il affectionne, dépasse tout ce qu'on pourrait s'imaginer à cet égard. Je vais citer un des faits les plus extraordinaires qui soit à ma connaissance.

Quelques détails préliminaires sont nécessaires.

L'usage indou qui prescrit aux femmes de se brûler sur le bûcher de leurs maris défunts, a acquis en Europe une célébrité exagérée. Quelques épisodes accidentels ont tellement passé pour règle générale qu'on se figure assez volontiers l'Hindoustan comme ayant été autrefois tout jonché de bûchers de veuves. Les *sutties*, c'est ainsi qu'on nomme ces sacrifices, n'ont jamais été aussi nombreux qu'on pourrait se l'imaginer, même du temps de la domination Brahmanique, et, aujourd'hui, ils ne peuvent plus avoir lieu qu'en cachette et dans des endroits de l'intérieur éloignés de toute surveillance.

En 1870, lord William Bentick, gouverneur général des Indes, un honnête homme celui-là, qui repose un peu, par la pensée, des gredins qui se sont appelés Clive et Warren Hasting, au grand scandale des pundits de Bénarès et de quelques babous de Calcutta, a pris un arrêté déclarant que le gouvernement des Indes ne souffrirait plus ces atrocités contre nature ; avant cette époque déjà, une restriction imposée par les autorités anglaises, en avait limité le nombre.

Chaque fois qu'une veuve voulait suivre son mari sur le bûcher, il fallait qu'elle vînt faire spontanément sa déclaration devant les magistrats du pays. Après de vives instances pour la détourner de son projet, on commettait à un délégué européen le soin de surveiller le sacrifice, afin que si la peur de la mort et la crainte de l'agonie arrachaient une rétractation, les brahmes ne pussent lui faire violence.

Ces rétractations étaient rares pourtant, car les prêtres avaient eu soin de préparer la *Suttie* au bûcher.

Tantôt ils l'enivraient d'opium ou de liqueurs spiritueuses, tantôt ils la fascinaient par le détail des récompenses attachées à ce grand holocauste. Et d'ailleurs, la malheureuse savait bien que si le cœur venait à lui faillir elle était désormais vouée à une vie de honte et de misère.

Rejetée de sa caste, non seulement elle devenait infâme, mais dans le préjugé populaire, elle appelait sur son pays la peste et la guerre, la famine, tous les maux enfin.

On conçoit qu'avec de telles superstitions, d'une part, et, de l'autre, avec un amour profond pour le mari qu'elles venaient de perdre, des sutties aient pu marcher au bûcher, l'œil calme, le front serein, la figure radieuse. Mais ces femmes sont des exceptions : sur vingt créatures ainsi immolées, dix-neuf au moins ne cédaient qu'aux importunités des brahmes, et jusqu'au dernier moment, on les voyait lutter contre l'influence de ces bourreaux.

Deux faits, entre plusieurs autres, donneront la mesure du rôle que jouaient dans ces scènes les prêtres et les parents qui profitaient de la dépouille de la victime.

Près de la vieille ville de Bedjapoor, aujourd'hui complètement en ruines, une brahmine déclara vouloir accomplir le sacrifice du *sutty;* elle fut conduite en grande pompe et au son de nombreux instruments, près du bûcher sur lequel se trouvait déjà le cadavre de son époux.

Sa démarche était assurée, sa contenance calme. Quand les officiers anglais du district lui demandèrent si c'était volontairement qu'elle mourait :

— Oui, répondit-elle, c'est volontairement.

Il semblait même qu'elle mettait une espèce de fierté à confondre ainsi des étrangers qui semblaient douter d'elle, au moment même où les chants des brahmes exaltaient son héroïsme.

Au signal donné la suttie s'approcha du feu qui commençait à flamboyer ; elle embrassa ses parents, fit ses adieux à l'assistance, distribua à ses amies ses bijoux et ses ornements, puis à demi nue, encouragée et presque poussée par les brahmes, elle se jeta dans le feu. La douleur fut vive, à ce qu'il paraît, car au même instant elle fit un mouvement pour en sortir.

Vainement renversa-t-on sur elle la pile de bois, elle se dégagea, bondit hors des flammes et crispée par la douleur, elle s'élança vers la rivière. Les brahmes l'y suivirent ; malgré la résistance des Anglais présents, ils la ramenèrent vers le foyer qui pétillait avec violence.

Là, une espèce de lutte s'engagea entre la victime et les bourreaux. La foule vociférait contre les Européens qui faisaient leurs efforts pour la sauver; mais accablés par le nombre ils demandèrent qu'on fît trêve au sacrifice jusqu'à ce que le magistrat en ait décidé.

Alors, pour mettre fin au conflit, trois brahmes vigoureux enlevèrent la veuve sur leurs bras et la précipitèrent au milieu de ce brasier ardent.

Elle s'y tordit encore désespérée, et se releva pour fuir; mais à mesure qu'elle sortait de ce cercle, les brahmes l'y repoussaient en lui jetant à la tête d'énormes bûches flamboyantes.

Un instant de répit lui permit toutefois de s'échapper encore, et de courir vers le fleuve. A ce second désappointement la rage des prêtres fut à son comble; quatre d'entre eux se jetèrent à sa poursuite, et lui plongèrent avec violence la tête au fond de l'eau pour chercher à la noyer. Il fallut, pour la sauver, qu'une escouade de soldats anglais arrivât sur les lieux. Les principaux coupables furent mis en prison, mais la pauvre brahmine ne survécut pas à cet horrible drame : le lendemain elle mourut des atroces brûlures qu'elle avait reçues. Délaissée de sa famille et maudite, comme une impure, par toute la population scandalisée par l'épouvantable forfait qu'elle avait commis en fuyant le bûcher de son mari, et surtout en se laissant sauver par l'impure main des étrangers.

Les Anglais l'avaient déposée sur un peu de paille dans une chaumière ; mais malgré les cris de douleur qu'elle poussait, personne n'osa aller lui porter secours : il eût fallu en venir aux mains avec la foule irritée. Un paria qui voulut lui porter de l'eau pour apaiser la soif ardente qui la dévorait, fut à moitié écharpé et ne dut son salut qu'à sa situation d'être impur qui ne permettait pas aux gens de caste de porter la main sur lui.

Une autre suttie, enfant de quatorze ans, périt plus cruellement encore. Elle aussi à force de sollicitations avait fini par consentir à mourir. Mais la douleur l'avait fait sortir du bûcher; elle s'était réfugiée dans un étang voisin.

Là, ce fut son oncle qui vint l'endoctriner et qui lui dit, en lui montrant un drap :

— Viens, je te mettrai là-dedans et je t'emporterai dans ta case.

— Non, non, criait l'infortunée, vous voulez me rejeter au feu.

— Viens-tu, dis-je, répétait le parent ; tu peux te fier à moi.

— Mon oncle, mon bon oncle, au nom du ciel, ayez pitié de moi, je suis trop jeune pour mourir. Je quitterai la famille, je vivrai comme une maudite, je mendierai, je ferai ce qu'on voudra. Pitié! oh! pitié.

L'oncle la rassura encore par de douces paroles; il prononça même le serment le plus sacré pour un Indou : il lui jura par les eaux du Gange qu'il la ramènerait à la maison.

Alors elle sortit de l'étang et se coucha sur le drap qui devait voiler sa nudité. A peine y était-elle étendue que le fanatique Indou noua ce drap comme un sac et reporta sa nièce dans les flammes. Elle cria, se débattit, chercha à se sauver de nouveau, mais un coup de sabre qui lui fut porté par un soldat musulman, qui, ne pouvant la sauver, voulut ainsi terminer ses souffrances, mit fin à cette horrible scène.

Maintenant que le lecteur comprend bien ce qu'était le sacrifice du sutty dans l'Inde et l'importance que les brahmes et toute la population attachent à l'achèvement de cette épouvantable cérémonie dès qu'elle est commencée, je m'en vais citer le fait qui est à ma connaissance personnelle, et dans lequel un éléphant a joué le principal rôle.

Dans les solitudes montagneuses qui sont situées à la pointe orientale de l'Inde entre Coïmbetour et Cochin, se trouve une petite aldée d'écorceurs de canelle du nom de Certicoupam. Le magistrat de district est à Trichmapoly, à plus de soixante lieues de là : il ne lui est donc pas facile d'exercer une surveillance active à cette distance, et surtout quand il s'agit de quelque fait qui touche aux coutumes et aux croyances religieuses des Indous, faits que la police indigène ne porte même jamais à sa connaissance.

Dans ce village de Certicoupam se passa en 1864 le fait suivant dont je puis certifier tous les détails. Je me trouvais en ce moment dans la province, aux environs de Cochin, et la chose fit un tel bruit que les autorités anglaises voulurent s'assurer par une enquête de l'exactitude de tous les détails du fait dont le bruit était arrivé jusqu'à elles.

Une jeune brahmine, du nom de Mariama, avait été donnée en mariage, à l'âge de treize ans, à un vieux prêtre de la pagode, qui s'éteignait après quelques mois d'union.

Les autres brahmes décidèrent qu'un homme de l'importance du défunt ne pouvait pas s'en aller seul au séjour des ancêtres et que sa femme devait le suivre au bûcher. Ils commencèrent par circonvenir la jeune veuve, qui avait déclaré tout d'abord qu'elle n'y consentirait à aucun prix.

Ils lui remontrèrent alors quel honneur éternel allait rejaillir sur toute sa famille, et sur la pagode du village, dont son mari

Il se mit à distribuer de tels coups de trompe... (Page 342.)

était desservant, firent luire à ses yeux les récompenses extraordinaires qui l'attendaient dans l'autre vie, cherchant à la fasciner par l'appât des plaisirs qu'elle n'allait pas manquer de goûter dans le séjour de Brahma.

Mais l'enfant tenait à la vie, et toutes les tentatives des Brahmes échouèrent le premier jour. Voyant leur insuccès, les prêtres, qui avaient juré qu'ils auraient leur victime, prirent le parti de mêler des drogues excitantes à la nourriture et à la boisson de la jeune femme.

Il est bon de dire qu'en cette occurrence, comme toujours du reste, la famille se prêtait entièrement aux odieuses supercheries qui devaient amener le sacrifice de la jeune Mariama. En dehors de la considération qu'un pareil acte attire toujours aux parents, il est une autre considération qui fait que ces derniers sont presque toujours les complices des prêtres, pour ces abominables holocaustes.

Les veuves, dans l'Inde, ne peuvent pas se remarier; toute leur vie elles sont contraintes de porter le paque blanc, sans aucune ornementation, et sont à la charge de leur famille, qui ne les supporte souvent qu'avec peine, car il est un dicton connu dans l'Inde, c'est *que les maisons où il y a des veuves ne sont point bénies par les dieux*.

Donc la jeune Mariama ayant été exaltée à dessein par des boissons appropriées, parmi les paroles qu'elle prononça dans son ivresse, on saisit la première qui eut l'air de s'appliquer à la circonstance, et les prêtres annoncèrent à la foule que, la jeune femme éclairée par une lumière céleste, venait enfin de consentir à accomplir le *sutty*.

Quand la pauvre enfant revint à elle, on lui apprit que, dans une extase qu'elle venait d'avoir, elle s'était d'elle-même vouée au bûcher. C'est en vain qu'elle protesta; on lui répondit que le ciel avait fait connaître sa volonté et qu'elle n'avait qu'à se résigner de bonne grâce, qu'on la porterait plutôt au bûcher. Elle déclara en appeler au magistrat anglais, sachant bien que le sacrifice des veuves n'était plus ni permis, ni toléré.

On lui répondit, par dérision, qu'on avait la permission du juge de Trichnapaly. Quand elle vit qu'il fallait se résigner à mourir, elle tomba dans un état de prostration extrême, et se mit à verser d'abondantes larmes. Sur le soir, elle parut se calmer, et, la nuit venue, tenta de s'évader; mais elle était bien gardée, et fut ramenée à son logis; le sacrifice devait avoir lieu le lendemain, et toute la nuit devait s'écouler en cérémonies religieuses, dans la demeure funéraire.

D'ordinaire, la femme du mort préside à ces funérailles, c'est elle qui chante, près du catafalque orné de fleurs, les stances célèbres destinées à chasser le mauvais esprit, qui cherche à s'emparer du corps du défunt; mais la jeune veuve avait déclaré qu'on la traînerait à la cérémonie, au bûcher, partout où l'on voudrait, mais qu'on n'obtiendrait pas d'elle un seul acte, une seule parole, pendant les cérémonies funèbres.

Un parent du brahme défunt devait y suppléer. Quel ne fut pas l'étonnement des prêtres et de la foule quand, tout à coup, au moment voulu par le rituel funéraire, on vit s'avancer la jeune Mariama, une feuille de palmier à la main; et elle commença, d'une voix ferme, la célèbre invocation des morts, que nos lecteurs ne liront certainement pas sans plaisir : c'est le plus beau morceau de poésie funéraire de l'Inde entière.

« Hors d'ici, chien maudit! Pisatchas impur, qui te repais des cadavres des morts, que viens-tu faire près de cette maison? cesse d'empester ces lieux par ton haleine fétide. Hors d'ici, chien maudit!

« Va-t'en dans ta fosse ronger les os couverts de poussière et de mousse, dispute ta maigre pitance aux chacals puants, et aux vautours aux pieds jaunes! Sur ce lit de cendres et d'herbes sacrées repose le corps d'une femme juste! Hors d'ici, chien maudit!

« Fuyez tous, esprits infernaux, vous que la fumée des sacrifices a conduits jusqu'ici. Naragaua ne laisse pas de fils pour le conduire au bûcher et soustraire son cadavre à vos étreintes impures.

« Il n'y a point d'oblation pour vous dans cette demeure; les heures tombent une à une sans apporter d'adoucissement à votre malheureuse situation. N'essayez pas de vous glisser dans la dépouille de l'homme vertueux. Hors d'ici, chien maudit!

« O saints brahmes, fermez la bouche, fermez les yeux, fermez le nez, fermez les oreilles, fermez toutes les ouvertures du corps du juste, afin que l'homme de péché ne puisse s'y introduire. O saints brahmes, fermez-lui la bouche avec les cinq parfums. Hors d'ici, chien maudit!

« Soufflez, vent du nord, qui passez sur les plaines sacrées qu'arrose le Gange, et portez jusqu'aux cieux les parfums du sacrifice. Soufflez, vent du nord, qui passez sur les plaines sacrées qu'arrose le Gange... Hors d'ici, chien maudit!

« Accours, oiseau chéri de Covinda, — un des noms de Vischnou, viens recueillir dans tes serres puissantes l'âme purifiée de Mariama, et conduis-la au séjour immortel de délices. Accours, oiseau chéri de Couiada... Hors d'ici, chien maudit!

« Esprit bienfaisant des cieux, de l'air, de la terre, des forêts, des chemins, des eaux, des plaines désertes, du foyer domestique, venez tous, accompagner l'homme juste au bûcher; éloignez de la route les sombres génies du mal. Venez tous, esprits bienfaisants des cieux... Hors d'ici, chien maudit!

« Faites que ce beurre liquide pétille dans la flamme doucement caressée par la brise des nuits; l'odeur du bûcher d'un homme de bien est agréable aux dieux. Que le beurre liquide pétille dans la flamme... Hors d'ici, chien maudit! »

En prononçant ces paroles, Mariama versa le beurre liquide sur le corps de son mari, et elle ajouta :

« Que cette divine liqueur te purifie pour le ciel de toutes les souillures de la terre.

« Que cette transmigration soit pour toi la dernière, et que Vischnou, maître de l'univers, te reçoive dans son sein.

« Jusqu'ici tu as conservé la figure hideuse d'un cadavre; dès ce moment, tu vas te revêtir de la forme divine des ancêtres, et tu habiteras avec eux le Pitraloca, pour y jouir d'une immortelle félicité. »

Après avoir ainsi accompli son devoir, la jeune femme déclara qu'éclairée par la volonté céleste, elle ne mettait plus d'opposition à son sacrifice, et qu'elle monterait le lendemain sur le bûcher de son mari.

Tout le monde cria au miracle, et la foule s'écoula joyeuse, pour aller faire ses oblations et se préparer à la fête du lendemain.

Que s'était-il passé? La jeune veuve s'était-elle résignée à son port?

Nullement. Seulement elle avait conçu un plan, qui devait amener sa délivrance, et, pour l'exécuter, elle devait endormir la vigilance des brahmes.

Mariama avait été élevée, tout enfant, avec un éléphant, qui appartenait à son père, et qui lui avait donné souvent les plus grandes preuves d'affection et de dévouement; depuis qu'elle était mariée, elle n'avait pas eu occasion de le voir souvent, mais chaque fois qu'elle avait rencontré l'animal, ce dernier était accouru vers elle avec des cris joyeux, et l'avait accablée de ses caresses.

Elle avait donc conçu le projet de demander aux brahmes, pour augmenter la solennité de la fête funéraire, d'être conduite au bûcher par l'éléphant de sa famille, orné et caparaçonné pour la circonstance : ce qu'il devait lui être facile d'obtenir.

Sa vie ne tenait plus qu'à cette circonstance. Aurait-elle plus d'empire sur l'éléphant que le cornac habitué à le conduire ou, au contraire, ce dernier qui, il n'y avait pas à en douter, serait tout à la dévotion des brahmes, parviendrait-il à maintenir l'animal dans l'obéissance.

La jeune veuve s'était décidée à jouer son existence sur cette chance.

Une fois son parti pris, elle ne mit plus aucune hésitation dans l'accomplissement des devoirs funéraires qui lui incombaient. Les Brahmes eux-mêmes furent étonnés du changement soudain qui s'était fait chez leur victime, et ils attribuèrent cela à leurs exhortations et aux boissons excitantes qu'ils lui avaient données.

Quand Mariama, le matin, après avoir revêtu ses plus beaux habits, demanda à être conduite par Sravana, l'éléphant de son père, jusqu'au lieu où avait été dressé le bûcher, on le lui accorda avec enthousiasme, car cela allait donner une plus grande solennité encore à la cérémonie funéraire.

On se mit en marche.

L'éléphant était couvert d'un drap rouge frangé d'or; sur son dos on avait installé un laoudab tout orné de fleurs, dans lequel se trouvait la victime.

L'animal tenait la tête, derrière lui venait le palanquin mortuaire, sur lequel se trouvait le corps du défunt; des pleureurs et des pleureuses à gages faisaient retentir l'air de leurs lamentations.

Des enfants jetaient des fleurs sur tout le parcours, et les bayadères dansaient en chantant les louanges des dieux.

Dès le matin, les coolies mortuaires avaient dressé le bûcher, avec du bois précieux, qu'ils avaient inondé de beurre fondu, pour activer la combustion. Dès qu'on fut arrivé, les musiciens des morts firent entendre, dans leurs lugubres trompettes, trois sons plaintifs et déchirants. Les pleureurs redoublèrent leurs cris, le cadavre du brahme fut enlevé du palanquin et placé sur le bûcher, et les quatre brahmes officiants mirent le feu aux quatre coins du bûcher avec des torches; aussitôt, grâce au beurre liquide, la flamme envahit tout le bûcher.

C'était le moment!

La jeune veuve devait dépouiller ses beaux habits, partager entre ses amies ses bijoux et ses parures, en leur faisant ses adieux, et se précipiter dans les flammes.

Comme la jeune femme ne quittait pas le laoudab, les brahmes firent signe au cornac qui, d'un seul mot, fit agenouiller l'éléphant, puis s'approchant de Mariama, l'engagèrent à descendre; cette dernière refusa nettement de leur obéir; les prêtres lui demandèrent si elle préférait descendre seule.

— Non! leur répondit-elle résolument, ni seule, ni avec vous; je ne descendrai pas d'ici.

Quand les prêtres comprirent qu'ils étaient joués, ils se ruèrent avec furie sur le laoudab pour en arracher leur victime; mais cette dernière, se cramponnant avec l'énergie du désespoir, se mit à pousser des cris perçants, en adjurant Sravana de la défendre. Aux accents éplorés de cette parole amie, Sravana se releva d'un bond, et saisissant avec sa trompe un des brahmes, qui était resté accroché au laoudab, il l'en arracha violemment et le lança contre terre avec une telle force qu'il fut assommé du coup. C'est en vain que le cornac voulut faire entendre sa voix; exalté par les cris de sa jeune amie, qui ne cessait de l'implorer, l'éléphant entra littéralement en fureur; d'un seul mouvement de tête il se débarrassa de son cornac qui était resté à cheval sur son cou, et alors, pour s'ouvrir un passage dans la foule, il se mit à distribuer à droite et à gauche de tels coups de trompe, qu'à chaque fois un Indou restait étendu par terre, sans mouvement et sans vie.

Ce fut on le conçoit un sauve-qui-peut général..., il y eut une trentaine d'individus de tués, assommés ou écrasés sous les pieds de l'animal dans cette circonstance.

Mariama était sauvée. A peine fut-elle en pleine campagne avec son éléphant, qu'elle le mit sur la route de Trichnapaly en le poussant de toute la vitesse dont il était capable, car elle craignait qu'on ne la poursuivît et qu'on ne la fît tomber dans quelque embûche.

L'éléphant fit en moins de vingt heures les soixante lieues qui le séparaient de la capitale de la province, et la jeune veuve vint tomber à moitié morte de fatigue et de faim aux pieds du magistrat du district.

Le juge la prit sous sa protection et lui donna asile dans sa famille. Désormais la jeune veuve était morte pour la société indoue, elle était plus impure qu'un paria; mais l'amour de la vie l'avait emporté sur les superstitions de caste et les croyances religieuses.

Mariama resta dans la famille du juge et partit avec elle quand elle retourna en Angleterre. C'est le seul exemple que je connaisse dans l'Inde d'une Brahmine qui ait consenti à s'expatrier. L'enquête ayant révélé tous ces faits, les brahmes furent bien et dûment avertis qu'à la première tentative qu'ils feraient pour se procurer une nouvelle suttie ils seraient poursuivis comme coupables d'assassinat.

Je ne crois pas que la province de Coïmbetour ait revu depuis pareil fait.

Il est certain qu'il y a encore dans les districts reculés de l'Inde, à cent ou deux cents lieues de toute surveillance possible, des suttys qui s'accomplissent, mais tout cela est tenu caché soigneusement, et n'a lieu du reste que quand la veuve consent au sacrifice, et va jusqu'au bout sans protestation.

Pendant mon séjour dans l'Inde, j'ai eu l'occasion d'assister à une de ces lugubres cérémonies funéraires, ou, pour parler plus exactement d'être dans le village, pendant que l'atroce cérémonie s'accomplissait à quelques pas.

Je vis passer la veuve près du bengalow où je m'étais installé, c'est à peine si elle comptait dix-sept printemps : elle était belle, de cette beauté chaude et fascinatrice des femmes indoues du Nord, des lys et des roses sur les joues, du bleu sombre dans l'œil, et un mètre cinquante de cheveux noirs tordus en spirale. Ce ne fut qu'une apparition et je ne puis dire combien cela me remua le cœur, de voir tant de jeunesse et tant de grâce, aller finir misérablement en mêlant son sang, sa chair fraîche et jeune dans le bûcher, à la chair parcheminée de quelque brahme mort de vieillesse.

Je n'y pouvais rien ; seul avec deux domestiques indous, au milieu d'une population fanatisée, je me fusse fait assommer sur place, si j'eusse tenté la moindre intervention. Je laissai donc passer le cortège, et me fermai dans ma chambre, pour ne pas être témoin de cet ignoble profanation.

Quand la jeune veuve avait passé vers mon bengalow, il m'avait semblé qu'elle avait jeté un regard de tristesse de mon côté... Pauvre enfant ! avait-elle entendu dire que les hommes de ma nation avaient un culte pour la femme ? espérait-elle, à cette heure suprême, que le Franyuy pourrait tenter quelque chose pour elle?.. Ah ! je le jure, si elle eût fait un geste, si elle eût lancé un mot d'appel, le revolver au poing, je me serais mis entre elle et les brutes qui la conduisaient au supplice ; j'eusse joué ma vie sans le moindre regret pour montrer à ces fous fanatiques par quels côtés de dévouement et de grandeur notre civilisation est supérieure à la leur... mais rien que ce fugitif regard, qui m'avait remué ! et elle passa. Je ne pouvais pas me faire tuer pour une vision, qui peut-être repousserait mon dévouement... Car il faut bien le dire, aujourd'hui que la femme indoue est sûre de la protection de l'autorité anglaise, et que les *suttys* ne peuvent avoir lieu qu'en cachette, presque toutes les femmes qui marchent au sacrifice s'y sont vouées spontanément et meurent avec courage.

Les brahmes même pour se mettre à l'abri des recherches de la justice qui les poursuit aujourd'hui quand ils commettent de pareils attentats, sont dans l'habitude de ne plus s'en mêler ouvertement et de laisser à la famille le soin de préparer le bûcher et d'y conduire la *suttie*.

Nous voilà loin de nos animaux et de l'étude de leurs mœurs, mais il est bien difficile d'étudier l'éléphant sans le rencontrer à chaque instant mêlé aux actions humaines, et il n'y joue pas toujours, comme on vient de le voir, le plus vilain rôle.

Et puis, le lecteur voudra bien remarquer que le sous-titre de notre ouvrage annonce des récits de chasses et de voyages, j'ai pris mes précautions comme il le voit contre l'accusation du hors-d'œuvre, car je me connais : dès que je suis dans un de ces pays aimés du soleil où j'ai vécu, les souvenirs me reviennent en foule, sur les sujets les plus divers, et il m'eût été bien difficile de ne pas mêler souvent les animaux et les hommes. Je crois qu'on ne s'en plaindra pas au point de vue de l'intérêt, car les récits n'en acquièrent ainsi que plus de couleur et de variété.

Quelques souvenirs encore dans lesquels l'éléphant joue un rôle tout nouveau.

La première fois que je me rendis aux fêtes de la vieille pagode de Chelambrum, j'aperçus au centre d'une petite plaine située un peu à gauche du temple un mât qui soutenait à son sommet une longue perche transversale fixée par le milieu; à l'un des bouts de la perche se trouvait attelé un éléphant, par deux espèces de brancards fixés perpendiculairement au bout de la perche, tandis qu'à l'autre extrémité pendait une corde, au bout de laquelle je remarquai avec surprise qu'un corps humain était suspendu.

Il ne tombait point perpendiculairement et comme un criminel accroché à une potence, mais il paraissait nager dans l'air où il agitait librement ses mains et ses jambes. Plusieurs milliers de personnes le regardaient tourner, en battant des mains ; car l'éléphant lancé au trot comme dans un manège, le faisait voltiger avec une vitesse vertigineuse.

En approchant du cercle formé par les spectateurs, je découvris avec horreur que ce misérable n'était retenu dans sa position que par deux crocs en fer qui traversaient ses chairs. Toutefois, rien dans sa physionomie ni dans ses manières n'indiquait la souffrance.

Cet homme, ayant été descendu et décroché, fut remplacé par un autre fakir, car c'était un de ces fanatiques que je venais de voir. On n'employa pas la force pour le conduire au lieu du supplice, et loin

Plus de deux cents fakirs se sont fait écraser ce jour-là... (Page 330)

de donner des signes de terreur, il s'avança gaiement du seuil de la pagode où il s'était prosterné en adoration la face contre terre.

Pendant sa prière un brahme s'était approché de lui et avait marqué la place où on devait lui enfoncer les crocs. Un autre prêtre officiant, après avoir frappé et malaxé fortement le dos de la victime, l'avait pincé ensuite fortement; tandis qu'un troisième introduisait les crocs avec adresse sous la peau et le tissu cellulaire juste au-dessous de l'omoplate.

Cela fait, le fakir se releva gaiement et dès qu'il fut debout, on lui jeta au visage de l'eau lustrale consacrée à Siva. On le conduisit alors sur la plate-forme où se trouvait la perche et le mât. A son approche il fut salué par de vives acclamations et le son des tam-tams et des trompettes se mêla aux cris de la foule. Le fakir, en montant sur la plate-forme, déchira les guirlandes et les couronnes de fleurs dont on l'avait orné, et les assistants s'en disputèrent les débris comme de précieuses reliques.

Son vêtement, si c'en était un, se bornait à un langouti, sorte de pièce de toile, voilant simplement sa nudité.

Comme les Indous, loin de paraître choqués de ma présence, m'invitaient à m'approcher, je montai sur la plate-forme et me plaçai de manière à voir si on avait recours à quelque supercherie. Les crocs qui étaient d'acier bien poli, étaient forts comme un hameçon à requin, mais non barbelés et gros comme le petit doigt d'un homme.

Les pointes étant très aiguës, l'introduction eut lieu sans déchirures et si adroitement que le sang ne coula pas ; le fakir ne parut point sentir de douleur, et continua à causer avec ceux qui l'entouraient. Aux crocs tenaient de forts fils de coton qui servirent à les attacher à l'une des extrémités de la perche où se trouvait la corde munie d'une boucle de fer.

L'éléphant reçut alors l'ordre de marcher, ce qu'il fit immédiatement, accélérant ou diminuant son mouvement selon l'ordre de son cornac.

Le fakir, pour montrer qu'il était parfaitement maître de lui, prit dans une gibecière attachée autour de son corps, des poignées de fleurs qu'il jeta à la foule en la saluant de gestes animés et de rires joyeux. Les assistants se jetèrent avec ardeur sur ces reliques, se les disputant à coups de poing, et pour ne pas faire de jaloux l'éléphant reçut l'ordre de tourner lentement de façon que le fakir pût répandre des fleurs d'une façon égale sur toutes les parties de la circonférence; de plus le centre de la perche était fixé à un double pivot qui permettait de lui donner un mouvement de bascule ou un mouvement de rotation. A un moment donné, l'éléphant fut enlevé de l'attelage et, saisissant la perche avec sa trompe, il se mit à faire monter et descendre le fakir, qui dans cette position qui cependant accentuait le poids de son corps parut encore plus enchanté qu'avant.

Il resta plus de cinq minutes ainsi, après quoi on le descendit, et les cordes ayant été déliées il fut ramené à la pagode par les prêtres au bruit des tam-tams. Là, on le décrocha et d'acteur devenant aussitôt spectateur, il se mêla à la procession qui escorta le nouveau patient.

Il y a dans l'Inde un très grand nombre de ces fanatiques qui s'imposent ainsi des pénitences pour se faire remarquer. Quelques-unes de ces pénitences sont des plus singulières.

Les uns vivent quarante ans dans une cage de fer, les autres se chargent de chaînes pesantes. Celui-ci doit constamment tenir les poings fermés pour que les ongles en croissant entrent dans ses chairs et finissent par percer la main d'outre en outre.

Ceux-là se tiennent pendus à un arbre jusqu'à ce que leurs bras privés de vie et de mouvement se dessèchent et perdent leur articulation. Les uns font le vœu de se tenir constamment debout, les autres de se coucher sur un lit à pointes de fer. Il en est qui regardent fixement le soleil à en devenir aveugles.

On a vu de ces misérables se faire enterrer la tête en bas, de manière à ce que les pieds seuls restassent hors du sol, tandis que d'autres la tête seule déterrée, n'avait que le jeu des paupières pour se défendre contre les oiseaux de proie.

Plusieurs se sont amputés eux-mêmes le bras ou la main; ou bien ils se sont coupé la langue. Un de ces fanatiques mesura la distance de Benarès à Jaggernat, en s'étendant par terre et se relevant constamment pendant la route. La démence allait même plus loin autrefois, on voyait encore au siècle dernier à Ghazi une hache suspendue, sous laquelle les pénitents enthousiastes venaient se faire trancher la tête en l'honneur de la divinité.

Il faut dire que de nos jours la ferveur des fakirs n'est plus aussi exaspérée, leurs expiations sont moins rigoureuses et moins rudes; ce n'est guère qu'à des époques solennelles, et en face d'un grand concours de monde qu'ils se dévouent à des risques sérieux, et font encore parfois le sacrifice de leur vie. Car le fanatisme a aussi sa vanité.

L'une de ces expiations est celle de la fête du feu où les pénitents marchent nu-pieds sur des charbons allumés. L'autre porte le nom de Djanya, elle a lieu au moyen d'un échafaud à deux ou trois étages, du bout duquel les dévots se précipitent sur les matelas en paille ou en coton garnis de poignards, de sabres, de couteaux, et d'autres instruments tranchants. Les brahmes qui préparent ces litières, les font très épaisses, car ce qu'il importe, ce n'est point tant qu'il y ait mort d'hommes, mais qu'il y ait beaucoup de sang répandu.

Aux fêtes de Kaly, l'une des plus solennelles qui se célèbrent à Calcutta et aux environs, on ne pouvait autrefois passer dans les rues sans recevoir de tous côtés des éclaboussures sanglantes.

Quand le djampo était fini, on se rendait en grande pompe à la pagode au bruit de l'orchestre le plus assourdissant qu'on puisse imaginer. En route, les pénitents jouent avec le fer et le feu. Ici, ils se percent la langue avec des aiguilles ; là, ils se traversent les doigts avec du fil de fer; ailleurs, ils se font de profondes entailles dans le corps, selon les nombres fatidiques trois, sept, neuf, treize, vingt et un, et ainsi de suite, selon la ferveur, le fanatisme ou le courage de l'illuminé qui emploie ces tristes moyens pour témoigner de sa foi religieuse.

Il en est qui se font de larges ouvertures aux hanches, dans lesquelles ils passent des cordes ou des morceaux de roseau. Et dire que tous ces fanatiques ne travaillent même pas pour leur propre compte. Dans la croyance indoue, de même qu'on peut faire dire des prières par les prêtres, en les payant, prières dont tout le mérite vous est attribué au ciel, de même on peut se procurer l'honneur des austérités et des macérations les plus méritoires en payant des fakirs qui se tailladent le corps pour vous, et c'est encore à vous que revient au séjour céleste tout le mérite de ces supplices religieux.

Aussi n'est-il pas rare, même encore aujourd'hui, de voir les riches babous rivaliser entre eux à qui payera le plus cher les fakirs les plus courageux, ceux qui se tailladent le mieux le corps.

Il est vrai de dire que ces gens-là n'exercent plus qu'un métier, l'apprennent comme tous les métiers. Les brahmes, qui tirent de grands profits de toutes ces jongleries, enseignent à ces pauvres diables à se faire des blessures affreuses en apparence par leur étendue et le sang qu'elles répandent, mais qui sont en réalité sans danger pour leur vie, et se guérissent en quelques jours, grâce aux baumes, pommades et autres ingrédients que les prêtres leur appliquent, et il faut reconnaître qu'ils sont fort experts dans cet art.

Pendant ces fêtes, l'éléphant n'est point oublié, et, comme toujours, il joue son rôle et un rôle important; ainsi, j'ai vu de mes propres yeux, pour la grande fête de Jaggernat, l'éléphant sacré se promener sur un véritable chemin humain, pour se rendre de son koraly ou habitation sous le portique de la pagode, en partant de la statue de la déesse Kaly, déesse du sang.

Plus de deux cents fakirs se sont fait écraser ce jour-là sous les pas de l'éléphant sacré. Il fallait voir la foule dévote des assistants se précipiter pour tremper son mouchoir ou tout autre objet dans le sang de ces imbéciles fanatisés.

Plus de six cent mille individus, accourus de tous les côtés de la province, assistaient à cette fête, et l'on comprend que les cris d'enthousiasme de cette énorme foule contribuassent encore à exciter la joie des fakirs. Une chose que j'ai parfaitement pu remarquer à l'acquit du colosse qui écrasait tous ces êtres humains sur son passage, c'est qu'il ne le faisait qu'à son corps défendant, levant très haut la jambe et cherchant à écarter du pied les pauvres diables qui se pressaient sous ses pas. Vains efforts, les fakirs, exaltés par la boisson, la chaleur, l'odeur de l'encens dont l'air était rempli, arrivaient en foule pour se faire écraser.

Il n'était pas rare, à ces fêtes, de voir quelque brave Indou, accouru du fond de son village pour voir une grande cérémonie du culte, se précipiter tout à coup, pris d'une folie religieuse subite, sous les pas de l'éléphant sacré ou sous le char colossal qui partait de la statue du dieu, et se faire écraser aux yeux de sa famille ébahie, pour aller jouir plutôt au séjour de Brahma de la récompense promise aux élus.

Avant de passer à des détails plus particuliers sur l'éléphant, je désire relater encore quelques traits de mœurs généraux.

Les diverses populations de l'Indoustan sont divisées en castes, et chaque caste a des mœurs, des habitudes, des façons d'être et des vêtements différents; et les individus, chose curieuse, appartenant à des castes différentes, vivent entre eux dans la même ville, et quelquefois dans la même rue, sans jamais se mêler. Ainsi, dans toutes les villes ou villages de l'intérieur, il est facile de reconnaître les logements des différentes castes à leur forme, à leur étendue, à leur genre d'architecture, aux signes cabalistiques qui sont gravés sur les murs. Les castes plus nobles habitent toujours le côté droit de la rue; on les dit castes de main droite, et les autres sous le non de caste de main gauche, habitent le côté gauche de la rue.

Ces côtés se distinguent par leur situation d'après le lever du soleil.

C'est donc un honneur et un signe de caste dans l'Inde que de passer toujours à droite dans une rue.

Eh bien ! j'ai vu cent fois les éléphants, rentrant au village, dès qu'ils abandonnaient la rue de leurs maîtres, se diviser immédiatement en deux camps, sans que le padical conducteur ait besoin de faire un signe, un geste, le camp des éléphants de main droite et le camp des éléphants de main gauche.

Les détracteurs de l'intelligence de l'éléphant ne trouveront aucun mérite à cela.

— L'éléphant n'eût jamais fait cela de lui-même, diront-ils, si on ne le lui avait appris.

La raison est singulière; qu'on essaye donc d'apprendre cela à d'autres animaux. Est-ce que tout en ce monde n'est pas le résultat de l'hérédité et de l'éducation ? Si l'homme parle et se sert de la main droite plus usuellement que de la main gauche, par exemple, on peut faire la même réponse, donner la même explication... C'est qu'on le lui a appris.

A quoi sert de nier l'intelligence d'un animal que tous les voyageurs, tous les écrivains, tous les naturalistes, hors M. d'Orbigny, se sont plu à reconnaître.

Pendant tout le temps de mon séjour dans l'Inde, je n'ai jamais vu un éléphant perdre la mémoire d'un bienfait; il est juste de dire aussi qu'il perd difficilement le souvenir des mauvais traitements, et s'il ne se venge pas plus souvent, cela tient à sa grande douceur et à son inaltérable mansuétude.

Il y a toujours quelqu'un dans la maison, une femme, un enfant, qu'il prendra en affection singulière, et qui est capable de le calmer, même dans les moments de sa plus grande fureur.

Le plus souvent, sa haine ne revêt que des fureurs comiques, et ses actes de vengeance se bornent à des farces peu dangereuses, mais qui ne laissent pas d'avoir des côtés désagréables pour ceux qui en sont les victimes. Je ferai connaître bientôt les faits les plus curieux que j'ai pu observer sur ce sujet, et qui démontreront plus que tous les autres peut-être la nature élevée de l'intelligence de cet animal, bon à l'excès, et qui, chose singulière, possède un grand fonds de gaieté tout à fait individuel.

« Quand la bête rit, c'est qu'elle est sur le point de parler, » a dit le poète indou Touvallouver.

Il y a là une pensée profonde qui fait rêver... Le rire est en effet très caractéristique dans la nature humaine ; comparer, trouver les ridicules, traduire les impressions qu'ils nous causent d'un seul mouvement de visage... est l'acte le plus complet de l'être animé, celui du moins qu'on ne peut observer chez la brute, où cependant toutes nos passions, toutes nos facultés existent à l'état rudimentaire.

L'éléphant est gai... et il rit; il accomplit des actes plaisants, et prenant note de cela, les Indous, dans leur poétique toute pleine de lumière et d'images, disent qu'il est en train de franchir la dernière étape qui conduit de l'animalité vers l'humanité.

Mais Buffon ne semble-t-il pas avoir rendu la même idée, quand il dit :

« L'éléphant est, si nous voulons bien ne pas nous compter, l'être le plus considérable du monde. »

En prononçant ces paroles, le grand naturaliste n'avait certainement pas en vue la masse physique de l'animal, mais bien son développement intellectuel; car, sans cela, il n'eût pas été nécessaire d'établir une comparaison avec l'homme.

D'un autre côté, M. Gaidoz, que nous nous sommes déjà plu à citer, a dit :

« Il n'est pas dans la nature d'être mieux préparé à la société de l'homme que l'éléphant, et la preuve c'est que l'*espèce* n'a jamais été domestiquée. L'homme est forcé de mettre entièrement sous sa dépendance les autres animaux dont il attend des services : chevaux, bœufs, chiens, chats, parce que l'obéissance entre seulement au bout de plusieurs générations et par une hérédité non interrompue, dans le caractère des animaux. On s'en aperçoit bien quand des individus de ces espèces, retombés à l'état sauvage, traitent en ennemi l'homme qui veut les apprivoiser de nouveau. Il n'en est pas de même de l'éléphant, il n'est pas nécessaire de domestiquer l'espèce. Pris adulte, il se laisse domestiquer et devient l'ami de l'homme. »

En effet, si l'éléphant ne restait pas avec l'homme par une espèce d'alliance, née d'une extraordinaire similitude d'intelligence, quelle force humaine pourrait donc le contraindre au travail, à l'obéissance et l'empêcher de regagner un jour ou l'autre les vastes solitudes, où son enfance s'est écoulée dans l'abondance et la liberté?

L'éléphant reste avec l'homme parce qu'il aime l'homme, et il se sent si bien à sa place dans la vie civilisée qui succède à sa capture, que, n'en déplaise à M. d'Orbigny, il n'y a pas, nous l'avons déjà dit, d'exemple qu'il ait abandonné son maître.

A peine l'éléphant eut-il quitté le village, qu'il se lança au trot... (Page 356.)

Je n'ai vraiment que l'embarras du choix pour les nombreux actes témoignant d'une volonté raisonnée et d'une mémoire extraordinaire que j'ai vu accomplir librement par des éléphants, en dehors de toute éducation et de toute influence directe des cornacs.

Voici un fait qui s'est passé sous mes yeux. J'étais allé passer une quinzaine de jours chez le magistrat supérieur de la province de Kattragam, à Ceylan. Ce haut fonctionnaire possédait un superbe équipage d'éléphants de chasse, qui d'ordinaire se tenait sous les arbres six à sept fois centenaires du parc, multipliants, boababs, tamariniers flamboyants, aux fleurs rouges que l'on dirait tachées de sang. Un jour, une pluie torrentielle éclate tout à coup, une pluie de l'Inde, c'est tout dire, entremêlée d'éclats de tonnerre et d'éclairs. Au premier coup de foudre, j'aperçus les six éléphants qui étaient nonchalamment couchés dans l'herbe, se lever vivement et venir se placer au milieu d'une vaste pelouse que rien n'abritait, qui se trouvait devant la maison du maître.

Pendant plus d'une heure, les éléphants reçurent stoïquement une pluie diluvienne sur le dos, mais ne bronchèrent pas; dès que l'orage eut cessé, ils regagnèrent le parc.

Je fus d'autant plus étonné de ce fait que l'éléphant, en général, affectionne peu l'eau glacée de la pluie.

Mon hôte m'en donna l'explication. Il y a quelques années, me dit-il, un de nos éléphants de chasse fut tué sur le coup par un éclat de foudre, sous les arbres du parc; depuis ce temps-là, au premier éclair qui sillonne la nue, tout le troupeau quitte les grands arbres, ainsi que vous venez de le voir, et il n'y a pas d'autre cause à cela que la connaissance du danger qu'il a acquis : car vous pouvez amener ici plusieurs autres éléphants, j'en ai fait l'expérience plusieurs fois, les nouveaux venus ne bougent pas aux premiers signes de l'orage. Les autres les engagent alors à les suivre, par une foule de gestes et de cris appropriés, qui composent leur langage, et, au bout de quelques instants, nouveaux et anciens vont s'établir tranquillement au milieu de la pelouse.

Cela n'a rien d'étonnant, continua mon ami, les éléphants sont habitués à échanger leurs idées sur les sujets les plus divers. Je puis vous citer un fait beaucoup plus extraordinaire encore que celui que vous venez de voir.

— Je vous écoute, répondis-je, piqué par la plus vive curiosité, car tout ce qui regarde l'éléphant, m'a toujours intéressé au plus haut degré.

— J'étais, il y a quelques années, me dit-il, *assistant-juge* de la station de Ratnapoor; invité par le commandant de la station, à la chasse au jaguar, nous partîmes à dos d'éléphant, pour les jungles de Nounaperra, que traverse la rivière du Kalloo. Arrivés sur les bords de ce cours d'eau, l'éléphant, chef de l'équipage de chasse, refusa de le traverser au gué habituel, où son mabout l'avait conduit

Nous ne comprenions rien à cet acte d'insubordination, lorsque l'Indou nous dit simplement :

— Il est inutile d'insister, Singba ne passera pas en cet endroit.

— Pourquoi, fit le commandant intrigué au dernier point.

— Parce que Singba se rappelle Saïb, répondit le mabout. Il y a quatre ans, en traversant ce gué, il a été sérieusement blessé au poitrail par un pieu caché sous l'eau, et il craint que pareille mésaventure arrive une seconde fois.

Le commandant n'était pas à Ratnapoor à cette époque ; il n'avait donc pas eu connaissance du fait.

— C'est bien, fit-il à l'Indou, il est inutile de le contrarier; conduis-le un peu plus bas et laisse-le traverser à l'endroit qui lui conviendra. Quant à nous, nous allons profiter de ce gué qui nous paraît plus commode.

Pendant ce colloque, Singba avait envoyé toute une kyrielle de grognements sur les modulations les plus différentes, avec ses camarades, et, quel ne fut pas notre étonnement, lorsque nous vîmes les éléphants restés avec nous, refuser également de traverser le fleuve dans ce lieu.

Nous voulûmes voir si l'habitude de suivre leur chef était la seule cause de cette action; et, tout en suivant les berges du Kalloo, nous donnâmes l'ordre aux mabouts d'engager leurs animaux au premier endroit venu.

Les éléphants ne se firent pas prier, et traversèrent le fleuve sans s'inquiéter de Singba, que son mabout avait, par ordre du commandant, maintenu sur la rive, à deux ou trois cents mètres au-dessous de nous.

Il était, dans ces circonstances, absolument impossible d'admettre que Singba ne les avait pas prévenu, d'une manière ou d'une autre.

Voici un autre exemple de cette intelligence et surtout de cette faculté de décision personnelle, qu'il est impossible de ne pas accorder à ce merveilleux animal.

Dans les contrées désertes de l'Inde, surtout sur les côtes de Malabar, où l'on parcourt de grandes étendues de terrain sans rencontrer autre chose que la forêt, la jungle et des fauves, le service de la poste qui est obligé de traverser ces contrées, est fait par un Indou, monté sur un éléphant, afin d'être à l'abri des attaques des tigres et des maraudeurs; les animaux qui sont employés dans ce service sont choisis parmi les plus intelligents et les mieux dressés.

Pendant la grande épidémie de choléra de 1866, le conducteur d'un de ces animaux mourut en chemin, dans un petit village du nom de Chetty-Colom (lieu des marchands) : c'était sans doute une antithèse, car ce lieu comptait à peine quatre à cinq habitations, pauvres paillottes de *ramasseurs de poivre*, à moins que cela ne voulût indiquer que ce village était une halte de caravane de colporteurs.

Le Thasildar, ou chef du village, reconnaissant à la plaque qu'il portait au front que cet éléphant était au service du gouvernement, voulut lui imposer un cornac de son choix, mais l'animal refusa obstinément de le recevoir, et il entra en fureur quand on fit mine de toucher à ses sacs de dépêches.

On fut obligé de le laisser agir à sa guise ; l'animal chargea alors le cadavre de son conducteur sur ses épaules, et reprit sa marche sur Visjanagar, dont il n'était plus séparé que par une distance d'une centaine de milles : trente lieues environ. Le Thasildar qui craignait que les dépêches ne se perdissent en route, ordonna à deux bahis, ou gens de la caste des coureurs, qui se trouvaient, d'aventure, dans l'aldée, de suivre l'animal du plus près possible, sans cependant attirer son attention.

A peine l'éléphant eut-il quitté le village, qu'il se lança au trot, et arriva en douze heures à Visjanagar, avec ses sacs et le corps de son maître; il ne s'était arrêté que quelques minutes pour boire.

Les deux coureurs avaient pu le suivre, mais ils étaient sur les dents.

Ces éléphants, du service postal dans l'Inde, sont des bêtes merveilleuses, et l'on remplirait un volume, rien qu'avec les exploits et les actes d'intelligence qu'ils ont accomplis dans la mission qui leur est confiée, presque autant à eux qu'à leur cornac.

J'en ai connu un dans le Karnatic, qu'on avait vendu à la suite d'une ophtalmie qui avait paru incurable aux vétérinaires anglais. Acheté par les brahmes de la vieille et riche pagode de Chalambrum, il fut si rapidement guéri par un Indou, que son cornac fut soupçonné d'avoir entretenu les plaies de l'animal, de connivence avec les prêtres, qui désiraient avoir, à leur service, un sujet aussi distingué. Toujours est-il que cet éléphant, lorsque j'eus l'occasion de le voir, était en parfaite santé; les brahmes l'employaient à leurs quêtes; et ce n'avait été qu'un jeu pour lui de recevoir cette éducation nouvelle, et il s'en allait seul, à vingt-cinq à trente lieues à la ronde, faire sa tournée de frère-quêteur.

Il portait au front la marque de sa pagode, mettait dans un sac qu'il portait pendu à son cou tout ce qu'on lui donnait, et savait admirablement faire respecter son bien des maraudeurs.

J'ai oublié de parler du fait le plus curieux que j'ai vu, à la suite des fêtes du moharem à la cour du rajah du Maïssour, c'est une escouade d'éléphants, dressés pour l'escrime, par un maître d'armes, qui était parvenu à leur enseigner toutes les finesses de son métier.

Les intelligentes bêtes maniaient un fleuret avec une intelligence consommée, et c'était vraiment extraordinaire de les voir soutenir un assaut, soit entre elles, soit contre un des soldats anglais, de la garde du pauvre rajah, qui n'était plus, comme je l'ai déjà dit, qu'un pensionnaire britannique.

Les lutteurs ne se fendaient pas, ils allongeaient simplement la trompe, pour porter leurs coups, et la retiraient pour revenir à la parade.

Il était presque impossible, même pour l'homme le plus exercé, d'arriver à les toucher, ailleurs qu'à la trompe, et encore cela n'arrivait-il que fort rarement.

Le fleuret était à peine croisé, que la trompe s'allongeait avec la vitesse de la pensée, et que vous aviez le fer sur la poitrine.

Ces faits d'adresse sont connus de tout le monde dans l'Inde.

Voici encore un fait que j'emprunte à mes souvenirs de voyages; j'aime peu à me citer moi-même; mais il m'est bien difficile de passer sous silence, un ou deux faits, parmi les plus curieux, uniquement parce qu'ils me sont personnels; je les donne tels qu'ils me sont arrivés.

Je chassais un jour sur le versant ouest des montagnes de Kandy. A la lisière d'une épaisse forêt, deux éléphants étaient en train de botteler de ces fougères odoriférantes, dont les pêcheurs de la plage, Karawés ou Macouas, se servent pour fumer leur poisson.

L'un d'eux, en m'apercevant, interrompt tout à coup sa besogne, accourt près de moi, et me tend sa trompe, comme s'il se fût attendu à quelques friandises.

J'appelai mon domestique, qui portait quelques provisions, et je tendis à l'animal une petite galette de riz, dont ses pareils sont fort friands.

L'éléphant dédaigna mon présent, et continua à m'implorer; l'idée me vint alors de regarder l'extrémité de la trompe qu'il tendait toujours vers moi, je la pris dans mes mains, au grand contentement de l'animal, qui semblait me dire avec ses deux grandes oreilles qu'il rabattait sur sa tête avec de petits mouvements de satisfaction :

— C'est bien cela que je voulais, tu m'as compris.

J'aperçus dans l'intérieur de la trompe, à l'endroit où commençait la muqueuse, un petit point fortement tuméfié; je le pressai du doigt; l'éléphant jeta un cri de douleur; la sensibilité nerveuse du gros animal est vraiment extraordinaire. Je pris mon bistouri et incisai en croix le foyer purulent; au milieu des matières que je fis sortir par la pression, se trouvait une énorme épine de liane verte, dont la pauvre bête n'avait pu se débarrasser, et qui avait causé tout le mal.

Quand la plaie fut bien nettoyée, je la lavai avec de l'eau fraîche d'abord, puis ayant légèrement touché les parties atteintes avec le nitrate d'argent, je les saupoudrai de calamel, pour terminer le pansement.

Pendant tout ce temps, l'animal n'avait pas bougé, tenant successivement sa trompe dans toutes les positions que je lui indiquais; il avait lui-même, par sa tenue et sa complaisance, aidé le plus qu'il pouvait à l'opération.

Sur ces entrefaites, le cornac de l'animal étant survenu, je lui recommandai de le laisser deux ou trois jours sans le faire travailler, pour activer la guérison... et je continuai mon excursion... Au coucher du soleil, je regagnai mon campement, et continuai, avec ma charrette à bœufs, ma route pour la mine d'Anouradhapour, la vieille et légendaire cité des temps préhistoriques à Ceylan.

Deux ou trois mois après, je repassai dans le même village, et j'y séjournai quelque temps pour refaire mes provisions, car il y avait un petit bazar assez bien fourni de marchandises indigènes et européennes.

Le soir même de mon arrivée, comme je me promenais aux environs, à l'heure où les Padiols rappellent les éléphants à son de trompe, je vis un de ces animaux se précipiter tout à coup sur moi, et m'accabler de caresses. Je ne savais ce que cela voulait dire, lorsque mon domestique m'affirma que c'était celui que j'avais soigné dans ces parages quelque temps auparavant.

Je savais que l'éléphant ne fait rien sans motif, et je ne mis pas en doute un seul instant la perspicacité de mon Indou, mais je voulus malgré cela en avoir le cœur net, et je suivis l'animal qui tout joyeux me conduisit vers la demeure de son maître. Ce dernier était un riche négociant malabare qui s'était établi dans l'intérieur pour centraliser le poivre et le girofle, et toutes les essences dont Ceylan abonde. Je reconnus sans peine, parmi les serviteurs, le cornac à qui j'avais adressé mes recommandations.

Pendant les deux ou trois jours que je passai dans le village, l'éléphant ne voulut pas me quitter, et il témoigna sa douleur par des cris déchirants lorsqu'il me vit donner le signal du départ.

Sur la plantation d'un de mes amis au Bengale, un jour un éléphant devint subitement fou, il se précipita en fureur du côté de l'habitation, les enfants jouaient paisiblement sous la garde d'un robuste éléphant. En entendant les cris de son congénère, ce dernier comprit le danger que couraient ses petits amis, il se jeta au-devant de son compagnon qui arriva sur lui, la trompe haute, l'œil en feu, la bouche écumante.

Un combat terrible s'engagea immédiatement. Après deux heures d'une lutte acharnée, pendant laquelle personne n'osa s'approcher, — c'eût été folie du reste que de tenter d'intervenir ou d'essayer de tuer un animal qui n'est guère vulnérable que dans l'œil, — l'éléphant qui s'était dévoué, laissa son adversaire roulant sur le sol, le corps percé presque de part en part par un terrible coup de défense ; mais lui-même rentra au coraly affreusement blessé, la trompe ensanglantée, les oreilles en lambeaux, et une défense de moins qui s'était brisée comme un morceau de verre dans le premier choc.

Ce même éléphant avait été dressé pour combattre les rhinocéros, qui à de certaines époques de l'année, montent des plaines basses et marécageuses du Gange, jusqu'au confluent du Brahmapoutre, saccageant les rivières. Dans sa jeunesse, il trouvait presque chaque année, l'occasion d'exercer sa valeur, mais quand je le connus, il y avait bien trois ou quatre ans qu'il ne s'était pas mesuré avec son mortel ennemi.

D'année en année, les rhinocéros deviennent plus rares dans l'Inde. Encore un antédiluvien qui s'en va, précédant de quelques siècles seulement, dans la poussière cosmique, l'éléphant qui bientôt sera le dernier représentant des grandes espèces des âges disparus.

Le brave Soupramany, c'était le nom de l'éléphant, accompagnait partout les enfants de mon ami, dans la forêt, sur les bords du fleuve ; la petite troupe était parfois pendant des journées absentes, sans que personne s'en inquiétât de l'habitation ; il suffisait qu'on la sût sous la garde du vieil éléphant pour qu'on n'éprouvât aucune inquiétude sur son compte.

J'allais souvent rejoindre les enfants à la promenade et je revenais toujours émerveillé de l'intelligence du brave Soupramany.

Un matin, comme je cherchais l'aîné des enfants pour lui remettre un livre que je lui avais promis.

— Soupramany les a tous emmenés à la pêche, me dit leur père.

— A la pêche, fis-je avec étonnement.

— Et si vous voulez venir avec moi, continua mon ami, nous n'avons qu'à descendre pendant quelques minutes le long des berges du fleuve pour les surprendre au milieu de leurs occupations.

J'acceptai l'offre de mon ami, et nous ne tardons pas, en effet, à apercevoir sur une plage de sable qui s'avançait assez avant dans le fleuve, la petite troupe d'ordinaire si turbulente, calme et silencieuse sur le bord de l'eau.

Nous approchâmes.

Chaque enfant tenait sa ligne amorcée et tendue, regardant d'un œil anxieux le bouchon qui dansait au remous, qui à chaque instant faisait croire à une capture importante.

A côté d'eux, le vieux Soupramany, la trompe armée d'un bambou d'une longueur démesurée, muni de l'engin ordinaire, et d'un appât, immobile comme un bloc de granit, faisait patiemment sa partie dans ce concert de pêcheurs.

Comme on pense bien, je négligeai les enfants pour ne m'occuper que de l'animal, curieux de ne rien perdre de ce qui allait se passer. Mon attente ne devait pas être longue. Le préjugé religieux défendant aux Indous d'attenter à tout ce qui a vie, il s'en suit que les fleuves regorgent de poissons, comme les jungles de gibier. Nous n'étions pas arrivé depuis cinq minutes, que le flotteur de la ligne de Soupramany commenca à s'agiter. L'éléphant ne bougea pas; son petit œil ardent suivait avec convoitise tous les mouvements du bouchon sur les flots. Ce n'était pas un novice dans l'exercice de cet art si cher aux rêveurs... il attendait le bon moment.

En effet, le petit flotteur ayant fait tout à coup un brusque mouvement comme pour plonger dans l'eau, la ligne était enlevée avec toute l'adresse d'un pêcheur consommé.

A l'extrémité se balançait une de ces magnifiques tanches dorées du Gange, d'un goût si succulent, mais que les gens à préjugés dans l'Inde n'osent manger d'ordinaire comme tous les autres poissons de rivière qu'après les avoir conservés pendant plusieurs mois dans des viviers.

Les nombreux cadavres que les Indiens jettent toutes les nuits dans le Gange, inspirent pour tous les poissons de ce fleuve une répugnance que l'Européen ne parvient pas toujours à vaincre.

Lorsque l'éléphant aperçut la capture qu'il venait de faire, il poussa

Liv. 46.

L'éléphant eut tout à coup un véritable trait de génie... (Page 365.)

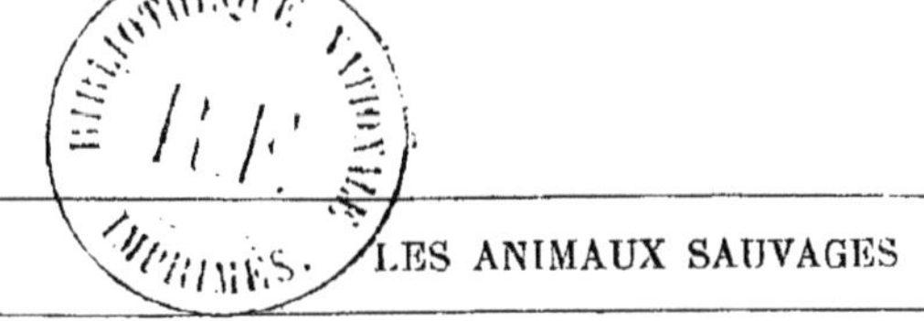




immédiatement, en signe de joie, deux de ces ronflements ourmph ! ourmph ! qui lui sont familiers et qui ont assez de rapport avec les notes graves du trombone.

Il attendait que Jems, le fils aîné de mon ami, vînt lui débarrasser sa ligne et l'amorcer de nouveau.

C'était un bambin plein de malice, et qui faisait souvent des tours à son gros et débonnaire compagnon ; il profita de notre présence pour nous faire assister à un amusant spectacle ; après avoir enlevé le poisson qu'il jeta dans une jarre pleine d'eau apportée à cet effet, il s'en fut paisiblement reprendre sa place sans mettre d'amorce à l'engin de Soupramany.

L'intelligent animal n'essaya même pas de rejeter sa ligne dans le fleuve.

Il se mit à pousser des cris d'appel à l'adresse de Jems, qu'il adoucissait le plus possible. Rien n'était singulier, comme de voir les efforts qu'il faisait pour donner de tendres accents à sa voix.

Tous les oiseaux en désertaient la feuillée.

Voyant que ses tentatives étaient inutiles, car l'enfant souriait malicieusement et ne bougeait pas, Soupramany se rendit près de lui, et avec sa trompe essaya de le pousser doucement du côté de la boîte aux appâts. Quand il vit que tout ce qu'il pouvait imaginer ne parvenait pas à attendrir son ami, il se retourna tout à coup, comme frappé d'une idée subite, et ayant pris avec sa trompe le récipient qui contenait la provision de vers et d'insectes ; il vint le déposer aux pieds de mon ami, puis se retournant il ramassa sa ligne et la tendît à son maître.

— Que veux-tu de moi, mon vieux Soupramany, lui dit ce dernier.

Aussitôt l'animal de battre du pied, et de faire entendre de nouveau ses accents les plus *mélodieux*. Voulant voir jusqu'où irait la chose, je me mis du parti de Jems, et prenant la boîte, je fis mine de m'enfuir avec.

Le châtiment ne se fit pas attendre, l'éléphant agacé, plongea sa trompe dans le fleuve, et fit jaillir sur moi, avec grands éclats de rire de la galerie, une colonne d'eau, avec la vitesse et la force d'une pompe à incendie.

Le maître l'arrêta d'un signe, et pour faire ma paix avec l'intelligente bête, j'amorçai moi-même sa ligne. Transporté de joie comme un bébé à qui on vient de restituer son jouet, Soupramany prit à peine le temps de remercier en me gratifiant d'une de ses notes les plus tendres, et il courut reprendre son poste sur la rive du fleuve.

Je livre ce fait, dont j'ai été témoin, aux naturalistes de cabinet qui voudraient faire de l'éléphant un captif peureux et stupide.

On ne peut pas dire qu'il n'y ait là qu'un simple tour d'adresse. Sans doute on avait appris à l'éléphant à tenir sa ligne, à l'enlever à l'instant où le flotteur disparaît sous l'eau; comme aux enfants de mon ami, du reste. Mais comment lui avait-on ensuite appris que la ligne n'agissait pas sur le poisson sans appât?... à l'aide de quelle éducation l'avait-on amené à réfléchir, à implorer le petit Jems pour qu'il lui amorçât son instrument... et enfin, en désespoir de cause, à s'adresser à nous, à répondre enfin à ma plaisanterie par une autre?

Il y a là une série d'associations d'idées vraiment extraordinaires... Ce n'est plus de l'instinct très rudimentaire, c'est de la conception, du raisonnement, c'est de l'intelligence développée par l'éducation. Et celle de l'homme, comment se développe-t-elle donc?

Je n'en finirais pas, si je voulais citer tous les faits qui sont à ma connaissance.

J'ai dit plus haut que les éléphants pouvaient se communiquer leurs impressions, à l'aide de gestes et d'inflexions de voix, qui sont un véritable langage; mais cela n'est pas aussi extraordinaire que cela pourrait paraître à quelques-uns.

Tous les animaux vivent entre eux en parfaite communauté d'idées: voyez la fourmi qui ne peut venir à bout d'un fardeau, et s'en va chercher du renfort à plusieurs centaines de mètres parfois de l'endroit où elle se trouve, et les castors qui ont leurs architectes, leurs entrepreneurs, leurs maçons... seulement le cercle autour duquel ils se meuvent est des plus restreints... Tandis que les éléphants peuvent échanger leurs pensées sur les sujets les plus variés. Ainsi nous avons vu qu'à l'état sauvage, nous ferions mieux de dire *à l'état libre*, ils vivaient par troupe, reconnaissaient des chefs, et avaient entre eux une série de coutumes respectées de tous, formant pour ainsi dire une sorte de législation rudimentaire; la vie civilisée et la fréquentation de l'homme, augmente encore ces merveilleuses facultés.

Il me reste à citer deux exemples, un qui prouvera d'une façon incontestable que l'éléphant possède des facultés de comparaison, de jugement de liberté d'action, que certains naturalistes ne veulent reconnaître qu'à l'homme seul, et un autre qui montrera l'éléphant sous un jour tout particulier: celui de la gaîté et de la plaisanterie. Nous en aurons fini alors avec ce merveilleux animal, pour lequel nous voudrions écrire une Odyssée.

J'allais presque toutes les années dans l'Inde, chez un de mes amis, planteur de thé dans les montagnes des Nielgueries.

Un matin, que je passais dans la cour de la maison, j'aperçus un magnifique éléphant très emprunté pour le moment.

Il était chargé de pomper de l'eau dans une auge qui servait à faire boire les chevaux et autres animaux de la plantation. Cette auge était installée à vingt-cinq ou trente centimètres du sol, sur deux troncs d'arbres. Or, il était advenu ce jour-là qu'un des troncs d'arbres vermoulus avait glissé sur le sol, ce qui fait que l'auge se trouvait dans une position qui n'avait plus rien d'horizontal : un côté appuyé sur le tronc d'arbre resté en place, et l'autre sur la terre ; de cette façon, le pauvre animal avait beau pomper, l'eau entrait par un côté et sortait par l'autre.

Quand j'arrivai près de l'éléphant, l'animal semblait réfléchir à cette situation. En me voyant, il se mit à pousser un petit grognement de satisfaction et donna deux ou trois coups de pompe, comme pour me montrer que l'auge ne tenait plus l'eau comme d'habitude.

L'intelligente bête me regardait et semblait me demander pourquoi ?

Je passais pour aller prendre mon bain habituel du matin ; mais je résolus de laisser attendre le baigneur, jusqu'à ce que j'aie vu comment l'éléphant allait se tirer de l'embarras qu'il avait lui-même remarqué, et dont il cherchait vainement l'explication.

Après avoir tourné vingt fois autour de l'auge et pompé plusieurs fois encore, pour bien constater la situation, l'éléphant eut tout à coup un véritable trait de génie : il s'approcha du côté de l'auge encore soutenue par le tronc d'arbre, la souleva avec sa trompe, et du pied fit glisser le tronc d'arbre. Il laissa alors retomber l'auge, qui cette fois étant de niveau sur le sol, put facilement être remplie.

— Mais parle donc ! ne pus-je m'empêcher de dire à l'animal en le caressant de la main... parle donc ! je ne réfléchissais pas que tous les animaux parlent, que l'éléphant a au moins cinquante inflexions différentes dans la voix, qu'il correspond avec les siens pour le langage, et que si vous ne le comprenez pas... nous ne comprenons guère non plus le langage des Boticudos de l'Amérique du Sud, qui ne prononcent que des interjections monosyllabiques.

Mon dernier exemple ne tiendra que quelques lignes. Sur la même plantation, un surveillant anglais s'était pris d'une véritable antipathie pour un éléphant du nom de Dourga, il n'était sorte de mauvais traitements qu'il ne lui fît subir quand on ne le voyait pas. L'éléphant qui était très doux, perdit cependant patience, mais ne se vengea que par des plaisanteries ; seulement dès qu'il eut commencé, on ne put plus l'arrêter. Tantôt il jetait habilement l'Anglais dans un étang, tantôt il l'inondait avec sa trompe, lui lançait du sable à la figure, ou le jetait dans un buisson de cactus. Le surveillant fut obligé de quitter la plantation. Que dire de cet animal, qui pouvant tuer son ennemi, se borne à se venger par des plaisanteries. La parole de Buffon est bien vraie. L'éléphant, si nous voulons bien ne pas nous compter, est l'être le plus considérable du monde.

---

## L'ÉLÉPHANT FOSSILE

Alcide d'Orbigny, le savant professeur de paléontologie, avait su de bonne heure m'intéresser à ces recherches curieuses qui depuis Cuvier n'ont pas cessé de se poursuivre en France : ses belles études sur l'éléphant fossile m'ont fait lui pardonner depuis longtemps ses injustes attaques contre l'éléphant vivant. Ses cours nous intéressaient autant qu'une première représentation au théâtre. C'étaient à toutes les fois de nouvelles découvertes, des résurrections surprenantes qu'il faisait passer devant nos yeux dans la magie de son langage évocateur. La longue et fantastique série des êtres disparus défilait devant nous comme une ronde macabre. Dans le silence recueilli de cette petite salle de Sorbonne, on entendait comme des passages de squelettes, des bruits d'ossements qui s'agitent. Nous étions dans une véritable vallée de Josaphat où tous les vieux morts s'éveillaient de nouveau à la lumière.

Depuis les algues primitives et les dentelles de fougère empreintes sur les feuillets de la houille jusqu'aux crânes contestés de l'homme tertiaire, tout nous était décrit, reconstitué avec une exactitude saisissante.

Un jour d'hiver, par un temps sombre, d'Orbigny nous promena à travers toutes les grandes cavernes à ossements fossiles. Il avait dans la voix des accents souterrains. Nous le suivions haletants dans sa terrible besogne de fossoyeur. Cette visite à la véritable cité des morts nous impressionnait étrangement. Un de mes amis, agréable sceptique était le seul à ne pas s'émouvoir. Il souriait comme Voltaire, tandis que nous avions des extases d'enfant. Ce brave garçon nous retirait, d'un rictus, nos plus attachantes illusions. Toujours placé à mes côtés dans le bas des gradins, il avait une manière à lui de se retourner et de fixer les enthousiastes. Il glaçait tout l'amphithéâtre et arrêtait nos applaudissements. Le professeur venait de terminer une brillante conférence sur le groupe des Proboscidiens éteints à tout jamais et enfouis dans les couches subapennines et falunières des terrains tertiaires en Europe, en Asie, en Amérique. Nous nous séparions rêveurs, et plongés encore dans l'enchantement de toutes les merveilles qu'on venait de nous dépeindre.

— Tu crois à cela? toi aussi, me dit mon ami en me prenant par le bras. Je te plains de tout mon cœur s'il m'en reste.

— Pourquoi, lui répondis-je, ne pas croire à la lumière du jour?

— Si tu prends les rêveries de nos savants pour de la lumière, je te plains doublement, mon pauvre vieux. Voyons ! redeviens sérieux ! redescends un peu ou plutôt remonte sur notre sol prosaïque. Tu trouves un fémur quelconque, un rudiment de mâchoire à quelques pieds sous terre; qu'est-ce que cela prouve? Tout au plus que notre vieille planète a été habitée depuis l'époque où elle fut habitable; que des animaux quelconques se dévoraient à sa surface tout comme aujourd'hui. Voilà tout. Quant à la prétention d'établir de toute pièce un organisme sur cet os comme fondement, je trouve cela du dernier risible. C'est comme si sur un cheveu de ma sœur je te demandais son âge, sa taille, la couleur de ses yeux et l'état de ses mœurs.

— Mais les preuves sont là tangibles, irréfutables ! Tu n'as qu'à te donner la peine d'observer.

— Qui est-ce qui me dit, par exemple, que ce Dinothérium qui te monte tant l'imagination parce qu'on lui a accolé l'épithète de giganteum, n'avait pas deux trompes au lieu d'une ou bien n'en possédait pas du tout?

— Mais la tête trouvée à Eppelsheim et qui mesurait à elle seule 1m,10 jusqu'aux condyles prouve assez que l'animal qui était porteur d'un pareil crâne ne pouvait être qu'un monstre énorme !

— Ou un monstre difforme. La nature a de ces malices, comme

nos faiseurs de caricatures. Si je te soutenais moi, au contraire, que ton Dinothérium se composait en tout d'une tête?

— Mais l'os spinal que l'on a trouvé tout auprès, qu'en fais-tu?

— Un os spinal! qui peut fort bien appartenir à n'importe qui. J'admets pour te contenter que ta bête était légitimement vertébrée; mais était-ce horizontalement ou perpendiculairement qu'elle portait ses côtes? . . . . . . . . . . . .

— De sorte que pour toi cette tête si bien étudiée par d'Orbigny, t'apparaît comme la tête de la duchesse de Lamballe au bout d'une pique?

— Garde ton imagination pour toi, je t'en prie. Je serais désolé d'être atteint de cette maladie. On est positiviste ou on ne l'est pas!

— Et c'est pourquoi tu raisonnes en véritable nihiliste.

— Il m'a beaucoup amusé le professeur lorsqu'il s'est mis à tambouriner de ses doigts de revenant sur l'occipital aplati de sa bête, en s'écriant : « Tout est là, messieurs! tout est là! Multipliez cette longueur par cinq et vous aurez les proportions précises du Dinothérium tertiaire! . . . . . . . . . . . . . . . .

« Cependant cet échantillon peut fort bien appartenir à un tambour-major de l'armée des Dinothériums. Et lorsqu'il lui a fourré le doigt dans sa large fosse nasale et qu'il nous a dit : « Une trompe était là autrefois, ce trou l'indique; les nerfs de la cinquième paire devaient passer par cet endroit! » . . . . . . . . . . . .

En vérité si tu ne m'avais averti charitablement du coude j'aurais éclaté! Toute excavation, à un certain point du crâne, suppose nécessairement une trompe! c'est au moins hasardé. Pour moi, je ne me représente pas mes ancêtres pourvus de cet appendice nasal et cependant, ils ont, tout aussi bien que le dinothérium, ce fameux trou révélateur au milieu de leur tête de mort. Et puis il y a trompe et trompe! Le tapir, le lametin ont leur trompe à eux que j'estime autant que celle des éléphants de l'Inde et de l'Afrique. Pourquoi ne pas créer ton dinothérium à l'image de ce pachyderme intéressant qui répond au joli nom de tapir? Pourquoi choisir plutôt ton type ailleurs? Rien ne t'y détermine.

— Tu oublies précisément que nos naturalistes sont partagés d'avis pour classer le crâne d'Eppelsheim.

— C'est-à-dire qu'il y a les tapiriens et les non-tapiriens; comme il y a les neptuniens et les plutoniens. Il y a toujours deux camps opposés dans la science; c'est comme au Parlement. Il y a la vérité blanche et la vérité noire.

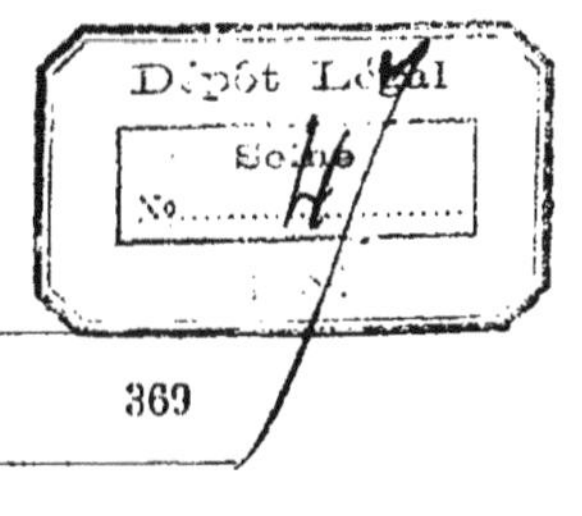

Deux petites défenses étaient là devant mes yeux. (Page 375.)

— Et puis il y a toi, qui n'admets aucune vérité.

— Voyons, ne me fais pas plus philosophe que je le suis !

— Pourquoi donc alors classes-tu les opinions des plus illustres savants au nombre de ces curiosités fossiles auxquelles tu ne reconnais aucune valeur?

— Je te ferai remarquer, mon bon ami, que je fais absolument le même cas de mes opinions personnelles. Je considère tout cela comme de simples phénomènes de mouvement cérébral. Tout dépend de l'activité et de la direction de ces énergies psychiques.

Toi qui me contredis en ce moment ; sais-tu ce que tu me prouves? tout simplement que ton cerveau fonctionne plus vite que le mien. Moi, je me plais à le retenir quand il veut m'entraîner trop loin et je m'amuse beaucoup à le voir se cabrer sous moi.

— Alors tu prends pour des contes à dormir sur les gradins, tout ce que d'Orbigny nous a rapporté des deux genres de proboscidiens perdus ? Tu ne veux pas admettre, par exemple, les trois espèces de mastodontes?

— Tu ne me comprends pas? J'admets que MM. Cuvier, Brongniart, Blainville, de Serre, Agassiz, d'Archiac, Constant Prévost, Lartet, Croizet, Owen, Lund, Deshayes, Buckland, et tous les autres ont baptisé des noms barbares de *mastodon ohioticus*, *mastodon, angustidens*, *mastodon longirostris* de vénérables débris épars, qui dans leur temps composaient des êtres bien différents peut-être de ceux qu'ils nous décrivent. J'en dis autant des trois ou quatre espèces de dinothériums qu'ils ont donné à réparer à certains artistes sculpteurs passés maîtres dans l'art des proportions.

— C'est-à-dire que pour toi, la paléontologie, cette science merveilleuse qui nous a révélé tout le passé de la planète, qui n'avait d'autres archives que ces fossiles, n'existe que dans les livres?

— Ou à peu près. La paléontologie n'est pas absolument une science d'album, d'agréables collections; non, je lui reconnais quelques fondements certains. Ainsi, toute plante et tout animal que je trouverai parfaitement et intégralement conservés soit par empreintes, soit par squelettes, auront seuls à mes yeux quelque valeur historique. S'ils ressemblent avec une exactitude parfaite aux types actuellement existants, je pourrai les ranger au nombre de nos espèces vivantes; quoiqu'il soit bien difficile d'induire sur le simple squelette de la configuration extérieure, des instincts, des capacités intellectuelles des animaux anéantis qui vivaient dans un milieu différent du nôtre. Si je ne recueille que des documents incomplets, de simples esquilles d'os, je pourrai bien m'amuser à refaire le tout selon un modèle préconçu, mais jamais, au grand jamais, je ne donnerai ces fantaisies comme des articles de science infaillible. J'aurais trop peur d'être pris au sérieux. Il y a tant de naïfs qui ne demandent qu'à croire! Je n'ai jamais aimé ces savants qui détournent à leur profit la foi que l'on accordait autrefois aux prêtres. Leur œuvre est aussi pernicieuse que l'œuvre des théologiens. Ils endorment les cerveaux de leurs contemporains dans une fausse confiance en leurs lumières insuffisantes. Un savant doit dire ceci tout simplement : tel jour j'ai fait telle expérience qui m'a conduit à ce résultat; tel autre jour j'ai travaillé dans ce sens et je suis arrivé à ce but. Mes collègues ont obtenu les mêmes chiffres. A vous de contrôler à votre tour. Lorsque votre conviction sera suffisamment établie, vous aurez comme nous une certitude, ou un doute.

— Alors tu es l'ennemi de toute vulgarisation scientifique qui ne donne au peuple que les grandes lignes et les conclusions?

— Non pas, j'admire, au contraire, ces apôtres qui font pénétrer partout les connaissances nouvelles; qui se font petits avec les petits pour les élever ensuite. Mais j'exige d'eux des connaissances approfondies, des démonstrations convaincantes.

— Quelle différence fais-tu alors entre un simple vulgarisateur et un homme de génie qui découvre des vérités?

— Toute la différence que j'établis entre eux repose sur le plus ou moins de clarté qu'ils apportent dans l'exposition des faits acquis à la science. Berthelot, Claude Bernard, s'ils parlaient comme tout le monde la langue qu'ils ont dans la bouche lorsqu'ils s'adressent à leur bottier, seraient pour moi les premiers des vulgarisateurs. J'exigerais en outre d'eux qu'ils m'intéressent un peu à leurs découvertes par un langage simple, imagé, entraînant.

— Tu rêves des romanciers de la science, quelque chose comme Jules Vernes, par exemple?

— M. Jules Vernes, avec les connaissances en plus et la fantaisie invraisemblable en moins, serait assez mon homme, je l'avoue.

— Veux-tu que je te propose quelque chose?

— Parle. Pourvu qu'il ne s'agisse pas de me faire avaler un mastodonte, un dynothérium ou un mammouth, je t'écoute, bouche bée.

— J'espère bien que tu n'as rien à objecter contre les dix espèces de mammouth? Ceux-là rentrent tout entiers dans ton système d'expérimentation tangible. Nous les avons là-haut, aux environs du pôle assez bien conservés dans leur musée de glace. Que désires-tu de plus?

— Rien, si ce n'est de les voir de mes propres yeux d'aussi près que je te vois.

— Tu croirais peut-être encore à un mirage, à un effet d'aurore boréale, à quelque jeu de la nature, comme ton ancêtre M. de Voltaire.

— Je t'assure que je suis tout disposé à me rendre aux réalités évidentes.

— Eh bien, c'est précisément ce que je voulais te proposer : te mener en face de l'évidence. Pour te guérir de ton scepticisme badin et

Après avoir ainsi raturé jusqu'à la veille de la grande excursion scientifique projetée, chacun de nous tomba d'accord sur ce tracé définitif. Nous irions d'abord déterrer les trois espèces de mastodontes tertiaires, dans les étages subapennins de la Bresse; puis nous viendrions pratiquer nos fouilles et mettre le marteau dans les faluns de Touraine, à la recherche de quelque relique ayant appartenu au dinothérium.

Enfin, notre entreprise capitale devait être dirigée dans les parages éloignés de la mer glaciale. Le mammouth nous attirait surtout. J'avais visité dans les hypogées égyptiennes des momies de rois roulées dans leurs chrysalides de bandelettes noircies; j'avais visité les antiques sépultures du Mexique et du Pérou : le souvenir de ces illustres cadavres m'apparaissait en teintes effacées, en face de la perspective, et de la possibilité de contempler la plus ancienne merveille du vieux-monde. Les pyramides, les temples indiens, les idoles du Cambodge me paraissaient petits lorsque j'entrevoyais de loin ce géant des mers polaires, pétrifié sur son piédestal de glaces mouvantes; ce témoin des périodes antédiluviennes; ce roi de la faune tertiaire et préhistorique, me faisait l'effet du Charlemagne légendaire, assis dans sa majesté défunte, sur son trône vermoulu des caveaux d'Aix-la-Chapelle.

Je songeai à l'immense satisfaction que je goûterais en faisant à mon ami, l'incrédule, les honneurs de mon mammouth, en lui décrivant, sur une banquise, les mœurs de cet *elephas primigenius*, auquel il ne croyait pas. Nous n'étions pas limité pour la durée de notre expédition. Libres tous les deux, nous pouvions, mon ami et moi, consacrer toute notre vie, s'il le fallait, à collectionner sur place des fossiles intéressants. Nous partîmes, armés en géologues. Jamais il ne m'était arrivé d'entreprendre une chasse aussi pacifique, où le fusil était remplacé par le marteau-pioche; la poudre et les balles par des éprouvettes chimiques; et la carnassière par la besace de grosse toile imperméable.

Deux raisons m'avaient déterminé à choisir la Bresse et la Touraine. C'est d'abord parce qu'on ne trouve plus guère que là le gros gibier que nous poursuivions, et surtout parce que je possédais, dans ces deux pays, deux véritables amis passionnés de géologie, fins dénicheurs de fossiles, qui pourraient nous rendre de grands services, en dirigeant nos recherches. Je ne sais rien, en effet, de plus décourageant pour un amateur de paléontologie que de perdre son temps en coups de marteau inutiles dans une roche qui ne recèle ni ossements, ni railleur, en même temps pour agrémenter de quelque intérêt nos études scientifiques, je te soumets cette unique proposition : Te sens-tu le courage d'entreprendre avec moi au printemps prochain une vaste course géologique à travers l'Europe? je m'engage à te convertir tout simplement.

— C'est un pèlerinage aux lieux saints que tu désires me faire entreprendre? J'y consens volontiers. Nous irons boire la science à ses sources, comme dirait le poète. J'y consens bien volontiers, mon cher ami. Ce sera pour moi un double plaisir pour le cœur et pour l'esprit. Quand partons-nous?

— Cela demande quelque réflexion et une certaine avance de fonds.

— Apprends-donc, mon cher mentor, que je mets à ta disposition tout ce que je possède. Il y a longtemps que je me creuse la tête pour fonder quelque chose d'utile à la science. Ces bons bourgeois qui lèguent leur fortune après leur mort pour créer un hôpital ou un prix à l'Institut, m'ont toujours produit l'effet de certains vertébrés qui ne sont utiles à l'homme que lorsqu'on les a tués. Profitons autant que possible du bien que nous essayons de faire aux autres. Employons s'il le faut deux années de notre vie à parcourir les régions célèbres où le hasard a fait sortir de terre ces témoins des âges géologiques; observons avec attention, photographions tout ce qui paraîtra digne d'intérêt et puis revenons dire à nos bons savants : Voici ce qui est, j'y ai été!

Il fut convenu, entre mon ami Alfred et moi, que nous commencerions nos courses géologiques par ordre et méthode.

Je rédigeai un itinéraire précis, qui avait l'avantage de ménager notre temps et de nous conduire, avec quelque chance de succès, sur les terrains où les mastodontes, les dinothériums et les mammouths fossiles avaient dû vivre il y a un ou deux millions d'années.

On employa les quelques mois qui restaient, à faire une infinité de préparatifs. Cela nous occupait délicieusement. Les personnes qui ont, comme moi, beaucoup voyagé, doivent savoir les joies que l'on goûte à tout disposer pour le départ. Ces jouissances, par anticipation, dépassent bien souvent celles que vous procure la réalité par la suite. Un homme qui se dispose à faire le tour du monde, par exemple, fait en chambre son voyage plusieurs fois avant d'avoir mis le pied en wagon ou en paquebot. Et cet exercice d'imagination, exempt de toute fatigue, a beaucoup de charme. Nous nous réunissions chaque soir, mon ami et moi, pour discuter, élaborer et arrêter définitivement notre plan de campagne; et, chaque soir, on modifiait quelque chose.

empreintes. Le géologue comme le chasseur ne supporte pas volontiers de revenir à la maison léger de bagage. S'il aime les hasards des découvertes, il ne dédaigne pas les bons endroits où il est sûr de récolter quelque chose.

Mon ami de Bourg, percepteur en retraite, membre correspondant de la Société de géologie de Paris, secrétaire de l'institut archéologique de l'Ain, nous reçut avec enthousiasme par une belle matinée de printemps.

— Mon vieil ami, lui dis-je, nous venons tout simplement dévaliser la contrée et ravir le dernier mammouth qui reste aux environs. Voilà monsieur qui ne croit pas aux squelettes antédiluviens, tels qu'on les conserve au Jardin des Plantes, et qui tiendrait assez à déterrer lui-même une belle pièce authentique, ayant appartenu jadis à l'éléphant subapennin. Peux-tu nous procurer ce plaisir ?

— Rien ne me sera plus facile. Je fouille en ce moment une tranchée très riche en débris fossiles, où je trouve des matériaux précieux, pour compléter la reconstitution de mon mastodonte *angustideus*. Venez le voir. Il est déjà fort avancé.

Mon ami nous conduisit dans son cabinet. Sous des vitrines des collections de fossiles, des échantillons de minéralogie étaient méthodiquement étiquetés. Au centre de la pièce s'élevait, sur un vaste volet de bois, une carcasse gigantesque.

— Le voilà ! nous dit notre hôte, avec un profond sentiment de religion, et en découvrant son squelette comme un tabernacle. Depuis dix ans je travaille à ce grand œuvre !

— Vous êtes sculpteur animalier, monsieur, interrompit Alfred avec une pointe d'ironie?

— Vous pouvez toucher, monsieur, ma bête n'est pas en carton, je vous assure. Ces quatre membres robustes qui soutiennent ce grand corps, je les ai trouvés auprès de Pont-d'Ain, dans une excavation du Mont-Olivier, à 750 mètres du Surand. Ils étaient empâtés avec d'autres fragments d'os, dans une boue durcie, calcaire et gypseuse. Vous ne saurez jamais la joie que j'éprouvai lorsque je parvins à détacher, avec mille précautions, ces splendides reliques. Ces quatre piliers avaient conservé, dans la terre, leur écartement normal. Un affaissement du sol avait pulvérisé le reste des ossements. Je retrouvai des débris de vertèbres, de grandes et petites côtes, des osselets de phalanges, un peu plus bas, dans une déclivité. Une érosion postérieure a dû les entraîner à cet endroit. Je pris des mesures exactes entre les membres, je recueillis quelques paniers d'os et je recomposai le tout tel que vous le voyez. Il me manquait la tête et les cinq vertèbres du cou. Je désespérais de les trouver. Tous les jours je me rendais à Pont-d'Ain, par l'express, pour rechercher ces pièces importantes. Que de fois je suis revenu épuisé de fatigue et les mains vides. J'avais le feu sacré du collectionneur. Rien ne m'arrêtait. Songez donc! élever un monument qui s'appelle le mastodonte, et se voir arrêté avant de couronner son œuvre par quelques matériaux qui vous manquent! Cette pensée troublait mon existence. J'abandonnai ma carrière de Pont-d'Ain et je m'en vins ailleurs continuer mes fouilles. Dans la tranchée du chemin de fer de la Vavrette, en pleine forêt de Seillon, je découvris une sorte de caverne qui promettait des trésors. Nous autres, dépisteurs de vieilleries, nous avons un flair infaillible. Je m'installai dans mon nouveau chantier, et, après quelques journées de travaux de déblai, ma pioche résonna sur un corps dur. Je déposai aussitôt mon instrument et je me mis à creuser avec mes mains. Deux petites défenses, droites, du plus bel ivoire, étaient là devant mes yeux! Je crois que je serais tombé à genoux de reconnaissance. Évidemment, la mâchoire et toute la tête devaient suivre. Hélas! je fus encore déçu dans mes espérances. Je ne possédais que les défenses caduques, les défenses de lait, que les jeunes perdent à l'adolescence. Chose remarquable, ces deux petites défenses étaient adaptées à la mâchoire inférieure et remplacées, quand elles tombaient, par deux autres au maxillaire supérieur. Ce fait m'a fait beaucoup penser depuis. J'avais comme la transition entre les trois grandes espèces de Proboscidiens; et je pouvais affirmer que le dinothérium, dont les défenses sont inférieures, avait laissé au mastodonte jeune cette marque d'origine. J'envoyai à ce sujet un mémoire à Paris. Mes conclusions furent adoptées.

— De sorte que, pour vous, le dinothérium est plus ancien que le mastodonte?

— Cela ne fait aucun doute. D'abord, il est fort rare de rencontrer le mastodonte dans la molasse falunienne : on ne le trouve guère que dans le terrain subapennin supérieur; tandis qu'au contraire, le dinothérium fossile caractérise les agglomérations de faluns. Mais ce qui résout la question d'une manière péremptoire, c'est précisément ma découverte. Les petits mastodontes sont pourvus de deux défenses inférieures, comme le dinothérium : ce qui prouve leur descendance évidente. Cet atavisme n'est pas niable.

— Quelle jolie chose que la science ! s'écria notre ami Alfred. Qui vous dit que ces crochets portés par en bas n'ont pas, au contraire, donné naissance peu à peu, par voie de sélection, aux crochets inférieurs des dinothériums ? Bref, revenons plutôt à votre construction, à votre mastodonte sur le chantier, fait de pièces et de morceaux. *Disjecta membra !* Ce jeu de patience m'intéresse beaucoup. J'y prends un plaisir extrême, comme au récit de Peau-d'Ane.

— Eh bien ! voici le raisonnement fort simple que je me suis fait : puisque cette vallée du Seillon nourrissait autrefois de jeunes mastodontes, j'ai quelque chance de retrouver les père et mère de mon rejeton. Ils doivent être quelque part, dans le voisinage. Cherchons. Et je me suis mis à l'œuvre avec une nouvelle ardeur.

— Vous n'avez encore rien vu ?

— Rien.

— Peut-être qu'à trois serons-nous plus heureux. Combien mesure en hauteur et en largeur ce superbe animal ?

— Lisez ! Ses proportions sont écrites sur ce socle.

— Cela me rappelle les vieilles habitudes de mon grand-père. A chaque pouce que je prenais, au temps où je grandissais encore, il tenait absolument à le marquer d'un trait sur le mur. Seulement votre mastodonte est à tout jamais arrêté dans sa croissance. A moins, cependant, que vous ne lui découvriez encore quelques nouveaux talons, ou une rallonge au tibia !

— Impossible, cher monsieur ; son squelette est complet, dans toutes les parties que je possède : 224 os ! pas un de plus, pas un de moins. S'il m'en revenait encore, je ne saurais quelle place leur assigner. Mon mastodonte pouvait avoir 3m,50 sur les pieds de devant et 3 mètres seulement sur les jambes de derrière. Cela lui donnait une croupe fuyante assez semblable à celle de la girafe. Et cela s'explique fort bien, quand l'on songe que l'éléphant tertiaire était obligé de prendre sa nourriture aux branches élevées des arbres. Il paraissait hissé sur un escabot. La flore tertiaire, plus vigoureuse que la nôtre, et au sein de laquelle le mastodonte se promenait en maître comme un souverain dans son domaine, l'obligeait à cette surélévation de taille. Sur ce promontoire, il dominait ses ennemis et ses sujets les halmaturos didelphiens, le leptotherium, le mericotherium, le dremotherium, le sivatherium à la tête armée de cornes et munie d'une trompe comme le mastodonte : ces ruminants gigantesques, ces bovidés, contemporains du mastodonte, lui disputaient souvent ses

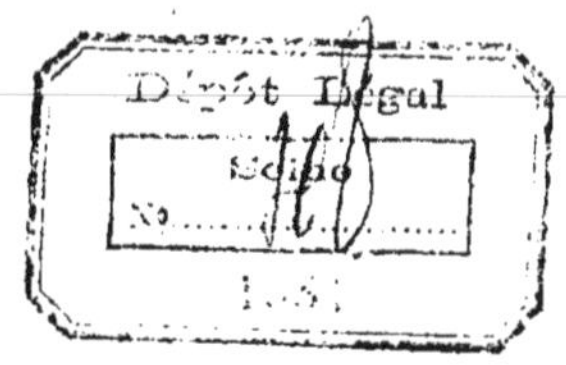

La proposition fut adoptée et l'on se mit à dévorer. (Page 381.)

prairies et ses forêts. Représentez-vous, messieurs, sous les épais ombrages, aux bords des fleuves larges comme des bras de mer, autour des marécages saumâtres de cette époque grandiose, notre mastodonte environné de sa cour d'animaux presque aussi puissants que lui. Il y avait là le camelopardalis, girafe immense, le cervus megaceros, le lama, le chameau, l'hippotherium à quatre doigts, l'anthrocoterium avec ses vingt-huit molaires, le lophiodon, assez semblable au tapir, le palactherium, cheval à trompe, l'anoplotherium, qui tenait du rhinocéros, du cheval, du cochon, de l'hippopotame et du chameau, le chœropotamus, l'hyracotherium, le toxodon, le cheval, le tapir, le pecari, l'hippopotame, le grand rhinocéros. A côté de ces pachydermes, on voyait des édentés, comme le glossotherium des pampas, le macrotherium, le chlamydotherium, l'hoplophorus, le pachytherum, l'euryodon, le xenurus, le glyptodon ou tatou gigantesque, avec la cuirasse en mosaïque; des tardigrades énormes, comme le megatherium, dont la queue comptait quinze vertèbres et lui servait d'appui, le megalonyx, le mylodon, le scelidotherium, le platyonyx, le cœlodon, le sphénodon; des rongeurs, comme le trogontherium ou castor énorme, le steveofilar, le palceomyx, le chaldomys, l'archœomys, le dasyprocta, l'échings, qui ne se rencontrent plus que dans le Sud-Amérique. Joignez, à cette nomenclature, les carnassiers, l'hyène des cavernes, les chiens, les tigres, les lions, l'hyœnodon, le machairodus, l'amyxodon, l'ours au front bombé, l'amphiaretos, l'agnotherium, l'amphicyon, le tœnotherium.

— De grâce, respirez un peu. Ces noms barbares doivent vous écraser la mémoire.

— Leur forme extraordinaire me plaît, au contraire, comme celle des animaux mystérieux qu'ils représentent. L'imagination est frappée de ces consonnances sourdes, comme notre vue le serait des masses imposantes de tous ces êtres disparus. Mais, je vous demande pardon, messieurs, de tout cet étalage scientifique. Je n'ai jamais de si grand bonheur que lorsque je puis m'entretenir de mes chers défunts, avec de bons amis, tels que vous, qui partagent un peu mon engouement pour les choses d'avant le déluge. Dans mes soirées d'hiver, j'aime à évoquer, au coin de mon feu, tous ces colosses de l'antique création. Je les vois se mouvoir de leur allure lourde et méditative au milieu de la végétation tropicale qui recouvrait alors nos froides contrées de la Bresse et du Bugey; j'assiste à leurs ébats terribles, à leurs joutes sanglantes, à leurs amours formidables. J'aime à me les représenter sur cette terre, vierge encore de la présence de l'homme, se disputant la prééminence et s'entretuant, afin d'avoir plus de place au soleil.

Mon mastodonte m'apparaît alors comme un géant altier, par-dessus toutes ces têtes fantastiques; il les domine comme un dieu. Je vous assure que les spectacles que je me donne ainsi à moi-même, porte close et les yeux fermés, me procurent plus de plaisir, au fond de ce pays perdu, que tout ce qu'on peut vous représenter sur vos théâtres de Paris!

— Mais vous êtes le dernier des sages de la Grèce, mon cher monsieur! je vous admire et je vous félicite. Je comprends que vous trouviez des charmes à vivre ainsi, loin des hommes, dans votre jardin d'acclimatation rétrospectif. La Bresse tertiaire vous console de la Bresse actuelle, qui me paraît assez dépourvue d'attraits.

— Détrompez-vous encore, cher monsieur; je me propose de vous conduire, pas plus tard que demain, en de certains endroits qui valent bien les paysages préhistoriques. Notre petite Reyssouse jouit de certaines rives, qui ne sont pas sans agrément. Vous m'en direz des nouvelles.

Nous partions le jour suivant, de bon matin, à la recherche d'une toison d'or, qui s'appelait un crâne de mastodonte. Moi, j'avais la foi. Alfred disait, peut-être. Notre ami, le Bressan, possédait ensemble sur ce point les trois vertus théologales. Nous étions accompagnés du jardinier de la maison, vigoureux gaillard, qui maniait la pioche dans la perfection. Nos cœurs battaient comme à l'approche d'un rendez-vous. Arrivés à la tranchée, chacun se plaça à son poste. Nous étions dans un ravin profond, creusé par les eaux et la fonte des neiges. De gros arbres de la forêt du Seillon entraient leurs racines dans les terres meubles du talus.

Le terrain de mollasse sur lequel nous travaillions était de formation gypseuse. Par-dessus, en stratifications discordantes était disposé notre terrain subapennin dans lequel devait être enfoui notre trésor. Nous avions affaire à un dépôt lacuste admirablement étagé. Les lits alternatifs de galets, de sable et d'argile à lignite grossière étaient superposés dans un ordre assez symétrique. On voyait bien que les eaux de marais qui avaient séjourné longtemps dans cet endroit, n'avaient pas été troublées tandis qu'elles déposaient leur résidu limoneux sur les dépouilles des rhinocéros, des hippopotames, des ours, des loups, des hyènes et des mastodontes. Après avoir travaillé plus de quatre heures en véritables terrassiers nous n'avions encore recueilli que quelques coquillages insignifiants de Pleuromata rotata, de Baccinum prisuraticum, de voluta Lamberti; ainsi que des troncs et des branchages de bois fossile. Nous commencions à devenir le jouet des plaisanteries de l'ami Alfred. Il prétendait que peut-être, après avoir remué toute la plaine de la Bresse, nous finirions par découvrir un coprolithe quelconque qui nous remplacerait avantageusement la tête des mastodontes et au moyen duquel il nous serait facile de la reconstituer.

— Suivez mon raisonnement, disait-il, d'après la forme de l'excrément en question nous aurons la capacité intestinale et abdominale de la bête et nous induirons le volume de l'encéphale. D'après la nature des éléments de cette précieuse relique, nous recomposerons une mâchoire carnivore, ou frugivore, ou herbivore. Quant à moi, mes amis, je ne chasse plus que le coprolithe. Je vous abandonne l'autre extrémité de la bête. Ouvrons des paris à qui arrivera premier?

— Le coprolithe du mastodonte ne serait pas tant que cela à dédaigner, cher monsieur.

— Si je le trouve, je le fais encadrer comme le pain du siège. A moins que vous n'y teniez absolument pour donner un peu de couleur locale à votre mastodonte! Cela ferait bien entre les jambes de l'animal; tiens, un trou!

— Un trou! s'écria transporté et comme hors de lui notre ami, c'est la caverne! nous sommes sauvés. Ne touchez plus à rien.

— Vous craignez qu'il ne se sauve? jardinier, faites bonne garde à l'entrée de ce repaire et nous allons déjeuner. J'éprouve un appétit de casseur de pierres...

Nous nous approchâmes d'Alfred et nous vîmes en effet une sorte de voûte comblée de terre noire argileuse empâtant une infinité de choses. Le membre de la société de géologie de France et de Bourg tremblait d'émotion.

— Et dire que tout mon bonheur repose peut-être dans cette brèche d'ossements! Allons à la besogne! Encore un peu de courage et nos efforts vont être récompensés.

— Pardon! interrompit Alfred, je revendique la propriété exclusive de cette caverne. J'y plante mon pavillon, au besoin j'y accolle les scellés et je défends qu'on l'ouvre avant que l'on ait entamé le pâté de volaille qui nous attend là-bas au fond de mon sac. Allons boire à la santé du mastodonte qui repose depuis un million d'années au moins sous cette terre fortunée.

La proposition fut adoptée et l'on se mit à dévorer, l'espérance au cœur. Ce repas champêtre pris sur l'herbe à deux pas de notre trouvaille fut trouvé des plus délicieux. Alfred s'amusait malicieusement à le prolonger pour faire languir l'impatience de notre brave ami.

— Qui sait, nous disait-il, en place d'une carcasse de proboscidien nous allons peut-être découvrir l'homme-singe! Ce serait assez curieux et cela nous rendrait plus illustres que l'obscure découverte d'une mâchoire. L'homme tertiaire! à la bonne heure, voilà qui est digne de toutes nos recherches. C'est Littré qui ferait enrager Veuillot si nous lui apportions ce crâne-là dans un mouchoir! Ce bon théologien serait encore capable de s'en réjouir et de prendre cela pour la tête d'Adam, velu, prognate, bégayant à peine, déjà malin comme un singe, notre ancêtre devait avoir une singulière figure. Pour que l'Éternel consentît à converser avec lui, il ne devait pas être difficile. Croyez-vous que nos premiers parents aient connu le mastodonte?

— Ce serait fort possible. Le quadrumane appelé protopithien et trouvé par Lund qui était le contemporain évident de toutes les espèces tertiaires, doit avoir quelque degré de parenté avec l'homme simien. Rien ne s'oppose à ce que l'homme ait pu vivre dans un milieu qui suffisait aux autres vertébrés. Je crois même que la révolution quaternaire a été le coefficient le plus énergique de sa transformation. Après être demeuré des siècles à chercher ses voies en compagnie de la faune exubérante dont je vous parlais hier, l'homme, de progrès en progrès, s'acclimatant à toutes les transformations géologiques est parvenu à fixer sa supériorité par un développement cérébral continu et par l'acquisition d'un langage commun.

— C'est également l'opinion de notre ami le savant abbé Bourgeois auquel nous nous proposons de rendre bientôt une petite visite dans sa retraite studieuse de Pontlevoy en Touraine. L'abbé Bourgeois est l'apôtre de l'homme tertiaire; un apôtre convaincu qui a mis sa main dans le trou de l'arcade sourcilière de son crâne préadamique.

— Est-ce qu'il soutient aussi la descendance par évolution successive?

— Au fond il est de cet avis.

— Et il n'est pas encore excommunié!

On se remit au travail avec acharnement. Jusqu'au soir nos fouilles demeurèrent sans grand résultat. Le découragement commençait à nous gagner.

— Décidément, fit Alfred, notre mastodonte a dû gagner un autre terrier ni plus ni moins qu'un petit lapin. C'est désespérant. Si nous lui coupions la retraite? Et ce rieur incorrigible quittant sa place se mit à attaquer la caverne par le haut. — Il était à dix mètres au-dessus de nous. Tandis que nous dégagions lentement l'intérieur de l'excavation souterraine, passant au tamis chaque pelle de terre comme si elle dut contenir des pépites d'or ; lui entrait résolument dans la grotte à grands coups de pioche. Il avait entièrement défoncé la voûte. Nous pouvions travailler maintenant à ciel ouvert. Mais le soleil baissait et il ne nous restait plus qu'une heure de jour. On redoubla d'efforts et de courage afin de déterrer quelque chose avant la nuit. Il nous coûtait beaucoup de rentrer à la maison sans un fossile de valeur et d'abandonner notre caverne avant de l'avoir entièrement épuisée.

— Voilà toujours un bel os, s'écria tout à coup Alfred! si ce n'est pas la tête du mastodonte ce doit en être au moins une bonne partie. Il retira avec beaucoup de précaution une énorme mâchoire enveloppée d'un masticage de terre noirâtre. Nous accourions autour de lui. La bienheureuse trouvaille fut déposée religieusement comme une sainte relique sur de la mousse. Notre ami, les mains jointes, tombait en extase. — C'est le maxillaire supérieur, s'exclamait-il ! Il est en entier! le maxillaire d'un adulte ! O bonheur !

— Ce maxillaire est le plus beau jour de votre vie!!! Heureux homme qui se passionne pour une mâchoire, disait Alfred. Voyons, ce n'est pas tout. Ce fragment de tête n'a pu venir ici tout seul; il doit y avoir autre chose. Pendant que nous passions à la loupe les plus petits détails de notre découverte, Alfred se remettait à l'ouvrage. Descendu dans le trou jusqu'à mi-jambes il piochait ferme. Il s'arrêtait après chaque coup qu'il donnait pour s'assurer du résultat et inspecter les débris éboulés. Malgré son scepticisme apparent, il était fier et heureux d'avoir mis la main lui-même sur le mastodonte tertiaire et il brûlait maintenant d'impatience de tout avoir. Il aurait voulu posséder la bête tout entière, la voir là collée dans cette muraille et la cueillir morceau par morceau. Décidément la passion du géologue commençait à exercer ses ravages dans le cœur de notre pauvre ami. Sa conversion s'accentuait de plus en plus.

— Aux innocents les mains pleines ! s'écria-t-il de nouveau. Tenez, voyez ce que c'est. Ce bloc est passablement lourd. Il déposa sur l'herbe près de nous une sorte d'agglomérat argileux. Épluchez-moi cela ! dit-il, moi je continue ma veine.

Après avoir dégagé l'empâtement avec nos couteaux, nous vîmes apparaître un crâne énorme admirablement conservé.

— Que vous manque-t-il encore? cinq vertèbres? les voilà!

— Vous me comblez, cher monsieur, en vérité!

Alfred, les mains et les vêtements couverts de terre, était rayonnant. Debout devant nous il contemplait en silence cette tête puissante jaunie par le temps et l'humidité du sol, cette tête qui mesurait 1 mètre de longueur et 0 mèt. 75 de hauteur. Les défenses avaient été détruites; mais leur point d'attache existait à la mâchoire supérieure. Elles n'étaient pas plus grosses que celles de nos éléphants actuels.

— C'est singulier, observa Alfred, avez-vous remarqué ses dents? Elles ne ressemblent guère aux molaires aplaties et râpées de nos éléphants d'Afrique ou de l'Inde. Ces molaires mamelonnées, coniques, rangées deux par deux au nombre de douze de chaque côté, sembleraient indiquer chez le mastodonte des mœurs particulières.

— C'est à quoi je pensais. Je rapprochais cette mâchoire des éminences pointues que l'on trouve aux molaires du Lophiodon et je ne pouvais m'empêcher de conclure à l'analogie sinon à la ressemblance complète de la tête du mastodonte avec la tête du tapir. Ces molaires tuberculées différencient seules les mastodontes subapennins des éléphants contemporains. Pour tout le reste ces deux animaux pourraient être confondus.

— Quelles conséquences tirez-vous de cette conformation des molaires? Supposez-vous aux mastodontes des habitudes carnassières?

— Aucunement. Je crois seulement que les herbages tertiaires, les roseaux à sucre étant plus durs à broyer, ces molaires incisives étaient de toute nécessité pour cette époque. Du reste, sciez par la pensée ces petites incisives coniques et il vous restera cette espèce de meule plane qui caractérise aujourd'hui la mâchoire de nos éléphants. Je crois donc que ces excroissances tuberculées se sont usées peu à peu suivant l'usage et les besoins, qu'elles ont fini par n'être plus que les lignes rudimentaires que l'on observe sur les molaires actuelles de l'éléphant.

— Comment expliquez-vous cette soudure de douze canines en une seule molaire?

— Ceci est plus difficile. Il faudrait, je crois, pour résoudre cette question remonter à l'époque antérieure des grands sauriens. Il n'est pas douteux que cette mâchoire nous rappelle les lignes générales des crocs de l'ichthyosaurus. L'hérédité!

Le transformisme par adaptation! n'oublions jamais ces grands principes. Ils expliquent tout. Ainsi voilà des dents de carnassier qui,

Ce colosse nous écrasait de toute la hauteur de sa taille. (Page 388.)

rapprochées l'une de l'autre, soudées, doublées deviennent une molaire excessivement puissante pour broyer des végétaux. La nature avec des moyens simples produit des effets d'une variété infinie. C'est la géologie qui a transformé à notre époque la science, la religion, la philosophie; c'est elle, qui nous a dévoilé l'origine de l'homme, la succession graduée des espèces; elle qui nous a donné notre vraie place dans l'univers et qui indique au progrès humain comme terme fatal l'inhabitabilité future de notre planète. Que le cerveau de l'homme se façonne, se perfectionne tant qu'il pourra; une limite lui est assignée: le refroidissement graduel ou plutôt le dessèchement de la terre.

Un jour viendra où notre globe roulera dans les espaces comme un cadavre d'astre. Il se dégagera lentement et ses parties désassociées flottant dans l'infini, s'en iront au hasard se grouper dans quelque coin du firmament en un monde nouveau. Cette circulation incessante de la matière nous est révélée par la géologie, messieurs.

— Buvons donc alors à la révélation nouvelle et arrosons dignement ces vieux os de mastodonte qui doivent refleurir dans quelques millions de siècles. Je vous avouerai cependant que je crois peu à la science et moins encore à la poésie de la science que vous nous faites entrevoir.

— Jeune homme, s'écria notre ami de Bourg en Bresse d'une voix de pontife, ne fermez pas volontairement les yeux à la lumière. Ouvrez votre cœur et votre intelligence à la vérité. Vous sentirez alors une grande paix inonder votre âme. Depuis quarante ans que je me livre aux recherches scientifiques je me sens délivré d'un double fardeau ; celui du doute et celui de la crédulité dévote. Ma raison entrevoit certaines lueurs consolantes qui suffisent à la tranquillité de ma vie.

Ce sage de province nous charmait par la hauteur sereine de ses pensées. Nous l'écoutions dans le recueillement. Le crépuscule nous environnait de ses ombres naissantes. Il fallut quitter ces beaux lieux où nous avions vécu une agréable journée. Mon ami Alfred était enchanté de son excursion et de ses heureux résultats. Il s'en revint croyant au mastodonte.

Le lendemain notre homme nous conduisait voir l'église de Brou, monument moins ancien que le grand éléphant tertiaire mais d'une structure non moins imposante. Après avoir creusé la terre, c'était un repos que de relever la tête vers ces voûtes aériennes. *Os homini sublime dedit!...* Quelques heures après nous reprenions le cours de notre voyage par Nevers jusqu'à Tours. Mon ami le sceptique avait pris goût à ces promenades intéressantes. En route il ne détachait pas les yeux de la portière et étudiait à vol d'oiseau les différentes couches de terrain qui se succédaient à toute vapeur. Ces courses géologiques en train rapide égayées d'à-propos amusants nous firent passer des heures délicieuses. C'est un mode de voyage rapide et peu fatigant que nous recommandons à toutes les personnes désireuses de s'instruire vite.

L'abbé Bourgeois, que j'avais prévenu de notre arrivée, nous attendait. Il avait eu le temps de faire un bout de toilette à ses superbes collections, les plus riches du monde en raretés paléontologiques. Il nous attendait donc le plumeau à la main.

— Mon cher abbé, lui dis-je en entrant, je vous amène un néophyte pour que vous acheviez sa conversion qui du reste est en excellente voie. Il croit déjà au mastodonte parce qu'il l'a vu, touché et exhumé. Découvrez-lui les derniers mystères du dinotherium et il ne criera plus à l'imposture, à la jonglerie ou à l'hallucination de nos savants maîtres.

L'abbé sourit avec bonhomie.

— Vous m'embarrassez étrangement, messieurs, et vous avez tout l'air de me prendre pour un montreur de bêtes. Si je vous disais que mes animaux ne sont pas visibles.

— Qu'à cela ne tienne, nous assisterons à leur repas dans l'intérieur. Ils ne mordent pas?

— La curiosité quelquefois. L'autre dimanche, il m'est venu de bons bourgeois de Tours, qui n'étaient pas absolument rassurés dans ma galerie. Une dame dit à son mari que toutes ces têtes de morts lui donnaient la migraine. Il fallut la sortir.

— Vous possédez des dinotheriums ?

— De plusieurs échantillons, mais je ne les ai pas tous au complet. *Rara avis subterris.* On ne s'imagine pas ce que coûte de soins et de peine, je ne dirai pas le long enfantement de la grandeur romaine, mais la simple édification d'un monstre aussi complexe que celui-là. Songez qu'on ne le trouve que dans des terrains friables qui n'ont rien de compacte ; que cet animal, qui paraît être l'ancêtre de tous les proboscidiens, s'est cantonné dans des districts assez restreints et qu'il faut porter sur soi de la corde de pendu pour le rencontrer. C'est en ne le cherchant pas que j'ai eu la bonne fortune de le découvrir. Je travaillais avec mes élèves de Pontlevoy, à défoncer les falunières du plateau de Sainte-Maure pour compléter mes études sur l'homme tertiaire, lorsque je tombai sur les restes d'un magnifique dinotherium. Je le fis monter...

— En épingle de cravate ?

— C'était peu pratique. Je me contentai d'en composer un sujet anatomique pour mon petit musée. Venez le voir ; il vous attend dans ses ossements blanchis.

— Vous ne nous encouragez pas à continuer vos perquisitions dans les faluns d'entre l'Indre et la Vienne : Nous venions cependant dans cette intention.

— Je vous le répète, avez-vous la baguette de coudrier qui indique les trésors enfouis? êtes-vous sûrs de vivre cent ans? d'avoir la patience et les ongles d'un terrier ? J'en doute. N'allez donc pas à Loches ni à Chinon. Puisque la montagne est venue à Mahomet ; ne vous donnez pas la peine d'aller à la montagne. Elle est ici dans toute sa masse écrasante.

M. l'abbé nous introduisit avec beaucoup de grâce dans son cabinet d'histoire naturelle. Là, au milieu d'oiseaux et de quadrupèdes empaillés, il nous fut donné de contempler à loisir le plus gigantesque animal que la terre ait porté.

Ce colosse nous écrasait de toute la hauteur de sa taille. Nous atteignions à peine à la rotule de ses genoux.

— Ces proportions vous étonnent, nous dit l'abbé Bourgeois, et cependant mon dinotherium est un peu inférieur à celui d'Eppelshein, puisque sa tête ne mesure que $0^m,95$ au lieu de $1^m,10$. L'endroit où je l'ai découvert est un petit bois voisin de l'Indre, au confluent de la Vienne. Une carrière de mollasse avait été ouverte depuis longtemps dans ce bois, puis abandonnée. Je m'y installai en compagnie de mes pionniers et dans un amas de coquilles marines, broyées, roulées, blanches comme du lait, entre deux stratifications, j'eus le bonheur de recueillir ces débris.

— Comment le dinotherium se trouve-t-il dans ces falunières de Touraine ? Est-il postérieur ou antérieur à leur formation ?

— Vous me posez là une question qui me jette en pleine théorie. Je vais vous donner franchement et simplement mon opinion qui ne fait pas autorité dans la science et vous en prendrez ce que vous voudrez.

— Toujours modeste ! monsieur l'abbé.

— Rendez-vous bien compte du terrain que nous étudions. Il se trouve situé immédiatement sur le terrain parisien. C'est-à-dire que nous étions encore sous l'eau, que la mer formait lentement au fond du bassin de la Loire cette couche peu dense de mollasse ; tandis que vos buttes Montmartre émergeaient déjà. Or comment ces os de grands vertébrés se trouvent-ils ainsi confondus avec des sédiments purement marins, à plus d'un mètre de profondeur au centre d'une couche falunière. Il est évident que le dinotherium géant, le paleotherium, le rhinocéros, l'hippopotame, le castor, l'hyène, les grands singes, n'ont pas vécu sur ce sol en compagnie des Lymnées, des planorbes et d'autres coquillages comme le cerithe, le balanus, le rostellaria.

« Il ne reste donc que deux hypothèses à formuler. Ou bien ces mammifères fossiles vivaient jadis en Touraine, et alors ce n'est pas sur la mollasse qu'ils vivaient, mais sur la couche inférieure du terrain *secondaire* crétacé, et c'est là qu'ils ont été saisis par les eaux qui sont venues les recouvrir et les enchâsser dans leurs boues pour l'éternité. Je vous ferai remarquer immédiatement que cette première supposition me semble impossible parce qu'elle admettrait un va-et-vient continuel de la mer sur les mêmes points. Il est bien vrai que les eaux se sont déplacées aux différentes époques géologiques. Mais jamais elles ne sont revenues à leurs premiers vomissements pour parler comme l'Écriture, jamais elles n'ont recouvert plusieurs fois les mêmes points. Voici, selon moi, comme les choses ont dû se passer. A l'origine, de l'eau partout. Puis, tandis que le terrain primaire émerge en certains endroits, la mer compose lentement les étages du terrain secondaire aux lieux qu'elle conserve et où elle continue à séjourner. La mer se retire de nouveau, le terrain secondaire apparaît au soleil ; et pendant ce temps-là, le tertiaire contraire s'élabore un peu plus loin au sein des océans avec tous les détritus. Le terrain tertiaire se montre à la surface des marais qui se dessèchent et le terrain quaternaire s'élabore dans le dernier diluvium composé de tout le limon ravi aux rivages tertiaires. De sorte qu'aujourd'hui, ce qui nous reste de mer est en train de constituer le terrain quinquennaire qui un jour sera mis à découvert comme les autres.

« Ma seconde hypothèse est donc la vraie. Tous ces ossements de mammifères que nous retrouvons empâtés dans les fanges argileuses tertiaires ont été ravis à la faune secondaire et emportés par les courants souvent de très loin, aux endroits où nous les retrouvons aujourd'hui.

— Mais, mon cher abbé, c'est une révolution dans la science que vous nous exposez.

— Je ne dis pas non, et je suis tout prêt à fournir mes preuves ; elles sont là.

— De sorte que, selon votre théorie, le dinotherium habitait le sol secondaire ou les premières couches tertiaires émergées et non pas le terrain falunier intermédiaire.

— Précisément. Tous ces cadavres ont été ravis à leurs sépultures antérieures et ont servi à constituer de nouveaux continents.

— Croyez-vous que le séjour des dinotheriums était très éloigné des enfouissements où vous le retrouvez aujourd'hui ?

— Cela se peut. Il pouvait bien aussi exister sur les îlots voisins, sur les bords des grands golfes qui se comblaient lentement. Tenez, voici un tronc de palmier qui se trouvait mêlé aux débris de mon dinotherium. Cet arbre se retrouve dans les terrains de transition et dans les terrains secondaires. J'en conclus qu'il faut apporter une grande prudence dans le classement des espèces disparues et qu'il est difficile d'en tirer un système bien enchaîné et rigoureusement scientifique quant à la succession des êtres. Quant à moi, je recule toujours d'une période l'âge de mes fossiles terrestres. Par exemple, un crâne d'homme déposé dans le diluvium quaternaire, a dû appartenir à un individu vivant sur le sol tertiaire et ainsi de suite.

— Permettez-moi, monsieur l'abbé, de vous serrer la main, s'écria mon ami Alfred. Vous êtes le premier savant que j'entends raisonner de la sorte. J'aime mieux vos doutes, vos hésitations que toutes leurs affirmations enthousiastes. C'est bien ainsi que je me représentais la géologie : une vaste macédoine, un mélange confus d'éléments divers d'où il est difficile de discerner un classement méthodique visible.

— Je ne vais pas tout à fait si loin. A côté de témoignages évidents, de dépôts parfaitement cataloguables, il en est d'autres qui échappent à toute classification et sur lesquels on discutera des siècles, sans pouvoir s'entendre. Revenons à notre dinotherium, si vous voulez bien. Étudiez-le attentivement dans toutes ses parties, et dites-moi si réellement vous ne lui trouvez pas un cachet d'antiquité bien plus prononcé qu'au mastodonte. Sa forme d'abord est plus primitive, je dirai plus archaïque. Son ossature, plus grossière, semble n'être qu'une ébauche imparfaite d'un être à venir. Le nombre de ses vertèbres est plus considérable, ses apophyses plus proéminentes. Il y a peu de différence entre celle du cou et les autres ; ce qui fait supposer une encolure puissante, tenant fortement au corps, sans dépression. Les os du métatarse sont larges et massifs, tandis que les phalanges sont courtes et aplaties à la façon des édentés. Le bassin n'est pas en proportion avec le sternum. Cet animal devait avoir le train de derrière relativement exigu. Il diffère également du mastodonte en ce que son crâne est plus aplati, plus déprimé à la partie supérieure, ses molaires sont moins nombreuses. Il n'en compte que cinq doublées à forme également conique. Ses os nasaux plus voutés, plus développés, devaient supporter une trompe plus épaisse et plus recourbée en bosse. Quant à ses oreilles, elles n'avaient certainement pas le développement de celles du mastodonte et de l'éléphant actuel. Le rocher est très petit, le trou auditif presque imperceptible ; l'attache des muscles de l'oreille très étroite. L'œil différait peu. Mais ce qui suffirait à établir une démarcation tranchée entre ces deux géants du monde secondaire ou tertiaire, comme vous voudrez, c'est leur façon de porter leurs défenses. Le dinotherium les avait attachées à la mâchoire inférieure, et recourbées sur la poitrine. Il frappait donc de haut en bas, ce qui devait donner à sa tête une allure branlante et inclinée. Le dinotherium se rapprochait plus peut-être des lamentus, des tapirs, des tatous que des mastodontes. Ses mœurs étaient douces. Il vivait dans les roseaux aux bords des grands marécages. Je ne crois pas qu'une température excessive ait été nécessaire pour fixer le dinotherium dans nos climats. De ce qu'il habite aujourd'hui des régions chaudes où il s'est acclimaté, on ne peut rien induire de ses habitudes d'autrefois. Et puis, rien ne prouve qu'il n'a pas émigré dans nos climats, seulement à l'état de squelette par la voie de l'eau. Croyez-vous que vous ne trouveriez pas aujourd'hui au fond des mers tropicales des fossiles de renne par exemple ! Il se peut aussi qu'à l'époque du dinotherium, nos contrées aient été pressées par une atmosphère plus lourde. On ne peut guère se prononcer sur ces matières controversées. J'enseigne à mes élèves une excessive réserve sur tous ces points.

— J'envie les belles leçons que vous leur donnez.

— Vous avez mieux que cela à Paris, à la Sorbonne, au collège de France, à l'école des mines.

—Tout cela c'est de la science officielle qui ne nous satisfait pas toujours.

— Comment pouvez-vous comparer un pauvre prêtre tel que moi, à tous vos savants professeurs qui écrivent des volumes chaque année sur un tout petit os omis par Cuvier.

— Ecrire et penser sont souvent deux fonctions inconciliables; surtout lorsqu'on écrit beaucoup.

— Ne disons pas de mal de nos honorables confrères, aussi honnêtes que vous et moi dans leurs recherches scientifiques. Ils attaquent la bible parce qu'ils ne la comprennent pas. Moi, je la défends parce que je sais l'interpréter et que je ne vais pas aussi loin qu'eux dans mes conclusions géologiques. Leurs intentions sont pures, trop pures même, puisqu'ils exigent de Moïse toutes les connaissances qu'eux-mêmes ils n'ont pas. Qui s'est jamais avisé de reprocher à Platon ou à Aristote par exemple, d'être restés ignorants en physique ou en chimie. C'est déjà fort joli de voir ces grands hommes de l'Inde, de la Judée, de la Grèce en possession de la science de leur temps, d'une sorte de pressentiment des progrès accomplis par les générations futures.

— Vous oubliez, mon cher abbé, que la bible est la parole d'un Dieu véridique qui aurait dû mettre au moins plus de clarté dans son langage ; ou alors, il était parfaitement inutile d'ouvrir la bouche pour nous proposer des énigmes de sphynx.

— L'église catholique ne s'est jamais attachée qu'à la partie purement morale des livres saints. Les conceptions scientifiques du Pentateuque, l'œuvre des six jours par exemple, ne sont considérées par les théologiens et par mon bon ami de Valroger que comme documents purement humains relatant l'état des connaissances cosmologiques au temps des premières civilisations sémites. Si la bible est en contradiction avec vos expériences modernes, il ne faut pas en vouloir à Dieu ; pas plus que nous nous plaignons au directeur de l'observatoire de Montsouris des variations de la température. Il y a deux choses dans le Pentateuque : une tradition dogmatique soigneusement conservée et un enseignement moral et religieux qui peut s'adresser à tous les hommes, jusqu'à la consommation des siècles. La tradition dogmatique peut avoir vieilli comme les ouvrages de Pline, je l'accorde ; mais cette source vénérable d'informations est encore utile à consulter. Elle relie la science primitive à la science moderne : Moïse, Hermès, à Claude Bernard.

Cet excellent homme avait la foi du chrétien et la bonne foi du savant. Au fond de mon cœur, je souhaitais à notre pauvre France si divisée, si troublée dans les choses de la conscience beaucoup de prêtres comme lui. Il est toujours facile de s'entendre avec un croyant qui abdique tout fanatisme, et qui ne fait consister sa foi que dans les desidérata de la science. Ce bon abbé Bourgeois nous dévoila toute son âme en ces quelques mots.

— Mes enfants, nous dit-il, j'essaye de comprendre et d'expliquer toute chose à l'aide de la raison que Dieu m'a donnée. Ce qui reste obscur, je l'ajourne ; ce qui me paraît sublime, quoique non encore démontré, je le crois ! Parce qu'un jour cela sera. Si le Christ n'est pas Dieu, il a du moins fait de nous des dieux. Et l'humanité sera peut-être redevable à ce juif des qualités divines qu'elle lui refuse. Je me suis adonné à l'étude de la géologie, parce que j'y ai entrevu comme une sorte de complément à ma religion, c'est-à-dire une satisfaction donnée à mes aspirations infinies de progrès et de perfectionnement.

L'abbé Bourgeois nous retint quelques jours dans son collège. En

Nous aperçûmes un amas considérable de grands ossements. (Page 399.)

lui disant adieu pour courir à de nouvelles aventures sur les mers boréales, je ne croyais pas que la mort frapperait de son côté. Nous allions nous exposer à plus de dangers que lui, et cependant il nous a quittés le premier. Nous ne devions plus le revoir. C'est pourquoi nous nous sommes fait un pieux devoir de transcrire ici et de conserver quelques-unes des fortes pensées qui animèrent ce prêtre modeste et qui l'aidèrent à supporter pendant sa carrière de labeurs tant de contradictions et de déboires. Ses anciens élèves et tous ceux qui l'ont connu se joindront à nous pour regretter sa perte. Il laisse inachevés des travaux considérables sur la faune préhistorique et il n'est pas douteux qu'il n'eût fini pas mettre en pleine lumière l'origine tertiaire ou secondaire de notre espèce. Que d'autres continuent ses investigations avec le même amour de la vérité et la même indépendance, et nous recueillerons bientôt les fruits de tous ces dévouements à la grande science qui seule émancipe les peuples. Moins d'avocats, moins de politiciens et plus de vulgarisateurs. Ce ne sont pas des lois qu'il nous faut, mais des livres, de bons livres ! Que tous les penseurs, que tous les chercheurs se groupent, et qu'ils fondent un organe de publicité immense où ils auront la liberté de penser haut et de rayonner loin !

Après avoir passé quelques jours en préparatifs indispensables, nous nous rendîmes au Havre vers le milieu d'octobre. Il s'agissait de trouver un passage à bord d'un excellent baleinier. L'entreprise était difficile. La pêche à la baleine est devenue rare chez nous. Les navires suédois se livrent presque sans concurrence à ces courses longues et pénibles à travers des régions inhospitalières où le froid n'est pas le seul ennemi à combattre. De plus, les patrons des navires ne consentent pas volontiers, même à prix d'or, à admettre des profanes dans leur équipage.

Nous parvînmes cependant, à force d'excellents arguments, à décider un brave armateur, M. Peulevey. Le 28 octobre nous montions le *Wincelo*, trois mâts barque de huit cents tonneaux. Nous avions avec nous une trentaine de matelots fins harponneurs et un capitaine très expérimenté. Ce brave marin avait passé sa vie dans les mers glaciales. Il connaissait toutes les anses, tous les passages ; il savait les bons endroits. Nous pouvions donc nous reposer sur lui en toute assurance.

L'expédition devait durer une année peut-être, jusqu'à ce que l'on rencontrât le butin désiré. On emportait des conserves de légumes et de pemmican pour plusieurs mois; des fourrures, des agrès, des combustibles, des instruments de pêche et de guerre de toute sorte. Un médecin nous accompagnait. Je fis part au capitaine du but de notre voyage.

— Bien que ce ne soit pas précisément le mien, nous dit-il, je pourrai cependant vous donner quelques utiles conseils dans vos recherches et vous conduire aux gisements d'ivoire dont vous me parlez. Il y a trois ans, j'ai complété mon chargement avec cette marchandise. Les peuplades de la Sibérie qui habitent sur les bords de la mer glaciale nous vendent assez volontiers contre de la graisse de baleine des défenses de mammouths en assez bon état.

— Est-ce que cette exploitation est devenue une industrie régulière, demandai-je au capitaine?

— Presque aussi considérable que l'exportation africaine de l'ivoire. J'ai vu de mes yeux, des dépôts de dents et de défenses par le 75° de latitude dans les parages de la Lena. Cela ressemblait à des bois de flottaison sur des radeaux de glace.

« Mais le docteur, qui est un savant, vous parlera de cela beaucoup mieux que moi.

Chaque jour à table l'on s'entretenait en effet du mammouth, de l'élephas primigenius. Le docteur nous apprit que l'on en voyait de beaux restes à partir du 66° de latitude sur les côtes du Groënland, du Spitzberg, de l'Amérique russe, de la Nouvelle Sibérie. Cela nous donnait bon espoir.

— Dites-moi, docteur, lui demandai-je un jour, avez-vous quelquefois trouvé dans vos voyages circumpolaires des mammouths entiers, avec leur peau et leur chair?

— Une fois seulement; mais je ne vous raconterai cette aventure que si vous revenez bredouilles, pour vous consoler. Car je vous assure, que ce n'était pas absolument gai. C'est une histoire à faire frémir.

— Comment expliquez-vous la présence de ces animaux dans les glaces du pôle?

— D'après ce que j'ai vu et observé, il n'est pas douteux pour moi que ces éléphants ont dû être surpris dans ces régions par un changement brusque de température. Je crois qu'avant la période actuelle, les pôles étaient moins gelés qu'ils ne le sont aujourd'hui et que de plus ils manquaient d'eau. Les mammouths pouvaient donc s'y promener en liberté sous leur fourrure laineuse. Le grand cataclysme ou si vous aimez mieux le soulèvement des Amériques qui a mis fin à l'époque tertiaire a rejeté les mers sur cette partie du globe, et, le froid aidant, nos malheureux éléphants ont été saisis dans des pièges de glaces. A moins qu'ils n'aient été transportés là par les courants des deux océans, ce qui serait encore possible.

— Toujours des à moins que! des hypothèses à double face dans les théories géologiques! et l'on appelle cela de la science. De la science en voie de formation, je l'accorde, mais rien de plus.

Après une longue navigation, l'on fit escale au cap Farewel, puis en Islande, à Reikiavik. Là notre navire compléta ses derniers approvisionnements. Bientôt nous franchissions le cercle polaire arctique et nous entrions dans la région de la nuit et de la gelée. La pêche devait se faire entre le Groënland, le Spitzberg et la Nouvelle Zemble. L'immensité de l'océan glacial s'ouvrait devant nous : avec ses montagnes de glace, ses phosphorescences spectrales, ses banquises terribles, son obscurité crépusculaire, ses irradiations d'aurore boréale. Ces spectacles nous faisaient oublier le mammouth, la chasse à la baleine, tout l'univers. Je comparais ces pays attristés aux chaudes forêts de l'Hindoustan et je leur trouvais une poésie grandiose et écrasante comme l'Edda scandinave, ce livre du nord. J'avais lu les Vedas aux bords du Gange et je dois dire que j'époouvais des émotions plus intenses encore en parcourant les récits des guerriers du nordland, au fond de ma cabine, bercé doucement par les mers du pôle. Ce qui règne dans ces lieux, c'est une immense désolation, une vaste tristesse glacée. Le cœur se resserre dans une mélancolie sombre. On ne se croit plus sur la terre, mais comme transporté sur une planète d'où toute vie est absente. Ce crépuscule perpétuel qui vous entoure, vous aveugle comme un soleil ardent et éteint votre pensée. Et puis, à l'horizon, cet incendie mystérieux qui applique ses lueurs crépitantes sur un ciel violacé; cet embrasement qui semble sortir des sommets glacés et qui recule toujours; ce silence solennel, ce silence congelé; tout consterne l'âme. Le sang coule moins vite, les désirs, les passions qui font le charme de la vie ne vous échauffent plus autant. La virilité se perd.

L'on n'éprouve que trois besoins : manger, s'assoupir et rêver. Il faut toute l'énergie de nos matelots français pour naviguer dans ces parages. La manœuvre y est excessivement pénible et il faut déployer plus d'intelligence et d'activité que sur les autres mers. La baleine ne s'était pas encore montrée. Nous allions un peu au hasard, à petites journées. Nous étions par 72° de latitude boréale; le capitaine nous annonça que nous ne devions pas être loin du cap Sud de l'île Juan-Mayen. Tout à coup une forte trombe d'eau nous rendit attentifs. La vigie qui guettait sur le petit hunier nous signala la baleine à trois quarts sous le vent. Nous fîmes à l'instant cap dessus. Le maître harponneur, à cheval sur le beaupré, sa ligne disposée en glène sur le gaillard d'avant, se disposait à jeter le harpon, espèce de fer de lance à un seul croc. Il attendait que la bête se présentât bien. La baleine se souleva d'un bond comme si elle eût voulu monter à l'abordage de notre barque. Saisissant ce mouvement qui la découvrait à demi, le matelot lui lança le fer avec une dextérité merveilleuse. L'animal se sentant touché vira de bord d'un vigoureux coup de nageoires. Mais un second matelot qui suivait toutes les évolutions du monstre s'empressa de faire filer la ligne, pour donner du champ à la baleine. On met la chaloupe à l'eau à l'aide du palan de caliorne et une dizaine d'hommes, la hache au poing, se précipitent sur l'animal. Un véritable combat naval se livre. Le danger pour les matelots est de chavirer et de tomber à la mer. Car la baleine se sentant attaquée à coups de hache qui entrent dans son corps comme dans un immense tronc d'arbre, la baleine perdant des tonnes de sang, projetant par des évents des gerbes énormes d'eau, cherche à fuir; mais le câble de la ligne la retient attachée à quelques mètres des flancs du baleinier. Dans cet étroit espace elle exécute des sauts désordonnés, des manœuvres désespérées qui soulèvent les flots comme un ouragan. Nos petits matelots saisissent un moment d'accalmie dans cette tempête déchaînée et ils frappent à coup sûr à la tête et au ventre. On entend l'animal souffler et râler comme une rafale de vent. Il ne se défend plus que faiblement. On le voit pencher sur le flanc, se débattre dans une dernière crise d'agonie et mourir.

Alors commença un travail difficile. Il s'agissait d'enlever la baleine et de la transporter sur le pont. Tous nos matelots sont à l'œuvre. Ceux qui sont restés sur le navire tendent à ceux de la chaloupe de fortes cordes pour remorquer la baleine. Ces derniers, après des peines inouïes, parviennent enfin à l'élinguer sous le ventre; à un signal du capitaine qui assistait en notre compagnie à toutes ces opérations, on hissa les câbles et en quelques minutes cette masse énorme de graisse roulait sur notre pont à nos pieds. Après la distribution d'eau de vie qui fut généreuse, on se mit à dépecer la bête et à faire plusieurs parts des matières utilisables qu'elle renferme. On peut bien dire que tout sert dans la baleine, aussi bien que dans le porc; les huiles, les graisses, les fanons, les os. On arrima tout ce butin dans la batterie et l'on fit voile pour de nouvelles aventures. Nos mammouths ne se montraient guère. Le docteur était chaque jour tout prêt à nous raconter sa lugubre histoire, pour nous consoler, comme il disait.

— C'est surprenant, je n'y comprends plus rien, nous dit-il, nous devons cependant nous trouver dans la zone de l'ivoire. Capitaine! conduisez donc ces messieurs où il y a des éléphants. C'est à leur tour de faire quelque chose. Cela ne vous empêchera pas de harponner une seconde baleine en route. Voyons, capitaine, un peu d'encouragement à la science!

— Nous ne pourrons trouver cet article-là que du côté de l'Obi et nous en sommes loin! Si cependant nous abordions à l'île de l'Ours? Peut-être, sur la côte, ces messieurs trouveraient-ils quelques restes de mammouth.

Le capitaine avait parfaitement auguré.

Dans une sorte de petit golfe fermé par des glaces de chaque côté, nous aperçûmes un amas considérable de grands ossements. Ils étaient pris dans les glaçons et resplendissaient comme du cristal. Cela ressemblait en effet selon l'expression pittoresque du capitaine à une véritable carrière d'ivoire. Ma joie fut extrême; accompagné du docteur, de mon fidèle Alfred et de deux vigoureux matelots que le capitaine avait mis à ma disposition, je descendis à terre ou plutôt sur un icefield voisin. Nous étions couverts jusqu'au nez de peaux d'ours et de veau-marin, à la façon des Lapons et des Groënlandais. Malgré toutes ces précautions le froid nous saisit encore, et il nous fut impossible de travailler plus de deux heures à fendre nos morceaux de glace pour en extraire les défenses de mammouth. J'obtins du capitaine la faveur de séjourner quarante-huit heures dans cette baie polaire si riche en fossiles. Nous avions déjà ramassé beaucoup d'ivoire, lorsque j'eus la chance de tomber sur un squelette tout entier de l'élephas primigenius, le propre père de notre éléphant actuel. J'appelai mes compagnons à mon aide et grâce à leur concours dévoué il fut possible de transporter à bord la magnifique pièce que j'avais si heureusement trouvée. C'était un mammouth de forte taille ressemblant plutôt à l'éléphant d'Afrique; mais plus haut et plus long que lui d'un mètre au moins. Sur le pont il touchait aux premières vergues. Sa mâchoire ne ressemblait pas à celle du mastodonte ou du dinotherium; elle n'avait pas ces protubérances mamelonnées que nous avons décrites plus haut. Les molaires étaient composées de lames étroites, à surface rugueuse, analogues aux molaires de l'éléphant indou mais plus serrées et moins larges. Le crâne, énorme, était plus large, plus plat, moins bombé que le crâne des espèces encore vivantes. Ses défenses étaient plus longues et plus recourbées. Elles avaient la forme d'une ellipse allongée, ouverte vers le front. L'extrémité de ces défenses était à 10 centimètres seulement des deux yeux et ne pouvait aucunement servir pour fendre, à moins d'abaisser la tête jusqu'à terre et la relever brusquement. Les os de la jambe étaient plus droits, moins tourmentés, moins noueux que ceux du mastodonte ; son port était plus régulier ; la différence entre les hauteurs du bassin et de l'omoplate était presque nulle. Le mammouth était donc aussi grand sur ses pieds de devant que sur ses pieds de derrière. Il s'écartait en cela des formes du dinothérium. Nous étions dans le ravissement de posséder un animal préhistorique aussi considérable et aussi bien conservé. Le capitaine donna des ordres pour qu'on le plaçât en lieu sûr après qu'on l'on aurait emballé tout d'une pièce dans une immense caisse ni plus ni moins qu'un piano à queue de chez Pleyel en partance pour l'Amérique.

— Ce n'est qu'un demi-succès ! me dit mystérieusement le docteur.

— Comment cela ? Je m'estime au contraire le plus heureux et le plus fortuné des collectionneurs. J'aurais découvert un continent que je ne serais pas plus enthousiasmé ! Y a-t-il beaucoup de savants en Europe qui puissent montrer à leurs petits enfants un véritable mammouth, un élephas pimigenius repêché par eux dans les régions polaires ? Voyons, soyez franc, docteur.

— Si vous aviez été avec moi, il y a dix ans de cela !

— Est-ce la fameuse histoire ?

— C'est la fameuse histoire, imaginez-vous un équipage de 40 hommes, mourant de faim, de froid et pris dans les glaces par un travers de banquise aux environs du Promontoire sacré. Après avoir partagé notre dernière ration le capitaine nous dit : « Mes enfants construisez des traîneaux et allez à la découverte. Ce fut bientôt fait. Le navire fut pillé et démonté en un instant et l'on se mit par petits groupes à courir tout droit devant soi, sans savoir où.

« Ma petite troupe allait tomber de fatigue lorsque tout à coup j'aperçois une masse sombre qui se dressait à quelques pas de nous. Je m'y traînai. J'espérais rencontrer quelque ours bien gras dont nous aurions pu nous nourrir. Quelle ne fut pas ma désillusion lorsque je

Tête de rhinocéros.

me trouvai en face d'une sorte d'éléphant momifié, poilu, laineux, portant crinière qui semblait faire sentinelle devant un amoncellement de glaçons fantastiques. C'était un mammouth en chair et en os! un mammouth frigorifié!

« Cette viande de conserve nous venait fort à propos.

— Comment, vous l'avez mangé?

— Qu'eussiez-vous fait à notre place? Vous seriez-vous laissé mourir sous le prétexte de conserver à la science cet échantillon remarquable de la faune antique et solennelle?

« J'avoue que mon dévouement pour la science ne pouvait aller aussi loin. Chacun préleva une tranche de choix sur le dos de l'animal. Le festin fut trouvé excellent et l'on y revint jnsqu'à la dernière grillade. Et voilà comment, cher monsieur, un éléphant mort depuis des siècles m'a sauvé la vie.

— Et la viande était bonne?

— Cela ressemblait assez aux envois de bœuf que l'Amérique du Sud nous expédie par le frigorifique; avec beaucoup de sel ce n'est pas trop mauvais.

— Convenez, docteur, que votre récit doit être également pris avec un léger grain de ce sel.

— Je vous certifie que nous étions plus de vingt à ce banquet proboscidianophagique. Demandez au capitaine, qui a mangé la trompe! *quia nominatur leo!*

---

## LE RHINOCÉROS

Le rhinocéros est après l'éléphant, l'animal le plus monstrueux du globe. Avant de le suivre le long des grands fleuves, dans les marécages, les épaisses forêts, et la profonde solitude de l'Afrique australe, de l'Inde, de Java et de Sumatra, je vais, selon mon habitude, me mettre en règle avec la partie scientifique de ce récit que je désire lui consacrer.

Le rhinocéros, du grec ῥινοκέρως, appartient au genre des mammifères de l'ordre des jumentrés.

Certains zoologistes modernes le rangent en outre dans la famille des hyracidés.

Ce genre comprend des animaux pachydermes, ou à peau épaisse, de la seconde division du règne animal de Cuvier, dont les espèces vivantes ne se trouvent actuellement que dans les contrées les plus chaudes de l'ancien monde.

Ces espèces ne sont représentées, dans les zones tempérées et glaciales, que par des débris fossiles.

Les rhinocéros sont des animaux de grande taille variant entre eux par le nombre et par la forme des dents, et remarquables par une ou deux cornes solides adhérentes à la peau et placées sur les os du nez.

Ces cornes sont de nature fibreuse ou cornée et semblent être une réunion de poils agglutinés. Linnée plaçait les rhinocéros dans sa classe des mammifères qu'il a nommé *Bruta*, et il donnait au genre les caractères suivants : corne solide, le plus souvent conique, implantée sur le nez et n'adhérant point aux os. Il n'en admettait que deux espèces qu'il nommait rhinocéros unicornés et rhinocéros bicornés.

Geoffroy Saint-Hilaire n'admet également que ces deux espèces, sous les noms de rhinocéros d'Asie et rhinocéros d'Afrique, et leur donne pour caractères génériques d'avoir : deux ou point d'incisives, de cinq à sept molaires ; des pieds tridactyles à sabots très grands ; une ou deux cornes solides persistantes, coniques et placées sur le nez, n'adhérant point à l'os, mais n'étant qu'une continuation de l'épiderme, et formées de poils agglutinés ; les jambes courtes, les yeux petits, les oreilles peu développées, la tête assez allongée, la peau très épaisse, la queue courte, point de vésicule de fiel, un côlon considérable.

Cuvier leur a donné des caractères tirés des dents, mais on sait que le nombre des incisives varie dans chaque espèce.

Les modifications que présente le rhinocéros de Java par exemple, sont les suivantes : à la mâchoire supérieure l'incisive occupe presque tout l'intermaxillaire : c'est une dent large, épaisse et obtuse. Il ne possède pas de canine. La première mâchelière est très petite, la deuxième, un peu plus grande, est plus petite que la troisième, qui l'est elle-même plus que la quatrième. Les deux suivantes sont de la même grandeur, et la dernière est plus petite qu'elles.

Ces mâchelières se ressemblent par la forme qui est encore la même que celle des tapirs et des dancans : elle se compose de deux collines réunies par une crête à leur côté externe. Cette crête se prolonge postérieurement, et la colline placée en arrière, présente la pointe en forme de crochet qu'on observe sur les molaires des dancans.

La dernière paraît être moins complète ; elle a la forme générale d'un triangle au lieu d'être à peu près carrée, et semble différer des autres, parce qu'elle aurait été privée de leur portion antéro-externe. On y voit encore la colline postérieure avec son crochet, mais l'antérieure ne s'aperçoit plus qu'en partie.

A la mâchoire inférieure l'incisive est une dent conique, droite, pointue et de la nature des défenses, c'est-à-dire qu'elle n'a pas de racine distincte. La canine n'existe point. Les mâchelières vont en augmentant de grandeur de la première qui est fort petite, à la dernière, et toutes sont composées comme celles des dancans, de deux croissants, dont la concavité est en dedans de la mâchoire, et qui sont réunis par une de leurs extrémités lorsque la dent est parvenue à un certain degré d'usure, mais séparés par une échancrure avant cette époque.

La première de ces dents n'est que rudimentaire comparativement aux autres. L'incisive supérieure est en rapport par son côté externe avec le côté interne de l'incisive inférieure, et ses mâchelières sont alternes.

Telles sont les particularités que l'illustre Cuvier a remarquées sur les dents des rhinocéros, dont le nombre est réparti ainsi qu'il suit : incisives quatre, canines nulles, et vingt-huit molaires.

Il a été prouvé depuis, que le savant n'avait pas tenu compte des petites incisives externes supérieures et mitoyennes inférieures, que le sujet soumis à son examen avait sans doute perdues par accident.

Les rhinocéros ont les formes lourdes et très massives, la peau sèche, rugueuse, presque dépourvue de poils et tellement épaisse qu'elle semble constituer sur le corps une cuirasse.

La tête est courte de la mâchoire au crâne, triangulaire, à chanfrein un peu convexe. Les yeux sont latéraux, très petits; les oreilles ont la forme de cornet; la lèvre supérieure est plus longue que l'inférieure, et se termine en une légère pointe. Une ou deux cornes selon l'espèce (d'où est venu le nom du genre rhinocéros, du mot grec composé ῥινοκέρως *nez* et *corne*) occupent la ligne médiane du museau, et trois sabots à chaque pied, indiquent le nombre des doigts. La queue est médiocre et grêle. Ils ont deux mamelles inguinales, des intestins très longs ; un estomac simple et vaste, un grand cœcum ; point de vésicule du fiel.

La colonne vertébrale se compose de dix-neuf vertèbres dorsales, trois lombaires, cinq sacrées, et vingt-deux coccygiennes. Les côtes sont au nombre de neuf dont quatre fausses.

Les cornes ont cela de particulier de n'adhérer qu'au périoste ou aux téguments qui revêtent les os de la face, et d'être formées de fibres qui ne sont pas toujours très adhérentes entres elles, et s'épluchent souvent au sommet comme les soies d'une brosse.

Ces animaux ont les sens lourds et grossiers et le caractère sauvage. Ils habitent les lieux humides et ombragés, aiment à se vautrer dans la fange et se nourrissent uniquement d'herbes et de jeunes branches d'arbres.

Leur vue est fort mauvaise et ne s'étend pas à une longue distance. A trente mètres, j'ai eu l'occasion de l'observer souvent, le rhinocéros ne distingue pas des arbres qui l'entourent un homme qui a la précaution de se tenir immobile ; en revanche il a l'ouïe et l'odorat fort subtils.

La force de ces animaux est extraordinaire et lorsqu'ils sont en fureur, ils brisent tout ce qui tend à leur faire obstacle.

Nous l'avons déjà dit, les espèces vivantes habitent aujourd'hui les contrées les plus méridionales du globe. On ne les trouve plus qu'en Afrique et en Asie, sur les continents ou dans les grandes îles qui en dépendent. Mais il est certain que le monde antédiluvien était autrefois peuplé d'animaux pachydermes non ruminants dont on ne connaît aujourd'hui que les débris, et que parmi eux se trouvaient plusieurs rhinocéros organisés pour vivre dans les climats les plus froids du globe.

On a longtemps confondu, sous le nom de rhinocéros, deux espèces distinctes qui habitent l'une l'Asie, l'autre l'Afrique, et qui sont d'autant plus aisées à distinguer, que la première n'a qu'une corne nasale, et que l'autre en a deux. Buffon donnait encore l'indication qu'on la trouvait à Sumatra et à Java, mais des recherches récentes ont complètement prouvé que ces deux îles avaient en propre des rhinocéros qu'on n'a point observés jusqu'à ce jour dans aucun pays autre que les grandes îles de la Sonde. Enfin, les rapports de quelques voyageurs, non étudiés, non contrôlés encore, font présumer qu'on doit encore distinguer quelques autres espèces vivant en Afrique, mais dont on ne pourra apprécier les vrais caractères que quand un naturaliste sérieux, aura pu les examiner.

Nous diviserons les rhinocéros actuellement vivants en deux classes :

Les rhinocéros à deux cornes nasales;

Les rhinocéros à une corne nasale.

Parmi les rhinocéros à deux cornes nasales, se trouve en première ligne le *rhinocéros africain* ou *rhinocéros bicorné.*

Ce rhinocéros qui vit principalement dans les marais de la Nubie et de l'Abyssinie n'a que peu de plis à la peau. Ses mâchoires n'ont point d'incisives, et sa taille, selon l'âge, atteint de quatre à cinq mètres de longueur sur environ deux mètres de hauteur.

Il a les yeux très petits et très enfoncés, les cornes coniques, la première longue d'environ soixante à soixante-dix centimètres, la seconde beaucoup plus petite ; sa peau est presque complètement privée de poils, quelques soies bordent les oreilles et terminent la queue. Il affectionne le voisinage des grands bois, des rivières, des marécages, et surtout les lieux où croît une espèce d'acacia d'Afrique dont il est extrêmement friand :

Vient ensuite : le rhinocéros bicorné de Sumatra ou *rhinocéros Sumatranus.*

Ce rhinocéros qui vit dans la grande île de Sumatra est l'animal que Marsden a désigné sous le nom d'Abudah, mot qui dérive sans aucun doute d'Abadah, nom qui dans la plupart des langues asiatiques est donné au rhinocéros indien.

Sir Raffles, dans le catalogue de la collection qu'il a fait à Sumatra, décrit cette espèce assez longuement sous le nom malais de Badak. Il dit que les naturels nomment aussi Tunn, un animal qui vit dans l'intérieur de l'île et qui n'est point encore connu ; qui ressemble parfaitement par les formes au rhinocéros de Sumatra, excepté qu'il n'a qu'une corne comme le rhinocéros indien, tandis que son congénère de Sumatra en a deux.

Ce nom de Tunn est, il est vrai, donné par quelques peuples malais au tapir ; mais il ne saurait en ce cas être question de cet animal, car à Sumatra le tapir est connu, il reçoit, dans certaines provinces, le nom de Gindol et dans d'autres celui de Babi-Alu.

Tout porte donc à croire que l'île de Sumatra possède une seconde espèce de rhinocéros unicorne qui n'est pas encore connue des naturalistes.

Le rhinocéros ordinaire de Sumatra a la peau d'un brun foncé, et recouverte d'une grande quantité de poils. La queue est aplatie et garnie de poils en dessus et en dessous.

Les deux mâchoires présentent quatre incisives mais celles d'en haut ne se font remarquer que pendant le jeune âge, parce que les antérieures tombent à une certaine époque de la vie.

Les mâchelières ne diffèrent en rien de celles des autres espèces.

Ce sont là les seules espèces de rhinocéros à deux cornes qui sont connues, et l'on peut presque affirmer aujourd'hui qu'il n'en existe pas d'autres.

Les rhinocéros à une seule corne sont beaucoup plus nombreux.

La Nubie en possède une espèce que M. Cherubini décrit de la manière suivante :

« Le rhinocéros est après l'éléphant, le plus puissant des animaux terrestres. On donne généralement à celui de Nubie, de douze à quinze pieds de longueur sur six à sept de hauteur. Il porte sur le nez une corne longue d'environ trois pieds, arme terrible qui protège ses parties antérieures et la tête, seul endroit vulnérable de cet énorme quadrupède.

« Le reste du corps est revêtu d'une sorte d'armure de couleur brune d'une dureté à toute épreuve, et généralement impénétrable, à l'exception toutefois du tissu intérieur des plis formés aux jointures ou principales articulations pour faciliter les mouvements de l'animal.

« Cette peau d'une légère couleur de chair est, en cet endroit de même que sous le ventre, plus facile à entamer, mais à l'extérieur elle est insensible, inerte, inflexible, ainsi qu'une écorce âpre et rude. Cette enveloppe des rhinocéros ressemble assez à un appareil composé de parties assemblées, comme autant de pièces diverses d'une armure qui recouvre son dos, ses flancs, ses cuisses.

« Cuirassé de la sorte, il n'a rien à redouter, ni de la balle du chasseur, ni de la griffe du tigre ou du lion, et s'il est vrai, comme on l'a avancé, qu'il livre des combats furieux aux plus grands éléphants, il peut éventrer son gigantesque rival et lui faire une blessure mortelle; mais s'il manque son coup, la lutte ne saurait être égale, et il succombe infailliblement sous le poids énorme de l'éléphant qui le terrasse et le tue.

Le rhinocéros est d'un caractère assez généralement paisible, comme la plupart des animaux qui vivent de végétaux, et chez lesquels l'instinct de la férocité n'est pas développé par la soif du sang. Il n'attaque pas sans motifs, mais il est vrai que son humeur inquiète et farouche le rend très irritable, et à la moindre provocation il entre facilement dans une fureur aveugle qui ne connaît plus de bornes.

« Alors son grognement, sourd d'ordinaire, comme celui des pourceaux, devient soudain un cri aigre; il part, avec la rapidité d'un trait, droit devant lui, renverse tous les obstacles, déracine les arbres, laboure la terre avec sa terrible défense, et assouvit sa rage sur tout ce qu'il rencontre. Il déploie une violence et une promptitude de mouvement qui le rendent très redoutable.

« On peut cependant l'éviter facilement en le voyant venir : si dans sa course rapide et directe il dépasse son ennemi, il ne se retourne qu'avec lenteur et lui laisse le temps d'échapper à ses poursuites.

« Sans intelligence, le rhinocéros joint à ses emportements déréglés un naturel brusque et farouche qui fait désespérer de le dompter.

« Cependant, certaines relations affirment qu'en Abyssinie on l'élève au travail, et qu'on le soumet comme l'éléphant au service domestique. Les nègres font grand cas de sa chair. »

A propos des luttes entre rhinocéros et éléphant, le même écrivain s'exprime ainsi :

« Rien ne semble justifier l'inimitié qui est assez généralement présumée exister entre ces deux puissances les plus colossales parmi les êtres terrestres. Cette opinion pourrait bien ne reposer sur d'autre fondement que la tradition des combats de cirque à Rome, où la frénésie pour les spectacles sanguinaires mettait souvent aux prises les animaux comme les hommes qui avaient le moins de motifs d'animosité ou de rivalité mutuelle, et qui par leur nature paraissaient très peu portés à s'entre-tuer. »

Nous aurions une foule de remarques et d'observations à faire sur ce passage de M. Cherubini; signalons-les pour les retrouver quand nous arriverons à la partie pittoresque de notre récit.

Ainsi, les combats furieux que le rhinocéros livre à l'éléphant ne sont pas à affirmer sous forme dubitative. Le rhinocéros est une brute qui court sur l'éléphant dès qu'il l'aperçoit. Il ne semble pas avoir comme les autres animaux l'intelligence de mesurer la force et de ne pas s'attaquer à plus puissant que lui.

Ces combats ne sont pas un écho des cirques de Rome. J'en donnerai bientôt la preuve.

D'un autre côté, les relations qui représentent le rhinocéros comme domestique dans certaines contrées d'Abyssinie, sont parfaitement exactes. Nous indiquerons comment s'y sont pris les Abyssins pour assouplir le terrible pachyderme et s'en servir comme d'un animal de trait.

Il n'est pas très juste de dire que le rhinocéros est d'un caractère assez paisible comme la plupart des grands animaux qui vivent de végétaux et chez lesquels le besoin de sang ne stimule pas la fureur.

Le buffle qui n'est qu'herbivore est aussi dangereux dans les forêts de l'Inde que le tigre du Bengale; plus dangereux même, car si ce dernier passe parfois en dédaignant sa proie, il n'y a pas d'exemple que le buffle, dans son aveugle et brutale fureur, ne se soit pas précipité, avec rage, sur tous les êtres vivants qui passent à sa portée.

L'éléphant n'est également que frugivore et herbivore. Cela n'empêche pas qu'il ne fait pas bon le rencontrer à l'état sauvage.

Non, le rhinocéros n'est point doux, n'est point paisible; son mode de nourriture ne signifie absolument rien, c'est une brute que l'aspect du moindre animal, et à plus forte raison de l'homme, met en fureur.

Parmi les rhinocéros unicornes nous comptons encore le rhinocéros des Indes, rhinocéros indien.

Il possède une seule corne sur le nez; la peau est marquée de sillons profonds, en arrière des épaules et des cuisses; chaque mâ-

Certains chasseurs .. d'un seul coup de lance porté au cœur, le blessent mortellement. (Page 416.)

choire a deux fortes incisives; la tête est raccourcie et triangulaire; les poils, qui sont en petit nombre, sont raides, grossiers et lisses, et revêtent la queue et les oreilles; les yeux sont fort petits, la peau est très épaisse, à peu près nue et de couleur gris foncé violâtre, sa taille est de neuf ou dix pieds en longueur; sa vue est faible, mais son ouïe est très fine; la femelle ressemble parfaitement au mâle, elle ne fait qu'un petit et porte neuf mois.

Le rhinocéros des Indes, bien que d'un naturel grossier et sauvage comme ses congénères d'Afrique et de Sumatra, peut s'apprivoiser et s'habituer à la domesticité.

On en a vu dans les ménageries d'Europe qui avaient été pris jeunes et étaient généralement assez doux. Il n'en est pas de même quand on les prend dans un âge un peu avancé : il reste d'une intraitable sauvagerie, et les meilleurs traitements, pendant de longues années, n'amènent pas le moindre changement dans leur caractère; ils restent jusqu'à leur mort indomptables et féroces.

En captivité, cet animal mange volontiers du sucre, du riz, du pain, tandis qu'à l'état de liberté il ne recherche guère que les herbes, les racines qu'il déterre et les pousses des jeunes arbrisseaux.

On ne le rencontre plus dans l'Inde que dans les contrées intérieures arrosées par le cours inférieur du Gange et du Brahmapoutra. Là, à l'abri de toute attaque de l'homme, au milieu d'interminables marécages, il vit à son gré dans la vase pestilentielle des Saouderbounds.

A l'époque où le riz est en vert, il remonte vers les plaines plus élevées des environs de Dacca, et là il dévaste les rizières, car il est fort friand des jeunes pousses de cette plante. On est obligé de le faire chasser par des éléphants dressés à cet effet et qui engagent avec lui des combats à mort.

Je raconterai bientôt une de ces luttes, qui est bien la chasse la plus étrange et la plus émouvante qui se puisse voir.

Après le rhinocéros des Indes vient le rhinocéros de Java, rhinocéros Javanicus, ou encore rhinocéros Sondaicus, c'est-à-dire rhinocéros de la Sonde.

Nous devons à Canien la première description exacte du rhinocéros de Java qui ait été donnée; elle est encore de tout point exacte aujourd'hui.

« L'espèce de Java, dit le grand naturaliste, paraît être une des moins grandes : sa longueur, de la base des oreilles jusqu'à l'origine de la queue, est de six pieds; celle de sa tête, du bout du museau à la base des oreilles est de deux pieds, et sa queue a plus d'un pied.

« Le rhinocéros n'a qu'une seule corne qui paraît située plus près des yeux que l'antérieure des bicornes, mais non pas entre les yeux comme la postérieure de ces derniers. Dans l'individu qui est au muséum, cet organe est tout à fait usé, arrondi par le frottement et saillant à peine à douze ou quinze lignes; les incisives supérieures sont au nombre de quatre chez les jeunes, deux dans chaque intermaxillaire, très rapprochées l'une de l'autre. Alors elles sont petites et presque cylindriques; bientôt elles tombent et ne sont remplacées chez les adultes que par deux dents longues d'arrière en avant, minces de dehors en dedans, sortant à peine des gencives dont le tranchant est émoussé et arrondi, et qui sont apposées à la partie antérieure des longues incisives inférieures. La peau est plissée sous le cou, au-dessus des jambes, en arrière des épaules et à la cuisse.

« Le pli des épaules embrasse tout le corps, ceux des jambes sont de toute la largeur de ces organes, les autres finissent insensiblement avant d'arriver à la limite du corps, vers laquelle ils se dirigent.

« Le caractère le plus remarquable se trouve dans les tubercules, pour la plupart pentagones, dont la peau est en grande partie revêtue : on la dirait couverte d'écailles, bien que ces tubercules ne soient que des éminences épidermiques, qui laissent leur empreinte sur la couche générale de l'enveloppe tégumentaire.

« Les seuls poils qu'on aperçoive sur le corps prennent naissance dans une dépression qui occupe le centre de ces mêmes tubercules, et ces poils, de couleur noire, sont beaucoup plus fournis en deux endroits seulement, sur le bord des oreilles et au-dessus, comme en dessous de la queue qui est comprimée. »

Telles sont à peu près les différentes espèces vivantes de rhinocéros. Certaines contrées de l'Afrique, de Sumatra, de Java, mal explorées encore, cachent-elles d'autres variétés de ces animaux. Les récits de quelques voyageurs, nous l'avons dit, tendraient à le faire croire, mais la science ne pourra se prononcer que quand les sujets pourront être offerts à son examen.

Les fouilles géologiques nous ont révélé plusieurs espèces de rhinocéros fossiles dont nous devons dire quelques mots pour terminer cette notice scientifique.

On sait que l'on nomme fossiles les restes de corps organisés que l'on trouve dans les dépôts sédimentaires de l'écorce terrestre et qui remontent à une très haute antiquité. Ces débris appartiennent à toutes les divisions du monde animé : végétaux, mollusques, crustacés, polypiers, reptiles, oiseaux, mammifères et homme ; et le nombre des espèces qu'on a découvertes jusqu'à ce jour, s'élève à environ *vingt-cinq mille.*

On compte quatre espèces de rhinocéros fossiles.

1° *Le rhinocéros à narines cloisonnée.* C'est le *rhinocéros Tichorhinus* de Cuvier.

La taille de cet animal, aujourd'hui disparu du globe, était plus considérable que celle du rhinocéros d'Afrique ; sa tête est très allongée et a dû supporter deux cornes très longues, à en juger par deux disques remplis d'inégalités qui existent sur le crâne ; les os du nez rabattus en avant, forment une large voûte soutenue par une cloison verticale moyenne, qu'on n'observe point chez les espèces vivantes ; un poil abondant semble indiquer que ce rhinocéros vivait dans les contrées les plus froides.

On en a trouvé en 1771 dans les glaces de la Sibérie un cadavre presque entier, avec sa peau, son poil et sa chair.

De grandes quantités d'ossements de cet animal, ont été découverts en plusieurs lieux de l'Europe, et notamment en France.

2° *Le rhinocéros à narines simples.* C'est le rhinocéros Leptorinus de Cuvier.

*On le nomme aussi rhinocéros Cuvieri*, rhinocéros de Cuvier, en l'honneur de ce naturaliste de génie, à qui on doit la reconstitution des plus importants fossiles, en même temps qu'il posait les bases des sciences paléontologiques.

Cette espèce a deux cornes, comme la précédente ; elle en diffère, en ce que ses narines ne sont pas cloisonnées, et que ses proportions sont plus grêles ; les os du nez sont beaucoup plus minces ; son port était plus élancé, ses formes moins massives et elle devait ressembler assez à celle du rhinocéros d'Afrique.

Cette espèce éteinte a dû habiter l'Europe méridionale, car on ne trouve ses ossements qu'en Italie.

3° *Le petit rhinocéros.* C'est le *rhinocéros minutus* de Cuvier.

Cette espèce était trop petite, ses caractères distinctifs consistent dans les incisives, qui sont de la même forme que celles du cochon ordinaire. Ses ossements ont été trouvés à soixante pieds sous terre, enfouis avec des débris de crocodiles et de tortues à Saint-Laurent, près Moissac.

4° *Le rhinocéros à incisives.*

C'est le *rhinocéros incisivus* de Cuvier.

Cette espèce se distingue par ses incisives. On a recueilli de ses dents en Hongrie ; Camper en a trouvé en Allemagne.

On ne peut confondre ce rhinocéros, ni avec le rhinocéros à narines cloisonnées de Pallas, ni avec le rhinocéros à narines simples de Cuvier, ces deux derniers n'ont, l'un et l'autre, point d'os intermaxillaires susceptibles de telles incisives.

Les débris rencontrés à ce jour n'ont pas permis de reconstituer d'autres espèces.

Quand on examine les différentes espèces de rhinocéros qui habitent encore notre globe, on est frappé des traits de ressemblance qu'on observe entre leurs narines et celles des tapirs et des sangliers. Il y a même entre eux de grandes analogies dans les formes, dans l'extrémité des sens et dans le caractère.

Il semblerait qu'ils fassent partie d'une famille demi-aquatique, car on sait que ces animaux aiment tous à se vautrer dans les bourbiers les plus fangeux.

La grande étendue de leur odorat, la finesse de leur ouïe, contrastent fortement avec la faiblesse de leur vue, la rudesse de leur goût et l'insensibilité de leur toucher.

Tous ont une peau très épaisse garnie en dessous d'un tissu cellulaire graisseux ; la forme de leur corps est grossière et mal dessinée, au lieu de poils, ils portent des soies raides et clairsemées. Tous appartiennent à des espèces voraces qui vivent de racines, de fruits, de jeunes rejetons d'arbres.

L'insensibilité de leur tact est surtout remarquable ; mais ils en sont dédommagés par un organe du toucher, placé vers l'extrémité de leur museau.

Le tapir possede un rudiment de trompe, le rhinocéros a les lèvres avancées et très mobiles, le sanglier a son groin ou boutoir. Tous ont des yeux petits et faibles qui ne voient guère que devant eux, tous ont des sabots, tous craignent la sécheresse et l'extrême chaleur, se roulent dans la fange et nagent avec facilité. Leurs habitudes sont en général fort brutes, leurs mœurs dures et grossières ; ils sont furieux et indomptables au temps du rut.

Le rhinocéros met de quinze à vingt ans à croître, ce qui fait que la limite extrême de sa vie ne peut guère dépasser quatre-vingt à quatre-vingt-dix ans.

Il ne paraît pas que les rhinocéros fussent connus d'Aristote et des anciens grecs. Pline et Strabon en ont fait mention les premiers, car on n'en vit en Europe que trois siècles après Alexandre, lorsque Pompée en fit paraître à Rome dans ses triomphes. On en montra ensuite plusieurs dans cette capitale du monde ancien jusqu'au temps d'Héliogabale.

On les faisait combattre contre les éléphants dans les cirques, et ce spectacle plaisait beaucoup à la populace. On n'en vit plus ensuite que dans les âges modernes, où on en amena en Europe en 1513, 1685, 1739, 1748.

Celui de la ménagerie de Versailles, dont on conserva la dépouille au muséum du Jardin des Plantes, fut amené en 1770.

Des rhinocéros sont figurés sur des médailles de Domitien, et sur les anciens pavés de Préneste.

On en a amené un à Londres en 1739, qui venait du Bengale. Son voyage avait coûté près de vingt mille francs, quoiqu'il n'eût que deux ans. On lui donnait pour nourriture sept livres de riz, trois livres de sucre par jour, du foin et de l'herbe fraîche autant qu'il pouvait en désirer. Il buvait énormément, il était assez calme à moins qu'on ne l'irritât ou qu'il eût faim : dans ce cas, il sautait avec fureur, poussait des hurlements affreux et frappait de sa corne contre les murailles de sa cage.

Quoique son aspect parût lourd, il s'agitait très brusquement et se montrait fort impatient. D'après les mémoires de sa traversée, il était de la taille d'une jeune vache.

Voici la description qu'en donne Parsons :

« Son corps était long et épais, sa tête massive, ses yeux fort petits, et ses narines basses. Sa lèvre supérieure était extensible et mobile à volonté, il pouvait saisir avec elle presque tous les objets, sa langue était douce, ses épaules larges et fortes, son cou court, son regard morne et stupide, son ventre gros et pendant presque à terre, ses jambes épaisses, massives. Sous les plis, sa peau était tendre et de couleur chair, mais celle du reste du corps était couverte de tubercules et de durillons. »

L'habitude du rhinocéros de se rouler constamment dans la fange et de se baigner plusieurs fois par jour, ramollit considérablement la peau dans les plis intérieurs et rend cette dernière plus accessible à la balle ou à la flèche dans les parties qui ne sont pas protégées par la cuirasse naturelle de la peau extérieure. L'animal est souvent rongé par des insectes qui s'installent entre les plis de la peau, et y déposent leurs larves. De là, ce besoin constant de se frotter et de se rouler dans la fange.

Ses intestins sont fort vastes, ils ressemblent à ceux du cheval, et son estomac à celui du cochon, la forme de ses excréments se rapporte à ceux du cheval.

Les cornets du nez sont fort vastes et communiquent avec des sinus nombreux, comme dans tous les animaux de la même famille; aussi leur odorat est extrêmement délicat. Mais la cavité du cerveau est fort étroite, à ce point que cette bête si puissante, qui pèse autant que trente-cinq à quarante hommes, n'a cependant que le tiers de la cervelle d'un seul homme; il ne faut pas chercher ailleurs la cause de leur stupide brutalité.

Ses yeux, placés très bas, sont enfoncés, petits, ternes et inanimés; ils n'expriment rien autre que la plus complète imbécillité.

La chair du rhinocéros est grossière et fibreuse, mais elle ne manque pas de saveur; elle est rouge comme celle du bœuf et a un peu le goût de celle du porc, elle fait d'excellent bouillon.

La chasse du rhinocéros se fait de plusieurs manières. J'indiquerai bientôt comment on s'empare de lui à Sumatra et au Bengale, d'après ma propre expérience. Les Hottentots tâchent de le surprendre pendant son sommeil, et le couvrent de flèches lui faisant d'un seul coup le plus de blessures possibles, puis ils se sauvent dans les broussailles et se cachent pour échapper au terrible réveil de l'animal; ils le suivent alors à la trace de son sang jusqu'à ce qu'il tombe de faiblesse et d'épuisement.

La peau de cet animal, quoique fort dure, n'est pas à l'épreuve des sagaies des Africains, qui savent très bien l'atteindre dans les endroits vulnérables. Il est très dangereux de s'exposer à la rencontre de cet animal; il se précipite sur le chasseur avec furie, le renverse, le perce de sa corne, et l'écrase en le piétinant sous ses pieds.

Comme il a le nez très bon, il faut éviter de se mettre sous le vent, car alors il remonte le vent et marche droit à son ennemi.

Cpendant, comme sa vue est très bornée et qu'il se retourne difficilement, les Abyssins, qui sont très lestes, évitent sa rencontre en faisant un crochet.

Certains chasseurs de cette nation, que l'on nomment *bekrouypers*, se glissent dans sa bauge en rampant, et d'un seul coup de lance porté au cœur, le blessent mortellement. D'autres, qu'on nomme

Le rhinocéros rend en Abyssinie les mêmes services que le bœuf. (Page 423.)

*agageurs*, c'est-à-dire coupe-jarrets, s'en rendent maîtres de la façon suivante :

Ils partent à deux sur un cheval qui leur servira à s'échapper dans le cas où ils viendraient à manquer leur coup. Quand ils approchent du lieu où le rhinocéros s'est remisé, ils quittent leur monture qui, bien dressée, restera immobile à attendre ses maîtres, et ils se rendent à la bauge du rhinocéros ; l'un se cache de côté en tenant à la main un sabre bien effilé, l'autre se présente de face et excite l'animal avec une longue lance.

Tandis que le grand quadrupède se lève furieux, s'arrête un moment pour fixer son adversaire avant de s'élancer sur lui, ce dernier fait un crochet rapide et s'échappe dans les broussailles, tandis que son compagnon met à profit le léger temps d'arrêt que prend le rhinocéros pour lui couper en deux coups de sabre, rapides comme l'éclair, les tendons des talons.

L'animal tombe sur le coup, veut essayer de se relever, de marcher; impossible, ses jarrets lui refusent tout usage. C'est en vain qu'il essaie de se traîner à l'aide de ses jambes de devant, tous ses efforts sont impuissants, et il ne peut que se rouler sur le sol, en creusant à coups de corne de longs sillons dans la terre. Les deux chasseurs reviennent alors sur lui et le tuent facilement.

Comme le rhinocéros fait une grande consommation de végétaux et d'eau, il ne peut demeurer que dans les lieux qui en sont abondamment pourvus. Il mange plus de cent quatre-vingts livres de nourriture par jour et boit plus de cent cinquante litres d'eau.

Il marche d'ordinaire tête baissée, labourant la terre avec sa corne, déracinant les arbres et jetant les pierres les plus grosses derrière lui. Quand il court, il porte la tête sur le côté, la queue dressée comme un taureau en furie.

Les femelles portent des cornes comme les mâles et sont de la même taille qu'eux, à ce point que l'aspect extérieur ne les distingue pas les uns des autres.

Les Africains et même les Asiatiques font le plus grand cas des cornes de cet animal, car elles passent parmi eux pour un antidote excellent contre les poisons.

D'après eux, les tasses que l'on fait avec cette matière ont la propriété de rendre inoffensives les liqueurs les plus venimeuses. Par contre, les manches de poignards, de sabres, de couteaux qu'on en fait donnent de la sûreté à la main. On ne manque jamais son homme avec une pareille arme.

Le sang de l'animal sert en Nubie et en Abyssinie à préparer des filtres destinés à une foule d'usages; ils guérissent les fièvres, les morsures de serpent, les blessures faites à la guerre. Quant aux dents et aux ongles des sabots, on en fait des gris-gris à ce point efficaces qu'ils préservent ceux qui les portent des fâcheuses rencontres, des méchantes aventures et même de la mort. A Siam, ces cornes sont tellement précieuses que le souverain de ce pays en envoya six à Louis XIV, comme étant ce qu'il y avait de plus rare dans ses États.

Il est un point sur lequel naturalistes et voyageurs ne sont point d'accord, c'est sur la question de savoir s'il est vrai qu'en Abyssinie le rhinocéros a pu être domestiqué et employé aux mêmes usages que le bœuf. Chardin est le premier qui ait rapporté le fait; mais, depuis, il a été souvent contredit. Nous ignorons si le fait est vrai pour la Nubie. Nous devons dire dans quelles circonstances nous avons été à même d'en recueillir la preuve.

A l'extrémité de la frontière méridionale de l'Égypte se trouve une vaste contrée qui longe le Nil, habitée par des populations de race berbère. Ces peuples se sont maintenus là malgré toutes les vicissitudes qui, depuis des siècles, ont pesé sur le pays. Refoulée tantôt par des envahissements au midi, tantôt par les conquérants de l'Égypte au nord, et les nomades des déserts à l'ouest et à l'est, cette race a été protégée surtout par l'aridité des rochers qu'elle habite; ses vainqueurs ne furent jamais tentés de lui disputer la propriété d'un sol aussi ingrat.

Elle habite entre les première et deuxième cataractes du Nil, entre Allonan et Senurch, et a conservé le type qu'on se fait des vieux Égyptiens. Elle porte le nom de Barabra.

La taille des Barabras est svelte et élancée, leurs membres sont généralement bien proportionnés, mais parfois grêles et amaigris, leurs jambes légèrement arquées révèlent l'habitude chez les deux sexes de s'asseoir dans la position accroupie de l'enfance, dans la posture que nous représentent les bas-reliefs antiques. Ils ont la peau très douce, la barbe rare, et la chevelure abondante.

Chose étrange, chez eux toute la sève paraît se porter vers la tête, dont la chevelure épaisse, sans cependant être laineuse semble une protection naturelle donnée à l'homme de ces climats contre les rayons perpendiculaires du soleil des tropiques.

Ils activent le développement de cette masse chevelue, et la rendent plus compacte à l'aide d'une sorte de pommade mêlée de graisse et de girofle. Cette coiffure, qu'ils dirigent avec art, est encore la même que celle que l'on trouve reproduite sur tous les monuments de l'antiquité. Il est impossible de ne pas voir là un fait perpétué par la tradition. La couleur de la peau chez les femmes Barabras, moins brune que celle de l'homme, présente une nuance jaunâtre que les peintures anciennes ont exagérée, mais qui est restée la même à travers les âges, preuve de la conservation de la race.

Ces femmes des bords du Nil font encore usage d'une sorte de collyre d'antimoine pulvérisé, qu'on appelle koël, dont elles se noircissent les cils, et qui sert à prolonger par une fente apparente l'ouverture de l'œil, genre de beauté qui a toujours été apprécié dans ces contrées.

Elles ont conservé l'habitude de se teindre les ongles et les mains et de se faire des dessins sur les bras et le menton au moyen d'une plante appelée *henné*.

Leurs parures consistent en colliers et bracelets, dont elles s'ornent le cou, les bras et les jambes, et en anneaux qu'elles portent aux mains. Quelquefois, elles se les passent dans une des narines du nez; mais cet ornement paraît être réservé aux femmes de certaines classes de la population, car on le voit très rarement porté.

Les enfants vont généralemeut nus, jusqu'à l'âge de la puberté, époque à laquelle on leur fait porter une sorte de ceinture du nom de rabau, de laquelle pendent des lanières de cuir ou des tresses de fil ornées de coquillages; on les couvre d'amulettes et de gris-gris, destinés à les préserver des maladies de l'enfance.

Le costume des hommes se réduit à une large chemise de toile ou de laine, pour l'intérieur de l'habitation. Quand ils sortent, ils se drapent une pièce d'étoffe sur les épaules et autour du corps, à l'instar de la toge antique.

La plupart portent pour armes une lance et un poignard, dont la gaîne est attachée au bras gauche.

Par suite de leur isolement, les Barabras conservèrent leurs mœurs et leurs caractères particuliers. Leur probité et leur fidélité à toute épreuve, sont encore vantées aujourd'hui, au Caire aussi les emploie-t-on de préférence aux Arabes leurs voisins, pour tous les postes de confiance, tels que la garde des bazars, des maisons, des harems.

Ils sont à l'Égypte ce que sont à la France les Savoyards et les Auvergnats, et à l'Espagne les Galliciens, moins les formes extérieures du corps cependant: car dans leur manière d'être, leur port habituel, ils ont quelque chose d'efféminé, qu'on ne rencontre pas dans le nord de l'Égypte, mais qu'on trouve au plus haut degré chez la plupart des populations plus méridionales des rives du Nil.

Les passe-temps des Barabras sont les récits des conteurs ou rapsodes qui improvisent des chants sur les vieilles légendes héroïques du pays, en s'accompagnant d'une lyre à six cordes, de tout point semblable à celles qu'on trouve dans les hypogées. Les Barabras ont un attachement singulier pour leur sol, ils ne s'en éloignent qu'avec regret et jamais sans esprit de retour. Ils n'ont aucune disposition pour le commerce, et quand la nécessité les force à quitter leur pays, ils remontent le Nil, s'en vont au Caire, à Alexandrie, exercer les professions de portefaix, commissionnaires, hommes de peine, mais dès qu'ils ont amassé quelque petit pécule, ils se hâtent de revenir dans leur pays pour s'y marier et ne plus le quitter.

Au point de vue ethnographique, ce peuple ne ressemble en rien à l'Arabe et ne s'est jamais fondu dans les races différentes, qui ont occupé les rives du Nil.

Cette fixité dans les mœurs et toutes les ressemblances frappantes entre les coutumes actuelles des Barabras et les anciennes mœurs de l'Égypte relevées par Champollion le jeune, m'avaient inspiré le plus vif désir d'aller visiter cette curieuse contrée. Je profitai d'un voyage que je fis en Égypte il y a quelques années pour donner satisfaction à ce désir. J'étais aussi attiré par le désir d'enrichir mes collections zoologiques d'animaux rares dont la contrée est abondamment pourvue.

En effet, outre les grands quadrupèdes, tels que l'éléphant, le rhinocéros, l'hippopotame, on trouve encore en Nubie, le lion, la panthère, la girafe, l'autruche, l'ours, la hyène, l'onagre, le zèbre, la gazelle, l'antilope, le fennec avec oreilles immenses, la civette, l'ichneumon, de grandes quantités de babouins et de cynocéphales. Les oiseaux, les reptiles, les insectes les plus divers y pullulent, c'est une riche terre pour le naturaliste.

Je louai donc une dabieh au Caire, sorte d'embarcation assez vaste, munie d'une cabine, dont on se sert pour les voyages sur le Nil. Ce qui n'avait pas peu contribué à me décider à ce voyage, c'est que j'avais avec moi un domestique nubien qui me servait depuis plusieurs années dans l'Inde. Il se nommait Amoudou et était d'une fidélité à toute épreuve, et ce qui le rendait doublement précieux pour moi, c'est qu'il parlait non seulement l'arabe, mais encore tous les dialectes en usage le long du Nil.

Dans son enfance, il avait suivi son père, qui était conducteur de caravanes, d'Égypte en Abyssinie.

J'avais formé le projet d'aller d'abord jusqu'à Assouan et Philé, où se trouve la première cataracte, et où commence le pays des Barabras. Une fois là, les circonstances devaient décider de la suite à donner à mon voyage.

Assouan est à environ cent soixante-quinze lieues du Caire, et en ne voyageant pas la nuit il me fallait de vingt-cinq à trente jours pour remonter le Nil. Je n'avais guère que trois mois à consacrer à ce voyage, et si le retour devait s'effectuer beaucoup plus vite, six semaines de séjour ne devaient pas être de trop pour étudier la contrée que je désirais visiter.

Je ne décrirai pas mon voyage le long du Nil, j'ai sur ce sujet des notes complètes que je me propose de publier, et qui seront mieux à leur place dans un volume spécial de voyage. Cependant, je dois dire que j'ai passé sur le grand fleuve égyptien trois des mois les plus heureux de ma vie.

Ce pays plein de ruines et de souvenirs fait réellement rêver : Gizeh, Medinet, Mimieh, Melaoui, Mansalout, Tahtoh, Girgeh, Kévéh, Esvé, Edfon, Assouan, autant d'étapes de cette vieille terre des Pharaons, qui avec leurs colonnes tronquées, leurs sphinx rêveurs, leurs temples antiques, nous font songer à cette civilisation qui dort d'un éternel et mystérieux sommeil sur les rives du fleuve, père nourricier de l'Égypte.

Quelle moisson abondante d'observations diverses n'ai-je pas faite dans cette vieille contrée dans laquelle l'antique Égypte semble s'être conservée vivante encore.

C'est bien au-dessous d'Assouan et de la première cataracte que j'ai été témoin du fait que je désire faire connaître à propos du rhinocéros.

Un jour je faisais la sieste dans la petite cabine de ma dabieh, lorsque je fus assailli par de grands cris poussés sur le rivage par des enfants Barabras, et au même instant, Amoudou pénétrait près de moi.

— Qu'y a-t-il? fis-je à mon Nubien.

— Venez voir, maître, me répondit-il, venez voir la mauvaise bête apprivoisée.

— Quelle mauvaise bête?

— La mauvaise bête qui a une longue corne sur le nez.

Je quittai l'embarcation et je gagnai la terre ferme, une simple planche unissait ma dabiah au rivage. Quel ne fut pas mon étonnement d'apercevoir un rhinocéros, conduit par une troupe d'Abyssins, qui accomplissait des tours ni plus ni moins qu'un chien dressé.

Il se levait sur ses pattes de derrière, se couchait, se relevait, dansait au commandement, en poussant quelques petits grognements qui n'avaient rien de terrible; je m'empressai d'interroger ses conducteurs, et tous m'affirmèrent à différentes reprises que le rhinocéros était domestique dans le sud de l'Abyssinie, et qu'il rendait dans ce pays les mêmes services que le bœuf.

---

## L'HIPPOPOTAME

L'hippopotame des deux mots Grecs ἵππος ποτάμος, cheval de rivière, est un mammifère que Cuvier range dans la seconde famille des pachydermes.

Le contraste de ce nom « cheval de rivière » avec la physionomie de l'animal a entraîné dans une foule de contradictions la plupart des auteurs qui en parlèrent sans l'avoir vu, par la nécessité où ils se crurent de lui donner quelques traits qui rappelassent le cheval.

Ainsi, Hérodote lui donne une queue de cheval, Aristote une crinière, la taille d'un âne et le pied bisulce. Pline ajoute qu'il est couvert de poil comme le veau marin.

Ce qu'il y a de plus plausible sur l'étymologie du nom de cet animal, c'est, comme l'a observé Diodore de Sicile qui a donné de cet animal la meilleure description entre tous les anciens, qu'il lui sera venu de la ressemblance de sa voix avec le hennissement du cheval.

Un grand nombre de voyageurs, entre autres, Merolla, Sebanter et Adanson, sont d'accord pour attribuer ce son de voix à l'hippopotame. Ce dernier même prétend qu'elle est si forte qu'on l'entend très distinctement à un bon quart de lieue.

D'après Prosper Alpin, c'est l'opinion populaire des gens de l'Égypte, et un passage d'Abdallatif nous montre que cette opinion était encore répandue dans la contrée à une époque où cet animal devait être encore très fréquent dans les rivières du Delta du Nil.

Cependant, je suis porté à croire que les hippopotames ne furent jamais bien nombreux sur le cours inférieur de ce fleuve, entre les cataractes et la mer, car on ne rencontre guère la figure de cet animal dans les hiéroglyphes de l'Égypte, il n'est même pas sûr qu'on puisse relever un seul signe rappelant cet animal entre Assouan et le Delta, dans les nombreux temples qui existent dans cette partie égyptienne de la vallée du Nil.

On ne connaît que la figure que Hamilton prétend avoir copiée dans les grottes de Benir-Hassan, et citée par Cuvier.

Ce qui tendrait à le prouver encore, c'est sa rareté dans les jeux des Romains. On en cite un d'après Diodore de Sicile sous l'édilité de Scaurus, un autre au triomphe d'Auguste sur Cléopâtre, d'après Dion Cassius, et enfin un autre dans les jeux d'Antonin, avec des tigres et des crocodiles, d'après Jules Capitolin.

Dion prétend que Commode en tua cinq en une seule occasion ; Héliogabale et Gordien III, d'après Lamprède et Jules Capitolin, en auraient également montré un dans les jeux, et un dernier est signalé sous Carin, par Calpurnius.

C'est peu comme on le voit pour un peuple qui a fait une si grande consommation de tigres, de lions, de panthères et d'éléphants.

Ammien Marcellin, cet historien si exact, dit que sous l'empereur Julien, l'hippopotame n'existait plus en Égypte, et Oppien, quelque temps auparavant, ne lui donnait déjà plus que l'Éthiopie pour patrie.

Enfin une dernière preuve de la rareté de l'hippopotame en Égypte au temps de la prospérité de ce pays, sous les Ptolémées et les Romains, c'est qu'il n'est figuré que sur des médailles d'Adrien qui remonta le Nil jusqu'aux cataractes, sur la mosaïque de Palestrina, où l'intention évidente est d'offrir un tableau de la nature vivante au delà du tropique, et sur la plinthe de la statue du Nil, ouvrages qui paraissent avoir eu pour objet de consacrer le souvenir du voyage d'Adrien dans l'Égypte supérieure, comme plusieurs autres monuments rappelaient aussi ses voyages dans tout l'empire, auxquels ce prince employa dix-sept années de son règne.

Pas un seul pour ainsi dire des animaux représentés sur la mosaïque de Palestrina n'est égyptien, sauf le crocodile, qui est encore plus répandu dans le Nil supérieur. L'hippopotame y est parfaitement représenté soit à terre, soit dans l'eau.

Cette curieuse mosaïque exprime très fidèlement surtout l'habitude qu'a l'hippopotame quand il est à la nage, de se laisser aller au courant, ne montrant que le haut de la tête où culminent ses oreilles, ses yeux, ses narines, pour pouvoir à la fois respirer, écouter et voir.

Un fait très curieux, c'est qu'à la fin du XIIe siècle, époque où Abdallatif, médecin arabe de Bagdad, parcourut l'Égypte, sous les auspices de Bohadin, vizir de Saladin, les hippopotames paraissent avoir reparu dans le Delta, ce qui suppose que, dans les temps antérieurs,

Il poursuit les barques, les fait chavirer... (Page 427)

les révolutions si fréquentes et l'occupation du pays par les Arabes, avaient beaucoup dépeuplé les bords du Nil.

Ce passage d'Abdallatif mérite que nous le rapportions, à cause de la justesse des observations pour ainsi dire officielles qu'il s'était procurées.

« L'hippopotame, dit-il, se trouve dans la partie la plus basse du fleuve, près de Damiette.

« Très gros, d'un aspect effrayant, d'une force surprenante, il poursuit les barques, les fait chavirer, et dévore ce qu'il peut atteindre de l'équipage. Il ressemble plus au buffle qu'au cheval ; sa voix rauque tient du cheval ou plutôt du mulet.

« Sa tête est très grosse, la bouche très fendue, les dents très aiguës, le poitrail large, le ventre proéminent, les jambes courtes. »

Puis, parlant de deux individus de cette espèce qui avaient été transportés au Caire de la rivière de Damiette, où ils n'avaient pu être tués que par des noirs de Maris en Nubie, dans le pays desquels cet animal est très connu, il ajoute :

« Que leur peau était très noire sans poils, très épaisse, que leur longueur du museau à la queue, était de dix pas moyens, leur grosseur trois fois celle du buffle, leur cou et leur tête dans la même proportion qu'à cet animal ; que le devant de la bouche était garni au bout et au bas de six dents ; que les extrêmes latérales avaient une forte demi-coudée de long, et les mitoyennes un peu moins ; que les côtés des mâchoires offraient chacun une rangée de dix dents de la grosseur d'un œuf de poule ; que la queue longue d'une demi-coudée, n'était que grosse comme le doigt et sans poils ; que les jambes n'avaient pas plus d'une coudée un tiers ; que le pied semblable à celui du chameau, était divisé en quatre sabots ; qu'enfin le corps était plus gros et plus long que celui de l'éléphant. »

Sauf le nombre de dents — dont l'erreur s'explique, à la mâchoire supérieure surtout, par les doubles saillies que forment latéralement les deux paires de collines de chaque dent, et les deux paires de trèfles, de la couronne avec les trois dernières molaires, ce qui au cas où l'azurus est avancée, peut aisément en imposer — la description du médecin arabe est sans contredit la meilleure qui ait été donnée jusqu'à lui, de l'hippopotame.

Enfin, Abdallatif ajoute que les chasseurs qui ont l'habitude de les dépecer et d'ouvrir leur corps, avaient trouvé son organisation si semblable à celle du cochon, qu'il n'en différait que par les dimensions. Le naturaliste Daubenton qui a dessiné les viscères d'un fœtus, a trouvé qu'ils soutenaient les plus étroits rapports de ressemblance avec ceux des pecari; ressemblance qui dans l'adulte devient plus grande encore probablement avec le cochon : car, ainsi que Cuvier lui-même l'a observé, l'ensemble de son ostéologie a les plus grands rapports avec celle de cet animal.

Léon l'Africain, qui avait pourtant passé quatre années sur les bords du Niger et qui avait été aussi en Égypte, n'en parle que très vaguement sous les noms de cheval et de bœuf marin.

Il dit avoir vu au Caire un individu de cette espèce qui était grand comme un veau de six mois. On le menait en laisse, il avait été pris près d'Esveh à quatre cent milles au-dessus du Caire.

C'était évidemment un très jeune hippopotame. Il dit que cet animal habite le Nil et le Niger.

Prosper Alpin vit au Caire une femelle et un fœtus empaillés par ordre du pacha pour être envoyés au sultan; il en fait la description en leur donnant le nom de cheropotame. Il prétend que c'est bien là l'animal qui serait représenté sur la statue du Nil à Rome, parce que les dents ne ressortent pas, tandis que chez l'hippopotame les dents ressortiraient de la mâchoire, comme chez le sanglier.

Et pour prouver son dire, que les dents de l'éléphant ne peuvent pas rester cachées sous les lèvres, il cite Pausanias qui, dans ses *Arcadiques*, rapporte que la figure d'une statue d'or de Cybèle, à Proconnèse, était faite de dents d'hippopotame en place d'ivoire.

Aussi, dit Alpin, les Arabes l'appellent-ils éléphant de rivière.

A ce propos, il loue beaucoup Mathiole d'avoir, par ce même motif que les dents ne se montrent pas, nié pour appartenir à l'hippopotame les figures de la plinthe de la statue du Nil.

Il ajoute que son cheropotame a, comme l'hippopotame, la taille de l'éléphant.

Buffon et Daubenton n'ont pas eu de peine à prouver que cheropotame et hippopotame, ne faisaient qu'un, et n'avaient jamais été séparés que dans l'imagination d'Alpin.

Cela n'a pas empêché l'Allemand Hermann de prendre les récits romantiques de ce voyageur au sérieux.

Vingt ans après le départ d'Égypte de Prosper Alpin, Zerenghi, chirurgien de marine en Italie, rapporta deux peaux d'un mâle et d'une femelle qu'il avait fait tuer près de Damiette.

Buffon eut la sagacité de reconnaître immédiatement l'hippopotame dans la description qu'en donne ce chirurgien, et qui est fort exacte.

Zerenghi rapporte qu'Aldovrande et Aquapendente furent les seuls qui reconnurent l'hippopotame sur ces dépouilles, malgré l'opinion qui avait prévalu et qui récusait les animaux de la plinthe de la statue du Nil pour des hippopotames.

Aussi observe-t-il que l'hippopotame n'a pas les dents saillantes hors de la gueule; que, quand la bouche est fermée, elles sont toutes, malgré leur grandeur, cachées sous les lèvres. Il donne ensuite des mesures très exactes des dimensions et proportions du corps.

Après lui, Belon nous a donné quelques détails sur cet animal, mais il le représente avec des dents de cheval, ce qui fait douter qu'il ait vu cet animal. L'autorité de Falines Calavava sur cette matière, est repoussée par Buffon, qui déclare que ce qu'il avait dit de l'hippopotame n'était ni original, ni moral, ni sincère. Enfin, après avoir nié même la bonne foi de cet écrivain, il montre que c'est la description de Zerenghi qui doit être préférée à toute autre.

Ce voyageur dit avoir trouvé quarante-quatre dents à ses hippopotames. Buffon, dans le tome III de son supplément, fixa ultérieurement à six molaires pourtant le nombre des dents de l'hippopotame. Contradictoirement à une observation de Klokner qui n'en trouva que cinq à chaque rangée, dans un individu envoyé du Cap en Hollande.

Cela vient simplement de ce qu'en raison de son âge, la dernière molaire n'était pas encore sortie.

Klokner observe encore en cette occasion que les lèvres recouvrent tout à fait les canines et les incisives, et tout ce qu'il dit de la peau et des poils est de la plus grande exactitude.

Ainsi donc, Buffon avait parfaitement déterminé le genre de l'hippopotame sans s'expliquer, ni même paraître avoir de soupçon sur l'unité de l'espèce.

En 1821, Cuvier commence le chapitre des hippopotames en disant : « L'hippopotame a été toujours et est encore jusqu'à un certain point celui de tous les grands quadrupèdes dont on a le moins connu l'histoire et l'organisation »

En effet, on n'avait guère, à l'époque du grand naturaliste, sur les mœurs de cet animal plus d'informations que n'en avait rassemblé Buffon.

Comme à son ordinaire, Cuvier décrit l'ostéologie de l'hippopotame du Cap, avec une précision indispensable à l'objet de ses recherches qui est de déterminer l'identité ou la disparité des espèces vivantes avec les espèces fossiles.

Après une revue des lieux d'où sont venus les hippopotames dont on possède les peaux et les squelettes, il observe qu'en Égypte, il n'y a plus aujourd'hui de ces animaux, même au-dessus des cataractes; il faut aller beaucoup plus loin dans la Nubie méridionale, en Abyssinie, dans les contrées africaines qui sont au sud de l'Atlas, au Sénégal et au Cap, pour en rencontrer quelques-uns.

Et encore, au Sénégal, doivent-ils être beaucoup plus rares qu'au Cap, vu l'impossibilité où on a été jusqu'à ce jour, d'en obtenir de cette contrée, malgré les ordres du ministre de la marine.

On sait, en outre, par une foule de voyageurs, qu'il y en a de grandes quantités en Guinée et au Congo.

Bruce assure qu'ils sont très nombreux dans le Nil abyssinien et le lac de Trava. Levaillant en a vu dans toute la Cafrerie.

L'Afrique australe en est donc peuplée à peu près partout.

Ici, se présente la question de savoir s'il n'y en a pas dans les autres parties du monde. Les anciens ont été partagés sur ce point.

Néarque et Eratosthène nient déjà qu'il y en ait eu dans l'Indus, bien qu'Onésicrite l'eût affirmé.

Pausanias est d'accord avec les deux premiers.

Philostrate et Nonnus sont d'un avis contraire. Buffon a récusé l'autorité de Michel Boyne qui, dans sa *Flora sinensis*, place de ces animaux en Chine; il rejette également le passage d'une lettre d'Alexandre qui en attribue à l'Indus.

Cuvier rejette également l'autorité de Linné et il dit que c'est sans preuve suffisante que ce naturaliste attribue des hippopotames à l'Asie.

Cependant Mardsen, dans son histoire de Sumatra, affirme, d'après le rapport et les dessins de Watfeldt, officier hollandais employé à surveiller la côte, que ce dernier avait rencontré l'hippopotame vers l'embouchure d'une des rivières méridionales de l'île. En outre, la Société de Batavia, dans le tome I^er de ses Mémoires, publié en 1799, compte l'hippopotame au nombre des animaux que produit Java, et lui donne même le nom malais de couda-ayer ou kiëda-ayer.

La même société affirme que cet animal existe également à Sumatra, et qu'il y est connu sous le même nom.

Mais à ce propos, Cuvier se demande si l'animal dont on a voulu parler est bien l'hippopotame, et s'il ressemble à celui d'Afrique, et il émet l'opinion que cette hypothèse serait peu d'accord avec ce qu'on sait de la répartition des grandes espèces.

La suite de cette étude montrera combien est peu probable cette identité pour le moment : nous suivons historiquement la nomenclature de toutes les idées et de toutes les opinions qu'on a émises sur ce curieux animal.

Le grand Cuvier se demande à propos du prétendu hippopotame de Java, si ce ne serait pas le même mammifère que celui décrit par Niewboff sous le nom de *saccotero*, et qu'il nous représente avec une queue touffue, des défenses sortant de dessous les yeux, et qu'il dit être de la taille d'un bœuf, en ajoutant que l'animal était très rare. La figure qu'il en donne est assez semblable à celle de l'hippopotame, et ce n'est pas malin, car nous sommes encore en présence d'une œuvre d'imagination pure.

Nous ne posons plus aujourd'hui la même question que Cuvier, nous savons que l'hippopotame n'existe ni à Java ni à Sumatra, et que le fameux *saccotero* n'existe pas plus que le Phénix antique qui se préparait lui-même son bûcher, s'y brûlait, et renaissait de ses propres cendres.

Duvaucel et Diard qui ont parcouru une grande partie de Java et de Sumatra, qui même y ont découvert une nouvelle espèce de rhinocéros et un tapir particulier, n'ont pu y rencontrer ni l'hippopotame, ni le fameux saccotyro.

Après avoir décrit le squelette de l'hippopotame adulte, apporté du Cap par Dalalande, et confirmé par cette description toutes les déterminations qu'il avait auparavant déduites de ce que l'on possédait de parties de squelette et surtout du squelette d'un fœtus, qu'il avait fait préparer exprès, Cuvier commence la deuxième section de son chapitre en disant : « On ne connaît *jusqu'à présent* qu'une seule espèce vivante d'hippopotame. » Si différent en cela de ces petits esprits qui se donnent du savant entre eux, et bornent la science à leurs observations, n'admettent pas que d'autres qu'eux puissent découvrir quelque chose, le grand naturaliste ne cherchait pas à tracer une limite à la nature.

Quelques années après, en effet, le squelette d'un hippopotame adulte, aussi bien préparé que celui du Cap, arrivait du Sénégal au Museum. Or, par l'examen comparatif que Desmoulins fit des deux squelettes dans leurs caractères les plus saillants, il résulte que l'espèce du Sénégal n'était certainement pas la même que celle du Cap.

Nos lecteurs nous sauront gré de leur faire connaître les caractères différentiels des deux espèces, d'après une notice communiquée par le naturaliste que nous venons de citer à l'Académie des sciences.

Dans l'hippopotame du Cap, la crête sagittale est au moins le cinquième de la distance de la crête occipitale au bout des os du nez ; elle n'en est tout au plus que le sixième sur l'espèce du Sénégal qui est cependant beaucoup plus grande.

Les incisives d'en bas sont bien plus arquées, et les incisives majeures, bien plus proclives dans l'hippopotame du Cap que dans celui du Sénégal.

Les canines ne s'usent pas non plus de la même manière dans les deux espèces, ce qui nécessite un mécanisme différent dans le jeu de la mâchoire, la figure de son articulation et le jeu des muscles.

Dans l'hippopotame du Sénégal, la canine supérieure est usée sur la moitié de sa longueur et use l'inférieure un peu plus bas que la demi-hauteur de celle-ci, de sorte que la pointe ou le tranchant de cette canine reste à un pouce de distance du bord de l'alvéole supérieure, tandis que dans celui du Cap, cette pointe dépasse d'un pouce le bord supérieur de la tubérosité que forme cette alvéole à côté des narines.

Aussi, la canine inférieure est-elle à proportion un tiers plus longue dans l'espèce du Cap ; or, à cause de cela, la canine supérieure réciproquement plus courte n'a le bord de son biseau usé qu'à deux lignes de l'alvéole, et le bord inférieur à deux pouces.

Si l'on veut avoir une idée très exacte de ces rapports, on n'a qu'à consulter la figure première, planche deuxième, tome premier des Ossements fossiles de Cuvier, où la tête de l'hippopotame du Cap est parfaitement rendue.

Et ce degré d'usure des canines de l'espèce du Cap, ne dépend pas de l'âge, car l'individu est plus jeune que celui du Sénégal, comme le montre l'intégrité presque entière de sa dernière molaire, très usée au contraire dans celui du Sénégal.

Le plan sur lequel s'use les canines est donc beaucoup plus incliné dans l'hippopotame du Sénégal que dans celui du Cap.

La suture du jugal avec l'os zygomatique rectiligne dans l'hippopotame du Sénégal, se termine dans la cavité glénoïde, à un demi-pouce au-dessous du bord inférieur de cette cavité, de sorte que le bout du jugal fait partie de l'articulation maxillaire dans la proportion de ce demi-pouce de hauteur, tandis que dans l'espèce du Cap,

Il se nourrit de cannes à sucre, de joncs... (Page 437.)

la pointe du jugal terminée en biseau s'arrête à un pouce en avant du bord extérieur de la cavité glénoïde.

L'échancrure de l'angle costal de l'omoplate, si prononcée dans l'hippopotame du Cap, est à peine sensible dans l'hippopotame du Sénégal dont la proportion de taille est cependant d'un neuvième plus forte.

L'échancrure que l'on voit ainsi sur celui du Cap entre l'apophyse caracoïde, et la cavité glénoïde, n'existe pas dans le *Senegalensis hippopotamus.*

La ligne âpre qui prolonge le bord externe de la poulie rotulienne du fémur, est fortement échancrée sur le condyle externe dans celui du Cap ; cette échancrure manque dans celui du Sénégal ; enfin le bord pubien du détroit supérieur du bassin, échancré au milieu par deux éminences aléo-pectinées dans le *Capensis* est droit dans le *Senegalensis* où il n'y a pas même de traces de ces éminences ni de la saillie et de la symphyse pubienne qui divise l'échancrure.

Un autre ordre de différences purement mécaniques dans les rapports de la mâchoire inférieure avec le crâne explique la différence de l'usure des canines.

L'on croirait aisément que sans changer la position ni la forme de point d'appui d'un levier, les effets de mouvements seront extrêmement variables, selon la longueur, la direction, la rectitude ou les courbures du bras de ce levier. Or, les deux hippopotames vivants offrent de telles différences dans la position des points mobiles des muscles qui meuvent la mâchoire inférieure sur le crâne, qu'il n'est pas possible que les effets du mouvement observable sur la tête osseuse, savoir l'usure des dents les plus saillantes, les canines et les incisives, se ressemblent dans les deux espèces.

Ainsi, tout étant égal dans la longueur du crâne depuis l'occiput jusqu'au bout des naseaux, dans la largeur de l'occiput, dans la plus grande convexité des arcades zygomatiques, dans l'écartement des points les plus voisins et les plus distants des condyles maxillaires, le plan que représente chaque branche du maxillaire est d'au moins quinze degrés dans le *Senegalensis*, plus oblique en dehors que dans le *Capensis;* il en résulte que la grande fosse où s'insère le masseter présente des insertions plus nombreuses et plus rapprochées de la perpendiculaire aux fibres de ce muscle, et, réciproquement, que les fibres du temporal et du ptérigoïdien externe, insérées à la convexité de la face opposée, agissent, surtout les plus longues, par réflexion, ce qui augmente de beaucoup leur effet. Et comme le crochet qui termine en amont la fosse massetérienne est d'un pouce plus long dans le *Senegalensis* que dans le *Capensis*, il en résulte une plus grande facilité de porter en avant la mâchoire pour les fibres du masseter dirigées d'avant en arrière de l'arcade zygomatique sur le maxillaire.

Cette différence dans l'usure des dents, étant l'expression d'une modification dans le mécanisme des muscles et dans la sculpture osseuse de la mâchoire inférieure, devient un excellent caractère spécifique auquel se rattachent d'autres différences également importantes dans la figure et les proportions des autres parties du squelette, différences aussi accentuées que celles que nous venons d'indiquer, et qui nous suffisent pour bien établir que les hippopotames du Cap et les hippopotames du Sénégal n'appartiennent pas à la même espèce. Toutes ces différences entre ces deux hippopotames vivants sont beaucoup plus grandes que celles que nous allons indiquer, d'après Cuvier, entre l'hippopotame du Cap et l'hippopotame fossile.

Il n'est cependant personne, ayant la moindre notion de la fixité des formes et de la valeur des caractères que donnent ces formes dans l'anatomie comparée des os, qui puisse douter de la certitude de la séparation de l'hippopotame fossile d'avec celui du Cap

A plus forte raison, dès lors, ne doit-on pas hésiter à reconnaître deux espèces différentes dans le *Senegalensis* et dans le *Capensis*.

On remarque principalement dans la construction du squelette de l'hippopotame :

1° Que tout le chanfrein est en ligne droite, depuis la crête occipitale jusqu'au bord antérieur des naseaux.

2° Que les voûtes orbitaires sont très saillantes en deux sens, savoir : au-dessous de cette ligne droite, et en dehors de la ligne moyenne, de manière que les yeux sont les points les plus culminants du front, et en dedans de la ligne moyenne, de manière que les axes des orbites font une croix avec cette ligne.

3° Que le museau, presque cylindrique au devant des orbites, s'élargit au cinquième antérieur de la tête presque subitement en quatre grosses boursoufflures demi-mitoyennes pour contenir les alvéoles des incisives, demi-latérales pour l'alvéole de la canine.

4° Que les fosses temporales sont si encavées, que le crâne, plus étroit encore que la portion moyenne de la face, n'a pas le tiers du diamètre compris entre les deux arcades zygomatiques, et que l'occiput, presque vertical et à crête saillante au-dessus du vertex, est élargi de chaque côté par la soudure du mastoïdien, d'où résulte une vaste surface d'implantation pour les muscles cervicaux, surface dont le plan vertical favorise encore l'application de la puissance musculaire.

5° Qu'enfin, à cause de ce relèvement des orbites en dehors et de la crête occipitale en arrière, le frontal est très concave entre les deux orbites.

Une différence frappante existe pour la couleur de la peau, entre les deux hippopotames du Muséum d'histoire naturelle de Paris, tous deux venus du Cap.

L'ancien, celui préparé en Hollande par Klockner, est d'un beau noir; l'autre, apporté et préparé par Delalande, est d'une couleur tannée passant au roux. Malgré la grande différence de ces couleurs, il était plausible de les attribuer au mode de préparation; mais le voyageur Cailliaud assure avoir également observé dans les hippopotames qu'il a vus, soit dans le Nil, soit dans le Babr-el-Abiad ou Nil Blanc, cette même différence de couleur; il y a dans ce fleuve des hippopotames d'un beau noir d'ardoise, d'autres d'un roux tanné.

Ces différences l'avaient porté à croire à l'existence de deux espèces, ou tout au moins à la différence de couleur selon les sexes. Mais l'hippopotame pris dans la rivière de Damiette, lors du retour au Caire de ce voyageur, était noir et de sexe mâle, et comme l'hippopotame roux du Cap, tué par Delalande, est mâle, il s'ensuit que ces différences ne dépendent pas du sexe.

Si ces couleurs sont des distinctions spécifiques, il y aurait donc deux espèces d'hippopotames dans l'Afrique australe et dans le Nil. Zerenghi, dans sa notice publiée par Buffon, dit que la couleur de son mâle et de sa femelle était obscure et noirâtre, et Aldovrande dit, d'après Colomna, qui n'avait vu que les peaux salées, qu'elles étaient *pullo colore*.

Il faudrait donc admettre au moins une variété dans l'espèce du Nil, soit que cette espèce dût être rapportée à l'une des deux autres, soit qu'elle dût, comme cela semble vraisemblable, en constituer une troisième.

Comme on ne connaît que le squelette de l'hippopotame du Sénégal et qu'il n'a pas été possible depuis de s'en procurer de vivants, on n'a pu encore déterminer exactement la couleur de l'animal.

Pour ceux du Nil et du Cap, on a pu en observer depuis différents spécimens vivants dans les muséums d'Europe, sans pouvoir se prononcer cependant d'une façon définitive sur la couleur du pelage de ces animaux.

Par exemple, ceux qu'on a vus à Paris avaient le pelage de couleur noire ardoisée ; mais cela ne prouve pas que dans les eaux du fleuve Blanc on n'en peut trouver au pelage marron.

Quant aux mœurs de cet animal à l'état sauvage, leur description sérieuse, scientifique, définitive est encore à écrire, car il existe sur ce point une foule d'observations de voyageurs dont beaucoup se contredisent.

Le navigateur anglais Rogers en a observé un grand nombre pendant une relâche dans la baie de Natal, sur les côtes de la Cafrerie; nous allons donner un abrégé des détails qu'il en rapporte.

L'hippopotame est d'ordinaire très gras et fort bon à manger; il paît sur les bords des étangs et des rivières, dans les endroits humides et marécageux, et se jette à l'eau dès qu'on l'attaque; lorsqu'il est dans l'eau, il plonge jusqu'au fond et y marche comme il ferait sur un terrain sec, même avec plus de vitesse. Il court presque aussi vite qu'un homme, mais si on le poursuit, il se retourne pour se défendre; il se nourrit de cannes à sucre, de joncs, de riz, de millet, et l'on conçoit qu'un aussi énorme animal en consomme d'immenses quantités et cause d'énormes dommages aux champs qui sont à sa portée. On dit aussi qu'il se nourrit de poissons; mais cela n'est ni prouvé, ni même probable.

On a voulu raconter aussi qu'il tuait des hommes et des animaux pour s'en repaître; ce sont des fables, et tout porte à croire que cet animal n'est qu'herbivore.

Le capitaine Covent, qui en a observé un certain nombre sur la côte du Loango, en vit un soulever avec son dos la chaloupe d'un vaisseau, la renverser avec six hommes qui étaient dedans, et auxquels il ne fit aucun mal.

Ce même voyageur ajoute, chose extraordinaire, qu'il y avait trois hippopotames qui infestaient cette baie à chaque nouvelle lune.

Kolbe dit aussi qu'il se retire également à la mer, mais ces assertions sur les habitudes marines de l'hippopotame auraient besoin d'être vérifiées.

Delalande dit qu'il reste fort longtemps sous l'eau, et qu'il ne reparaît souvent à la surface qu'à perte de vue du lieu où il a plongé. Le même capitaine Covent assure en avoir vu rester une demi-heure sous l'eau. Quand il est en sécurité, il nage la tête à fleur d'eau. Quand il dort, il ne tient également que les sommités de la tête hors de l'eau.

Cette espèce est devenue très rare dans les rivières du Cap et la chasse en est interdite; elle se tient par troupes de huit à dix, mais les membres de cette petite tribu vivent accouplés.

Un fait assez singulier c'est que chaque fois qu'on en a tué en Égypte ou en Nubie près du Nil ou dans les eaux de ce fleuve, presque toujours ces animaux étaient deux ensemble, mâle et femelle

On a vu plus haut qu'il existe au Cap des hippopotames de deux couleurs, mais la plus commune sont les noirs, car sur plus de quarante hippopotames que Cailliaud a vus dans le Nil, il n'y en avait que deux roux.

Ils sont très communs sur la côte de Mozambique : on en a rencontré à toutes les embouchures des fleuves.

Voilà à peu près tout ce que que l'on savait sur l'hippopotame, dans l'antiquité et au temps de Buffon, de Cuvier, de Desmoulins de Delalande et du voyageur Cailliaud.

Nous sommes beaucoup plus avancés aujourd'hui sur les mœurs et les coutumes de ce singulier et un peu mystérieux animal. Nous allons achever de nous mettre en règle avec la notice scientifique pure que nous lui consacrons, puis après nous essayerons de tracer cette description sérieuse, exacte, et en même temps pittoresque de cet amphibie, que nous avons déclaré plus haut n'avoir pas encore été écrite.

D'après ce que nous venons de dire, il y a trois espèces d'hippopotames :

1° L'hippopotame du Nil;

2° L'hippopotame du Cap;

3° L'hippopotame du Sénégal.

Il n'existe d'hippopotames dans aucune autre partie du globe que l'Afrique. Toutes les relations des voyageurs, indiquant qu'ils auraient rencontré cet animal soit en Asie, soit dans l'Inde, soit dans les grandes îles de la Sonde, ne sont que des récits d'imagination, fabriqués la plupart du temps sur les dires des naturels dont l'esprit porté au merveilleux, invente les choses les plus fabuleuses, et la plupart du temps dans le sens des demandes qu'on lui fait.

Racontez à un naturel de Java, ou des bords du Gange que les fleuves de l'Afrique renferment les monstrueux animaux qui vivent également sur la terre, et neuf fois sur dix, l'enfant des tropiques vous affirmera que le même animal plus extraordinaire encore se rencontre dans son pays.

Il n'y a pas d'autre manière d'expliquer les contes des voyageurs à l'égard de l'hippopotame asiatique. Ces derniers persuadés que les indigènes auxquels ils s'étaient adressés n'avaient aucun intérêt à le tromper, pour donner plus de poids à leurs récits, ont affirmé avoir vu ces animaux, et les ont même décrits en se servant de ce qu'ils savaient des hippopotames africains.

Puis il était autrefois d'opinion communément reçue que l'hippopotame devait se trouver dans les mêmes contrées à peu près où l'on rencontrait l'éléphant et le rhinocéros, et que tôt ou tard un naturaliste ou un voyageur consciencieux finirait par rapporter une dépouille authentique de cet animal, d'une de ces contrées asiatiques, où la légende le faisait vivre également.

Avant de résumer dans une note vraie, tout ce que nous savons aujourd'hui de cet animal, nous désirons dire quelques mots des hippopotames fossiles.

Nous possédons trois espèces d'hippopotames fossiles, toutes trois reconstituées par l'illustre Cuvier.

Le premier est le grand hippopotame fossile, *hippopotamus major ;*

Le second est le petit hippopotame fossile, *hippopotamus minutus;*

Le troisième est le moyen hippopotame fossile, *hippopotamus medius.*

Nous allons les examiner tous les trois.

« Les caractères distinctifs du grand hippopotame fossile, dit Cuvier, ne sont pas tout à fait aussi sensibles que ceux des éléphants et des rhinocéros du même temps, et tant que les morceaux que je possédais étaient en petit nombre, et que je n'ai pas eu de squelette complet de l'hippopotame vivant à leur comparer, j'ai presque désespéré de pouvoir assigner à cette espèce des différences certaines. Mais aujourd'hui l'incertitude est entièrement dissipée et la règle géologique trouve son application pour ce genre comme pour les autres. »

La canine inférieure du grand hippopotame fossile diffère de l'analogue de l'hippopotame du Cap, en ce que son diamètre a un plus grand rapport avec sa longueur, et parce que sa courbure en spirale est beaucoup plus marquée ; la tête, vue en dessus, a la crête occipitale plus étroite, les arcades zygomatiques écartées en arrière ; la jonction des pommettes au museau s'y fait par une ligne oblique et non par une subite échancrure, d'où il résulte aussi que la partie rétrécie du museau est moins longue à proportion : l'occiput s'y relève plus vite, et par conséquent la chute de la crête sagittale entre les orbites y est plus rapide et la hauteur verticale de l'occiput plus grande.

A la mâchoire inférieure l'intervalle des deux branches est plus étroit, leur angle de réunion moins arrondi en avant, l'échancrure du crochet revient moins rapidement en avant, et le bord inférieur se relève aussi un peu moins en avant. Une vertèbre cervicale fossile, approximativement la cinquième, avec un corps d'un quart plus large et plus haut, n'est pas plus longue, et sa partie annulaire est d'un tiers plus étroite, ses apophyses articulaires et transverses étant à peu près les mêmes. Le cou devait donc être à proportion plus court, mais les autres régions de son épine doivent avoir eu des proportions semblables.

A l'omoplate le tubercule caracoïde est plus mousse et plus recourbé en dedans, la partie articulaire de l'humérus est plus étroite et plus grosse, et la crête en dessus du condyle externe y remonte plus, et est plus saillante que dans le vivant.

L'ensemble du cubitus et du radius soudés comme dans l'hippopotame du Cap, est beaucoup plus large à proportion. Dans celui-ci, la plus grande largeur des deux et vers le bas, est contenue deux fois dans la longueur du radius, dans le fossile une fois et demie seulement.

La limite des deux os est creusée d'une large concavité dont le fond est plein, sauf le trou dans la partie supérieure lequel est situé bien plus haut dans le fossile que dans le vivant.

Le premier fossile diffère infiniment peu du vivant, espèce du Cap, dit Cuvier. Le tibia fossile est plus gros à proportion de sa longueur, ce qui s'accorde avec les dimensions de l'avant-bras, pour faire juger que le fossile avait les jambes plus courtes et plus grosses que celui du Cap.

D'après la proportion des os qu'il a examinés, Cuvier assigne treize à quatorze pieds de long au grand hippopotame fossile.

C'est en Italie, au val d'Arno en Toscane, qu'on a trouvé la plus grande quantité des restes de cette espèce. Ils sont dans le val d'Arno supérieur, presque aussi nombreux que ceux de l'éléphant, et plus que ceux du rhinocéros. Du reste, ils se trouvent ensemble, pêle-mêle dans les mêmes couches et dans les collines sablonneuses, qui forment les premiers échelons des montagnes.

Voici les autres lieux où l'on a encore trouvé des ossements isolés d'après Cuvier. Les environs de Montpellier où on a rencontré des dents décrites par Antoine de Jussieu, les environs de Paris, la plaine de Grenelle, le comté de Middlesex, près de Brentfort en Angleterre, dans le même dépôt où se trouvaient aussi des os d'éléphant, de rhinocéros et de cerf ; enfin la caverne de Kirkdale dans le Yorkshire.

Le petit hippopotame fossile, *hippopotamus minutus*.

C'est d'un bloc d'origine inconnue, mais qu'on a su depuis pro-

Souvent alors la mère les soutient sur son dos. (Page 448.)

venir des environs de Dax et de Tartas dans le département des Landes, et déposé depuis longtemps dans les magasins du Muséum, tout lardé de fragments d'os et de dents, et assez semblables aux brèches osseuses de Gibraltar, de Cette et de Dalmatie, si ce n'est que la pâte au lieu d'être calcaire et stalactique était une sorte de grès à base calcaire, que cette espèce a été extraite par Cuvier.

Ce savant avait retrouvé en 1803 un bloc pareil dans le cabinet de Journu-Aubert à Bordeaux, et dont celui-ci fit ultérieurement présent au Muséum de Paris.

Journu-Aubert ignorait aussi l'origine de son bloc, qu'on a su depuis provenir du même canton que le précédent.

Sur les molaires de cette espèce la détrition, au lieu d'être horizontale comme celle des hippopotames vivants, se faisait obliquement. Les collines ne sont usées que sur la face antérieure, ce qui montre que celles de la dent opposée pénétraient lors de la mastication dans les intervalles de celles-ci. Et comme l'usure des faces antérieures des collines y trace des sillons, il est clair que si la détrition avait été horizontale, elle eût produit des figures de trèfle.

Le germe d'une deuxième molaire n'ayant point encore de racines, et dont les sommets sont entièrement intacts, montre comment les collines transversales sont chacune rendues fourchues à leur sommet par deux places, faisant ensemble un angle d'environ soixante degrés.

Cette dent est la moitié plus petite que l'analogue du grand hippopotame, ainsi que les deux suivantes usées obliquement comme il a été dit plus haut.

Les trois dernières molaires du cochon sont saillantes et à peu près aussi grandes que celles-ci; mais les collines y sont accompagnées de tubercules accessoires, de manière que la dent paraît toute mamelonnée.

Les trois molaires antérieures de même germe que celles de l'hippopotame, n'ont rien de commun avec celles du cochon qui sont tranchantes et comprimées. Les incisives et les canines du petit hippopotame sont la miniature de celles du grand; seulement les canines du petit, striées bien plus finement à proportion sur leur surface, ont de plus à leur face externe, un canal large et très peu profond, régnant sur toute leur longueur, enfin un germe de molaire, ayant deux collines dont la seconde seulement est fourchue, par conséquent ayant trois pointes, diffère de l'analogue dans les hippopotames vivants.

Tous les os du squelette, en vertu de cette corrélation qui unit les formes des dents à l'ensemble de l'organisation, n'offrent pas de moindres différences spécifiques : par exemple, le crochet de la mâchoire inférieure se portait plus en arrière, à proportion, que dans les hippopotames vivants ; et, au lieu de représenter environ un quart de cercle, il devait former une sorte de boule.

Moyen hippopotame fossile, *Hippopotamus medius.*

Cette espèce a été trouvée dans un tuf calcaire qui a toute l'apparence d'un produit d'eau douce, à Saint-Michel de Chaison, département de Maine-et-Loire.

Le morceau unique sur lequel Cuvier établit sa détermination est une portion fracturée du côté gauche de la mâchoire inférieure, contenant la dernière et la pénultième molaire, les racines de l'antépénultième, et quelques restes d'alvéoles de la précédente.

Voici la différence spécifique de ces dents : 1° elles manquent de collet autour de leur base ; 2° les disques de leur couronne ne représentent pas des trèfles aussi distincts que ceux de l'hippopotame vivant. La dernière n'a pas un talon aussi longitudinal et aussi simple, mais formant seulement trois tubercules un talon transverse comme dans la pénultième, comme elles ne ressemblent pas plus aux dents du petit qu'à celles du grand hippopotame, il n'est pas douteux qu'elles ne constituent une espèce particulière, et leurs rapports avec les hippopotames sont assez grands pour faire rattacher leur espèce à ce genre.

Une détermination plus certaine résulterait évidemment de la comparaison des canines, des incisives et du crochet axillaire.

Enfin, quelques dents indiquant une espèce voisine de l'hippopotame et plus petite que le cochon ont été trouvées avec des dents de crocodiles dans une lame calcaire près de Blaye, département de la Charente. Ces dents offrent d'un côté un trèfle assez marqué, bien qu'usé profondément, mais le côté opposé n'offre encore qu'un petit cercle.

Quoique la forme de ces dents ressemble beaucoup à celle de l'hippopotame, néanmoins, comme il s'est trouvé dans la même fouille des dents de crocodiles, des incisives tranchantes qui, si elles venaient des mêmes mâchoires, rapprocheraient beaucoup l'animal d'un des genres trouvés à Montmartre, Cuvier a pensé qu'il fallait attendre d'autres os pour porter un jugement définitif.

La question en est toujours là, et aucune découverte nouvelle n'est venue donner plus de force à cette première détermination d'un hippopotame nain, beaucoup plus petit que le cochon.

Dans la classification moderne, l'hippopotame est un mammifère de l'ordre des ruminants, section des porcins; il est vivipare et aquatique, c'est-à-dire qu'il vit dans l'eau; mais le terme d'amphibie, qu'on lui applique quelquefois, est peut-être impropre, car s'il plonge sous les eaux il n'a pas la possibilité d'aspirer l'air contenu dans l'eau; il est obligé de remonter à la surface pour respirer l'air directement. Comme le trou ovale de son cœur est bouché, la circulation du sang peut s'opérer indépendamment de la respiration.

Ce mot d'amphibie est donc inexact, car il ne saurait s'appliquer qu'à un animal qui peut et respirer l'air libre et extraire l'air de l'eau.

La forme de l'hippopotame est très massive, ramassée, trapue et peu élevée de terre, ses jambes sont fort courtes.

La tête est carrée, le mufle très gros, la gueule large, les dents longues et robustes, les yeux petits et les oreilles basses. On compte depuis vingt-quatre jusqu'à trente-six dents à cet animal. Il possède quatre incisives en haut et quatre en bas; celles-ci sont dirigées en avant, et sont toutes coniques, longues, écartées et polies.

Il a deux canines supérieures, et autant à la mâchoire inférieure. Elles se croisent et se frottent entre elles, ce qui les rend taillées en biseau; elles sont longues et recourbées.

Enfin, on trouve douze mâchelières à chaque mâchoire; mais dans la jeunesse, elles ne sont qu'au nombre de huit à dix.

Quelque grandes que soient les dents de l'hippopotame, elles ne débordent jamais hors de la gueule et sont toujours recouvertes en entier par des lèvres qui sont grosses, longues et épaisses.

Ces dents sont extrêmement dures, elles font même feu avec le briquet. C'est une sorte d'ivoire très blanc, qui ne jaunit jamais. On en fait des dents postiches, qui sont très belles et très propres. Il est à peine nécessaire de dire que l'ancienne pharmacie employait ces dents, réduites en poudre et mêlées aux médicaments, comme un antidote souverain contre tous les poisons.

Il paraît que l'hippopotame a, de même que la plupart des grands quadrupèdes des familles aquatiques, un odorat très subtil, très étendu et très délicat. Ses naseaux sont placés très bas, ses yeux sont fort petits pour sa taille, et il a une vue faible que le grand jour offusque. Aussi, est-il à demi-nocturne, car il sort principalement pendant la nuit pour aller paître; il se tient dans les roseaux épais et les lieux ombragés pendant le jour.

Chose remarquable le Job biblique paraît l'avoir bien connu, car il dit de lui dans ses cantiques :

« Sub umbra dormit in secreto calami et in locis horrentibus; protegunt umbræ membra ejus, circumdabunt eum solices torrentes. » (C. 40, vers. 16 et 17.)

Son ouïe est assez fine; ses oreilles ressemblent à celles du cochon; sa tête est aplatie en dessus, tout son corps est très gros, rond, renflé, son ventre pend presque jusqu'à terre, ses jambes sont massives, épaisses; le cuir de ces animaux est extrêmement coriace, et d'environ deux pouces d'épaisseur sur le dos, mais il l'est seulement d'un pouce sous le ventre.

Sa couleur est d'un brun bleuâtre en dessus, et il s'éclaircit en dessous; on le perce difficilement, et la balle du chasseur y pénètre peu, excepté sur la tête et au ventre.

Lorsque sa peau est sèche, elle forme un bouclier impénétrable. Il est nu partout et ne porte que quelques soies fort rares. La queue, longue d'un pied, épaisse, aplatie, est garnie de soies rudes et clairsemées. Les lèvres portent aussi quelques courts barbillons. Les mamelles sont petites, au nombre de deux, et placées à la partie inguinale ou sur le bas-ventre.

Les os de ces animaux sont extrêmement durs; leurs intestins sont fort vastes, et leur estomac a plusieurs dilatations comme celui du pecari.

Leur nourriture est exclusivement, nous l'avons déjà dit, composée de végétaux. Gordon l'a démontré victorieusement, en s'en assurant sur une trentaine de ces animaux qu'il a ouverts. Depuis, la vérité de cette assertion a été surabondamment démontrée par les nombreux hippopotames qui ont été entretenus dans les jardins des plantes et muséums de l'Europe.

Ces animaux sont très abondants dans l'Afrique australe depuis le Congo et le Mozambique jusqu'au cap de Bonne-Espérance, parce que les indigènes ne les inquiètent point; ils aiment beaucoup la canne à sucre, le riz, le millet, les joncs, les racines de toutes espèces, et l'on peut s'imaginer le dégât qu'ils font partout où ils se repaissent, quand on songe à la quantité prodigieuse de nourriture qu'ils absorbent par jour.

Un hippopotame adulte mange très aisément ses deux cents livres de racines et d'herbages par jour. Il boit en proportion; mais son genre de vie, demi-aquatique, lui rend aisée la satisfaction de ce dernier besoin.

Quand un seul hippopotame s'égare jusqu'aux lieux cultivés, et qu'il passe seulement une nuit dans les champs qu'un malheureux indigène a garni d'ignames, de sorgho ou de riz, toute la récolte est perdue. Quand le monstre se voit en présence d'une telle abondance de mets délicats, il se promène à droite et à gauche cueillant une bouchée d'ici, une bouchée de là, et écrasant sous le poids gigantesque de ses cinq à six mille livres, vingt fois plus de canne à sucre ou de millet qu'il n'en mange.

Son passage est plus ruineux encore que sa gourmandise.

Les hippopotames se tiennent non seulement dans les eaux douces, mais on les rencontre aussi sur les rivages de la mer, ils ne craignent pas l'eau salée, on les y voit plonger pendant un temps assez long. C'est peut-être cette habitude qui avait fait croire aux premiers observateurs de ces animaux, qu'ils se nourrissaient aussi de chair de poissons : en les voyant disparaître sous l'eau de la mer, on a pu penser qu'ils agissaient de cette façon non pour s'ébattre, mais pour aller quêter leur nourriture.

Leur chair est très grasse comme celle des porcs, le pied et la queue rôtis sont des morceaux assez délicats, quand ils sont bien apprêtés, même pour des palais européens.

Leur lard est fort estimé des indigènes, on en retire jusqu'à deux mille livres. J'en ai goûté sur les bords du Congo, cuit dans une soupe de légumes du pays que j'avais confectionnée moi-même, et au risque de donner une mauvaise idée de mon palais, je dois déclarer que je l'ai trouvé excellent.

Il m'est même venu à ce sujet une idée fort pratique que je puis exposer ici, mais qui, comme toutes les idées pratiques, ne sera exploitée en France que quand les Anglais ou tout autre peuple auront montré qu'il y a là une source de fortune. On sait l'importance que les graisses de baleine ont dans le commerce : aujourd'hui, on arme des navires à grands frais pour se la procurer, et elle devient de plus en plus rare, car l'animal, traqué de tous côtés, ou devient rare, à cause de la lenteur de sa production, ou s'est réfugié vers les pôles.

Eh bien! je pose en fait, que la graisse de l'hippopotame la remplacerait avantageusement dans tous les usages industriels et que les parties de première qualité que l'on fondrait et raffinerait avec soin seraient plus savoureuses, plus saines, et par conséquent supérieures à celles du porc.

Il y a là une source immense de bénéfices pour une demi-douzaine d'hommes aventureux qui en allant s'établir sur le Congo supérieur avec les moyens perfectionnés de destruction que l'on possède aujourd'hui, et quelques embarcations, arriveraient aisément à tuer leur hippopotame par jour. soit, en moyenne, deux mille livres de graisse à expédier par jour sur les marchés d'Europe, et ne vendît-on ce produit que comme graisse industrielle, pour le graissage de toutes les machines et pièces en fer ou acier, des usines, des chemins de fer, etc... qu'il y aurait une très grande fortune à réaliser en peu de temps.

Quoique les hippopotames ne vivent que de végétaux et que leur estomac ait plusieurs poches de dilatation, ils ne ruminent pas. Les mâles, à l'époque du rut, se livrent souvent entre eux de terribles combats, mais à terre, dans l'eau ils s'évitent.

Les femelles ne portent qu'un petit à la fois, et il paraît que leur gestation n'est que de neuf mois. Leurs mamelles sont remplies d'un lait aussi doux et aussi savoureux que celui de la vache, mais il est plus aqueux. Les petits tettent dans l'eau aussi bien que sur terre.

Dès qu'ils sont nés, ils ont déjà l'instinct de courir dans l'eau et de nager; souvent alors la mère les soutient sur son dos. Les hippopotames nagent très bien; ils aiment aussi à se vautrer dans la fange quand ils sortent des fleuves. De même que les rhinocéros et les éléphants, leur museau est fort avancé, leurs lèvres sont grosses, mobiles et molles, leur gueule est très fendue.

Le naturel de cet animal est pacifique, doux et même timide, ses habitudes sont brusques et grossières, comme celles du rhinocéros et du sanglier. Lorsqu'on l'irrite, il devient furieux, il renverse les barques et les met en pièces; avec ses grosses dents il en rompt facilement les planches, les submerge, les enfonce dans les eaux, mais il fait rarement mal aux hommes, contre lesquels il ne se retourne que quand il est attaqué directement. C'est plutôt un animal brute et stupide que méchant.

Il se tient ordinairement par couples ou en petites troupes.

A terre sa marche est lourde et embarrassée; cependant il court à peu près aussi vite qu'un homme, à cause de la grandeur de son pas, mais il est facile de lui échapper en faisant quelques détours.

Il nage beaucoup mieux qu'il ne marche. Il possède près de la

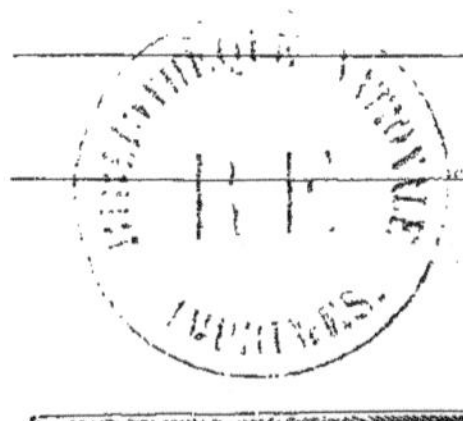

Le crocodile le craint et fuit devant lui. (Page 456.)

queue, une glande qui sécrète une liqueur légèrement musquée. Sa chair se ressent un peu de cette odeur, mais pas sa graisse, Pour lui enlever cette odeur, il suffit de la découper en lanières de la grosseur et de la longueur d'un filet de bœuf, et de la suspendre à l'air pendant quelques heures ; après cette opération préalable, la chair de cet animal est parfaitement comestible et même très savoureuse.

Les mâles sont toujours un peu plus grands que les femelles ; ils ont la vie dure, et on les tue difficilement avec les moyens ordinaires, la flèche, la lance, ou la balle simple ; la dureté de leur peau amortit tous les coups qu'on leur porte.

Les anciens, qui ont entouré toutes leurs observations d'inventions et de merveilleux, faisaient venir la découverte de la saignée, de l'hippopotame ; ils prétendaient que cet animal, se trouvant trop pléthorique, se perçait quelque veine en se piquant contre un roseau, ou bien en s'écorchant contre un rocher. De nos jours, le missionnaire Labat a renouvelé cette fable. Il faut avoir une rare propension au merveilleux et à l'absurde, pour oser écrire sérieusement de pareilles plaisanteries.

C'est cette crédulité qui, sans aller à ces évaporations de naïveté, est cause qu'il est fort difficile de faire de la science rationnelle avec les observations si variées des voyageurs qui souvent décrivent des choses qu'ils n'ont pas vues, et uniquement sur la foi des récits indigènes.

Les nègres du Congo, d'Angola, d'Elmina et ceux de toute l'Afrique australe en général, regardent l'hippopotame comme un fétiche. On observe la même croyance sur les bords du Nil; mais comme ils sont très friands de la chair de cet animal, la gourmandise l'emporte sur la croyance, et ils ne se font pas faute de tuer ce fétiche, excepté aux environs du cap de Bonne-Espérance, dans le Mozambique et le Congo où il est généralement respecté ; de là sa grande abondance.

Cette superstition à l'égard des hippopotames semble un reflet de la croyance antique, car Hérodote prétend que les hippopotames du nonce Paprimite en Égypte étaient sacrés tandis que dans les autres provinces de cet empire on n'avait pas pour eux les mêmes égards. Je n'ai jamais bien pu me persuader que ce peuple de l'Égypte, qui possédait au nombre de ses fétiches l'ail, l'oignon, le chat, l'ibis, le crocodile, l'hippopotame et une foule d'autres légumes, animaux et objets divers, ait jamais été un peuple bien avancé en civilisation.

Il est constant qu'ils n'ont jamais su dessiner, construire une route, ni écrire par l'alphabet phonétique, et quand je rapproche leurs meilleurs morceaux d'architecture de ceux de l'Inde, il m'est bien difficile de ne pas croire, que les architectes indous ont passé par là.

Mais ce n'est point le lieu d'une pareille discussion... et bien qu'il me serait facile de démontrer que, dans le domaine des idées, l'Égypte n'a pas été plus originale et a tout tiré de l'Asie, ses dieux, ses symboles, ses chants, ses légendes, il me faut, bien malgré moi, fermer la parenthèse... Je ne puis cependant m'empêcher de remarquer qu'un pays qui n'a que la vallée du Nil, qui est couvert de crocodiles et d'hippopotames, je parle toujours des temps antiques, n'a pas dû renfermer un grand nombre d'hommes. Il faut donc en rabattre beaucoup, de ces armées de millions de combattants, de Sésostris et autres, dans un pays qui n'a jamais pu nourrir plus d'un an deux millions d'habitants. Je ne puis encore passer sous silence la conviction où je suis que de prétendus Égyptiens à qui Thalès de Milet apprenait à mesurer la hauteur des pyramides, n'étaient pas de grands savants.

Jusqu'au temps relativement moderne des Ptolémées qui appelèrent en Égypte tous les hommes marquants de l'Asie et firent traduire en grec tous les ouvrages de l'Inde ancienne, traductions brûlées avec la bibliothèque d'Alexandrie, ce pays me paraît avoir été fort au-dessous de la Grèce... Voilà qui est dit, je n'y reviendrai plus.

Aujourd'hui l'hippopotame n'existe plus à proprement parler en Égypte ; ils ne descendent pas au-dessous des cataractes, et celui qui a été tué à Damiette est une exception qui ne s'est pas renouvelée.

La plupart des Égyptiens modernes n'ont aucune idée de la forme de ces animaux, et ils n'en connaissent même pas le nom dans leur langue.

Au-dessous des cataractes, il porte le nom de foras l'bar, c'est-à-dire cheval de rivière, cheval d'eau, terme qui est la traduction pure et simple du nom d'origine grec *hippopotame*.

Les derniers hippopotames égyptiens furent vus à Girgeh en 1658, où on a tua un.

Le cri ordinaire de l'hippopotame est un grognement qui tient de la voix de l'éléphant et de celle du buffle. Son cri de douleur ressemble au hennissement du cheval.

L'hippopotame est beaucoup plus long et plus gros que le rhinocéros, mais la petitesse de ses jambes le fait paraître moins fort.

Les anciens, que nous ne trouverons jamais à court d'histoires merveilleuses, racontent encore que l'hippopotame vomit du feu par la gueule. Il y a là un fait d'une évidente exagération, mais qui peut avoir comme base un phénomène vrai. Ainsi, tous les indigènes que j'ai interrogés au Congo, pour récolter le plus possible de traits de mœurs relatifs à cet animal, m'ont affirmé avec un ensemble parfait, que la nuit, lorsque l'hippopotame, entrant en fureur, engageait la lutte avec un de ses compagnons, on voyait jaillir des étincelles du choc de ses dents.

Le fait est vraisemblable, car pour me rendre compte de sa possibilité, il m'est arrivé plusieurs fois de battre le briquet sur une dent de l'hippopotame en guise de pierre et d'en obtenir du feu.

Mais je n'ai pu observer moi-même le fait direct. Souvent en descendant le Congo, en pirogue, à la chute du jour, j'ai aperçu à quelques cinquante ou soixante mètres de moi, deux ou trois de ces animaux, saillir tout d'un coup hors du fleuve, et se livrer à leurs ébats, mais il ne m'a pas été donné de voir le léger éclair de feu que j'avais produit mécaniquement, sortir du choc de leurs mâchoires. Bien que j'aie suivi le cours du Nil jusque dans la Nubie supérieure, fort au delà de la deuxième cataracte, je n'ai pu apercevoir, même de loin un seul de ces animaux dans le plus grand fleuve de l'Afrique, bien que les indigènes m'aient affirmé souvent que les lieux où je me trouvais, étaient fort fréquentés par eux. Au Congo, je me suis trouvé cinq ou six fois en leur présence, mais on n'a pas le temps de les examiner avec quelque loisir : dès qu'ils vous aperçoivent, ils disparaissent en plongeant et s'en vont reparaître à un mille ou deux de là. A terre, où ils ne se rendent guère que de nuit, tellement ils sont craintifs, on n'a guère non plus la possibilité d'être facilement témoin de leurs ébats. La provision d'observations personnelles que j'ai pu faire au Congo sur ces animaux est donc des plus minces, et j'ai forcément été obligé dans mon étude sur eux de rassembler des observations *secrètes* un peu partout, que j'ai contrôlées avec les dires des indigènes. Au dehors de cette manière, je puis affirmer comme voyageur, que l'hippopotame est l'animal le plus difficile à étudier aux lieux qu'il habite, et qu'on aura des données plus certaines sur ses mœurs, ses habitudes, ses conformations en l'étudiant vivant dans un muséum, qu'en liberté.

Une seule fois, j'ai eu occasion de le voir passer à quelques pas de moi.

C'était au Congo : j'étais chez un chef du nom de N'Yombé qui s'était pris d'affection pour moi, et m'aidait avec une véritable joie, dans la recherche des singes et autres animaux que je collectionnais, ainsi que dans la préparation de mes pièces d'histoire naturelle. Un jour, il me proposa d'aller au clair de lune, à l'affût d'une espèce de petit sanglier sauvage, qu'il appelait *ouru* et dont la chair est fort délicate.

J'acceptai avec plaisir. Sur les neuf heures du soir — la lune devait se lever à dix — nous nous rendîmes dans une clairière qui s'étendait en avant du fleuve, à environ un mille du village de N'Yombé, et où, en raison du terrain irrigable par les eaux du fleuve, en toute saison les indigènes plantaient des racines de taro et d'igname.

Lorsque ces racines commençaient à grossir, on était obligé souvent de garder le champ, pendant des nuits entières, car les sangliers venaient souvent par bandes le dévaster. La nuit d'avant, les gardiens avaient signalé plusieurs troupes d'*ourus*, qu'ils avaient eu toutes les peines du monde à éloigner, et le chef, mon ami, avait jugé que l'occasion était bonne pour en aller tuer quelques-uns.

N'Yombé avait amené avec lui une dizaine de ses hommes munis de lances très acérés pour attaquer l'animal de front ; pour moi, j'étais armé de ma carabine Devisme à balles explosibles, qui du reste ne me quittait jamais. Le chef après avoir placé chacun de ses hommes dans les endroits qu'il jugea les plus convenables, vint se mettre à l'affût avec moi, derrière un énorme buisson d'aloës, et nous attendîmes. La consigne était de ne pas faire un mouvement, de ne pas prononcer un seul mot.

Je m'y soumis assez bien pendant toute la première heure, alléché que j'étais par l'espérance de voir apparaître bientôt les ourus et de les saluer d'une balle.

La lune s'était levée radieuse, répandant sa pâle mais vive lumière, comme une coulée d'argent, sur la clairière que nous surveillions. Je retenais mon souffle, prêtant l'oreille au moindre bruit, fouillant du regard la profondeur des massifs qui bordaient la plaine à sept ou huit mètres en face de nous, et rien absolument ne venait troubler le silence de la nuit.

J'aurais juré que je me trouvais seul avec le chef, tellement ses guerriers avaient observé ses recommandations.

Enfin n'y pouvant plus tenir, j'adressai la parole à N'Yombé.

— Les ourus sont plus fins que nous, lui dis-je ; ils nous ont sentis, et se garderont bien de quitter leurs bouges.

— Les ourus viendront, répondit le chef, seulement si tu continues à parler, ils s'enfuiront dès qu'ils entendront le son de tes paroles.

— Bien, c'est compris, N'Yombé, on ne peut pas me dire plus clairement de me taire, je vais me soumettre à tes désirs, laisse-moi seulement te poser une seule question.

— Parle, je te répondrai.

— De quel côté penses-tu que les sangliers débouchent dans la plaine?

— En face de nous.

— Alors ils viennent de la forêt même.

— Tu l'as dit.

— En ce cas, nous aurons tout le temps de nous préparer quand ils quitteront la lisière du bois qui est à près d'un demi-mille de nous.

— Si la terre était nue, tu aurais raison de parler ainsi, mais les champs de mil et les plantations de taro et d'ignames sont suffisants pour cacher les mauvaises bêtes qui s'approcheront de nous sans que nous puissions les voir, et ils ne viendront pas, s'ils entendent le moindre bruit.

Je n'avais plus qu'à me taire, et pour tuer le temps, je me mis à suivre par la pensée tous les lieux du globe que j'avais déjà parcourus dans mes précédents voyages : je revoyais les rivages charmants de cette île enchanteresse qu'on nomme Ceylan et les bons amis que j'y avais laissés... j'en étais à me demander pourquoi je n'aurais pas planté ma tente près des lieux parfumés par les bosquets de cornouillers et de girofliers, à l'ombre des ficus géants et des palmiers aux longues feuilles, et par quelle espèce d'impulsion singulière je m'étais toujours trouvé, courant le monde, sans jamais me fixer nulle part, lorsque N'Yombé tressaillit et me mit lentement la main sur le bras.

— Qu'y a-t-il? lui dis-je aussitôt, sortant de ma rêveuse somnolence.

— Écoute, me fut-il répondu.

Quelques secondes s'écoulèrent ; mes sens moins parfaits sans doute, ou moins exercés que ceux de l'indigène, n'avaient pas perçu le moindre bruit.

— Je n'entends absolument rien, fis-je à mon nègre.

— C'est une troupe d'hippopotames qui quitte la rivière, me dit-il alors, attends encore un peu et tu ne vas pas tarder à entendre leurs cris.

En effet, au bout de quatre ou cinq minutes, il me sembla percevoir, comme une sorte de beuglement plaintif, on eût dit un jeune veau appelant sa mère.

Bientôt les cris devinrent plus distincts, et il devint évident que les hippopotames se dirigeaient de notre côté.

— Ils viennent ici, fis-je rapidement à N'Yombé.

— Dans un moment, ils seront sur nous.

— Que faire ?

— Nous n'avons plus qu'à nous en aller, car maintenant les ourus ne viendront pas.

— Est-ce que nous ne pourrions point rester pour voir passer les hippopotames?

— Je le veux bien, si tu y tiens, mais nous ne les laisserons pas s'avancer dans les champs.

— Pourquoi cela ?

— Parce que demain, il ne resterait plus rien de notre récolte.

— Tu as raison, et puis tous les gens de ton village seraient furieux contre le blanc qui aurait été cause du dégât.

N'Yombé rappela immédiatement ses guerriers, et leur donna de nouvelles instructions que je ne compris pas, car elles étaient conçues dans la langue du pays.

N'Yombé, dans sa jeunesse, au temps où son père était le chef du village, avait passé plusieurs années à la côte et possédait assez d'anglais pour qu'il me fût possible de converser avec lui, sans le secours d'un interprète.

Pendant ce temps-là, les cris des hippopotames avaient été toujours en se rapprochant et indiquaient que ceux qui les poussaient, ne devaient pas être à plus de deux ou trois cents mètres de nous.

— Ils sont trois, dit N'Yombé, le père, la mère et un petit âgé de deux ou trois ans.

— A quoi comprends-tu cela ?

— A leurs cris ; tu n'entends pas les gémissements du petit qui ne veut pas marcher, il était mieux dans l'eau, et n'est sorti du fleuve qu'à regret. La mère le gronde doucement, tandis que le père de sa voix grave l'invite à l'obéissance.

— Oh ! ces cris te disent tout cela, fis-je avec un certain étonnement ?

— Oui, ils disent tout cela... attention, les voici.

Je regardai assidument sur la gauche, dans la direction du fleuve, et j'aperçus en effet, se dégageant des buissons qui encombraient la rive, sur une longueur de près de cinq cents mètres, trois ombres noires, qui s'avançaient lentement du côté de la clairière.

Parmi ces trois ombres, une était si petite, qu'elle indiquait sans aucun doute un hippopotame encore à l'état d'enfance : le chef ne s'était pas trompé.

La lune dans les contrées tropicales, en raison de la grande pureté de l'atmosphère, possède une force, une intensité de lumière peu commune. Aussi, à mesure que les trois animaux se rapprochèrent distinguions-nous leurs formes avec une rare netteté.

Ces animaux marchaient pareillement et avec une espèce de balancement du corps que je ne puis comparer qu'à la démarche embarrassée du canard trop gras, qui se hâte à la nuit tombante de regagner son gîte.

Chaque fois que les hippopotames mettaient un pas en avant, c'était par une sorte de mouvement saccadé qui semblait les jeter sur le côté.

Leur énorme tête penchée en avant paraissait prête à labourer la terre. Ils venaient évidemment tenter une excursion vers la clairière, pleine de racines, l'objet de leurs désirs.

Ils n'étaient plus qu'à quelques pas des cultures, quand N'Yombé me dit :

— Les as-tu assez examinés ?

J'aurais donné je ne sais quoi pour pouvoir les observer à mon aise, dans leur tranquille liberté, car ils ne se doutaient pas le moins du monde de notre présence ; mais je ne pouvais pour ma satisfaction personnelle, faire détruire la récolte de ces pauvres gens. Aussi répondis-je par une affirmation à la demande du chef, quoique à regret.

A l'instant même, N'Yombé frappa dans ses deux mains, et les guerriers postés derrière nous s'élancèrent en avant, en poussant de grands cris.

Au même instant, les hippopotames s'arrêtèrent et avec une vitesse relative, mais dont on ne les aurait pas cru capables, eu égard à la masse qu'ils avaient à mouvoir, ils se retournèrent, et sans proférer la moindre plainte, sans donner aucun signe apparent de colère, ils se dirigèrent en hâte vers le fleuve.

Je savais, par ce qu'on m'avait raconté de leurs habitudes, qu'on pouvait les suivre sans danger ; aussi, sans hésiter, je me mis à courir sur leurs traces, et j'arrivai juste à temps, en raison de l'avance qu'ils avaient sur moi, pour les voir plonger dans le Lualuba, nom du Congo dans cette contrée, et disparaître.

J'ai donc pu m'assurer dans cette circonstance que cet animal était timide, sans aucune férocité et n'attaquait pas l'homme même quand il en était poursuivi.

Il n'y a que l'hippopotame blessé, qui revient sur le chasseur.

Cependant quoique l'hippopotame soit pacifique, il se défend à outrance quand il est attaqué, et vend chèrement sa vie. Le crocodile le craint, et fuit devant lui, cédant partout la place au colosse des fleuves africains.

C'est à peu près tout ce que nous pouvons dire sur cet étrange ani-

Famille de tapirs.

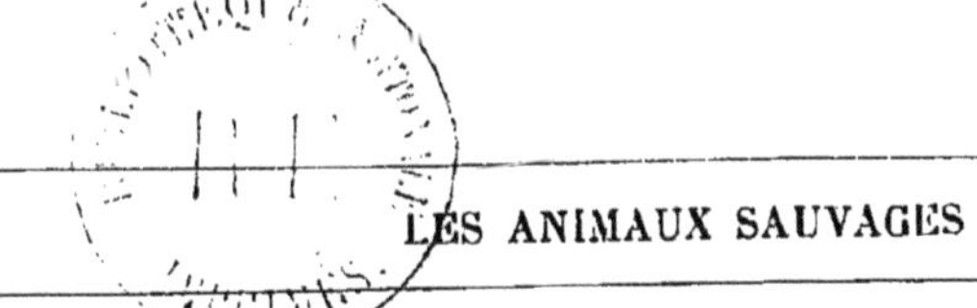



mal, qui passe les trois quarts de sa vie au fond des eaux, et dont les mœurs aquatiques, dans les roseaux du Nil, du Mozambique ou du Lualuba, sont, en raison même de ces habitudes, restées presque aussi mystérieuses pour nous, qu'aux temps de Cuvier et de Buffon.

Que fait-il, pendant les longues heures qu'il passe au fond des fleuves, ne s'élevant de temps à autre que l'espace de quelques secondes pour respirer? dort-il dans la vase ou sur le sable fin des fleuves? reconnaît-il, quand il vit par troupeau, l'autorité d'un chef? le mâle et la femelle, une fois accouplés, ne se séparent-ils jamais? ont-ils au sein des eaux quelques abris qu'ils préfèrent? On pourrait poser une foule de questions semblables, aussi difficiles à résoudre, dans l'impossibilité où l'on se trouve, de pouvoir observer l'animal au sein des eaux.

Prosper Alpin et à son imitation d'autres voyageurs, au lieu de nommer ces animaux hippopotames, noms qu'ils avaient reçus dès l'antiquité, ont préféré les appeler chéroptames ou *cochons de rivière :* anatomiquement, ce nom leur convient beaucoup mieux que celui d'hippopotame, ou *cheval de rivière*, car ils ont beaucoup plus d'analogie avec les cochons qu'avec les chevaux, ils sont de la même nature que les sangliers, et ont des mœurs et des habitudes presque pareilles; comme ces derniers, ils affectionnent surtout de se vautrer dans la vase.

Mais ce nom n'a point prévalu.

Quand on voit ce monstrueux colosse élever du fond des eaux, entre les roseaux, sa tête morne en poussant ses vagues mugissements, il n'est pas étonnant que les nègres tremblants l'aient regardé comme un fétiche et lui aient offert des sacrifices comme au terrible dieu des grands fleuves.

---

## LE TAPIR

Voici un bien étrange animal, sur le compte duquel j'aurai à dire bien des choses étranges et inédites. Car je l'ai vu de très près à Sumatra, Java, Bornéo et dans la presqu'île de Malacca. J'en ai possédé un pendant six mois, que j'avais privé moi-même, et que j'ai dû laisser à Bornéo, à cause des difficultés que présentait pour moi son transport en Europe.

J'aurais pu l'expédier au compte d'un muséum quelconque d'Europe je n'avais que l'embarras du choix; mais le pauvre animal était si doux, si caressant, il m'était si attaché, que je n'ai pas voulu qu'il vînt s'étioler en Europe, sous un ciel qui n'était pas le sien, et finalement mourir dans une cage bardée de fer, loin du soleil bienfaisant des tropiques et des grandes végétations au milieu desquelles s'était écoulée son enfance.

Je n'ai pas trouvé que la satisfaction de mon nom placé à côté du sien sur sa cage, valût la peine de changer la pauvre bête en un objet de curiosité scientifique, et ma foi, avant de partir, je l'ai envoyé dans la forêt et lui ai rendu la liberté...

Mais avant de faire son histoire, mettons-nous en règle, selon notre coutume, avec la classification scientifique et les données générales s'appliquant à l'espèce entière.

Le tapir est un genre de mammifères de l'ordre des Jumentés, type de la famille des Tapirédés. Les animaux de ce groupe ont la forme du cochon avec une taille plus grande; quatorze molaires à la mâchoire supérieure, et douze en bas, six incisives et deux canines à chaque mâchoire. Ils possèdent un nez qui se prolonge en une trompe mobile mais courte et non préhensible ; des yeux petits, des oreilles longues et mobiles. Ils ont les pieds de devant terminés par quatre doigts avec des petits sabots courts et arrondis ; ceux de derrière, par trois doigts seulement. Leur queue est courte et peu velue, leur peau est épaisse, forme peu de plis, et est couverte de poils soyeux assez rares.

Longtemps, on a cru qu'il n'y avait qu'une seule espèce de tapirs existant en Amérique, mais les belles découvertes de MM. Diard et Duveaucel, sont venues révéler son existence en Asie.

On reconnaît donc aujourd'hui les espèces suivantes :

1° Le tapirus americanus.

2° Le tapirus pinchacus.

3° Le tapirus indicus.

Nous allons nous occuper d'abord du tapir d'Amérique.

Le nom de *tapir* est brésilien.

Les Péruviens nomment cet animal *ouagra.*

Les naturels de la Nouvelle-Espagne, aujourd'hui États-Unis de la Colombie, *beori.*

Les indigènes de la Guyane, *maïpouri.*

Les Guaranis, *mborebi.*

A l'époque de la conquête, les Espagnols lui avaient donné le nom de *la grande bête.*

Les Portugais, celui d'*anta*.

C'est de ce dernier nom que sont venus les mots de *eut*, *danta*, *anté*, employés par divers voyageurs de l'époque.

Quant aux dénominations vulgaires que l'on rencontre aussi, de *cheval-marin*, de *mulet* ou *mule sauvage*, *d'âne-vache*, de *vache sauvage* que l'on rencontre aussi, lui étant appliquées, elles ne peuvent que donner la plus fausse idée de cet animal.

Il est juste de dire du reste, qu'on ne les rencontre que chez les anciens voyageurs, et que ces expressions n'ont plus cours aujourd'hui.

Ce quadrupède est le plus gros des animaux sauvages du continent sud-américain. Ses formes sont arrondies et massives, et ne laissent pas apercevoir les articulations. Dans cette espèce, les femelles sont plus grandes que les mâles, et la longueur ordinaire de ceux-ci est de plus de six pieds, leur hauteur devant est d'environ trois pieds et demi, et celle du train de derrière, un peu plus élevée.

Il est arqué vers la partie postérieure du dos, et terminé par une croupe assez semblable à celle d'un jeune poulain bien nourri. La couleur de sa peau et de son pelage est d'un brun foncé, qui est la même par tout le corps. Il faut promener la main sur son dos, pour s'apercevoir qu'il y a des poils qui ne sont pas plus grands que du duvet. Il en a très peu au flanc, et ceux qui couvrent la partie inférieure de son corps, sont rares et courts ; il a une crinière de poils noirâtres, d'un pouce et demi de hauteur et raides comme des soies de cochons, mais moins rudes au toucher, et qui diminuent en longueur à mesure qu'ils s'approchent des extrémités.

Cette crinière s'étend dans l'espace de trois pouces sur le front, et de sept sur le cou. Sa tête est fort grosse et relevée en bosse près de l'origine du museau, ses oreilles sont presque rondes, et bordées dans leur contour d'une raie blanchâtre. Ses yeux sont petits et placés à une distance presque égale des oreilles et de l'angle de la bouche. Son groin est terminé par un plan circulaire, à peu près semblable au boutoir d'un cochon, mais moins large, son diamètre n'égalant pas un pouce et demi, et c'est là que sont les ouvertures des narines qui comme celles de l'éléphant sont à l'extrémité de sa trompe, avec laquelle le nez du tapir a beaucoup de rapport, car il s'en sert à peu près de la même façon.

Quand il ne l'emploie pas pour saisir quelque chose, cette trompe ne s'étend guère au delà de la lèvre inférieure, et alors elle est toute ridée circulairement; mais il peut l'allonger presque d'un demi-pied, et même la tourner de côté et d'autre pour prendre ce qu'on lui présente, mais non pas comme l'éléphant avec cette espèce de doigts en raccourci, qui se trouvent au bout de sa trompe, et aveclesquels ces animaux poussent jusqu'aux membranes antérieures de leur trompe les animaux les plus minimes. Le tapir n'a point de doigts, il saisit avec la partie inférieure de son nez allongé, qui se replie pour cet effet en dessous; ce n'est donc pas seulement la lèvre comme celle du rhinocéros qui lui sert de trompe, c'est son nez qui en réalité lui tient aussi lieu de lèvre. Or, quand il allonge en levant la tête pour attraper ce qu'on lui présente, elle laisse à découvert les dents de la mâchoire supérieure. En dessus elle est de couleur brune, comme tout le reste de corps, et presque sans aucun poil, en dessous elle est de couleur de chair.

On peut voir que c'est un fort muscle susceptible d'allongement et de contraction qui en se courbant pousse dans la bouche les aliments qu'il a saisis.

---

# LE LION

Dans les anciens livres d'histoire naturelle, le lion était un personnage classé. On lui donnait de l'altesse ni plus ni moins qu'à un souverain incontesté. Il avait ses courtisans, ses adulateurs même, recrutés dans tous les rangs des écrivains, depuis l'innocent fabuliste jusqu'au grave historiographe de Sa Majesté léonine. Sans lui demander ses titres, on l'avait à l'envi proclamé roi des animaux, sur la seule recommandation de ses avantages physiques extérieurs. *Incessu patuit deus!* A voir sa démarche assurée, son port majestueux, sa figure de bravache, la terrible bonhomie de son regard, ses muscles vigoureux et souples, à l'entendre rugir comme un despote en fureur contre tout ce qui l'entoure, on avait le respect et la crainte qui vous saisit en présence des puissants. Et puis, cette crinière qui rappelait certains hercules bibliques et qui a toujours passé comme le réceptacle de la force; cette crinière prenait des formes de diadème sur ce front dur et altier. Le lion en imposait, on le fit roi. Sa majesté, comme tant d'autres, fut bientôt discutée. On commença par lui enlever quelques portions de son empire et il ne fut plus que le roi du désert. Il se trouva même des esprits audacieux qui lui nièrent jusqu'à cette royauté *in partibus*. Bref on le détrôna comme un simple monarque de France ou d'Angleterre. L'éléphant, ce grand Protecteur, obtint sa succession par droit de suprématie intellectuelle. On eut cependant quelque égard pour cette grandeur déchue; cette noble infortune toucha le cœur de nos savants. Il fut proclamé le vice-roi des vertébrés avec certains droits à la future succession, au cas où la race régnante viendrait à s'éteindre à Siam ou à Ceylan. Rien ne prouve du reste que les lions survivront un jour aux éléphants. Leurs familles aussi anciennes l'une que l'autre, puisque leur noblesse remonte jusqu'à l'aurore de l'époque tertiaire ont quelque chance de finir ensemble dans le même épuisement.

Leurs ancêtres passaient d'heureux jours du temps des cavernes. C'était l'époque de leur splendeur. Alors la terre était habitable pour eux. Ils entraient jusqu'aux flancs dans des broussailles vierges; ils pouvaient se repaître sans beaucoup courir. L'existence leur était facile. Ils n'avaient qu'à étendre la griffe ou allonger la trompe pour se procurer des repas de dieux. Il y avait de l'herbe partout sous les pieds, des fruits succulents à tous les arbres, des racines savoureuses serpentaient à la surface de la terre; de gentilles gazelles, des élans d'une succulence exquise pullulaient par troupeaux. Il n'y avait qu'à prendre. L'homme ne dérangeait pas encore le voluptueux sybaritisme de leur digestion. Ces repus d'alors régnaient en maîtres sur la nature. Ils dormaient à l'aise tout le jour sous des ombrages délicieux; et quand la faim venait vers le soir, le lion pouvait varier ses plaisirs de gourmet et goûter un peu à tous les sangs. Il ne fit pas grand cas du nôtre. Il fallait peut-être trop le disputer. Son indolence naturelle s'accommodait mieux de proies plus sûres et plus savoureuses à la fois. Il commençait à redouter ces haches de pierres taillées qui tombaient sur lui comme des glaives terribles.

Cette ceinture de feux allumés dont s'entouraient continuellement les visages-pâles et les corps droits, faisait naître en lui des frayeurs invincibles. Il chercha ailleurs, le domaine était assez vaste. Mais quand il lui arrivait de se heurter contre ses puissants voisins : les éléphants, les tigres, les ours, quelles guerres acharnées, quels combats sans fin se livraient alors! Dans les immenses solitudes du monde nouveau, des cris horribles se faisaient entendre. C'était un déchaînement de toutes les férocités s'entrechoquant. Il y avait des râlements sourds de morts, des hurlements de triomphe, des appels désespérés. Les forêts étaient ébranlées, les pâturages dévastés, foulés aux pieds, roulés comme nos champs après un ouragan. Le sang inondait toute la terre dans cet idyllique Paradis terrestre où se promenaient amoureusement Adam et Ève. Lorsque la lourde phalange des éléphants s'avançait en bel ordre au milieu de ce carnage, tous les combattants fuyaient affolés. Malheur aux audacieux ou aux traînards! Ils étaient broyés sans pitié. L'éléphant était alors le grand justicier, l'exécuteur des hautes œuvres du Très-Haut. Il protégeait les faibles et terrifiait les lâches qui abusaient de leur ruse ou de leurs ongles.

C'est de cette époque lointaine que date l'antipathie irréconciliable du lion et de l'éléphant. On se transmit des deux côtés des héritages de haine féroce. Ces souvenirs des guerres passées hantent encore le cerveau des descendants. Le lion apprit de bonne heure à trembler en présence de cette masse redoutable. Il prit le parti de se soustraire à l'attaque de son colossal ennemi. Il quitta les lieux qu'il habitait et courut exercer plus loin ses instincts sanguinaires. Il jugea vite que ce cénobite se nourrissant d'herbages ne pourrait jamais s'entendre avec lui, estomac carnassier.

Cependant des conformités de nature les rapprochaient fatalement. Tous deux, ils adoraient les régions chaudes amollies par des vapeurs aquatiques; tous deux ils recherchaient, de préférence aux grandes futaies, des lieux à demi découverts, des clairières entrecoupées seulement d'arbustes et de pousses moyennes, pour se blottir, se désaltérer, se repaître ou se mouvoir plus à l'aise.

Un jour vint où les éléments conjurés en un immense cataclysme, semblèrent s'apprêter à les anéantir. Cette fois le lion fut le victorieux. Les régions qu'ils habitaient depuis des siècles, furent envahies par un froid soudain qui glaça leur atmosphère. Des montagnes de glace s'élevèrent devant eux comme des murailles. Des tribus entières d'éléphants furent surprises et comme entravées dans cette congélation polaire qui s'étendait toujours. Les lions poussés en avant par le besoin de vivre, échappèrent mieux à la destruction. Ils vinrent demander l'hospitalité à ceux de l'Atlas et de la Lybie. Là, ils goûtèrent quelques mille ans de tranquillité. Tandis que lui, le lion, le roi, demeurait stationnaire dans la voie du progrès asservi aux mêmes instincts, l'homme étendait la sphère de ses besoins et de ses appétits. Il lui prit un jour fantaisie de rehausser sa propre force de la force des lions et d'épicer ses plaisirs affadés d'émotions

Il assistait à leurs repas de chair humaine. (Page 466.)

nouvelles. Des esclaves nus furent mis en campagne et lancés à la chasse du fauve convoité. Ils battirent tous les déserts de la Perse, de l'Arabie, de l'Afrique et ils parvinrent à satisfaire les caprices de leurs maîtres plus redoutables pour eux que les lions. Les prisonniers de guerre des Carthaginois avaient la vie sauve et étaient rendus à la liberté lorsqu'ils parvenaient à capturer une lionne avec ses petits.

Hannon, l'empereur de Carthage, de retour d'une expédition, tout couvert encore des trophées de la victoire, étincelant d'or et de colliers, se présenta à la foule enchaînée de ses esclaves. Ceux-ci étaient au nombre de cinq cents. Nus, les fers aux pieds, courbant la tête sous le joug qui leur meurtrissait les épaules, ils restaient immobiles devant leur maître. Entre eux et lui un brasier allumé. D'autres esclaves plus anciens dans la servitude attisaient les charbons avec des pinces de fer. Toutes ces chairs nues allaient recevoir la cuisante flétrissure.

— Arrêtez ! leur dit-il, d'un geste impérieux. Qu'on dénombre ce bétail ! Que la moitié passe à ma droite et l'autre moitié à ma gauche ! Que ceux de gauche amassent des pierres et construisent un autre palais à côté de mon palais. Que ceux de droite aillent au désert creuser des fosses et me prendre des lionceaux ! Ils seront libres ! Deux cent cinquante hommes partirent aussitôt sous la conduite de gardiens fidèles, armés de pioches et couverts de branches de palmiers. Ils se répandirent dans le sud de la province, dans les lieux parcourus aujourd'hui par nos troupes victorieuses. Là, ils fouillèrent des oasis et recouvrirent les trous de rameaux. Ils se mirent en embuscade armés de piques et de flèches. Ils passèrent aussi des nuits fiévreuses dans l'attente de la proie qui devait les soustraire à l'esclavage. Sitôt qu'une lionne tombait dans le piège tendu, on courait aux petits et l'on s'en emparait. Il fallait quelquefois des luttes héroïques pour s'en rendre maître. Si le lion accourait, il fallait lui tenir tête et combattre avec lui corps à corps. L'animal rendu furieux par le sang des nombreux cadavres qu'il laissait sur le sol, ne cessait le carnage que percé de coups. Les malheureux laissèrent cent morts sur le terrain. Des cent cinquante qui restaient, la moitié ne rapportait rien que l'appréhension du sort qui lui était réservé. Les quatre-vingts lions capturés furent présentés en grande pompe à l'empereur qui les fit déposer dans la cage somptueuse préparée pour les recevoir. Puis se tournant vers les esclaves malheureux :

— Voici d'excellente pâture pour mes jeunes lionceaux, dit-il. Et il s'en alla satisfait, accompagné de sa suite nombreuse qui trouvait cet accommodement impérial du meilleur goût punique.

L'empereur ne laissait pas s'écouler un jour sans venir voir ses nourrissons. Il les soignait avec sollicitude, assistait à leurs repas de chair humaine et se délectait de leurs gentillesses félines. Lorsqu'ils furent un peu grands ; il ordonna qu'on leur scia les dents et qu'on leur coupa les griffes. Il les soumit ensuite à un long apprentissage de servilité. Des dompteurs spéciaux furent préposés à leur éducation et au bout de quelques mois, Hannon lui-même prenait plaisir à se reposer de ses campagnes dans la compagnie de ses fauves devenus aussi doux que des animaux domestiques. Il fit plus. Monté sur un char resplendissant, attelé de vingt de ses plus beaux lions, il parcourut les plus riches quartiers de Carthage. La sérénité au front, guidant d'une main ferme son attelage redoutable, il s'amusait de la frayeur de ses sujets. Ceux-ci s'enfuyaient en toute hâte dans leurs maisons, comme si une troupe de soldats ennemis se fût emparée de la ville. La terreur fut si grande qu'elle occasionna la mort de plusieurs personnes. Tandis que l'empereur rentrait dans son palais, le sourire aux lèvres, une cruelle joie au fond du cœur, le sénat de Carthage, les principaux citoyens s'assemblaient. La délibération fut courte.

On décréta qu'Hannon serait exilé, sous le prétexte que celui qui avait eu la puissance de dompter les lions, pouvait bien concevoir le projet d'asservir ses concitoyens. Euphémisme charmant! Les bons bourgeois de Carthage, auraient pu ajouter comme considérant à leur décret : qu'un tel homme était également capable de les faire dévorer par les pur-sang de son écurie quelque peu excentrique.

Quelques années plus tard, l'an 46 avant Jésus-Christ, Marc-Antoine, l'amant désespéré de la belle Cléopâtre, renouvela la fantaisie du monarque africain. Il se montra aux Romains sur un char traîné par des lions de Numidie. Tout devait être africain dans cet homme : ses mœurs, sa table, sa maîtresse, ses coursiers, sa mort même. Une fois acclimaté dans la Rome des Césars, le roi du désert s'y trouva fort à l'aise : bon gîte, bonne table et le reste à l'avenant, sans compter les agaceries des jolies matrones qui ne dédaignaient pas la force partout où elles la rencontraient: dans le gladiateur comme dans la bête fauve. Le lion obtint son droit de cité dans la ville des Tarquins. C'est dans l'arène du Circus Maximus, moins brûlante mais plus meurtrière que les sables d'Afrique que va désormais se déployer sa vigueur.

Au lieu appelé aujourd'hui la Via de Cherchi, au fond de la vallée marcienne entre l'Aventin et le Palatin s'élevait une immense construction de brique. La forme de ce monument était bizarre et ne rappelait aucun des modes d'architecture adoptés par les Romains pour y donner leurs jeux. Ses dimensions étaient plus considérables et moins arrondies que celles du cirque Flaminius. Il ressemblait plutôt à un vaste théâtre ou à une basilique. C'étaient deux lignes parallèles mesurant 634 mètres de longueur, écartées en largeur de 211 mètres et réunies aux extrémités par deux arcs de cercle. L'épaisseur des constructions qui soutenaient les gradins était de 100 mètres.

Quatre cent mille spectateurs s'y tenaient à l'aise! Et Rome possédait vingt cirques semblables où ce peuple avide de guerre et de spectacles comme de pain, venait assister plusieurs fois l'année à des courses de chars, à des combats de cavalerie et d'infanterie, à des luttes gymnastiques, à des naumachies extraordinaires. Mais l'exercice qui attirait le plus de foule était la *venatio*, la chasse, la grande chasse à l'homme et à la bête féroce.

Pompée vient d'être nommé consul pour la deuxième fois. Nous sommes en l'année 55 avant Jésus-Christ. Pour remercier le peuple de ses suffrages, l'élu du jour ne crut rien faire de mieux que de lui offrir une *venatio* dans le cirque Maximus. Tous les gradins regorgent de spectateurs. La Cavea est comble.

Pompée préside les jeux de sa loge réservée, située sur la porte de la Procession. A un signal de lui, les belluaires Gétules, en costume national, portant un glaive et une longue pique sont introduits avec pompe aux sons des instruments de musique. Une foule de fanatiques les accompagne, devisant sur la chance bonne ou mauvaise qui suivra chacun d'eux au combat. Des paris s'engagent, comme chez nous en plein turf. Et pendant ce temps-là, la longue file de la procession se déroule tout autour du Podium en l'honneur des douze grands dieux protecteurs. Cette première cérémonie accomplie, après les saluts d'usage rendus au consul, maître des jeux, les *carceres* ou cages sont ouvertes. Aussitôt aux applaudissements de tout ce peuple plus sauvage que les animaux qui vont s'égorger, au dire de Varron, 600 lions se précipitent par dix ouvertures différentes. Leur démarche est calme. Ils entrent dans l'area, sûrs d'eux-mêmes, confiants en leurs moyens. Comme s'ils connaissaient les règles de ce tournoi sanglant, ils se partagent en deux camps et vont se ranger par portions à peu près égales à chaque extrémité de l'enceinte. Les combattants s'observent, se mesurent du regard. Quelques rugissements étouffés échappent aux plus impatients. Puis une sorte de promenade équivalant à un salut d'armes, s'échange lentement. Ce chassé-croisé dure quelques instants Les spectateurs sont dans l'attente. Tous les cœurs battent, toutes les poitrines sont suspendues au-dessus de ces crinières de lions qui ne semblent pas s'émouvoir. Les acteurs tiennent leur public en suspens. Peu à peu les groupes se rapprochent ; les pattes se disputent un terrain qui va sans cesse se rétrécissant. Les querelles s'échangent, les flancs s'échauffent, les bonds se multiplient. La mêlée s'engage terrible. Au premier assaut les faibles mordent la poussière. Les buées du sang enivrent les vainqueurs et ils reportent leur rage déchaînée les uns sur les autres. On dirait à les voir s'entr'égorger qu'ils ont à venger la mort d'amis ou de femelles qui leur étaient chers. Ils se prennent à la gorge ; s'étreignent de tous leurs muscles, se terrassent en monceaux. Ce n'est plus qu'un tonnerre de rugissements traversé par les cris aigus et les exclamations enthousiastes des spectateurs. Les cadavres couvrent l'arène, salis d'une boue sanglante, blanchis de bave. Les membres des blessés s'agitent dans l'air, en proie aux derniers frissons d'une lugubre agonie. Des regards mourants jettent leurs étincelles suprêmes du côté des gradins sans pitié. Cette supplication déchirante n'est pas entendue de ce peuple implacable. Chaque citoyen romain s'est choisi son lion dans la mêlée, il le suit l'œil tendu et il brûle d'assister à son dernier soupir. S'il meurt bien, il est content de lui ; sinon il le dévoue aux dieux infernaux.

On n'applaudit plus, une attention muette et recueillie se concentre sur tous les visages. Il reste encore 20 lions.

— Les éléphants ! crie-t-on aussitôt de toutes parts; qu'on amène les éléphants !

Un bruit de ferrements se fait entendre et les nouveaux champions entrent en lice, quêtant de la trompe, vrillant de leur œil profond. Que va-t-il se passer dans cette lutte finale? à qui restera le triomphe de cette journée? Les éléphants écrasent les cadavres de leurs masses formidables. On entend des craquements d'os, des jaillissements de sang, des râles effroyables. Le sol est bossué de morts comme un champ de bataille. Les éléphants ont peine à maintenir leur équilibre chancelant. Les lions sont refoulés au bout de l'arène. Ils se trouvent serrés et blottis. Un des éléphants, le chef de la troupe engage l'action. Il saisit un malheureux lion par le corps, le soulève jusqu'à la hauteur des premières tribunes et le rejette fièrement de côté, comme eût fait un jongleur de ses poids. Les lions bondissent alors au hasard et se suspendent à l'épaisse cuirasse de leurs adversaires. Ils en cherchent les jointures et y enfoncent leurs armes avec fureur. Accrochés aux flancs et à la tête des éléphants, les lions sûrs de ce point d'appui solide attaquent de la mâchoire et ne lâchent prise qu'après avoir été rompus contre les poteaux de l'amphithéâtre.

Durant ce combat à forces presque égales, un troisième ennemi intervient, c'est l'homme ! Une troupe de Gétules assaillent les lutteurs de tous côtés à la fois, dardent contre eux leurs fers redoutables, esquivent les coups, se glissent sous les poitrails et soutirent lâchement la vie aux malheureux épuisés.

La victoire allait leur rester, lorsque tout à coup, les éléphants qui survivaient exaltés par leurs blessures, bondissent comme des taureaux et se ruent, trompe levée, sur les barrières qui les séparaient de la multitude. Ils voulaient mesurer leurs forces avec ces lâches désarmés qui s'abritaient derrière leurs solides retranchements. Un désordre indescriptible se produit. Pompée pâlit, comme il pâlira plus tard lorsqu'il se sentira pressé par César. La brute déchaînée allait se venger d'une façon terrible sur ces Romains abrutis égorgeurs de brutes. Un instant encore et l'œuvre d'extermination s'accomplissait. Sous ce pilon, une bouillie de chair humaine allait couler; lorsqu'un renfort d'esclaves arriva fort à propos pour immoler les assaillants féroces. Un immense soupir de soulagement remplit le cirque; c'était comme un soupir de résurrection.

Ce peuple avait vécu une agréable journée! la brute humaine s'était bien repue! Ces spectacles continuèrent à Rome quatre cents ans encore, et il fallut la mansuétude d'âme d'Honorius pour les abolir, du moins en ce qu'ils avaient de plus répugnant. On avait immolé dans cette boucherie séculaire plus de 100,000 lions, autant de tigres et un nombre presque aussi considérable d'éléphants. La Perse, l'Asie Mineure, l'Arabie furent délivrées de ces dangereux carnassiers. Ce n'est pas, comme le prétend Buffon l'accroissement de la population qui a contribué le plus à décimer cette belle race des grands fauves; mais le simple passe-temps de quelques citoyens romains, maîtres du monde. Ce n'est pas l'Afrique seulement qui a vu diminuer les hôtes de ses déserts. En Macédonie, en Thrace, en Acarnanie, de la Syrie au Gange, les lions étaient nombreux autrefois. On n'en trouve plus aujourd'hui. L'Inde même a perdu une espèce particulière de ce félin qu'Élien nous décrit. Ces lions disparus étaient petits, de pelage noir et hérissé. Les rajahs de l'Inde les employaient à leurs chasses épiques à travers les jungles impénétrables. Peu à peu le lion semble fuir et reculer devant notre civilisation. Il s'enfonce dans des retraites solitaires. Naguère encore on en trouvait aux portes de nos villes d'Algérie, comme des rangées de sphynx et Gérard pouvait sans trop s'éloigner de sa garnison se procurer le luxe oriental d'une chasse au lion. Sa carabine n'a pas peu contribué à les tenir à distance. « Tout ce que l'homme n'apprivoise pas et ne soumet pas, disait Agassiz, il le tue. » Cette vérité s'applique tout particulièrement au lion. D'autres causes encore ont concouru à l'appauvrissement de cette race. Outre la guerre faite par l'homme, il faut compter encore la faiblesse prolifique de l'animal, la diminution des territoires de pâture, et peut-être aussi une perte insensible de chaleur ou une variation plus inégale des climats où il peut séjourner. S'il nous est permis d'émettre notre humble avis après Buffon, Lacépède et Milne-Edwards, nous dirons que toutes les espèces ont un germe d'existence qui va s'épuisant de génération en génération et que la vie des races est limitée comme celle des individus. Les études d'embryogénie récentes semblent s'accorder assez avec cette théorie. L'étiolement rapide par des croisements similaires, les atténuations des virus par voie d'hérédité, sont autant d'arguments en notre faveur.

Quoi qu'il en soit le lion n'existe plus aujourd'hui que dans quelques ménageries publiques ou privées, dans le sud de l'Inde et de l'Algérie, et encore le trouve-t-on diminué considérablement. Est-ce un bien pour la police des espèces? Répondons : c'était fatal. Il ne restera bientôt plus au naturaliste pour faire l'histoire de cette royauté éclipsée, que les quelques squelettes de nos collections et des souvenirs monographiques laissés par deux ou trois écrivains précieux. Tels sont Aristote, Hérodote, Élien, Pline, Pausanias, Buffon, Lacépède, Geoffroy Saint-Hilaire, etc. Et peut-être qu'un jour un Cuvier de génie sera obligé, pour le reconstituer dans sa réalité paléontologique, de recourir à des débris moins parfaits encore.

Il nous est facile aujourd'hui de nous faire du lion une idée adœquate. Les observations variées et précises des voyageurs qui l'ont étudié de près et comme chez lui, observations contrôlées par une étude plus attentive et plus suivie des savants conservateurs de nos envois d'animaux vivants, nous aident à connaître sous tous ses aspects cette créature ondoyante et diverse. Il faut se méfier cependant de certains récits où l'imagination de l'auteur joue plus de part que la stricte constatation des faits. Buffon trop amoureux de la période a sacrifié son lion comme la plupart de ses animaux à sa manie de l'antithèse. Lacépède plus exact dans ce qu'il dit, narre d'une façon incomplète. Le livre de Gérard est un agréable roman de chevalerie, où les mœurs du lion sont sacrifiées au profit du chasseur. Nous nous garderons donc autant que possible, dans ce qui nous reste à décrire, de tomber dans ces différents travers. Pour cela nous nous imposerons la loi de prendre seulement ce que nous avons pu saisir de cette physionomie, dans les courts et solennels moments de notre vie où il nous a été donné de l'entrevoir. Un lion ne pose pas longtemps d'ordinaire devant votre objectif. Il faut l'avoir surpris dans plusieurs circonstances pour le reconstituer à peu près dans son allure propre. Et puis il existe chez les lions, comme chez les chiens et chez l'homme, sur un fond commun à tous, une certaine variété de caractères appréciable. Le lion de l'Atlas ne ressemble pas entièrement au lion du Sahara ; et celui-ci diffère assez notablement du lion des Indes. Il en est de plus féroces, de plus portés à une sorte de bienveillance insouciante. Quelques-uns ont la timidité plus accentuée en face du péril ; d'autres subiront les exigences terribles d'un estomac particulièrement exigeant. C'est une faute grave contre les règles de l'expérience scientifique que de généraliser dans un type unique une aussi grande variété de nuances.

Le naturalisme littéraire contemporain, empruntant ses méthodes positives à la science, a réagi contre la coutume surannée de nous composer des personnalités d'une seule pièce qui ont la prétention d'enfermer en elle la synthèse de l'humanité en général ; il nous offre au contraire de vrais hommes, monsieur tel ou tel, pris dans le saignant avec ses qualités et ses défauts. Pourquoi donc ne ferions-nous pas de même lorsqu'il s'agit de photographier les animaux ?

Est-ce qu'il est possible de reproduire une espèce tout entière ?

Cette trêve de raison doit être laissée à tout jamais au nombre des pièces à conviction qui ont clos le procès de la vieille scolastique. Les espèces n'existent donc pas pour nous ; il n'y a que des individus gradués, dans l'échelle des êtres. Par cet ancien mot : Espèce, nous entendons seulement certaines collections de propriétés qu'avec un peu de bonne volonté nous reconnaissons comme à peu près analogues dans une série d'individus.

C'est donc uniquement pour satisfaire à l'antique coutume par classification que nous donnerons ici quelques considérations vagues, générales, banales sur le caractère physique et moral du lion, abstrait quintessencié. Nous nous empresserons du reste de replacer notre lecteur en pleine nature en le faisant assister à certaines scènes caractéristiques que nous avons contemplées nous-même, lorsque les hasards d'une existence errante comme celle d'Ulysse nous ont mis face à face avec Sa Majesté le vice-roi Felis Leo !

C'est bien ainsi qu'on le désigne dans un certain monde, Felis ! Ce nom réjouit l'oreille comme un commencement de caresse ! Leo, c'est le coup de griffe de la fin. Félin, félon ont le même radi-

C'est une jouissance incomparable que de chevaucher ainsi... (Page 479.)

cal, fel, qui signifie tromper. Leo radical, le, a le sens de souveraineté. Quelque chose comme un maître filou. Ce monarque-là du moins n'a pas de titres menteurs. Les Arabes appellent le lion Asab, les Persans le nomment Gehad ; je ne sais pas trop pourquoi. Certains Orientalistes de mes amis y voient une délicieuse harmonie imitative. Quant à moi j'ai beau répéter je n'entends absolument rien. S'il fallait désigner le lion par son cri, toutes les lettres de l'alphabet ne seraient peut-être pas suffisantes à noter ce son étrange, fusion confuse de voyelles idéalement filées. Vous voyez donc bien qu'on ne peut déjà rien dire d'absolu sur ce point. *Grammatici certant.* Pour nous continuons.

Les savants classent le lion sous cette rubrique intéressante et éminemment instructive pour ceux qui connaissent la moelle du langage : Quadrupède du genre et de la famille des chats, ordre des carnassiers, sous-ordre des carnivores. Ceci veut dire qu'il vous faut préalablement approfondir ce qu'est un quadrupède, un chat, un carnassier et un carnivore, avant d'avoir une notion exacte de l'animal que nous appelons couramment lion. Comme il existe à Paris plus de dix mille volumes gros et petits qui traitent cette matière dans tous ses développements, nous nous bornerons à y renvoyer le lecteur. Je n'ai pas la prétention de faire ici une leçon de choses aux adultes intelligents qui me liront. Boileau appelait un chat un chat, pourquoi ne pas appeler un lion un lion ? Vous l'aurai-je fait connaître mieux que vous le connaissez depuis que l'on vous promena devant sa prison grillée au Jardin des Plantes, quand je vous aurai cité toutes les tirades imposées du rhétoricien Buffon ? quand je vous aurai dit que sa couleur est fauve impératrice, sa queue floconneuse au bout comme certaines coiffures normandes ; que le cou du mâle adulte est garni d'une épaisse crinière de rapin ; que la femelle au contraire se distingue par un pelage plus lisse, plus féminin ? En saurez-vous plus long si j'ajoute que sa pupille est constamment ronde, semblable à la pupille des peseurs d'or ; que sa figure est imposante, sa démarche fière, sa voix terrible ? J'aime mieux vous renvoyer encore pour cela à la tête de Victor Hugo peinte par Bonnat. Je ne puis cependant, cher lecteur, résister au plaisir de vous faire savourer en passant un plat d'excellente littérature fabriqué par un excellent confectionneur de sauces délicates, qui opérait lui-même et en manchettes. J'ai nommé le grand maître, M. de Buffon.

« Sa taille n'est pas excessive comme celle de l'éléphant (il s'agit ici de la taille du lion) ou du rhinocéros; elle n'est ni lourde comme celle de l'hippopotame ou du bœuf, ni trop ramassée comme celle de l'hyène et de l'ours, ni trop allongée ni trop déformée par des inégalités comme celle du chameau; mais elle est au contraire si bien prise et si bien proportionnée que le corps du lion paraît être le modèle de la force jointe à l'agilité; aussi solide que nerveux, n'étant chargé ni de chair ni de graisse et ne contenant rien de surabondant. Il est tout nerf et muscle. » Voilà qui est entendu; retenez bien la recette : pour faire un lion, prenez tous les animaux de la création, plumez-les, dépouillez-les, disséquez-les avec soin. Enlevez-leur tout ce qui n'est pas du lion, et il vous restera un lion parfait que vous pourrez chasser tout à votre aise en retirant au fusil tout ce qui n'est pas l'idée pure de la chasse mode. Ces académiciens vous ont une manière de faire comprendre agréablement les choses, qu'il vous prend des envies de les embrasser! Ce n'est pas tout, et je ne vous ferai grâce de rien. Les sciences mathématiques ont été appliquées à la sérénissime personne du roi des animaux. Des mains indiscrètes ont promené le mètre sur cet épiderme sacro-saint, de même que le valet de chambre du grand roi s'est permis de plonger un œil scrutateur dans la garde-robe de son maître le fulgurant, le tonitruant! Et l'on a trouvé ainsi que, depuis le bout du museau jusqu'à la naissance de la queue, ce félin atteint parfois $2^{m},92$. Il paraît que la queue seule varie de longueur chez ces individus privilégiés. Sa taille peut être portée à un maximum de 5 pieds. Cela me paraît manquer des proportions les plus élémentaires avec la longueur. Il est vrai qu'il peut se trouver de jolis lions mieux doués. Quant à la lionne, elle serait d'un quart plus petite que le lion. C'est un véritable désavantage qui s'explique néanmoins assez naturellement et auquel les mâles ne trouvent pas de mal, j'imagine, Car enfin!

On affirme qu'un lion peut forcer 10 mètres d'un seul bond, sans mettre les pattes, et continuer ainsi sans s'arrêter. Je n'y vois pas de grand inconvénient pour ma part, surtout s'il ne met pas la patte sur moi.

Quant aux détails intimes, nous pouvons garantir, sans offenser les mœurs de personne, qu'une lionne garde son fruit 180 jours dans ses entrailles, et que sa fécondité va de deux à cinq lionceaux, qui naissent les yeux ouverts, tout comme les Dauphins de France venaient au monde apanagés et les fils d'Espagne capitaines d'infanterie. Lorsqu'un lion bien nourri n'a pas mené une existence par trop orageuse, il peut atteindre un âge relativement avancé. Comme on n'a jamais opéré que sur des lions en servitude, et comme on sait du reste que l'esclavage use vite, on a pris la moyenne de trente-cinq ans comme durée de sa vie. C'est sans doute à cet âge que le bon La Fontaine l'a pris dans sa fable du *Lion devenu vieux*. Le malin Champenois ne nous a pas dit si les vrais lions trouvent encore à ce terme avancé des Maintenons bien pensantes.

Pour ma part, je n'ai jamais cru aux mœurs des lions. Je sais qu'on s'est plu à leur décerner toutes les qualités de générosité, de grandeur d'âme, de dévouement, de reconnaissance. Je me permettrai de répondre que la baguette de la bonne fée qui est censée leur avoir versé toutes ces perfections à leur berceau était sèche comme la verge de Moïse, ce jour-là. Ces beaux traits tirés de la morale en action et d'autres livres édifiants sont tout simplement ridicules, sinon immoraux. Le lion ne possède qu'une seule qualité, utile seulement à nos artilleurs et autres professeurs de balistique : une grande précision dans l'attaque. Pour le reste, il obéit aveuglément à son ventre comme le dernier des humains. Quand la faim le pousse, il bâille; cela produit un rugissement; il va dîner, cela occasionne toute une combinaison machiavélique de mesures adroitement prises, sans compter le nombre des victimes immolées au dieu Gaster. Peut-on lui attribuer de la sobriété parce que son estomac se contente d'un bon repas qu'il met des heures à digérer? Est-on en droit de lui reconnaître de la discrétion parce qu'il ne tue que juste assez pour ne pas mourir de besoin? Mais il me semble qu'il y a là, au contraire, un manque complet de cette prévoyance qui est cotée, aujourd'hui surtout, au nombre de nos vertus les plus estimables! Le chien qui cache son os dans un soulier; la panthère qui immole des hécatombes en vue du lendemain me sembleraient bien autrement avancés en civilisation que cette espèce de grand seigneur qui fait tant le désintéressé. Quant à l'amour maternel, à ces petits soins délicats de nourrice expérimentée, à ces embrassades multipliées, aux mille précautions qu'elle apporte pour ne pas écorcher le cher petit lorsqu'il s'agit de quelque fuite précipitée en Égypte, tout cela fait partie intégrante de toute maternité. Eh bien! sous ce rapport même, la lionne ne mérite aucun prix de vertu. Exemple : au mois de septembre 1865, je quittais avant le lever du soleil la ravissante petite ville de Saïda, l'une des résidences favorites d'Abd-el-Kader. J'étais accompagné de deux cavaliers arabes, entièrement dévoués à ma personne, que je m'étais attachés à Oran lors de mon précédent voyage. L'un s'appelait Ibrahim-Ilanna-Saïd, et appartenait à la fameuse tribu des Hachein; l'autre était de la famille des Hamïan et répondait au joli nom de R'Ezala (la gazelle). C'étaient de superbes Arabes, au type primitif. Jamais burnous et turban n'avaient été mieux portés de Mascara à Saïda. Jouissant tous les deux d'une sorte de fortune, ils passaient leur existence à cheval. Leur amitié était devenue sacrée depuis bientôt vingt-deux ans qu'ils vivaient côte à côte, sous la tente. C'étaient, comme leurs ancêtres, deux grands chasseurs devant le Seigneur. Ils décimaient leurs troupeaux de moutons et de bœufs pour se procurer de la poudre et du plomb. Je m'en fis d'excellents compagnons en leur cédant, deux ans auparavant, deux fusils de chasse d'une précision merveilleuse. Il leur prenait des transports d'enfants en jubilation lorsqu'ils serraient entre leurs mains ces bonnes armes, qui tuaient si bien. Leur grand bonheur était de me les présenter chaque fois qu'ils me revoyaient, pour que je les touchasse et que je m'assurasse bien qu'elles n'avaient pas été changées durant mon absence. Puis ils se livraient à une fantasia échevelée en voltigeant autour de moi, légers comme des fantômes blancs, en bottes rouges de maroquin du Levant. Ils me prodiguaient tous les noms tendres de leur langue si poétique, d'une coloration si forte. Je n'étais pas un étranger pour eux. Ils m'auraient adopté comme un de leurs frères si j'avais été bercé comme eux aux versets monotones du Koran. Mais comme ma qualité de libre penseur me faisait un devoir d'une tolérance religieuse large comme le monde, nous nous entendions fort bien sur tous les points, voire sur les joies ineffables des élus de Mahomet. Ibrahim aimait volontiers la légèreté pittoresque de nos conversations parisiennes ; R'Ezala, plus grave, ne riait jamais. Son impassibilité était celle d'un gendarme ou d'un académicien. Il avait une façon à lui de me témoigner qu'il prenait une part agréable à nos entretiens. Il souriait finement du coin de l'œil, sa bouche ne remuait pas. Il avait changé tout cela.

Ce léger plissement de la commissure des paupières, ce déplacement presque automatique, et de gauche à droite, du globe optique lui donnaient l'air étrange des apparitions nocturnes. Tandis qu'Ibrahim se renversait de rire à belles dents, l'autre, fixe comme un caporal wurtembergeois, battait de ses deux yeux blancs sous sa peau brunie. Bref, nous composions une société fort suffisante pour oublier les lenteurs d'une route pénible. Notre but était d'atteindre les campements des Ouled-sidi-Cheikh par le chemin de El-Maï et de Géryville. Mes deux amis, qui appartenaient à une communauté musulmane fort influente, étaient chargés d'une mission de confiance auprès de l'agha des Sidi; ils avaient eu la générosité de me prévenir de leur départ en m'invitant à être du voyage. Prévoyant que cette excursion dans une région presque encore inhabitée du sud oranais pourrait me fournir de précieux documents sur les travaux que j'ai entrepris sur notre colonie algérienne, *inconnue de la mère-patrie*, j'acceptai l'offre avec empressement. Mes Arabes mirent à ma disposition le meilleur cheval de leurs tentes. Cette bête était merveilleuse de beauté, d'allure et de vitesse. Elle obéissait à un simple frisson et semblait deviner le commandement. Ma belle jument se nommait Bent (la fille). Elle en avait les grâces infinies.

La matinée avait tous les charmes des matinées d'Afrique au mois de septembre. C'est une jouissance incomparable que de chevaucher ainsi par ces aurores algériennes qui n'ont pas l'humidité pénétrante des nôtres et qui sont faites pour ainsi dire de chaleur fraîche et de parfums excitants. La route que nous devions parcourir était longue, environ 250 kilomètres. Il est vrai que nous n'étions aucunement pressés par le temps. Lorsqu'on voyage en pays arabe, une sage lenteur est de mode. Il ne faut pas s'imaginer que ces premiers cavaliers du monde fendent l'air comme le simoun. Ce n'arrive guère qu'en expédition. Nos romanciers auront donc à se corriger sur ce point. Les Arabes, au contraire, ne vont qu'à petites journées, et ils donnent à leurs chevaux le train de leur pensée, qui est bien loin d'atteindre la rapidité de la flèche. L'Arabe se laisse bercer sur son cheval comme sur son chameau. Il s'enivre à petits traits de tout ce qu'il rencontre. Il rêve du palmier, à l'oasis, aux dattes fraîches. Il n'est jamais pressé de vivre et de changer d'émotions. C'est un épicurien dolent. Il est oriental en cela. Comme le lion, il adore les longues siestes; mais, comme lui aussi, il se réveille terrible. Quand ses nerfs, las d'un repos prolongé, se détendent, l'Arabe est capable de toutes les énergies. Il endure sans fatigue des courses insensées, se précipite dans l'action avec une fureur qui tient du prodige. L'Arabe est un félin par la ruse, la souplesse, la cruauté et la nonchalance. Il y aurait beaucoup moins à défalquer de cette nature à demi-sauvage pour avoir le lion, qu'à tous les animaux dont nous parle Buffon. Le climat, l'influence du milieu ont modelé l'homme et la bête sur le même type : maigreur musculaire, énergie féroce, haines indomptables, sobriété, paresse.

Nous longions les bords escarpés de l'Oued-Saïda qui serpente sur les déclivités des hauts plateaux et se fraye subitement un passage à travers une dislocation de la montagne avant de contourner la petite ville à laquelle elle donne son nom. La rivière coulait à nos pieds dans une gorge profonde ; des rochers couverts de vignes et de lauriers-roses ombrageaient son cours. A notre gauche, sur les pentes des collines, des masses sombres d'oliviers, d'amandiers et de thérébinthes. Cet endroit offrait un aspect des plus sauvages.

— Le lion vient-il jusqu'ici ? demandai-je à Ibrahim.

— Quelquefois, me répondit-il. Lorsqu'il est chassé par la faim, la mauvaise saison ou la poursuite des Arabes du sud, il s'égare jusque dans ces fourrés. Mais j'en ai rarement vu. Cependant, à quelques heures d'ici, il nous est arrivé de tuer une lionne pleine qui cherchait sans doute un lieu sûr pour y déposer ses petits. Je vous ferai voir. C'est près du kef de Chergui.

— Croyez-vous que la lionne aime beaucoup ses lionceaux?

Ibrahim, en homme expérimenté, se mit à sourire.

— Elle les aime lorsqu'ils lui plaisent, me répondit-il, et quand elle trouve à les nourrir sans trop de peine. Est-ce que vous avez déjà chassé le Sba ?

— Dans l'Inde, assez souvent.

— Ce n'est pas la même chose.

— Si vous voulez m'offrir ce divertissement de prince, conduisez-moi où il y a des lions ; je vous montrerai que je sais les tuer aussi bien à cheval que monté sur un éléphant.

R'Ezala me décocha un clignotement d'œil incrédule. Les Arabes, même les plus intrépides, ont généralement peur des lions, et ils ne croient pas volontiers au courage des Roumis.

— Nous verrons bien, leur dis-je.

Nous arrivâmes vers le soir au caravansérail d'El-Maï sans avoir entendu rugir. Nous avions parcouru une cinquantaine de kilomètres et nous étions arrivés au point culminant des hauts plateaux, dans les immenses plaines d'alfa et de sparte. On se croirait en pleine mer, par un calme plat.

— Nous voilà dans la patrie des gazelles, me dit Ibrahim. Si vous voulez, demain on leur donnera la chasse.

— Si cette région est habitée par des gazelles, ce doit être quel-

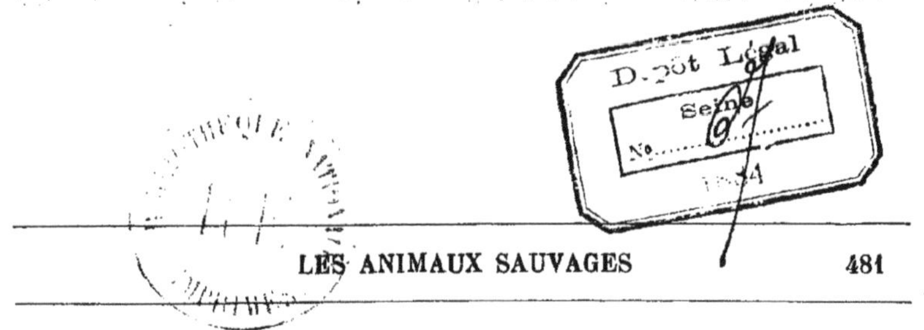

La lionne était accroupie sur un lit d'herbes foulées. (Page 484.)

que chose comme le garde-manger des lions, lui répondis-je ; nous avons par conséquent des chances de faire quelques bons coups de fusil, s'il plaît à Allah de nous adresser le gibier que nous désirons.

On ne chasse pas le lion à coup sûr en Afrique. Il est devenu tellement rare qu'il faut compter sur le hasard seul pour le découvrir. Certains indigènes dressent de grands chiens pour les aider à cette recherche. J'ai connu un cheik très influent et très grand veneur qui possédait la plus belle meute que j'aie admirée de ma vie, des lévriers superbes qui sentaient et voyaient la bête à des distances énormes. Nous en étions donc réduits à attendre le bon plaisir de dame Providence, bien résolus cependant à nous aider nous-mêmes de toutes les ressources de notre flair cynégétique.

R'Ezala s'occupa de nos chevaux, les fit boire au R'dir voisin, tandis qu'Ibrahim et moi nous préparions notre repas, composé de cailles tuées en route, aux environs de Tafraoua. Nous pûmes y ajouter un délicieux dessert de dattes, de bananes et de raisins. Après quoi chacun se roula dans sa couverture, en attendant les bonnes fortunes du lendemain.

A la pointe du jour, nous étions sur pied. Je fumai ma cigarette en nettoyant mon fusil, tandis que mes deux compagnons se livraient à leurs dévotions matutinales. Je disposais d'une arme à deux coups d'une grande justesse de tir et portant la balle assez loin. J'ai toujours préféré pour les grandes chasses nos fins produits français à tous les produits américains et anglais. Et puis, comme on connaît son fusil on l'honore!

Après toutes leurs prostrations, toutes leurs génuflexions, tous leurs *salams* au Très-Haut, mes bons amis vinrent me rendre leurs devoirs, en me serrant énergiquement la main.

— C'est donc pour aujourd'hui! fit Ibrahim.

— Pour aujourd'hui.

— Il nous faut alors gagner la région du Chot-ech-Chergui. C'est à vingt kilomètres d'ici. En une petite heure, en poussant nos chevaux, nous y serons.

Nous sautâmes sur nos grandes selles et nous partîmes aussi vite que le vent du désert. Cette fois, c'était vrai. Nous en perdions le souffle. Les burnous flottaient en guerre. Nos chevaux, pris d'émulation, exécutaient un steeple vertigineux. R'Ezala, le taciturne, tenait la tête. Personne ne pouvait lui en montrer quand il s'agissait de piquer en avant. Cet homme m'effrayait parfois par sa rapidité. Ses grandes jambes repliées et collées au poitrail, à demi penché en avant, il semblait fondre sur un ennemi invisible. R'Ezala se grisait de vitesse. Ma gentille Sba m'entraînait moins vite. Elle brûlait cependant de devancer sa rivale. Tout à coup R'Ezala s'arrêta à pic; il fit un geste mystérieux, descendit de son cheval qu'il me donna à garder, et, sans rien nous dire, s'enfonça dans une espèce de lande d'un pas de conspirateur. Je le vis se baisser et étendre à terre son manteau. Il revint quelques instants après, portant dans ses bras deux petites gazelles. Il les tenait comme une nourrice tient son poupon. Sa gravité habituelle était éclairée d'un rayon de contentement.

— R'Ezala, lui dit Ibrahim, tu as bien fait; avec cela, nous aurons quelque chose.

— C'est une amorce au lion!

— Nous saurons du moins s'il y en a dans la contrée.

On repartit du même train d'enfer. Les pauvres petites victimes bêlaient et tremblottaient sur la selle de R'Ezala. J'avais le cœur ému. Je songeais involontairement au sort des gazelles.

Il nous fallut bientôt ralentir notre course. Les pieds de nos montures entraient dans une sorte de sable humide mêlé à des détritus gypseux fort glissants. La chaleur du reste commençait à se faire sentir. J'étais ruisselant et aveuglé de sueur. Mes deux compagnons ne semblaient pas éprouver le moindre malaise. Leurs yeux seulement étaient en feu et leurs dents serrées. Un spectacle curieux s'offrait à nos regards. Sur une étendue de plusieurs lieues, des pelouses d'un vert grisâtre, entrecoupées d'espaces calcaires qui miroitaient au soleil comme des champs de diamants; des petites buttes arrondies formées de plaques calcaires micacées; des bandes sablonneuses, parsemées des crottes musquées des gazelles, qui craquent sous les pas, et çà et là, des nappes d'eau croupie répandant une odeur âcre. Quelques bosquets de tamarisques aux proportions colossales s'élevaient au milieu de cette région du mirage. Nous fîmes halte pour nous rafraîchir à l'ombre quelques instants. Ibrahim nous racontait une de ces histoires interminables, digne des *Mille et une Nuits*. Soudain, nos chevaux, qui étaient à paître, interrompirent leur repas. Leurs têtes se dressèrent, leurs naseaux aspiraient fortement, des tremblements nerveux plissaient leur peau marbrée.

— Je sais ce que c'est, interrompit R'Ezala, avec son calme accoutumé.

— C'est le tigre! fit Ibrahim, qui se dressa sur ses pieds d'un bond.

— Non, répondit R'Ezala, ce doit être ce que nous cherchons.

— Le lion! m'écriai-je. Vite en selle!

En un instant nous étions sur nos chevaux, prêts à tout événement, nos fusils en travers de nos selles.

— Je croyais, dis-je tout bas à Ibrahim, que le lion ne se rencontrait qu'à la tombée de la nuit?

— Cela dépend de sa faim. Silence! Embusquons-nous derrière ce massif, dos à dos, et attendons.

Je me dressais sur mes étriers pour mieux découvrir au loin. Je n'aperçus rien, pas la moindre agitation dans les herbes, pas le plus petit bruit dans cette solitude.

Après une heure de cette faction désagréable, sous un soleil ardent, dans l'attente de l'ennemi, un rugissement formidable se fit entendre, puis des miaulements aigus, des cris de colère suivirent. A cinquante pas de nous, deux lions se livraient à leurs ébats au sein d'une atmosphère embrasée. C'était plus que nous n'avions espéré, et, malgré l'assurance de notre courage, nous ne pûmes nous défendre d'un certain sentiment d'inquiétude bien légitime. Nous étions trois contre deux, et ce n'était pas trop de nos fusils et de nos bons chevaux pour nous donner un peu de confiance en nous-mêmes. Il nous était impossible de faire feu à cette distance; c'était nous exposer à une mort certaine. Nous ne pouvions non plus bouger de notre embuscade.

— Attendons qu'ils viennent, me dit tranquillement R'Ezala. Lorsqu'ils se seront satisfaits, ils ne manqueront certainement pas d'accourir ici pour se désaltérer.

Chacun de nous se rangea de cet avis. Nous étions là, immobiles, haletants, attentifs au moindre mouvement des deux fauves, assistant aux ébats terribles de ces lions du désert. Jamais ce spectacle ne s'effacera de ma mémoire. Cette scène sur les confins du désert, entre deux jouteurs puissants, est gravée dans mon imagination avec une vigueur de réalisme à faire envie à Zola. La lionne était accroupie sur un lit d'herbes foulées. Elle se dissimulait avec mille coquetteries derrière le tronc d'un palmier, comme Galatée derrière les saules. Tout à coup un rugissement terrible se fit entendre dans les profondeurs du désert. Les hautes herbes s'ouvrirent comme un sillon sous le soc de la charrue. Un troisième acteur entrait en scène. Son apparition était entourée d'une sorte de pompe chevaleresque à grand effet. C'était une bête énorme plus forte que les deux autres. Il venait avec des sentiments hostiles clairement prononcés, confiant en sa supériorité et dans les avantages de sa majesté léonine. Il demeura quelque temps immobile à contempler le spectacle qui se présentait devant lui. Il semblait délibérer pour savoir comment et par qui il commencerait l'attaque. Sa réflexion ne fut pas de longue durée. Après avoir jeté un regard de hautaine indifférence sur la lionne accroupie à quelques pas sous son palmier, il s'avança gravement comme un jouteur du meilleur monde à la rencontre de son ennemi. Après quelques passes courtoises et certaines provocations de part et d'autre les deux adversaires s'abordèrent le plus poliment du monde. Ils ressemblaient à deux immenses bulls qui s'observent avant le combat. Le nouveau venu se trouvait à quelque distance de nos chevaux et nous tournait le dos. Nous ne découvrions que les rondeurs puissantes de ses flancs, l'extrémité de sa tête qui émergeait d'une crinière épaisse. Qu'allait-il se passer dans ce duel terrible? Nous trouvions que les lutteurs mettaient bien du temps à se mesurer. Enfin la lionne sembla donner le signal de l'engagement par une sorte de cri de guerre poussé avec une furie sauvage. Aussitôt, comme poussés par une détente soudaine, ces deux colosses se ruèrent l'un sur l'autre et se saisirent à bras-le-corps. C'était à qui renverserait l'autre. Ils cherchaient à se déraciner et à se coucher sur le sol pour s'égorger ensuite. Leurs griffes tirées entraient dans leurs chairs et en faisaient ruisseler des gouttes de sang; leurs dents avaient peine à se prendre parcequ'ils se tenaient mutuellement à distance. Par un dégagement plein de souplesse, le plus petit des combattants glissa sous l'étreinte du plus fort et se trouva en un instant accroché aux flancs de son adversaire. Tout en se roulant, ils se rapprochaient du cours d'eau. Ils n'étaient plus qu'à vingt pas de nous. Nous avions toutes les difficultés à retenir nos chevaux. Sur un signe de R'Ezala, trois coups de feu partirent ensemble, immédiatement suivis de terribles rugissements. Le lion gisait, râlant, ensanglanté, aux pieds de sa compagne. Celle-ci, faiblement atteinte, s'était relevée pour bondir sur ses agresseurs, lorsque trois balles bien logées l'étendirent raide sur le cadavre de son amant. Juliette allait rejoindre Roméo dans la mort. Nous approchâmes avec précaution, nos fusils rechargés. Les lions ne donnaient plus signe de vie. Nos coups avaient bien porté au cœur par le défaut de l'épaule. Nos deux petites gazelles semblaient rendre des actions de grâce, en contemplant de leurs grands yeux étonnés ces deux grands morts couchés dans les broussailles. Ibrahim, aidé des conseils de son ami. se mit à les dépouiller avec son yatagan. Pendant ce temps, je me mis à battre les fourrés pour surprendre quelque gibier d'une digestion plus facile. Car, je l'avoue à ma honte, je ne suis pas un de ces hommes qui se nourrissent de la moelle des lions. J'abattis quelques canards d'eau et un grèbe superbe. Je revenais chargé de mon butin, comme Hector, lorsque, dans une sorte d'excavation naturelle, dans une large fissure de la roche calcaire, j'aperçus, gisant sur des branches mortes, trois petits lionceaux. Ils étaient repliés sur eux-mêmes, comme dans le ventre de la mère : ils paraissaient déjà très forts. Je m'approchai, et quel ne fut pas mon étonnement lorsque je découvris qu'ils étaient morts étouffés.

Tout le mystère s'éclaircit à mes yeux. Ou bien cette mère dénaturée, que nous venions d'immoler, trouvant les servitudes de la maternité trop pesantes, s'en était débarrassée en étranglant ses petits, et cela pour convoler plus vite à de nouvelles amours ; ou bien le mâle les avait tués dans un accès de fureur. Mais que pensez-vous alors de cette mère, oublieuse de son ressentiment, qui se divertit avec le meurtrier de ses enfants, presque sur leurs cadavres ? Voilà à quoi se réduit l'amour maternel du lion, et l'intelligence de cet animal, qu'on a voulu nous présenter comme le roi des animaux.... Ce n'est pas ainsi que l'éléphant traite ses petits.

---

## LE TIGRE ROYAL

Il y avait deux ans déjà que notre compatriote Dupuis avait exploré le fleuve Rouge, de Mang-Hao au golfe du Tong-kin. Les récits merveilleux de son expédition, qui m'étaient parvenus par le *Bulletin de la Société indo-chinoise de Paris*, m'avaient déterminé à visiter ces contrées presque inconnues de l'extrême Orient. Alléché, de plus, par certains faits relatés dans les *Annales de la Propagation de la foi*, je partis avec la ferme intention non pas de devenir millionnaire, mais d'étudier sur les lieux mêmes les immenses richesses que renferme ce pays encore vierge, dont la France devrait, au plus tôt, saisir le protectorat. J'avais compris, de bonne heure, que les intérêts de nos possessions cochinchinoises réclamaient l'annexion du Tong-kin, au même titre que notre colonie algérienne réclame la Tunisie et le Maroc. Ces agrandissements, de garantie, sont indispensables pour conserver des colonies éloignées de la mère-patrie, sur lesquelles notre influence ne peut s'exercer que d'une façon indirecte, et souvent peu efficace. Il faut donc, au moins, entourer notre domaine colonial de précautions particulières, pour empêcher l'ingérence étrangère de s'y exercer. C'est ce que l'Angleterre a fort bien compris pour l'Inde, et c'est ce que nous nous refusons à comprendre pour la Cochinchine. Nos limites, de ce côté, doivent s'étendre jusqu'au fleuve Rouge, dont nous devons nous assurer la libre navigation. L'entreprise est d'autant plus facile à tenter, que nous sommes soutenus par les populations mêmes du Tong-kin, qui veulent se donner à nous afin d'échapper aux incursions des peuplades annamites. Il suffirait de quelques chaloupes, de deux ou trois compagnies de débarquement et d'une demi-douzaine de fortins élevés aux bons endroits. Le Tong-kin est certainement aujourd'hui le plus riche pays du monde. Il n'a pas encore été épuisé par la colonisation européenne. Il est temps de le conquérir. Cette proie nous échappera pour passer entre les mains des négociants anglais ou chinois, si nous ne nous hâtons. Déjà les mandarins des provinces du Yun-Nan trafiquent de tout dans les hautes terres du nord-ouest du Tong-kin. Les minerais de cuivre qui gisent sur le sol comme des cailloux, sont recueillis par eux, grillés grossièrement et vendus fort cher aux marchands de l'intérieur. L'étain est, pour ainsi dire, affermé moyennant une redevance considérable en pécules. Ils n'ont pas encore touché aux gisements aurifères et argentifères; mais ils les convoitent.

J'avais pris avec moi un ingénieur distingué pour me seconder dans mes recherches et m'aider dans mes études. Mon but était de visiter les terrains miniers, riches et à proximité du fleuve; de voir quelles relations d'affaires la France pourrait un jour par ce côté établir avec l'immense empire de la Chine. Après une traversée de près de deux mois, nous abordâmes à Thaï-binh. Après nous être mis en règle avec les autorités du pays et nous être munis de tous les sauf-conduits nécessaires, nous nous embarquâmes sur une sorte de croisière, à destination de Ha-Noï. Moins hardis et moins entreprenants que Dupuis, nous avions fixé le terme de notre expédition à la région des forêts, à quelques centaines de lieues des postes annamites. Nous ne tenions pas le moins du monde à nous voir confronter par les Pavillons Jaunes ou les Pavillons Noirs. Ces terribles douaniers, qui font, pour leur propre compte, la police du fleuve Rouge, ne nous inspiraient aucune confiance; et, malgré nos goûts prononcés pour les curiosités ethnologiques, nous n'avions aucun désir d'étudier, de près, les mœurs par trop primitives de ces peuplades guerrières, qui terrorisent la contrée. On fit halte à la première station de Kin-tchi-hien, à la limite orientale des forêts. Nous avions à notre gauche, sur l'autre rive, des mines de fer, de cuivre et d'argent; de vastes cultures de mûriers; devant nous, des bois impénétrables, où l'arbre de fer croissait en abondance; sur notre gauche, les treize tribus des Muongs. Ce voisinage ne nous offrant aucune sécurité, je jugeai prudent de suivre les conseils des braves Tong-kinois qui nous accompagnaient, et de passer sur l'autre bord. Dans un bas-fond fort humide, au milieu de rizières et de bambous, un bourg paisible s'étendait au loin. A notre arrivée, tout le village était dans la désolation. On y accomplissait les cérémonies des funérailles, suivant les rites bouddhistes. Une cinquantaine de familles se trouvaient réunies dans une sorte de bosquet servant de sépulture. Les devins et les sorciers se livraient à leurs exercices d'incantation religieuse. Je crus d'abord que la guerre avait ravagé ces contrées. Il n'en était rien. J'appris bientôt que les victimes avaient succombé sous une autre mort aussi terrible. Voici ce qui s'était passé. La veille au soir, quelques heures avant le coucher du soleil, une quarantaine de travailleurs étaient occupés aux travaux des champs. Tout à coup des cris plaintifs, des miaulements aigus, suivis de sons rauques et éclatants déchirèrent leurs oreilles. Ils connaissaient ces cris de guerre. — C'est le tigre, s'écrièrent-ils! fuyons. Et, abandonnant leurs occupations, ils regagnèrent à la hâte les premières huttes de leur village. L'animal s'élança à leur poursuite par bonds insensés. Il franchissait des distances énormes. Il eut bientôt rejoint la bande des fuyards. Le premier qui tomba sous sa griffe, il l'immola, en lui brisant d'abord les jambes d'un vigoureux coup de patte. Puis, s'étendant de tout son long sur sa proie renversée, il lui suça tout son sang, jusqu'à la dernière goutte. Après quoi, il se retira d'un pas tranquille et lent, se pourléchant les babouines avec une volupté sauvage. Il paraît que ces malheureuses populations, croupissant dans le fanatisme et l'ignorance, s'imaginent que le tigre ne revient jamais deux fois à la charge, et qu'il se contente de prélever une seule victime. Mus par ce préjugé, ils ne tardèrent pas à aller reprendre leurs travaux interrompus. Ils se croyaient désormais à l'abri de nouvelles attaques. Ce vaccin-là ne prit pas, à ce qu'il paraît; car la bête, mise en appétit par son premier exploit, enivrée par l'odeur du sang, flairant la chair humaine à quelques pas, sortit de nouveau de sa retraite, et passa le fleuve à la nage. Cette fois, les paysans parvinrent jusqu'à leurs maisons, sans laisser, derrière eux, la part du monstre. Mais le trouble produit par cette seconde agression, avait été si grand, au sein de ces populations paisibles, que tout le monde, hors de soi, se précipitait dans les rues au hasard et dans le plus grand désordre.

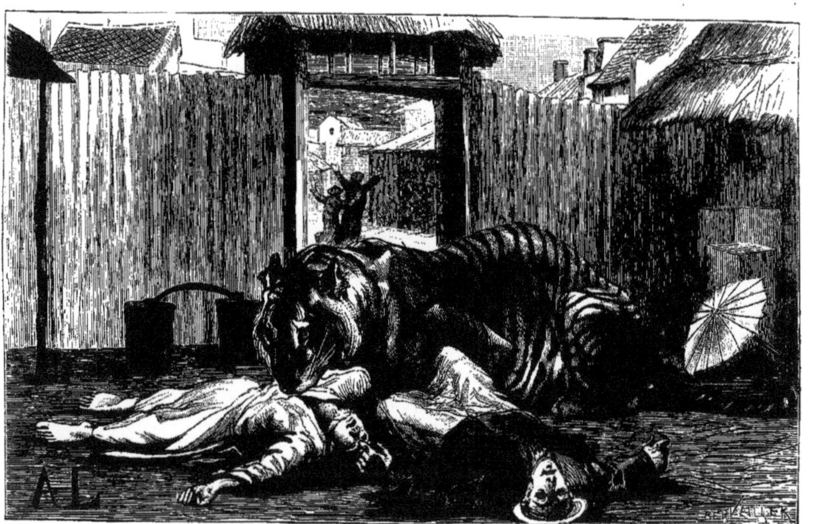

Il entra dans les maisons et assouvit sa rage de sang. (Page 491.)



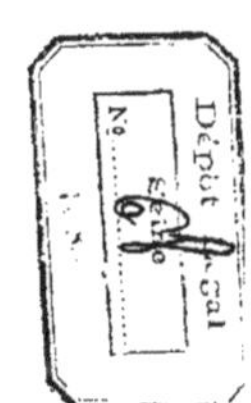

— Mais, dis-je à mon narrateur, vous n'aviez donc pas seulement la plus rudimentaire des armes à feu, pour loger une bonne balle dans le crâne de ce carnassier en furie?

Il me fut répondu, qu'on leur défendait l'usage de ces engins de destruction ; et qu'un voyageur français qui avait voulu un jour leur faire présent de poudre et de fusils, avait failli être malmené par les autorités du pays. Heureux peuple, qui se laisse égorger par des bêtes féroces, plutôt que de toucher à des armes, avec lesquelles ils pourraient s'entre-tuer! Qu'on nous parle donc maintenant de la pastorale Helvétie!

Le tigre poussa l'audace ou l'inconvenance jusqu'à violer la demeure de ces hommes pacifiques. Comme un loup se précipite dans une bergerie ouverte, il entra dans les maisons et assouvit sa rage de sang, sur tout ce qu'il rencontra. Femmes, enfants, tout lui sembla bon. Il en fit un carnage homérique. Cet exterminateur, qui n'était pas un ange, ne se retira que fort tard, lorsqu'il eut épuisé ses forces dans le massacre, et plongé toutes les familles dans le deuil. Il s'en retourna repu, gorgé, gonflé comme un viveur. Il avait tué pour avoir du sang frais; comme le grand roi Soleil faisait immoler deux cents poules, pour en extraire un consommé parfait. C'étaient les mêmes procédés de grand seigneur, mettant la nature en coupe réglée pour satisfaire dignement un appétit délicat. Le tigre n'avait emporté aucun cadavre. Comme il n'aime que la viande saignante à point, à la mode des carnivores britanniques, il dédaigne les muscles affaissés et refroidis. Quand la faim le tourmente de nouveau, il court à de nouvelles hécatombes. Imprévoyant du lendemain, ainsi que tous les félins, il pense qu'à chaque jour suffit sa peine. Le tigre est un bohème de race. Il laisse volontiers aux Philistins certaines précautions d'économie dont il n'a cure.

Nous arrivions parmi ces braves gens comme des libérateurs. Après l'ensevelissement des morts, les principaux du pays nous entourèrent. Les larmes aux yeux, ils se mirent à nous supplier de vouloir bien les débarrasser du mauvais esprit, qui tombait sur eux et éclaircissait leurs rangs. Pour conjurer le malin, le plus expert des sorciers avait déjà commencé ses opérations mystérieuses. Rien de plus grotesque que ces sortes d'enchantements. Le devin, espèce de prêtre solennel, maigre comme un squelette, jaune comme un citron, les yeux sortant de la tête, se livrait à des exorcismes effrénés. Il exécutait des danses impossibles, se tordait en arc, puis s'accroupissait sur ses talons en une posture équivoque. Avec de grands gestes tournés vers la forêt, il semblait envoyer des effluves impérieuses à l'animal. Enfin, pour terminer cette plaisanterie que nous feignions de prendre au sérieux, le sorcier prit la main de la plus jeune des filles du hameau, la fixa longtemps dans les yeux, l'entoura de quelques passes magiques, et la promena lentement autour de chaque possession; puis déposant à l'entrée du village un vase rempli d'une eau lustrale, il s'en revint radieux comme un triomphateur. Dans un discours, d'une concision spartiate, il assura à tous ces naïfs que, désormais, ils pourraient vaquer en paix à la culture de leurs rizières. Cette promesse fut immédiatement suivie de fructueux résultats. Tous les habitants s'empressèrent de combler ce charlatan de dons en nature très considérables. Les dîmes recueillies, chacun s'en retourna chez soi, allégé d'un grand poids.

Tout le village était maintenant sous la protection des bons esprits tutélaires. Cependant nous remarquions quelques sourires, qui nous montrèrent que le sorcier ne comptait pas que des partisans dans cette foule. Au nombre des paysans, il se trouvait quelques incrédules, des esprits forts, des malins, qui reportèrent sur nous toute leur confiance. Ils avaient vu les canons de nos carabines de précision, et ils estimaient que le mauvais esprit résisterait moins à cela qu'à la pantomime fantaisiste du devin. Ils nous prièrent donc de faire bonne garde et d'essayer de tuer le tigre.

J'étais fort perplexe. Je ne tenais pas le moins du monde à déconsidérer le vertueux personnage, qui gagnait sa vie à écarter des tigres. Je voulais lui laisser tout le bénéfice de son art. Mais comment faire? Allumer des feux à la lisière du bois, c'était élever autel contre autel! Une idée lumineuse me vint tout à coup. J'achetai à mon hôte un bœuf magnifique, plein de santé, exhalant la vie à plusieurs mètres à la ronde. Et, de nuit, accompagné de mon ingénieur, aussi grave que le sorcier, je conduisis mon bœuf en dehors des habitations. Je l'attachai au premier bambou qui borde la route en entrant dans le bourg, à dix pas environ de l'immense jatte d'étain remplie d'eau virginale, que l'empirique avait fait déposer quelques heures auparavant. Je me penchai sur le miroir limpide de cette eau ambrée et je me retirai en embuscade, derrière un fouillis de plantes aquatiques, assez semblables à des cannes à sucre.

— Surtout, dis-je à mon compagnon, pas le moindre bruit! Et défense absolue de faire feu! à moins que l'esprit ne préfère la chair des chrétiens à la viande de bœuf. Je vous laisse juge de l'opportunité d'intervenir.

Nous étions depuis plus d'une heure à nous morfondre dans nos cachettes, à absorber peut-être les germes de la fièvre des marais, lorsque le tigre se montra. Cette fois, il ne procédait pas par sauts gigantesques, il s'en venait tout tranquillement, la tête basse, en véritable conspirateur. Il faisait un clair de lune superbe, très argenté. Nous pouvions découvrir les moindres grains de beauté de ce corps magnifique. En marchant, son allure imprimait aux larges bandes noires de sa peau, un déplacement assez rapide, qui nous le faisait paraître entièrement brun. C'est ainsi que l'on recompose la couleur blanche en tournant un disque colorié des couleurs du spectre. Lorsqu'il fut à quelques enjambées de nous, il flaira le vent et se montra perplexe comme l'âne de Buridan, entre ses deux picotins d'avoine. Un combat intérieur se livrait évidemment dans les profondeurs de cet estomac insatiable, qui avait déjà digéré les nombreuses palettes de sang tirées la veille à quarante et une victimes. Il avait l'air de se demander quel morceau il réserverait pour son dessert. La chose demandant sans doute réflexion, il s'accroupit dans le recueillement, entre son bœuf et sa pâture humaine. Il avait une mauvaise figure de dogue en colère. Sa lèvre inférieure se relevait, et sa mâchoire grimaçait un rictus effrayant. Sa peau se plissait et se moutonnait d'aise. Il avait la tenue indécente d'un gourmand qui se voit en face d'une belle table et qui se propose de bien manger. Sa physionomie était animée d'une mobilité extraordinaire. Son front ondulait, ses narines concupiscentes s'entr'ouvraient toutes larges, ses lèvres palpitaient, et, sur ses prunelles ardentes, s'abaissaient en componction ses béates paupières. Frère Jehan des Entommeures devait ressembler à ce convive patelin, dans sa robe fourrée. Il était vraiment beau à voir, à tête reposée. Mais songer que cet animal, aux lignes ondoyantes et gracieuses, qui se recueille là, devant vous, pour savoir à quelle sauce il devra vous dévorer, va peut-être bondir sur votre crâne et souper de votre dernière pensée! je vous assure qu'il n'y a pas de quoi se livrer sérieusement à des recherches esthétiques et anatomiques, sur ce bourreau qui délibère! J'étais cependant impatient de voir la tournure de l'affaire. Elle se décida assez promptement. Le tigre, après s'être caressé agréablement de sa queue, se releva doucement. J'épaulai à travers les broussailles, la main sur la détente de mon fusil; je me tins prêt à tous les événements. Je tenais la bête au bout de mon canon. Mon ami, l'ingénieur, tirait aussi ses plans. Il se passa une minute d'angoisse, qui nous parut longue. Le tigre ne bougeait pas. La situation était grave. Tout à coup un clapissement étrange, semblable aux cris d'un enfant, se fit entendre dans le silence de cette nuit sereine. Les échos de la montagne renvoyèrent ces accents féroces. On n'oublie jamais ces sons étranges, quand on les a entendus une fois en pleine nature, avec la perspective d'une lutte à mort contre celui qui les pousse. Le sang en est tout remué, et il est besoin d'une force d'âme peu commune pour ne pas trembler et viser juste dans ces circonstances redoutables. En pleine liberté, le cri du tigre ne ressemble pas à celui qu'il profère lorsqu'il est enfermé en cage ; le tigre n'a guère qu'un cri : c'est une sorte de bâillement ennuyé qu'il répète par intervalles sur le même ton monotone. Au sein des forêts de l'extrême Orient, le tigre varie ses accents. J'ai pu noter, au cours de mes voyages et de mes rencontres avec ce terrible félin, quatre ou cinq intonations différentes de sa voix toujours rauque et rugueuse comme les papilles de sa langue. Cette voix n'a pas l'éclat de la voix du lion. Le timbre en est plus voilé, plus terne. La résonnance plus sourdement frémissante. Il y a de nombreux points d'orgue dans cette musique infernale. Le son part de la gorge altérée, étranglée, plutôt que de la poitrine, et s'altère encore par les modifications nasales.

Au premier cri poussé par le tigre, le bœuf répondit par un beuglement plaintif, qui nous donna des remords.

La pauvre bête sentait la mort venir et elle clamait à l'aide. Nous ne pouvions la secourir, puisque nous l'avions condamnée. Le bœuf s'agitait, ébranlait la terre de ses pieds et présentait à l'ennemi des cornes menaçantes. Le tigre se détendit comme un ressort et bondit sur sa proie qu'il terrassa. Puis grimpant sur les vastes épaules du bœuf; il le saigna à la gorge avec la précision d'un boucher. Il était couché à plat ventre au milieu de son festin. Le bœuf faisait des efforts désespérés pour se rouler à terre et étouffer son agresseur. Il râlait puissamment. Il parvint à se dégager un instant. Soulevé sur ses jarrets de devant, il agitait sa tête dans le vide pour éventrer son meurtrier qui le prenait en traître par derrière. Le tigre ne lâchait pas prise. Il aveuglait sa victime à grands coups de griffes, tandis qu'il la serrait à la gorge sous ses vigoureuses mâchoires. C'était une sorte de vampire collé sur les flancs de sa proie. Nous entendions comme un bruit sinistre de déglutition à chaque coup de dents porté. Le sang entrait à flots dans cette gueule comme dans un gouffre. C'était effrayant. Cet assassinat avait des horreurs tragiques. Le bœuf succomba à la fin. Le tigre s'acharna quelques instants encore sur lui, tant qu'il resta chaud. Il se gavait avec délices. Son ventre se gonflait en mouvements spasmodiques. Il tendait le cou pour avaler plus vite. Il est impossible de se faire une idée de cette voracité pantagruélique. La bête féroce avait entr'ouvert les entrailles du bœuf et il plongeait jusqu'au cœur. Il se repaissait avec une gloutonnerie épique, se vautrait dans le sang, se rougissait tout le corps et jouissait d'une volupté sans nom. Il était devenu fébrile. Il ne tenait plus en place et semblait vouloir avaler d'un coup le cadavre. Détachant un peu partout des lambeaux de chair pantelants, il les rejetait après les avoir sucés et courait en arracher d'autres avec une frénésie terrible. Évidemment, il se grisait. Mon ami me fit un geste significatif qui voulait dire : comme nous le tuerions bien d'ici. Je lui fis signe d'attendre encore,

Le tigre une fois rassasié se tourna vers nous. Aurait-il encore faim après ce repas de Sardanapale? C'était peu probable. Nous le vîmes en effet s'avancer avec prudence, la langue pendante, la démarche alourdie, chancelant presque vers le réservoir d'eau lustrale. Ce grand mangeur était altéré. Je ne pus m'empêcher de pousser un grand éclat de rire, lorsqu'il eut lampé toute la préparation du vieux sorcier. Mon ami, que je n'avais pas mis entièrement dans la confidence me regarda d'un air effaré. Il croyait que j'étais devenu subitement fou de terreur.

— Allons-nous-en, lui dis-je, la besogne est faite. Regarde plutôt. Le tigre tournoya deux ou trois fois sur lui-même, poussa des hurlements en regardant d'un autre côté et tomba comme une masse, raide mort.

— Que signifie ceci? me demanda l'ingénieur. Est-ce que les incantations magiques du sorcier auraient produit quelque effet? Tout cela me semble du dernier fantastique.

— Je t'expliquerai cela demain matin, lui répondis-je, viens te coucher. Il se fait tard et je suis humide de rosée.

Le lendemain matin, tout le village était assemblé sur les lieux de nos exploits nocturnes. Les femmes possédées comme des furies lançaient des imprécations fort pittoresques contre l'animal qui ne pouvait plus leur nuire ; les enfants presque nus dansaient en rond autour de nous. Quant aux hommes, ils assistaient songeurs et pensifs au spectacle qu'ils avaient sous les yeux. La terrible puissance du devin qui avait étendu sans vie à leurs pieds ce monstre redoutable, les frappait de stupeur. Ils ne craignaient plus le tigre, maintenant, mais ils ressentaient tous une religieuse frayeur pour l'homme qui était plus fort que les tigres des forêts. Le sorcier debout, dépassant de sa haute stature toutes ces têtes inclinées, triomphait pompeusement. Il leur disait que tous ceux qui ne suivraient pas ses commandements périraient comme le tigre. Ces menaces sentencieuses consternaient ces pauvres diables. Ils me faisaient pitié. La peur imprimait en eux un sentiment de religion profonde. Ils tremblaient de tout leur corps, mais ils croyaient de toute leur âme. Je sentais alors toute la vérité de cette parole antique :

*Primus in orbe Deos fecit timor.*

Le sorcier s'approcha ensuite d'un pas solennel de la bête et il se mit à la dépouiller de la meilleure grâce du monde. Son couteau dans les dents, il tenait la peau avec la conscience d'un sacrificateur romain ou mieux d'un égorgeur aux abattoirs. Lorsqu'il eut terminé cette première partie de son travail il mesura la dépouille qui devait lui servir de lit. Elle avait quatre mètres de long. Ses zébrures étaient d'un beau noir d'encre de Chine sur un fond très fauve. Le sorcier compta ces lignes transversales, puis songea quelque temps sur leur nombre et annonça à toute l'assistance qu'il mourrait dans deux fois vingt années. Plongeant ensuite ses grandes mains noueuses dans les viscères, il en arracha toutes les graisses et les déposa avec soin sur l'herbe. Puis il arracha la langue et le cœur.

Je demandai dans quel but on pratiquait cette opération chirurgicale sur le défunt. On me répondit que la graisse servait de panacée à tous les maux ; que la langue, réduite en poudre, était souveraine pour les affections nerveuses et pour toutes les crises de possessions ; que le cœur enfin, convenablement préparé, inspirait le courage contre les ennemis et le mépris de la mort.

— Arrêtez ! m'écriai-je. Vous allez vous empoisonner, malheureux. J'ai tué ce tigre avec une forte dose d'arsenic que j'ai versée dans votre décoction d'eau lustrale. Le premier qui mangera de cette langue tombera foudroyé.

L'ingénieur riait à éclater. Le sorcier me regardait avec des yeux fulgurants. Il sentait son autorité chanceler. D'un coup de langue j'avais sapé par la base ce colosse aux pieds d'argile ou de boue. Tous les Tonkinois m'entourèrent et je leur expliquai par l'intermédiaire de mon interprète Ti-Kiou que le seul moyen de se défaire des tigres, quand on n'avait pas d'armes à feu, c'était de les empoisonner avec de la petite poudre blanche que je leur montrai.

Le tigre se brisa les ongles et les mâchoires sur cet homme de fer. (Page 504.)

ajoutant que j'avais là dans ma petite fiole de quoi faire mourir tous les Annamites, leurs méchants voisins. Ils voulurent me porter en triomphe, et je passai à leurs yeux comme un Dieu descendu sur la terre. J'eus toutes les peines du monde à leur faire comprendre que mon ami l'ingénieur était encore un plus grand devin que moi, et que la nature lui obéissait à l'œil.

En récompense des services que j'avais rendus à cette petite communauté d'hommes simples et bons, comme dit Rousseau, on me décora des dépouilles de l'animal. Je les abandonnai de bon cœur au sorcier qui m'en fut reconnaissant.

Lorsque nous fûmes convenablement installés dans la plus somptueuse résidence du village, l'ingénieur ne me dissimula pas toutes les transes qui avaient secoué ses nerfs pendant les quelques heures d'affût que nous avions passées au clair de la lune à surveiller le tigre.

— Je ne connaissais cet animal, me dit-il, que par mes visites au Jardin des Plantes et je t'assure que j'ai été désagréablement surpris.

— Tu t'imaginais sans doute rencontrer dans les roseaux du fleuve Rouge quelques-uns de ces animaux rabougris, émaciés, énervés comme on nous en exhibe dans nos ménageries. Il est impossible de se faire une idée du tigre royal sur ces échantillons défectueux. Tu pourras apprendre dans les livres et dans tes fugitifs tête-à-tête aux grilles des dompteurs blancs ou noirs que c'est un quadrupède du genre et de la famille des chats (le *felis tigris* de Linné ); qu'il entre dans le sous-ordre des carnivores et dans l'ordre des carnassiers ; que sa mâchoire compte trente dents à faire reculer les plus braves ; ses pieds de devant cinq doigts acérés, ses pieds de derrière quatre ongles tout aussi redoutables. Tu pourras te rendre compte de sa conformation générale, de la blancheur de son ventre, des rayures de son dos, de la terrible fixité de son regard, de la puissance probable de sa poigne ; mais il faut le voir à l'œuvre, sans entraves, pour être parfaitement édifié sur son savoir-faire. Pour moi, je crains beaucoup plus le tigre que le lion. D'abord il le surpasse en souplesse et en agilité. Il est aussi féroce et aussi audacieux que son concurrent, mais il déploie plus de ruse pour approcher de sa proie. Je me rappelle qu'un jour dans une des possessions hollandaises de l'archipel Indien, un malheureux soldat qui se rendait au fourrage faillit être victime de cette voracité astucieuse.

— Raconte-moi cela, mon cher. J'aime les émotions fortes.

— Surtout quand tu as mis préalablement ta vie en sûreté derrière une bonne palissade de bambous.

— Je te ferai remarquer, mon cher ami, que pour un conscrit je me suis comporté sans accident en présence de l'ennemi. Tiens-moi compte de cette crânerie et ne m'écrase pas. Raconte toujours.

— Eh bien! ce pauvre soldat galopait très vite. En apercevant le tigre couché à plat ventre et faisant le mort dans les broussailles qui bordent la route, il éperonna son cheval qui l'emporta en quelques instants aux portes de la ville voisine. Le tigre ne bougea pas de sa cachette. Il ne voyait sans doute aucune possibilité d'attaquer ce cavalier qui fuyait comme le vent. Mais il quitta son embuscade quelques instants après le passage du jeune soldat, et pour tromper sa victime, il se rendit en se traînant à quelques mètres de la ville où il l'avait vu entrer. Là il attendit le retour du cavalier.

Blotti dans une espèce de carrière recouverte d'herbages, ne laissant apercevoir que ses deux yeux qui guettaient, il se condamna à plus de six heures de faction dans une immobilité absolue. On eût dit qu'il était sûr de son coup. Le soldat passa en effet, mais il n'était plus seul. Une petite troupe de ses camarades l'accompagnait.

L'animal fut déconcerté. Il se garda bien de s'attaquer à plus fort que lui. Ce n'est cependant pas le courage qui lui manque : mais pour lui comme pour le lion : Prudence est mère de sûreté.

Il ne se découragea pas, cependant. Dans l'espérance sans doute de quelque hasard heureux, il se mit encore à la suite de ces hommes par des sentiers détournés. Il ne les quittait pas de vue. Tout à coup un soldat, l'ami du premier, fut retenu en arrière par une fantaisie de son cheval, qui ne voulait plus avancer. Peut-être humait-il dans l'air le voisinage du tigre. Quoi qu'il en soit, la bête féroce le laissa s'écarter le plus possible du gros de la bande. Dès qu'il jugea la distance suffisante il sauta sur lui, le fit tomber de cheval et s'apprêta à l'emporter de l'autre côté du ravin. Heureusement pour le Hollandais que ses compagnons accoururent à franc étrier et donnèrent la chasse à l'animal avant qu'il n'eut saisi dans sa gueule sa proie déjà à demi morte.

— Crois-tu que le tigre puisse s'apprivoiser aussi facilement que le lion, quand il est pris jeune ?

— Je t'avouerai que je ne me suis jamais livré personnellement à ces sortes d'expériences qui me paraissent ridicules ou cruelles. J'aime mieux chasser noblement, loyalement ces animaux, les tuer d'un coup, que de leur ravir lâchement leurs petits.

— On m'a dit que dans l'Inde certains industriels à la solde des Anglais se livraient à ce trafic.

— Durant mon long séjour dans la péninsule, je n'ai connu qu'un seul dénicheur de tigres. C'était un garçon extraordinaire. Il vivait dans les bois à épier son gibier. Il grimpait sur les arbres comme un singe et voyait tout de son observatoire. Tu sais que la tigresse, comme la lionne, cache sa progéniture avec soin, afin de la soustraire aux recherches du mâle.

— Est-ce que tous les félins ne grimpent pas aux arbres ?

— Sans doute, lorsqu'ils poursuivent un ennemi qu'ils sont sur le point d'atteindre. Mais ils n'y montent jamais d'eux-mêmes pour le plaisir de faire des ascensions aériennes, comme notre ours martin, ou pour s'embusquer. Les cas du moins en sont fort rares. Donc, mon Indou des basses castes surveillait depuis quelque temps les allures d'une superbe tigresse qui paraissait être dans un état de gestation fort avancé. Il surprit sa cachette, et profitant de l'absence de la mère il se saisit des petits et les emmena dans sa maison.

— Que faisait-il de ces aimables hôtes?

— Il les élevait à faire mille tours des plus gracieux. Il parvint à les domestiquer comme de véritables chiens. Ses tigres le suivaient partout, bondissant autour de lui avec une familiarité touchante.

— Il ne mordaient pas?

— Jamais!

« Il ne s'agit pas, mon cher ami, de dompter comme on le dit vulgairement ces bêtes féroces, mais de les bien élever. Sur un tigre adulte on n'arriverait à rien si ce n'est à se faire dévorer dans un jour de mauvaise humeur. Tous les fers rouges seraient impuissants à faire rentrer leur rage et leurs ongles. Il faut les accoutumer dès le bas âge à la soumission et à la gentillesse. J'ai vu plusieurs fois mon Indou caresser ses élèves comme Richelieu ses chats. Ils se laissaient faire de la meilleure grâce du monde ; faisaient le gros dos, se frottaient sous la main, jubilaient de la queue et témoignaient leur satisfaction par un ronron amoureux qui n'était pas sans volupté. Après quoi on les récompensait par un succulent morceau.

— De sucre?

— Non, mais de quelque chose qu'ils aiment bien. De la viande cuite autant que possible.

— Je crois que tu me racontes des histoires à me faire dormir debout.

— Je n'ai pas pour habitude d'imiter la sultane Scheherazade. Tout ce que je t'affirme est la pure vérité. Du reste, tu peux consulter la véridique histoire qui t'inspirera peut-être plus de confiance que ton serviteur. Tu y liras que l'empereur Héliogabale sortit un jour dans sa bonne ville de Rome sur un char attelé de deux tigres.

— Je sais cela, et le plus à craindre n'était pas celui qu'on pense. J'ai toujours considéré ces récits comme dénués de toute ressemblance.

— Adresse-toi aux Folies-Bergère alors, et tu verras à quels exercices on parvient à soumettre ces carnassiers qui te font si froid dans les nerfs. J'ai vu et applaudi un dompteur fameux qui entrait presque nu dans une cage où il y avait un éléphant, un lion, un tigre, une chèvre et un loup. Tout cet entourage s'inclinait profondément à son aspect. Ces animaux couchants et aplatis comme des courtisans de roi se traînaient à ses pieds dans la posture la plus humble et faisaient de leurs corps un tapis moelleux à leur maître. Il s'y étendait en nabab, la tête fourrée dans la gueule du tigre et les deux pieds dans celle du lion. Je ne dis pas que cet oreiller et cette chancelière du nouveau genre offraient toutes les sécurités, mais jamais le dompteur n'eut à s'en plaindre, puisque cette récréation lui rapporta de quoi bâtir une jolie villa en Autriche.

— C'est plus sûr de fondements qu'un château en Espagne.

— Tu sais donc bien que les anciens naturalistes démodés avaient tort de ne pas appliquer l'instruction obligatoire à ces écoliers dociles. Je suis convaincu que si Lalande, Magon, M. de Buffon, Fouché d'Obsonville, de Grandpré avaient daigné communiquer un peu de leur génie et de leur sagacité à ces pauvres hères dénués de tout moyen de s'instruire, ceux-ci leur auraient empêché d'écrire tant de sottises sur leur compte. Mais l'homme a préféré tuer pour régner, plutôt que de se donner la peine d'apprivoiser.

— Mon cher ami, à notre retour en France, je m'en vais te faire nommer membre de la Société protectrice des animaux sauvages : tu auras dans ton département le tigre du Bengale, de Java, de Siam, du Malabar et du Tonkin.

« Si quelqu'un y touche tu le citeras à comparaître par-devant ton tribunal et tu siégeras entouré de tous les grands carnassiers : ils porteront pour toi la simarre du magistrat.

— Pas de mauvaises plaisanteries, ou je te renvoie, non pas à Aristote et à Pline qui n'ont pas connu le tigre royal, le seul tigre qui existe, mais à Oppien, à Solin et à Varron surtout. Écoute Varron, cet homme grave comme toi. Que dit-il du tigre? Après avoir trouvé que son nom est du pur arménien et signifie flèche rapide, il nous le dépeint sous les plus séduisantes couleurs.

— Je crois bien, il trompe son monde avec son bariolage coquet que l'on croirait dessiné et noirci avec le crayon des odalisques : mais si le docteur Varron l'avait approché de près, comme moi ce soir, il mettrait une sourdine à son dithyrambe élogieux.

— Tu es injuste.

— S'il t'avait seulement emporté ton petit doigt au fond de son repaire tu raisonnerais autrement.

— J'en ai vu bien d'autres dans les forêts du Bengale. Et je t'assure que jamais je n'ai éprouvé plus de vénération et de respect pour un ennemi! Je considère le grand tigre de la jungle comme le seul adversaire digne de l'homme. Quand on s'est une fois mesuré avec ce champion qui terrasse des lions, on peut porter la tête haute et se sentir le cœur en paix.

— Tu as chassé le tigre au Bengale?

— Que va-t-on faire au Bengale, si ce n'est pour scalper quelque pelage lustré de tigre ou de panthère!

— Est-ce que tu as imité certain prince belliqueux, qui se livrait à ce passe-temps royal, plus grillé derrière les barreaux de sa cage que tous les félins en captivité.

— Je n'ai jamais eu de goût pour ces distractions faciles, mon cher ami. Je m'en voudrais de partir en chasse avec un appareil si compliqué. Si l'homme se plastronne, les chances du duel ne sont pas égales. Pourquoi pas se couvrir de fer des pieds à la tête. Tu connais l'aventure du négociant anglais, dans le Karnatic?

— Je ne m'en doute même pas. Je sais seulement que l'imagination britannique est fertile en ressources, principalement lorsqu'il s'agit du confort de la vie.

— Je fis la rencontre de ce monsieur, dans les environs de la vieille pagode de Tirouvicarré. Juge de mon étonnement, lorsque j'aperçus, sortant de ce tas de décombres gigantesques, une ombre non moins gigantesque, qui répandait autour d'elle un bruit extraordinaire de vieille ferraille. Je crus rêver, lorsqu'en approchant de plus près, je me trouvai en face d'un chevalier, bardé de fer. L'armure était toute neuve et sortait de l'atelier. Elle resplendissait sous le soleil comme un lac d'argent. Toutes les aventures du brave Don Quichotte de la Manche me revinrent à la mémoire, surtout à la vue du domestique de l'inconnu mystérieux, qui suivait son maître à une distance respectueuse de vingt pas environ. Ce Sancho d'un nouveau genre, habillé selon la mode anglaise de l'Inde, portait un nécessaire de provisions et deux fusils en bandoulière, croisés derrière ses épaules comme la croix de saint André.

L'Anglais, bardé de fer, que je prenais d'abord pour un monomane à la recherche d'émotions extraordinaires, me détrompa vite sur son compte. Il nous salua avec la politesse froide et raide de ses compatriotes. Son grand corps, emprisonné dans la gêne de sa carapace d'acier, ne pouvait se livrer qu'aux mouvements strictement nécessaires. Tout luxe, sous ce rapport, lui était interdit. Il prétendit qu'il était enchanté de faire ma rencontre, parce que je pourrais lui être de quelque utilité dans la réalisation de ses grands projets. Toujours pratiques ces Anglais! L'amitié même doit leur rapporter quelque chose.

— Je serai ravi, monsieur, lui répondis-je, de vous être agréable. De quoi s'agit-il?

— De me dire, tout simplement, où j'aurai quelque chance de rencontrer des tigres? Je voyage depuis beaucoup de jours et je n'ai encore trouvé que des ruines. Je ne suis pas un antiquaire, moi, et ce n'est pas de la brique que je collectionne, mais des têtes de tigres, de panthères et de lions. J'en possède un très joli musée. Il me manque un crâne de vingt-cinq centimètres, pour remplir une place vide, et je le cherche.

— J'espère, monsieur, que vous ne serez pas longtemps à trouver ce que vous désirez. Demeurez ici, ce soir, embusquez-vous quelques heures, vous serez pleinement satisfait.

Mon Anglais suivit mes conseils à la lettre. En attendant l'heure que je lui avais indiquée, il nous régala de champagne et de gâteaux, contenus dans la précieuse valise.

Le soir arriva, un de ces soirs éclatants comme on en trouve seulement dans l'Inde. Une fraîcheur reposante descendait sur les campagnes à peine assombries. Le ciel conservait l'azur intense du jour avec des teintes plus noires. Pas un souffle dans l'air. Les brises de mer ne donnaient pas ce soir-là. Dans le lointain, on entendait les appels sourds des éléphants, le glapissement des chacals et des bruits confus qui partaient des forêts voisines. Je revois ce spectacle, comme s'il était d'hier. Cette nature puissante vous impressionne trop fortement pour qu'on l'oublie jamais. J'étais curieux de voir à l'œuvre mon original. L'occasion ne se fit pas attendre. Comme je n'étais pas armé, il ne me fut pas possible de l'accompagner dans ses exploits. Je me contentai de l'observer de la cabane d'un vieux brahme, qui vivait en ascète sur les débris de la pagode. Rien de plus pittoresque que cette habitation isolée au milieu des décombres. La maison où nous sommes en ce moment ne peut t'en donner qu'une idée fort imparfaite. Imagine-toi, mon ami, quelque chose comme une grotte préhistorique, faite de quatre blocs de granit superposés, sans ciment : une véritable construction cyclopéenne. La demeure du brahme se trouvait adossée à mi-côte de la montagne. Un fouillis inextricable de lianes et de plantes parasites la couvrait comme un nid. Je montai sur la plate-forme, et je suivis de l'œil tous les mouvements de mon Anglais. Il vint s'embusquer dans une sorte de défilé sauvage, perpendiculaire à la montagne. Ils nous était facile, de notre observatoire, d'assister, en amateurs désintéressés, au genre nouveau de sport cynégétique inauguré par le chevalier errant. Qu'allait-il faire ? Il ne disposait que d'un mauvais fusil de chasse, dont je n'aurais pas voulu pour tuer des lapins. Mais, ce monsieur avait ses théories à lui. Comme il faisait collection de têtes d'animaux sauvages, et qu'il est presque impossible de tuer le tigre ailleurs que par la tête, il ne voulait pas endommager ses chers crânes. C'est pourquoi il recourait à d'autres procédés aussi expéditifs et moins avariants. Le tigre vint se désaltérer dans une mare, à quelques pas de lui. Il se garda bien de le viser à la bonne place, que nous choisissons tous. Il lui lança une balle dans le train de derrière et attendit sans remuer à la même place. La bête se sentant touchée, bondit de rage. D'un saut elle fut sur son ennemi. L'Anglais s'était couché et faisait le mort. Le tigre se brisa les ongles et les mâchoires sur cet homme de fer. Il entrait ses griffes partout où il trouvait un joint, espérant toujours arriver jusqu'aux chairs. Il retournait le malheureux Anglais comme une boule ; il eût jonglé avec. Mais, celui-ci, ne lui en laissa pas le temps. D'un vigoureux coup de couteau, plongé en plein cœur, il l'étendit raide mort à ses côtés. Et, de ce même couteau et de ce même flegme imperturbable, il trancha la tête du monstre. Il nous la rapporta, comme un trophée, dans son gantelet.

— Pourquoi, lui demandai-je, avez-vous hésité si longtemps avant de frapper? Le tigre aurait pu vous étouffer.

— Je m'assurais, nous répondit-il avec calme, des dimensions de la tête, qui me soufflait son haleine irritée, à travers les trous de mon armet. J'ai été bien heureux, lorsque j'eus constaté que cette tête répondait exactement à ce que je cherchais. C'est alors, seulement, que je me suis décidé à enfoncer mon yatagan empoisonné dans la peau de cette belle bête.

— Et vous n'avez pas eu peur de vous voir ainsi aux prises avec un lutteur aussi redoutable ?

— Pas plus que dans une salle de boxe.

— Si, cependant, le tigre était parvenu à vous dégrafer une pièce de votre harnais de combat, qu'eussiez-vous fait ?

— Ceci est impossible. Toutes les parties de mon armure sont re-

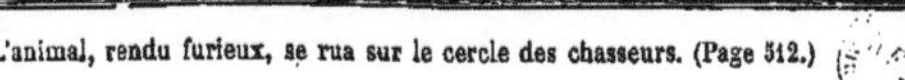

L'animal, rendu furieux, se rua sur le cercle des chasseurs. (Page 512.)

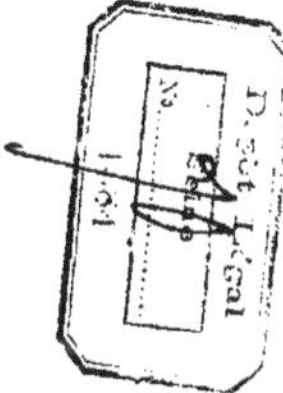

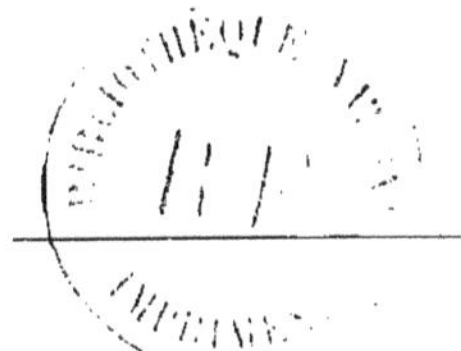



liées ensemble, de façon qu'il est impossible, même à une main humaine qui ne serait pas au courant du secret, de les défaire. Tenez, regardez bien !

Et en disant cela, il fit jouer une espèce de ressort intérieur, et la cuirasse d'acier s'ouvrit en deux comme une armoire à deux battants. J'admirai ce mécanisme, mais, je l'avoue, ma vénération pour ce chasseur noir, cessa tout à fait. Dans ce blindage hermétique, il était impossible de courir le moindre danger. C'était ingénieux ; voilà tout. Moi, je te le répète, je trouve cela lâche.

— Pourquoi ne veux-tu pas, repartit mon ami l'ingénieur, que nous fassions servir les inventions de notre génie, pour combattre de plus forts que nous ? Il y a longtemps que l'homme use de ces procédés, et personne ne s'est encore plaint, si ce n'est, peut-être, ceux qui en sont les victimes : les lions et les tigres ! Qu'eussions-nous fait sans cela ? Il y a longtemps que notre espèce tout entière aurait disparu de la surface du globe, écrasée, dévorée par les monstres de la création, plus favorisés que nous sous le rapport du muscle. Mais, mon cher ami, cette fameuse lutte pour l'existence, cet étranglement universel pour vivre se réduit tout simplement à ceci : qui l'emportera du système nerveux ou du système musculaire?

Or, il paraît bien que jusqu'ici l'avantage est resté à l'encéphale. Tout dépend, vois-tu, de la conformation du crâne. Si ton tigre et ton lion, dont tu me parles si souvent, possédaient seulement l'angle crânien du dernier crétin de l'Océanie, mais ils seraient les maîtres du monde.

Tu ne sais donc pas que notre gracieuse petite main, toute désarmée qu'elle est, se trouve être le plus redoutable instrument de destruction qui soit sur la terre. C'est, grâce à elle, que les premiers habitants de la planète, nus comme des petits saint Jean, et gambadant comme des gorilles, ont pu se préserver des attaques terribles du tigre des cavernes, plus grand encore que notre tigre royal de la jungle ou des rizières du Cambodge. Ces malheureux hommes, des âges préhistoriques, quoique placés par leur naissance à l'aurore du progrès, possédaient cependant assez d'intelligence et d'habileté pour casser des branches d'arbres énormes, et s'en servir comme de massues contre leurs dangereux voisins des clairières tertiaires. Puis ils ont inventé le feu en frottant ces branches d'arbres et en aiguisant leurs silex. A partir de ce jour, leur royauté a été assurée. Toutes les bêtes fauves ont été tenues à distance par les foyers allumés, qui brûlaient jour et nuit à l'entrée des cavernes et des huttes, où se réfugiaient nos ancêtres.

— Comment t'expliques-tu cette action de la flamme sur des animaux aussi hardis, aussi intrépides et entreprenants que les grands félins? Je ne me suis jamais bien rendu compte de ce phénomène singulier.

— Mon cher ami, je professe sur cette matière des opinions qui me sont peut-être personnelles, mais que je crois revêtues de quelque vraisemblance.

— Tu serais bien aimable de me faire part de tes connaissances approfondies sur cet épouvantail, cela nous distrairait agréablement de nos récits de chasse.

— Bien volontiers.

— Parle toujours. Peu m'importent les sources, pourvu qu'elles me satisfassent.

— As-tu remarqué que presque tous les quadrupèdes sont plus ou moins hallucinés?

— Je n'ai pas fait attention.

— Regarde et tu seras convaincu comme moi. Pourquoi, par exemple, le chien, notre meilleur ami, se pend-il toutes les nuits à la lune, comme s'il voulait la décrocher? Pourquoi aboie-t-il ainsi à la clarté de cet astre? Quelle imagination se fait-il au sujet de ce corps céleste, qui n'est pourtant qu'un rocher glacé? Évidemment cela est pour lui quelque chose de fantastique qui lui fait mal aux nerfs. Le chien est donc un grand halluciné. Les félins carnassiers partagent, selon moi, ces tendances du chien. Le caractère de leur cerveau, c'est de voir gigantesque et extraordinaire. Remarque de plus, que toutes les intelligences rudimentaires des enfants et des peuples enfants, tombent dans ce travers. On dirait qu'avant d'éclore la raison ait en sa place un vaste domaine rempli tout entier par les mille fantaisies de l'imagination. A mesure que les impressions se coordonnent, se groupent, le jugement se développe, et il reste moins à la faculté imaginative. Tout ce que je te dis là, mon ami, est la vérité même.

— Voyons, résume-toi, et abrège ton cours de psychologie comparée. Tu prétends donc que les animaux sauvages ont peur du feu tout comme le chien a peur de la lune, parce qu'ils ne savent pas ce que c'est et qu'ils se le représentent comme le plus puissant, le plus formidable, le plus destructeur de tous les fléaux de la nature.

— Tu m'as parfaitement compris et clairement interprété.

— Veux-tu me permettre une observation? Eh bien! mon vieil ami, tu te trompes. Ce n'est pas par hallucination, mais bien par expérience, qui date de loin, que tous ces animaux redoutent l'approche du feu. Tu connais le proverbe du chat échaudé : je crois, moi, que le tigre qui a une bonne fois grillé le balai de sa queue dans les incendies de forêts, allumés par nos aïeux, n'y est pas revenu deux fois. Et que, depuis ce temps-là, il se tient dans une sage réserve. Est-ce que tu crois que ces animaux ne savent pas, comme nous, que le feu brûle et qu'il sert de rempart infranchissable entre l'homme et eux.

— Mais alors ils tourneraient la difficulté et nous attaqueraient en flanc!

— Ils ne poussent pas la déduction logique aussi loin. Ayant été une première fois effrayés, d'une façon grandiose, par des embrasements considérables, il leur est resté gravé dans leurs nerfs un sentiment d'effroi irrésistible.

— Tu me parlais tout à l'heure du tigre des cavernes, qui habitait nos contrées à l'époque tertiaire et au commencement de la formation géologique actuelle. Que sais-tu de la faune carnassière de ces temps mystérieux?

— Ce que tout le monde en connaît. C'est-à-dire que les rares continents émergés de l'Europe, ressemblaient beaucoup, à ce moment-là, aux terrains marécageux et lacustes que nous explorons depuis que nous sommes au Tong-kin.

C'était la même végétation luxuriante, la même profusion de grandes plantes herbacées, d'algues, de roseaux, de bambous, de palmiers... c'était à peu près partout la même distribution de chaleur à la surface du globe. Car l'inclinaison de l'écliptique n'était pas aussi considérable et de plus la présence dans l'atmosphère d'une grande quantité de vapeurs alourdissait considérablement la température. Ceci t'explique pourquoi l'éléphant, le tigre, le lion, la panthère qui sont confinés aujourd'hui dans des régions chaudes de l'Afrique, de l'Asie et de l'Amérique du sud vaguaient alors en liberté sur toute la surface de la terre, depuis le pôle nord où on les retrouve jusqu'à la Terre de Feu. L'Europe tertiaire devait ressembler assez au sud de l'Inde avec ses émanations de plantes aquatiques et ses chaudes haleines de marécages.

Il n'est donc pas étonnant de voir dans nos grottes à ossements tous les débris fossiles des trois grandes tribus de carnassiers, les prisnipèdes, les digitigrades et les plantigrades. Je te dirai même que nos savants géologues ont trouvé dans les terrains faluniens et subapennins, en compagnie des mastodontes et des dynotherium, sept ou huit espèces éteintes de carnassiers digitigrades. Les spécimens les plus connus de ces genres à tout jamais disparus sont l'hyœnodon, le marcharrodus et l'amyxodon.

— Tout cela ne me dit rien du fameux tigre des cavernes. Avait-il les mêmes caractères physiologiques, les mêmes mœurs que le tigre actuel?

— D'après ce que l'on a trouvé dans le Périgord et dans les Cévennes, il résulte que le félin tertiaire atteignait une taille plus considérable encore que celle de nos plus grands individus de l'espèce vivante. J'ai vu au musée de Munich un squelette de tigre primitif qui dépassait douze pieds de long sur une hauteur de cinq pieds. Quant à la conformation anatomique, elle était sensiblement la même. Les os de la mâchoire étaient cependant un peu plus plats; les dents, au nombre de trente-quatre au lieu de trente-deux, offraient des saillies plus incisives. La courbure intérieure des crocs de devant était plus accusée et ressemblait à une sorte d'alène très épaisse. Tous ces documents feraient supposer que cet animal devait être terrible. Et quand on songe que nos pauvres parents de ce temps-là ne pouvaient pas se garantir comme ton Anglais d'une cuirasse d'acier sortant des fabriques de Manchester, on se demande comment ils sont parvenus à faire reculer devant eux ces hôtes gênants et comment ils sont demeurés seuls maîtres incontestés de la plantureuse Europe. Remarque, en outre, que ces grands carnassiers étaient plus nombreux qu'ils ne le sont aujourd'hui dans le Bengale, dans les Andes ou dans le massif isolé de l'Atlas. Si l'on en juge par la quantité extraordinaire d'ossements que l'on retrouve, ils devaient aller par bandes à cette époque comme les loups en Russie. Et de simples haches de pierre, de simples flèches de silex pour combattre cette légion d'adversaires! Quelles épopées terribles, mon cher ami, quelles luttes de Titans ont dû ensanglanter le sol de notre vieille patrie. Tu me parles de grandes chasses dans les jungles du Bengale ou de Ceylan, mais qu'est-ce que cela en comparaison de ce qui se passait il y a plusieurs mille ans?

Des troupeaux d'hommes luttant corps à corps contre des troupeaux de bêtes féroces; des tribus entières partant en guerre contre des lions et des tigres! Ce devait être beau à voir ce déploiement de force, d'audace et d'intelligence.

— Je te serais bien reconnaissant, je t'assure, si tu me racontais une de ces chasses antédiluviennes auxquelles tu me parais avoir assisté.

— En qualité de molosse sans doute. Je me représente volontiers ce que devait être alors une belle battue au tigre dans la vallée du Rhône. Tu sais qu'à cette époque, le fleuve n'était pas comme aujourd'hui resserré entre ses deux rives étroites. Toute sa vallée actuelle était couverte d'eau. Ses flots verts-bleus si limpides, si frais, allaient battre d'un côté les escarpements des Alpes et s'avançaient de l'autre jusqu'aux montagnes du Forez et du Gévaudan. Ces bords ressemblaient à des falaises de rochers à l'est, et vers l'ouest ils offraient l'aspect sauvage de forêts sombres et impénétrables. Quelques îlots entrecoupaient le cours du fleuve. Des bas-fonds émergeaient lentement. Déjà même toute la partie comprise entre les Alpes du Dauphiné et le Jura méridional formait un immense marécage d'eau saumâtre au milieu duquel se dessinait la vallée de l'Isère. Les pics du Pelvoux, du Tabor, du Chalance, s'élevaient au-dessus de ces flaques d'eau croupie, de ces roseaux gigantesques, de cette flore paludéenne. Le lac du Bourget est tout ce qui nous reste de cette ancienne géographie.

Dans cette espèce de gorge saturée de tièdes vapeurs aquatiques, bordée par des forêts, l'homme et le tigre se disputaient l'empire. L'homme était chasseur et pêcheur. Pour se mettre à l'abri des incursions des bêtes sauvages, il avait construit sa demeure au milieu des eaux du fleuve, aux endroits les moins profonds. On retrouve encore depuis le lac Cinau jusqu'au lac de Constance en Suisse, dans les lacs de Bienne, de Neuchâtel, de Morat, des villages entiers de ces habitations lacustes qu'on nomme palafites. Dernièrement, dans l'ancien cours du Rhône, on a découvert une forêt de pilotis qui soutenaient sans aucun doute des huttes de pêcheurs préhistoriques. Ces constructions primitives, des voyageurs nous assurent les avoir rencontrées dans plusieurs endroits de l'Océanie, du Japon et de l'Amérique.

— Ce que tu me dis là est l'exactitude même. J'ai de mes yeux vu un village de sauvages au beau milieu d'un lac. Cela ressemblait absolument à des maçonneries de castors. Même architecture arrondie, même style, mêmes matériaux employés.

— Tu vois donc que je ne t'en conte pas. Je trouve que nos ancêtres étaient doués de la prudence des serpents. Il était impossible en effet aux animaux féroces et carnassiers de venir les déranger là dans leur repas et leurs occupations pacifiques de pêcheurs à la ligne. Le séjour n'était peut-être pas très sain à cause de l'humidité; mais comme ils devaient avoir bon tempérament à ce début de l'humanité, ils ne s'en plaignaient pas trop.

Suppose donc, mon ami, qu'un beau soir la tribu de l'ours, par exemple, campée sur un bras du Rhône en voie de dessèchement, se soit aperçue qu'il lui manquait un certain nombre des siens. Le raisonnement de ces braves sauvages, nos aïeux, a été fort simple : c'est le tigre qui les aura surpris! Et comme à ces âges reculés la logique était primitive et par conséquent fort serrée; on en conclut qu'il fallait se réunir pour combattre le grand ennemi. Je ne jurerais pas trop qu'ils ne mêlaient pas à tout certains sentiments superstitieux comme nos Tonkinois et que leurs sorciers ne se sont pas mêlés de la partie. Toujours est-il qu'ils partirent en expédition dans la direction des grands bois. Ils étaient sans doute plus de deux cents comme les guerriers de Xénophon. On avait laissé à la maison les femmes, les enfants et les vieillards. Les gars vigoureux sans peur et sans reproche, faisaient seuls partie de la chasse. Aux lieux où ils retrouvèrent les cadavres de leurs parents et amis dévorés, ils creusèrent une immense fosse qu'ils recouvrirent de branches vertes arrachées aux chênes et aux palmiers. Ils attachèrent sur le bord une gentille petite chèvre bêlante et ils commencèrent la grande battue. Vêtus de peaux de bêtes, les pieds à peine protégés par une lanière de cuir, portant sur l'épaule une hache légère que l'on pouvait au besoin jeter comme un trait, ils se mirent en marche dans le plus grand ordre. Il s'agissait d'entourer le bois. Lorsque chacun fut arrivé à son poste; un son de trompe partit de la corne d'auroch que portait le chef. Aussitôt les torches de résine s'allumèrent et les hommes se mirent en marche en poussant leurs cris de guerre et en agitant leurs feux. Ils devaient converger vers un point central qui était la fosse à embuscade. Quand le tigre fut délogé; ils se resserrèrent de plus en plus. L'animal, rendu furieux par la vue de toutes ces flammes qui allaient et venaient, se rua au hasard sur le cercle des chasseurs. Il en immola tant qu'il put. Les armes de pierres coupantes comme des rasoirs pleuvaient sur ses épaules hérissées de colère Il en portait une douzaine logées dans ses chairs. Cela ne l'empêchait pas de bondir et de faire front partout à la fois à la troupe de ses ennemis. Il se battait les flancs, se frottait contre les arbres afin de se débarrasser des silex qui le meurtrissaient. Il parvenait à s'en défaire quelquefois. Alors les plaies ouvertes l'inondaient de sang. Il ne restait plus que cent cinquante hommes environ. Ils se réunirent

Le guépard. (Page 516.)

tous en rond comme pour un festin. Le tigre était au milieu d'eux. Affolé, il se tournait sur lui-même comme ces fakirs dont tu m'as entretenu si souvent. Il se demandait sans doute par quel bout il allait commencer. C'est alors que tous ces sauvages du Dauphiné se précipitèrent la hache au poing sur la bête du Gévaudan. Ils le cernèrent dans un cercle de pierres aiguisées qui s'abattirent sur lui et l'achevèrent au moment où de ses deux formidables pattes, il tenait déjà deux hommes.

— *Si non è vero è ben trovato!*

— Je te ferai remarquer que mon récit peut fort bien être vrai.

— En tout cas, il ne manque pas d'une certaine couleur locale ; et je ne serais pas éloigné de croire que la chasse aux fauves devait se pratiquer ainsi à l'époque des cavernes. D'autant plus que, dans l'Inde, quelque chose de semblable existe encore aujourd'hui dans les grandes chasses des rajahs. Et j'ai été témoin moi-même de la plus admirable curiosité cynégétique qu'il soit donné à l'homme de contempler. Ce spectacle, qui se passait au milieu de cette nature grandiose du Bengale, sur les rives du Gange, qui ne ressemblait pas mal à ton Rhône tertiaire, ne sortira jamais de ma mémoire. Je n'avais jusqu'alors chassé le tigre qu'en compagnie de mon fidèle Amoudou, dans ma charrette à bœufs qui me conduisait un peu partout. Certes, j'avais déjà éprouvé de bien fortes émotions dans mes rencontres précédentes avec le terrible *felis tigris*, mais jamais autant que le 2 janvier de l'année 1868. Je me trouvais à cette date aux environs de Patna. Mais je te raconterai cela quand nous aurons pris le thé, car je ne vis pas seulement de beau langage, mais aussi de quelques tasses d'excellent Peko.

Notre hôte nous servit comme des dieux. Il était évident pour nous que, depuis l'aventure de la veille, j'avais usurpé tout le prestige du brave devin du village. J'appris, en effet, que des présents considérables m'avaient été apportés par tous les habitants de l'endroit. Ces présents consistaient en dons en nature. Il y avait des mesures de riz, des rouleaux de tabac, du thé, des épices, quelques lingots de métal. Mon hôte était honoré de me recevoir dans sa maison. Il m'avoua qu'il ne redoutait plus désormais aucune atteinte du mauvais génie. Nos missionnaires catholiques, qui ont plus d'une fois exploité à leur profit cette crédulité enfantine des bons Tonkinois, me comprendront suffisamment. Bref, je me montrai plus avisé encore que les bons pères lazaristes, en abandonnant toutes les provisions qui m'avaient été si libéralement accordées. J'étais dorénavant le maître absolu de tout le village, et je compris alors combien il était facile d'établir sa domination sur des peuples aussi attardés dans la superstition.

On nous servit sur des plateaux de laque très fine. Les tasses avaient la légèreté et la transparence d'une feuille d'eucalyptus. Les potiers du pays la fabriquent avec une sorte de kaolin qui ressemble à du marbre de Carrare pour la blancheur et la finesse. La plupart de ces vases sont simplement séchés au soleil. Ils gardent ainsi une certaine porosité qui permet aux boissons chaudes de se tamiser à travers les parois. Ceux qui passent au feu sont revêtus d'un enduit d'étain, très abondant dans cette contrée, ou d'une couche d'un suc végétal qu'ils extraient d'une espèce de vigne sauvage tapissant le sol de leurs bocages. Les poteries ainsi traitées revêtent des couleurs noires, jaunes ou rouges. Nous étions assis sur des nattes recouvrant le sol de la chambre. Ce carrelage primitif consiste en terre battue et durcie. L'intérieur d'une case au Tong-Kin est des plus simple. On a supprimé les sièges, les meubles, les lits même. Les tables ressemblent à des escabeaux. Et mon compagnon l'ingénieur ne manqua pas de s'y asseoir aux grands éclats de rire de toute la famille. L'ameublement se réduit donc à quelques claies de bambous et à une douzaine de tabourets-guéridons. Les murs de la maison sont mobiles et ils se relèvent pendant le jour comme de simples tapisseries ou comme les tentes de nos boutiques européennes. On se trouve ainsi entre courants d'air sous un vaste parasol soutenu par quatre piquets solides. Un petit fourneau portatif, assez semblable à nos réchauds employés dans nos laboratoires de chimie, sert à confectionner la cuisine, qui n'a rien de compliqué. C'est une bouillie compacte dans laquelle il entre de la farine de riz, d'igname, délayée dans une décoction de thé noir provenant du Yun-Nan. La sobriété patriarcale de ces populations les rend saines sinon vigoureuses. Mais, comme les indigènes ne s'épuisent pas au travail, leur corps ne réclame pas, comme les nôtres, une nourriture intensive. Lorsque nous eûmes partagé le repas de ces braves gens aux mœurs douces et simples, mon ami m'invita, en m'offrant un délicieux cigare, à le transporter par l'imagination dans les jungles du Bengale.

— Je me trouvais donc, lui dis-je, à Patna, pendant les vacances du tribunal de Chandernagor. J'avais remonté le Gange, tantôt en barque, tantôt en chaise à porteurs. Mes Indous m'avaient déposé chez un puissant rajah de la contrée, que j'avais eu l'occasion de voir quelques années auparavant. Il m'accueillit avec la pompe des réceptions orientales. Une armée de serviteurs fut mise aussitôt à ma disposition, et l'on arrêta pour le lendemain une chasse d'apparat. Ces sortes de cérémonies de gala sont toujours offertes aux étrangers de distinction qui passent quelques jours chez les peuples de l'Inde. On partit au point du jour, dans un appareil imposant. Douze éléphants, ornés de leurs plus brillants atours, portaient le rajah, les principaux personnages de sa suite et votre serviteur. Sous l'espèce de belvédère qui surmontait le dos des éléphants, nous étions étendus comme aux festins de Rome ou aux *sumposia* d'Athènes. Plusieurs bonnes carabines étaient à nos côtés, et, derrière nous, en croupe, un guépard, enchaîné, les yeux bandés, nous servait de compagnon.

— Je t'arrête. Fournis-moi d'abord quelques explications sur ce guépard que je ne connais que fort imparfaitement. Je suivrai mieux après la suite de ton récit.

— Le guépard est une sorte de tigre chasseur, ou plutôt de léopard à crinière. S'il ressemble au chat et au lynx par son allure et sa conformation générale, il en diffère absolument par ses ongles qui n'ont rien de rétractile et de dangereux. Les ongles du guépard sont, pour ainsi dire, inoffensifs. Ils sont courts et faibles, impropres à saisir une proie et à la déchirer. Ils ressemblent plutôt aux ongles du chien qu'à ceux des autres félins. C'est pourquoi, sans doute, on dressa de bonne heure cet animal à la chasse. Depuis la plus haute antiquité, on s'en sert dans l'Inde à cet usage. Les anciens Xatrias n'allaient jamais sans leurs guépards.

— Comme nos gentilshommes d'autrefois sans leur faucon.

— C'est absolument de même. La queue du guépard est plus longue que celle des autres espèces de chats. Elle traîne presque à terre et elle porte à l'extrémité une aigrette de crins noirs. Elle compte douze anneaux alternant blanc et noir. Sa tête est fort petite et disproportionnée au reste du corps. Deux lignes, noires comme de l'ébène, lui descendent du grand angle de l'œil jusqu'aux lèvres en lui donnant une physionomie étrange. Son nez semble ainsi encadré de deux filets bruns et luisants. Une autre ligne, également noire, part de l'angle postérieur de l'œil, qu'elle agrandit, et va se perdre dans les nuances fauves des tempes. Son œil est doué d'une fixité et d'une portée extraordinaires. Il découvre à plusieurs lieues.

Quant à sa taille, elle est relativement petite. Sans la queue elle dépasse rarement un mètre quinze centimètres. C'est la grandeur de la panthère d'Afrique. Sa hauteur est de soixante-cinq centimètres environ. Son pelage est d'un blanc jaunâtre, couleur café au lait clair. Son ventre est entièrement blanc. Sur la partie fauve, des taches noires assez irrégulièrement parsemées; sur le blanc du ventre les taches sont plus larges, mais moins accentuées de nuances. Des crins assez courts dressés sur le cou et sur les joues, lui composent une espèce de crinière rudimentaire. Il n'habite guère que l'Asie méridionale et quelques contrées de l'Afrique. Rien de plus gracieux, de plus harmonieux, de plus vraiment félin que ses mouvements! Pour l'agilité et la souplesse il est supérieur à tous les chats, pour le courage et l'intrépidité il peut être comparé au chien lui-même. Rien ne l'arrête, ne lui fait peur. Il s'attaque à toutes les proies avec une témérité et une bravoure admirables. Et cependant il n'a aucun des instincts féroces de ses congénères. C'est la douceur et la soumission même. En Perse, il suit l'homme comme un mouton, répond à sa voix, caresse sa main, se laisse dresser et domestiquer sans la moindre résistance J'en ai vu qui jouaient avec des enfants sans les égratigner sournoisement comme font nos jolis minets. Son caractère est sans duplicité, sans ruse pateline et perfide. C'est un animal rempli de bonhomie : en un mot une bonne bête. Te trouves-tu maintenant assez édifié sur ce qui nous sert de chien de chasse dans les jungles du Bengale, du Carnatic et de Ceylan?

— Encore une simple question et ce sera tout. Le guépard chasse-t-il pour lui ou pour son maître? dévore-t-il le gibier?

— Il l'étrangle seulement. Je ne répondrais pas pourtant que si l'on ne se hâtait d'accourir, il ne prélèverait pas sa dîme sur le butin. Ceux qui sont bien élevés ne se permettent jamais ce sans-gêne.

Nous étions donc porteurs de douze guépards, fins limiers. De plus l'escorte nombreuse qui nous accompagnait en possédait quelques-uns. Nous étions en tout environ une centaine d'hommes pour la chasse, sans compter le personnel des domestiques qui nous suivaient à distance et qui accompagnaient nos vivres et nos provisions de campagne.

Nous allions sans nous presser, par courtes étapes. Sous ce soleil brûlant, il est impossible de voyager avec rapidité. Personne ne se plaint de la somnolente lenteur des éléphants. Pendant ces marches nonchalantes qui ne sont pas sans volupté pour la pensée, on goûte à loisir tous les charmes du paysage, on est bercé par les plus délicieuses visions.

Après trois jours de promenade à travers cette nature incomparable, un de nos coureurs revint nous annoncer que la présence d'un tigre était signalée dans un village voisin. Cette nouvelle nous remplit de satisfaction. Je dis à Amoudou de me préparer mes armes et chacun se disposa pour la grande journée. On nous apprit en outre que chaque jour le tigre enlevait quelque bœuf aux environs et qu'il se retirait dans une sorte de maquis épais à quelques kilomètres de là. Nous nous rendîmes au lieu indiqué. A peine avions-nous pris position que nos guépards donnèrent des signes non équivoques d'agitation qui révélaient la présence de l'ennemi. Nos hommes armés de grandes lances se mirent aussitôt à battre les buissons, comme s'il s'agissait tout simplement de débauger un sanglier.

— Ni plus ni moins que mes naturels du Gévaudan.

Nous avions en plus nos éléphants.

— Qui te dit que mes chasseurs n'en avaient pas aussi ?

— C'est peu probable. Je te l'accorde volontiers cependant. La battue fut bien menée. Deux tigres énormes, aussi gros que celui que nous avons enchanté, bondirent dans les hautes herbes comme de jeunes chats. Les cris de nos Indous leur faisaient perdre la tête. Ils couraient partout sans direction. Leur boussole était détraquée. L'un d'eux se précipita à la gorge de ma monture. Je me disposais à l'ajuster en passant le canon de mon fusil par-dessus l'oreille de mon éléphant; mais celui-ci ne m'en laissa pas le temps. Enlaçant son adversaire entre les anneaux de sa trompe vigoureuse, il l'enleva très haut en l'air comme un fétu de paille et le précipita à terre. Le tigre tomba comme une masse en râlant un cri terrible. Mon éléphant, conservant le calme qui convient à la force, lui appliqua sur les reins et sur la tête ses pieds monstrueux. J'éprouvai un violent soubresaut; j'entendis un craquement comme celui d'un arbre broyé par la tempête et je vis la bête aplatie sous les pilons énormes du pachyderme. L'intelligente bête semblait fière de son exploit; et tout heureux de m'avoir sauvé la vie elle quêtait sa récompense en envoyant sa trompe de mon côté. Je comblai mon défenseur de caresses et de nombreux morceaux de sucre. Pendant ce temps, l'autre tigre ne restait pas inactif. Il était parvenu à terrasser un jeune éléphant que montait un jeune prince qui faisait ses premières armes en notre compagnie. Le jeune homme eut la présence d'esprit de fuir et de laisser sa monture aux prises avec le tigre.

Aussitôt chacun de nous déchaîna son guépard, lui débanda les yeux. Les charmantes petites bêtes se précipitèrent aussitôt sur leur proie et la meurtrirent à belles dents.

La mêlée devint générale. Du haut de nos balcons nous assistions au spectacle avec un intérêt palpitant. Le tigre se sentant circonvenu et assailli de toutes parts, se tourna contre ses nouveaux agresseurs. Il tenait tête à tous à la fois. Jamais bretteur ne déploya autant d'agilité. Il sautait plusieurs mètres d'un coup, pour se dégager. Les guépards s'élançaient à sa poursuite et recommençaient leurs attaques. Plusieurs de nos guépards furent mis hors du combat, éventrés par les griffes de l'animal. Je proposai alors d'en finir avec cette lutte sanglante. Mais le Rajah me refusa d'un sourire. Ces cris qui nous étourdissaient, ces flots de sang qui coulaient, ces sauts, ces gambades par-dessus les buissons, toutes les péripéties de l'action réveillaient les instincts cruels endormis dans le cœur de ce vieux chef guerrier.

Nos Indous, les yeux fixés sur leur maître, attendaient un signal pour agir. Ils étaient massés à quelques pas derrière nous, protégés par le front de bataille de nos éléphants. Le coup de sifflet retentit. Aussitôt ils partirent, la lance en arrêt, courant en cadence, les pieds nus dans les broussailles. Arrivés à quelques mètres du combat, ils s'arrêtèrent et profitant du moment où les guépards avaient le dessus, ils se précipitèrent sur le tigre qu'ils transpercèrent de plusieurs coups. On reprit les guépards et l'on dressa le festin sous un bosquet rempli d'ombre et de fraîcheur. Le kari fut de la partie et la journée s'acheva très agréablement.

Mais, mon cher ami, je ne suis pas venu dans le Tong-Kin pour te raconter ce qui se passe dans l'Inde. Je suis revenu depuis fort longtemps de ces exploits de chasse. Je préfère aujourd'hui quelque bonne mine de plomb ou de cuivre. Allons dormir. A demain les affaires sérieuses.

---

## LA PANTHÈRE. — LE LÉOPARD

Bombonnel vient d'imaginer un genre de sport tout nouveau. Se faisant vieux, il a trouvé agréable de se faire ermite. C'est un véritable ermitage, en effet, qu'il fait construire à ses frais dans les gorges de l'Atlas. Nos élégants tireurs, qui ne trouveront plus à Monaco ou à San-Carlo des émotions suffisantes à massacrer d'innocents pigeons, n'auront qu'à traverser la mer pour se procurer un nouveau genre de distraction. Le maître s'est installé dans une endroit ravissant, entre fleuve et forêt, sur le chemin des panthères. Il convie à son Casino, à son tir aux panthères tous les amateurs de bons coups de fusil. Les femmes sont admises. De jolies miss anglaises sont déjà en route pour répondre à l'invitation gracieuse du fameux tireur de panthères. L'installation est bondée de confortable. Sans se déranger, mollement assis dans son fauteuil, en savourant son londrès, il sera permis par une belle nuit d'Afrique de faire la chasse à la grosse bête. Il suffira d'ouvrir une fenêtre; et tandis que les brises parfumées entreront dans l'intérieur; que les valses s'enrouleront; que le jeu se déchaînera; aux accords de la musique de Massenet, les amateurs abattront quelques jolies bêtes au pelage tacheté de noir. Il paraît que chacun aujourd'hui désire tirer le plus d'or possible de son petit talent. Mais où la soif du million va-t-elle se loger? Voilà un brave Bourguignon qui toute sa vie a méprisé nos mœurs efféminées, qui a préféré vivre libre dans la compagnie des panthères, des lions, des jaguars, des léopards et qui s'avise sur le tard d'appeler à lui tous les tarés, tous les anémiques de notre société épuisée! C'est à n'y rien comprendre.

Bombonnel, l'illustre Bombonnel ne devait pas finir ainsi! Sa gloire eût gagné, s'il était mort crânement sur son champ de bataille. *Quid non mortalia pectora cogis, auri sacra fames!* Mais, j'y pense, c'est peut-être par une idée profonde de philanthrope, qu'il attire ainsi, dans l'Atlas, nos efféminés! Pourquoi ne se proposerait-il pas de retremper notre civilisation au contact des mœurs rudes des félins? Sa mission serait alors des plus louables. S'il colonisait les pentes abruptes qui séparent le Maroc de notre possession algérienne, il aurait rendu un fier service à la mère-patrie. L'élément anglo-français qui va se trouver en communication dans ces pays abandonnés, fera souche, espérons-le, et nos jolis destructeurs de panthères se verront, comme par miracles, transformés en quelque chose d'utile.

Je doute, du reste, qu'ils aient longtemps de quoi exercer leurs caprices de francs-tireurs. A moins que le maître ne leur distribue que des carabines et des pistolets de salon, pour ne pas trop dépeupler la contrée de son gibier, je parierais gros que la campagne sera de courte durée. Il n'existe presque plus de panthères en Afrique. Au reste, y en a-t-il jamais eu? Un grand nombre de savants autorisés à nous conter beaucoup de choses : tous les savants sont autorisés, prétendent qu'il y a erreur formelle en ce qui touche le lieu d'habitation de la panthère et du léopard; que jamais la panthère ne s'est fourvoyée en Afrique, qu'elle est exclusivement cantonnée dans l'Asie méridionale et dans les îles de l'archipel Indien. Ainsi notre ami Bombonnel aurait immolé des léopards, sans le savoir; il aurait été trompé sur la personne. Il est vraiment cruel d'enlever ses illusions à cet intrépide chasseur. Nous préférons laisser la parole aux

Je déchargeai mon fusil sur mon agresseur. (Page 527.)

illustrations scientifiques des deux mondes, qui font l'histoire naturelle en chambre tout comme les futurs clients du Dijonnais feront à huis clos la chasse à des panthères, qui se trouveront n'être à la fin que de vulgaires léopards. Nous laissons toute responsabilité, sur ce point, aux descendants de Buffon et de Cuvier. Ces messieurs prétendent qu'il existe une différence, même entre les deux variétés de félins. Ils remontent jusqu'aux Grecs et jusqu'aux Romains pour prouver leur dire. Il paraîtrait que les naturalistes grecs, depuis Aristote, désignaient sous le nom de *pardalis* ce que les disciples de Pline appelaient *pardus*, et nos académiciens modernes, léopards. Le mot *panthera* s'appliquait à tout autre chose. Ce n'est pas tout : en examinant bien à la loupe les taches des deux animaux, avec autant de soin qu'on en a apporté à étudier les taches du soleil, ils ont découvert que la peau de la panthère est d'un fauve très foncé sur le dos et blanchâtre sous le ventre, tandis que celle du léopard est d'un fauve plus tendre sur le dos, et d'un blanc plus accentué sous le ventre. Première différence. Toujours, à l'aide d'un microscope puissant, on a remarqué que les anneaux, en forme de roses, ne présentaient pas les mêmes caractères chez les individus. Ceux du léopard sont sensiblement plus petits que ceux de son rival, et ils possèdent en outre une sorte de *nucleum* central, entouré de cinq ou six petites taches pleines. On a mesuré et enregistré tout cela. On a dressé des rapports très circonstanciés, et, finalement, on a appelé le léopard un léopard, et la panthère une panthère. Il s'est trouvé une voix d'opposition dans le conseil. Un malin a soutenu, avec une éloquence entraînante, que les anciens nommaient panthère le chacal, et que la nuance du poil s'expliquait tout naturellement par la différence de climat. Il faut si peu de chose pour défigurer un type.

Mais alors, lui a-t-on répondu victorieusement, comment expliquez-vous les différences dans la taille et les dimensions? Car vous ne devez pas ignorer plus que nous, que la panthère mesure de cinq à six pieds, depuis le bout du museau jusqu'à l'origine de la queue, tandis que le léopard n'a guère que cinq pieds et demi. La queue de la panthère a deux pieds et demi bien mesurés; la queue du léopard n'en a que deux également bien comptés. Et puis, vous ne tenez pas compte de la conformation crânienne, lui a-t-on dit, sous forme de péroraison. La tête du *pardus* est plus petite et moins arrondie que celle de la *panthera :* ce qui le constitue en état d'infériorité intellectuelle notoire sur sa concurrente. Joignez à cela les taches qui, au lieu d'être ovales et évidées, sont rondes et pleines sur la face, la poitrine et les pattes. Si l'assimilation est nécessaire, c'est plutôt de l'once que de la panthère qu'il convient de rapprocher votre léopard.

Il paraît, qu'après de tels arguments, le réfractaire courba la tête et se soumit. Il était accablé. Cela ne l'empêcha pas, une fois rentré chez lui, de rédiger un lourd mémoire, où il s'acharna à démontrer plus encore que ce qu'on avait essayé de lui prouver. On avait omis la mesure comparative des oreilles, l'addition du nombre des papilles de la langue. Il se livra à cette étude minutieuse, et il découvrit que les oreilles de la panthère sont plus courtes et plus rondes, ses papilles plus nombreuses et plus coriaces, ses ongles plus rétractiles, l'iris plus fendu longitudinalement et plus dilatable. Il sortait enfin vainqueur de la lutte, puisqu'il renchérissait encore sur les conclusions de ses chers collègues de l'Institut. Selon lui, c'étaient ces caractères de premier ordre découverts par lui qui, seuls, avaient opéré sa conversion aux saines doctrines. Nous éviterons, prudemment, de nous prononcer dans un débat aussi difficile à vider. Nous dirons, seulement, que nous avons vu à l'œuvre la panthère, le léopard, l'once, le jaguar, et que nous n'avons surpris, dans les mœurs de ces animaux carnassiers, aucune variété notable, en bien comme en mal. On doit, selon nous, les confondre, quant aux instincts, et les distinguer, si l'on veut, suivant la forme extérieure. Soit qu'ils descendent d'un même couple, dont les attributs primordiaux se seraient transformés, par la suite, sous l'influence des émigrations, des climats, des croisements, soit qu'ils appartiennent à des ancêtres différents, il est évident, pour tous les voyageurs qui les ont un peu fréquentés, que leur note spécifique est la ruse et la cruauté. Bombonnel pouvait affirmer, mieux que nous encore, tous les dangers que l'on court à poursuivre ces dangereux félins. Un de mes amis, qui avait accompagné le célèbre chasseur dans les gorges de l'Atlas, et qui est allé mourir dans nos armées du Sénégal, m'écrivait il y a quelques années :

« Mon cher ami,

« Il y a des jours où j'envie ton sort. Dans les immenses plaines qui bordent le Gange, tu ne rencontres que des ennemis qui vont à découvert, que tu peux attaquer de front, sans craindre de surprise. Ici, les choses sont autrement. Nous avons à combattre et à veiller sans cesse. Ce ne sont pas les naturels qui nous tourmentent le plus.

Avec quelques coups de fusil, il est facile de les disperser, et il est rare qu'ils reviennent. Sur les rives du Niger, mon cher ami, tout n'est pas laurier-rose. Je ne te parlerai pas des précautions infinies, et quelque peu dégradantes pour un soldat, que nous sommes obligés de prendre, si nous voulons nous préserver du terrible fléau qui décime la moitié de nos hommes. Les plus vigoureux d'entre nous succombent en deux jours, sous cette fièvre meurtrière que l'on respire partout, dans ce climat surchauffé et sursaturé de vapeurs malsaines. Grâce à Dieu, je me comporte assez gaillardement en face de cet ennemi-là. Il en est un autre, tout aussi traître, dont j'ai failli, plusieurs fois, devenir la victime. Je veux te parler du léopard, dont nous sommes infestés dans ce maudit pays. Comme je te sais friand des aventures de chasse, j'ai gardé celle-ci pour toi. Je t'assure que tu en as la première édition.

« Je partis en expédition vers le mois d'octobre, comme je te l'ai écrit; j'avais pris, avec moi, un millier d'hommes d'infanterie de marine et de diverses troupes en résidence à Saint-Louis. Quelques tribus sauvages des environs de Bamakou, campées entre le Sénégal et le Niger, devaient être châtiées vigoureusement, pour avoir intercepté des convois et avoir insulté deux voyageurs français chargés d'explorer le cours du haut Niger.

« On m'avait confié cette mission délicate. Je n'étais vraiment pas fâché de me dégourdir un peu. Nous marchions par courtes étapes, emportant, avec nous, des vivres pour plus d'un mois. Une centaine de mes soldats avaient la conduite d'un troupeau de bétail considérable, qui nous suivait partout, et dans lequel nous puisions chaque jour, comme dans un véritable garde-manger. Or, dès le premier jour de notre entrée en campagne, l'adjudant qui avait le commandement et la responsabilité de ce bataillon à quatre pattes, vint me prévenir, d'un air consterné et en s'épilant la moustache, qu'il lui manquait, dans sa bande, dix têtes de moutons, et qu'il ne pouvait pas dire où elles étaient passées.

— Avez-vous fait bonne garde, la nuit? lui demandai-je.

— J'ai pris, mon commandant, toutes les mesures qui nous sont recommandées. Les factionnaires n'ont rien vu, ni rien entendu, et ce matin, avant de se mettre en marche, à l'inspection, le fourrier m'accuse dix têtes en déficit.

« J'étais fort intrigué moi-même. Les jours suivants de nouveaux larcins furent pratiqués sur notre parc de bestiaux. Tantôt il disparaît des bœufs, tantôt c'étaient des moutons par douzaine. Je crus que les naturels, adroits et rusés comme ils le sont, nous suivaient à de grandes distances, à travers les chemins de bois, et qu'ils rampaient la nuit dans notre camp, qu'ils décimaient sans bruit. Je résolus alors d'établir un cordon de grand'gardes autour de notre bergerie. Nous nous trouvions au fond d'un ravin très étroit, où la surveillance était facile à exercer. Mes bœufs et mes moutons se trouvaient dans le creux de la gorge; les gourbis de ma troupe à quelques cents mètres plus loin, et, sur les escarpements, de chaque côté, mes sentinelles en faction, avec ordre de se replier aussitôt qu'ils apercevraient l'ennemi mystérieux qui nous prenait par les vivres. Vers minuit, je fus réveillé par le lieutenant qui était de garde.

— Commandant, me cria-t-il par l'ouverture de ma tente : ce sont des léopards; faut-il tirer?

— Comment, lui répondis-je, des léopards qui emportent des moutons et des buffles tout entiers? C'est impossible; vous aurez mal vu, lieutenant.

— Mon commandant, me dit-il, il se peut que j'aie été trompé. C'est pourquoi vous seriez bien aimable de venir contrôler mes affirmations. Deux bien informés valent mieux qu'un.

Je me rendis aussitôt à l'invitation de ce brave garçon. Je pris à peine le temps de me vêtir, et, après avoir décroché ma bonne carabine, celle que tu m'as donnée de confiance, je suivis le lieutenant sans dire un mot. Il pouvait être une heure du matin. Il faisait une nuit superbe, plus belle et plus resplendissante que nos plus beaux jours d'Europe. On y aurait vu clair à lire un rapport. Lorsque je fus arrêté où le bétail se trouvait rassemblé, je trouvai tout dans l'ordre le plus parfait. Les factionnaires à leur poste, immobiles comme des arbres, ne donnaient pas le moindre signe d'inquiétude. Les bêtes à cornes et à laine étaient couchées sur une mousse sèche et paraissaient sommeiller comme des justes. Mon lieutenant, consterné, ne savait que dire.

— Vous voyez bien, lui dis-je, que l'alerte était fausse. Vous avez vu passer des ombres.

— C'est impossible, commandant, j'ai aperçu des léopards aussi clairement que je vous vois, là devant moi. Ils se seront enfuis au moindre bruit. Car vous n'ignorez pas que ces intrépides rôdeurs tiennent avant toute chose à leur peau, et qu'ils n'affrontent pas volontiers le danger pour le plaisir de placer un bon coup de griffe.

Pour battre en retraite et se replier en bon ordre, ils nous donneraient des leçons.

— Je crois bien aussi, lieutenant, que pour le flair et la sagacité ils nous rendraient pas mal de points.

« Sur ce, permettez-moi d'aller reprendre la suite interrompue de mes rêves de célibataire. Et vous, mon cher ami, gardez-vous bien désormais, de chasser dans vos songes des apparences de léopards.

« Je m'en retournai convaincu que ce brave jeune homme avait trop bu d'absinthe la veille, lorsqu'un bruit étrange me força de m'arrêter et de prêter une oreille attentive. Dans le silence de la nuit, je distinguai des appels étouffés qui paraissaient sortir des arbres voisins. Cela ressemblait à des claquements de langue comme en font entendre dans leur satisfaction béate certains gourmets dégustateurs. Je levai la tête pour m'assurer de la provenance de ce bruit étrange. Il n'y avait que les perroquets et les singes pour articuler de pareilles mélodies de castagnettes, à moins que ce ne fussent des faucons ou tout autre chose. J'écoutai, plus rien. Pas même un souffle de vent dans les genévriers de la montagne. Les opuntias, les jujubiers, les tamaris qui bordaient le chemin n'étaient agités d'aucun frisson. Les broussailles de laurier, de sumac, de cytise, de myrte et de ricin conservaient une immobilité sacerdotale. J'allais rentrer dans ma tente, lorsque j'aperçus des branchages de lentisque parsemant le sol à mes pieds. Au même instant, d'un arbre voisin, se précipitait, comme un bloc erratique, une bête énorme qui faillit m'écraser de son poids. C'était un léopard de forte taille. J'appelai aussitôt au secours, et je déchargeai mon fusil sur mon agresseur, qui me guettait dans l'ombre comme un chat guette la souris. Il était replié sur ses pattes de derrière. Je le découvrais à peine. Ses prunelles dardaient dans l'obscurité des feux très vifs. Elles me servirent pour bien viser. J'eus le bonheur de frapper juste et de coucher l'animal à terre du premier coup. Tous mes hommes furent sur pied en un instant. Tandis que l'on se portait de mon côté, j'entendis plusieurs détonations partant de l'endroit où j'avais disposé mes sentinelles.

— La besogne est faite ici, m'écriai-je, courons là-bas.

« On prit le petit pas de course, et, au bout de quelques minutes, nous étions sur le lieu du combat.

« Voici ce qui s'était passé. Surpris par la décharge de ma carabine, une dizaine de léopards, embusqués comme de véritables tirailleurs derrière les branches d'arbres, s'étaient démasqués instinctivement et avaient pris la fuite au hasard dans le cercle des grand'gardes. Ceux-ci, ne pouvant laisser échapper une si belle occasion, s'amusaient à foudroyer la bête à bout portant. Quand nous arrivâmes, le spectacle était dans son plein. Les léopards, blessés, et cernés dans un réseau infranchissable, déployaient toute leur agilité pour traverser nos lignes. Quelques-uns se jetaient sur nos soldats et essayaient de les étrangler. Un pauvre caporal fut obligé de lâcher prise, et il succomba sous la dent de son adversaire. Il avait le visage et le ventre dans un état affreux. Nous avons eu beaucoup de peine à arracher le monstre en fureur de sa proie sanglante. Il s'acharnait à la dévorer avec une rage bestiale. Nous sommes enfin parvenus à sauver le numéro matricule de la victime. Permets-moi cette plaisanterie atroce, elle a du vrai. Deux autres engagés furent moins maltraités. Ils parvinrent, après un combat héroïque, à se défaire de leur léopard. Ils lui brûlèrent tout simplement la cervelle en lui déchargeant leur revolver dans la gueule. Dans cette mêlée, la note gaie ne manqua pas. Comme nous étions occupés à faire le plus de cadavres possible, notre brave cantinier, réveillé en sursaut, coiffé à la normande, ne comprenant rien à ce qui se passait, apparut majestueusement à la porte de sa charrette. Il chercha ses deux chevaux qu'il avait mis la veille au piquet à quelques pas; il ne les trouva plus à leur place. Ce fut évidemment pour ce vieux serviteur une terrible révélation. Troublé jusqu'à en perdre la tête, il rentre avec précipitation dans sa cantine ambulante. Il cherche ses armes. Il rencontre son vieux sabre de parade. Il s'en saisit et s'apprête à courir sus à l'ennemi. C'est un terrible homme que notre cantinier, une vieille moustache d'Afrique, quelque chose comme un chacal à poil. Au moment où il s'apprête à sortir, un grognement sourd se fait entendre derrière lui. Il dégaîne, et, semblable à l'ogre qui s'apprête à immoler une nichée d'enfants, il se dirige à tâtons vers son lit. Un léopard y était étendu. Le rusé félin, se voyant pourchassé de toute part, avait profité de l'absence du propriétaire pour s'introduire dans ses couvertures. Mon cantinier sacra quelque peu, et, d'un vigoureux moulinet, il trancha la tête à son malencontreux camarade de lit. Le plus piquant de l'histoire, c'est que ce héros modeste s'endormit sur ses trophées et qu'il crut à un simple cauchemar. Le lendemain seulement il se rendit compte de la réalité de sa belle action. Ne mérite-t-il pas d'être porté à l'ordre du jour? Qu'en penses-tu, mon vieux Nemrod, toi qui connais par cœur ce genre de combats? J'abrège cette trop longue lettre en t'an-

Il était accompagné d'une escorte superbe. (Page 533.)

nonçant que la housse de mon cheval est moelleusement capitonnée de sept magnifiques dépouilles de léopards. Cela me permettra d'affronter moins rudement les défectuosités de la route. Plains-moi donc un peu et instruis-moi de ton expérience. Je t'assure qu'à l'école on ne m'avait nullement préparé à ce genre de rencontres. »

La lettre de mon ami le commandant m'arriva quelques mois après. J'explorais alors la partie orientale de l'île de Java, l'ancien royaume de Mataram, si riche en curiosités archéologiques de toute sorte. C'est en effet dans ce versant est de l'île que se trouvent rassemblés les débris de l'antique civilisation brahmanique, les temples gigantesques, les ruines de palais immenses, tout ce qui est capable de séduire un voyageur curieux des choses du passé. Cette contrée est la plus pittoresque de l'île de Java. C'est là que l'on trouve les plus hautes montagnes, les pics des montagnes Bleues : le Tagol, le Keddo, les Deux-Frères, le Djapan et le Gounoug-Goutour; c'est là que les forêts impénétrables, les cascades, les vallées, toutes les splendeurs de la nature tropicale se trouvent réunies sur une surface de trois cents lieues carrées. J'avais déjà visité les provinces du Tagol, Pekkalongong, Kadou, Samarang, Japara, Sourabaya, Besukió, Baniouwangui; j'avais pu contempler les restes imposants du Boro-Bodo, spécimen le plus complet de l'art javanais. Ce temple est situé dans le district si accidenté de Kadou. C'est un carré long, fermé par sept murs d'enceinte décroissant à mesure que l'on s'élève sur la colline qui le supporte. De loin, il ressemble à une immense pagode. Le dôme qui surmonte le sommet de l'édifice et de la montagne mesure plus de cinquante pieds de diamètre. Le premier mur d'enceinte a plus de deux kilomètres et il supporte soixante-douze tours, une quantité considérable de niches où des statues plus grandes que nature, représentent des personnages historiques célèbres à l'époque des chefs guerriers. Il y a trois à quatre cents de ces sculptures primitives, qui affectent toutes le même caractère de placidité que les populations actuelles ont conservé et même accru par un surcroît d'indolence extraordinaire. Tous ces symboles, tirés pour la plupart de la mythologie indoue, et qui consistent en représentations du Brahma assis les jambes croisées, les mains en l'air ou repliées sur la poitrine ou encore allongées sur les cuisses, se retrouvent à Brambanan, dans le Mataram; à Surgasari, dans le district de Malang. Toutes ces constructions, faites de pierres de taille énormes, superposées sans ciment, sont admirablement travaillées. Le ciseau du sculpteur y a prodigué des ornementations d'un bel effet. Des inscriptions fort curieuses, en caractères devanagari, les recouvrent. Les édifices ont eu trop à souffrir, malheureusement, des guerres acharnées que l'islamisme livra à l'ancien culte. On regrette de rencontrer tant de mutilations sur de véritables chefs-d'œuvre qui nous ouvrent de si vastes horizons sur les origines des civilisations indo-européennes. Tout ceci pour expliquer au lecteur comment et pourquoi je me trouvais alors à Soura-Karta, l'ancienne capitale de Sousouhounam, le grand empereur de Java, qui n'a gardé de son ancienne autorité que l'appareil extérieur d'un souverain oriental, et qui est devenu un fonctionnaire soumis des marchands hollandais. Je dois dire cependant à son honneur qu'il a congédié son escorte féminine de deux mille femmes, ainsi que ses trop nombreuses épouses. La lettre de mon ami du Sénégal venait à point. J'éprouvais un vif besoin de communiquer à quelqu'un mes impressions de voyage. Puisque le commandant avait bien voulu commencer, c'était à moi de suivre son exemple. Je lui écrivis donc cette longue causerie tout intime :

« Mon cher commandant,

« Je me trouve moins à plaindre que toi, puisque je vis, depuis bientôt une année dans le plus beau pays du monde et au milieu d'un peuple qui pousse l'amour de la paix jusqu'à préférer les combats de coqs à tous les autres exercices. Le Javanais, ou plutôt le Bhoumi, l'indigène, ne ressemble en rien à tes négrillons du Sénégal. C'est l'homme le plus anciennement civilisé de la terre. Il s'en ressent, car il touche à la décrépitude. Ces Malais, qui, primimitivement, ont dû émigrer du sud de l'Inde, et qui, plus tard, ont reçu des Telingas les institutions et les mœurs brahmaniques, sont de charmants petits hommes, assez aimables, je t'assure ; s'ils n'avaient pas le teint jaune pâle de nos vieilles bassines de cuisine, les cheveux plats, longs et noirs du premier consul, le nez épaté et cartilagineux des Hottentots, ils feraient un assez joli animal. Je ne leur connais qu'un seul défaut, celui de s'endormir trop volontiers dans la stupéfiante torpeur que procure l'opium et le sirih. A part cela, ce sont des modèles. Ils n'ont jamais pu comprendre le sens mystérieux que nous attachons à une pièce de cent sous. Ils méprisent royalement les richesses et l'industrie qui les produit. Attachés à l'agriculture par la tradition de leurs ancêtres, ils cultivent leurs champs sans se fatiguer, dans la grasse et voluptueuse indolence d'une douce vie. Ce sont bien les véritables hommes de la nature, des sages, exempts de grands besoins, qui n'abusent jamais du travail. Leur loyauté est proverbiale. Ils sont crédules comme des enfants, ignorants et superstitieux comme des séminaristes, patients comme des fatalistes. Ils respectent leurs vieillards, élèvent bien leurs enfants, et reçoivent les étrangers dans la perfection, ce qui ne me déplaît pas. Leurs femmes ont le regard très doux. Ces vénérables matrones passent leur vie à filer le coton avec monotonie, comme aux beaux temps d'Homère et de la reine Berthe, dont elles ont les grands pieds. Les industries du vêtement sont inconnues parmi elles. Les caprices de la mode ne les tyrannisent pas le moins du monde. Elles s'habillent d'un mouchoir. Ce costume n'est pas dépourvu de charmes, je t'assure. Il a son beau côté. Quant à leur nourriture, c'est la frugalité même. J'envie ces estomacs primitifs qui se contentent d'un peu de riz, d'igname et de piment. Leur boisson coule à flots dans les rivières. Ils habitent des chalets très agréables qui ont l'avantage de ne coûter seulement que quelques journées d'hommes. Quelques bambous et des feuilles de palmier en composent les matériaux. La pierre est réservée aux chefs. Ces maisons, légères comme leurs vêtements, sont partagées en deux cases qui servent de dortoir et de salle à manger.

« Comme ces grands enfants jouent avec le feu, ils incendient fréquemment leurs demeures. Lorsque celles-ci viennent à brûler, ils ne répondent pas comme le Picard qu'ils ont la clef dans leur poche ; ils se contentent seulement de sauver le coffre de bois qui contient tout leur petit avoir et ils abandonnent le reste aux flammes. J'admire beaucoup ces stoïciens-là. Je les préfère à ceux qui ont fait tant de bruit dans l'histoire et qui avaient beaucoup plus de pose que de véritable sagesse. Je t'aurai tout dit sur nos semblables de Java, lorsque je t'aurai appris qu'ils se permettent un peu de polygamie, que les veuves inconsolables se brûlent encore en cachette sur des bûchers, que des amantes délaissées ne dédaignent pas le poison des Borgia ou les philtres excitants. La langue parlée à la cour des princes est le haut javanais, mélange de sanscrit et de Sunda. Pour prononcer cela, il faut avoir une pratique dans le gosier. Leur littérature est encore dans l'enfance et rappelle beaucoup la mélopée des anciens Aëdes. Ils psalmodient en traînant leurs tcheritas et leurs pantons. Ces pantons ou chansons sont de petits poèmes d'une composition serrée qui renferment des pensées ingénieuses assez semblables à celles que l'on mettait dans les serments au moyen âge.

« Rien n'égale en hardiesse leur poésie épique ou tcherita. C'est tout simplement écrasant. On y voit Brahma déchirer des lambeaux de firmament, jongler avec des comètes, lancer des montagnes, cracher des volcans, Vichnou creuser des mers, répandre des fleuves, faire naître des milliards d'êtres fantastiques. On est transporté en pleine féerie. Jamais les contes arabes, les imaginations de la Perse et de l'Inde même n'ont égalé ces chants bizarres.

« Je te lirai un jour, lorsque nous nous retrouverons quelque part sur la terre, quelques-uns de ces poèmes éblouissants. Je t'en conserve un fort curieux sur la naissance de l'homme et de la femme; une véritable genèse javanaise. Adam et Ève sortent tout simplement d'un fond de mer desséché, sous la forme d'un grand arbre qui se métamorphose peu à peu en bras, en jambes, en torse et en tête, etc... A propos de plantes, je te dirai, pour compléter le tableau et donner une note au paysage, que je n'ai jamais vu nulle part une végétation aussi prolixe. Sous un climat des plus sains, tous les arbres atteignent des proportions gigantesques. Nous avons ici des fraises comme en Europe, du maïs, des haricots, des lentilles, du riz, du millet, du sorgho, des patates douces, des pommes de terre, des raves blanches de la Chine, la plante aux œufs, le pois d'Angola, du bétel, du poivre, le gingembre, le maranta, le galanga, le curcuma, le cardamone. Tu vois que nos tables sont abondamment pourvues.

« Quant aux fruits, ils sont plus variés encore. Partout croissent sans culture le bananier de paradis, le goyavier, l'ananas, le jambosier de Malacca, le banamier du Malabar, le jacquier des Indes, le corossol, les mangoustiers, les durions, les melons d'eau, les pamplemousses fondants, les citrons, les raisins, le café d'Arabie, la canne à sucre. Je te cite toutes ces bonnes choses pour te faire venir l'eau à la bouche au milieu de tes déserts et de tes sauvages. Jamais la terre d'Afrique ne vaudra un seul petit coin de l'archipel Malais. Même pour les bêtes féroces, il vous est impossible de soutenir la concurrence. Si vous êtes tourmentés là-bas par des bandes de léopards, qui doivent être de carton articulé, nous disposons ici de la fameuse panthère noire de Java, qui à elle seule serait venue à bout de vos petits chats d'Afrique beaucoup mieux que tous vos caporaux réunis. Est-il vrai, comme on me l'a raconté plusieurs fois, que les indigènes de la Sénégambie mangent les léopards au lieu d'en être mangés? On prétend même que la chair de cet animal qui te fait tant peur n'est pas dépourvue de saveur appétissante. Ton cantinier ferait bien alors d'accommoder son gibier à la sauce chevreuil. Tu m'as beaucoup amusé avec ton histoire de léopards écureuils. Je t'avouerai cependant qu'elle ne m'a pas surpris. Je vois ici fréquemment des faits semblables se produire. On raconte même une très jolie aventure qui serait arrivée au prince de Djokjokarta, espèce de sultan qui aime à s'entourer d'un faste extravagant. Il partit un jour de son palais pour visiter ses vassaux. Il était accompagné d'une escorte superbe toute vêtue de blanc. On le portait sur un dais magnifique couvert d'or et de pierreries. Quatre hommes agitaient autour de lui des éventails parfumés faits avec des plumes de paon. Après avoir traversé une vaste plaine embaumée de fleurs odorantes, le cortège gravit à pas lents une colline escarpée du haut de laquelle on découvrait de limpides ruisseaux, des cascades, des grottes naturelles, un coin azuré de la mer. Le prince vit alors dans le lointain la fumée d'un volcan qui montait dans le ciel et se dispersait dans la limpidité de l'air.

« — Je veux aller voir ce volcan, dit-il, que l'on m'y conduise. Et l'on se mit en marche au son des instruments de musique. Il y avait une forêt à traverser. Or, à Java les forêts sont si épaisses que des ténèbres éternelles y règnent. La rose de la Chine, le murraie des Indes, le nyctanthes, les corollodendrons s'y entrecroisent dans un fouillis inextricable, sous les vastes ombrages des mimusops, des nauclées, des guettards, des grands filaos, des hibiscus à branches traînantes. Là aussi le pancrais d'Amboine, l'agave vivipare, le muscadier s'abritent sous l'arbre de teck. Or, le sultan donna l'ordre d'allumer les torches avant de s'engager dans la forêt profonde.

« Douze hommes allaient en avant pour éclairer la marche, et les guerriers qui suivaient tenaient à la main leur lances redoutables trempées dans le suc vénéneux du bohou oupas. Ces forêts sont remplies de tigres, de servals, de chats ondés, de panthères noires. Il fallait se mettre en garde contre ces astucieux ennemis. Pour les faire fuir et les tenir à distance, on avait les feux des torches ; on y joignit des chants aigus, des vociférations gutturales que je te recommande, mon cher commandant, comme très efficaces contre les félins. Il te suffira de faire brailler la *Marseillaise* ou autre chant populaire par une douzaine de tes pioupious et le malin sera conjuré. Retiens bien la recette. Et tu vas juger par toi-même comme elle profita au très noble prince javanais. A peine la petite troupe était-elle engagée dans la forêt, qu'un bruit de feuilles très menaçant se fit entendre sur leur tête. Ce ne pouvait être que la panthère noire. Tous aussitôt formèrent le bataillon carré pour défendre leur souverain. Un grand dignitaire, décoré du titre de Soleil de bravoure, assisté d'un autre dignitaire qui portait le nom de Soleil de prudence, s'avança de quelques pas en avant. Sa longue lance au manche de soie et d'or était prête à l'attaque. Le personnage s'appuyait sur son compagnon inséparable, la prudence. Tous les cœurs étaient dans l'attente. On aspirait de mourir pour son roi. Tout à coup un désordre éclate dans les rangs. Toutes les torches s'éteignirent à la fois. On crie plus fort encore, on gesticule, on se blesse, on se précipite sur un ennemi invisible, tout comme dans ton camp du haut

Niger. Le prince ordonne de rallumer les feux. Tout à coup un cri perçant retentit dans le silence de la forêt. L'escorte tout entière fut terrifiée. On préférait les ténèbres à toute lumière révélatrice. Enfin le Soleil de prudence fit briller sa torche et quelle ne fut pas la stupéfaction de tous en apercevant, étendu dans une mare de sang, le corps chétif d'un malheureux singe qui avait payé pour tous les agréables farceurs de sa bande. Chacun se prit à rire, d'un rire homérique comme dans le palais des dieux. Le sultan seul conservait une gravité sévère. Ses sourcils noirs s'arquaient d'une façon menaçante.

« — Qui a tué cet animal inoffensif, demanda le despote ?

« — C'est moi, très puissant Soleil de justice. C'est pour vous défendre du danger qui vous menaçait que je l'ai percé de ma lance.

« — Qui t'a ordonné de répandre ce sang ?

Le Soleil de bravoure s'inclina et se tut devant le Soleil de justice. Sur un geste du monarque, il fut saisi par une douzaine de soldats et conduit enchaîné dans une des charrettes qui accompagnaient le cortège.

« Le pauvre diable avait eu la malechance de tomber sur un semnopithèque nègre qui est en grande vénération à la cour de certains princes javanais. La peine de mort est prononcée contre tout homme qui blesse ou tue quelques-uns de ces rares quadrumanes. Ces singes nègres sont sacrés au même titre que l'éléphant blanc, et dans le palais de Djokjokarta j'ai pu en admirer une très belle collection dans une ménagerie splendide qu'envieraient comme habitation beaucoup de nos fonctionnaires publics. L'aventure que je te raconte, mon cher ami, eut des suites lugubres. Pendant tout le reste du voyage, le prince demeura sombre et terrible. Son entourage n'osait ni le questionner, ni lever les yeux sur lui. Il aimait beaucoup son ministre contre lequel il se voyait obligé de sévir par des lois inhumaines.

« La tournée finie, on revint à la résidence de Djokjokarta. Le sultan fit venir devant lui le malheureux Soleil de bravoure qui n'en menait pas large.

« — Si je te rendais la liberté, lui dit-il, qu'en ferais-tu?

« — Éclat du jour, je consacrerais ma vie à vous adorer comme un dieu.

« — Demain tu comparaîtras devant mon conseil, et je ferai ce que je pourrai pour t'être agréable.

« Le lendemain c'était grand jour de fête. Pour ajouter à l'éclat des cérémonies, les juges décidèrent que le coupable subirait l'épreuve de la panthère noire, et que s'il sortait victorieux de la lutte il serait réintégré dans ses fonctions et que tous ses honneurs passés lui seraient rendus.

« Le sultan approuva cette décision du grand conseil, confiant dans le courage de son ministre. Il ne doutait pas que le Soleil de bravoure ne sortît à son avantage de ce combat terrible. Il lui laissa dans sa clémence le choix des armes. Il choisit le poignard court de Ceylan et le morceau de bois garni de pommeaux aux deux extrémités.

« Vers la fin du jour, lorsque la chaleur fut tombée, les amusements commencèrent dans l'enceinte de la demeure royale. Des tapisseries de grande valeur avaient été disposées dans la grande cour. Des gradins couverts d'étoffes merveilleuses entouraient les péristyles du palais. Une tente légère était étendue entre les murs et formait un abri très frais contre les ardeurs du soleil. Le souverain fit son entrée triomphale au son d'instruments étourdissants. Il était monté sur un immense éléphant qui disparaissait sous des ornements somptueux. Les hauts dignitaires formaient autour de sa personne deux rangs impénétrables. Des serviteurs portaient au-dessus de leur tête d'immenses parasols ; d'autres s'avançaient à leurs côtés tenant en main les insignes de leur dignité. Lorsque leur maître descendit de son trône, tous ces esclaves titrés se précipitèrent sur son passage et s'aplatirent contre terre. Le puissant prince marcha sur eux et vint s'asseoir lentement sur le siège qui lui avait été préparé.

« Lorsque toute l'assistance eut pris place, les divertissements commencèrent. La nuit tombait. Des lampes furent allumées. Le silence le plus solennel régnait dans l'enceinte. En la présence du Soleil de justice on n'osait proférer une seule parole. Sa Majesté planait sur un troupeau de muets.

« Bientôt une douzaine de femmes couvertes d'un long voile qui embarrassait leurs pieds furent introduites. D'un geste rapide comme l'éclair elles se débarrassèrent de l'étoffe transparente et leur corps presque nu apparut dans tout l'éclat de leur beauté juvénile. C'était un spectacle fort alléchant, je t'assure, et plusieurs de nos vieux barbons d'Europe auraient donné gros pour se trouver à ma place. Je ne jurerais pas que toi-même tu n'eusses préféré cette exhibition aux plus agréables passe-temps de ton existence accidentée. Toutes ces Rouguins, c'est le nom donné ici aux courtisanes consacrées aux danses lascives, étaient des adolescentes dont la plus âgée n'avait pas vingt ans. Elles étaient toutes d'une perfection de formes irréprochable. Leur chair, d'une teinte

Elle s'élança, légère comme une amazone, sur le dos du buffle. (Page 540.)

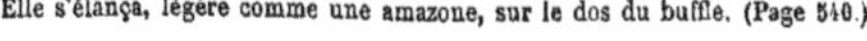

brune, avait de la consistance et de la ligne. Elles saluèrent le maître en plaçant leurs mains sur leur cœur et la danse du Tandack commença, accompagnée par une musique voluptueuse, d'abord lente comme une première caresse. Les danseuses portaient sur la tête des couronnes de fleurs odorantes ; c'était leur unique ornement. Elles chantaient des airs plaintifs ; une sorte de mélopée monocorde. La première figure de la danse consista en agitations convulsives des bras. Le reste du corps restait dans une immobilité de statue. Les bras décrivaient des gestes, des figures tour à tour gracieuses, passionnées ou obscènes. Puis les jambes entrèrent en action, puis le ventre, puis la tête, les yeux, toutes les parties du corps. C'était effrayant et révoltant à la fois. Jamais les nerfs de l'homme n'ont été soumis à une si violente épreuve. Ces contorsions faisaient mal et vous agitaient involontairement. Si l'amusement se fût prolongé, je suis convaincu que nous serions tous entrés en branle. Cette épilepsie est contagieuse, cette chorée libidineuse vous énerve et vous épuise plus que tous les plaisirs réunis. Le pauvre cerveau ne tient plus, il tournoie et demande grâce.

« Arrivées au paroxysme de l'exaltation tournante, les femmes s'affaissent sur elles-mêmes et se vautrent sur les tapis comme des furies ivres.

« Les anciennes fêtes de la Bonne Déesse et de Bacchus devaient ressembler à cette débauche effrénée de mouvements incohérents. Lorsque les Rouguins ont fini de souffler et qu'elles sont revenues à elles, elles disparaissent sous leurs voiles et on les emmène.

« Le jeu d'Auclou continua la soirée. Après la volupté, la cruauté. Deux hommes du peuple se présentent la tête couverte d'une espèce de turban de grosse toile et d'une cagoule percée de trous pour les yeux. Ils ressemblent à des inquisiteurs espagnols. Ils sont complètement nus et tiennent en main de longues baguettes, comme nos cardeurs de matelas. Ils s'approchent l'un de l'autre, d'un pas mesuré; puis, arrivés à portée des coups de bâton, ils se frappent en cadence, comme s'ils battaient le fer sur une enclume. Ils chantent une, deux, et ils ne se ménagent pas. On entend le sifflement des rotins, on voit jaillir le sang, on aperçoit les mâchures bleues et noires sur le dos, la poitrine, les bras et les cuisses. Cette escrime ne cesse que quand un des deux combattants s'avoue vaincu. Nos deux champions tinrent un bon quart d'heure. Ils se retirèrent à peu près aussi maltraités l'un que l'autre. Il était difficile de reconnaître le vainqueur. Tout le corps du malheureux n'était qu'une plaie. En passant devant la tribune du

Sultan, il se démasqua, à la façon de nos chevaliers, et il reçut, en récompense, quelques sacs de riz.

« J'attendais, avec impatience, le grand spectacle.

« Tous ces amusements me récréaient fort peu. On nous amena enfin, dans une cage grillée, une magnifique panthère noire, aussi grosse qu'un tigre. Sa peau, à peu près semblable à celle de tes léopards africains, était balafrée de taches plus longues, plus pressées et plus brunes. Le fond de la peau avait la couleur marron très foncé. On la lâcha. Elle ne sortit pas aisément de ses grilles. Le gardien fut obligé de la solliciter avec une pique. Une fois libre, elle se montra très craintive. Les nombreuses lumières qui l'environnaient l'intimidaient sans doute. Au lieu de bouder et de paraître irritée, elle allait lentement, la queue entre les jambes, la tête inclinée vers le sol. Elle allait se cacher derrière un poteau, lorsque le buffle se précipita, comme un furieux, contre elle. Il attaquait le premier. On était sûr, d'avance, que l'avantage lui resterait. Les parieurs, qui sont très nombreux, ici, suspendirent les enjeux. Ils trouvaient la chose par trop simple et dépourvue de toute espèce d'attraits. Cependant la panthère se prépara à résister; d'un bond, elle se trouva au milieu de l'arène. Mais il était trop tard; le buffle était déjà parti comme un trait visé juste. Ses cornes vinrent se heurter contre les reins de l'animal, qu'il enfourcha et écrasa contre les palissades qui formaient l'enceinte. La panthère ne poussa qu'un cri et fut broyée sans pitié. On restait froid. Le prince ordonna alors de lâcher une seconde panthère. Elle accourut à petits pas, comme un chat qui se hâte. Elle était plus petite et paraissait plus farouche que la première. Sa prunelle jetait des flammes. Celle-ci n'attendit pas l'attaque de son pesant adversaire. Elle s'élança, légère comme une amazone, sur le dos du buffle, et elle commença son œuvre de destruction. Ses ongles entraient profondément dans les chairs, et ses mâchoires dévoraient à belles dents.

« Le buffle faisait mille efforts pour se défaire de cette gênante écuyère, qui lui entamait les flancs. Il se frottait contre les planches, lançant sa croupe en l'air, se roulait, s'évertuait. Rien ne servait. La panthère paraissait rivée à ses flancs. A la fin, après une lutte héroïque de près d'une heure, le buffle succomba en râlant et en crachant le sang à flots. La bête, altérée, se rua sur ce sang qui coulait, et s'en abreuva avec délices. Je n'ai rien vu de si glouton, de si vorace que ces animaux. Je ne te souhaite pas de faire, un jour, connaissance avec leur gueule. Je crois que la panthère dispose d'un meilleur appétit que le léopard, et qu'elle possède en outre des moyens plus expéditifs de l'assouvir. Nous discuterons, un jour, si tu le veux bien, ce point controversé. Notre panthère, victorieuse, ne voulait plus quitter le lieu de ses exploits. On fut obligé de recourir à un stratagème, pour la faire rentrer. Un Javanais, préposé à l'administration des bêtes fauves du palais, lança de loin un harpon sur le corps de la victime abattue, et, à l'aide d'un fort câble, il attira doucement le buffle jusqu'à la porte. La panthère ne lâcha pas sa proie. S'imaginant sans doute à la voir reculer ainsi, qu'elle gardait un reste de vie, elle s'acharnait sur elle et se laissait traîner, la gueule attachée à un lambeau pantelant. Les hommes de garde présentèrent l'entrée de sa cage, lorsqu'elle fut ainsi attirée à l'extrémité de la cour. Et la grille de fer se referma aussitôt sur elle. Ce piège, où elle tombait par gourmandise, la rendit furieuse. Elle passait ses fortes pattes à travers les barreaux, elle les mordait avec rage. Elle écumait. On nous délivra enfin de cette scène horrible. Mais ce fut pour nous en offrir une autre plus repoussante encore.

« Imagine-toi, mon cher ami, un homme, un grand du royaume, portant la fierté empreinte sur son noble visage. Cet homme est un condamné, un coupable, qui va passer aux ordalies javanaises, qui ont assez de ressemblance avec celles du moyen âge. Ce malheureux a toutes les chances d'être mis en pièces, et cependant il est paisible. Son assurance est admirable. Pas un muscle de son visage ne frissonne. Les martyrs chrétiens, que l'on jetait aux lions, ne pouvaient pas être plus dignes, plus confiants dans leur foi mystique. Il se présenta dans l'enceinte, dépouillé jusqu'à la ceinture, les pieds nus. Sa tête était ceinte de guirlandes de fleurs, comme une victime prête pour le sacrifice. Je dois, avant tout, te faire une description sommaire de l'enclos circulaire où le drame va se passer. L'arène mesure vingt mètres de long, pas plus. Tout autour, de grosses poutres dressées debout la séparent des spectateurs. Ces poutres sont assez rapprochées l'une de l'autre pour empêcher la bête de se jeter sur les assistants, et suffisamment distantes, pour qu'on puisse voir entre les interstices. Aux deux extrémités, deux ouvertures sont pratiquées pour laisser pénétrer les combattants.

« Le Soleil de bravoure entra le premier, par la porte où je me trouvais. Son poignard de la main droite et son arme de bois de la main gauche, il vint se placer au centre du cercle, en face de son souverain seigneur et maître, qu'il salua profondément. Nous étions tous dans l'admiration de son sang-froid, et dans l'attente de l'événement. La panthère devait décider de son innocence et de son sort. On nous fit attendre longtemps. Lui, les bras ramenés sur la poitrine, ne témoignait aucun signe d'impatience. Je n'ai jamais aussi bien admiré la beauté du fatalisme oriental. Enfin, la panthère sortit de l'ouverture opposée. En apercevant cet homme résolu à la combattre, elle hésita un instant. Le Soleil de bravoure fit quelques pas au-devant d'elle. Cette provocation audacieuse la décida. Sa face se crispa, son dos se voûta. Toute sa peau était plissée : sa langue sortait de sa gueule. Elle se ramassa lentement sur elle-même, en fixant son adversaire ; elle se détendit comme un ressort, et elle franchit l'espace, en décrivant une courbe de plusieurs mètres. Le choc fut épouvantable. L'homme ne fut pas renversé cependant. Son bras gauche plongeait dans la gueule de la panthère et maintenait vigoureusement, dans une position perpendiculaire, le morceau de bois qui écartait les deux mâchoires. Aussitôt, sans perdre un instant, il plongea son poignard dans l'épaule de la bête. Celle-ci tomba comme une masse en portant sa griffe mourante sur le genou de son ennemi, qu'elle laboura profondément. Le Soleil de bravoure fléchit ; je le voyais chanceler. Il était perdu s'il s'affaissait. Rappelant toute son énergie, il porta à la panthère un second coup qui fut le dernier.

« Pâle et à demi mort, il eut encore la force de se traîner jusqu'au gradin du prince et de lui montrer sa blessure. Celui-ci l'accueillit en grâce, lui fit donner des soins et lui rendit sa faveur.

« Voilà, mon cher ami, des jeux de princes javanais. Tu ne te serais peut-être jamais douté du rôle de grand justicier que l'on fait jouer ici à la fameuse panthère noire. Franchement, j'aime mieux un simple président de tribunal, quelque féroce soit-il. Sur ce, que le léopard te soit léger.

« Tout à toi. »

---

## NOMENCLATURE DES FÉLINS

| | |
|---|---|
| Le lion. . . . . . . . . . . . . . . | Grands félins. |
| Le tigre. . . . . . . . . . . . . . | |
| La panthère . . . . . . . . . . . . | |
| Le léopard. . . . . . . . . . . . . | |
| Le jaguar. . . . . . . . . . . . . | |

| | |
|---|---|
| Le guépard. . . . . . . . . . . . . . . . . | Moyens félins. |
| Le couguar. . . . . . . . . . . . . . . . . | |
| Chat biard. . . . . . . . . . . . . . . . . | |
| Ocelot . . . . . . . . . . . . . . . . . | |
| Chat célidogaster . . . . . . . . . . . . . | |
| Lynx ordinaire. . . . . . . . . . . . . . . | |
| Chat pardc. . . . . . . . . . . . . . . . | |
| Caracal. . . . . . . . . . . . . . . . . . | |
| Chaus . . . . . . . . . . . . . . . . . . | |
| Chat polaire. . . . . . . . . . . . . . . . | |
| Chat botté. . . . . . . . . . . . . . . . | |
| Chat cervier. . . . . . . . . . . . . . . . | |
| Chat doré . . . . . . . . . . . . . . . . | |
| Chat bai. . . . . . . . . . . . . . . . . | |
| Chat sauvage. . . . . . . . . . . . . . . | Petits félins. |
| Manul . . . . . . . . . . . . . . . . . . | |
| Chat longibaude. . . . . . . . . . . . . . | |
| Chat servalin. . . . . . . . . . . . . . . | |
| Chat à taches de rouilles. . . . . . . . . | |
| Serval. . . . . . . . . . . . . . . . . . | |
| Chat du Cap. . . . . . . . . . . . . . . . | |
| Chat ganté. . . . . . . . . . . . . . . . | |
| Chat à collier. . . . . . . . . . . . . . . | |
| Chat océloïde. . . . . . . . . . . . . . . | |
| Chati. . . . . . . . . . . . . . . . . . . | |
| Margay. . . . . . . . . . . . . . . . . . | |
| Yaguaronde . . . . . . . . . . . . . . . . | |
| Chat nègre. . . . . . . . . . . . . . . . | |
| Chat cira. . . . . . . . . . . . . . . . . | |
| Chat pampa . . . . . . . . . . . . . . . . | |
| Chat élégant. . . . . . . . . . . . . . . | |
| Chat ondulé. . . . . . . . . . . . . . . . | |
| Chat colocolo. . . . . . . . . . . . . . . | |

## LE JAGUAR — LE COUGUAR

*Felis onca.* *Felis concolor.*

J'étais occupé à la pêche aux tortues, sur les bords de l'Amazone, lorsque mon négrillon, qui avait déjà mis sur le dos pas mal de gros chéloniens, accourut auprès de moi d'un air effaré.

Le pauvre garçon était piteux à voir. Sa chevelure laineuse paraissait plus crépue et plus droite qu'à l'ordinaire; ses gros yeux rouges comme un soleil couchant lui tombaient de la tête; ses fines lèvres de corail étaient tellement serrées que deux bavures charnues en sortaient. Quant à ses membres, je n'en parlerai pas. Ils avaient la danse de Saint-Guy.

— Voyons, remets-toi, lui dis-je. Que t'est-il donc arrivé? As-tu vu le fantôme de tes pères?

Il tourna mélancoliquement la tête.

— Mon vieux Toby, ajoutai-je, il faut soigner cela. Quelque tarentule a dû te piquer.

Je ne vis que ses belles dents crispées. Évidemment le cas était grave.

— Aurais-tu pris la fièvre jaune dans les marais?

— Non, massa. Moi vu là-bas...

Et il m'indiquait du doigt un îlot du fleuve laissé à sec par le retrait des eaux.

— Allons voir ce que c'est.

Toby ne bougeait pas plus qu'une statue de bronze. Je le laissai et j'avançai prudemment vers l'endroit qu'il m'avait désigné.

Lorsque je fus à quelques pas de l'île, j'aperçus dans les roseaux et dans les plantes aquatiques un mouvement extraordinaire. Comme la rive de l'Amazone où je me trouvais n'était pas très élevée, il m'était impossible de distinguer parfaitement ce qui se passait. J'étais vivement intrigué. J'allais me décider à traverser la mare d'eau croupie, assez peu profonde, qui me séparait de la touffe de verdure, lorsque Toby se précipita sur moi et me retint à m'arracher mes vêtements.

— Triple poltron, lui dis-je, laisse-moi du moins m'assurer de l'objet de tes craintes et de tes tremblements.

Il ne me lâchait pas, et, de plus, il me barrait le passage, comme une sentinelle en faction. Il fallait bien obéir à ce vigoureux gaillard, doué de poings de fer et de muscles d'acier, comme dit G. Aimard.

— Me laisseras-tu, du moins, la liberté de monter sur ce latanier?

L'idée lui sembla excellente, car il s'empressa de la mettre en pratique avant moi. En deux bonds, il fut perché sur les premières branches. Il se trouvait évidemment plus à l'aise au sommet de son observatoire. Je le rejoignis non sans peine. Je ne disposais pas de sa légèreté et de son agilité d'acrobate. Un spectacle curieux s'offrit à mes regards. Je n'en pouvais croire mes yeux. Le plus féroce, le plus terrible des félins d'Amérique, le fameux tigre du Brésil, l'onza des Portugais, le jaguar en un mot, était là à quelques mètres de moi, se

Jaguar pêcheur. (Page 545.)

livrant aux occupations pacifiques des pêcheurs à la ligne de la Grande-Jatte. Un jaguar pêcheur! J'avoue que je n'avais jamais eu l'occasion de contempler ce phénomène. Je recommandai à mon esclave noir de ne faire aucun bruit, et, du haut de ma branche, j'observai tout à mon aise toutes les péripéties de l'action. Imaginez-vous, lecteurs, une bête énorme, mesurant deux mètres environ, sans la queue qui, à elle seule, faisait bien un mètre. Le jaguar était accroupi dans une petite anse vaseuse. Sa tête, plate et longue, son museau effilé étaient allongés sur ses pattes de devant qu'ils recouvraient. Son œil perçant plongeait jusque dans les profondeurs de l'eau. Son immobilité était absolue. On l'aurait pris pour un animal empaillé, sur une descente de lit.

— Massa, me dit le brave Toby, voyez-vous ce qu'il fait? Lui charmer le poisson.

J'observai mieux et je remarquai, en effet, que ce pêcheur incomparable était outillé le mieux du monde. Il avait amorce et hameçon. Quant à la gibecière, il ne s'était pas mis en frais. Ses larges flancs élastiques, d'une capacité respectable, en tenaient lieu. Il y versait souvent le produit de ses prises. Sa gueule, à demi entr'ouverte, touchait presque la surface de l'eau. Une bave blanchâtre en dégouttait sans bruit et se répandait sur le miroir du fleuve.

Il paraît que les poissons de l'Amazone sont très friands de ce régal et qu'ils trouvent une succulence toute particulière dans la salive épaisse et bien nourrie du *felis onca*, Tous les goûts sont dans la nature. En tout cas mieux vaut dévorer même la bave du jaguar qu'il ne vous dévore. Le malheureux fretin, sans la moindre méfiance, approchait du bord, et sortait comme un entonnoir la gueule hors de l'eau ; il se laissait volontiers emplir de l'écume délicieuse. Lorsqu'il s'attardait par trop à savourer, il tombait victime de sa gourmandise. Le jaguar ne le manquait pas. D'un coup de harpon bien assuré il l'enlevait en l'air, et le laissait sauter sur le gravier où il courait le croquer. Jamais il ne manquait son coup. La précision de son coup d'œil et de sa griffe était extraordinaire. Je le vis capturer ainsi en moins d'une heure une cinquantaine de poissons petits et gros. Ces mœurs d'ichtyophage, que je n'avais encore observées que dans nos chats domestiques, si avides des poissons rouges de nos aquariums, me suggérèrent certaines pensées sur l'origine des félins en général. J'avais constaté, plusieurs fois déjà, la grande ressemblance qui existe entre la tête, la peau, les griffes des chats et des loutres. J'imaginai alors qu'aux époques préhistoriques, aux temps secondaires, peut-être toutes ces espèces étaient confondues et menaient une existence d'amphibies. Celles d'entre elles qui étaient parvenues à s'acclimater sur la terre zoologique n'avaient conservé de leur vie antérieure qu'un goût prononcé pour le poisson.

Je me promis de rédiger un mémoire dans ce sens et de l'adresser à Darwin. Tandis que je me livrais à ces réflexions plus ou moins scientifiques, la scène changea.

Cela tournait au gros mélodrame ; le vengeur de l'innocent, le défenseur du faible et de l'opprimé apparaissait sous la figure de crocodiles menaçants. Ils semblaient sortir de la coulisse comme des traîtres. En un instant, une vingtaine de gueules ouvertes, armées de dents pointues comme des aiguilles, émergeaient de l'eau et circonvenaient le pêcheur par trop confiant.

— Nous allons nous amuser, dis-je à mi-voix à mon nègre. L'affaire va être chaude.

Depuis quelques instants, Toby avait perdu son assurance ; il recommençait à trembler et à agiter l'arbre. Tous ces nègres ont une peur superstitieuse du caïman. Ils le redoutent comme une espèce de divinité malfaisante. Quant à Toby, qui était le meilleur chrétien de l'endroit, il ne cessait de se plastronner par de nombreux signes de croix. Je l'entendis même invoquer la Vierge.

Préservatrice des caïmans !... Cette supplication n'a pas encore trouvé place dans nos litanies.

— Toby, mon ami, si tu bouges, tu vas attirer sur nous l'attention du jaguar. Se voyant trop faible contre ses nombreux ennemis, il trouvera fort agréable de passer sa rage sur notre peau. Tu n'ignores pas que ce bandit va partout et qu'il grimpe aux arbres aussi bien que toi. S'il nous entend ou s'il nous découvre, c'en est fait de toi. Il ne te laissera pas même le temps de faire ton acte de contrition en bonne et due forme. Donc, observe-toi.

Mon petit discours produisit une heureuse détente dans les nerfs par trop impressionnables du jeune néophyte.

— Que Dieu nous garde, fit-il avec un profond accent de conviction. Et il resta tranquille.

Le jaguar, en apercevant le front de bataille de ses adversaires, se contenta de se retirer un peu en arrière, en se glissant sans bruit sur ses pattes. Il ne battait pas en retraite, comme je l'avais craint ; il prenait au contraire toutes ses dispositions stratégiques pour le combat. Il y avait non loin de là un buisson de conami ; il s'y embusqua en faisant toujours face à l'ennemi. Les crocodiles le suivirent lentement comme s'ils eussent été attirés par un fil. Ils clapotaient cahin-caha dans la fange humide. Ils s'aidaient de leur ventre, de leur queue et de leurs courtes pattes. Leur tête se dardait de côté et d'autre et frayait le chemin. Un d'entre eux devançait la troupe. Ce fut sa perte. Le jaguar bondit sur lui, et lui enfonça ses griffes dans le crâne tandis qu'il essayait de lui plonger ses canines dans la gorge. Le crocodile se dégagea d'un vigoureux coup et tout son corps aussi flexible que celui des serpents, s'enroula autour des reins du jaguar. Ces deux animaux s'étreignaient à s'étouffer. Jamais lutteurs à la foire n'avaient déployé tant de muscles et tant de vigueur pour se déraciner. C'était beau à voir et je souhaitais auprès de moi un de nos fameux animaliers, Barye ou Caïn par exemple, pour croquer ce groupe épique. Je me contentai de le dessiner avec mes faibles ressources. Mon sang-froid émerveilla Toby. Le caïman était parvenu à force de contorsions et de replis fuyants à s'attacher comme une sangsue sous le poitrail de son adversaire. Le jaguar ne pouvait ainsi ni le broyer de ses dents, ni le déchirer de ses ongles, ni s'en défaire. La queue du reptile se croisait avec la queue du félin. Cela faisait un tableau monstrueux, quelque chose comme un phénomène à deux queues. Le jaguar, las de s'épuiser en efforts inutiles, s'abattit sur le ventre comme une masse. Il espérait sans doute étouffer et écraser son ennemi. Mais celui-ci, se faisant petit, parvint à se glisser sous la croupe du carnassier et il s'abrita comme il put, entre les intervalles des pattes. Heureusement pour lui que ses bons amis des marais de l'Amazone vinrent à son secours, sans trop se presser cependant. Et bêtement, le jaguar se mit à leur chercher querelle en taquinant leurs vieux crânes. Ils entrèrent tous en fureur et ce ne fut plus qu'une émeute déchaînée contre le quadrupède. On eût dit des chiens à la curée. Il ne manquait que les aboiements. Le jaguar seul aboyait à la façon des dogues, sourdement. Une dizaine de cadavres jonchaient déjà le sol ensanglanté. Les crocodiles morts gisaient, le ventre au soleil, tous frappés au même endroit. Leur sang s'échappait par une large déchirure de la gorge. Ils râlaient sur le sable, et se dégonflaient lentement comme des soufflets de forge qui perdent leur vent. Les malheureuses victimes laissaient retomber leurs paupières dans un affaissement qui faisait peine à voir. Toby au cœur tendre ne put supporter cette scène de carnage, il se voila la face de ses longues mains sèches et il attendit ainsi la fin du combat.

Le jaguar boîtait et ne se soutenait qu'à peine; les terribles amphibies lui avaient cassé les jarrets et rompu les côtes de leurs verges. Je rageais de n'avoir pas pris avec moi ma bonne carabine pour achever la pauvre bête qui devait souffrir étrangement. Je découvris bientôt que son agonie ne serait pas longue, car de son ventre entr'ouvert pendaient des paquets d'intestins. Cependant, tel qu'il était, meurtri, abîmé, à demi mort, il ne lâchait pas sa proie, et il continuait son œuvre de boucherie. Il tuait pour tuer. L'odeur des cadavres l'enivrait. Il ne restait plus que cinq ou six crocodiles blessés, qui essayaient de fuir et de regagner l'Amazone. Le jaguar leur barra la retraite en se traînant jusqu'aux rives du fleuve pour se désaltérer et baigner ses plaies béantes. De quelques coups de griffes, il les immola comme les autres. Il était vainqueur enfin. Mais son triomphe fut court. Après avoir bu à longs traits l'eau jaunâtre qui calmait sa fièvre, il vint se réfugier dans un massif de joncs. Il tomba sur le flanc, sa tête s'allongea en avant, ses pattes se détendirent. Il battit plusieurs fois encore la terre de sa queue, ses flancs se convulsionnèrent, son œil se retourna, sa gueule ensanglantée s'entr'ouvrit et il rendit le dernier soupir. C'était la mort d'un héros que ce trépas d'un simple pêcheur à la ligne.

— Maintenant, Toby, tu peux te débander les yeux et contempler face à face la vaste dépouille de ton ennemi mort.

— Moi pas peur, massa, me répondit mon intrépide Africain ; moi jamais avoir eu peur !

— Seulement, comme tu connais la préférence des félins pour la chair noire, tu t'es prudemment assis à l'abri derrière ma peau blanche. Je ne te fais pas un crime de tenir tant que cela aux douceurs de l'existence. Descends vite et cours me dépouiller cette belle bête.

Toby ne se pressait pas d'obéir à mes ordres. Il prétendait qu'il ne savait pas descendre des arbres aussi vite qu'il y montait. Il prenait en effet un luxe de précautions infini, essayant à loisir chaque branche avant que d'y poser le pied, me demandant des ordres plus détaillés. Tout cela pour passer le temps, et laisser au jaguar toute la facilité de mourir en paix. Enfin il toucha terre.

— Massa, vous pas venir avec Toby ?

— Je te suis. Je vais auparavant faire un tour auprès de nos tortues. Elles doivent maigrir pas mal à gigoter en l'air. J'irai te reprendre. Commence l'opération, si la peau n'est pas endommagée.

Mon Toby s'en alla en sifflant pour se rassurer. Lorsqu'il fut sur le point de passer l'eau, je le vis ramasser des pierres et les jeter dans les fourrés de l'île. Comme rien ne bougeait, il se décida enfin à traverser. En touchant la pointe de l'île, il s'arrêta de nouveau et adressa dans sa langue un discours au défunt. Je regrette de ne pouvoir transcrire ici cette oraison funèbre, prononcée par ce brave garçon sur les restes inanimés de ce roi des forêts brésiliennes. C'était d'une éloquence à faire pâlir celle de Bossuet, à en juger par les grands gestes héroïques qui l'accompagnaient.

Je chargeais mes tortues dans des sacs, lorsque j'entendis tout à coup un grand cri.

Je craignis que le jaguar n'eût fait des siennes sur les épaules de mon pauvre domestique. Je fus bientôt rassuré en voyant Toby accourir vers moi de toute la vitesse de ses grandes jambes.

— Maître, pas mort, l'oreille remuer.

— Tu ne pourrais pas lui plonger ton couteau dans la saignée du cou?

— Lui me regarder.

— Viens avec moi, nous l'achèverons ensemble. Donne-moi ta bonne lame de Rio.

L'animal respirait encore. Ses griffes labouraient le sol. Il y avait du danger en effet à s'approcher trop près.

Le jaguar pouvait fort bien, dans une dernière crise d'agonie, se relever et nous abattre. Je pris une pierre énorme. J'avançai prudemment, et j'écrasai la tête du tigre américain, aux cris de joie de Toby.

Je n'ai jamais rien vu de si beau comme fourrure. Le jaguar un peu plus petit que le tigre, est certainement le plus coquet, le plus chatoyant, le plus admirable des chats. Celui que nous avions devant nous et que les crocodiles nous avaient donné mesurait trois mètres avec la queue. Sa robe était parsemée de taches ocellées comme aucun des félins n'en porte. Ces taches sont groupées par lignes transversales sur chaque flanc. Elles sont au nombre de quatre par ligne. Leur symétrie était assez régulière. Sur la tête, les jambes, les cuisses et le dos, ces taches sont pleines d'un beau noir et allongées en forme de virgule. Tout le dessous du corps était d'un beau blanc d'hermine entrecoupé de quelques plaques noires, pleines et assez irrégulières. Le tiers extrême de la queue était noir en dessus, annelé de noir et de blanc en dessous. Elle ressemblait à certaines fourrures, dites boa, que les femmes portent autour du cou. Les pattes de devant étaient très basses, fortes, musculeuses; au garrot, une protubérance charnue relevait sa taille et ondulait son dos. La mâchoire était aussi puissante que celle des plus beaux tigres ; les griffes, aussi larges et tout aussi développées, offraient une mobilité excessive. Elles comptaient, comme les griffes de tous les félins, cinq ongles devant et quatre derrière. La longueur du museau était un peu plus accentuée que chez le tigre et le léopard, le frontal plus aplati et plus fuyant que chez la panthère. Je trouvai également que la disposition des yeux était beaucoup plus rapprochée des tempes que du museau. Le facial du jaguar se rapproche beaucoup plus de la figure du lion que de celle du tigre.

J'avais déjà tant vu et tant chassé de ces animaux qu'il m'était facile d'établir entre eux des comparaisons fixées sur les plus fines nuances. Tandis que mon brave Toby qui avait déposé toute crainte dépouillait le jaguar comme un petit lapin, je me livrai sur lui à une leçon d'histoire naturelle fort détaillée.

Je remarquai d'abord la construction de cet instrument terrible et merveilleux, à l'aide duquel tous les chats l'emportent en puissance et en voracité sur le reste des animaux de la nature. Rien de plus admirablement combiné que cette mâchoire qui est à la fois un étau et une scie. La forme des dents, leur nombre, leur disposition combinée avec la solidité et la mobilité des branches maxillaires en font un engin redoutable. La mâchoire inférieure est composée de deux fausses molaires et d'une carnassière, tellement serrées et rapprochées qu'elles raccourcissent ainsi leurs leviers et rendent la fonction des muscles temporo-maxillaires presque perpendiculaire. Ces muscles sont énormes. Ils occupent à eux seuls les deux tiers de la tête du jaguar, et cette tête est reliée au reste du corps par des muscles cervicaux aussi puissants et aussi souples. J'étais émerveillé de cette conformation qui répond si bien aux mœurs, aux habitudes, aux besoins des félins. Toby ne comprenait pas bien pourquoi je m'arrêtais aussi longtemps sur cette tête. Je devais beaucoup l'intriguer; car, à chaque coup de couteau qu'il donnait pour disséquer la peau, il me glissait en dessous un de ces regards de nègres qui veulent dire : Maître, je voudrais bien savoir. Je crus plus intéressant de continuer mes investigations sur la mâchoire de mon jaguar. J'avais l'air d'Hamlet qui fait de la philosophie sur un crâne de mort.

Je me mis à comprimer l'un contre l'autre les deux maxillaires en serrant avec ma main de toutes mes forces. Je voulais connaître tous les détails de ce travail mécanique qui broie les os comme une machine. Ainsi comprimées de haut en bas, les fausses molaires et la carnassière s'allongèrent sur l'axe de la mâchoire, leur couronne s'éleva et sembla sortir d'un fourreau. Une sorte de tranchant angulaire, dont les bords sont dentelés comme un poignard indou, m'apparut à chaque fausse molaire. Quant aux carnassières, leur conformation me sembla plus terrible encore. Celle d'en bas porte deux tranchants angulaires, celle d'en haut n'en a qu'un seul qui s'encastre parfaitement entre les deux de l'inférieure, à la façon des dents du requin. Tous ces angles tranchants s'engrènent et glissent l'un sur l'autre comme des ciseaux dont chaque branche serait dentelée. De plus, le condyle se trouvant sur la même ligne que les dents, l'action musculaire est rendue perpendiculaire et très efficace. Les canines, coniques, se croisent de même; les incisives sont opposées couronne à couronne. Cela fait une sorte d'emporte-pièce excessivement bien combiné.

Les ongles du jaguar étaient tranchants et rétractiles. Cette rétractilité a pour effet de rétrécir les pas de l'animal, d'empêcher le choc de l'ongle contre le sol et de rendre la marche silencieuse. C'est pourquoi les félins semblent marcher sur du velours.

L'oreille était d'une dimension moyenne; le cornet très développé, très mobile, pouvait recueillir les moindres ondes sonores. Le volume des lobes optiques était très grand, l'iris très dilatable; je trouvai en outre une espèce de miroir réflecteur dont la fonction doit être de recevoir les moindres rayons de lumière diffuse et de les faire converger sur la rétine. Cet appareil permet à tous les chats de vaguer la nuit et de se reconnaître dans les ténèbres. La délicatesse de cet organe est d'une susceptibilité extraordinaire. Les muqueuses nasales et les nerfs de l'odorat ne sont pas très épanouis. Le jaguar est bien inférieur au chien sous ce rapport. Le nerf lingual, qui détermine la qualité du goût, est plus obtus encore. Son développement ne dépasse pas deux ou trois lignes. La langue est en effet chez les chats un organe de mouvement et de préhension plutôt qu'un appareil de dégustation. Pour que le lion, le tigre, la panthère, le léopard, le jaguar se délectent dans la saveur de leurs aliments, il est donc nécessaire que leur palais soit largement imbibé de sang et de matière saline. C'est pourquoi ils égorgent à plaisir. Les bulbes de la gueule sont très impressionnables au toucher. Les moustaches servent de fils conducteurs et avertissent des moindres obstacles.

Tandis que je me livrais à cette étude d'anatomie, j'étais curieux d'aller jusqu'au bout et j'ordonnai à mon nègre de m'ouvrir l'animal.

L'intestin était très court, beaucoup moins développé que chez les autres carnassiers; l'estomac relativement étroit. Le système musculaire, à ses points d'attache, offrait des nœuds très durs et très compacts.

— Maître, me dit alors Toby, vous aimer beaucoup savoir. Moi, vais contenter massa.

La besogne étant terminée, nous revînmes lentement à la Fazenda. Durant le trajet, Toby me raconta son histoire. C'était une légende insensée que les Brésiliens se disent de père en fils, et qui n'est autre chose qu'une tradition altérée par les Portugais du mythe antique. Je

Une dizaine de lacets étaient jetés d'en bas sur le jaguar. (Page 560.)

traduirai ici le langage par trop primitif et par trop petit-nègre de mon esclave noir.

Cela s'appelle dans le pays la légende du Jaguar. Un jour, tous les animaux de l'Amérique du Sud, qui vivent en liberté entre les Andes, l'Amazone et la mer, se réunirent en un congrès.

Il en vint de partout, à l'appel du grand corbeau noir qui voltigea sur toutes les montagnes, dans toutes les vallées, qui plana au-dessus de toutes les forêts et marécages. Il convoquait à grands cris répétés, à grands sons de trompe. Le rendez-vous était fixé au pied de la sierra Carabana. Ce fut le singe qui arriva le premier, en sautant de branche en branche et en se faisant avec sa queue des ponts suspendus. Après les stentors, le tapeti, le lièvre brésilien accourut; puis la marmose, le cabiais, les écureuils, le petit cerf mexicain, se présentèrent. Enfin, ce fut le tour du paresseux, des boas, des serpents à sonnettes, des crocodiles, des tortues, des tapirs, des pécaris, des tatous, des fourmiliers.

En leur qualité de grands seigneurs, le jaguar, le couguar, le pouma, les chats-tigres se firent attendre et arrivèrent les derniers. Lorsqu'ils furent tous réunis aux pieds du Carabana, le conseil s'ouvrit. Ce fut le perroquet qui prit le premier la parole. Son discours dura des jours entiers. Les autres animaux doués d'éloquence se firent entendre à leur tour. A force de tant parler, aucune résolution ne fut prise. Enfin, l'aigle destructeur, la grande harpie d'Amérique, étendit ses vastes ailes et monta à la tribune. En quelques mots très brefs, il résuma le débat et parvint à convaincre l'assemblée. « Pourquoi sommes-nous ici? dit-il. Pourquoi chacun de nous est-il accouru du fond de ses solitudes à ce congrès? Évidemment, c'est dans l'espérance d'améliorer le sort qui lui est fait par la destinée. Or, tous, nous sommes d'accord que la vie que nous menons sur cette terre n'est plus possible à cause de la méchanceté et de la cruauté sans cesse croissantes des hommes. Pourquoi n'émigrez-vous pas comme moi dans les hautes régions de l'air? Là, vous trouverez la sécurité et le bonheur. De ce séjour élevé, vous narguerez votre ennemi séculaire, et vous rirez de ses menaces stériles. Je connais le pays, et je soupçonne qu'il doit exister dans les profondeurs du ciel, par delà les sommets des Cordillères, une région très habitable où coulent le lait et le miel. Cette île du firmament n'est pas encore occupée. Si nous parvenons à nous en emparer les premiers, nous serons à tout jamais les maîtres dans ce domaine éthéré. Or l'entreprise me paraît des plus simples. Il s'agit d'escalader l'espace qui nous sépare de ce lieu de délices. Je me charge de vous diriger par mon vol. Montez les uns sur les autres. Je pars à la découverte.»

Le projet parut excellent, et tous les animaux, sans réflexion, se mirent en devoir de l'accomplir. On se superposa par ordre de force et de grandeur. Le jaguar prit sur son dos le couguar, plus petit que lui; celui-ci reçut le pouma, et tous les autres chats s'ajoutèrent l'un après l'autre. La tour atteignait déjà une très grande hauteur. Elle dépassait les pics les plus élevés des montagnes. Le grand aigle les encourageait toujours. Tout à coup un orage épouvantable se déchaîna. Le tonnerre et les éclairs faisaient rage. Un vent violent fut déchaîné. La colonne branlait et menaçait de s'écrouler. Une voix terrible sortit des nuages. C'était la voix irritée du plus puissant des dieux.

— Tremblez, criait-elle. Je vais vous anéantir.

Mais l'aigle intervint auprès de la divinité et plaida la cause de ses frères les animaux.

— Ce n'est pas pour vous faire la guerre que nous sommes montés si haut, dit-il, mais seulement pour fuir la tyrannie de l'homme.

Ces raisons désarmèrent le dieu.

— Vos projets téméraires, répliqua-t-il, méritent cependant une punition. Je ne dois pas laisser sans vengeance cette violation de mon empire. Vous porterez à jamais, comme stigmate d'infamie et comme flétrissure de votre orgueil audacieux, des marques ineffaçables.

L'éclair brilla, la foudre éclata, et tous les animaux furent brûlés comme au fer rouge sur toute la surface de leur corps. Chacun d'eux portait les empreintes des pattes de l'animal qu'il avait pris sur ses épaules.

C'est depuis ce temps-là, m'affirma Toby, que le jaguar et tous les chats ont leur peau marbrée de ces taches arrondies, qui ressemblent en effet à des pas de bêtes sauvages.

Cette légende, renouvelée de la tour de Babel et de l'histoire des géants, fait le bonheur des nègres dans les plantations de café et de canne à sucre. Ils se la racontent avec une infinité de détails pittoresques.

Je ne voulais pas quitter l'Amérique du Sud sans faire une plus ample connaissance avec le jaguar. Je proposai donc à mon hôte le fazendeiro de me conduire en pleine forêt à une chasse sérieuse.

L'aventure qui venait de m'arriver sur les bords de l'Amazone avait réveillé en moi tous mes désirs de Nemrod. Le passe-temps le plus agréable pour un voyageur est, sans contredit l'exercice de la chasse. Au Brésil il est difficile de se procurer ce plaisir. Le sol est trop boisé et trop cultivé par endroits. Il n'offre pas ces immenses territoires de savanes, de broussailles et de jungles qui permettent de poursuivre et de surprendre sa proie. Les pampas du Sud ne sont guère fréquentées que par des animaux inoffensifs qui vivent en liberté dans les herbes desséchées. Le bœuf et le cheval y sont fort peu dérangés par les attaques des félins carnassiers. Ceux-ci préfèrent se retirer dans les profondeurs impénétrables des forêts de caoutchouc. Il est très difficile de les déloger de ces repaires impénétrables. L'endroit où je me trouvais présentait heureusement une variété de culture et de grands bois entrecoupés çà et là par des clairières où les Indiens se retirent devant la civilisation envahissante. Le fazendeiro mon ami nous proposa de nous conduire à quelques lieues de sa plantation, où nous pourrions rencontrer le jaguar.

C'était au commencement de la saison des pluies. La température n'était pas excessive et les chemins étaient encore praticables. On se mit en route en ordre de caravane. Une vingtaine d'esclaves nous accompagnaient et portaient nos instruments de chasse et nos provisions de bouche. Ils étaient attelés deux par deux à une sorte de brancard fait de bambous, du milieu duquel pendaient des paniers. Ils marchaient les pieds nus. Leur vêtement se composait d'une chemise de toile écrue et d'un pantalon de coutil blanc. Leur tête crépue, noire comme de l'ébène, était recouverte d'un immense chapeau du Chili et du Pérou qui ressemble aux panamas. Quant à nous, nous allions sur d'excellents chevaux de la Plata, fort bien dressés, qui obéissaient à nos moindres commandements. Nous portions de grands parasols pour nous protéger contre les ardeurs du soleil, qui étaient encore assez fortes. Nous avions à peine deux journées de marche avant d'atteindre la région des forêts. Nous y arrivâmes par un magnifique clair de lune, qui ressemble dans ce pays à quelque belle journée de printemps en Europe. La Croix du Sud étincelait de tous ses feux au-dessus de nos têtes. On fit halte dans le creux d'un ravin, sur la lisière d'un bois. Les esclaves préparèrent le repas du soir et installèrent nos moustiquaires. On tira du *trolies* tout ce qu'il fallait pour manger commodément, et l'on s'installa en rond selon la mode antique. Je me régalai de tutu, bouillie épaisse et consistante, faite d'un mélange de haricots noirs et de farine de manioc, le tout relevé par les condiments des tropiques. Nous bûmes d'excellent vin de Porto et nous nous mîmes à deviser gaiement en fumant nos bons cigares parfumés. Nous allions nous étendre sur nos hamacs, lorsque nous fûmes mis tout à coup en éveil par des cris stridents qui sortaient de la forêt.

— C'est le jaguar qui chasse, me dit le fazendeiro. Lorsqu'il poursuit les alouates sur les arbres il aboie comme un véritable chien.

Cela ressemblait en effet à des jappements. La voix était claire et d'un beau timbre métallique. Le silence de cette belle nuit était scandé par ces sortes de hoquets spasmodiques qui se rapprochaient de nous de plus en plus et devenaient effrayants. On eût dit un basset poursuivant le lapin sous des taillis de chêne.

— En chasse, nous dit le planteur. Nous avons quelque chance de le surprendre, s'il est bien occupé lui-même à chasser.

Le difficile était de pénétrer dans la forêt où des lianes croisées en tissus inextricables rendaient l'accès presque impossible. Que faire? Je brûlais d'envie d'incendier les arbres pour me frayer un chemin et circonvenir dans un réseau de flammes les bêtes fauves de la forêt. Cet usage se pratique souvent dans l'Inde et à Ceylan lorsqu'on veut détruire les animaux féroces ou les prendre plus facilement en les acculant à des fosses ouvertes.

— Ne faites pas cela, me dit le fazendeiro; nous procédons ici plus simplement, et nous arrivons aux mêmes résultats. Joé, dit-il à un grand diable de nègre qui ressemblait à Lucifer en personne, Joé, commence. Et vous, à l'affût.

Aussitôt le petit bataillon des nègres prit sa position de combat. Ils se partagèrent en deux corps et se mirent en embuscade. Une dizaine d'entre eux portant le lazzo sur le bras s'appliquèrent contre les troncs d'arbre et se dissimulèrent de leur mieux. Les autres se couchèrent à terre dans les fourrés. Leur harnois de combat était fort singulier. Je ne l'avais jamais vu encore. Il consistait en une double peau de mouton roulée avec sa laine autour du bras gauche et retombant sur le côté. C'était une espèce de bouclier assez rudimentaire mais qui devait cependant suffire à protéger quelques instants. Une lance longue de six pieds et armée d'un fer à double tranchant était déposée à leur côté, à portée de leur main droite.

Le fazendeiro et moi nous nous tenions tranquillement assis sur les brancards de notre véhicule, notre fusil sur nos genoux.

— Il n'est pas probable, dis-je au planteur, que le jaguar vienne nous trouver ici.

— Vous croyez, répondit-il avec un sourire incrédule. Combien pariez-vous?

— La tête de Toby.

— Accepté.

Mon domestique n'avait pas suivi ses compagnons dans la forêt. Sous le prétexte qu'il était attaché à ma personne, il ne me quittait pas plus que mon ombre. Derrière mon fusil, il se trouvait en sûreté. Partout ailleurs, le malheureux négrillon n'était pas en repos. Je n'ai jamais vu nature plus craintive et tenant davantage à sa peau.

— Massa, vous allez rire beaucoup, me dit-il.

— Pourquoi cela, Toby?

— Parce que le fazendeiro vouloir amuser vous.

Je n'étais pas absolument de l'avis du nègre; en effet les aboiements devenaient de plus en plus pressés et se rapprochaient de notre campement.

— Faudra-t-il tirer sur la bête aussitôt qu'elle paraîtra belle?

— Gardez-vous-en bien, répondit le planteur. Vous gâteriez tout.

Je ne comprenais plus rien à ces attentes mystérieuses, à ces préparatifs enfantins.

— Monte, Joé, cria le maître.

Et à cet ordre le grand nègre, mû par un ressort, grimpa sur le sommet d'un arbre très élevé qu'il avait déjà choisi de l'œil. Il gravissait comme un écureuil. Je m'amusai beaucoup à le voir empêtré dans le branchage épais. Il y perdait une partie de sa laine.

Alors un coup de sifflet retentit. C'était le dernier commandement. Joé commença son œuvre. Imaginez-vous, cher lecteur, un beau noir dans le feuillage vert par le plus resplendissant clair de lune que l'on puisse contempler. Ce personnage haut en couleur est campé à cheval sur une grosse branche. Ses jambes sont pendantes, son torse élevé s'appuie contre le tronc de l'arbre. De ses deux mains qu'il porte à sa bouche, il se fait une corne dans laquelle il souffle comme Roland dans son cor d'ivoire. Ses joues sont gonflées comme deux vessies et les sons qui s'échappent de cet instrument de musique vous percent les oreilles. C'est à s'y méprendre la voix retentissante des stentors hurleurs. Joé imitait à la perfection le cri de l'alouate. Toby ne put s'empêcher de rire aux éclats.

— Veux-tu bien te taire, animal, lui dis-je, ou je te laisse seul en tête à tête avec le jaguar!

Joé continuait à s'égosiller dans le creux de ses mains. Il reproduisait les appels langoureux des singes en amour, leurs cris de guerre, leurs plaintes, leurs chants : toute la gamme de leur larynx. L'écho du bois grossissait encore ces bruits étranges. Le concert commençait à me fatiguer, d'autant plus que, depuis que le nègre s'était mis à vociférer, le jaguar se taisait et ne donnait plus aucun signe de sa présence.

— Vous avez fait fuir l'animal avec votre Joé, observai-je au planteur.

— Laissez faire, me répondit-il tout bas. Il vient au contraire, et dans quelques minutes il va s'élancer d'arbre en arbre sur la branche où chante le pauvre nègre. Quand le jaguar a une fois découvert sa proie, il n'aboie plus et il prend toutes ses dispositions stratégiques pour fondre dessus en toute sûreté. Je ne serais pas étonné de le voir bondir sur mon nègre avant peu.

— Mais alors ce malheureux garçon, sans armes, court un réel danger. Pourquoi l'exposer ainsi?

— Comment voulez-vous chasser le jaguar autrement? Si vous m'aviez prévenu plutôt de vos intentions belliqueuses je vous aurais offert un autre divertissement plus agréable. Nous aurions conduit la chasse autrement. Pardonnez cet impromptu.

Il achevait à peine que Joé poussa un dernier cri terrible, féroce dont retentit la forêt tout entière ; au même instant une lutte effrayante se livrait dans le feuillage de l'arbre. Le jaguar s'était approché doucement par bonds successifs. Lorsqu'il se vit à la portée de son ennemi, il fit un dernier saut. Joé se laissa glisser et cria à l'aide! Le jaguar, voyant un homme à la place d'un singe, eut un moment d'hésitation qui lui fut fatal. Joé en profita pour prendre quelque avance sur la bête qui fondait sur lui. Au même instant, une dizaine de lacets étaient jetés d'en bas sur le jaguar. Mais les branches de l'arbre étant très touffues empêchèrent de ramener. La bête ne fut pas suffisamment entravée. Elle parvint à se déprendre à force de mouvements. Je m'attendais à voir le jaguar furieux se précipiter sur nous. Je me tins prêt à faire feu. Il n'en fut rien. Cet animal est aussi lâche qu'il est féroce. Lorsqu'il se voit attaqué par plus forte partie, il fait tous ses efforts pour échapper. Il alla donc se blottir dans un fourré épais où il était presque impossible de le débusquer. Les esclaves, dans la crainte de le lais-

Je trouvai trois nègres étendus... (Page 562.)



ser s'enfuir, environnèrent le buisson et se tinrent sur la défensive. Ils ressemblaient aux héros de Sparte avec leurs lances en arrêt et leurs boucliers de peaux de mouton : sur un nouveau coup de sifflet du maître, les nègres se mirent à fouiller les broussailles à grands coups de lances. Le jaguar rugissait. C'était bon signe. Il réveillait son vieux courage endormi. Pendant ce temps-là, les porteurs de lacets se tenaient à quelque distance, prêts à tout événement. Et nous qui formions l'arrière-garde, nous ne quittions pas de l'œil le refuge de marantas où l'animal se tenait caché. Impossible de le déloger.

— Si je tirais un coup de fusil dans les haies, dis-je au planteur. Peut-être se déciderait-il ?

— Gardez-vous de cette imprudence, me répondit-il. Vous compromettriez la vie de presque tous ces braves gens de nègres. Le jaguar à jeun n'est pas dangereux ; mais lorsqu'il s'est une fois enivré de l'odeur du sang, il est impossible de le retenir. Il égorge sans s'arrêter. J'en ai apprivoisé un il y a de cela quelques années. Je le croyais absolument soumis. Il gambadait dans mes jambes, me couvrait de caresses, se frottait en ronronnant contre moi. Bref on lui aurait confié un enfant à garder. Un de mes esclaves revint un jour de la plantation, de meilleure humeur que de coutume. Je ne sais comment il taquina mon jaguar ; toujours est-il que lorsque je rentrai à la maison je trouvai trois nègres étendus sur le séchoir à café de la cour, perdant tout leur sang et rendant le dernier soupir. Mon jaguar honteux de sa faute, sans doute, était allé se cacher derrière un tas de sacs, d'où il me regardait d'un œil suppliant, comme un chien qui a peur d'être battu. Mais taisons-nous et soyons attentifs.

Rien ne remuait encore dans le buisson. Les porte-lances étaient prêts à l'attaque. Le genou en terre ; la peau de brebis abritait leur tête et toute cette partie de leurs corps, tandis que leur main droite était prête à s'abattre sur l'animal. Ce silence du jaguar me semblait extraordinaire, surtout d'après le bruit et les provocations auxquels on se livrait autour de lui. Le maître devina mes pensées.

— Entrez dans le buisson, cria-t-il à ses hommes. Ceux-ci, dociles comme des limiers, pénètrèrent non sans peine à travers ce fouillis de plantes épineuses. Ils ne trouvèrent plus que la place où le jaguar s'était posé.

— Parti ? demandai -je.

— Parti ! mais il n'est pas loin ; il se sera glissé en suivant l'épaisseur du buisson. Nous l'acculerons mieux ainsi. Seulement il nous faut payer de nos personnes et nous transporter en avant pour lui couper la retraite à coups de fusil.

Ce projet ne parut pas du goût de Toby.

— Reste avec les chevaux et les bagages, lui dis-je, et s'il m'arrive malheur, viens à mon secours.

— Oui, massa, moi être là pour sauver vous, moi veiller.

— Veille, mon vieux Toby, veille.

Ce poste de confiance flattait son orgueil et plaisait à sa poltronnerie.

Après une demi-heure de battue et de recherches très attentives, on reprit la trace du jaguar.

Le rusé félin avait trouvé moyen de se faufiler dans une sorte de galerie de verdure qui aboutissait au cœur de la forêt. Il se serait infailliblement échappé par cette issue, si nous n'y avions pris garde. Ce fut Joé qui le découvrit le premier. Il glissait sur son ventre à reculons à mesure que nous le poursuivions. Joé, plus hardi et plus entreprenant que tous ses autres compagnons, se décida à engager enfin le combat. Il s'avança résolument sur la bête, sa lance en avant. Celle-ci se dressa sur ses jambes de derrière et se disposa à fondre sur le nègre. Celui-ci ne lui en laissa pas le temps. Profitant du moment où il se mettait en garde, il se précipita tête baissée sur le jaguar et lui enfonça sa lance dans le corps. Mais le coup fut mal porté. Le fer glissa entre les côtes et ne fut pas mortel. Le jaguar bondit, furieux. D'un coup il culbuta Joé. Heureusement pour le nègre que sa peau de mouton le protégea, sans cela il eut été broyé. Les autres esclaves pris de peur s'enfuirent. Ceux qui portaient des lacets et qui se tenaient un peu plus loin furent plus vaillants. Un d'entre eux parvint à retirer le jaguar de dessus ce pauvre et vaillant Joé. Par un lancer très juste, il réussit à enrouler ses cordes autour du cou de l'animal.

Celui-ci fut obligé de lâcher prise. Je croyais le pauvre nègre tout à fait mort. Il perdait beaucoup de sang par la tête et il était étendu sur le sol sans mouvement. J'avais peine à contenir ma colère contre les lâches compagnons de Joé qui l'avaient ainsi abandonné à une mort affreuse. Quant à nous, nous étions paralysés. Il nous était impossible de faire usage de nos armes sans nous exposer à donner le dernier coup au nègre. Le fazendiero avait beau siffler à nous étourdir, les esclaves fuyards ne revenaient pas à la charge. Ils s'enfuyaient comme des fous et s'en allaient retrouver Toby derrière la charrette.

— Je réglerai leur petite affaire après la grande, me dit le planteur furieux.

Le jaguar enlacé s'étranglait en tirant sur la corde. Il faisait des bonds de plusieurs mètres pour se défaire du nœud fatal. Il n'y pouvait parvenir. Dans un saut prodigieux qu'il exécuta je l'ajustai à la tête et je le couchai par terre. Le planteur suivit mon exemple. Et nos deux balles, fort bien placées nous délivrèrent de notre dangereux ennemi. Je m'empressai de porter secours à Joé qui restait inanimé sur l'herbe. Il respirait encore. Il n'avait que l'épaule défaite et la cuisse labourée. Après un premier pansement il se trouva beaucoup mieux et il nous fut possible de le reconduire à la fazenda sur les épaules de ses compagnons.

Le jaguar que nous venions d'abattre était une petite femelle, fort gentille, aux formes élégantes. Ses proportions n'atteignaient pas celles des mâles. Mais sa grâce était très remarquable. Elle devait avoir quelque part sous les fourrés de la forêt une jeune famille de deux ou trois petits, car ses mamelles étaient distendues et sucées.

La malheureuse mère chassait sans doute pour sa progéniture, lorsque la mort la surprit. Joë, au milieu de ses cris de douleur, proférait mille imprécations contre l'animal qui l'avait mis en si piteux état. Il lui en voulait comme s'il vivait encore. Mais ce fut surtout contre ses compagnons d'esclavage qu'il se répandit en jurements et en malédictions. Je fus obligé de lui imposer silence, pour ne pas exagérer la fièvre et le délire qui commençaient à s'emparer de lui. Le maître des esclaves infligea à ceux-ci un châtiment exemplaire. Il les fit ranger autour de la voiture, les épaules nues, les bras tirés derrière le dos et il passa derrière chacun avec une énorme lanière. Il leur infligea dix coups de fouet par homme et par torse. Ces dos noirs étaient marbrés et comme sanglants. Lorsque l'exécution fut sur le point d'être terminée, deux exclaves qui n'avaient pas encore touché leur distribution de coups, ne l'attendirent pas et s'enfuirent du côté de la forêt. Le fazendiero, prompt comme l'éclair, décrocha son fusil, mit en joue et fit feu. Les deux coups portèrent dans le bas des jambes, et les fugitifs estropiés, furent chargés avec Joë sur le dos des autres, et l'on regagna la fazenda après cette chasse au jaguar et à l'homme. En route, nous nous perdîmes. C'était probablement une vengeance de nègres. Comme dans ce maudit pays, les chemins n'existent même pas à l'état rudimentaire, et que l'on est obligé de s'orienter sur le soleil, la boussole ou sur les simples indications du paysage, il arrive souvent que le chef de l'expédition, trop confiant en l'esprit d'observation de ses guides, se repose entièrement sur eux des soins du retour, et l'on finit presque toujours par s'égarer en pleine forêt ou en pleine pampa. C'est ce qui nous arriva. Je ne me plaignis pas de la mésaventure, car elle me procura l'occasion d'explorer une des contrées les plus pittoresques de l'immense empire du Brésil qui couvre à lui seul plus d'espace que notre Europe toute entière. Les voyageurs qui nous ont laissé des relations sur le Sud-Amérique, se sont presque tous égarés dans les mêmes redites, à la suite d'Agassiz. Pour moi qui l'ai visité dans une grande partie de son étendue, je puis affirmer qu'aucun autre lieu de la terre ne renferme autant de contrastes saisissants. C'est d'abord une chaleur insupportable, plus lourde, plus fiévreuse que dans les climats similaires d'Afrique et d'Asie. Puis l'on passe presque sans aucune transition à la saison des pluies torrentielles. Et si l'on s'élève sur les plateaux, sur les pentes cordillères, on rencontre une température modérée et un air très salubre. La fièvre jaune qui éloigne les colons européens, ne sévit guère que dans certains bas-fonds de la vallée des Amazones et sur les rivages marécageux de Rio de Janeiro. Partout ailleurs, l'on n'a rien à redouter du terrible fléau.

Quant aux boas et aux serpents à sonnettes, il est très facile de s'en préserver en ne fréquentant pas trop les endroits qu'ils habitent. La flore et la fauve sont d'une richesse incomparable. Les formes des fleurs, la variété des espèces animales sont vraiment merveilleuses. C'est, pour les yeux et l'odorat, un enchantement perpétuel. Sous ce ciel blanc de soleil la végétation paraît sombre tant elle est intense. L'émail des feuilles est d'un vert très renforcé. Nous suivions depuis quelques heures un sentier à demi frayé, à travers deux haies d'euphorbes, de convolvulus, de quassias, de gaïacs, de myrtes, de poivriers sauvages; nous espérions sortir bientôt de cette région boisée, et atteindre la plaine où les plantations de caféiers, de cannes à sucre, de cacao, s'étendent à perte de vue. Nous fûmes encore trompés dans notre attente. Les nègres eux-mêmes commençaient à perdre courage, et la nuit allait venir. Une autre forêt immense, impénétrable, se présenta devant nous. Les racines des arbres sortaient de terre, et réunies aux grosses lianes qui tombaient des branches, elles formaient un enchevêtrement fantastique produisant l'effet d'enroulements gigantesques de serpents et de monstres sans nom.

Nous tombions en pleine moto-virgen. Une fraîcheur de souterrain nous saisit. Nos nègres qui connaissent le danger de ces ombrages firent halte pour prendre de nouveaux ordres.

— Allez toujours en avant, leur cria le maître, nous approchons d'un campement d'Indiens hospitaliers, qui demain nous reconduiront à ma fazenda, mieux que vous tous.

C'était une insulte à l'amour-propre de ces hommes de couleur, qui considèrent l'Indien indépendant comme une sorte de brute, de beaucoup inférieure à eux. J'avoue qu'ils avaient bien mérité l'observation quelque peu offensante du fazendeiro.

Il nous fallut pénétrer sous le feuillage épineux de l'arbre à soie, sous les rameaux touffus et luxuriants du begthis, de l'auda brésilien ; sous les arcs surbaissés des spondios ; entre les colonnes aériennes des jacarandos aux fleurs éblouissantes. C'était un véritable palais enchanté que nous traversions ; palais peuplé d'oiseaux aux mille couleurs qui faisaient entendre avant de s'endormir leur dernier chant plein de mélancolie ; palais embaumé de fleurs aux fortes colorations et aux aromes enivrants. Enfin, dans une sorte de ravin profond, ombragé par des lauriers élégants, des geoffrœa élancés, des ormoises, des savonniers et des cèdres des Barbades, nous vîmes fumer les huttes des indigènes.

— Nous voilà sauvés, me dit le planteur, ces Indiens font partie de la mission ; ils ont des mœurs très douces et ils nous accueilleront bien.

— De quoi vivent ces malheureuses populations ainsi exilées au fond des bois ? demandai-je.

L'Indien de l'Amérique du Sud est principalement chasseur et pêcheur. Il nourrit fort peu de bétail. L'indépendance la plus absolue fait son bonheur. Avec ses flèches, ses chiens et son immense territoire de chasse, il se croit le souverain de ce pays. Avant l'arrivée des missionnaires, il n'avait aucune notion religieuse bien arrêtée. Sa morale est encore très rudimentaire. Elle se résume dans la foi jurée et la bravoure.

« Ce que nous appelons chez nous les mœurs, n'existe pas chez eux. La promiscuité règne dans toute sa splendeur dans leurs petites tribus. Leurs familles se composent d'une trentaine d'hommes, d'autant de femmes et d'un grand nombre d'enfants. Tout cela vit pêle-mêle sans souci du lendemain comme un troupeau de buffles.

Nous étions arrivés sur les limites du campement. Une vingtaine de huttes, construites grossièrement avec des perches croisées, recouvertes de branches et de gazon étaient disposées en forme de demi-cercle sur le bord d'un torrent. Plusieurs grands chiens au museau effilé faisaient la garde autour des cabanes. Il ne me semblait pas très prudent d'approcher davantage. Nos hommes s'arrêtèrent au bord de la rivière. Nous descendîmes de cheval. Le pauvre Joë fut déposé sur la mousse, et je donnai ordre à Toby de veiller sur lui, tandis que nous irions parlementer avec les Indiens. Le planteur héla de toutes ses forces, et bientôt un grand vieillard à cheveux blancs, apparut sur l'autre rive. Il nous accueillit avec des salutations fort amicales. Je lui fis comprendre que nous désirions passer la nuit sur son domaine.

Il nous fit un signe affirmatif et rentra dans sa hutte. Quelques instants après, une procession de femmes à demi-nues, d'une laideur repoussante, jaunes comme des cuivres sales, vinrent au-devant de nous pour nous souhaiter la bienvenue et nous inviter à pénétrer dans leurs habitations. Elles franchirent le torrent en file indienne, en se donnant la main et en se soutenant sur une liane qui allait d'un bord à l'autre. Elles avaient de l'eau jusqu'aux hanches. Lorsqu'elles furent toutes passées ; elles nous firent comprendre par des gestes expressifs que nous devions les imiter et les suivre. Mon compagnon qui connaissait ces usages ne se fit pas prier. Ces femmes se formèrent en groupes de quatre et elles nous enlevèrent sur leurs bras entrelacés. De cette façon, nous pûmes traverser la rivière à pied sec. Nos esclaves restaient tranquillement sur l'autre rive et préparaient en jouant leur repas du soir. Le chef de la tribu, le grand vieillard que nous avions déjà vu nous donna la plus belle cabane et nous fit servir un souper de viande rôtie que je trouvai délicieux. Le sommeil nous prit vite après les fatigues de cette longue journée. Je passai toute la nuit à dormir malgré les taquineries des insectes et des moustiques qui pullulent dans ces contrées. Les Indiens nos hôtes avaient pris la précaution d'allumer des feux à la porte de notre hutte pour nous défendre des importunités de ces trouble-somme.

A notre réveil, tout le camp était en émoi. Les femmes se lamentaient autour des demeures; elles poussaient des cris désespérés. Les hommes couraient aux armes.

Je demandai la cause de tout ce bruit et j'appris bientôt qu'un grand malheur était venu fondre pendant la nuit sur ce petit clan d'Indiens. Une partie de leurs richesses était anéantie; le parc où leurs moutons se trouvaient amassés, avait été dévasté! Je me rendis sur le lieu du désastre. Un spectacle affreux m'y attendait. Dans une prairie largement arrosée par les eaux du fleuve plus de cent moutons gisaient égorgés. Leurs cadavres étaient recouverts par des branches, des feuilles et de la terre. Les moutons qui restaient vivants s'étaient enfuis à travers champ et il était très difficile de les avoir.

— C'est le mitzli! me dit le fazendeiro. Il n'en fait jamais d'autres.

— Qu'appelez-vous le mitzli?

— Ce que vous nommez le cougour, le felis concolor, l'animal le plus dangereux peut-être que nous ayons depuis le détroit de Magellan jusqu'à la Pensylvanie et la Californie. Auprès de lui, le jaguar n'est qu'un agneau et cependant il lui est bien inférieur en force et en taille. Je crois qu'en cruauté il est le premier de son espèce. Ce chat est d'autant plus dangereux pour nous, qu'il ne se retire pas comme l'once dans les forêts, mais qu'il rôde jour et nuit dans les plaines, autour des villages, guettant les habitations, les troupeaux et immolant tout ce qu'il trouve par amour du sang.

« Le jaguar au moins sait imposer un frein à ses appétits; avec un cheval ou deux, il est rassasié. Il se tient en repos pour quelques jours. Il digère voluptueusement comme le lazzarone. Le cougour est peut-être le seul felin qui soit féroce sans nécessité. Le lion, le tigre ne tuent que pour manger; ils obéissent aux lois de leur estomac, ils sont excusables. Il faut au mitzli une table surabondante. C'est un gourmand véritable qui a plus grands yeux que grand ventre. Quand il a léché le sang fumant d'une centaine de moutons, il pense au lendemain et il réserve des provisions. Il est presque impossible de le surprendre. Ses sens sont de beaucoup plus subtils et plus avertisseurs que ceux du jaguar. Il reconnaît la présence de l'homme à des distances énormes et il ne tente ses coups, comme l'écolier, que lorsque le maître est loin, a le dos tourné ou sommeille. C'est une bête diabolique.

— Pourquoi ne la détruisez-vous pas?

— Les Indiens seuls qui connaissent parfaitement ses instincts, lui font la chasse. Si vous avez quelque temps a dépenser ici, vous allez voir comment ils s'y prennent. C'est assez curieux. Vous voyez tous ces moutons morts et recouverts de sable? le cougour se propose de revenir les saigner de nouveau et se repaître de leurs restes. Les Indiens savent cela. Ils ne dérangeront rien dans la prairie jusqu'au retour de l'animal; ils l'attendront plusieurs nuits s'il le faut. Mais ils finiront par se venger.

Tout ce que m'avait prédit le planteur se réalisa. Les hommes valides de la petite tribu se revêtirent de sacs, de peaux, de feuilles, de mousse et ils se couchèrent sur le champ du carnage parmi les victimes. Leurs femmes passèrent et les recouvrirent de terre. C'est à peine s'ils avaient de quoi respirer sous le tumulus qui les cachait. Immobiles comme de véritables morts, ils demeurèrent dans cette position plus de trente heures sans prendre la moindre nourriture. Enfin leur persévérance fut couronnée d'un beau succès. Le second jour vers midi, le chat apparut. Je prenais de loin part à l'action. On nous avait défendu de sortir de nos huttes. Les nègres s'étaient écartés à plusieurs kilomètres. Je me mis à observer tout ce qui se pas-

Liv. 72.

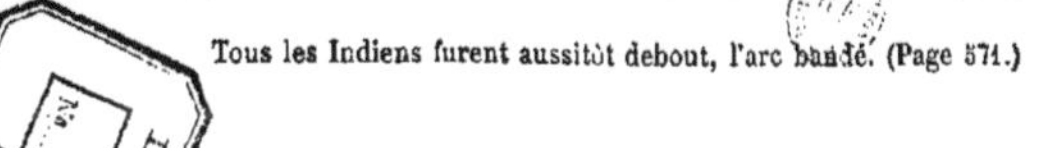

Tous les Indiens furent aussitôt debout, l'arc bandé. (Page 571.)

72

sait dans le parc, par l'ouverture étroite de ma cabane. Le cougour arrivait de la plaine. Toutes ses mesures étaient bien prises. On eût dit qu'il procédait par travaux d'approche de plus en plus serrés.

Le terrain était très ondulé et à demi couvert de broussailles. Il allait d'embuscade en embuscade, s'assurant dans la perfection de sa ligne de retraite, l'oreille tendue, attentif au moindre bruit. Lorsqu'il fut sur la limite du pré, il y jeta un dernier coup d'œil, flaira quelques instants et grimpa sur un arbre qui se trouvait dans l'enclos. Il demeura en observation quelques minutes encore, puis ne voyant rien remuer il sauta des branches d'un bond, non pas à la façon du jaguar qui en descend à force de griffes comme nos chats domestiques mais comme ferait un homme à pieds joints. Tous les Indiens furent aussitôt debout; l'arc bandé. Ils formèrent autour de l'animal étonné un cercle de fer. Les flèches volèrent et le mitzli roula percé de cent dards. Il ne poussa pas une plainte. Il était raide mort. La bande entière, prise d'une joie folle se mit alors à décocher des traits en l'air et à exécuter une ronde effrénée autour de la victime.

Les femmes accoururent, apportant leurs petits enfants sur leur dos et mêlant leurs cris aux transports d'allégresse des hommes. Je les suivis et je félicitai les braves chasseurs qui souriaient d'orgueil. Je leur versai le contenu de ma calebasse et ils s'abreuvèrent de mon eau-de-vie comme les dieux de nectar. Le cougour était aussi fauve qu'un lion d'Afrique. Il ne portait aucune tache noire sur sa peau.

S'il avait eu une crinière, un flocon au bout de sa queue, une queue moins noire on aurait pu le prendre pour un jeune lionceau d'un an ou deux. Il pouvait bien mesurer deux mètres avec sa queue. Son corps était très allongé, très maigre; et ses pattes excessivement basses lui donnaient l'air d'un grand chat sauvage. La tête très petite n'était pas en harmonie avec le reste du corps et la pupille de l'œil était ronde au lieu d'être fendue en ovale. Les Indiens dépecèrent leur proie et s'en revinrent avec les meilleurs morceaux. Nous fûmes invités le soir à prendre part à ce festin. Je trouvai la viande du mitzli très coriace et d'une saveur sauvage insupportable. Elle me rappelait assez bien la viande du renard. Un excellent gigot de mouton eut mieux fait mon affaire; mais je dissimulai pour satisfaire nos hôtes indiens qui se délectèrent dans ce régal.

Le lendemain matin à la pointe du jour, le chef indien nous reconduisit de la meilleure grâce du monde et nous remit sur notre route, en nous faisant traverser un véritable labyrinthe de sentiers à peine indiqués qui nous menèrent sur le plateau à quelques lieues de la fazenda. Après quelques jours d'un repos bien mérité je quittai la province de l'Amazone et je descendis le fleuve jusqu'à Para pour de là m'embarquer à destination de l'Europe.

Je fus retenu à Para plus longtemps que je ne l'aurais désiré. Un compatriote qui fait dans cette ville le commerce du coton, du cacao et des cuirs ne voulut pas me laisser partir avant de me faire connaître les principales curiosités de la ville. Il me conduisit partout, me fit admirer le port que je trouvai assez modeste, me montra l'estuaire du Tocantin et la jonction de la Guama.

Ce spectacle serait assez grandiose si les écueils, les bas-fonds ne venaient couper la perspective et vous priver de la vue de la mer. Ce qui m'a le plus frappé dans cette petite ville de 20,800 âmes, c'est la chaleur extraordinaire qui y règne et les orages épouvantables qui s'y déchaînent. Le négociant français me fit faire la connaissance d'un certain professeur de collège qui avait étudié à Paris et qui avait une manie toute particulière.

Il en est qui collectionnent des plantes, des insectes, des papillons, des timbres-poste même. La spécialité de mon honorable savant était tout autre. La toquade datait de loin. Il m'avoua qu'il en avait puisé les germes dans notre Muséum d'histoire naturelle au temps où il habitait les hauteurs du pays latin. Il y avait bien de cela une trentaine d'années. Depuis, sa maladie s'était accrue par la lecture des livres de Humboldt et d'Agassiz. Cet homme sous ses lunettes d'or nourrissait une grande ambition. Il ne voulait pas mourir avant d'avoir doté le jardin botanique de sa ville natale de tous les félins qui miaulent dans le nouveau monde. Sa collection était à peu près complète. Il ne lui manquait plus que des sujets insignifiants qu'il pouvait se procurer aisément quand il le voudrait. Aussi entonnait-il volontiers son *nunc dimittis*. A la tête d'une fortune considérable que ses ancêtres les colons portugais lui avaient laissée en trafiquant, il employait son argent à payer des commis voyageurs qui chaque année lui expédiaient les félins les plus rares, les chats les plus recherchés. Dom Pedro II, l'empereur académicien qui encourage dans ses états toutes les occupations intellectuelles, le décora, le fit chevalier et l'honora d'une chaire au collège modèle. Ce brave homme était plein de son sujet. Il enseignait depuis trente ans : l'histoire naturelle des chats, et il n'avait pas encore épuisé la matière. Les cours imprimés et réunis formaient une bibliothèque de soixante volumes avec nombreuses gravures dans le texte. Il faisait autorité dans toute l'Amérique et les marchands de fourrures s'adressaient à lui pour contrôler leurs achats.

Balzac eut fait de ce savant spécialiste un type immortel. Je le vois encore avec ses petits doigts osseux, sa longue mine cave, son teint jaune de bilieux, son œil exténué par les veilles, sa calotte à gland d'or illustrée d'arabesques, ses sourcils en broussaille et sa longue rheingrave lustrée. Il ressemblait pas mal à un docteur allemand. Lorsqu'il allait parler de ses chers félins, il se recueillait, fermait les paupières et n'ouvrait la bouche qu'avec une componction solennelle. Puis il vous fixait fièrement pour juger de l'effet produit par ses mystérieuses révélations. C'est lui qui m'a affirmé que d'après ses études approfondies, il résultait que la femme descendait évidemment en ligne directe de tous les chats de la création et surtout du chat élégant *Felis elegans*. Il me montra un manuscrit qu'il réservait pour révolutionner un jour le monde savant et dans lequel sa théorie de la descendance féminine était appuyée de tout un échafaudage de preuves irréfutables. Cet ouvrage, qui devait être son chef-d'œuvre et qui contenait le résumé de sa philosophie, était dédié à toutes les femmes du monde et à tous les diplomates de la terre. Le naturaliste brésilien prétendait que Darwin et Hæckel s'étaient trompés dans la filiation des espèces, qu'ils n'avaient pas tenu assez de compte des caractères moraux et des instincts, et que lui complétait tout cela par sa magnifique découverte de la femme félin.

— Je vous prie, monsieur, me dit-il, de garder la plus grande discrétion sur ce que je viens de vous communiquer. Il importe que mon livre fasse sensation et qu'on n'ébruite pas par avance les doctrines qu'il contient et qui n'ont jamais été propagées avant moi.

— Soyez absolument sans crainte, cher et illustre docteur, lui répondis-je ; je vous laisserai tout le mérite de cette magnifique découverte qui, je n'en doute pas, révolutionnera plus d'un ménage. Je vous avouerai cependant que vos révélations sont pour moi un trait de lumière. Je m'explique maintenant tout ce qu'il y a dans la femme de grâce, de gentillesse, de noblesse, de caressant, de rusé, de cruel et de sanguinaire. Ces mouvements onduleux, cette démarche ondoyante, cette nature diverse et chatoyante, ce besoin de toujours dévorer des bonbons ou son prochain, ce goût pour se lustrer et se faire belle, cette hostilité contre l'homme, tout cela me prouve en effet que vous avez raison et que notre mère Ève fut enfantée dans un antre par une tigresse.

— C'est positif !

Comme nous finissions de développer cette genèse originale et fantaisiste, nous fûmes interrompus par des hurlements, des cris, des aboiements, des miaulements, à croire que toutes les ménageries des deux Amériques étaient déchaînées contre nous.

— Ce n'est rien, fit placidement le bonhomme en relevant ses lunettes d'or. Ils ont faim. C'est l'heure. Vous ne sauriez croire, cher monsieur, comme l'estomac de ces charmants animaux est réglé. C'est au point qu'ils me servent de montres et de pendules. Ce sont eux qui me sonnent la diane du matin par leurs bâillements prolongés ; eux qui m'appellent à table par leurs vociférations faméliques ; eux enfin qui le soir m'invitent au sommeil par le délicieux murmure de leur ronron. Je suis en vérité le plus heureux des hommes. J'ai su mettre mon existence à l'abri de tous les malfaiteurs. Personne n'a encore osé violer mon domicile ; et une fois qu'un jeune homme s'était introduit par le jardin pour faire peur à ma femme, mes deux petits lynx que j'ai dressés et qui ont l'œil à tout, ont failli le mettre en mille miettes ; si je n'étais intervenu, je ne sais vraiment pas ce qui serait arrivé. Ce pauvre garçon s'est trouvé mal de peur et ma femme a eu toutes les peines pour le faire revenir à lui.

— Vous êtes en effet l'homme le mieux gardé du monde. Et je ne connais pas de monarque qui puisse rivaliser avec vous.

— Désirez-vous passer en revue mes gardes du corps ?

— Ce sera pour moi une véritable gloire.

— Je vous préviens que vous allez voir une chose unique au monde ! une huitième merveille. Je vais vous présenter toutes les espèces du genre chat ; tout ce que votre grand Cuvier vous a décrit sans le voir va vous passer sous les yeux et vous ferez en un instant le tour du globe. Car vous ne devez pas ignorer que les félins sont répandus partout depuis les steppes de la Sibérie jusqu'à l'extrémité du Cap. Ils habitent l'Europe, l'Asie, l'Afrique, l'Amérique, tous les climats, toutes les zones, toutes les latitudes comme l'homme, absolument comme nous ! C'est encore une preuve en faveur de ma thèse. Car enfin trouvez d'autres espèces aussi cosmopolites ?

— L'Océanie cependant est dépourvue de félins.

— Je ne me suis jamais bien expliqué cette exception à la règle générale et je prépare un second travail dans le but d'élucider ce point obscur. Selon moi, la seule raison de ce fait se trouve dans la déformation géologique de ce continent englouti. Je démontre que les félins ont été chassés par l'invasion des eaux, que certains ont pu fuir d'île en île jusqu'en Asie et en Amérique et que les autres ont été détruits. Mais nous reparlerons de cela ; venez voir mes chats.

Le vieux savant me conduisit au second étage de sa maison.

— Je ne présume pas, lui dis-je, que vous logiez vos félins sous les combles ; à moins cependant que vous ne craigniez les ravages des souris et des rats.

Le petit gnome se mit à sourire avec malice. Il ouvrit une porte de fer qui grinça sur ses gonds et il passa avant moi. Nous nous trouvions alors sur les rebords d'un mur extérieur haut de quinze mètres environ et nous plongions dans quelque chose de vraiment fantastique.

C'était une immense cour carrée qui allait jusqu'aux faubourgs de la ville et qui avait deux cents mètres de long sur autant de large. Cette cour était entourée de quatre murs comme un préau de prison et ces murs montaient jusqu'à la hauteur de la maison. Tout le sol de la cour était disposé en jardin. Il y avait des massifs d'arbres, des roseaux, des grottes de pierre, des ruisseaux, de l'herbe verte. C'était un véritable parc américain. Au centre une cage grillée de fer, de trois mètres de diamètre, dans laquelle un homme pouvait descendre d'en haut par une sorte de tour. De cette cage rayonnait une multitude de séparations également grillées où se mouvait à l'aise toute la collection féline du vieux docteur.

Cette ménagerie était bien en effet une merveille, un véritable palais et il fallait être Américain, c'est-à-dire quelque peu excentrique pour se payer ce luxe bizarre.

— Regardez avec attention, me dit le savant, le drame va commencer.

Je vis des paniers de victuailles que des esclaves nègres apportaient sur le rempart des murs. Ces esclaves se partagèrent la besogne et ils se mirent en devoir d'alimenter de chair crue et saignante tous ces ventres affamés.

Les animaux quittaient tout pour accourir lorsque les morceaux tombaient à terre dans une flaque de sang noirâtre. Ils abandonnaient leurs retraites de feuillages pour se précipiter sur la pitance. J'assistai à un spectacle de gloutonnerie féroce. C'était un déploiement de voracité homérique, des engloutissements rabelaisiens, des gorgements, des repues à vous rendre enragé. Les félins se jetaient sur la chair comme sur une proie vivante ; ils la trituraient de leurs pattes, la déchiquetaient de leurs ongles tranchants, la lançaient en l'air pour lui donner un semblant d'animation, en pressuraient les fibres et léchaient le sang à pleines babouines.

Nos festins les plus épiques n'ont rien de comparables à cela. Toutes ces mâchoires broyaient avec des claquements voluptueux ; toutes ces gorges se gonflaient avec ivresse, toutes ces panses s'emplissaient avec délices. C'était l'assouvissement brutal des grands appétits de fauves. J'assistai au plus beau fonctionnement de la vie qu'il soit donné à l'homme de contempler. La machine réparait ses pertes avec une facilité merveilleuse. Plus de cent félins se délectaient dans les plaisirs du ventre. Mes mâchoires allaient malgré moi. Ces carnassiers goulus me rendaient gourmand. Le repas était accompagné de grognements sourds, de dégustations bruyantes... Les banquets antiques ne peuvent pas se comparer à cela.

— Cher docteur, je vous serais fort reconnaissant de me mettre des noms sur tous ces personnages si bigarrés, si bariolés, si fourrés.

— Je fais tous les ans ce cours pratique d'histoire naturelle à mes élèves comme complément d'instruction. Je vous le résumerai le plus brièvement possible et je serai heureux que vous emportiez en Europe une excellente opinion de mon institut zoologique.

« Procédons par ordre. Vous voyez là-bas ce charmant petit animal qui se retire à pas lents, alourdi par le poids des mets ; ce petit chat gris-brun un peu jaunâtre avec ses quatre bandes noirâtres sur la nuque qui se réunissent en une seule plus large sur le dos n'est autre que le fameux chat sauvage, l'ancêtre de nos chats domestiques, le *felis catus ferus?* Il me vient d'Allemagne. On l'a pris dans une forêt de la Bohême. Vous voyez, il n'est pas très grand : 22 pouces au plus avec la queue, à peine un pied au garrot ! C'est une bien cruelle bête qui fait une terrible concurrence à nos chasseurs d'Europe. Les lièvres, les perdreaux, tout le gibier lui passe par les griffes.

— Et cette espèce de lynx que je vois se diriger vers son terrier ?

— Celui-là est une des belles pièces de ma collection, c'est le fameux *Manul*. On ne le trouve guère qu'entre la Sibérie et la Chine, dans les steppes rocheuses de la Daourie. C'est un sujet très rare et je m'imagine qu'il doit être la souche sauvage du chat angora. Regardez bien s'il ne lui ressemble pas? Ces grands poils roux de vingt lignes de long qui lui couvrent tout le corps, ces autres poils qui çà

L'ours. (Page 582.)



et là dépassent le niveau de la fourrure, ces quelques points noirs semés sur le front, cette queue touffue ornée de neuf anneaux noirs, ce museau court et rentré, ces reins arrondis, tout ne nous rappelle-t-il pas un énorme angora?

— J'avoue que l'analogie est très grande. Mais les mœurs sont-elles les mêmes?

— Pour les mœurs vous pensez bien que la différence de vie les a modifiées différemment chez ces deux animaux. Le manul cependant est bien chat par ses habitudes de ne chasser qu'en pleine nuit. Ce n'est par un félin crépusculaire comme beaucoup d'autres. Il n'habite jamais les forêts. Il aime à se percher sur des crêtes et à surveiller sa proie de très haut. Il se sert aussi quelquefois des trous de renards et de marmotte pour se mettre en embuscade et mieux saisir au passage quelque rongeur inconsidéré dont il est très friand. J'oubliais de vous dire que le manul est privé de la première fausse molaire. C'est un désavantage qu'il remplace par d'excellentes griffes, je vous assure, et il ne fait pas bon le laisser jeûner longtemps.

« A côté de lui j'ai placé mon tigre de Bornéo ou de Sumatra comme vous voudrez. Mais où donc se cache-t-il ? je ne le vois plus.

— N'est-ce pas lui qui est perché dans cette enfourchure de branches ?

— C'est le longibaude, le macrocelis ! Si je le lâchais dans ma volière, il aurait bientôt fait de me déplumer tous mes oiseaux. Ce chat préfère les volatiles. Sa petite taille, inférieure à celle de la panthère le rend plus souple et lui permet presque de voler.

— Ne trouvez-vous pas que sa robe est un mélange des lignes du tigre et des taches de la panthère ?

— C'est en effet cette réunion singulière, cette synthèse qui me le rend intéressant. Mon collègue de l'Institut voulait me l'acheter 1,500 fr., je n'ai jamais voulu m'en dessaisir. Je ne le remplacerais pas. Nous sommes brouillés à mort depuis ce temps-là. Mais je m'en console en admirant ces jolis dessins noirs sur ce pelage doré.

— C'est une consolation comme une autre. Vous pouviez tout aussi bien cependant reporter vos regards et votre tendresse sur cette autre jolie petite bête. Qu'est-ce que cela ?

— Le chat servalin, le *felis minuta* de Java et de Sumatra.

— Je le prenais tout bonnement pour un lapin égaré dans votre ménagerie.

— Il est vrai que par son poil gris cendré, sa queue nuageuse, un peu lilas, ses taches brunes , il ressemble pas mal à ce que vous dites. Mais il ne fait pas son ordinaire de feuilles de choux. Il est petit mais féroce.

— Maître, dis-je au savant, pourquoi n'apprivoisez-vous pas tout ce régiment de chats ?

— Je le pourrais facilement. Les félins ne sont pas rebelles à la domestication. Mais je les aime mieux ainsi avec leurs instincts réels.

« Ils seraient dépréciés si je les changeais par l'éducation. Autant alors ne posséder qu'un seul minet bien doux, bien câlin, qui vous ronronne sur l'épaule.

— Croyez-vous qu'ils ne perdent pas de leurs mœurs premières dans cet esclavage ?

— Très peu. Je veille à ce que rien ne s'étiole en eux. Voici mon ocelot du Paraguay ; ne le croirait-on pas dans ses forêts vierges ? Comme il aime la famille et qu'il ne sort jamais sans sa compagne, je lui ai procuré une gentille femelle et ils font ensemble un excellent ménage. Mes nègres se relèvent la nuit pour lui donner à manger, afin de ne rien changer à ses habitudes. Car vous savez que ce *felis pardalis* est un infatigable noctambule. Il fait plus de trente lieues en une nuit, et lorsque la tempête souffle, que l'orage est déchaîné, c'est ce moment-là qu'il choisit pour faire son coup. C'est un véritable brigand. Il dort le jour et ne se réveille que pour dévaster les basses-cours.

— Je m'imaginais l'ocelot plus grand de taille ?

— Vous confondez sans doute avec l'ocelot du Mexique, qui se confond souvent avec le jaguar. Faites vous-même la différence. L'ocelot du Paraguay n'a pas plus de trois pieds, tandis que celui du Mexique dépasse quatre pieds. Mais il est plus bas sur jambes. Cela s'explique par ses habitudes de guetter le poisson sur le bord des marais. Le diard lui ressemble aussi beaucoup comme taille, seulement il est de Java et sa peau au lieu d'être verbérée de bandes longitudinales est tachetée d'anneaux noirs à centres gris. Je vais vous montrer maintenant le plus petit échantillon des chats, le félin tom-pouce, venez.

Le docteur m'entraîna à l'autre extrémité du mur et je plongeai dans une cage mignonne où je découvris en effet sur une branche de latanier un petit animal pas plus gros qu'un chat domestique de sept à huit mois. C'était le chat à taches de rouille de Pondichéry. Son pelage était d'un gris roussâtre sur le dos et les flancs et d'un blanc sale sous le ventre. Sur le dos il était traversé par trois grandes lignes brunes. Les taches des flancs couleur de rouille étaient disposées en séries longitudinales ; les taches du ventre étaient noirâtres et irrégulières.

— Ce félin rabougri, dis-je, ne doit pas faire grand ravage ?

— Il détruit cependant pas mal d'oiseaux et de petits rongeurs. Dans la cage voisine, nous avons le fameux chat des fourreurs. C'est le felis serval, *capensis*, le chat-part de vos académiciens. Le même que le caracal et le chat de Guinée. On fait un grand commerce de sa peau au cap de Bonne-Espérance et dans toute l'Afrique.

— Que lui trouve-t-on d'extraordinaire ?

— C'est d'abord la beauté de sa fourrure, l'épaisseur de son poil, la variété de ses mouchetures sur sa peau fauve clair. Quant à moi, je préfère de beaucoup le *felis nudata* du Japon avec ses enluminures bleuâtres et ses bandes lavées. Le chat ganté de Nubie avec son infinité de nuances, le chat à collier du Népaul avec son pelage gris ne sont pas non plus à dédaigner. Il y aurait, je vous le certifie, les plus jolies fourrures du monde à composer des dépouilles du chat oceloïde et du chat au museau rose. Venez voir mon chat du Brésil. C'est le plus doux de tous les félins comme le chat de Pondichéry en est le plus petit. Son miaulement est une caresse. Je vous passe le margay *felis tigrina* de Cayenne, le jaguarondi ; ils ressemblent trop au couguar. Voilà mon chat nègre du Paraguay, le seul félin sauvage qui soit absolument noir sans aucune tache. Il a trente-six pouces tel que vous le voyez. Son compatriote avec lequel il vit en paix n'en a que trente. Admirez-moi cette pourpre ! Avez-vous jamais vu plus beau rouge ! et ces deux taches blanches de chaque côté du nez, comme elles font bien sur tout ce sang. Ce pelage devrait être la livrée de tous les carnassiers buveurs de sang.

— Comment l'appelez-vous, ce beau cardinal ?

— Le chat Eira. Comme il fait pâlir la fourrure de lynx de son voisin le chat Pampa de Buenos-Ayres ! et la figure dorée du *felis elegans* du Brésil et le ventre tacheté de mon chat du Chili ! et l'hermine du coloco du Pérou ! Je tiens à mon chat Eira autant qu'à ma chaire de professeur.

— Vous n'avez pas recueilli les quelques variétés de lynx ?

— Mille pardons, je les ai à peu près toutes. Je leur ai même fait une place à part dans mon jardin.

— Quels sont en général les caractères distinctifs de cette section de chats ?

— Nous en comptons trois : la longueur de la fourrure, des pinceaux aux oreilles, et la brièveté de la queue. Quant à leur taille elle est à peu près le double de celle du chat sauvage. Leurs mœurs sont celles des autres félins. Il habite comme vous le savez la Suède, le nord de l'Asie, le Caucase. Mais les plus beaux se trouvent dans la Sierra de Gredos en Espagne, dans le Portugal, en Turquie. Le lynx est excessivement difficile à aborder. La chasse au lynx est un véritable supplice de Tantale. Le chasseur voit sans cesse sa proie lui échapper.

« Voici quelques variétés de lynx : j'ai le chat parde, le caracal, le chaus des marais, le chat polaire, le chat botté, le chat cervier, le chat doré, le chat bai.

« Mais excusez-moi, cher monsieur, de vous retenir si longtemps, en la compagnie de mes pensionnaires qui sont beaux à voir au soleil, sous leurs couleurs infinies, sous leur éclat lustré ; mais qui ne satisfont pas autant l'odorat. Cependant je me plais parmi eux. Vous ne sauriez croire les observations intéressantes que je recueille chaque jour. Tous ces animaux réunis, tous ces félins au grand complet que je nourris sur mes économies me dédommagent amplement des sacrifices que je m'impose pour que rien ne leur manque.

« Si l'on réunissait en un tout les différents caractères de ces animaux que vous voyez , on y trouverait tous les jolis défauts du sexe aimable, je vous le répète, parce que je suis un convaincu.

Mon vieux docteur me semblait en effet élever ses convictions à la hauteur de la manie et du radotage. Je ne fus point fâché d'avoir lié connaissance avec les hôtes de la ménagerie incomparable, mais aussi j'avouerai à ma honte que je n'ai pu encore comprendre le genre de folie douce que possède le vieux savant brésilien. L'amour de l'histoire naturelle poussé jusqu'au besoin de posséder tous les chats de la création ne m'avait jamais été révélé sous cet aspect grandiose. Dépenser ses millions à nourrir des félins m'apparaissait comme un nouveau mystère de la nature humaine.

— Pourquoi, dis-je au professeur en le quittant, ne vous faites-vous pas nommer le président de la société protectrice des animaux, section des chats ?

— Ma mission est plus élevée, me répondit-il gravement, je sers l'humanité.

## NOMENCLATURE DES PLANTIGRADES

**Ours brun d'Europe** (*Ursus arctos*)

Ours des Asturies.
Ursus Pyrenaicus.
Ursus collaris de Sibérie.
Ours de Norvège.
Ours des Alpes.
Ours noir d'Europe.
Ours albinos d'Europe.

**Ours polaire d'Asie** (*Ursus maritimus*)

Ursus syriacus.
Ursus malayanus.
Paresseux à grandes lèvres.
Ours Isabelle.
Ours malais.
Ours de Thibet.

**Ours gris féroce d'Amérique** (*Ursus ferox cinereus*)

Ours noir américain.
Ours des Cordillères.

---

## LES OURS

Après les nombreuses espèces de chats que nous avons décrites, on peut considérer l'ours comme le plus grand des carnassiers. Le lecteur nous permettra d'introduire ici une courte leçon d'histoire naturelle théorique sur les plantigrades en général. Comme nous n'abusons pas de ce procédé de démonstration et que nous préférons d'ordinaire mettre nos personnages en scène et saisir sur le vif et dans le milieu qu'ils habitent le caractère qui les distingue, nous avons lieu de compter pour cette fois sur l'indulgence de nos lecteurs.

Suivant la classification de Cuvier, qui est la plus généralement suivie aujourd'hui parmi les quinze ou vingt qui se partagent les préférences du monde savant, suivant cette classification qui n'est guère que la reproduction de celle de Linné, l'ours est un mammifère, genre de carnassiers, appartenant à la famille des carnivores et à la tribu des plantigrades. C'est-à-dire que pour le classer, on a considéré l'appareil de la génération, l'appareil de la digestion et particulièrement les dents, et enfin la conformation des membres.

Étudions ces différents chefs de classement, ces nuances assez accusées qui distinguent l'ours de tous les autres mammifères.

En tant que mammifère, c'est-à-dire considéré au point de vue de la génération, l'ours en général n'a rien qui le distingue des autres carnassiers.

Le mâle est doué d'appareils extérieurs ; la femelle porte des mamelles pectorales assez peu prononcées.

L'époque du rut est assez variable et se manifeste d'ordinaire par une sorte de périodicité peu abondante. L'ours est peu précoce. Il est un des mammifères dont la puberté se fait le plus longtemps attendre, mais aussi la durée de sa puissance génitale est très considérable. On a vu certaines femelles de nos ménageries mettre bas alors qu'elles avaient de 30 à 35 ans. Ce phénomène de fécondité tardive ne se manifeste que chez les ours. Les lions, les singes, les éléphants ne sont pas aussi longtemps procréateurs. Leur énergie s'éteint plus vite.

Les ours n'engendrent guère avant l'âge de cinq à six ans. Cela tient sans doute aux climats relativement froids et durs qu'ils habitent.

On a remarqué de même que ceux des pays montagneux, de la Suisse par exemple, sont formés très tard.

J'ai eu l'occasion d'observer de près deux de ces animaux originaires des Alpes, dont l'éducation avait su faire les plus distingués des acrobates.

C'était pendant la guerre de 1870-71. Je me trouvais, par les hasards de cette année terrible aux environs de la frontière suisse, entre Pontarlier et les Verrières. J'habitais une modeste auberge de village, comme il s'en trouve dans ces pays du Jura. C'était une charmante maisonnette de sapin, très propre, très cirée, très vernissée au dedans et fort pittoresque au dehors avec sa toiture surbaissée et soutenue par des pierres contre le vent, avec sa galerie extérieure fermée par des vitres et des doubles fenêtres. Bref, c'était la plus somptueuse auberge du village et en même temps le plus riche chalet de paysan des alentours. Le patron de céans cultivait avec deux bœufs quelques champs sur les revers de la montagne, abattait l'hiver des mélèzes et des sapins dans la forêt, tandis que sa femme soignait de son mieux les voyageurs qui s'arrêtaient chez elle avant de passer en Suisse. . . . . . . . . . . . . . . . . . . . . .

Il faisait très chaud dans la petite salle basse. Un grand poêle de faïence qui tenait la moitié de l'espace nous fournissait une excellente température. Au dehors des épaisseurs de neige couvraient les campagnes et faisaient craquer les arbres. La petite maison en était presque écrasée. J'étais assis à lire le journal de Genève sur une des marches du poêle à gradins. Autour de moi, une demi-douzaine de paysans buvaient le genièvre, l'extrait et la gentiane. Ils étaient chaussés de lourdes bottes prussiennes et portaient des habits de gros drap brun. Leur conversation roulait naturellement sur les événements de la guerre. On maudissait les généraux, les officiers, on criait à la trahison et chacun exhibait son plan de campagne pour sauver la France.

Tout à coup un singulier personnage se présenta au milieu de nous. Il était blanc de neige. Un immense chapeau lui ombrageait jusqu'au menton. Son pantalon était entortillé autour de ses jambes par des liens de paille qui lui montaient jusqu'aux genoux. C'est ainsi que l'on protège les troncs des pommiers contre les fortes gelées. Il portait sur ses épaules une sorte de manteau-limousine en poil de chèvre. Un petit coffre de bois était accroché derrière son dos par deux courroies et une ficelle. Cet homme tirait sur le vieillard : il portait une broussaille de barbe qui ne jurait pas trop avec la couleur de la neige dont elle était chargée. . . . . . . . . . . .

— Tiens, le père Bonjour, s'écrièrent les consommateurs en rejetant de grosses bouffées de pipes. Vous voilà donc par ici ? qu'est-ce que vous allez nous apprendre de nouveau ? Asseyez-vous et trinquons.

— Ce ne sera pas de refus, ce matin, mes amis. Il fait un temps comme jamais je n'en ai vu depuis que je parcours les passes des montagnes. . . . . . . . . . . . . . . . . . . .

« J'ai cru rester en route et ça tombe toujours. Je plains nos malheureux soldats. . . . . . . . . . . . . . . .

— Maintenant que la paix est faite, interrompit un des assistants, ils vont pouvoir se remettre un peu.

— Vous appelez cela la paix, vous ? être pourchassés comme des renards à travers les bois, tomber de froid, de faim et de fatigue sur les chemins.

— Qu'est-ce qu'il nous raconte là, le père Bonjour ? est-ce que vous avez fait des mauvais rêves cette nuit, mon brave homme ?

J'en pris deux au hasard par la peau de la nuque. (Page 591.)

— Je voudrais bien que ce ne soit qu'un rêve, mais malheureusement ce que je vous dis est l'exacte vérité. J'ai rencontré hier sur la route de Travers un ami, le porte-balle Frederick, d'Alkirch, qui m'a appris que Bourbaki s'est fait sauter la tête, parce que Jules Favre n'a pas voulu signer pour lui. Et j'ai entendu de mes oreilles des coups de canon et des coups de fusil pas très loin d'ici, du côté du fort de Joux. Il paraît que toute l'armée se sauve en Suisse.

— Encore une nouvelle infamie, s'écrièrent les braves gens en choquant leurs verres. Si l'on nous avait donné des fusils, à nous, les vieux, ça ne se serait pas passé comme ça.

Et ces six braves fumaient et buvaient d'indignation dans l'atmosphère tiède de la chambre.

— Dites donc, mère Guinchard, fit l'homme aux bottes de paille, y a-t-il moyen d'entrer mes bêtes ? Elles vont se geler à la porte.

— Vous n'y songez pas, père Bonjour, autant introduire une bande de loups dans une bergerie... pour qu'elles nous cassent tout ici, comme la dernière fois !

— Pas le moindre danger. Je les ai muselées et enchaînées court, depuis ce fameux accident. Elles sont douces comme des petits agneaux, mes bêtes, vous allez voir.

Et sans attendre l'autorisation de la femme, le père Bonjour sortit et rentra peu après escorté de deux ours superbes qu'il conduisait au bout d'une chaîne. Avec leurs muselières, les animaux velus ressemblaient assez bien à des prévôts d'armes de régiment. Ils firent leur entrée d'un pas grave et dolent, se dandinant avec nonchalance. Leurs petits yeux à fleur de museau firent bien vite le tour de la salle. Comme ils étaient argentés par des flocons de neige et qu'ils tremblaient de froid sous leur fourrure épaisse ; ils vinrent s'asseoir auprès de moi contre le grand fourneau. Ils y mirent la meilleure grâce du monde, et beaucoup de sans-façon. La chaleur les réveilla peu à peu et ils devinrent expansifs. Le montreur d'ours ne semblait pas se préoccuper le moins du monde de ses élèves, il continuait avec ses bons amis des dissertations interminables sur les événements guerriers qui se déroulaient dans la contrée.

Tout à coup les deux ours quittèrent leur immobilité de marmotte assoupie et se mirent à voyager par bancs et par tables, quêtant de droite et de gauche quelque friandise.

Ils se montrèrent fort gentils, on leur donna du sucre. Ils remercièrent par des signes de tête très expressifs et nous exhibèrent leur petit talent de société. Cela consistait à danser lourdement avec un bâton, à se dresser debout, à tirer la langue, faire un tas de grimaces amusantes et se rouler sur le dos les jambes en l'air. Les pauvres bêtes nous récitaient leur leçon fort bien apprise du reste. Après ces exercices qui durèrent assez longtemps et pendant lesquels la maîtresse d'auberge, fort peu rassurée, se tenait prudemment sur son escalier, on ne s'occupa plus de messire Martin et de sa fidèle compagne. Nos deux artistes, blessés sans doute dans leur amour-propre, vinrent se retirer avec beaucoup de dignité dans un coin, derrière le poêle.

Ils étaient adossés au mur ou plutôt aux lambris de sapin et faisaient face au feu. Ils se délectaient dans cette posture, et témoignaient de leur contentement en se pourléchant fraternellement les poils et le museau. Ils avaient l'air de deux petits frères savoyards qui se tiennent chaud en se serrant l'un contre l'autre.

J'observais le couple avec attention : ces caresses quelque peu familières me semblaient naturelles et suffisamment expliquées par le bonheur de se voir réunis autour d'un bon fourneau après avoir subi les tourmentes de neige de la montagne. Je ne me trompais pas. Après un échange réciproque de gentillesses, de clignements d'yeux mouillés de langueur, les deux bonnes bêtes finirent par s'assoupir. Ils étaient pelotonnés dans l'ombre et personne ne s'occupait plus d'eux. Les buveurs vidaient leur verre et fumaient leur pipe dans le plus solennel recueillement, ainsi qu'il convient à de braves montagnards qui ont supporté le poids du jour et qui jouissent doublement de leurs innocents loisirs. Tout à coup, au milieu du silence général, un grondement sourd se fit entendre. Ce bruit insolite était entrecoupé par de longs intervalles de repos et semblait sortir des profondeurs du plancher. Je devinai bien vite la cause de ce lugubre concert. Je me rapprochai du groupe endormi et je contemplai avec ravissement le sommeil de mes deux intéressants plantigrades. Ils ronflaient à tout rompre, comme dans un corps de garde. Martin surtout paraissait en proie aux angoisses d'un rêve affreux. Il agitait sa lourde tête, se retournait dans tous les sens, soulevait avec peine sa respiration sous sa vaste poitrine. Évidemment il était tourmenté par un cauchemar des plus pénibles. Soudain, après un dernier effort pour se débarrasser des étreintes de son rêve, il se leva brusquement, les yeux fermés, quitta sa compagne et se dirigea, la tête basse, la démarche fatiguée, vers la porte. Il se dressa debout pour l'ouvrir. Il y parvint aisément en levant le loquet de bois. Au bruit qu'il fit, son maître se retourna et courut après lui. Il était trop tard. Notre somnambule avait eu le temps de pénétrer dans la cour et de se rouler en pleine neige, pour amortir les dernières ardeurs de sa fièvre et reprendre de la vigueur dans ce bain glacé.

Le père Bonjour sacrait à tout rompre.

— Chien ! criait-il, je vais t'apprendre à te promener sans moi et à manger de la neige. Attends un peu.

Il le saisit par le collier, le châtia avec son bâton ferré et nous le ramena à la risée de tous.

— Qu'avez-vous à vous moquer de moi, fit le montreur d'ours en rentrant? Est-ce que vous trouvez que je ne m'y prends pas bien pour remettre Auguste à la raison ? Il appelait ainsi son ours mâle ; et il avait donné à la femelle le nom de Lodoïska. C'était de mauvais goût, mais c'était drôle, surtout après la scène qui venait de se passer sous mes yeux.

— Père Bonjour, lui dis-je à mon tour, je vous engage à monter un établissement de diseur de bonne aventure, avec un mouchoir sur les yeux, Martin aura du succès. Préparez la baraque.

Un gros éclat de rire rustique accueillit mes paroles. Le père Bonjour gardait seul son sérieux de dompteur.

— Comment ! Auguste se permettrait de faire concurrence à ces dames extra-lucides, s'écria-t-il ! et cela ici en présence de l'honorable société, sans que je n'y voie goutte. C'est impossible ! monsieur veut sans doute se moquer du père Bonjour.

— Je ne plaisante pas, voyez plutôt ! et je lui montrai, à ce trop peu clairvoyant tuteur, son ours qui recommençait son manège divertissant. Il passait entre les tables et buvait dans nos chopes.

— Mais c'est ma ruine ! s'exclama-t-il avec une grimace comique. Jamais plus je ne pourrai le conduire, s'il se met à lire dans l'avenir et à se promener sans voir clair. Me voyez-vous à la tête d'un animal sorcier, plus savant que son maître, qui me rira au nez quand je lui commanderai l'exercice, et qui s'en ira vider les poches de l'honorable assistance ! Satané Auguste ! tu n'en fais jamais d'autres. Viens ici !

L'ours obéit, comme s'il avait conscience de son outrecuidance. Il prit un air contrit et repentant et se roula à ses pieds, jurant sans doute qu'il ne recommencerait pas de sitôt.

— Père Bonjour, y a-t-il longtemps que vous courez les pays avec vos bêtes ?

— Je les ai pris tout petits, me répondit-il et je les ai élevés comme mes enfants. C'est pourquoi j'en fais ce que je veux. Je peux même dire que je les ai vus créer et naître, comme vous venez d'assister à leurs petits exercices de société. Seulement ce jour-là, je n'étais pas comme vous, le dos au feu et le ventre à table.

— Racontez-nous cela, mon brave.

— C'est bien simple. J'étais en ce moment-là garçon de métairie dans les Grisons. Je descendais un soir du mois d'août ma provision de beurre et de laitage de l'Alp, lorsque je vis sur le bord d'un pâturage, entre des rochers, trois ours qui se battaient autour d'une roche. C'était à qui serait le plus fort de ces messieurs. Ils se roulaient, ils s'enlaçaient, s'étouffaient, se soulevaient de terre comme des lutteurs aux foires. Sans compter qu'ils ne s'épargnaient pas les bons coups de dents et de griffes. Enfin quoi! ils faisaient leurs hercules, pour se prouver leur vaillance. Je les regardais faire en riant, et je leur jetai un fromage pour les exciter davantage encore par la gourmandise. A la fin des fins, mon fromage resta à un gros garçon d'ours qui était le mieux membré des trois, et qui l'emporta dans sa chambre à coucher. J'ai voulu voir jusqu'au bout. Tandis que les autres combattants s'en allaient ensemble en se consolant, je m'approchai tout doucement de l'ouverture de la caverne. Là je vis quelque chose de très curieux. Trois petits ours, museau contre museau, les pattes serrées à la taille, s'embrassaient comme des chrétiens. La mère leur partageait le fruit de sa victoire. Bref, je descendis, et je me dis : Bonjour, tu me surveilleras tous les jours cette caverne et quand il en sera temps, tu me cueilleras la progéniture. Je ne manquai pas à ma promesse. Comme je rôdais un peu partout avec mes chiens de montagne, il ne m'était pas difficile de tenir à vue ma femelle. Je la revis deux fois seulement à quelques jours de là. La première fois, elle tenait entre ses dents une botte de légumes, de carottes, de navets et d'autres racines encore. Elle venait de faire son marché sans aucun doute.

Mais la seconde fois je vis ma particulière qui s'en allait, emportant dans ses bras de l'herbe, du gazon et des branches. Elle marchait à peine tant elle était grosse. On l'aurait prise pour un gros muid roulé sur champ. Je la suivis.

— Et vous n'aviez pas peur de quelque accident?

— Jamais les ours n'attaquent l'homme.

— Je connais la légende.

— Eh bien donc, jugez de ma surprise, lorsque je vis cette bonne mère tapisser le creux de son rocher avec les matériaux qu'elle avait apportés à grand'peine et disposer un joli berceau pour ses petits! J'oubliais de vous dire qu'elle avait changé de domicile et qu'elle était venue s'établir non loin de mon chalet presque au sommet de la roche, à quelques mètres du signal. Elle avait pris cette précaution pour déjouer les poursuites.

— Comment, mon bonhomme, vous croyez encore, vous, aux mauvais bruits que l'on fait courir sur les ours mâles?

— Monsieur, c'est aussi vrai que je m'appelle Bonjour et que cette bête se nomme Lodoïska, j'ai vu là-dessus des choses extraordinaires. Bref, ma femelle se coucha en rond sur son lit de mousse, et disposa tout pour le mieux. Quelques jours après, lorsque je revins voir, les cinq jolis petits oursons étaient gros et gras et beaux à la maison, je veux dire dans la grotte.

— Vous dites cinq? je croyais que les mères n'en portaient que trois au plus.

— Cela est vrai quand elles sont très jeunes ou très vieilles. Enfin, il y en avait cinq, cette fois-là, et je vous assure que je les ai très bien comptés. J'ai eu tout le temps pour cela, comme vous allez voir. Ils étaient donc là tous les cinq enroulés les uns dans les autres, la tête entre les jambes. Ils avaient plutôt les jolies figures de nos jeunes chiens que celles des ours quand ils sont grands. Leurs poils qui étaient collés sur leur peau étaient jaunes comme de l'or sale. Autour de leur petit cou, ils avaient un beau collier blanc. Et c'était mignon, et c'était déjà câlin! Tous ces petits corps de sept à huit pouces frissonnaient d'aise lorsque la mère passait sa langue et procédait à la toilette. J'assistai à tout cela par la fente du rocher. La mère les allaitait avec beaucoup de patience et lorsqu'elle sortait pour chercher sa nourriture, elle avait toujours soin de pousser une pierre énorme à l'entrée de sa tanière. Enfin deux mois après je résolus de tenter mon entreprise et de m'emparer des oursons. J'avais mon idée. Je guettai la femelle, lorsqu'elle sortit, et quand je la vis assez loin, je m'introduisis dans le creux du rocher. Les petits étaient déjà forts. Ils commençaient à tourner au brun, leur museau était déjà pointu et leurs membres tout fluets. J'en pris deux au hasard par la peau de la nuque et je les emportai précipitamment dans ma cabane. Je revins avec un sac pour prendre les trois qui restaient. J'eus alors la plus belle peur de toute ma vie. J'allais entrer comme chez moi dans la demeure de l'ours, lorsque je découvris au fond de la caverne une bête énorme qui mangeait les pauvres petits. Il dévorait salement en buvant le sang. Je poussai la pierre contre l'ouverture d'entrée, je mis le feu à mon sac et je le lançai dans l'intérieur. La paille et le bois qui s'y trouvaient s'enflammèrent et une odeur de roussi se répandit partout. L'ours rendu furieux par ses brûlures, se précipita contre la porte que j'avais eu soin de consolider et j'eus la satisfaction de griller tout vif ce père dénaturé qui venait goûter à sa progéniture.

— Et la mère ?

— Elle est revenue désolée, vous pensez bien, la pauvre bête. Elle a rôdé plus de huit jours encore autour du berceau ravagé de ses enfants et je ne l'ai plus revue.

En famille l'ours ne se montre donc pas le plus doux et le plus tendre des mammifères carnivores. Mais ce qui le distingue surtout comme nous l'avons dit, ce sont certaines particularités de ses mâchoires et de ses pieds.

Ceux de nos lecteurs qui ont passé quelques dimanches pluvieux dans nos cabinets du Jardin des Plantes, ont pu observer à leur aise ces caractères distinctifs des plantigrades. Ils nous permettront de leur rafraîchir la mémoire. Prenez une mâchoire d'ours, voyez-la bien dans ses plus minuscules détails et dites-moi si cet instrument admirable est destiné à dévorer et à broyer comme les dents à ciseaux des grands carnassiers. Remarquez ces molaires : au lieu d'être tranchantes et croisées par leur face latérale, comme les molaires des félins qui coupent en cisailles, elles sont au contraire aplaties, larges, tuberculeuses, à couronnes planes. Ces molaires qui se rencontrent et se superposent comme deux meules véritables, ne peuvent évidemment être aptes qu'à broyer et à écraser les matières végétales. La chair ne saurait être coupée par cet appareil défectueux pour cet usage.

Étudions de plus près, maintenant, chacune de ces molaires en particulier. Nous constatons d'abord qu'elles sont au nombre de douze à la mâchoire supérieure, six de chaque côté ; que parmi elles il y a une carnassière, trois fausses molaires et deux grosses tuberculeuses ; qu'en outre cette mâchoire supérieure est armée de deux canines puissantes et de six incisives assez aiguisées. Cela fait donc vingt dents en tout pour le haut.

Quant à la mâchoire inférieure, une particularité curieuse et intéressante la désigne à votre attention.

Cette mâchoire inférieure porte deux fausses canines de plus que l'autre. L'ours est donc pourvu de quarante-deux dents disposées de telle sorte qu'il lui est permis de se nourrir de tous les aliments.

L'ours qui s'escrimait contre une légion d'abeilles. (Page 597.)

C'est donc un omnivore comme l'homme, bien plutôt qu'un carnivore. En effet, sa nourriture se rapproche beaucoup de la nôtre, j'entends de celle que prenaient les hommes préhistoriques et que préfèrent encore certaines tribus retardataires de l'espèce humaine. Les ours de nos ménageries sont nourris de pain, de carottes et de viande. A l'état de nature, ils vivent de racines, de fruits, de jeunes pousses. Ils sont très friands de miel et il faut que la faim les pousse pour qu'ils se jettent sur les animaux. Les raisins, les fourmis, les baies d'épève-buretti et de sorbier sont leur régal. Tous les fruits aigres et acides les attirent. Ils préfèrent encore la chair des cadavres à la chair fraîche.

Un jour je me trouvais dans un presbytère du Valais, perché sur une éminence des Alpes. Le vieux curé m'hébergeait avec une hospitalité vraiment patriarcale. Rien n'était trop bon ni trop beau pour moi. La maison du curé était écartée des villages d'une bonne lieue ; elle était attenante à l'église et au cimetière. On y jouissait d'un air plus sain que dans les vallées à goîtres et à crétinisme, et l'on y découvrait un panorama superbe sur toute la formation Alpestre qui sert de muraille à l'Italie. Après un bon souper, très plantureux, nos soirées se passaient d'ordinaire à jouer aux cartes et à nous taquiner un peu.

Or, ce soir-là, notre conversation était tombée je ne sais par quel hasard sur la survivance des âmes et même sur la possibilité des revenants, le bon prêtre soutenait qu'il n'était pas impossible à Dieu de faire ressusciter dès ce monde certains corps morts, ainsi qu'il le fera au jugement dernier. Je m'amusais beaucoup de la croyance naïve et quelque peu fanatique du brave homme, il s'échauffait pour défendre sa foi superstitieuse.

— Convenez-vous que tout est possible à Dieu. me disait-il? Si vous admettez ce point, je ne vois pas quelle difficulté vous trouvez à croire aux fantômes et aux apparitions par lesquelles Dieu souvent agit sur des âmes craintives et perverses pour les ramener au bien.

— Ou pour opprimer leur pauvre petit crâne pensant. Mais, mon bon curé, je vous ai déjà répété mille fois que Dieu est lié par certaines nécessités de sa nature et ne peut condescendre à certaines petitesses que nous lui prêtons.

— Les voilà bien, ces libres-penseurs, me répondait triomphalement mon digne ami, ils se réservent le droit de limiter Dieu. Orgueil, présomption que tout cela. Moi, je crois aux revenants pour deux raisons : d'abord parce que c'est une manifestation de la puissance divine, et ensuite parce que j'en ai vus.

— Vous avez vu des revenants? monsieur le curé !

— Oui, mon enfant, tout comme je vous vois là, dans votre fauteuil, bien en face de moi.

— Il faisait clair de lune ce jour-là et vous aurez pris votre ombre pour quelque saint homme défunt qui venait vous visiter ; ou bien votre esprit fatigué par une longue contention de prières, par les jeûnes du carême, et toutes sortes d'abstinences, aura été victime d'une simple hallucination !...

— Toujours les mêmes procédés ! quand vous avez lâché le grand mot d'hallucination vous croyez avoir tout dit, tout expliqué : le miracle, les visions, les secrets de la divine Providence. Il faudrait varier un peu vos inventions. Dans quelques années votre système d'hallucination sera usé et notre miracle subsistera radieux pour confondre l'impie.

— Soit. Dieu n'a pas besoin du miracle humain, tout est miracle dans la nature.

— Pauvre égaré ! malheureuse victime des grandes villes ! Je vous plains et je prie pour votre conversion. Si vous me faisiez le plaisir de passer ici auprès de moi tout cet hiver, je suis sûr que vous retourneriez là-bas tout à fait changé.

— Est-ce que vous me feriez voir le Diable ou le Bon Dieu ?

Onze heures sonnèrent dans la cage de sapin de la vieille horloge. Le curé regarda à sa montre de Genève pour se confirmer au sujet de l'heure, et l'on se sépara après une cordiale poignée de main. Je remontai dans ma chambre, l'esprit plein de fantômes et de revenants qui riaient aux éclats de la bonnasse du curé. J'habitais porte à porte avec mon vieil ami. Deux cloisons et un corridor nous séparaient. Nos fenêtres s'ouvraient sur le chevet de la vieille église verdie de lierre, aux piliers décrépits et disjoints par les rudes hivers. Ce qui servait de jardin au presbytère de ce côté, c'était le verdoyant enclos des morts. Des bocages de cyprès ombrageaient les tombes. Avant de me mettre au lit je contemplai sous un rayon de lune ce sombre champ du repos et du silence. Les pierres blanches des sépulcres avaient des pâleurs fantômatiques et à leur pied leur ombre s'allongeait comme l'ombre de la mort. C'était beau, d'une beauté glacée. Je m'endormis sur cette impression lugubre. Je m'attendais bien un peu à rêver cimetière, squelettes, clairs de lune élyséens, à revoir en songe notre conversation de la veille sous forme de personnages éthérés et transparents comme du bohême. J'étais prêt à tout événement, et ma raison suffisamment armée contre toutes les surprises, s'assoupit dans un profond sommeil. Je ne sais combien je dormis d'heures. Mais vers le matin, quelques instants avant la naissance du jour, alors qu'il faisait une de ces clartés vagues produites par un reste de lumière lunaire et un commencement d'aurore, je suis tout surpris de me voir réveillé en sursaut par la voix grave du pasteur.

— Impie, me dit-il, Dieu m'a exaucé ! vous ne croyez pas à la résurrection des morts, regardez et tombez confondu.

Je me frottais les yeux, je m'étirais et je n'avais pas la moindre envie de formuler un acte de contrition. Je n'avais qu'un regret, c'était d'être dérangé aussi brusquement dans mon sommeil.

— Mais éveillez-vous donc ! me criait de toutes ses forces le curé. Peut-être va-t-il disparaître aux premières lueurs de l'aube.

— Mais quoi donc ? de quoi s'agit-il enfin ? expliquez-vous plus clairement.

Je me mis à la fenêtre où le curé se tenait debout dans une extase béate, reproduisant dans une mimique des plus amusantes tous les gestes de son fantôme.

Il se grattait l'oreille, se frottait le nez, fouillait du pied.

— Hâtez-vous, me dit-il une seconde fois, je crois qu'il se dispose à rentrer sous terre.

— Alors il n'est pas venu pour moi, car je vous avouerai que je ne distingue absolument rien. J'ai beau me fendre les yeux, je ne découvre en fait de revenants que des ombres très tranquilles.

— Comment, vous ne voyez pas là-bas quelque chose remuer sur la tombe du père Jérôme qui est mort sans les sacrements comme un chien.

— Je commence en effet à voir une forme vivante qui me fait l'effet d'être quelque chien de montagne occupé à manger des os. Je croyais que d'ordinaire les fantômes étaient tout habillés de blanc, vêtus de leur linceul.

— C'est de la fable que vous me débitez là ; mais dans la réalité ils prennent toutes les figures. Aussi je ne serais pas étonné du tout que cet impie revienne sous l'apparence d'un chien maudit.

— Condamné pour son supplice à se purger éternellement avec les herbes fades qui croissent sur sa cendre : car, en vérité, si je ne m'abuse, il me semble que votre chien de père Jérôme se régale pas mal en ce moment.

— Vous le voyez, qu'est-ce que je vous disais ?

— Mais qu'est-ce que cela prouve ? il est permis à toute la gent canine de faire un tour de cimetière.

— Allons, je le vois bien, vous mourrez l'homme du préjugé.

— Mais oui, mon bon curé, et peut-être me verrez-vous un jour revenir sous la figure, espèces ou apparences, de quelque animal bien monstrueux. Je vous en prie, laissez-moi me recoucher. J'ai besoin de me remettre de ces émotions vraiment trop fortes pour mon chétif cerveau d'incrédule.

Le bon curé fit un signe de croix d'exorcisme et se retira convaincu que son cimetière était hanté.

Deux ou trois heures après, nous prenions ensemble le premier déjeuner du matin, comme deux hommes parfaitement affamés. Les tartines de beurre disparaissaient dans les bols de café au lait. Tout à coup la servante de M. le curé entra, les bras au ciel.

— Bonne Sainte Vierge! s'écria-t-elle, votre revenant qui dévaste votre jardin et qui culbute vos ruches d'abeille.

— Que dis-tu là, Gertrude?

— Regardez plutôt.

C'était bien vrai, le père Jérôme n'était autre que ce sauvage de Martin, un ours énorme qui lui aussi prenait son déjeuner au presbytère.

— Mais il va m'exterminer mes abeilles. Gertrude court donc l'en empêcher? Prends ton balai, quelque chose enfin, et chasse-le d'ici. Ce n'est pas sa place.

— S'il me mangeait?...

Il est vrai que la bonne fille était assez appétissante sous sa fourrure de graisse branlante.

— Laissez-moi faire, dis-je au prêtre consterné et blanc de peur, je me charge de l'expédier assez vivement.

Rien de plus poltron que cet animal. Je descendis sans bruit, et lorsque je fus arrivé à la porte du jardin, je me mis à frapper dans mes mains et à faire un bruit infernal. L'ours, qui s'escrimait contre une légion d'abeilles, qui les empilait avec son pied dans un amas de terre, qui les dévorait, se retourna gravement de mon côté. Lorsqu'il m'aperçut il abandonna son festin, sans cependant se défaire d'un large gâteau de miel qu'il savourait à loisir. Il reprit paisiblement son chemin par une petite allée et disparut à travers la haie peu fourrée en cet endroit. Je me rendis compte alors des dégâts qu'il avait faits. Tout un carré de légumes avait été remué et deux paniers à mouches étaient renversés à moitié vides. Je vins annoncer la désastreuse nouvelle à mon hôte qui joignit les mains de consternation.

— Mais par où donc, me demanda-t-il, a-t-il pu s'introduire? Nous sommes défendus de tous les côtés par des roches à pic.

— Et le cimetière que vous ne comptez pas?

— Comment ce serait cet animal qui ce matin...

— Lui-même, et pour un fantôme il a bon appétit.

J'aurais beaucoup ri de l'aventure si je n'avais craint de contrister mon pauvre curé qui me paraissait long à se remettre.

— Voulez-vous, lui dis-je, vous venger comme il faut de votre voisin incommode? Bien que la vengeance ne soit pas chrétienne, je m'en charge.

Il consentit volontiers. Je me mis aussitôt à dresser mes batteries. Je ne doutais pas que l'ours ne revînt achever son repas, dont il avait été dérangé sans trop de violence. Je gardai mon secret et je ne prévins pas au presbytère. Je m'embusquai dans la cabane du jardin et j'attendis patiemment. Quelques heures s'étaient à peine écoulées lorsque le plantigrade philosophe apparut de nouveau. Cette fois, il usa d'une prudence infinie. Il allait à pas comptés, flairait tout autour de lui, humait l'air, s'éclairait avec intelligence. Puis, pour être plus sûr encore il grimpa lourdement au faîte d'un grand poirier et regarda s'il ne voyait rien venir. Il examina très longtemps les fenêtres du presbytère et la petite porte où il m'avait vu. Satisfait de ses observations il redescendit à reculons et s'approcha des ruches. Quelques rayons se trouvaient épars sur le sol devant lui. Il se jeta en glouton sur cette nourriture toute servie et la dévora en peu d'instants. Il devenait très gai. Plus il mangeait, plus sa joyeuse humeur s'accentuait. A la fin, quand il eut fait table rase, il se mit à tourner sur lui-même et à exécuter une danse très joviale. Son museau battait une mesure très rapide et ses pattes de devant gesticulaient dans le vide, comme pour embrasser quelque chose. Il roula ensuite à terre comme une masse et des ronflements profonds m'avertirent que mon convive dormait du sommeil des goinfres. Je sortis de ma cachette sans bruit, armé d'un pieu énorme, très aiguisé. Je craignais quelque ruse de sa part. Je ne m'approchai qu'avec précaution. Il dormait réellement. Je fondis sur lui et je lui enfonçai mon arme dans la poitrine. Il gesticula violemment, ouvrit un œil terne et agonisant et rendit le dernier soupir. J'allai prendre mon curé qui récitait son bréviaire.

— Venez, lui dis-je, je viens de vous délivrer à tout jamais de votre malencontreux revenant.

— Vous l'avez tué, comme cela tout seul?

— Avec l'aide d'un bon litre d'alcool. Je l'ai tout simplement enivré en imbibant d'eau-de-vie quelques gâteaux de miel et j'ai profité de son assoupissement pour le frapper au cœur. Et maintenant, cher ami, nous nous régalerons ce soir d'excellents pieds d'ours grillés sur la braise.

Gertrude se signala et nous les prépara dans la perfection. Mais elle refusa d'y toucher, sous prétexte que cela ressemblait trop aux mains joufflues de son prochain. Quant à moi, je trouvais ce mets exquis. Une graisse savoureuse rend les cartilages très tendres et un fumet pénétrant de sauvagine parfume le tout.

Les pieds de l'ours ont cinq doigts, très peu souples et très courts. Des ongles recourbés, très forts et presque égaux, les terminent. Ces ongles ne sont guère propres, d'après leur conformation, qu'à fouir ou à grimper. Ils ne sont pas rétractiles comme ceux des véritables carnassiers ; et leur base n'a pas plus d'épaisseur et de solidité d'attache que leur extrémité.

Les membres sont très courts et absolument impropres aux bonds et aux longues courses. Les pieds de derrière sont plus plats et plus allongés que ceux de devant, ce qui donne à leur marche un air de nonchalance et de paresse.

La queue est excessivement courte et descend à peine à mi-jambe. Elle est ornée dans la moitié de sa longeur de poils courts, assez drus. Les formes extérieures sont lourdes et ramassées sans aucune élégance. Ses dimensions ne dépassent guère cinq pieds et demi de long. Sa tête allongée ressemble à celle du loup, son museau se relève par le bout et varie suivant les espèces.

La tête est très développée et très longue en arrière. C'est ce qui lui constitue une intelligence très remarquable, assez semblable à celle du singe et du chien.

Ses oreilles courtes, accoudées, sont velues sur les deux faces et elles ont la moitié du mufle. Les yeux très petits sont disposés obliquement comme ceux des belles Chinoises. Le cou rentré semble presque nul. Les femelles sont agrémentées de six mamelles : quatre sur la poitrine et deux sur le ventre dans les environs du pubis. Quant à la fourrure, nos lecteurs ont eu plus d'une fois l'occasion d'en couvrir leurs jambes frileuses et d'en constater les avantages. C'est un composé de poils longs, durs, assez espacés entre lesquelles pousse un duvet moins grand, plus dru et plus doux au toucher. La couleur est uniforme sur tout le corps.

L'estomac est de grandeur moyenne et de capacité médiocre ; l'intestin est du même diamètre dans toute sa longueur. Il n'a point de cæcum, comme dans tous les plantigrades. Ces différentes particularités physiologiques expliquent la sobriété relative de l'animal. Le Muséum nourrit un ours avec six livres d'aliments et un demi-seau d'eau par jour et le sujet se porte fort bien. D'origine le penis contient un os assez développé et recourbé en forme d'S. Le restant de l'appareil génital est enfermé dans un scrotum, mais les vésicules séminales n'existent pas. Ce caractère anatomique a sa valeur pour la classification ainsi que le suivant. On a remarqué en effet une conformation singulière des reins, peut-être unique dans les mammifères. Les reins sont entièrement divisés et pour ainsi dire fragmentés en une multitude de granulations noirâtres et de lobules séparés. Ce sont des espèces de glandes assez volumineuses qui ressemblent à des grappes de raisin. En outre la crosse de l'aorte ne fournit que deux artères.

Les excréments sont jaunâtres et très liquides. Les ours urinent en avant et sans lever la cuisse, à la façon des chevaux. La langue est très douce. Enfin l'animal auquel l'ours ressemble le plus anatomiquement est, sans contredit, le chien.

Hâtons-nous de terminer cette trop longue causerie en disant que l'ours est un animal cosmopolite. On le trouve sur tous les continents, dans presque toutes les hautes montagnes boisées. Toutes ses variétés très nombreuses se réduisent à trois : l'ours brun d'Europe ou *ursus arctos*, l'ours blanc ou maritime et l'ours noir américain.

Nous ne nous amuserons pas à décider si les ours des Pyrénées, de la Norvège, de la Pologne, de la Bohême, de la Hongrie, de la Thrace, de la Russie sont de même espèce que ceux des Alpes ; c'est-à-dire s'ils appartiennent tous à l'espèce de l'ours brun arctos ? Laissons Desmarest et Cuvier discuter à perte de vue sur ces questions délicates d'histoire naturelle. Pour nous, nous nous rangeons à l'avis de Desmarest qui ne voit qu'une même espèce sous ces nuances imperceptibles. Pourquoi Cuvier voit-il autant d'espèces distinctes dans l'ours des Alpes, des Asturies, de Norvège et de Sibérie ? Tout simplement parce qu'en comparant ces divers animaux, il a reconnu quelques légères différences dans la taille et la coloration de la peau plus ou moins brune. C'est trop distinguer en vérité. Le mieux est de s'en tenir au bon sens et à ce que l'on voit de ses yeux.

Que dire maintenant des mœurs de ces singuliers plantigrades ! Les histoires abondent et nous avons surpris, nous-mêmes, au cours de nos pérégrinations, quelques-unes de leurs habitudes.

Nous raconterons avec exactitude tout ce que nous avons vu et entendu sur cette matière. Rien de plus curieux, de plus intéressant que cette vie cachée, solitaire, pensive au fond des rochers et des forêts. Il existe une profonde analogie entre les instincts, l'intelligence de l'ours et ceux de l'orang-outang.

L'ours avançait toujours, dans sa gravité magistrale. (Page 604.)

Un capitaine de frégate, qui avait durant de longues années parcouru les côtes de la Norvège et de la Sibérie, me raconta les faits suivants sur l'ours blanc de Sibérie, le plus cruel et le plus rusé de tous. Je me borne à transcrire ses nombreux récits :

Chez les Yakouts, l'ours passe pour un animal extraordinaire, doué d'un génie presque divin. Sa taciturnité est considérée par eux comme une marque de sagesse profonde.

Lorsque l'hiver approche, il a comme conscience des premières neiges et des froids qui viennent. Il se met alors à se construire une cabane avec du bois et de la terre et il attend dans le recueillement des jours meilleurs. Il passe alors son temps à dormir, à se nourrir de sa provision de graisse et à se pourlécher voluptueusement les pattes d'où suinte une liqueur nourrissante. C'est ce moment de torpeur et d'engourdissement général que ces peuples superstitieux saisissent pour déférer au Grand-Sage leurs causes les plus embarrassées. Ils lui amènent leurs criminels enchaînés et ceux-ci doivent frapper l'ours à ses deux endroits les plus sensibles, où l'on ne blesse pas impunément : le museau et les parties génitales. Si la bête reste dans l'inertie et n'entre pas en fureur, l'innocence des accusés est reconnue sur l'heure et ils sont rendus à la liberté.

Ces peuples de la Sibérie, continuait le capitaine, ont de singulières façons de chasser l'ours. Un jour que j'étais débarqué dans un petit bourg de la côte, je trouvai la population en grand émoi. Un ours sorti des forêts voisines avait enlevé une femme dans ses bras et l'avait conduite dans son fort. C'était une des plus jolies personnes de l'endroit. Lorsque j'appris l'accident arrivé, je conseillai à tous ces Yakouts, petits et grands, de nous mettre à la poursuite de ce ravisseur. Je formai un petit corps d'expédition dont je pris le commandement, et avec l'aide de petits chiens bassets nous nous mîmes à rechercher le ravisseur. Le mari de la malheureuse femme enlevée était dans la consternation. Il se lamentait, criant que sa pauvre femme devait être dévorée et qu'on arriverait trop tard pour la délivrer. Je le consolai du mieux que je pus et nous commençâmes nos battues. C'était au printemps, la terre était encore molle du dégel ; il nous était aisé de suivre les traces. Mes chasseurs étaient armés d'un long fusil à crosse très mince, d'un épieu assez long et d'un bon couteau à la ceinture. Nous emportions en outre des vivres pour plusieurs jours. Le bagage était léger. Il consistait en poissons séchés dans un sac de toile. Quant à moi, j'étais un peu mieux pourvu, je l'avoue à ma honte. Mes indigènes de la côte, qui d'ordinaire jouissent d'un naturel très doux, étaient ce jour-là montés à un diapason de courage extraordinaire. On voyait bien qu'ils partaient en guerre, comme autrefois les Grecs, pour venger une injure grave. Ils se sentaient atteints dans leur honneur d'hommes, de pères et de maris. C'était à ne plus les reconnaître tant ils étaient devenus belliqueux. Nous avons battu tous les buissons, sondé tous les précipices, fouillé toutes les cavernes sans rien découvrir, pas même une piste. Nos chiens restaient muets et trottinaient devant nous l'oreille basse. L'expédition s'annonçait mal et le Ménélas yakout, qui ne quittait pas mes côtés, commençait à faire son deuil de sa chère moitié. Il arrivait à se convaincre, en calculant le temps qu'il faut à un ours pour prendre son repas, que sa femme devait être entièrement dévorée et digérée à cette heure. C'était navrant. L'heure du dîner était arrivée. On se mit en rond sur des pierres et l'on mangea d'un appétit de chasseur en buvant fortes rasades d'eau-de-vie de grain et de bière aigre. Il paraît que nous avions laissé un des nôtres en route, car nous le vîmes accourir tout haletant et assez épouvanté. Je crois même que le pauvre garçon avait perdu ses armes de peur.

Il nous fit entendre qu'étant arrêté, il avait vu l'ours et qu'il n'avait eu que le temps de lui jeter son gant retourné pour l'amuser. Tout le monde fut sur pied en une seconde. Notre compagnon nous conduisit à l'endroit où il avait eu sa frayeur. L'ours était encore occupé à remettre son joujou à l'endroit, cela paraissait l'intéresser vivement et il déployait toute son industrie à la réussite de sa laborieuse entreprise. Je lançai immédiatement nos bassets contre l'animal qui fut surpris. L'ours se dressait de toute sa hauteur et retombait pesamment comme une massue, sur nos courageuses petites bêtes. Il en étouffa ainsi quelques-unes. Mais les autres plus adroites, se glissèrent sous son ventre et le saisirent par les endroits les plus sensibles. L'ours poussait des grognements de rage contenue.

Pendant ce temps-là, mes hommes piquaient leur fourche en terre et y braquaient leurs canardières. Ils étaient tous prêts à tirer. N'ayant qu'une médiocre confiance dans la portée de ces armes primitives qui auraient à peine écorché l'épiderme graisseuse de l'ours, je leur enjoignis à tous de rester en repos. Je comptais bien que les chiens suffiraient à la besogne, du train où ils y allaient. Les oreilles étaient déjà dévorées, le ventre saignait. L'ours avançait toujours, dans sa gravité magistrale. Je me déterminai alors à faire feu. Mes deux balles l'étendirent roide mort. Les chiens se ruèrent sur lui et il nous fallut les battre pour les séparer du cadavre. Ce fut une fête pour tous. On organisa un brancard et l'on se disposa à emporter triomphalement la grosse dépouille au village. Mais le mari lésé dans ses droits d'époux insista pour que l'on pratiquât séance tenante l'autopsie du plantigrade. Il tenait à s'assurer qu'aucun fragment de sa moitié n'était demeuré dans l'estomac de l'*Ursus arctos*. Je donnai satisfaction immédiate à son légitime empressement. Mais après avoir fouillé les entrailles de la victime, on ne découvrit aucune trace de la jeune femme. Le Yakout respirait enfin. Pour achever de le consoler, on lui adjugea à l'amiable, la dépouille de la bête. Ses compagnons prirent pour eux la chair et la graisse. Après quelques instants de repos, notre colonne expéditionnaire se remit en marche vers le village.

A notre arrivée, nous fûmes accueillis par des transports d'allégresse. Chacun nous félicitait de notre courage et de notre bonne fortune. On s'attendait à nous voir ramener la jeune captive. On fut bien étonné de ne pas la voir dans nos rangs. Les femmes, ses voisines, se lamentaient et craignaient d'affreux malheurs plus terribles que la mort. Elles citaient même à l'appui de leurs craintes des faits inouïs de séquestration accomplis par des ours mâles sur des Yakouts de la contrée. Tout cela me laissait parfaitement incrédule. J'avais peine à croire aux légendes de ces braves gens. Tout à coup, du sommet de la montagne que nous venions de parcourir, nous vîmes descendre les cheveux en désordre, les vêtements déchirés, la belle Hélène du Nord. Elle courait de toutes ses forces, comme si elle eût été poursuivie par son terrible ravisseur. Dès qu'elle nous aperçut elle se crut délivrée. Elle nous fit de grands gestes, pour nous appeler à son aide. Tout le monde se porta aussitôt à sa rencontre, avec des exclamations de joie.

Quand elle fut auprès de nous, elle se remit quelques instants de sa course et de ses émotions. On l'entoura avec empressement, on la questionna sur tout ce qui lui était arrivé et elle nous apprit qu'elle avait eu le bonheur d'échapper aux entreprises pressantes du galant plantigrade. Après son enlèvement, elle avait été déposée dans une espèce d'antre rocheux, douillettement capitonné de mousses et de lichens sauvages. L'ours avait eu pour elle des petits soins charmants. Il l'avait assise sur une pierre, lui avait apporté de la nourriture et durant des heures s'était complu à la contempler dans le ravissement, dans une profonde extase. Il avait exécuté devant elle mille gentillesses, des danses insensées, des sauts de contentement, des grimaces qui voulaient être gracieuses. Puis il s'était approché peu à peu, lui avait pris les mains, les avait portées à ses lèvres et s'était amusé à les baiser et à les lécher. Il avait de même promené sa douce langue caressante sur toutes les parties de son visage. Jusque-là la malheureuse femme était rassurée. Tout allait bien pour elle. Elle s'imaginait que l'ours se contenterait de ces bagatelles. Il n'en fut pas tout à fait ainsi, paraît-il. L'animal, en effet, qui est d'une curiosité excessive et qui a des imaginations d'enfant, se mit à jouer avec sa robe, à admirer toutes les parties de son ajustement, cependant fort simple. Ce qui parut surtout le distraire, ce fut la chaussure de la belle. Il la lança en l'air et s'en servit comme d'une balle au bond. Comme je demandais à la patiente quelle contenance elle faisait pendant ce temps-là, elle me répondit qu'elle se garda bien de résister à la moindre fantaisie du solitaire.

— Je me laissais faire, dit-elle, pour ne pas être mangée. Je n'avais plus peur depuis qu'il m'avait regardée en riant. Son petit œil gris pétillait très gentiment et son museau se dilatait avec plaisir, comme s'il eût respiré une fleur. Je me crus aussi en sûreté qu'auprès de mon mari. Quand vint le soir, l'ours se roula à mes pieds et me tint chaud de tout son corps. Il dormit toute la nuit sans s'éveiller. Il ronflait comme un Yakout qui a trop bu. Mais ce matin, tout était changé. En ouvrant les yeux, l'ours étendit sur moi ses gros pieds froids et il chercha à me déshabiller. Comme je serrais avec force mes vêtements contre moi, il entra en colère, grogna et fut sur le point de m'étouffer. Je me crus morte. La terreur où j'étais me fit perdre connaissance. Je ne sais combien de temps je suis demeurée dans cet état. Quand je revins à moi, jugez de mon étonnement: j'avais sur la poitrine un gros nourrisson velu qui se repaissait en glouton de mon lait, sans me faire le moindre mal.

Ce fut alors que je fus sauvée. L'ours ayant faim sans doute et trouvant que la nourriture que je lui offrais ne suffisait pas à son appétit; me quitta brusquement sans me dire adieu. Il eut soin, le finaud, en se retirant, de fermer la porte derrière lui, c'est-à-dire qu'il boucha l'entrée de sa caverne avec des troncs d'arbres et de grosses pierres. Je le vis descendre tranquillement et se retourner plusieurs fois de côté. Je parvins enfin, après beaucoup d'efforts, à sortir de ma prison et me voici, je cours encore.

— Et voilà votre nourrisson! s'écrièrent avec enthousiasme mes valeureux compagnons.

— Comment! vous l'avez déjà tué, il n'y a pas une heure qu'il m'a quittée. Ce n'est pas possible, ce ne peut être lui.

Le capitaine partageait absolument son avis.

— A l'ours! à l'ours! crièrent aussitôt quelques enfants du village qui poursuivaient à coups de bâton un ours énorme se dirigeant de notre côté.

— Mais c'est lui, le voilà, je le reconnais! s'écria en même temps la femme yakoute. Il vient sans doute dans l'intention de me revoir.

— Je crois même, ajouta le capitaine, qu'il vous apporte des bonbons de la ville.

L'animal avait une allure des plus équivoques. Il chancelait et se heurtait à chaque pas. Il titubait comme un homme ivre. Il aura bu avec des camarades! On le laissa s'approcher très près. Lorsqu'il se vit à quelques pas de nous, le sentiment de la conservation s'emparant de lui, il fit mine de rebrousser chemin. Mais l'ours est un fort mauvais coureur, surtout lorsqu'il revient de dîner en ville. Ne voyant aucune possibilité de nous échapper, il fit un crochet sur la gauche et se jeta dans une sorte de rivière qui s'en allait vers la mer. Il nageait aussi pesamment qu'il marchait; et son long poil mouillé paraissait gêner beaucoup ses mouvements. Toute sa tête émergeait de l'eau et il nous eût été facile de le tirer. Mais après, le retirer de la rivière n'eut pas été aussi aisé. Je le regardais faire, me disait le capitaine, et je trouvai qu'il traversait l'eau comme un chat. Arrivé à l'autre rive, il secoua sa fourrure et nous regarda bien en face avec un air de nous narguer. Je fis feu, pour l'apprendre à être respectueux. Je le manquai. Il n'attendit pas une seconde décharge et il alla se cacher derrière un gros bouleau qui le masquait entièrement. Il nous était impossible de l'atteindre. Lorsque nous avancions pour le voir de flanc, il suivait avec prudence tous nos mouvements et il tourna longtemps ainsi autour de son arbre. Il semblait jouer à la cachette avec nous. Je ne voulais cependant pas me retirer sans châtier cet audacieux comme il le méritait. Il me vint une excellente idée, ajouta le capitaine.

— Que les femmes courent au plus vite au village nous chercher des cordes et nous allons nous emparer de ce gredin.

On m'obéit à l'instant. Une douzaine de femmes qui étaient venues à notre rencontre, s'empressèrent d'exécuter mes ordres. Quelques minutes après elles revenaient, chargées de grosses cordes à nœuds, qui servent à attacher les bestiaux.

— Quel grand malheur! s'écrièrent-elles en nous remettant nos engins.

— Qu'y a-t-il donc encore?

— C'est affreux! épouvantable! il faut le tuer, le monstre!

Et ces femmes, d'ordinaire si douces et si calmes, étaient transformées en furies.

— Expliquez-vous enfin?

— Croirez-vous qu'en votre absence et pendant que nous étions tranquillement à vous recevoir à la porte du bourg, le malin animal est entré dans nos maisons et a tout saccagé! Il a commencé par le marchand de poisson. Trouvant des morues pendues à la porte et des caques de harengs, il s'est régalé de tout cela comme chez lui. Puis, il s'est rendu dans des écuries et des basses-cours, où il a blessé des bestiaux et gobé des œufs, sans compter les volailles. Chez le président de commune, il a ouvert la huche, vidé un pot de beurre et avalé une miche de pain frais. Ce n'est pas tout, vous allez voir. Pour digérer tant de bonnes choses, il éprouva le besoin de s'abreuver largement, et c'est pourquoi il se dirigea tout droit vers la brasserie.

— N'est-il pas vrai, voisine?

— Je crois bien, répondit une grosse Yakoute trapue, jaune comme du suif. Il nous a bu plusieurs pintes de bière nouvelle, qui fermentait encore. Il n'en a pas laissé une goutte dans la gerle. Cela ne m'étonne plus s'il ne marche pas droit. Il y avait de quoi griser tous nos hommes. Le plus malheureux pour moi, c'est que le client est bel et bien parti sans payer. Vous savez, vous autres, si vous le tuez, je retiens le meilleur morceau. Il m'est bien dû pour me dédommager un peu.

Sans écouter jusqu'au bout les réclamations pittoresques de la débitante, je commandai à mes Yakouts mâles de déposer leur harnais de combat, de ne conserver que chacun un bon couteau en cas d'attaque. On se mit à la nage hardiment. Nous étions à peine au milieu du cours d'eau, qu'une grêle de pierres et de terre vint nous assaillir. C'était Martin qui nous criblait du rivage et qui prétendait nous empêcher d'aborder par ses projectiles. Il faut avouer que pour un ours à moitié ivre, il avait conservé pas mal de présence d'esprit. Plusieurs d'entre nous eurent à souffrir de cette attaque imprévue, et je reçus moi-même une blessure qui faillit m'étourdir et me faire

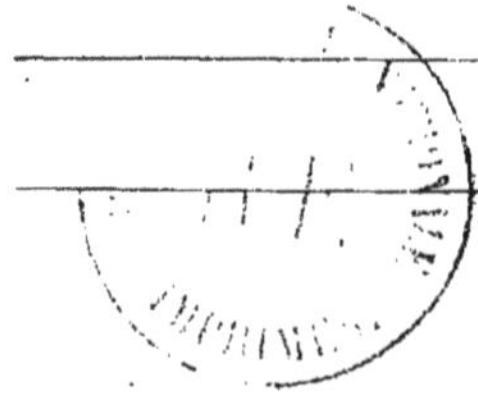

Roméo montra sa tête par-dessus la rampe. (Page 615.)

glisser au fil du courant, assez rapide en cet endroit. L'ours avait amassé un tas de cailloux au pied de son arbre, et se tenant toujours abrité, il visait à la tête de ses ennemis. Lorsqu'il nous vit sur le point de mettre pied à terre, il gravit dans le bouleau, détacha des branches énormes et nous tint à distance par un moulinet serré.

On cerna l'arbre de toutes parts, et l'on se tint le plus près possible, afin de jeter le nœud coulant avec succès. Mais les feuillages nous gênaient beaucoup. Nos cordes restaient prises dans les fourches des branches et il nous était très difficile de les retirer.

De plus, l'ours s'en emparait et les amenait à lui avec une dextérité incroyable. Je crois bien que pendant ces exercices violents, l'animal s'était dégrisé, ses mouvements étaient assurés et réguliers. Notre situation devenait embarrassante et périlleuse. On parla de mettre le feu au bouleau et de griller l'ours avant de l'avoir tué. Je tenais à l'avoir vivant : je dissuadai donc mes compagnons de cette entreprise. Je leur promis une somme d'argent assez forte, s'ils parvenaient à me livrer l'ours en parfait état de santé. Ce fut marché conclu. Chacun se remit à l'œuvre avec ardeur, stimulé par l'appât du gain. Il ne fallait pas songer à grimper à l'arbre, c'était courir à une mort certaine et s'exposer à être broyé. Tandis que nous délibérions, l'ours se retourna entre deux branches et simula de vouloir descendre. C'était une nouvelle ruse.

L'animal avait disparu! escamoté comme par enchantement. C'était à n'en pas croire ses yeux.

Nous restions tous bouche béante à nous regarder l'un l'autre.

Martin était rentré sous terre. Le diable s'en mêlait en vérité. Le bouleau était creux, évidé et la bête s'était logée dans les profondeurs du tronc. Il laissait à peine paraître l'extrémité de son museau et le coin de son œil railleur. Il faisait l'effet d'un ramoneur couvert de suie, qui émerge d'une cheminée.

Je jetai un lacet à l'orifice du trou, j'entourai le reste du tronc de quatre cordes, et je procédai à un singulier travail de haute patience. Il s'agissait d'enlever les parois de bois, derrière lesquelles notre prisonnier se claquemurait. Nous n'avions pour cela que de simples couteaux-poignards, assez mal aiguisés. Mais tout le monde se mit à l'œuvre avec entrain. On tailla, on charpenta tant et si bien, qu'il ne resta bientôt plus qu'une écorce qu'il nous était facile de rompre d'un moment à l'autre.

Mais de nouvelles précautions furent nécessaires, pour empêcher l'ours de nous échapper ou de nous meurtrir. Un seul de ses mouvements aurait suffi pour briser la cloison. Il ne manifestait plus aucune velléité de s'enfuir. Je crus même un instant qu'il était mort étouffé dans sa retraite, victime des fumées de la boisson et des congestions de son ivrognerie. S'il avait essayé de remonter en haut, le nœud coulant l'attendait, et le serrait au passage. On eût dit qu'il se méfiait de ce piège. Le matois demeurait blotti et faisait le mort. Je donnai ordre à quatre vigoureux gaillards de saisir l'extrémité des cordes et de se tenir prêts à serrer au premier signal. Le tronc d'arbre ressemblait alors à une sorte de fagot entouré de quatre liens. Pendant ce temps, d'autres Yakouts achevaient la besogne difficile de démolir l'arbre, mais soudain le poids des branches faillit tout compromettre. Un craquement se produisit, une large déchirure se fit dans le tronc, et à travers ce petit jour, il nous fut permis de voir l'ours dans toute sa hauteur. Il était debout, reposant sur ses pieds de derrière, dans l'attente de l'événement. Saisissant alors les basses branches, j'ordonnai de prendre un peu de large, je tirai fortement à moi; et l'opération fut terminée d'un coup. Les quatre hommes étaient parvenus à retenir dans leurs lacets le fameux plantigrade. Des restes de bois serrés contre sa peau par nos cordes, protégeaient la fourrure et rendaient la prise plus certaine. Le vigoureux animal se débattait avec furie. Il était pris au cou et par le milieu du corps. Malheureusement, ses pattes étaient libres, et il s'en servait pour s'arc-bouter et se défaire de ses liens. Il fallut se mettre une dizaine pour le maintenir. Nous craignions de l'étouffer et de l'étrangler, en serrant trop. Sa langue sortait déjà démesurée dans des flots d'écume.

Il s'agissait maintenant de faire passer l'eau à notre capture. Ce n'était pas chose aisée en vérité. La bête se montrait par trop nerveuse, et de plus, nous n'avions pas la moindre barque à notre disposition. Mon navire mouillait au large, je ne pouvais héler à la chaloupe. Je pris alors la résolution de tirer parti des matériaux que nous avions sous la main, pour nous construire un radeau. Les femmes qui avaient applaudi de l'autre bord à nos exploits, s'empressèrent de nous passer à la corde tous les outils qui nous furent nécessaires. Je parvins, avec l'aide de mes Yakouts, à rattacher solidement les pieds de l'ours à sa grosse tête, de telle sorte qu'il lui était impossible de faire un geste. Il était pour ainsi dire emprisonné par ses mouvements. Plus il essayait de se défendre, plus il serrait ses nœuds. Enfin, après plusieurs heures d'un travail de Robinson, notre radeau fut mis en état de prendre l'eau. On le tira à la rivière à force de bras, après y avoir ficelé préalablement le malheureux plantigrade. On jeta les cordages aux femmes et notre butin arriva à très bon port, tandis que nous repassions en héros le fleuve à la nage.

— Et qu'avez-vous fait de votre ours? demandai-je au capitaine.

— Oh! ceci est une tout autre histoire, qui est devenue célèbre à Lorient.

J'insistai pour avoir la fin de cette aventure. Mon capitaine, qui est grand discoureur, comme tous les hommes de mer qui sont revenus de loin et qui aiment volontiers à se souvenir tout haut, me raconta ce qui suit :

— J'avoue que je me trouvai fort embarrassé de ce gênant compagnon. Je m'étais cependant bien promis de le conduire en France et de le faire connaître à un romancier de mes amis. Ce rare échantillon d'amoureux velu et platonique, au dire toutefois de la femme yakoute, ferait, selon moi, un parfait document à étudier. Bref, je fis fabriquer une bonne muselière à Roméo et je le laissai quelque temps en pension dans une excellente famille du pays, qui se chargea de me le dresser et de lui donner une éducation des plus soignée. Je continuai ma navigation, et lorsque je revins dans ces parages, quelques mois après, je trouvai mon ours civilisé comme un parfait gentleman de la Sibérie. Il ne lui manquait que la parole. J'avoue, à son avantage, qu'il s'en passait fort bien et qu'il parvenait à se faire comprendre le mieux du monde, par une mimique très expressive. Je le pris à bord avec moi, et il fut, durant toute la traversée, le passe-temps de mes matelots. J'avais alors comme cuisinier un excellent garçon, franc Parisien du faubourg, qui faisait l'admiration de ses camarades par sa verve de tous les diables. Je lui confiai l'ami Roméo. Je l'avais baptisé ainsi, à cause de ses exploits et de ses aventures de cœur.

Mon cuisinier, qui s'appelait Voyrain, lia vite connaissance avec le nouvel embarqué. Il commença par lui construire une opulente cabine voisine de la sienne; à se l'attirer par la gourmandise. Il lui prodiguait les desserts les plus appétissants de la table des officiers. Il n'y avait rien de trop choisi pour le copain. Mon Voyrain le rassasiait de gâteaux, de confitures, ni plus ni moins que le perroquet Vert-Vert des bonnes visitandines. Il s'en fit un ami de tous les instants. Et comme le pauvre garçon se trouvait sevré de toute affection, il reporta le trop plein de son cœur sur ce sauvage mal léché qui, lui aussi, sous une enveloppe rude et grossière, cachait des sentiments tendres. Ils s'entendaient à merveille. Roméo lisait dans les yeux de Voyrain. Ces deux animaux s'aimaient. Dans la cuisine, l'ours revêtu d'une toque et d'un tablier, présidait aux fourneaux, et se chauffait dans une douce et molle béatitude. Il regardait faire son ami avec un air observateur. Lorsque les sauces étaient confectionnées, il ne se gênait pas pour les goûter et juger en dernier ressort. Un jour, nous étions au second service. Je m'entretenais joyeusement à table avec mon entourage ; lorsque je vis apparaître au haut de l'escalier, mon brave Roméo, revêtu de sa livrée et portant sur ses bras repliés un vaste plat fumant de victuailles. L'hilarité fut générale. J'imposai silence et je laissai faire jusqu'au bout. Après des précautions infinies, descendant les marches une à une, gardant l'équilibre le plus parfait, notre larbin improvisé réussit à s'approcher de la table. Il vint droit à moi, sans la moindre hésitation et il déposa très proprement le plat et son contenu à la portée de ma main. Puis il se campa à quelques pas derrière ma chaise, attendant sa récompense. Je le savais très vaniteux et grand amateur de compliments, je me retournai, je lui pris le pied et l'agitai en signe de satisfaction. Il était beau de fierté et de contentement. Ce fut alors à qui le comblerait de gâteries. On le chargea de provisions de toute espèce. Il y toucha peu, se contenta de quelques morceaux de sucre et s'en alla porter le reste de sa fructueuse quête à son inséparable ami.

Je ne pus m'empêcher de réprimander le chef Voyrain pour cette espièglerie. Il eut le mauvais goût de paraître offensé de mes remontrances, je dus me montrer plus sévère. Il passa quelques jours en cale. Ce fut une désolation, un désespoir pour le pauvre Roméo. Tout le jour il allait et venait du cachot à la cuisine, de la cuisine à la cabine de son ami. Je fus alors témoin d'un spectacle extraordinaire. Depuis quelque temps, je ne voyais plus mon ours dans ses allées et venues. Cela m'inquiéta. Je descendis, je cherchai partout, je ne le trouvai nulle part. Il refusait toute nourriture depuis la perte de son ami. Se serait-il par hasard jeté par-dessus bord dans un sublime mouvement de désespoir ? J'eus tout lieu de le craindre. Je me rendis à la cellule du prisonnier, dans l'espérance de recueillir quelques informations. Quel ne fut pas mon étonnement de trouver mon Voyrain en conversation très animée avec son bon ami. J'écoutai ce singulier discours.

— Tu n'es qu'un misérable sans cœur, lui disait-il, un bon matelot ne connaît que la consigne et le devoir. Je ne te reproche pas d'être la cause du clou que je pince ; non, j'y suis pour quelque chose ! Mais, malheureux, tu ne sais donc pas à quoi tu t'exposes en brisant ainsi les clôtures pour t'introduire auprès de moi ! Si le capitaine, qui est un bon, savait cela, tu passerais au conseil ainsi que moi ! La belle avance, mon vieux Roméo ! Tu ne pouvais pas attendre tranquillement quelques jours. Rien ne te manquait à la cuisine : tu avais tout à discrétion.

Et par les planches disjointes, j'apercevais l'ours en face de son compagnon. Il avait des airs humiliés pleins de repentance. Le pauvre animal baissait la tête et semblait comprendre la gravité de la situation. Voyrain l'écolait du doigt ; et ce geste tranchant produisait sur lui un effet extraordinaire de persuasion. Je ne voulus pas que cette scène attendrissante se prolongeât davantage. J'entrai résolument dans le cachot. Mais, halte-là ! Martin ne l'entendait pas ainsi. Soit qu'il me soupçonnât l'auteur de tout le mal qui arrivait à son ami, soit qu'il se considérât lui-même comme le gardien et le défenseur du prisonnier, il s'avança à ma rencontre et d'un air menaçant m'interdit le passage. Je le vis sur le point de me sauter à la gorge. Voyrain eut toutes les peines du monde pour le rappeler à l'ordre et au respect de ses supérieurs.

— Animal, brute, lui criait-il, bas les pattes ! veux-tu bien faire le salut au capitaine.

Il se retourna gravement de son côté, pour bien saisir les ordres, et il s'exécuta en maugréant.

Évidemment ce jour-là, je n'étais pas de ses amis.

— Capitaine, me dit Voyrain, je crois qu'il vous en veut de m'avoir fourré au bloc.

— Mais par quel moyen a-t-il pu pénétrer jusqu'à vous ! Aurait il volé la clef dans la poche de l'officier de quart?

— Je vous réponds, capitaine, qu'il en a une solide de clef et qui ne le quitte pas ! Imaginez-vous que cette nuit j'ai été réveillé par les grognements plaintifs de Roméo. Bon, me suis-je dit, le vieux camarade a découvert ma cachette et il vient m'apporter ses condoléances. C'est beau de sa part. Comme je me frottais les yeux pour me réveiller un peu, je vis des planches qui sautaient en éclats aux environs de la porte et mon brave ami qui me montrait son museau. J'eus beau jurer pour le faire tenir tranquille, il ne m'entendit pas et n'en fit qu'à sa tête. Si bien qu'au bout de quelque temps il était dans mes bras, ce pauvre Roméo. D'abord je n'ai pas pu m'empêcher de l'embrasser pour sa bonne action ; mais après, quand la réflexion m'est venue, je ne lui ai pas fait mes compliments, je vous assure.

— C'est bien, dis-je à Voyrain, sors d'ici et veille un peu mieux à ton ours une autre fois ; et toi, Roméo, plus de sottises, tu m'entends.

Il m'entendait parfaitement. Lorsqu'il vit son compagnon en liberté, il sauta comme un fou autour de lui et se mit à lui lécher le nez. C'était sa familiarité ordinaire. Je reconquis assez vite ses bonnes grâces en lui offrant au dessert de fréquents canards à l'eau-de-vie dont il se montrait très gourmand.

Comme nous faisions du charbon en Norvège, je faillis perdre mon pauvre Roméo. Voyrain m'avait demandé la permission de le promener à terre avec lui, pour lui faire prendre l'air. Je consentis. Il débarqua avec son ours sur ses talons. Tout le monde s'écartait de lui sur le port et il y avait vraiment de quoi. Voyrain, en Parisien sceptique, grand amateur de curiosités, fit faire à son vieux camarade tout le tour de la ville et lui fit visiter tous les monuments célèbres. Or ne s'avisa-t-il pas de l'introduire au beau milieu d'une église pendant l'office divin. Mon Voyrain, sans se préoccuper trop de son suivant, contempla à loisir les rétables d'autel, les chapiteaux des colonnes, les voûtes en bois. Une cinquantaine de bonnes dévotes recueillies priaient Dieu la face contre terre dans la grande nef, autour du chœur. Tout à coup mon matelot se retourne et ne voit plus son Roméo. Il s'inquiète, cherche partout, sous les bancs, dans les jupes des Norvégiennes, en adoration dans les coins des confessionnaux. Rien, plus de Roméo ! Sa figure commençait à s'allonger sous la jugulaire de son béret. Il fouilla la sacristie, regarda jusque dans les profondeurs des bénitiers. Il ne découvrit aucune trace de son compagnon. Enfin, il s'arrêta à un parti héroïque : s'adressant à un majestueux employé d'église :

— Monsieur, lui dit-il, vous n'auriez pas par hasard rencontré Roméo ?

— Qui ça Roméo ?

— Mon ours !

— Votre ours ! vous avez introduit un ours ici ! Mais c'est un crime. Je m'en vais prévenir le recteur. Il faut fermer les portes. Je saute à ma hallebarde. Voyrain eut toutes les peines pour empêcher ce brave bedeau de faire un mauvais parti à Roméo.

L'aventure fit du bruit dans les rangs agenouillés. On se chuchota l'affreuse nouvelle et chacun se précipitait déjà aux portes, oubliant Dieu, les belles oraisons, les chastes colloques, lorsque Roméo, le digne, le grave, le magistral Roméo montra sa tête avec une dignité sacerdotale par-dessus la rampe en velours de la chaire à prêcher.

Ses deux grosses pattes étaient posées sur les bords de la tribune de sapience et sa tête allait de côté et d'autre avec beaucoup d'éloquence. Il jouissait de haut du coup d'œil d'ensemble. A la vue de ce prédicateur hirsute et mal peigné, revêtu de la robe des pères capucins, qui semblait sermoner des ouailles, un immense éclat de rire échappa à mon Voyrain. Les échos du saint lieu furent profanés. Le pasteur faillit interrompre les cérémonies, et le gardien de l'église chercha querelle au perturbateur du service divin. Mais un matelot n'a jamais tremblé devant le pompon d'un suisse d'église. Mon Parisien donna un croc-en-jambe au colosse norvégien qui s'écroula sur les dalles au bruit retentissant de son harnois guerrier; il siffla son ami et il tourna crânement les talons.

Mais le vindicatif églisier, tenait à une revanche immédiate. A peine relevé de sa chute il se mit à la poursuite du chef cuisinier de la *Sainte-Alice*. Celui-ci, en entendant les pas lourds qui lui en voulaient, se retourna. Le respectable et courageux défenseur de l'autel tenait déjà en arrêt le fer émoussé de sa durandal. Il était terrible, menaçant.

— N'avancez pas davantage, cher carabinier, lui cria Voyrain, ou je lâche mon chien et gare à votre baudrier doré.

— C'est bien, monsieur, nous nous retrouverons.

— Là-haut! peut-être, fit mon matelot avec un geste gouailleur et il quitta l'église fier et campé comme Artaban.

Il me fit mourir de rire lorsqu'il me raconta cet épisode de sa promenade en ville. Il passa bientôt à bord à l'état de légende.

Je pourrais vous raconter encore, me dit le capitaine, l'histoire de la pêche au homard sur les côtes d'Angleterre, comme quoi l'imprudent Roméo faillit perdre le bout de son adorable petit museau futé en se livrant de trop près à la pêche du crustacé et comme quoi ce fut Voyrain qui le délivra des pinces du monstre marin; et l'histoire terrible du bal masqué à bord le jour de carnaval, comment mes matelots ivres s'étant tous déguisés en Roméo, faillirent être exterminés par le véritable Roméo qui trouva la plaisanterie d'un goût douteux. Mais je préfère aller au court et vous dire en quelques mots, qu'après être passé maître en manœuvre navale, après avoir fait ses classes sur mon navire où personne ne grimpait aux mâts mieux que lui, mon ours Arctos des Yakouts fut enfin débarqué à Lorient dans un parfait état de santé.

Voyrain ne put se séparer de son meilleur ami. Il me demanda la permission d'entrer à mon service afin de pouvoir soigner son Roméo. J'y consentis volontiers. Je présentai à ma femme mes deux précieuses acquisitions et tout alla pour le mieux dans ma petite retraite de Lorient. Roméo marmitonnait à ravir.

J'avais une jeune enfant de quatre à cinq ans, confiée aux soins d'une bonne Nantaise, espèce de paysanne bourrue qui se plaisait à faire pleurer souvent ma fillette. Il paraît que ces procédés déplurent

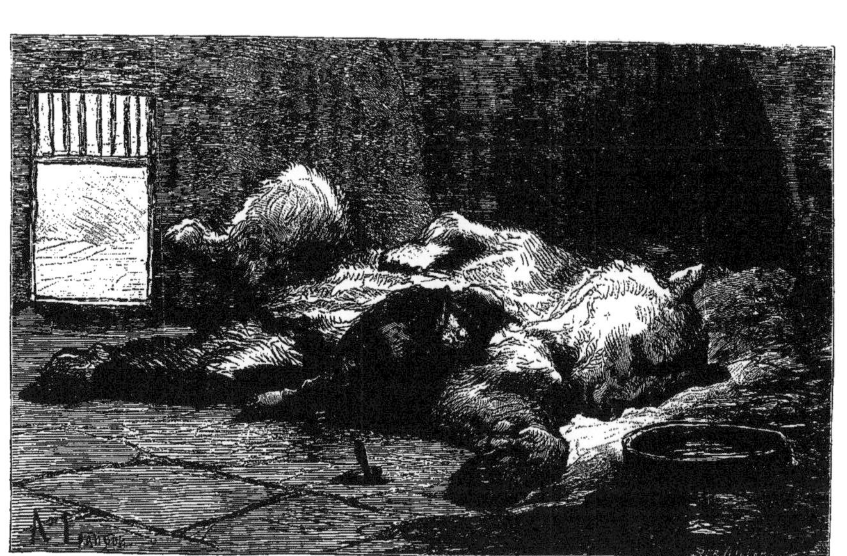

Il tenait entre ses pattes le Savoyard qui dormait. (Page 620.)

à messire Martin et un beau jour, comme la gouvernante tirait méchamment les cheveux à la petite, il s'approcha d'elle et lui passa ses griffes dans la raie de ses cheveux à elle et il lui fit comprendre qu'il ne faut pas faire de mal à son prochain si l'on ne veut pas qu'il vous en fasse. Après cela, mon brave Roméo prit délicatement ma fille entre ses bras, la berça tendrement et vint la déposer auprès de ses joujoux. Je les trouvai ensemble en train de s'amuser comme de bons camarades. La domestique me demanda ses huit jours et depuis lors il me fut impossible de reprendre des bonnes. Ma maison était par trop mal famée. On la désignait sous le nom de maison à l'ours. C'était peut-être à votre serviteur que cette injure s'adressait. N'importe, je continuai à vivre solitaire et caché sous l'œil vigilant de mon ours mal léché, la terreur des bonnes d'enfants et l'ami des militaires retraités de la marine française. Je n'hésitai pas dès lors à confier ma fille aux bons soins de Roméo. Vous n'avez pas idée de sa vigilance et de son dévouement. Le matin il s'en allait à travers les corridors éveiller son enfant. Sans bruit, il pénétrait dans sa chambre, se penchant sur son berceau, la réchauffait de son haleine, lui jetait ses petits habits. Il passait des heures avec elle à jouer à la poupée. Son grand bonheur était de s'admirer dans une grande glace d'armoire. Alors Roméo était très réjouissant. Il se dressait en pied en face du miroir qui lui renvoyait tous ses charmes, faisait mille singeries, se débarbouillait avec la plante grasse de ses pieds et essayait de saisir l'image reflétée.

J'en fis aussi un portier fidèle. Et je vous assure que les importuns y regardaient à deux fois avant de venir me déranger...

Je demandai au capitaine ce qu'était devenu son serviteur modèle, comme on n'en voit plus parmi nous. Il me répondit la larme à l'œil :

— Pauvre Roméo! il est mort, comme il a vécu, de dévouement : Je ne puis vous en dire davantage.

Je n'insistai pas pour ne pas réveiller quelque cuisante et secrète douleur dans l'âme du brave marin.

Mais toutes ces histoires qu'il me racontait souvent le soir au coin du feu, lorsque ses vieilles douleurs ne le tourmentaient pas trop me firent croire à tout ce que l'on a écrit sur l'intelligence et la bonté des ours. Cela me rappelait les récits ingénus et non sans charme d'Oléarius et de l'abbé Lyonnais. Sous la reine Louise-Marie de Pologne, on avait trouvé dans les forêts, sous un berceau de gazon ombragé par de frais ombrages, un petit enfant. Une ourse lui servait de mère et le nourrissait de son lait, comme aux temps antiques la louve de Romulus.

« Depuis René II, les ducs de Lorraine entretenaient constamment un ours, en reconnaissance des services que le canton de Berne, qui portait cet animal dans ses armoiries, lui avait rendus, en engageant les cantons suisses à lui fournir des secours contre le duc de Bourgogne. Sous le règne de Léopold, un petit Savoyard, mourant de froid dans le grand hiver de 1709, s'avisa d'entrer dans la loge de l'ours du duc. Masco, c'est le nom que l'on avait donné à l'animal, loin de maltraiter celui qui venait se confier à sa générosité, le prit entre ses jambes et le serra contre sa poitrine pour le réchauffer. Le lendemain matin, il laissa partir le Savoyard, qui, après avoir couru la ville toute la journée, retourna chez son nouvel hôte et y fut reçu avec la même affection; l'enfant n'eut plus d'autre retraite et Masco lui réservait toujours une portion de ses repas. Un jour, ayant reçu sa nourriture plus tard qu'à l'ordinaire, son gardien fut très surpris de le trouver couché, les yeux étincelants et marquant par son air furieux, qu'il craignait qu'on ne lui enlevât un dépôt précieux. Il tenait en effet entre ses pattes le Savoyard qui dormait d'un profond sommeil et que l'ours ne voulut pas déranger pour satisfaire son appétit. Toute la cour de Léopold, ainsi que les habitants de Nancy, ont été témoins de ce trait de la bonté du naturel d'un ours, et il serait devenu pour le Savoyard un moyen de fortune, si une mort prématurée ne l'eût enlevé peu de temps après. »

Nous avons beaucoup d'autres exemples de cette sorte d'affection pour l'enfance qui paraît être dans les mœurs des plantigrades. Chacun se souvient de l'aventure arrivée il y a quelques quinze ans au Jardin des plantes. Une nourrice par trop distraite ou plutôt par trop attentive aux démonstrations d'un pompier séducteur, laissa tomber son enfant dans la fosse aux ours. Les animaux s'approchèrent du pauvre petit être meurtri et lui léchèrent ses plaies. On eut beaucoup de peine également à leur faire rendre leur dépôt au gardien.

On cite des faits semblables à Berne, la ville des ours. Tout ceci prouve qu'il serait très facile de domestiquer un animal aussi pacifique, dont les mœurs n'ont rien de cruel et qui semble au contraire affecté d'une sorte de commisération pour tout ce qui est faible, tendre et qui paraît souffrir. Ce philosophe à l'écorce rude, cet ermite qui marche sans cesse incliné vers la terre et qui se redresse par bonds vers le ciel, est une nature des plus intéressantes à étudier. Les naturalistes anglais qui s'occupent beaucoup aujourd'hui du transformisme animal au point de vue des instincts et des similitudes morales, feraient bien d'approfondir le caractère de l'ours et d'écrire quelque livre intéressant et de lecture courante sur la psychologie ursine. Pour moi, lorsque je le vois errer dans sa tristesse morne au milieu des montagnes délaissées des hommes, au sein d'une nature bouleversée, je ne puis m'empêcher de reporter mon esprit aux époques primitives. Alors il était le véritable roi de la montagne, le seul penseur profond de la terre. Pourquoi ne s'est-il pas élevé plus haut? pourquoi son intelligence est-elle restée comme enfouie dans une perpétuelle enfance? Le progrès ne semble pas s'être exercé sur lui. Tandis que l'ancêtre de l'homme profitait de tous les changements extérieurs, se transformait, évoluait en même temps que la planète et prenait enfin un cerveau réflexe; l'ours demeurait cantonné dans les mêmes sensations, s'il ne dégénérait pas. Si l'on compare en effet les ossements fossiles de l'*Ursus speluncæus*, de l'ours des cavernes, on trouve que cette espèce éteinte devait être un quart plus grande que celle de l'ours brun d'Europe. D'après les travaux de Blumenbach, de Rosenthal, de Camper, de Rosenmüller et de Cuvier surtout, il est incontestable que l'ours des cavernes devait posséder également une intelligence supérieure à celle de l'ours arctos. Le front est plus développé, la capacité crânienne plus considérable; deux bosses convexes assez considérables qui font protubérance à la partie antérieure du frontal indiquent des lobes cérébraux très développés.

Les cavernes de la Hongrie, de la Franconie, du Hartz sont remplies de ces ossements, qui remontent au début de l'époque tertiaire. Et chose digne de remarque, qui n'a peut-être pas suffisamment attiré l'attention de nos géologues et de nos paléontologistes; sous les débris de l'*Ursus Speluncæus*, dans des couches plus profondes et de formation antérieure, on rencontre des fossiles de l'*Ursus arctoïdeus*, de l'*Ursus priscus* et de l'*Ursus etruscus* qui se rapprochent beaucoup plus des ours actuellement vivants. Aussi l'ours arctoïdien offre bien comme taille les proportions de l'ours des cavernes, mais son crâne est bien différent. Il est moins bombé, les crêtes temporales moins en saillie; de plus, la canine se trouve séparée de la molaire par un intervalle beaucoup plus sensible. Quant à l'*Ursus priscus* ou primitif de Goldfuss, on le confondrait volontiers avec notre petit ours des Alpes par les formes de sa tête et l'exiguïté relative de tout son corps. Le front est plan dans toute sa surface et s'unit aux os du nez sans concavité, un véritable galbe grec ! La caverne profonde de Gayleureuth qui nous a révélé cet ours, nous a donné beaucoup à réfléchir, et des théories à l'infini se sont édifiées sur ces bizarreries de la nature.

D'après ce court exposé au sujet de l'ours fossile et des ancêtres de l'ours européen actuel, il ressort ceci : c'est que selon nous, cette espèce qui doit être considérée comme le perfectionnement de plantigrades inférieurs tels que le blaireau, le glouton, le raton, le kinkajou, les fourmiliers; cette espèce, dis-je, est arrivée à son point culminant dans l'*Ursus Speluncæus*. Monté sur le faîte, l'ours aspira à descendre. C'est dans ses mœurs aussi bien que dans celles des héros de Corneille.

La fin de la période tertiaire et le commencement de l'âge quaternaire ne furent pas favorables au développement de ce plantigrade jusqu'alors privilégié. Ses formes s'atténuèrent, son instinct s'étiola et il fit retour au type primitif des ours arctoïdiens et des ours prisci. Ce mouvement rétrograde est des plus intéressants à étudier et nous explique les incohérences, les bigarrures de caractère que l'on retrouve dans l'ours moderne, héritier indigne et dégénéré du grand ancêtre, l'ours des cavernes. On comprend mieux alors cet amas de contradictions, ce mélange de grandeur et de misère, ces aspirations élevées, cette concentration triste et méditative de ce naturel singulier. L'ours nous produit évidemment l'effet d'une créature intéressante qui a eu des malheurs. La pauvre bête a été contrariée dans ses goûts, entravée dans ses élans. L'ours est donc un déclassé, un raté, comme nous disons aujourd'hui. Il s'en console et cache son dépit au fond des solitudes. Toutes les légendes grisonnes et tyroliennes qui courent sur son compte et qui forment une poésie populaire très originale, ont interprété dans la perfection et avec un sens intuitif merveilleux tout ce que je viens de dire d'à peu près savant. On l'appelle le Vieux de la montagne, le Père-Éternel, le Boudeur, le Philosophe, le Malin, et on le représente sans cesse occupé à méditer des projets noirs et à ronger sa sourde colère. En Bohême, en Lithuanie, dans beaucoup de pays du Nord, il passe pour un sorcier et lorsqu'on voit son ombre ou la trace de ses pas, il faut s'attendre à quelque lugubre événement. Il est en effet très peu d'animaux qui prêtent autant que lui à la superstition. Sa bonhomie le rend particulièrement sympathique au paysan d'Allemagne. Au moyen âge on s'en servait pour fronder l'autorité ecclésiastique. Les braves habitants d'un petit village du Wolhynie ont fait mieux que tout cela. Ils ont trouvé moyen de s'en faire quelques petites rentes Leur procédé est fort simple. Au lieu de détruire l'espèce, ils la propagent et la protègent au contraire par tous les moyens en leur pouvoir, et ils sont parvenus à fonder, au bourg de Smorgoni, un véritable séminaire, une académie modèle où les ours de cette nation reçoivent une éducation supérieure très perfectionnée. On les prend tout jeunes, on les livre à des maîtres spéciaux, on les soumet à un régime de Pythagoriciens et au bout d'une année ou deux, suivant les aptitudes, ils sortent de là maîtres ès tours et ès sauteries. Il se trouve des entrepreneurs qui les achètent quelques centaines de francs et les promènent à travers les villes paisibles et les bourgades honnêtes de la Russie, de l'Autriche et de l'empire germanique. Lorsque ces industriels, ces barnums montreurs d'ours ont amassé un pécule et qu'ils commencent à blanchir, chargés de voyages et d'expérience, ils entrent en qualité de professeurs émérites dans l'établissement de dressage de Smorgoni. Je dois dire à ma honte que j'ai été mis à l'index d'une de ces congrégations ursines. Il y a bien longtemps de cela. J'étais jeune alors, plein d'ardeur comme un simple étudiant et ne doutant absolument de rien, pas plus de la vertu des femmes que de l'aménité des ours. Je passai ces vacances-là à courir la Suisse et les universités soporifiques de l'Allemagne. D'après mon itinéraire, dressé avec soin comme une carte d'état-major, je devais visiter les plus belles contrées du Tyrol, les sites les plus sauvages de l'Inn et de là passer en Italie sur les lacs romantiques de Côme et de Garde. Il me restait un mois environ pour terminer mon excursion et je n'étais pas fâché de m'initier aux mœurs tyroliennes, que l'on dit si patriarcales, par un séjour assez prolongé dans le pays. C'était vers la fin de septembre, époque parfaitement choisie pour juger du Tyrol en pleine couleur locale. Les premières neiges commençaient à blanchir les pentes des hautes montagnes, les forêts de mélèzes, de hêtres et de sapins prenaient des airs frileux on ne peut plus attendrissants. J'avais pris pension dans une vieille maison gothique, chez un vieux brave homme qui me jouait du violon du matin au soir et bien souvent du soir au matin. Nous buvions ensemble des quantités invraisemblables de bière brune et blonde, en fumant nos grandes pipes de faïence enluminées de sujets de chasse. Le vieux Tyrolien avait une nièce charmante aux longues nattes traînantes qui balayaient le parquet de sapin blanc, aux grands yeux attristés qui produisaient sur mon cœur un délicieux effet de coucher de soleil. Ces yeux-là étaient pleins d'or et d'azur. Cette jeune fille étudiait pour être institutrice en Espagne. Sa petite bibliothèque était principalement composée de livres inoffensifs écrits dans la langue tintinnabulante de Calderon et de Vega. Pour occuper mes longues veillées en famille et m'aider à supporter les improvisations du maëstro, je priai la belle tyrolienne de me donner quelque chose à lire.

Elle tomba sur un respectable bouquin armorié aux armes d'Alphonse XI, roi très catholique de toutes les Espagnes. C'était un délicieux traité de vénerie écrit de la main même du monarque en un style royal d'amateur. C'était à vous donner envie de partir en guerre contre les animaux de la création. Tout y était décrit avec art, précision, méthode, enthousiasme. On assistait aux grandes chasses d'autrefois, on savourait ces plaisirs de prince. Je passai des soirées délicieuses à épeler ce volume sous la petite lampe de cuivre de la chambre, aux côtés de la jeune institutrice qui se perfectionnait dans tous les genres de littérature et qui se rassasiait de grammaires.

J'aurais peut-être préféré autre chose. Mais l'oncle mélomane ne souffrait aucune conversation autour de lui pendant qu'il filait amoureusement ses notes. Le moindre susurrement dérangeait son inspiration, lui brouillait l'oreille. Cela ne m'empêchait pas d'être très heureux et de goûter une volupté secrète entre ce vieillard et cette enfant. Les meutes royales qui couraient et aboyaient dans mon livre, les chevaux lancés à fond qui escaladaient des fossés, des haies, qui entraient jusqu'au poitrail dans les marécages, les piqueurs aux livrées étincelantes qui sonnaient du cor dans les grands bois, les duchesses aux robes flottantes et gantées de daim qui chevauchaient sur les montagnes, les bêtes forcées, les curées, les repues, les cornes de vin, les aventures galantes, les retours au château, les salutations d'honneur, les flambeaux, les bals ; tout cela me tournait la tête, beaucoup plus que les charmes rêveurs de ma voisine. Je me faisais Castillan corps et âme, et je montais vêtu de satin noir de beaux genêts d'Espagne. Un récit surtout me passionna par son entrain extraordinaire. C'était une chasse à l'ours à cor et à cri comme on n'en fait plus aujourd'hui. On mit cinq jours à débûcher l'animal. Il fallut se lancer sur toutes les montagnes, envoyer des régiments de batteurs et des escadrons de chiens volants à plus de vingt lieues pour trouver l'ours ; et quand on l'eut découvert, le poursuivre encore cinq jours durant avant de le forcer. C'était une véritable campagne guerrière. On y déploya du courage, de l'adresse, et de la stratégie comme en pré-

Il s'amusait à danser en rond en frappant le sol de son bâton. (Page 631.)



sence de l'ennemi ; et le roi revint à son palais grisé d'honneur et moulu de fatigue. Sur ma foi, c'était beau et j'admirais de tout mon cœur cette superbe équipée. Les accents passionnés du violon contribuaient de plus à lancer mon imagination dans les rêveries fantastiques de la chasse infernale. Et puis le Tyrol est un singulier pays qui vous hallucine. Ce climat étrange vous fait germer des pensées de l'autre monde. On est forcément un reître, un arbalétrier, lorsqu'on a goûté quelques jours seulement de cet air ensorcelé.

Le fait est que le lendemain à la pointe du jour, je sortis de la maison le fusil sur l'épaule, le chapeau pointu sur l'oreille, les guêtres bouclées au mollet. Je n'étais vraiment pas trop mal dans mon costume d'opéra-comique. J'avais acheté, à Inspruck, moyennant une douzaine de florins, un costume idéal, vert tyrolien, avec des soutaches jaunes et des boutons de cornes de cerf. Je n'étais pas fâché de me montrer à mes hôtes dans cet équipage qui aurait fait pâmer d'admiration et de convoitise plus d'une petite bourgeoise parisienne.

— Où allez-vous donc comme cela si matin, me dit tranquillement le violoneux. Vous ressemblez à un marié de village. Il ne vous manque plus que les grands rubans.

— Vous ne voyez donc pas que je pars pour la chasse.

Il se mit à rire à travers son râtelier ébréché qui ressemblait à une chattière.

— A la chasse? bonté divine! Vous allez revenir dans un joli état. Vous ne savez donc pas que la saison est déjà pas mal avancée et qu'il vous faudra jouer des jambes une enfilade d'heures avant de vous trouver sur le terrain du gibier. Vous n'êtes pas accoutumé à grimper sur la roche, à enjamber des précipices, n'est-ce pas? Vous aimez mieux l'asphalte du boulevard et vous avez raison. Restez donc ici bien chaudement. Cela vaudra mieux. Et puis, qu'est-ce que vous allez chasser?

— Des ours s'il y en a encore.

— Oh! il n'en manque pas parmi nous. Ce n'est pas la peine de monter si haut. Le bourgmestre pourra vous servir de cible. Voyons, sans rire, vous voulez abattre un ours?

— Parfaitement! J'ai l'intention de m'offrir ce régal. Je ne dispose pas, il est vrai, comme le roi de Castille d'une légion de mâtins à mettre à ses trousses; mais j'ai bon pied, bon œil, et je ne tremble pas, j'espère que cela me suffira.

— Mais, mon jeune ami, me dit paternellement le vieillard, vous vous imaginez donc que l'on chasse l'ours comme le lapin, comme cela tout seul, en allant devant soi au hasard de la rencontre. Détrompez-vous. Vous avez lu tout cela à Paris dans des journaux parfaitement informés. Ici nous procédons autrement. Dans ma jeunesse j'étais assez renommé dans cet exercice et les vieux vous feront le compte de ceux que j'ai tués. Je puis donc vous parler savamment. Demandez un jour à ma nièce qu'elle vous prête mon carnet de chasse, mes tablettes où j'inscrivais mes exploits, vous verrez que l'on ne tue pas beaucoup d'ours en sa vie. Ils deviennent rares dans nos contrées. Je ne sais vraiment pas où ils passent. Ordinairement à chaque printemps on en voyait encore qui sortaient de leur hivernage ; maintenant si on en signale un ou deux, c'est un véritable événement. C'est sans doute parce qu'on ne les chasse plus qu'il n'y en a plus. Je n'ai pas eu connaissance que l'on en ait tué depuis l'accident de mon pauvre ami Kumpf. Je le vois encore. Il partait comme vous, seul un beau matin. J'eus beau lui dire que ce n'était pas prudent de partir ainsi à l'affût de l'ours sans être accompagné. Il me répondit qu'il savait où il allait. Et le soir, on le rapporta mort. Vous ne savez donc pas, imprudent jeune homme, que rien n'est plus dangereux que la chasse à l'ours? Ce n'est pas seulement du sang-froid et de l'intrépidité qu'il faut, mais une grande force et une grande adresse. On joue toujours au plus malin avec lui. Tenez, voyez-vous là, ajouta-t-il en me montrant son coude gauche. Savez-vous qui est-ce qui me l'a tordu de la sorte et qui me l'a mis dans cet état? Un compère, pas autre chose. C'était en 1842 ; des paysans étaient venus nous prévenir qu'une ourse et deux oursons rôdaient dans la montagne et occasionnaient quelques dégâts dans les métairies. Je partis aussitôt avec deux de mes camarades, intrépides tireurs comme moi et l'on fit ensemble l'ascension de la montagne. Il s'agissait de trouver les passages de l'animal ou au moins sa retraite. Ce n'était pas chose facile sur des rochers abrupts, et glissants comme de la glace. Allez donc dénicher un ours dans des ravins sans fonds, dans des crevasses dangereuses et sur plusieurs lieues d'étendue. Il faut absolument recourir à la ruse. Alors nous avons choisi un plateau assez élevé et assez large entre deux pics et nous avons déposé de place en place le long des rochers des terrines pleines de lait fumant et nous nous sommes cachés dans un endroit très couvert qui nous masquait bien, tout en nous laissant voir aux alentours. Devinez combien de temps, je suis resté à attendre avec mes amis dans cet affût glacé? huit jours entiers, sans remuer, dans une immobilité absolue. L'ours a des sens d'une acuité extrême. Il flaire et il entend l'homme à des distances énormes. Si sa vue était aussi perçante, il serait impossible de le prendre. Mais fort heureusement, il est myope comme tous les savants et l'on spécule sur ce petit défaut. Il s'agit tout simplement de se mettre contre le vent, de ne pas trop laisser d'odeur après soi, de choisir une bonne cachette et d'attendre patiemment. Nous étions donc là à nous morfondre depuis des journées, évitant de faire le moindre bruit, mangeant mal, dormant debout et pas moyen de fumer.

Un beau matin nous voyons un ours magnifique descendre, ou plutôt glisser le long des parois du rocher. Il alla droit à une petite source qui suintait entre deux roches, s'abreuva largement à la façon des porcs, en mangeant le liquide ; puis attiré par l'odeur aigrie de nos jattes de lait, il fit demi-tour et revint de notre côté, Le finaud se douta de quelque piège, car il fut très longtemps avant de goûter au breuvage. Il allait et venait, tournait de tous les côtés. A la fin vaincu par l'attrait des caillettes, il se décida à en goûter. Le mets parut tout à fait de son goût, car il s'en régala et n'en laissa point. Malheureusement il nous tournait sans cesse le dos et il nous était impossible de risquer une balle qui se fût amortie sur l'enveloppe lisse, poilue et graisseuse qui le protège comme une excellente cuirasse. Cependant il n'y avait pas un seul instant à perdre. L'animal pouvait se retirer et nous forcer ainsi à nous démasquer. Je pris une résolution énergique qui m'avait toujours réussi. Je pris la première place en avant de mes compagnons, je me postai sur le bord de la grotte de manière à découvrir l'ours. Je sifflai très vigoureusement à faire tressaillir les montagnes. Comme secoué par cet ébranlement aigu, il se dressa et se mit en posture de combat. Je saisis ce mouvement pour l'ajuster sous le ventre, le seul endroit où il soit vulnérable. Mon premier coup ne partit pas, et le second fut insuffisant à tuer la bête. Comme je faisais des contorsions assez vives pour saisir un autre fusil que mon ami me passait, je réveillai l'attention de l'ours qui se précipita sur moi et me brisa le bras gauche d'un coup de patte. Il n'eut pas le temps de m'achever, car, aussitôt deux balles parties derrière moi l'étendirent à mes pieds.

— Et c'est depuis ce temps-là, dis-je au vieux tueur d'ours, que vous jouez si bien du violon.

— Vous l'avez dit. Je fus des semaines à me remettre. J'eus affaire à un médecin très peu habile qui me négligea quelques jours, et jamais mon pauvre coude n'a pu s'allonger. En me voyant ainsi estropié et difforme pour le reste de mes jours, une bonne commère ma voisine me dit en riant et pour se moquer :Père Kumpf, on croirait que vous jouez toujours du violon avec votre bras en l'air. Pourquoi n'essayez-vous pas de cet instrument? Vous nous feriez danser le dimanche. Cela m'ouvrait des horizons. Et voilà comment un coup de pied d'un ours a fait de moi un joueur de violon.

— Alors vous attribuez votre accident à l'imprudence que vous avez commise de remuer trop?

— Pas à autre chose. Si vous ne bougez pas, les ours ne vous distinguent que très vaguement. Ils vous confondent avec les objets inanimés qui vous environnent et vous êtes sauvés ! Quand on chasse l'ours, retenez bien ceci, jeune homme : la consigne est de faire le mort. Un ours, même blessé, rendu furieux par la douleur. ne se jettera jamais sur son agresseur qui reste inerte. Et il m'est arrivé une autre fois d'être roulé par un compère pendant plus d'une demi-heure. Je feignais d'être une bille de bois quelconque et il s'amusait avec moi comme avec un joujou.

— Il devait cependant sentir que vous viviez. Votre respiration, la chaleur de votre corps : tout le lui révélait ?

— Je ne sais ce qu'il s'imagina ni pour quel objet il me prit, en tout cas, j'avais bien peur qu'il me confonde avec un morceau de viande quelconque et qu'il me croque après m'avoir ainsi attendri les chairs.

— Mais alors, c'est pure bêtise de leur part et ils ne sont pas aussi clairvoyants qu'on se plaît à le dire.

— Ils ne sont pas cruels, voilà tout. Ils ne s'acharnent pas sur un ennemi tombé. Vous croyant dans l'impossibilité de leur nuire désormais, ils vous traitent en pur cadavre. Et l'on ne s'en plaint pas dans notre petit monde de chasseurs tyroliens.

— Merci de vos charmantes histoires, mon cher hôte, lui dis-je, je vais faire un tour.

— Vous tenez absolument à étrenner votre habit neuf. Je souhaite que vous reveniez avec tous vos membres au grand complet. Je ne crains pas trop cependant, car je puis vous assurer que vous ne trouverez pas plus d'ours que sur ma main ?

Je vous l'ai déjà dit, la saison est déjà avancée et je ne serais pas surpris que vous trouviez porte close. C'est vers la fin de ce mois que l'ours commence chez nous à se recéler dans sa tanière et vous serez bien fin si vous parvenez à découvrir sa retraite.

— Il demeure longtemps dans son réduit?

— Tout l'hiver. Il attend la fonte des neiges et les chauds rayons du printemps pour en sortir et chercher à s'accoupler.

— De quoi vit-il durant ces longs hivernages ?

— De ses provisions de graisse qu'il a accumulées pendant la belle saison entre cuir et chair.

— Et cela lui suffit ?

— Il paraît. Il met de plus en pratique le proverbe : qui dort dîne. Comme il entre dans un engourdissement de marmotte, il ne sent pas trop les tiraillements de son estomac. Ses loisirs sont occupés à se faire les ongles et à se lécher la plante des pieds.

Je quittai mon brave Tyrolien, ne rêvant que rencontres d'ours et luttes corps à corps avec le vigoureux tombeur. Je m'enfonçai dans une gorge très resserrée qui avoisine la ville.

Je choisis un endroit charmant situé au-dessus de la route et dominant les bois. Je m'étendis sous une sorte de dolmen fait de trois pierres et en attendant la venue de mon gibier, je ne me gênai pas pour m'étendre sur le pré, fumer du tabac de Styrie et me plonger dans la contemplation du sublime spectacle qui se déroulait sous mes yeux. Je me doutais bien un peu que l'ours se garderait bien de venir déranger mes méditations de jeune homme ; mais les hasards sont si grands ! et la jeunesse si imbue d'espérances impossibles ! Jugez donc quel honneur ! rentrer à Paris avec la réputation d'un touriste tueur d'ours ! envoyer en témoignage quelque pied de-ci de-là aux amis incrédules. En vérité, c'était un beau rêve. Je me promettais bien déjà de me faire confectionner quelque excentrique pardessus avec la peau de mon plantigrade et d'émerveiller ainsi tout le joyeux quartier latin. Depuis, j'ai tué beaucoup d'animaux sous les latitudes les plus diverses et jamais je n'ai éprouvé autant de vrai bonheur que dans cet affût fantaisiste où j'attendais l'ours avec une foi robuste. On ne jouit ici-bas que par l'imagination.

Je me lassai cependant de ne rien voir venir. L'heure du souper approchait, je ne voulais pas jeter mes hôtes dans l'inquiétude. Je me levai, ramassai quelques objets épars et me disposai à descendre le sentier pour rejoindre la route. Soudain, ô joie ! ô ivresse ! ô tremblement de tout mon être ! Non, ce n'était pas possible ! Ce gros propriétaire qui se promenait à une vingtaine de mètres plus bas que moi, en pleine route, la canne à la main, qui marchait d'un pas tranquille et lent comme un dévot à la procession ; non ce n'était pas un ours ! je rêvais, j'étais victime de mes sens troublés. Je prenais mes désirs pour des réalités vivantes et ambulantes. Et pourtant ! Ce port majestueux, cette démarche de cavalier allemand, cette apparence sombre, cette fourrure, surtout ces poils entr'ouverts par le vent du soir ? Est-ce que tout cela ne constituait pas un ours véritable ? J'essuyai les verres de mes lunettes. Impossible de se méprendre. J'avais bien réellement devant moi, à quelques mètres de mon Lefaucheux à deux coups, chargé à balles, système breveté et perfectionné, j'avais un magnifique spécimen du sous-ordre des plantigrades, de l'ordre des carnassiers, de la famille des quadrupèdes, etc., etc. Mon individu tenait une grosse branche à la main et il s'amusait à danser en rond autour en frappant le sol de son bâton.

Il avait l'air de battre le beurre. Évidemment il jouissait comme moi, et avec plus d'épanchement, de la beauté du site et de l'agréable fraîcheur de la nuit tombante. Ce grand enfant se sentait heureux de vivre et de respirer l'air libre de la vallée. Sa large poitrine déglutissait des tonnes d'oxygène avec une volupté qui faisait plaisir à voir. Il ne s'agissait pas cependant de s'extasier et de rêvasser poétiquement en présence de ce monsieur ours qui profilait ses formes dodues sur les rougeurs du firmament. Je m'armai de résolution et je fis encore quelques pas pour me rapprocher de cet enthousiaste amant de la belle nature. Je fis rouler quelques cailloux qui dévalèrent jusqu'à ses pieds et lui firent lever la tête. Je crus tout perdu et je me disposais déjà à prendre la fuite, lorsque je fus tout étonné de voir que mon ours m'avait prévenu et qu'il s'en allait tranquillement de son côté vers la ville. Cette fois je n'hésitai plus, je lui envoyai à tout hasard mes deux balles dans la direction du train de derrière. Il agita la patte, se secoua le dos comme si une grosse mouche l'avait piqué et continua sa route. Au même instant, j'entendis des cris : « A l'assassin ! à l'assassin ! arrêtez ! ne tirez pas ! il est dressé ! C'est mon ours ! C'est mon gagne-pain ! » Et au même instant je voyais déboucher d'un taillis une sorte de géant qui menaçait de me faire un fort mauvais parti.

— Monsieur, me cria-t-il, de quel droit tirez-vous sur mon ours?

— Monsieur, lui répondis-je, avec quelle permission laissez-vous votre animal voyager ainsi sur les routes en toute liberté?

— Je suis professeur, monsieur, et j'apprends à mon élève à marcher seul.

J'avais évidemment l'honneur de parler à un des membres de l'académie ursine de Smorgoni. Je lui présentai mes excuses. Je fis valoir ma qualité d'étranger et de Français. Cela n'empêcha pas que je fus condamné à payer certaines détériorations que j'avais fait subir au jeune student.

Je devins la risée du pays et je me hâtai de quitter le Tyrol, terre par trop hospitalière pour les plantigrades et qui exploite trop les bipèdes de mon espèce.

Je regrette, ami lecteur, pour achever de vous faire connaître entièrement les mœurs de l'ours européen, de ne pouvoir vous parler *de*

*visu* de l'ours des Pyrénées et de l'ours collaris de Norvège, ainsi que de certaines variétés albines et nègres de notre ours arctos. Je vous avouerai en toute sincérité que je n'ai jamais rencontré dans les environs de Bagnères en fait de plantigrades, que des petits Basques trapus qui courent pieds nus et qui n'ont rien de commun avec le philosophe velu dont nous nous occupons. Il paraît cependant que l'ours du midi de la France et de l'Espagne, l'ours hidalgo par excellence est moins rustre, moins lourd de formes que l'ours des Alpes et que sa couleur tire davantage sur le tabac d'Espagne, tandis qu'il est chaussé de noirs cothurnes.

Mais je crois volontiers que ce sont les naturels du pays qui disent cela pour se faire une réputation et attirer les voyageurs. Quant à l'ours soi-disant de Sibérie et de Norvège il serait décoré d'une bande blanche sur les épaules. Mais personne ne l'a vu et il est probable que le voyageur aura pris un effet de neige pour une véritable teinte de la fourrure.

Il n'en est pas de même de deux autres variétés très tranchées, que l'on retrouve évidemment dans l'Europe en cherchant bien. Buffon ne s'y était pas laissé tromper. Lorsqu'on lui présenta un ours blanc comme la blanche hermine que l'on avait tiré du nord de l'Europe il décida sur l'heure que ce ne pouvait être le véritable ours blanc maritime, l'ours polaire ; mais seulement un albinos de l'ours arctos. C'est pourquoi il le baptisa du nom d'ours blanc terrestre. Et il fit bien, car il n'a aucun des autres caractères extérieurs qui distinguent l'ours marin. Le pigment de cet individu manquait de ton, voilà tout.

Buffon et Cuvier s'accordent également à distinguer de l'ours brun ordinaire un certain ours noir d'Europe auquel ils auraient trouvé un front aplati et même concave, manquant des bosses intelligentes qui font la supériorité de l'ours arctos. Le pelage, au lieu d'être brun foncé à la base et fauve à la pointe, serait uniformément d'un brun noirâtre très accentué. Et de plus, notez bien ce point, le museau serait couronné d'une auréole d'un brun roux et le dessus du nez porterait une tache fauve clair. Il doit peut-être ces marques à une longue habitude de prendre le café au lait dans les charmants fiords de Norvège..

Cet ours noir d'Europe serait, paraît-il, composé d'un individu unique et le squelette de ce phénomène est exposé sur une planchette dans le cabinet d'anatomie du Museum de Paris. De sorte qu'il n'en reste plus, et que la souche est épuisée en chair du moins. Les os demeurent : *Ossa manent.*

Liv. 80,

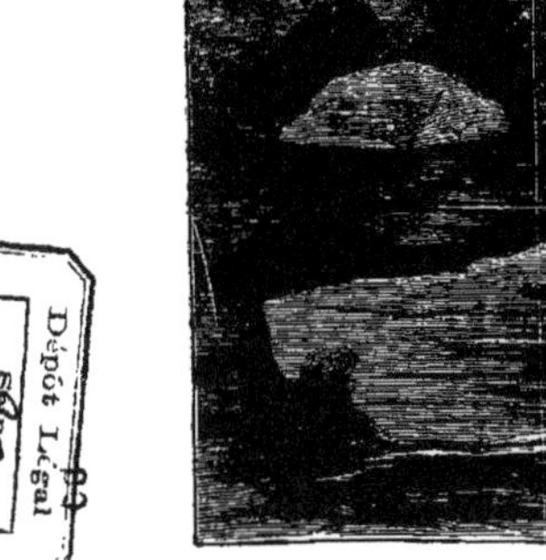


Ours blancs maritimes. (Page 635.)

# OURS BLANC

*The polar bear. — Ursus maritimus.*

Dans le voyage de navigation polaire que je fis à bord d'un baleinier du Havre et que j'ai déjà raconté au lecteur au chapitre des fossiles il m'est arrivé en plusieurs rencontres de faire connaissance avec l'ours blanc maritime. La première fois que je le vis, c'était entre les embouchures de la Léna et du Iénisseï. Notre bateau se trouvait pris dans de véritables montagnes de glace et il était impossible de continuer la route. Le plus simple était d'attendre des temps meilleurs. Nous avions des provisions fraîches, que nous avions pu renouveler avant de nous engager dans ces passages dangereux. Rien ne nous empêchait d'hiverner en paix dans ces régions glacées. L'endroit où nous étions arrêtés était des plus pittoresques. On eût dit un véritable paysage de glaçons.

Une Suisse transparente avec ses pics de cristal, ses ravins, ses chutes d'eau, ses glaciers. Les vagues avaient été comme saisies dans un de leurs bonds et congelées en l'air. En place de forêts nous avions des plantations de stalactites qui, semblables à des lianes pendantes, s'accrochaient à des voûtes et à des colonnes de glace aussi dures que du marbre. A travers ces rochers de formation récente, il était facile de circuler en passant sur des glaçons flottants ou en naviguant avec de petites barques entre chaque bloc. Nous avions eu le bonheur de nous rapprocher assez de la côte pour pouvoir l'atteindre sans trop de difficulté. A l'aide de nos traîneaux construits avec certaines parties du navire nous allions à travers ces champs immenses, à l'aventure, chassant, pêchant, à la recherche de quelque visage humain. Nos matelots nous avaient construit des cabines très confortables dans des murailles de glace. A grands coups de hache, ils avaient pratiqué des retraites, des cavernes pour chacun de nous. Il ne nous était pas désagréable de mener cette rude vie des habitants du pôle, à l'abri du besoin et suffisamment prémunis contre le froid. Quant à moi, je m'étais fabriqué une véritable doublure. Avec trois peaux d'ours blancs que je m'étais procurées en Sibérie, je m'étais confectionné la plus chaude et la plus impénétrable des fourrures. Je ressemblais à un ours véritable. Mes yeux seuls étaient à découvert.

Encore étaient-ils préservés contre le froid par des poils retombants, de sorte que je voyais à travers un écheveau de fils blancs qui me servait de voile et me coupait la vue. Je respirais par une simple ouverture pratiquée en pleine peau. Mes jambes étaient emprisonnées dans deux sacs énormes et j'avais à peine l'usage de mes mains. Sous cet appareil guerrier, bardé de mes trois peaux d'ours, je ressentais peu les atteintes du terrible climat. A la condition de ne respirer que par le nez, il est facile à l'homme de supporter ces températures basses sans trop souffrir de la poitrine. Je prenais beaucoup de mouvement afin d'entretenir en moi la chaleur naturelle et de combattre les influences extérieures. Ce qui contrarie le plus le voyageur dans ces latitudes polaires, c'est l'absence de la lumière. Ces longues nuits pendant lesquelles la nature est morte et engourdie vous fatiguent et vous pèsent comme un couvercle lourd et noir. La clarté crépusculaire, rougie d'aurores boréales, dans laquelle on se trouve plongé vous cause un sentiment de profonde tristesse et de lassitude dans tout l'être.

Un jour le médecin du bord vint me rendre en bon voisin une de ces longues visites qui aident à passer le temps dans ces veillées sans fin. Sa cabine était presque attenante à la mienne. Elle n'en était séparée que par une sorte de long couloir qui s'enfonçait dans les profondeurs de la roche glacée.

— Pourquoi, me dit le docteur, ne faites-vous pas démolir cette cloison? nous serions réunis. Ce serait plus gai.

— Rien de plus simple, lui répondis-je, et si vous le désirez nous pouvons nous mettre à l'œuvre immédiatement.

— Bien volontiers. Cela me réchauffera. Je crois que ce matin (habitude de parler) le thermomètre est descendu jusqu'à fond de cale. Buvons un verre d'eau-de-vie et à la besogne !

On se mit à l'œuvre avec courage. Les parois de glace n'avaient guère plus d'un mètre d'épaisseur. On mit une couple d'heures à les renverser et à en faire une sorte de galerie murée pour nous mettre à l'abri. Le travail touchait à son terme et nous nous félicitions, le docteur et moi, de la réussite de notre entreprise. Il nous restait quelques blocs à renverser pour communiquer entièrement par le corridor de l'appartement du médecin à mon appartement. J'enfonçai le tout d'un vigoureux coup de hache et jugez de notre surprise et aussi un peu de notre effroi : un grognement irrité nous répondit. C'était quelque chose qui ressemblait à la mauvaise humeur d'un chien que l'on réveille brusquement.

— C'est un ours, me dit tranquillement le médecin. Si vous désirez renouveler votre provision de fourrures, l'occasion se montre belle.

— Vous ne craignez pas qu'il se précipite sur nous !

— Peut-être si l'on tirait le canon à ses oreilles. Il dort et il dort bien. Si vous y tenez absolument nous allons l'immoler pendant son sommeil selon la pratique usitée par les héros de Virgile et d'Homère.

— C'est bien un peu lâche, fis-je observer, mais je ne serais pas fâché, à vrai dire, de me voir débarrassé de ce voisin gênant qui mettrait forcément quelque froid entre nous, cher docteur.

— Qui veut la fin veut les moyens, mon ami. Pas de scrupule, je vous prie. Si cependant vous tenez à combattre un ennemi éveillé, nous pouvons lui pincer le museau. Il ne sera pas longtemps alors à sortir de son sommeil, je vous assure. Faut-il ?

— Pas d'imprudence, docteur, ne tentons pas Dieu.

— Ce que j'en faisais, c'était uniquement pour respecter vos scrupules très honorables de chasseur loyal et intrépide.

L'ours était assoupi, roulé sur lui-même et recouvert d'un amas de neige. On le confondait avec cette neige. Il nous fut très facile de l'avoir. Nous devions cependant faire en sorte de le tuer d'un seul coup. Si en effet nous l'avions manqué, réveillé en fureur il nous aurait exterminés tous les deux. Armés de nos deux haches, nous nous sommes avancés tout près de lui, avec assez de précautions cependant pour ne pas le déranger. La neige craquait sous nos pas et pouvait nous déranger. Il y avait à craindre un réveil brusque de l'animal qui bien souvent ne dort que d'un œil. Nous eûmes la chance d'approcher sans être entendus. Mon ami et moi, nous nous plaçâmes de chaque côté de l'animal et brandissant nos armes d'une main ferme, nous lui fendîmes le crâne de part en part. Il ne poussa pas un cri, ne fit pas un mouvement. Son corps frissonna, ce fut toute son agonie. Nous étions enthousiasmés de notre opération. Cette provision inattendue de viande fraîche qui s'offrait à nous, réjouissait nos appétits, et le docteur, grand gourmand comme tous ceux de sa profession, savourait déjà par avance les succulents morceaux de notre plantureux gibier. Je saisis cette occasion pour faire connaître au lecteur toutes les particularités physiques de l'ours polaire.

Celui que nous venions de tuer mesurait sept pieds de long. Aucun ours brun n'atteint ces dimensions. Il avait la grosseur et le poids d'un bœuf. C'était une bête superbe. Son pelage n'était pas absolument blanc. Il tirait un peu sur le jaune isabelle. Les poils étaient très longs, très épais, très fournis. Ils n'avaient pas la rigidité constante de ceux des ours communs. Ils offraient au contraire une certaine jouissance au toucher. L'extrémité du museau était très noir et comme verni. Le museau est plus épais, plus grand, plus dilaté que le museau de l'arctos. Il n'offre aucune ride. Les ongles au nombre de cinq étaient également noirs. Les lèvres et l'intérieur de la bouche étaient tapissées d'une muqueuse violette très foncée. La plante et la paume des pieds se trouvaient être très velues. Je m'expliquai cette anomalie par le besoin que les ours polaires éprouvent de se tenir fermes sans glisser sur les surfaces lisses des banquises. Ces poils assurent en effet leur marche et les retiennent. L'ours blanc polaire porte donc des socques comme nos élégantes de 1830. Avec cela il est d'aplomb. Comme tous les animaux aquatiques, obligés de nager et de s'étendre sur l'eau, les proportions sont allongées. L'ours blanc est tout en longueur, comme l'ours brun tout en épaisseur. La taille de l'ours blanc est par conséquent beaucoup plus gracieuse et moins ramassée. Certes ce n'est pas encore la sveltesse souple des félins, mais la difformité des plantigrades en général y est beaucoup atténuée. Cela tient surtout à la longueur du cou et à l'affinement de la tête qui est bien séparée du reste du corps. L'ours blanc est moins bien doué au point de vue phrénologique. Son crâne est aplati, mince, sans protubérances générales, uniforme d'aspect, et il se rattache au nez sans solution de continuité. Les oreilles sont plus courtes et plus rondes que chez l'ours des Alpes ou des Pyrénées. Cela lui compose une physionomie quelque peu idiote et bonasse. L'œil est plus divergent, moins fin, plus terne. Une autre modification organique très notable qui le différencie de ses congénères terrestres c'est la longueur démesurée de ses pieds. L'ours blanc est réellement muni de patins comme les Samoyèdes. Tandis que les pieds de l'ours brun n'atteignent que la dixième partie de la longueur totale du corps, les pieds de l'ours blanc sont seulement six fois moins grands que la taille de l'animal. Cela explique sa marche glissante et presque rampante. L'ours marin est donc un archiplantigrade.

Après cette digression, revenons à notre ours de la Lena. Après l'avoir préalablement dépouillé et mis en quartiers, le docteur prétendit qu'il fallait le faire griller sur le feu, à la broche. Je n'avais aucune idée culinaire préconçue, je le laissai libre d'accommoder à sa fantaisie. Tout l'équipage fut convié à prendre part au festin. Nos matelots dévorèrent avec une avidité féroce. Il y avait si longtemps que cela ne leur était arrivé! Quant à moi, je trouvai à cette viande beaucoup d'analogie avec celle du mouton. Elle est plus riche en graisse et plus fibreuse. Je la préfère à celle de l'ours brun. Elle a en outre quelque chose qui rappelle le poisson par sa blancheur gélatineuse.

Notre aventure avait mis nos hommes en goût. Ils se mirent tous à vouloir chasser l'ours blanc. Mais leurs tentatives demeurèrent sans résultat. Il était encore trop tôt et les ours qui sont cependant excessivement nombreux dans ces parages, ne se montraient pas encore. Ils demeuraient cachés au fond de leurs repaires de glace. Il était chimérique de les aller relancer dans leur palais de cristal. Le hasard seul pouvait les guider. Je leur conseillai d'attendre quelque temps encore et je leur promis de les accompagner dans leur expédition. Ils s'en montrèrent très reconnaissants.

Lorsque les jours commencèrent à s'éclaircir et qu'un semblant de soleil, pâle comme un visage de morte, se montra à l'horizon, on commença les préparatifs pour la grande chasse. Sous l'action de la chaleur renaissante, les glaçons se fendirent et se heurtèrent les uns contre les autres. Mais, au milieu de cette débâcle, on pouvait cependant traverser d'un bloc à l'autre et se laisser entraîner au fil de l'eau par ce radeau gelé. Nous pouvions en outre marcher librement en traîneaux sur tout le rivage.

J'attachai nos deux gros chiens à nos traîneaux dans lesquels je déposai sous des couvertures de la poudre, des fusils et des provisions, j'ordonnai aux douze marins pêcheurs de se munir de haches et de piques et nous suivîmes derrière les chiens.

On se mit à explorer toutes les anses, à battre toutes les glaces. Nous faisions envoler des nuées d'oiseaux aquatiques, au duvet blanc. Il se passa quelques jours avant que nous rencontrions l'ours.

Et la fatigue commençait à nous gagner. Car dans ces climats, marcher est un supplice de tous les instants; il faut déployer toutes ses forces pour lever le pied. Et cependant il fallait marcher, marcher toujours sous peine de mourir! Enfin, j'aperçus très loin sur une banquise flottante, quelque chose qui me fit battre le cœur. C'était une ourse blanche d'une grande taille. Elle était accompagnée de deux jeunes oursons déjà forts, qui lui marchaient dans les jambes. Je cherchais le moyen de me rapprocher d'elle, lorsque tout à coup je la vis disparaître sous l'eau. Les deux petits restaient seuls abandonnés sur le bloc de glace. Au bout de quelques instants, la mère remonta hors de l'eau et vint déposer quelques menus poissons aux pieds de sa progéniture. Puis elle replongea de nouveau. Cette fois, l'absence dura plus longtemps. Je perdis complètement la bête de vue. Il était impossible cependant qu'elle ne fût pas embusquée quelque part. En effet, je la découvris dissimulée derrière un glaçon énorme et semblant épier une proie. Elle avait l'immobilité d'une statue. De temps à autre, je la voyais retirer ses pattes et reprendre son poste d'observation.

— Elle fait la chasse aux oiseaux de mer, me dit un matelot. Il n'y a rien de plus adroit que ces animaux pour prendre des riges et des cormorans. Regardez bien comme elle manœuvre.

Je vis en effet qu'elle possédait une tactique excellente. Elle attendait sa proie avec un calme parfait. Lorsque les oiseaux s'abattaient sur le bord des glaçons, elle appuyait vivement sa large patte sur l'un d'eux en les enfonçant. Les oiseaux, surpris, n'avaient pas le temps de s'élever en l'air, ils étaient noyés. L'ourse alors se contentait de les repêcher. Elle en dévorait quelques-uns sur place, après les avoir plumés sommairement; et elle gardait les autres pour ses petits.

Cette bonne mère se donnait un mal infini pour faire vivre sa petite famille, déjà sevrée. Son bon cœur et son dévouement nous touchaient.

Soudain, elle glissa comme un trait et bondit comme une vague. Une lutte étrange s'engageait. Nous assistions à un véritable combat naval. Deux têtes seulement se montraient à nous. C'était un enlacement de deux corps énormes qui luttaient sous les flots, qui fracassaient les glaçons, qui faisaient un bruit d'enfer. L'ourse aboyait comme un chien enroué et mordait l'eau avec rage. Sa proie lui échappait à chaque instant, à son grand étonnement. Elle prenait alors les airs stupéfaits d'une personne sûre d'elle-même et qui se trompe.

Enfin une poursuite serrée commença, et je pus alors apercevoir l'adversaire de l'ourse. C'était un phoque très grand et d'une vivacité extraordinaire. Il passait à travers tout, filait entre les glaces et reparaissait très loin. L'ourse ne lâchait pas sa proie. Elle la suivait partout. Enfin, après des efforts inouïs, l'ourse parvint à rejeter sur le rivage le grand phoque qui haletait. Celui-ci se dressait sur sa queue, sur ses nageoires, et essayait de mordre son ennemi au museau. C'était curieux à voir. Les deux combattants étaient debout et s'observaient dans les yeux. L'ourse veillait surtout à couper la

Il s'élança sur la première barque et la fit chavirer. (Page 644.)

retraite au phoque et elle le poussait en avant, marchant presque sur lui. Ils se dirigeaient tous les deux de notre côté. Je donnai ordre à un matelot de lancer le plus gros des deux chiens. C'était une bête dressée depuis fort longtemps pour ce genre d'exercice. Le chien flaira quelque temps et partit comme un trait. En quelques minutes, il fut sur le lieu du combat. L'ourse, pour ne pas se laisser surprendre par derrière et éviter d'être mordue, fit immédiatement face à l'ennemi, oubliant sa proie, qui se laissa glisser jusqu'à la mer. Le chien se tenait à cinq pas de l'animal et aboyait de toutes ses forces : il essayait de distraire l'ourse et de la tourner, mais celle-ci, sur ses gardes, ne cessait de suivre tous les mouvements du chien. Et elle tournait sur elle-même avec une vitesse étonnante. On eût dit une girouette héraldique, mue par le vent. L'ourse ne se contentait pas de se mettre sur la défensive : tout en exécutant son mouvement de rotation sur elle-même, elle se déplaçait peu à peu et insensiblement. Le chien, emporté par sa passion, ne prenait pas garde à ces lentes approches. Lorsque l'ourse se vit à une distance convenable, elle s'abattit lourdement, comme une trappe qui tombe, sur le corps du pauvre chien, qui ne poussa qu'un cri. Nous étions encore trop loin pour lui porter secours et nous n'avancions que fort difficilement. Il y avait à craindre de voir l'animal nous échapper. Nous nous trompions. Il vint résolûment à notre rencontre, avec des intentions hostiles. Je l'attendais. Ma carabine était prête et mon escorte rangée par derrière moi, la hache au poing, me soutenait suffisamment. Je ne voulus pas faire feu avant d'avoir la bête à dix pas. La tête baissée, comme un sanglier en arrêt, elle fondait sur nous. Tout à coup, elle s'arrêta et réfléchissant sans doute à la témérité de son action, elle nous tourna le dos, le plus tranquillement du monde, et regagna le bord de l'eau. Je me jetai dans le traîneau à sa poursuite. J'arrivai trop tard. L'ourse eut le temps de m'échapper et de plonger jusqu'à l'endroit où elle avait déposé ses petits.

J'étais consterné, et je devais avoir la mine piteuse de mon ourse quand elle manquait son phoque. Il ne fallait pas compter la poursuivre plus avant: c'était s'exposer à se noyer et à se faire prendre par les banquises.

— Monsieur, me dit un des hommes, pourquoi n'essayez-vous pas de tirer d'ici?

— Mon bon garçon, lui répondis-je, tu déraisonnes en ce moment. Comment veux-tu, qu'à plus de cent mètres, une balle aille tuer une ourse. On a souvent beaucoup de difficulté à l'abattre lorsque l'on tire à bout portant. Encore faut-il viser sous l'estomac.

— Ce n'est pas pour la tuer, monsieur, ajouta le matelot breton.

— Pour lui faire peur, alors; je ne brûle pas ainsi ma poudre aux moineaux.

— Permettez-moi une simple observation. J'ai déjà chassé l'ours, moi, monsieur, et je m'y connais un peu. Eh bien! l'ours blanc, comme vous le savez, est très féroce et très vindicatif. Il ne se sauve pas quand on l'attaque, comme l'autre. Bien au contraire, il vous tient tête. Si vous lui envoyez un coup de fusil qui l'écorche seulement comme une piqûre d'épingle, il y a tout à parier qu'au lieu de fuir, il reviendra sur nous. Après cela, vous en ferez ce que vous voudrez, cher monsieur, c'est un simple conseil.

Il avait du bon, son conseil. Je le suivis. Je visai de mon mieux et je dus toucher l'animal, car se retournant aussitôt, elle prit ses deux petits sur son dos et décampa. Elle nageait avec ce fardeau aussi facilement que si elle n'avait eu sur le dos que sa fourrure.

— Tu vois, mon ami, que tu t'es trompé.

— Patience, monsieur, je prévois autre chose. Elle va mettre ses petits en sûreté quelque part, dans une grotte, et vous pouvez être sûr qu'elle reviendra. Je connais cela, j'ai navigué!

— Attendons alors.

Et je rechargeai mon fusil sans trop m'émouvoir ni trop espérer. Le froid commençait à nous saisir dans notre station forcée. « Si nous avancions un peu de ce côté? dis-je à la petite troupe, sans trop nous éloigner, cependant. » A peine avions-nous fait quelques pas que nous vîmes apparaître un singulier équipage. Cela ressemblait à une caravane d'ours et c'était tout simplement une demi-douzaine de naturels du pays qui, attirés par la détonation de mon arme, accouraient vers nous. Leur accoutrement était singulier, chacun portait sur son dos une petite barque fort légère, percée d'un seul trou rond au milieu et recouverte d'une peau jaunâtre imperméable. Ces charmantes créatures rabougries, carrées d'épaules, sales de traits, aux cheveux noirs très lisses et très longs, commencèrent par nous regarder de travers. Nous leur faisions l'effet de braconniers qui venaient s'emparer de leur territoire de chasse et de pêche, ce qui est tout un. Je me tins prêt à les recevoir assez rudement. Leurs javelots de bois blanc ne me faisaient pas peur. J'essayai de me faire comprendre de mon mieux.

— Que voulez-vous? leur dis-je, que venez-vous faire ici?

Ils ne me répondirent pas. La tête penchée vers le sol, ils semblaient chercher une excuse et se trouvaient atterrés de mon audace. Ils me saluèrent très bas et l'un d'entre eux, le plus âgé, me fit entendre qu'ils venaient à notre secours contre la bête; qu'ils avaient entendu notre appel. Je trouvai cette défaite assez honnête, et avec un sang-froid imperturbable, je les autorisai à chasser sur leurs terres. Ils me rendirent un gracieux sourire sous leur crasse; et en un instant ils gonflèrent des vessies énormes qu'ils disposèrent de chaque côté de leur canot et ils entrèrent dans cette espèce de cercueil. Leurs jambes étaient étendues, et ils étaient assis sur le fond même de leur fragile embarcation. A leur droite, le long de la barque, leur long javelot était déposé rattaché par des crochets de bois.

Ils avaient en main, pour manœuvrer leur barque, deux palettes arrondies, dont ils se servaient comme de cuillers pour soulever l'eau.

A peine les périssoires furent-elles lancées à la mer, que nous les vîmes glisser sans bruit parmi tous les obstacles. Les hardis chasseurs, sans même s'être consultés, se distribuèrent en un ordre de combat fort bien conçu. Je les trouvai très experts en l'art du mouvement tournant et des lignes enveloppantes. Tandis que deux des plus habiles pagayeurs prenaient les devants à force de rames, les quatre autres se tenaient à distance et formaient une sorte d'arrière-garde, attendant qu'on leur renvoie l'ennemi. L'expédition fut des mieux conduites. Après une heure d'attente inquiète de notre part, car nous avions complètement perdu de vue nos deux batteurs de glaçons, nous vîmes enfin le combat s'engager presque sous nos yeux. L'ourse pourchassée, harcelée par les javelots des deux indigènes, essayait d'échapper en passant entre leurs canots. Elle tenait toujours ses petits sur son dos et elle nageait sans trop de peine. Lorsqu'elle se vit acculée aux quatre autres chasseurs, elle prit une résolution héroïque. Elle fit grimper ses oursons au sommet d'une colline de glace, et libre désormais de tous ses mouvements, s'élança bravement sur la première barque et la fit chavirer. Le malheureux qui la montait eut le crâne brisé d'un coup de patte et disparut. Un second, qui se portait à son secours, eut le même sort, au moment où il se préparait à enfoncer sa lance dans la poitrine de l'animal.

L'ours femelle était parvenu à rompre le cercle qui l'enserrait. Il se serait certainement échappé si le sentiment maternel ne l'eût rappelé au secours de ses petits. Retournant alors en arrière pour les sauver et les reprendre, il se trouva brusquement face à face avec les deux premiers chasseurs. Il n'eut pas le temps d'échapper à leur poursuite. Ceux-ci, réunissant leurs efforts, l'accablèrent sous leurs coups. La pauvre bête rendit son dernier souffle sous le refuge de ses oursons. Elle mourut en leur adressant un dernier regard d'amour. Les Sibériens accoururent à l'aide de leurs compagnons, et à eux quatre ils parvinrent à amener l'ours jusqu'au rivage en l'appuyant sur leurs esquifs et en le poussant de leurs rames.

Lorsqu'ils furent auprès de nous, ils nous firent hommage de leur festin, comptant bien sur notre générosité. Je leur abandonnai de bien grand cœur le fruit de leur chasse dans laquelle ils avaient laissé deux des leurs. Ils me baisèrent respectueusement le bout des doigts en signe de reconnaissance.

— Et les petits? leur dis-je en leur montrant le piédestal qui les supportait, qu'en faites-vous?

Ils me firent comprendre que ce n'était pas leur affaire.

*De minimis non curat Prætor.*

Je trouvais étonnant de ne pas les voir plus empressés à recueillir ce menu butin. Un matelot de notre équipage m'expliqua alors que c'était pour eux un point d'honneur de ne jamais toucher aux petits des animaux. Ils attachent à cet acte une idée de lâcheté et pour rien au monde on ne les déciderait à ravir des oursons qui ne nagent pas encore seuls.

Je m'amusai à les tenter.

— Voici de l'argent et de l'eau-de-vie, leur dis-je. C'est pour celui qui m'apportera ces deux gentils animaux vivants.

Ils firent semblant de ne rien comprendre à mes propositions.

— Je vous coupe les oreilles, si vous n'entendez pas mieux, entendez-vous !

Toujours le même mutisme calculé. Je ne poussai pas plus loin l'épreuve. Je me contentai de faire monter un des matelots dans leur pirogue mal équilibrée et de l'envoyer au secours des pauvres petits orphelins, qui criaient à fendre l'âme. Je les recueillis, je les élevai. Ils étaient doux et blancs comme des agneaux. J'en fis don à ma ville natale !!!

Il paraît qu'ils se portent à ravir et qu'ils ne regrettent pas trop les glaces du pôle. Ils professent seulement une grande aversion pour nos fortes chaleurs d'été. Et le gardien vigilant qui est préposé à leur service, est obligé de les inonder de seaux d'eau d'heure en heure pour les rafraîchir. A part cela, ils sont très faciles à servir, et pas fiers du tout. Lorsque je rentrai de la chasse avec mes matelots, le docteur ne voulut jamais croire toutes les aventures que je lui racontai. Il était un peu jaloux, le bon docteur. Je jugeai prudent de détourner la conversation.

— Docteur, lui dis-je, est-ce que l'ours blanc polaire est très répandu?

— Mais oui. Est-ce que par hasard vous auriez la fantaisie de les exterminer tous? en voilà deux en quelques jours; je trouve le stock suffisant.

— Où les trouve-t-on surtout?

— Un peu partout autour du pôle, tout au Nord de l'Europe et de l'Asie. J'en ai vu même dans la baie d'Hudson, dans l'Amérique septentrionale.

Il est rare cependant qu'ils dépassent le cercle arctique. C'est la ligne de démarcation entre l'ours brun et l'ours blanc. Si parfois on l'a rencontré sur les côtes de Norvège et d'Islande, c'est qu'il flottait sur des glaces. Chose curieuse, c'est surtout entre la Lena et l'Iénisseï, c'est-à-dire où nous sommes en ce moment, que l'ours blanc semble avoir établi son quartier général. Il pullule ici. Dans un mois vous en verrez autant que de banquises. Et un peu plus loin, entre l'Iénisseï et l'Obi, on n'en rencontre que très rarement. Et cependant c'est la même latitude, les mêmes conditions climatériques, le même milieu biologique. Entre l'Obi et la mer Blanche, absence presque totale. Je n'y comprends absolument rien.

— Ne serait-ce pas, lui dis-je, à cause du voisinage trop rapproché de la Nouvelle-Zemble? Ils doivent préférer ce refuge au milieu de leurs mers à notre continent.

— Vous avez touché juste, pékin, me répondit le vieux docteur. C'est parfaitement la raison. D'autant plus, que dans la Nouvelle-Zemble, ils sont en sûreté. On ne les tourmente pas. Ils sont maîtres du terrain et ils trouvent à toute heure leur table servie. Les morses, les dauphins y abondent. Ils n'ont qu'à composer le menu et à servir chaud.

— Est-il vrai qu'en Laponie, l'ours blanc fasse défaut, malgré les assertions de voyageurs de cabinet?

— C'est textuel.

— Ne croyez-vous pas que l'ours polaire soit un descendant du grand ours des cavernes, rejeté par les cataclysmes et les chasses de l'homme jusque dans ces lieux déserts?

— Je n'y vois pas d'opposition pour ma part. J'incline même à le penser. Le climat aurait déteint sur sa peau et l'aurait rendu albinos. Il y a bien longtemps déjà qu'il habite ces contrées puisque les anciens ne nous en parlent pas.

— Pardon, cher docteur. Sous Ptolémée Philadelphe on en montra un très authentique dans la bonne ville d'Alexandrie.

— De qui tenez-vous cette farce?

— D'Athénée et de Caluxène le Rhodien tout simplement.

— J'aurais bien voulu voir ce phénomène de plus près.

— Est-ce que l'Asie ne possède que l'ours blanc du pôle ?

— Me prenez-vous pour un professeur d'histoire naturelle au Collège de France ?

— Je vous estime mieux que cela. Vous avez tant vu que vous devez avoir beaucoup retenu.

— Il est vrai que je connais pas mal d'ours. Avez-vous entendu parler de l'ours de Bornéo, de l'ours malais *Helarctos, euryspelus, Ibisus malayanus!* Admirez donc un peu ma science. Dans les îles de la Sonde et dans le Pégu j'en ai observé quelques-uns en flânant. Ils sont très petits. Pas plus hauts que de gros chiens. Leur tête est ronde comme celle des dogues ; le museau court aplati, le front large ; un front de mathématicien. Le pelage est noir et luisant. Quand ils sont jeunes, ils portent au-dessus des yeux une tache d'un fauve pâle. On dirait qu'ils ont trois prunelles. Leur poitrine est revêtue d'un scapulaire en forme de cœur.

Il y a aussi l'ours du Thibet qui fréquente le Népaul et le Thibet. Sa taille est celle de l'ours d'Europe. Mais il vous a un cou de taureau et une tête carrée de Deutch. Ses ongles sont très courts ; il les mange peut-être. Sa peau est également noire avec une γ sur la poitrine. Quant à sa lèvre inférieure, elle est blanche et laiteuse. Il vit en bonne intelligence avec un autre ours appelé ours isabelle, qui est frisé au petit fer selon sa crinière et qui a les flancs et le ventre presque dénudés. Sa nuance est brun rougeâtre. Taille, trois pieds dix pouces.

— Et c'est tout ce que possède l'immense continent asiatique?

— Attendez donc, j'oubliais le plus joli : l'ours du Bengale, l'ours paresseux, l'ours aux grandes lèvres. Oh ! celui-là, il a eu beaucoup de parrains : *labiatus, longirostris, chondrorhynchos, melursus, prochilus.* Autant de titres et de qualités qu'un grand d'Espagne. Pauvre paresseux ! l'imagination de nos savants a dû bien travailler pour te conférer tous ces noms et prénoms. Sans compter que tu les as assez mystifiés tous.

C'était en l'an de grâce 1790, au moment où l'on proclamait partout les immortels principes et où les professeurs étaient distraits par la politique. Des montreurs venus on ne sait d'où, des bohémiens errants au type indien, s'abattirent sur la grande ville enivrée de Mirabeau. Ils traînaient avec eux un animal extraordinaire de cinq pieds de long. Cette bête curieuse était tout de noir habillée, comme un employé des pompes funèbres ; elle portait sur la poitrine un V majuscule peint en blanc, et son museau était également blanc comme neige! Ce museau était tout un poème. C'était quelque chose de gros, d'allongé, de cartilagineux, de mobile, d'élastique. Puis sur une tête petite, de grandes oreilles et des lèvres! des lèvres qui dépassaient par en bas. Ce n'est pas tout, le phénomène portait une crinière de longs poils comme un lion et cette crinière se hérissait à volonté et flottait au vent. . . . . . . . . . .

La renommée vint aux oreilles des experts du jardin du Roy. Elle avait où se prendre. La curiosité fut amenée en leur présence. On délibéra longtemps, on toisa, on regarda partout. On était perplexe pour assigner une case à cet animal dans la classification linnéenne. Un seul endroit avait été oublié par les explorateurs. La bouche! Cela prouvait en faveur de leur bravoure. . . . . . . .

— Vous n'avez rien vu, s'écria alors le barnum au teint bruni. Regardez-moi cette mâchoire. C'est par là que ma bête est unique dans son genre. Les bons savants rajustèrent leurs lunettes et s'approchèrent à une distance respectueuse de la bouche entr'ouverte. Les bras, les calottes de velours leur en tombèrent. Absence totale d'incisives aux deux mâchoires. Ils ouvrirent le Linné et lurent à l'article Bruta : . . . . . . . . . . . . . . . . . .

*Dentes primores nulli, utrinque.*

« C'était bien cela. On ne pouvait plus douter. L'animal répondait au signalement. Et se frottant les mains, le conclave le rangea crânement dans le genre Bradypus. Ce pauvre ours paresseux, dont les jongleurs de l'Inde exploitent le talent à leur profit, devenait entre les mains de nos illustrissimes docteurs un vulgaire Bradypus. Et il resta calme et muet sous l'outrage. Lui un Edenté! La douce et intelligente bête qui ne se nourrit que de fruits et de patates se contenta de sourire et de se tourner vers son maître.

— Je vais vous dire, ajouta celui-ci, en s'adressant au savant cénacle dans la langue de ses aïeux comprise de toute l'assistance. Lorsque mon ours était jeune, je me suis amusé à lui arracher les dents pour me servir d'amulettes et me porter bonheur. Je les ai là dans ma poche en compagnie de trois marrons d'Inde. Elles ne me quittent pas. Si vous désirez les voir?

Il paraît que les vieillards ne poussèrent pas plus loin leur indiscrétion et que pris d'une juste fureur ils le mirent à la porte avec ces

L'ours parvint à saisir le bison par le cou. (Page 653.)

mots : « Va-t'en paresseux ! » Si l'on peut donner ainsi ses qualificatifs aux autres !

— Très amusante en effet, votre histoire, docteur, la mystification de ces bonzes est fort réjouissante. Vous voyez à quoi tient la science ? et que tout nous vient de l'Inde ! Sans ce bohémien, pourtant, nous étions pour des siècles peut-être les malheureuses victimes d'une grossière erreur scientifique !

— Oui, mais Brahma veillait.

— Et si nous nous endormions ? Les fatigues de la journée me disposent au sommeil, comme dit Virgile en son divin langage : *altiùs que cadunt summis de montibus umbræ.*

On se roula dans ses couvertures, on se couvrit de tout ce que l'on avait dans la hutte et chacun de nous s'endormit d'un sommeil lourd, pesant, ténébreux, d'un sommeil polaire. Ma nuit de dormeur fut illuminée d'une éclatante aurore boréale. J'eus un rêve.

J'étais transporté dans un pays immense ; devant moi des prairies sans fin aussi verdoyantes, aussi fraîches que nos pelouses les mieux soignées ; ces étendues de pâturages étaient traversées par des fleuves larges et rapides ; des troupeaux de bisons y couraient en liberté et entraient leurs pieds dans le sol tendre ; des Indiens couverts de plumes et de peaux, armés de flèches, se promenaient gravement sous des ombrages mystérieux ; et beaucoup plus loin derrière moi, dans le fond de l'horizon, les masses sombres de montagnes rocheuses avec leurs pics bizarres, leurs forêts de cèdres, leurs neiges éclatantes. Je me trouvais donc en pleine Amérique du Nord. Un soleil blanc éclairait tout le paysage comme dans les tableaux de Fiesole. J'éprouvais un grand plaisir à respirer les émanations de cette nature. Jamais je n'avais ressenti pareille volupté. L'air était léger, tiède, embaumé et comme nourrissant. Ce n'était pas la chaleur des tropiques, ni le climat rigoureux des pays du Nord. L'atmosphère avait des douceurs infinies. Comme je contemplais dans l'extase tout ce qui m'entourait, je fus frappé d'un spectacle étrange.

Du haut des montagnes rocheuses, descendait à pas comptés un animal énorme. Il pontifiait en scandant ces marches de pierre. Je le voyais se détacher sur l'azur du ciel. Sa taille était immense. Elle mesurait bien huit pieds de longueur. L'animal était revêtu d'une fourrure admirable au poil très long et très abondant qui encadrait de ses touffes en désordre une tête très forte. La couleur de tout le corps était grisâtre. Son allure avait de la légèreté, et une sorte de grâce féline malgré le millier de livres de chair et de graisse qu'il portait. Les pattes étaient d'une grosseur égale à la jambe d'un homme. Elles étaient terminées par des griffes aussi longues qu'une main. Cet ours géant était l'ours féroce, l'*ursus horribilis*, *cinereus* de l'Amérique du Nord. J'avais devant moi le plus grand ours du monde. Je ne parus pas effrayé de son approche ; ma présence ne le dérangea point. Après être descendu dans la prairie, il s'en alla boire tranquillement à la rivière et il se promena comme un Indien majestueux sur les bords du cours d'eau. Non loin de là, je voyais une troupe de bisons à la tête noire et bossuée qui paissaient l'herbe.

L'ours féroce se dirigea de leur côté en se cachant habilement derrière les arbres qui bordaient la rivière. Puis, lorsqu'il fut à peu près en face de la bande par trop confiante, il se jeta à l'eau sans bruit, nagea comme un marsouin et resta caché dans les roseaux. Il épiait sa proie comme un véritable tigre. Dans mon rêve je distinguais parfaitement, au milieu des grandes herbes aquatiques, son dos d'un beau gris cendré qui formait palatine. Sa queue presque rudimentaire battait l'eau à petits coups et je trouvais ce clapotement aussi mélodieux que les plus beaux accords de musique. En rêve il paraît que l'on n'est pas difficile et que l'oreille se contente de peu. Je me souviens aussi que cet ours gris en embuscade imitait certains cris, sans doute pour charmer sa victime. Enfin, après une longue station dans les roseaux, désespéré de ne rien voir venir de son côté, il quitta sa place et se mit à grimper entre les branches d'un gros arbre. De cet observatoire, il pouvait mieux faire le guet tout à l'entour. Il était écartelé entre deux fourches de branches et cette posture, très peu commode, me le faisait paraître plus grand encore. Je cherchais partout une arme, un fusil ; je n'avais rien sous la main. Comme j'aurais pu le descendre de là-haut avec une bonne balle au bon endroit! Enfin deux bisons se détachèrent de leurs compagnons et vinrent boire. C'était là évidemment que mon ours grison les attendait. Car je le vis se pourlécher les babines lorsqu'il les aperçut à sa portée. Mais, habile comme ils le sont tous, il laissa les deux animaux entrer dans les vases du fleuve et se désaltérer à leur aise.

Tout à coup il se détacha de son arbre en se laissant glisser le long d'une branche comme à la corde et tomba en bloc sur le dos de l'un des bisons qui s'embourba sous cette surcharge de poids. L'ours s'amusait à piétiner sur le dos du pauvre ruminant pour l'enfoncer de plus en plus et devenir plus aisément maître de lui. L'autre bison essaya, mais en vain de secourir son compagnon malheureux. Il lançait de vigoureux coups de tête par-dessus les épaules de l'autre afin de renverser l'ours, mais celui-ci tenait ferme et ses griffes étaient entrées dans les chairs du bison.

L'ours secouait sa proie comme il eût fait d'un arbre pour faire tomber les fruits. Le bison n'était pas trop ébranlé. Il faisait tous ses efforts pour se dégager de ce mauvais pas. Il parvint enfin, après des peines inouïes et des appels désespérés à ses compagnons de pâturages, à remonter sur le terrain solide. Là, la lutte devenait plus égale. Le bison, rendu furieux par les étreintes de son assassin, se précipita contre tous les arbres qu'il rencontra. Il se frottait contre eux, abattait son cou, fouillant la terre de ses cornes afin de faire glisser l'ours tenace qui ne lâchait pas prise et qui s'acharnait sur sa victime.

L'ours parvint à saisir le bison par le cou. C'en était fait de lui. En une étreinte il en eut raison. L'animal tomba étouffé sur le sol en poussant un beuglement plaintif qui résonna dans tous les échos de la montagne. L'abatage terminé, le féroce animal se jeta sur sa proie avec avidité. Il tirait à lui à force de mâchoires des lambeaux de chair saignants et il se délectait dans cette orgie. Rien ne le troublait. Soudain, d'un fourré épais de la rive opposée une flèche vola, puis dix flèches. Le festin fut troublé. L'ours portait quatre flèches piquées sur son dos. Il les endurait très bien sans trop s'agiter. Il avait l'air d'une grosse pelote sur laquelle on pique des épingles, avec ses flèches en l'air. Sans s'émouvoir, il quitta sa curée et se dirigea résolument vers le fleuve qu'il traversa de nouveau à la nage. Les Indiens Peaux-Rouges étaient lâchement embusqués derrière des broussailles impénétrables. L'ours ne pouvait ni les voir, ni pénétrer jusqu'à eux. Pris d'une compassion soudaine pour le plantigrade valeureux, je me mis à crier pour l'avertir de la retraite de ses ennemis; mais ma voix resta dans ma bouche. Une nouvelle grêle de flèches vint fondre sur la bête qui en garda quelques-unes. Cela n'arrêta pas encore le nageur. Enfin il réussit à toucher le rivage et à se défaire de quelques-unes de ses aiguilles gênantes. A ce moment une peur folle s'empara des assaillants; ils se démasquèrent et se mirent à fuir dans toutes les directions. L'ours les poursuivit et parvint à les atteindre. Il en écrasa trois d'un coup de patte, sans que les autres vinssent au secours de leurs malheureux compagnons immolés. Ce fut un bison qui se mit en travers et qui se chargea de la vengeance. L'ours ne l'avait pas aperçu. Au moment où il se précipitait par petits sauts sur les Indiens fuyards, il fut reçu par deux cornes vigoureuses qui lui fracassèrent la poitrine et l'envoyèrent rouler à dix pas. Le bison s'acharna sur lui et le mit en lambeaux.

Et puis tout changea. Ce n'était plus les grandes prairies, les grandes forêts; mais des campagnes cultivées, un sol rouge au pied des Andes du Pérou. C'était encore une vision d'ours que j'avais devant les yeux. Mon imagination avait été trop fortement ébranlée la veille, pour ne pas voir des ours partout. Or c'était un petit ours noir très gentil, très coquet, à la fourrure douce et luisante quoique droite et épaisse. Au-dessus de chaque œil il avait deux petits signes fauves qui lui allaient dans la perfection. Ses oreilles rondes très écartées battaient d'aise. Il se régalait de glands de chêne vert, d'oranges, de framboises, de groseilles, de plaquemines. Je ne sais par quel hasard tous ces fruits se trouvaient là, répandus ensemble dans un beau désordre. Mais mon ours noir se régalait avec une avidité sans pareille. Quand il eut fini il alla boire à un grand tonneau. Or, dans ce grand tonneau il y avait du lait.

L'*Ursus americanus*, en personne pratique, grimpa sur le tonneau et se mit à lamper de fameux coups. Un pâtre accourut et voulut le chasser mais le gourmand se cramponna, résista et voulut achever son lait. Le pâtre lui asséna des coups de bâton. L'ours ne lâcha pas prise. Le pâtre le tua; il tomba dans le tonneau de lait. Digne mort!

Non loin de là je fus frappé d'un autre spectacle qui me divertit beaucoup. Il y avait un arbre immense ressemblant à un cèdre mais qui n'était pas un cèdre. Une ourse noire y grimpa avec sa petite famille composée de trois petits. Elle monta très haut. Puis elle descendit dans le creux de l'arbre qui était pourri. Au bas un ennemi redoutable veillait : un Espagnol, un Péruvien armé de pied en cape. C'était un petit homme aussi noir que l'ours mais plus maigre et plus alerte. Il avait de grandes guêtres de cuir armées de crocs. Dans sa main il portait une grande lance en bois terminée par un paquet d'étoupes. Sur ses épaules était pendu en bandoulière un bon fusil à deux coups. L'homme attendit quelques instants au pied de l'arbre et lorsqu'il fut bien assuré que son ours avait eu le temps de descendre dans les profondeurs de l'excavation; il choisit un arbre voisin et y grimpa à l'aide de ses crocs, suivant en cela le bon exemple de l'ours. Arrivé au sommet; il alluma l'étoupe et la descendit dans la retraite du pauvre solitaire. Il réitéra par trois fois cette cruauté bien digne d'un compatriote de Torquemada.

La pauvre mère poussa des cris plaintifs qui ressemblaient à des cris et à des sanglots d'enfant et elle essaya de remonter. Elle y réussit assez bien. Mais, tandis que du dehors elle aidait ses petits à suivre son exemple, le traître embusqué saisissant ce moment favorable, lui déchargea ses deux coups à bout portant et la fit tomber au bas de l'arbre. Le Péruvien s'empara des trois petits qu'il étrangla sur le cadavre de la mère. Puis il se mit à dépouiller ses victimes comme un détrousseur de grand chemin. C'était sans doute un fabricant de manchons et de fourrures qui faisait sa récolte de pelleteries.

Le tableau changea de nouveau, comme par enchantement, et je fus soulagé. Je souffrais de voir ce petit Espagnol abâtardi, sans force et sans courage, tuer des ours à l'aide de ruses ignobles.

Cette fois, c'était un fier cavalier portant chapeau rond, et gilet de velours. Il montait un cheval rétif de la pampa. Mais ses cuisses nerveuses gouvernaient l'animal avec beaucoup d'aisance. L'homme faisait danser le cheval avec beaucoup de grâce, ou l'entraînait avec une rapidité vertigineuse. Ils fendaient l'air comme un tourbillon. Le soleil commençait à chauffer et cependant nous nous trouvions sur un plateau assez élevé des Cordillères. Je voyais la mer au loin et des villes sans nombre cachées dans des vallées.

Le cavalier mit son cheval au pas et se pencha sur son cou. Il regardait attentivement à terre et semblait mesurer quelques traces. Autour de son bras gauche une corde, terminée par deux boules de plomb, était enroulée. Il gravissait une large pelouse montante couverte de mousse et de graminées sauvages. Les empreintes devenaient plus marquées et plus fréquentes. Le chasseur s'arrêta, monta tout debout sur sa bête et regarda partout autour de lui. Puis, après cette exploration qui lui parut satisfaisante, je le vis lancer son cheval au grand galop. Il courait comme le vent. Il me sembla qu'il dévorait des millions de kilomètres; et je ne le perdais jamais de vue; et je restais immobile dans ma place d'observation ! Enfin je pus connaître le but de cette charge effrénée. Loin, bien loin encore, un animal difforme se tenait debout comme une borne au beau milieu d'un champ. C'était encore l'ours noir américain. Toujours lui! Il vaquait à sa toilette, sans pudeur, en plein soleil. Lorsqu'il entendit le sabot du cheval, il fit un tour sur lui-même comme pour laisser passer le cavalier et sauter plus aisément en croupe. Le Péruvien vit le mouvement et piqua droit sur lui. Tout en allant il prépara sa corde et, lorsqu'il passa auprès de l'ours, sans seulement se détourner il lui lança le lacet de toutes ses forces et attacha l'autre bout de la corde qu'il retenait au pommeau de sa selle et il fit courir son cheval plus fort encore. L'ours était pris au piège. Ne pouvant suivre la vitesse du cheval de la pampa, il se laissait traîner, et le lacet serrait, et la langue pendait et la malheureuse bête rendait l'âme. Les efforts que fit l'ours noir d'Amérique pour mourir dans ce supplice de Mazeppa, me tirèrent douloureusement de mon songe et de mon sommeil. J'appelai mon vieil ami le docteur. Il était déjà levé, et il se débarbouillait avec un glaçon.

— Comment, lui dis-je, il est déjà si tard? Je rêvais à des choses effrayantes.

— Sans doute à ma collection d'ours asiatiques.

— Le plus curieux est, au contraire, que tous mes ours de cette nuit appartenaient à l'Amérique du Nord et du Sud.

— C'était sans doute pour compléter les renseignements que je vous donnais hier soir. Vous avez été fort bien inspiré, car je n'ai jamais voulu voyager chez ces Peaux-Rouges. Tout ce qui sent l'Américain et l'Anglais m'est antipathique.

Et vous en avez tué beaucoup en dormant, de ces plantigrades yankees?

— Pas un seul. J'étais simple spectateur. J'avais l'air d'assister en amateur à des joutes, à des tournois, à des chasses, que sais-je? J'en ai encore l'imagination embarrassée.

— C'est dommage que vous n'en ayez pas rapporté quelques-uns par la porte d'ivoire des songes?

— Pourquoi cela, cher docteur? Seriez-vous devenu ambitieux, et notre capture d'hier vous aurait-elle par hasard changé les mœurs?

— Vous ne voulez pas me comprendre ce matin. Si du moins vous aviez pensé dans tout cela à votre vieil ami et que vous lui ayez fait cadeau pour sa fête, c'est aujourd'hui, de quelque pot de bonne graisse d'ours du Canada. Peut-être espérerait-il de voir refleurir son vieux crâne et de moins geindre quand la goutte le prend.

« La pommade d'ours, mon ami, vous ne saurez jamais comme c'est efficace contre la chute des cheveux, les hernies étranglées, les rhumatismes et les humeurs froides. Lisez Galien. A propos, tandis que vous étiez dans les nuages, avez-vous aussi rêvé de la Grande-Ourse?.....

Loups. (Page 657.)

## LE LOUP

— Mon oncle, est-il vrai que le loup n'est qu'un chien passé à l'état sauvage? Vous qui avez couru toutes les forêts et qui connaissez les animaux comme personne, vous pouvez me tirer d'embarras et me dire franchement si j'ai gagné ou perdu mon pari.

Ainsi parlait à son oncle un jeune et intéressant neveu, bachelier depuis un mois, grand curieux de la nature, et de plus très ignorant sur toute chose, malgré son diplôme tout frais. Le bachelier, c'était votre serviteur.

— Mon ami, lui répondit l'oncle, tu me demandes là des explications que le dernier des bergers te donnerait aussi bien que moi. Il ne faut pas être grand clerc en cléricature, avoir usé dix années de sa vie sur les bancs de collège, dans les délices d'Horace et de Virgile, pour savoir ce que tout le monde connaît presque en naissant. Je m'en veux de t'avoir payé tes mois de pension et d'avoir ainsi encouragé ta crasseuse ignorance. Mais qu'est-ce qu'on vous apprend donc dans vos classes, si l'on ne vous parle pas des mœurs et des instincts sublimes des animaux sauvages ? Tu as étudié la philosophie, les sciences, je veux bien le croire puisqu'on t'a perché sur le premier degré de l'échelle universitaire ; mais comment as-tu pu comprendre quelque chose à l'histoire de l'esprit humain et au mécanisme cérébral, si tu n'as pas comparé notre fonctionnement et notre structure, nos organes et nos facultés à ces mêmes attributs correspondants dans l'espèce animale? Je me demande quelle jolie idée tu dois te faire de l'enchaînement des forces et de la succession des êtres dans l'univers ; quelle généralisation tu as pu te composer si tu n'as pas seulement jeté un regard dans l'immense domaine de la flore et de la faune terrestres.

Sans doute l'astronomie, la physique, la chimie, sont de jolies sciences dans le détail et dans l'ensemble, et tu as fort bien fait, mon garçon, de te pénétrer de leurs principes ; mais j'aurais voulu que tu t'adonnasses un peu aux mille curiosités de l'histoire naturelle. Les enfants devraient commencer leurs études par là. C'est simple, facile, intéressant, allant droit à l'imagination et aux sens. Il n'est pas besoin d'avoir un génie prédestiné pour entrer très avant dans les mystères d'un tigre ou d'une belette.

Il suffit d'avoir bon œil et quelque mémoire, avec une certaine aptitude à d'heureuses comparaisons. Si j'étais le ministre de l'instruction publique, moi ton oncle, sais-tu ce que je ferais? Eh bien! tout simplement un beau matin, je sauterais sur ma bonne plume à décrets, ma plume officielle, et je me mettrais à rédiger ce qui suit à l'adresse de tous les recteurs, vice-recteurs, etc., depuis le haut jusqu'au bas de l'administration académique : « Savoir faisons que désormais, avant d'apprendre à connaître l'homme et ses créations, on s'instruise dans les phénomènes psychologiques et physiologiques des animaux. La plus grande place sera donnée à la description vivante et empoignante des habitudes et des genres de vie de ces bipèdes ou quadrupèdes inférieurs.» Je t'assure, mon cher neveu, que si vous appreniez cela de bonne heure dans toutes vos écoles, vous auriez l'intellect plus éveillé et plus pratique que vous ne l'avez après vos exercices de linguistique. Il n'y a que l'étude de la nature pour faire un homme. On est très fort, mon ami, quand on connaît chaque chose par ses bons et ses mauvais côtés. Il est rare que l'on ne soit pas plus habile que ce qu'on appelle le hasard ou le destin. C'est notre ignorance qui est cause de tous nos malheurs. C'est toujours notre faute quand nous sommes victimes de quelque adversité. Sais-tu où j'ai fait mes études, moi?

Eh bien, c'est sur terre et sur mer comme feu Ulysse, que l'on vous apprend à détester au collège, en vous l'offrant en pensum; tandis qu'il devrait être exposé chaque jour à votre admiration. Ulysse, le type du voyageur, le premier coureur d'aventures de la belle antiquité! mais cela devrait être votre homme, votre modèle, votre héros à vous tous. C'est lui qui m'a inspiré le goût des voyages et des longues explorations. J'ai compris à ton âge, quand je lisais Homère à grand renfort de dictionnaire, qu'il n'existe qu'un seul moyen de tout connaître, c'est de tout voir; qu'il n'y a qu'un seul plaisir au monde, c'est de parcourir l'espace que Dieu a fait et de se pénétrer des expressions saisissantes que le spectacle toujours changeant des contrées du globe laisse après lui.

J'ai compris qu'il est mauvais de s'éterniser sur un seul coin de la terre; que cette station prolongée dans les mêmes milieux accoutume le cerveau aux mêmes ébranlements et ne fait rien pour son progrès. Tandis que le déplacement régulier empêche qu'il ne se cristallise; le mouvement stimule la pensée. Quand le corps va, tout va. C'est comme le bâtiment.

— Mon oncle, je suis tout prêt à profiter de tes conseils, si tu consens à garnir ma bourse et à m'octroyer une liberté illimitée. Je ne vois aucun inconvénient à compléter mon instruction en parcourant la terre comme le juif errant.

— Tu perdrais absolument ton temps, mon garçon. Après quelques années de pérégrinations, tu me reviendrais encore plus impossible qu'avant.

Tu ne sais pas encore que pour voyager avec fruit, il faut avant toute chose avoir appris à observer, à voir et à bien voir! Pour cela il faut que tu procèdes par ordre et que tu commmences à me dévisager parfaitement ce qui t'entoure. Lorsque tu auras fait ce petit apprentissage, je te permettrai d'agrandir ton champ d'étude. Puisque c'est le loup qui a mis ta curiosité en éveil, tu pourras le prendre comme sujet de début.

— Tu ne m'as toujours pas éclairé sur les origines de cet illustre sauvage. Et après ton long discours, j'attends encore une réponse à ma question. Si au lieu de tant courir le monde, tu avais fait un peu plus de rhétorique et de littérature, tu saurais, mon oncle, que la meilleure et la plus forte des pensées perd toujours à être tirée en longueur. Il faut une sauce très courte et très liée pour ce mets délicat.

— Sur ce point, tu as peut-être raison ; j'avoue que le bavardage et la prolixité sont les défauts mignons de tous ceux qui comme moi ont emporté leur existence nomade d'un pôle à l'autre. On a tant de bonheur à raconter et à décrire après coup ce qui vous a charmé au cours de vos expéditions lointaines. Il vous semble qu'on est encore là-bas, dans les pays extraordinaires. Cela semble même plus exquis que la réalité.

— Mais mon loup ! mon oncle, revenons à mon loup. Descend-il réellement du chien, ou le chien descend-il du loup ?

— Ta question me rappelle certaine théorie qui consiste à prendre les sauvages comme des dégénérescences de notre espèce plus perfectionnée. Cependant tu n'as pas absolument tort et le pari que tu as fait avec ton camarade tombe mal. Écoute-moi cette petite histoire, qui est très authentique et très vraie. Tu connais la ferme de Chanteloup, au vieux marquis du même nom. Un drame des plus étranges s'y passa aux environs de 1848. Les bâtiments de la ferme sont situés sur les confins de la forêt d'Othe. Ils se trouvent isolés au milieu des champs. Le village le plus voisin est distant de quatre kilomètres. Tu vois que c'est une demeure à crime. On peut tout faire là-dedans sans être dérangé par les gendarmes ou par les voisins. Or c'est ce qui arriva cette année de la secondeRépublique. La ferme de Chanteloup possédait un nombreux troupeau de vaches qui était confié à la garde d'une grande diablesse de chienne, maigre, efflanquée, et d'une belle laideur. Elle avait toujours l'air de sortir toute mouillée de la grande mare, tant ses poils lui tombaient et lui plaquaient sur les flancs. C'était une bête superbe, très haute sur ses pattes, très découplée, d'une nervosité extraordinaire. Elle prédisait l'orage et les changements de température par les tremblements de son corps osseux. Elle n'avait pas sa pareille pour juger d'un coup d'œil de l'alignement des troupeaux, pour discerner le tien du mien, le champ du maître des enclaves d'autrui ; pour lire sur le visage du vacher et saisir le moindre signe, le moindre mot. Sa peau avait les reflets fauves de la peau d'un loup; son museau piquait autant; ses oreilles se dressaient de même en triangle. Une seule chose la différenciait : sa queue qui se recourbait et son poil qui était trop long. On l'appelait Gervaise, la bonne bête, et chacun la gâtait à la maison. Les petits de la fermière grimpaient à cheval sur son dos et la récompensaient par des friandises. Elle avait sa place pour son long museau futé au bout de la table. On avait mille égards pour elle. Les gens de ferme adoucissaient leur rude voix quand ils lui parlaient. Gervaise était admise à se reposer les pattes dans les cendres, à travers le foyer. Elle faisait un moelleux tapis aux pieds frileux de la grand'mère. On l'aimait bien, la douce, la bonne Gervaise. C'était une enfant de la maison.

Or, par un beau jour de printemps, la Gervaise devint mère. Elle abrita ses petits sous un hangar dans une poignée de paille, tout près de la grange, non loin de l'écurie de ses vaches dont elle ne pouvait se séparer. Elle paraissait bien heureuse et bien bonne mère. Elle ne quittait pas ses chers petits de tout le jour. Elle leur versait sa chaleur et son lait avec une amoureuse mélancolie qui donnait à tous ses traits une divine expression de maternité attendrie. Quand on passait auprès d'elle, elle reconnaissait ses bons amis ; elle ne grondait pas. Bien au contraire. Elle vous regardait avec deux bons grands yeux qui voulaient dire : ne troublez pas mon bonheur, je vous en prie. Gervaise ne se montrait plus à la maison que le soir à l'heure du souper des charretiers et des maîtres. Elle venait faire sa provision de force. Sa soupe avalée, elle regagnait vite le berceau de ses petits.

Depuis quelques jours, elle ne mangeait plus. Une grande tristesse s'était emparée d'elle. On lui avait enlevé pour ne pas trop la fatiguer deux de ses nourrissons. Un seul lui restait sur lequel elle reportait toutes ses tendresses de mère en deuil. Elle le léchait et ne le quittait plus. On lui apportait sa nourriture.

Tous les malheurs venaient fondre sur la pauvre bête. Pendant sa maladie, elle avait perdu son vieux maître, l'ancien vacher avec qui elle avait passé sa vie libre dans les prés et dans les chemins d'herbe. Il était mort de fraîcheurs prises dans les brouillards et dans les rosées du matin et du soir. Un autre plus jeune, moins expérimenté, l'avait remplacé, Gervaise ne connaissait pas ce visage-là. Gervaise refusait de le suivre et de lui obéir.

Le vacher, impatienté du repos trop prolongé que prenait sa chienne de garde, s'approcha brutalement de sa niche avec de très mauvaises intentions, Gervaise le menaça en lui découvrant un formidable arsenal de dents bien aiguisées. Le rustre ne tint aucun compte de cet avertissement, il se glissa comme un voleur sous le ventre de la chienne et essaya de lui ravir sa chère progéniture. Gervaise ne fit qu'un bond, saisit l'homme au cou et l'étrangla tout net. On parla de la tuer dans l'entourage du fermier. Mais les enfants et la femme intercédèrent pour elle. On délibéra et il fut décidé que l'on se contenterait de la chasser, eu égard à ses longs services. Le soir à la tombée de la nuit, les grandes portes furent ouvertes, et les gars armés de bâtons vinrent la déranger. Elle dormait paisiblement sur son cher trésor. D'abord elle ne comprit pas. Elle se leva de bonne grâce et attendit ce qu'on voulait d'elle. Un premier coup lui fut appliqué sur les reins, elle ne bougea pas. Elle était prête à mourir là. Jamais elle ne quitterait ces lieux qui lui rappelaient de si doux souvenirs, ces lieux où elle était née, où elle avait grandi avec les enfants, où elle avait tant travaillé, où elle était devenue mère. C'était sa ferme à elle.

Elle n'osait pas se jeter sur ces persécuteurs, sur ces ingrats qu'elle avait appris à aimer et à respecter. Sa résolution était bien arrêtée. Elle se laisserait mourir sur place. Elle se coucha et attendit son malheureux sort. Elle faisait pitié. Ses bourreaux furent désarmés. Un d'entre eux plus avisé que les autres l'attira en la traînant à l'écart tandis qu'un autre lui enlevait son petit et l'emportait dehors. Gervaise le suivit tristement, éplorée, la tête basse. Puis la porte se referma. Elle restait seule abandonnée dans la campagne déserte, après un long regard peut-être de vengeance jeté sur les lieux qu'elle quittait, elle s'en alla. Toute la nuit elle erra, le cœur brisé. Quand le jour vint, elle entra dans la forêt avec son jeune compagnon d'exil qui commençait à marcher assez bien. Gervaise le cacha dans un lit de feuilles mortes au pied d'un gros arbre et elle passa la journée dans de lugubres méditations. Le soir venu, elle se mit en quête de nourriture. Des instincts sanguinaires la prenaient. La faim la rendait féroce. Elle commença par chasser le menu gibier des bois. Puis elle convoita de plus riches proies. Elle connaissait toute la contrée, pour l'avoir parcourue autrefois, au temps de sa domesticité. Elle savait l'emplacement des parcs de brebis; le moyen de s'introduire sans être découverte. Elle usa de ses connaissances acquises.

La douce Gervaise, devint la terreur des bergers. Dans le pays on accusait le loup. On fit bonne garde.

Une nuit, la Gervaise s'en revenait avec un jeune agneau qu'elle rapportait à son chien, lorsqu'un coup de feu l'étendit raide morte sur son butin.

C'était son maître le fermier de Chanteloup qui l'avait tuée dans l'ombre, la prenant pour une louve. Le pauvre homme fut inconsolable. Il pleura bien longtemps sa pauvre chienne.

« Si j'avais su, me disait-il quelque temps après cette aventure, je lui aurais permis de tout prendre. Elle était si bonne, la Gervaise. J'ai gardé sa peau, j'y tiens comme aux cheveux de ma mère. »

— Mon cher oncle, voilà qui est parfait et qui me donne absolument raison. J'étais sûr qu'un chien en retournant à l'état sauvage doit devenir quelque chose comme un loup.

— Eh bien! tu te trompes. Un chien reste chien malgré bien des années et des générations passées dans les bois. Il acquiert seulement un peu plus de cruauté dans le naturel, voilà tout. Pour qu'il se transforme complètement, il faut un grand nombre de croisements avec les loups, les vrais loups; pour moi j'ai une opinion très arrêtée sur cette nature, comme sur beaucoup d'autres.

— Y aurait-il indiscrétion à la connaître?

— Bien au contraire, je me ferai un véritable plaisir de t'expliquer tout cela en déjeunant. Voici l'heure où mon estomac a la parole. Ne l'interrompons point.

Mon oncle habitait une partie de l'été et de l'automne dans un petit domaine de Champagne, très boisé et très giboyeux, dans lequel il se consolait de ses grandes chasses d'autrefois par quelques battues très bénignes de septembre à janvier. C'était un Nemrod sur le retour, qui n'avait pas encore perdu toute son ardeur. Sa petite maison était peuplée et tapissée de trophées cynétiques. On sonnait à sa grille avec un pied de biche; on accrochait son chapeau et son pardessus à des bois de cerfs; des hures de sanglier vous faisaient les honneurs de l'antichambre. Il y avait sur les murs des cornes d'aurochs, des défenses d'éléphants, des ivoires de rhinocéros, des placages de peaux de tigres, de lion, de panthère, de loup, d'ours : toutes les fourrures du monde composaient ses gobelins. Des empaillages d'oiseaux de proie étaient perchés sur des troncs d'arbres. Des fusils, des flèches, des épieux, des coutelas, des sacs à balles, des poires à poudre étaient mêlés à toutes ces dépouilles opimes. Ceci avait tué cela. Quand on entrait chez lui, on était saisi par une odeur âcre de fauve qui vous empoignait la gorge. On ne rêvait plus que parties de chasse et violentes chevauchées. On était grisé par toutes ces émanations bestiales.

L'oncle aimait beaucoup la table, les vieux vins, les fines chairs, les longues causeries après boire, ou devant un bon feu au retour de la chasse.

On commença ce jour-là à déjeuner dans un silence solennel. Ma tante n'aimait pas beaucoup les propos bruyants et les récits fanfarons de son mari. Elle avait toujours soin de le rappeler au sentiment gastronomique des bons morceaux, lorsqu'il menaçait de se lancer dans ses histoires épiques.

— Que dis-tu de cette perdrix, lui disait-elle? Goûte-moi ce salmis de faisan.

C'était décisif. Mon bon oncle abandonnait aussitôt la conversation commencée, se recueillait sur son assiette et savourait en silence. Au dessert seulement, ma tante permettait tout, parce qu'elle avait l'habitude de s'assoupir dans une délicieuse somnolence de digestion dans son grand fauteuil en velours d'Utrecht.

Je vois encore sa vénérable figure, détendue dans le calme du sommeil; ses cheveux blancs qui brillaient sous sa coiffe de fine dentelle, ses mains diaphanes et amaigries croisées sur son sein. Elle faisait semblant de s'associer aux récits de mon oncle et sa physionomie s'épanouissait sous un air de satisfaction intérieure.

Ma tante Amélie venait d'entrer dans sa sieste assise, l'oncle Ferdinand alluma sa vieille pipe de Vendœuvre, se versa une forte rasade de marc de Bourgogne et commença en ces termes :

— Je te disais donc, jeune homme, que le loup n'est pas le moins du monde un chien sauvage ; pas plus que le chat-tigre n'est l'ancêtre du chat civilisé. Je connais mes animaux, je les ai fréquentés, je les ai vus dans le déshabillé. Je leur ai rendu plus d'une fois quelques visites désagréables dans les bois, dans les taillis, dans les jungles, les pampas ou les savanes : tu peux donc me croire et affirmer à ton ami le naturaliste qui fait de la science en chambre et dans de gros livres, que le loup n'a pas plus donné naissance au chien, que le chien n'a produit le loup ; que ces cinq animaux : le loup, l'hyène, le chacal, le renard, le chien ne se ressemblent pas plus, malgré leur analogie anatomique, que nous ressemblons aux nègres de l'Afrique ou aux Indiens de l'Amérique du Nord. Ils me font rire, tes faiseurs de manuels classiques, avec leurs rapprochements, leurs points de contact des espèces, les similitudes des genres, etc... A ce compte-là toute la nature peut se réduire à une espèce unique, à un type quelconque.

Liv. 84. 84

Loups à la recherche de leur pâture pendant une nuit d'hiver. (Page 670.)

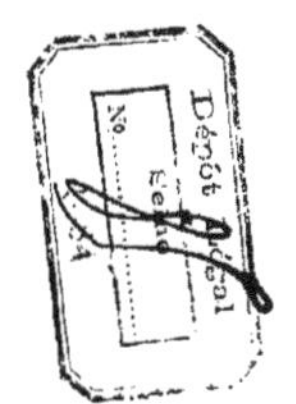

Mais c'est de la métaphysique, ce n'est pas de la science cela. Je l'ai bien souvent dit à un professeur du Muséum qui vient chasser ici. Il faut abandonner les anciennes classifications et opérer sur de nouvelles bases. Il est temps de considérer chaque animal comme une individualité *sui generis*, parfaitement tranchée par ses mœurs et son caractère. Donnez-vous la peine d'étudier l'instinct de chaque animal en particulier et vous verrez naître autant de variétés que de têtes.

Quant à la fameuse loi des croisements féconds qui établissent les espèces semblables, elle ne prouve absolument rien. Et je te le dis, mon neveu, le loup, l'hyène, le chacal, le renard, le chien, quoique se reproduisant entre eux, composent des espèces distinctes. Faites rentrer si vous voulez ces quatre espèces dans la famille des canidés ; rattachez cela aux quadrupèdes mammifères, peu m'importe. Des mots que tout cela. Je n'apprends rien ou peu de chose lorsqu'on m'assure après Linné ou Cuvier que ces animaux ainsi que le fennec, le megalotis, l'hyénopode sont caractérisés par l'existence de trois fausses molaires en haut, quatre en bas, deux tuberculeuses derrière, l'une et l'autre carnassières ; lorsqu'on m'affirme que leurs pieds de derrière ont quatre doigts, tandis que ceux de devant en comptent cinq ; que leurs ongles ne sont ni rétractiles ni tranchants et ne peuvent servir que pour fouiller la terre, nullement pour disséquer les chairs.

Tes beaux savants de l'Institut nous disent encore que les canidés sont essentiellement plantigrades comme votre serviteur ; que leur langue est douce et complètement dépourvue d'épines, ce qui, paraît-il, les distingue avec avantages des félins, et que de plus ils boivent toujours en lapant. On est bien avancé après cela. Est-ce que cela suffit pour donner une notion sérieuse de ces petits fauves ? Un enfant ne se contenterait pas de ces données élémentaires. On a besoin d'en savoir un peu plus long sur ces habitants de nos climats avec lesquels nous sommes appelés un jour ou l'autre à entrer en relation.

Vois encore l'inconséquence de ces messieurs qui font la science sans jamais avoir tenu un fusil de leur vie. Tandis qu'ils consentent à faire trois espèces différentes dans le genre chien, du loup, du chacal et de l'hyène, ils placent le chien et le renard dans la même famille. Seulement, disent-ils, le genre chien comprend des animaux diurnes à la ronde pupille ; le genre renard est composé d'individus nocturnes à la pupille verticale. En outre les premiers ont les incisives supérieures très échancrées, et l'odeur qu'ils exhalent n'est pas fétide comme celle des renards. Ces derniers ont aussi le museau plus conique et plus pointu, la queue plus touffue. Le loup et le chacal ne se distingueraient du chien que par la courbure de la queue et par les hurlements. Le chien seul aboie.

Comme si le chien ne hurlait pas aussi fort que le loup lorsqu'il fait clair de lune ou qu'il a l'âme en peine ! Comme si certaines espèces de chiens n'avaient pas une queue droite !

Toutes ces distinctions sont puériles, mon ami, et lorsque tu auras une bonne fois traqué le loup dans notre forêt, tu en remontreras à tes maîtres de Paris et d'ailleurs. De deux choses l'une : ou bien le chien, le loup, l'hyène, le chacal, le renard, le fennec, le megalotis, l'hyénopode sont autant d'espèces du genre chien et produisent des métis féconds ; ou bien ils forment des genres à part. En ce cas pourquoi établir seulement deux genres : le genre chien et le genre renard ? Tu vois donc bien, mon neveu, qu'ils ne savent pas tout à fait ce qu'ils disent. Pour moi un chien est un chien, un loup un loup, un renard un renard, et les universitaires des pédants.

Je consens à ce qu'ils me disent en général que les canidés sont moins carnivores que les chats et les digitigrades vermifores ; que la nourriture végétale peut fort bien faire leur bonheur ; que la vue, l'ouïe et l'odorat sont particulièrement développés dans ces genres, espèces ou individus, comme tu voudras. Mais je voudrais en outre qu'ils nous citent de jolis exemples, qu'ils nous rapportent des faits, qu'ils mettent en scène des organes délicats qui font la supériorité des canidés.

— Pourquoi, mon oncle, ne complétez-vous pas leurs notions imparfaites sur tous ces points ?

— Mais je ne demande pas mieux, mon gentil neveu. Nous avons plus d'une journée de pluie et plus d'une veillée d'automne à nous entretenir ensemble. J'espère bien que tu sortiras de mes mains passé maître en histoire naturelle.

La tante Amélie avait fait un soubressaut sur cette belle exhortation.

— Tu dors, mon amie, lui dit l'oncle Ferdinand. Tu n'as pas entendu la leçon que je viens de faire à notre gaillard de bachelier.

— Oh ! répondit la tante, je dors sans dormir, j'entends tout.

— N'est-ce pas que j'ai tout à fait raison ?

— Tout à fait, mon ami, tout à fait, comme toujours ; et elle reprit son petit somme.

L'oncle Ferdinand était toujours très fier et très satisfait de l'approbation de sa femme pour laquelle il professait un culte à l'ancienne mode. Sa pipe vidée et parfinie, il en bourra une seconde, se renversa sur le dos de sa chaise, passa une main dans sa rheingrave bleu de roi et continua son interminable discours. C'était une véritable volupté pour ce cher oncle que de parler des heures sur ses chasses et ses fauves. Cela le rajeunissait et lui rendait une belle verdeur qui se traduisait toujours par une effusion de largesses à mon égard. Quand je voulais obtenir de lui quelque faveur pécuniaire, je le mettais sur sa marotte et j'étais sûr d'un plein succès. Chaque biographie d'animal, chaque récit de vénerie me valait quelque beau louis d'or.

— Tu veux donc, bambin, que je te parle un peu du loup aujourd'hui. Je t'assure que je le connais autant et mieux que n'importe quel capitaine de louveterie. J'imagine que tu as déjà vu le loup quelque part, mon neveu, fit-il en riant à pleine bouche et à plein ventre. Les jeudis on a dû te mener au Jardin du Roi, comme nous disions dans ma jeunesse. Tu as pu voir ce souple et gracieux canis-lupus, s'agiter de long en large dans sa cage, comme M. de Bonaparte quand il n'était pas content. N'est-ce pas que cela marche bien, ces petits jarrets d'acier? Cela trottine à vous donner envie de déambuler et à vous faire oublier vos vieilles douleurs. Cette physionomie fine et éveillée d'un mâtin ; cet œil grand ouvert qui semble rire dans le sang, cet iris d'un jaune fauve qui nage dans un blanc regard oblique ; ce joli museau de gamin légèrement retroussé ; cette mâchoire en scie qui découpe les lèvres toujours relevées ; tout cela vous produit un singulier effet de révolutionnaire. J'ai toujours comparé le loup aux sans-culottes de la Terreur. Il me fait l'effet d'un Marat velu, indépendant, chétif révolté, sanguinaire comme lui : c'est bien l'habitant sauvage qui convient à nos forêts gauloises.

Sous sa férocité, cette bête conserve un air spirituel et finaud. Elle tient du paysan. Pour moi, lorsque je vois cet animal avec son pelage gris fauve, sa queue en pinceau, sa petite crinière rudimentaire toujours hérissée, ses jambes rayées de noir, sa démarche sautillante et ondulée, son corps maigre : je ne puis m'empêcher de m'épanouir d'aise. Je sens mes rudes instincts me revenir. Je suis heureux de me voir en face de l'ennemi séculaire de notre race ; du grand pillard, du grand détrousseur, du lâche assassin de nos campagnes françaises.

Et quand j'en tiens un au bout de mon fusil, comme je vise !

— Avez-vous beaucoup tué de loups dans votre vie, mon oncle? lui demandai-je.

— J'ai passé peu d'hivers sans en abattre quelques-uns.

— Et vous versiez vos primes au bureau de bienfaisance ?

— Tu aurais préféré sans doute que je joigne cela à tes semaines, scélérat, mais j'ai mes convictions. Il faut que le plaisir des uns serve au soulagement des autres.

— Bien raisonné, mon oncle, mais pas au point de vue des loups.

— Ils ne méritent vraiment pas que l'on s'intéresse à leur malheureux sort.

— Pourtant, il faut bien qu'ils vivent comme tout le monde. Pourquoi reprochez-vous au loup ses hardis coups de main ? Moi je trouve cela aussi digne d'admiration que les plus beaux exploits des conquérants. Voyez ce solitaire : tout le jour il se repose dans les buissons et dans les taillis des bois ; il ne dort que d'un œil, sans cesse il craint quelque alerte, quelque surprise de la part de l'homme qui est son seul ennemi. Car je crois qu'il est chez nous à peu près le roi des forêts. Puis la nuit arrive, la faim vient et lui ronge les entrailles. Il n'a pas comme les oiseaux sa nourriture toute prête dans un sillon ou bien au sommet d'un arbre. Il faut qu'il la cherche, qu'il la gagne par des fatigues et des courses énormes. On m'a raconté qu'un loup faisait quelquefois ses trente lieues en une nuit pour trouver sa pâture. Il me semble que cet animal a beaucoup de mérite et que l'on a tort de gêner sa petite industrie, de lui retirer son gagne-pain. Chacun fait comme il peut pour vivre. Le loup gagne honorablement sa vie en courant les champs, ni plus ni moins qu'un facteur rural. De plus il nous rend quelque service, il me semble, en nous dispensant de certains détails de salubrité publique dont il s'acquitte à ravir. Je tiens donc à réhabiliter le loup, le loup français dans ton estime, mon cher oncle.

— Je ne lui en veux pas, à cette bête, au contraire. Nous nous sommes toujours traités en ennemis loyaux et je lui sais un gré infini de toutes les belles émotions qu'il m'a procurées. Je lui pardonne de prélever la dîme sur mon gibier et d'aimer à chasser le lièvre et le lapin autant que moi ; je lui suis même très reconnaissant qu'il veuille bien me purifier mon air ; mais ce que je ne puis tolérer de sa part, c'est son audace et son absence de tout préjugé au sujet du bien d'autrui. S'il respectait un peu plus les moutons de mon fermier et les chiens de mon berger, je serais beaucoup plus indulgent à son égard. Mais remarque bien : c'est toujours lui qui déclare la guerre et entre en campagne le premier. Nous ne faisons qu'user de représailles.

— Mais mon oncle, de quoi voulez-vous que ce pauvre animal vive tout l'hiver ? Il ne peut cependant pas se repaître de racines comme un simple anachorète exempt de passions, ou s'engourdir sous sa rude fourrure comme un moine indolent. Un loup n'est pas un ours ou une marmotte.

— C'est précisément ce que je lui reproche, mon ami. S'il tient tant à son indépendance sauvage, qu'il en subisse les dures conséquences. Il faut souffrir pour mener une existence libre. Si au contraire il avait tenu davantage à son confortable quotidien, il n'avait qu'à imiter le chien, son pareil, plus intelligent, qui s'est rapproché de l'homme et qui a passé avec lui un contrat de domesticité. Le chien a dit à l'homme : Je consens à ne plus tourmenter les troupeaux, j'irai même jusqu'à les protéger contre les loups, mais à une condition, c'est que tu me donneras grassement la table et le couvert. Si le loup avait eu cette intelligence, il serait notre meilleur ami et l'auxiliaire du laboureur.

— Je le préfère dans sa rustique indépendance. Je le trouve moins lâche que le chien, qui a tourné casaque et qui maintenant lui fait une guerre fratricide.

— Vous voilà bien, jeunes cervelles républicaines ! Vous vous imaginez que c'est un signe de grandeur, de fierté et de force que de s'isoler dans une chétive individualité, de se soustraire aux lois, aux servitudes sociales ! Détrompez-vous, jeune homme. Le chien a plus servi aux progrès et à la civilisation que tous les loups de France et de Russie, malgré leurs grandes capacités de fossoyeurs.

— Qui vous dit, mon oncle, que le loup puisse par sa nature se laisser apprivoiser et domestiquer? Il y a des tempéraments qui n'aiment pas la vie en commun, et moi qui sors du collège, j'en sais quelque chose.

— Mon ami, le loup est aussi facile à soumettre que le chien.

— Pourquoi l'homme ne l'a-t-il pas asservi ? C'est donc la faute à l'homme. Aujourd'hui il se voit obligé de lui faire la guerre. Je crois que si nous avions voulu, nous aurions aisément dépouillé tous les animaux de la terre de leur prétendue férocité ! Si nous leur étions venus en aide, si nous leur avions tendu une main protectrice pour les élever jusqu'à nous, au lieu de les repousser violemment, de prendre un cruel plaisir à les tourmenter et à les détruire, si nous ne les avions pas mis dans la cruelle nécessité de subvenir à leurs besoins par le carnage, nous serions aujourd'hui les véritables souverains de la terre. Pas un être vivant n'échapperait à notre empire. Tout dans l'univers concourrait à notre bonheur et à l'adoucissement de notre vie.

— On voit bien que tu as sucé la sentimentalité stupide du philosophe de Genève. Je te plains : car tu ne seras jamais un homme. Moi, vieux chasseur, je n'augure rien de bon d'un jeune homme de vingt ans qui préfère apprivoiser les loups plutôt que de les tuer. Parbleu, j'en ai aussi élevé des louveteaux quand j'étais jeune. J'en avais même un grand diable qui me suivait assez bien, qui me léchait tendrement, me portait ma canne et me servait de redoutable compagnon. Mais j'ai renoncé complètement depuis à ce genre de passe-temps, trop peu accidenté pour moi, bien qu'un jour cependant j'aie failli laisser ma main dans la gueule de mon charmant loulou.

— Est-il vrai, mon oncle, que le loup n'attaque pas l'homme ?

— C'est encore une légende qui peut aller rejoindre celle des côtes en long que le loup est censé porter. Il est évident que le loup ne se jettera jamais le premier sur toi, s'il n'est pas enragé de faim ou si tu ne fais pas mine de lui faire un mauvais parti. Le loup n'est pas un carnassier d'une férocité extraordinaire ; c'est un beau mangeur et c'est tout. Lorsqu'il trouve occasion de faire un bon repas il ne le manque pas. Il est cependant capable d'une abstinence très prolongée. Tu as appris sans doute le malheur qui est arrivé l'hiver dernier sur la route de Brienne ; ta tante qui n'aime pas m'entendre raconter parce qu'elle craint la concurrence a dû te faire trembler avec cet affreux récit.

— Ma tante ne m'a rien dit de cette terrible histoire.

— Voici ce que c'est : l'hiver dernier il a tombé beaucoup de neige sur les chemins. L'hiver a été très dur pour tout le monde et particulièrement pour les pauvres diables qui avaient négligé de faire leur provision de combustible. Mon thermomètre est descendu jusqu'à douze degrés au-dessous de zéro. Cela me rappelait en petit certains froids de Sibérie, que j'ai traversés quand j'avais à peu près ton âge.

Un loup énorme les accompagnait. (Page 675.)

— Vous n'avez rien de gelé, mon oncle ?

— Tais-toi, bavard ! laisse-moi causer. Depuis décembre jusqu'à la fin de février nous avons eu ici tout à l'entour plus de quatre pieds de neige dans les champs. Nous étions absolument bloqués dans notre village. Je t'assure que je me fis très vieux pendant ce temps-là. Impossible de prendre un fusil, de faire un tour. J'en étais réduit à démonter des corbeaux et des moineaux au fond de mon jardin ! Si ce n'est pas pitoyable. Bref chacun a bien souffert cet hiver-là.

— Les loups et les malheureux en particulier, mon oncle.

— Ces particuliers-là sont faits pour cela. Ne m'attendris pas, je t'en prie. Garde pour toi ta morale larmoyante. Je t'ai déjà dit que l'adversité fortifie l'homme et qu'il faut se réjouir quand on la rencontre... dans autrui surtout. Nous avons ici une pauvre femme qui a été riche autrefois. Les guerres l'ont ruinée, paraît-il. Ta tante, qui est comme toi, qui fait semblant d'avoir bon cœur, lui porte de temps en temps un pot-au-feu et quelques bouteilles de mon bon vin. Je ne m'y oppose pas absolument, quoique je n'aime pas que l'on encourage la misère. Cette pauvre mère Lison est encore chargée de famille pour comble d'infortune. Elle élève je ne sais avec quoi les enfants de son frère, des orphelins. Elle en a pris quatre à sa charge. Or l'année dernière, vers la fin du mauvais temps, la mère Lison qui manquait de bois envoya ses deux aînés casser des branches mortes dans mes coupes. Je lui avais donné toute permission. Elle a droit à un fagot par semaine et à quelques bûches. Ce sont mes gardes qui lui font régulièrement la distribution. Les deux enfants : un garçon de treize ans et une fillette de onze ans, partirent dans l'après-midi avec leur serpette et leur tablier de toile pour faire un peu de ramée. De mes ventes au village, il y a une bonne heure de chemin et de très mauvais chemin, puisqu'il faut passer à travers des taillis par des sentiers de débardage. Les pauvres petits avancèrent avec beaucoup de difficulté. Ils entraient dans la boue et dans la neige fondue jusqu'aux genoux. Ils avaient beaucoup de peine à retirer leurs sabots de ce gâchis. Le frère aidait la sœur du mieux qu'il pouvait. Il la portait quelquefois dans les endroits les plus mauvais. Et tous ces malheurs n'empêchent pas les deux petits d'être très gais, très babillards de rire aux éclats, de siffler et de chanter à cœur joie.

Il y avait si longtemps qu'ils n'avaient mis le nez dehors, les pauvres petits. Cela leur semblait bien bon de respirer l'air glacé des champs et les bonnes odeurs des bois, des feuilles tombées. Ils s'attardèrent peut-être un peu trop le long des haies, à jeter des pierres aux merles. Le fait est qu'ils n'arrivèrent guère qu'au commencement de la nuit à mes futaies. Ils se dépêchèrent de couper leurs fagots ; abattirent sans trop de précaution le vert et le sec et s'en revinrent chargés comme des baudets. Ils étaient engloutis sous leur fardeau qui dépassait de plusieurs longueurs par-dessus leur petite tête éveillée. Ils marchaient lentement, appuyés sur un gros bâton de chêne. Leur gaîté n'était plus aussi vive ni aussi bruyante. Ils sentaient la fatigue et cela leur enlevait tout envie de folâtrer.

La nuit commençait à tomber. L'ombre s'épaississait entre les grands arbres. La petite commença à avoir peur. Son frère la rassurait de son mieux.

— Que crains-tu? lui disait-il.

— J'ai peur des loups.

— Je te défendrai. Et ce bâton?

Au même instant, par une sorte de pressentiment instinctif, la fillette se retourna brusquement pour s'assurer si elle n'était pas suivie par la bande de loups qui hantait son imagination.

Elle poussa un cri. Son frère se retourna à son tour. Un loup énorme les accompagnait, marchant à petits pas derrière eux et guettant l'occasion. Il ressemblait à un grand chien que l'on vient de battre et qui suit piteusement son maître. Sa prunelle étincelait dans la nuit tombante.

Le frère rassura sa sœur qui n'avait plus la force de marcher et qui se sentait les jambes coupées par la frayeur

— N'allons pas plus vite, ma sœur, lui dit-il, veillons au contraire à bien assurer nos pas. Car si nous glissions et si nous tombions, le loup se jetterait sur nous et nous dévorerait. Donne-moi la main et appuye-toi fort sur moi.

— Je ne puis plus avancer, répondit la fillette, je ne sais pas ce que j'ai. Je vais tomber.

Le petit garçon la retint dans ses bras. Ils s'arrêtèrent. Le loup fit de même. Le chemin où ils étaient engagés était creux; des rebords de fossés et de talus surplombaient. Le loup, en tacticien habile, passa sur cette rampe et se trouva dominer de plusieurs mètres les deux pauvres enfants, plus morts que vifs et comme pétrifiés par le danger qu'ils couraient et qui était là suspendu sur leurs têtes.

La bête restait immobile à les guetter comme un chien hargneux. Il n'osait pas encore se précipiter sur sa proie. Mais il la couvait de l'œil.

La situation se tendait et devenait de plus en plus critique pour les petits. Le loup se consultait, délibérait, supputait les chances de succès du coup à faire. Encore quelques instants et sa détermination serait irrévocable. Sa gueule s'ouvrait, sa langue était agitée de concupiscence, ses prunelles s'injectaient, ses flancs frissonnaient d'aise. Évidemment il mesurait son élan et s'apprêtait à l'attaque.

Le petit garçon, pris de bravoure, excité par un noble courage et par l'amour de sa sœur, eut une excellente inspiration. Il se fit un rempart des deux fagots, les disposa en forme de hutte en les appuyant solidement contre les revers du talus.

— Cache-toi là-dessous! dit-il à sa sœur, moi je veille à l'entrée. Si j'avais seulement une petite allumette, avec cela je mettrais l'animal plus sûrement en fuite qu'avec mon gros bâton.

— Mon Dieu! qu'allons-nous devenir, criait la pauvre enfant en larmes. Ne t'avance pas, mon frère! il te mangerait.

— Laisse-moi faire.

Le loup avait suivi tous les préparatifs de défense du brave garçon. Il dirigea son attaque d'un autre côté, voyant l'entrée de la cabane défendue par un intrépide et résolu combattant, il tourna tout autour et se campa à l'extrémité opposée du côté où la jeune fille était blottie.

Il attendit sans remuer une partie de la nuit, ne quittant pas du regard les deux enfants qui luttaient contre le sommeil et faisaient le plus de bruit possible pour donner signe de vie. Ils demeurèrent ainsi de longues heures, mourant de froid, de faim, de sommeil et de peur. Ils espéraient que la première pointe du jour les débarrasserait de leur terrible satellite.

Le courage leur revenait un peu.

Le loup ne quittait pas sa faction. Il s'obstinait avec un entêtement féroce.

— Te sens-tu plus rassurée, maintenant? demanda le frère. Si nous reprenions notre route? La mère doit être bien inquiète. Peux-tu marcher un peu, ma sœur? Encore une demi-lieue tout au plus et nous touchons aux premières maisons.

— Essayons toujours, répondit la sœur. Mais laissons nos charges de bois, nous irons plus vite.

Et les deux enfants sortirent de leur cachette et se mirent à courir de toute la vitesse de leurs petites jambes. Le loup ne les quitta pas. Il courait derrière eux, sans fatigue.

Tout à coup, le garçon s'écria : Nous sommes sauvés! Voici le clocher! Encore un peu de courage. Mais ils avançaient avec beaucoup de lenteur dans la nuit et dans les ornières.

Le chemin allait en pente. Ils devaient se retenir pour ne pas tomber. Les malheureux étaient sur une véritable glissade. Le loup touchait leurs talons. Son haleine affamée et concupiscente leur battait dans les jambes. Mais sans se retourner, ils allaient, allaient toujours, comme poussés en avant par une puissance cachée.

Ils atteignirent ainsi, haletants, couverts de sueur et de boue, une cabane de cantonier qui est à quelques cents mètres du hameau.

Ils s'y réfugièrent à la hâte, pour reprendre de nouvelles forces. C'était un simple amoncellement de gazon au carrefour de deux routes. Il y avait un foyer fait de deux pierres superposées, un siège qui se composait d'une motte de terre. Ils respirèrent un peu dans cet abri rustique. Le loup tira sa longue mine de désappointement. Il ne quitta pas cependant la partie. Il se posta le plus tranquillement du monde comme une sentinelle vigilante à la porte de la hutte. Assis sur son train de derrière, arc-bouté sur ses pattes de devant, il faisait dans la pénombre l'effet d'un chien d'Esquimau qui veille autour de la cabane de ses maîtres.

Le petit garçon, en cherchant partout, en fouillant dans le creux des murs trouva une cachette remplie d'allumettes et de quelques feuilles de journal.

— Victoire! ma sœur, s'écria-t-il; avec cela je brave tous les loups du monde. Le maître d'école m'a appris que ces poltrons-là craignaient le feu, comme les chats craignent l'eau. Nous allons bien voir.

— Que vas-tu faire, mon ami? demanda timidement la jeune fille.

— Tiens-toi là sans bruit. Je m'en vais ramasser quelques branches de bois à quelques pas d'ici et je reviens te remettre sous ma protection et celle d'une belle flambée.

— J'aurai peur sans toi?

— Pas le moindre danger. Je ne m'écarterai pas trop loin. Tu es beaucoup plus en sûreté ici qu'à mes côtés.

Le bambin reprit son bâton et s'en alla résolument faire un peu de bois. Il toucha en passant le museau du loup qui ne bougea pas plus qu'une borne.

Il n'y avait pas une minute qu'il était absent qu'un cri perçant retentit dans l'intérieur de la cabane. Il ne fit qu'un bond.

Un spectacle affreux s'offrit à ses regards. Sa sœur était renversée dans le fond de la maisonnette et la bête ivre de sang et de fureur longtemps contenue la dévorait avec rage.

Ne consultant que son courage, il se précipita sur le loup; lui asséna un vigoureux coup sur le crâne et lui fit lâcher prise. L'animal se retourna à demi étourdi et se rua sur son adversaire. Celui-ci l'attira dehors, tomba à genoux et l'attendit, l'épieu en avant. Le loup, gueule ouverte, se jeta sur son ennemi. Par une adroite manœuvre, le petit paysan lui enfonça son arme dans la gorge très avant et parvint à le renverser. Le loup râlait dans un flot de sang et d'écume au milieu de la route. Les pattes battaient l'air et essayaient de se défaire de la broche gênante qui creusait ses flancs. Ramassant alors une grosse pierre, le vaillant tueur de loup, acheva la bête. Il s'empressa d'accourir auprès de sa sœur qui gisait évanouie. Un instant il la crut morte. Il la souleva, l'appuya contre les parois de la hutte.«Ma sœur, ma bonne sœur! criait-il. Je suis là. Reviens à toi.»Elle respirait encore.

Ses yeux mourants s'entr'ouvrirent. Elle eut la force de le regarder encore et de lui serrer la main, la pauvre petite, et elle retomba inanimée sur la terre battue. Le jour parut, terne, sombre, endormi. L'enfant pleurait aux pieds de sa sœur bien-aimée. Il vit alors une affreuse blessure. Le bras droit était à demi dévoré. Il pansa la plaie et chargea sur ses épaules le cher fardeau qu'il vint déposer au presbytère.

— La petite sœur était morte? demandai-je très ému à mon oncle.

— Elle ne valait guère mieux. Grâce aux soins de M. le curé qui est un peu médecin, elle reprit à la vie. Mais on fut obligé de lui faire l'amputation du bras et l'on craignit longtemps que la malheureuse ne succombât à un autre mal plus terrible encore : la rage! Après quarante jours écoulés, aucun symptôme ne s'étant manifesté, elle en fut quitte pour un membre de moins. La morale de cette histoire, mon cher neveu, c'est qu'il ne faut jamais sortir sans son fusil sur l'épaule. Je me suis toujours très bien trouvé de cette précaution, même en Champagne.

Je revenais un soir assez tard de visiter quelques bons amis. J'étais à cheval sur ma jument grise qui t'a si souvent fait voir le tour ; je traversais le petit bois du père Gruyer. Je fumais tranquillement, mon Lefaucheux en bandoulière, lorsqu'au détour de la route j'aperçus une masse d'ombre assez compacte, qui roulait comme des nuages noirs. Je piquai en avant et en un temps de galop je fus sur place. Trois loups étaient attablés autour d'une malheureuse brebis pantelante. Le bruit que faisaient les sabots de mon cheval, leur donna l'éveil.

Ils se redressèrent vivement, dressèrent l'oreille et deux d'entre eux quittèrent le festin. Le troisième, plus vorace et moins repu sans doute, enleva les restes et se mit en devoir de rejoindre ses compagnons. Mais il était retardé par son fardeau qui traînait entre ses pattes et lui battait le poitrail. Je ne perdis pas une minute. Je décrochai mon fusil, j'ajustai et je fis feu. Je n'avais que du plomb de chasse.

Mes deux coups ne suffirent pas à tuer la bête. Elle se traîna à demi morte à plus de cent mètres dans les fossés de la route. Je rechargeai promptement et je courus sus à l'ennemi. Le loup était dressé, je ne lui découvrais que la tête. Un arbre contre lequel il s'appuyait, me le masquait presqu'entièrement. Il jouait à cache-cache avec beaucoup d'habileté derrière son orme. Ces loups ont l'intelligence du chien et la ruse du sauvage. Ils sont aussi fins que les plus fins renards, quoi qu'en dise Lafontaine et tous les fabulistes à la suite. Mais ils ont de plus que le renard une grande témérité lorsqu'ils se voient forcés et à toute extrémité. C'est ce qui est le plus souvent. Ils ne sont téméraires que lorsqu'ils se voient en péril. Mon loup, s'imaginant sans doute que je renonçais à l'atteindre, me laissa passer de quelques pas et se jeta aux jarrets de mon cheval. Ma grise se sentant mordue allongea une ruade bien sentie et acheva de son fer l'œuvre que mon plomb n'avait pu terminer. Messire loup rendait le dernier soupir sur un tas de cailloux. Je descendis et le prit en croupe. Ta tante n'a jamais voulu croire que c'était ma jument qui avait fait ce bel exploit.

— Tu lui as au moins distribué en récompense un gros pain de sucre avec pas mal d'avoine?

— Pas du tout. Je t'avouerai en toute franchise que j'étais au fond très vexé de n'avoir pas fait mes affaires moi-même. C'est depuis ce jour-là, que je n'ai jamais voulu faire partie d'aucune chasse à courre. Je trouve cela trop commode ou trop lâche, comme tu voudras.

— Et la chasse du marquis? interrompit ma tante d'un air vainqueur.

— Cela c'est différent, j'y vais parce que je ne puis m'en dispenser. Mais je considère cet exercice comme une simple promenade à travers bois et rien de plus. Ces chasseurs platoniques, avec leur grand train, leurs équipages tapageurs, leurs costumes d'opéra-comique me font tout simplement sourire. Tout homme qui poursuit la grosse bête avec meute, chevaux et piqueurs ne sera jamais qu'un petit chasseur. Quel mérite, quel plaisir y a-t-il à mettre sur les dents une pauvre bête qui ne peut vous faire courir aucun danger. Pour moi, mon neveu, la chasse est une guerre à armes égales. Si vous vous perchez sur un cheval, si vous vous embusquez dans un gîte, vous êtes indigne de tenir un fusil et de vous mesurer avec les fauves. C'est lâche tout simplement, vous feriez beaucoup mieux de laisser ces nobles jouissances et de vous contenter d'écraser les limaces de votre jardin.

Mais tu ne m'as pas laissé finir.

— L'aventure a eu des suites?

— Et des suites fort intéressantes. C'est une des plus belles journées dont je me souvienne.

Le lendemain, je vois arriver mon berger en piteux état. Sa limousine sur le bras, ses deux bons chiens à distance respectueuse, sa sarcleuse à la main, il me raconte qu'il lui manquait trois têtes de bétail, qu'il n'avait rien entendu et que ses chiens ne s'étaient pas même réveillés. Le pauvre homme était atterré. Il ne savait comment expliquer le malheur. «Mon parc a été dérangé du côté du levant, me dit-il, une des claies s'est trouvée renversée ce matin, je ne sais comment. Ce ne peut être le loup. La saison n'est pas encore assez avancée, nous ne sommes qu'en septembre. Et puis je n'ai découvert aucune trace. Ce sont les voleurs, bien certainement. »

« — Votre voleur, le voici, mon bonhomme, lui dis-je, en lui montrant mon loup, et si vous voulez me donner un coup de main nous aurons ses complices avant déjeuner. Car je suppose qu'ils ne doivent pas être très loin. Ils n'ont pas regagné la forêt; ils sont cachés dans les taillis des environs en attendant la nuit prochaine pour renouveler leur tentative à nos dépens. »

Mon berger, qui n'est pas précisément un preux d'un autre âge, accueillit ma proposition avec une grimace. «Je vous donnerai mes chiens, me répondit-il, ils feront de la meilleure besogne que moi. Ils ont du nez à sentir une piste d'une lieue. Je retourne à mes moutons ! »

J'acceptai ses deux chiens, qui pouvaient me servir à trouver mes pillards. Je partis sans prévenir personne, sans lever le ban et l'arrière-ban des traqueurs, sans donner l'éveil aux quelques chasseurs de perdrix et de lièvres du village. Je me réservai cette partie pour moi seul. Je me dirigeai du côté du bois de Gruyer où mes loups s'étaient retirés la veille au soir. J'avais une bonne provision de balles cette fois et j'augurais bien de ma campagne. Je me sentais le cœur léger. Quand tu auras pris goût à la chasse, mon cher neveu, tu verras que la plus grande jouissance se trouve dans le début. On est heureux de prendre son fusil, d'aller à la découverte, à la recherche de l'inconnu. C'est une passion terrible que celle-là. Un de mes bons amis, en un mot.

— Cette fois, mon oncle, lui dis-je, je te ferai remarquer que je ne suis pour rien dans l'interruption.

Sur ce cadavre une lutte à mort entre mes chiens et les loups... (Page 683.)

— C'est vrai, gamin, je me suis coupé moi-même, tu m'excuseras. Il y avait une heure environ que je tenais tous les bois, que je battais tous les fourrés. Je ne voyais plus mes chiens depuis quelque temps. Évidemment ils étaient sur une bonne piste. Les chiens de berger chassent sans presque donner de la voix. Ils sont trop intelligents pour mettre ainsi le gibier en éveil. Mais pour rabattre, ils n'ont pas leurs pareils. Je me gardai bien de les rappeler. Je préférai aller m'asseoir sur la lisière de Bellefeuille et attendre les événements. Je dominais le taillis du haut d'un petit monticule. Si les loups étaient là-dedans, on le verrait bien. Je demeurai à mon observatoire une demi-heure environ. Une bouffée d'air empesté vint me frapper en pleine figure. Au même instant j'entendis des cris aigus poussés à quelque distance dans l'épaisseur du bois. Ils étranglent mes chiens! me dis-je, et sans plus délibérer je m'élançai à leur secours dans la direction des cris. J'avais beaucoup de peine à me frayer un chemin parmi les broussailles qui encombraient les intervalles des arbres. Je me déchirais aux épines, je heurtais mon fusil contre toutes les branches. Enfin, je découvris une éclaircie. Les hurlements étaient proches. Je ne pouvais plus douter, mes loups et mes chiens étaient là. J'armai mes deux coups et j'avançai avec précaution. J'avais soin de me dissimuler tout en gagnant du terrain. J'allais d'arbre en arbre, comme un tirailleur.

Soudain, un grand mouvement de branchages attira mon attention, à vingt pas de moi, dans une touffe de noisetiers, je vis quelque chose se tordre. Je m'approchai. J'aurais voulu qu'un de nos célèbres sculpteurs animaliers fût à mes côtés pour dessiner le groupe étrange qui était sous mes yeux. Il y avait de quoi composer un chef-d'œuvre de sculpture pour le prochain salon et s'assurer une médaille de première classe. Il y avait beaucoup d'art déployé dans ce petit espace.

Imagine une petite clairière couverte de mousse ombragée par quelques grands chênes. Au milieu une carcasse de cheval à demi dépecée et sur ce cadavre une lutte, à mort entre mes deux chiens et mes deux loups.

Il y avait du sang partout. On s'étranglait à belles dents, là tout près. C'était à faire bondir d'aise un sénateur romain. Jamais le Colysée ne vit pareil spectacle. J'étais seul à contempler cela. Le tableau me semblait plus attrayant encore. Les muscles se tordaient, les mâchoires craquaient. Des gémissements étouffés sortaient de dessous les lutteurs. Je ne vis pas bien d'abord qui avait le dessus. C'était un amoncellement de corps tordus; crispés, acharnés. Il m'était impossible de tirer. Je courais le risque d'abattre mes chiens. Attendre la fin du combat était cruel et lâche. Je me précipitai au sein de la mêlée et devine ce que je fis?

— Tu déchargeas sans doute ton fusil dans l'oreille des loups.

— C'eût été par trop sommaire. Ces exécutions-là ne me tentent pas, je ne suis pas un bourreau moi. Je déposai mon arme et j'intervins avec mes seuls moyens de défense naturels.

— Comment, une lutte corps à corps avec deux loups!

— Je rêvais cela depuis longtemps. L'occasion s'offrait belle, je la saisis. C'est-à-dire que j'empoignai par la peau du cou un des deux loups qui égorgeait un des chiens et que je lui coupai bel et bien la respiration en l'étranglant entre ces deux mains-là. L'autre avait son affaire. Ramona s'en chargeait.

— Mais mon oncle, c'est tout simplement de l'héroïsme, cela!

— Je ne dis pas non. Et maintenant laisse-moi faire un temps de sieste, histoire de perdre connaissance.

— Vous n'avez pas même été mordu?

— C'est-à-dire que j'ai failli y rester. Es-tu assez bien instruit maintenant, mon petit neveu; et te sais-tu assez de cœur au ventre pour m'accompagner demain dans une nouvelle aventure?

— Je désirerais auparavant, mon cher oncle, que vous acheviez entièrement mon éducation. Le loup est-il sociable? N'est-il qu'un solitaire comme l'ours, le sanglier, etc.?

— Mon cher ami, tu me poses là une question assez complexe, qui est en pleine théorie. Dans nos climats tempérés qui comptent quatre saisons, le loup va très rarement en bande. Il se suffit à lui-même. Quelquefois cependant on le rencontre avec sa femelle et six ou huit louveteaux. Mais le cas est rare. Dans les contrées boréales au contraire, il s'associe à ses pareils et forme légion. En Russie, par exemple, où il ne peut vivre qu'en attaquant l'homme, il syndique ses moyens d'action. Tu as lu dans des récits de voyage ces caravanes de loups qui suivent et escortent des traîneaux. Il y a toujours deux hommes avec des fourrures qui tirent par derrière à la façon des Parthes; des loups qui tombent et des loups qui continuent leur course folle. C'est de la pure fantaisie. C'est la chasse infernale renversée. Dans la steppe, les loups se mangent très bien entre eux quand ils n'ont pas d'autre nourriture et ils ne se font pas prier le moins du monde pour circonvenir le voyageur qui va à pied, à cheval ou en voiture. Ils commencent par immoler le cheval et ils prennent leur dessert dans la chair des humains. L'union fait la force pour le loup comme pour l'homme. Quand il se voit en nombre, le *canis lupus* acquiert de l'audace et il arrête fort bien les diligences.

— Un loup vit-il vieux, mon oncle?

— A peu près l'âge d'un chien, qui n'est pas celui de Mathusalem. Il est adulte à trois ans. Il peut aller jusqu'à quinze et vingt ans. C'est un vrai dur à cuire. Il affronte à peu près tous les climats. Il a de plus l'avantage d'avoir assisté à plusieurs cataclysmes géologiques et d'avoir partagé avec nos ancêtres l'hospitalité des cavernes, qui n'avait rien de particulièrement enviable. J'inclinerai même volontiers à croire qu'à cette époque nébuleuse, le loup était le défenseur de l'homme tertiaire, ce qui donnerait raison à la théorie des descendances. Mais c'est une simple hypothèse. Il ne suffit pas de retrouver des bijoux taillés dans des dents de loup, et des ossements canidiens enfouis avec des ossements humains, pour trancher la question. Il y a tant de mystères à l'origine de toutes choses!

Aujourd'hui on retrouve le loup à peu près sous toutes les latitudes. Il erre depuis les sables et les marécages de l'Égypte, jusqu'aux glaces de la Laponie. Dans les froides régions du Nord il change de peau, comme nos vers à soie. L'hiver, il devient blanc comme neige. Certains voyageurs naïfs attribuaient à la vieillesse cette variation de couleur. C'était une simple adaptation au climat ambiant. Le pigment de cet animal se congèle très facilement ; et à la sève du printemps il reprend sa nuance fauve. Il existe aussi quelques variétés dans l'espèce. Et je me souviens d'avoir tué un loup aussi noir qu'un abbé, dans la forêt de la Draconne en l'an de grâce 1832. Ce *canis lycaon* n'est pas très rare en Europe. Il paraît plus sauvage et plus féroce que le loup commun. Sa fourrure tient mieux que celle des autres et beaucoup de nos élégantes en portent avec l'entière conviction qu'elles ont acheté autre chose. Le loup noir est très élégant, très alerte. Il est agrémenté d'une tache blanche sur le bout du museau et de la poitrine. On dirait qu'il a bu du lait ou qu'il s'est mis de la poudre.

Quant au loup d'Amérique, c'est un animal fort intéressant que j'ai beaucoup fréquenté autrefois. Il a la taille de nos plus grands loups d'Europe et son pelage est d'un beau roux cannelle à donner envie d'en manger tout cru. On l'appelle dans la langue javanaise de ces savants: *canis iubatus*. Le loup rouge d'Amérique porte une crinière d'un beau noir qui court tout le long de son épine, en crête hérissée. Dans les Pampas et dans les marécages de la Plata c'est un terrible pêcheur. Je l'ai vu poursuivre à la nage plus d'un animal aquatique. Il s'y prend à ravir pour capturer sa proie. Embusqué dans les roseaux, il l'attend venir dans l'immobilité la plus complète, puis lorsqu'elle est à portée de son attaque, il se précipite et la happe d'un coup. Ce loup de la Plata a les mœurs très douces, malgré son besoin de manger de la chair fraîche.

Il respecte toujours le gros bétail qui est la propriété de l'homme ; et les habitants de la Plata le dressent à la chasse sans trop de peine.

Et maintenant, mon cher neveu, laisse-moi reposer en paix et va rendre une petite visite de digestion à tes furets.

---

## L'HYÈNE

Cuvier range l'hyiène dans un genre de carnivores digitigrades, qu'il place entre les vivevridés et les félins. C'est un aveu d'embarras. Je ne vois pas très bien le trait d'union qu'une hyène peut apporter entre une civette et un jaguar par exemple.

Il serait plus simple d'admettre l'opinion de quelques auteurs qui classent l'hyène parmi les canidés. Suivant notre méthode, qui repose autant sur l'instinct que sur les caractères physiologiques et anatomiques des animaux, je trouve plus d'analogie entre l'hyène, le loup et le chacal qu'entre l'hyène, le blaireau et le tigre.

Quoi qu'il en soit de ces discussions oiseuses, qui n'apprennent absolument rien, je ne ferai aucune difficulté pour admettre les caractéristiques généralement reçues dans la science au sujet de cet animal.

Le système dentaire est ce qui a attiré l'attention. L'hyène est pourvue de trois fausses molaires à chaque mâchoire et de chaque côté. Le loup en porte deux de plus en bas. Ces fausses molaires sont d'une forme conique parfaite et d'une grosseur assez considérable. La carnassière est plus tranchante, plus lamellée que celle du loup. Une particularité fort curieuse l'accompagne. Derrière la carnassière supérieure s'abrite une petite dent tuberculeuse, presque embryonnaire, à laquelle rien ne répond à la mâchoire inférieure. On dirait une sorte de coin servant à l'écartement ou au soulèvement. Ce contrefort donne une grande solidité à la mâchoire. La langue de l'hyène tient de celle du chat et de celle du chien. C'est cette particularité qui a sans doute décidé Cuvier dans sa classification hybride. La partie antérieure et dorsale de cette langue est munie de papilles très rugueuses, très épineuses, tandis que le reste de la surface linguale est relativement doux. L'hyène est un carnivore très trapu, surbaissé et ramassé sur ses pattes de derrière. L'écartement des arcades zygomatiques, la saillie prononcée de la crête sagittale, de l'épine occipitale et des apophyses dorsales; le développement des muscles du cou et de la mâchoire : toute cette charpente solide indique une force prodigieuse. Il y a de l'auvergnat dans l'hyène, c'est un animal retors et mal léché. Son pied ne porte que quatre doigts. L'armature des ongles est épaisse, courte, solide, peu saillante et peu recourbée; avec cet instrument l'hyène peut creuser la terre, déterrer ou enfouir des cadavres; mais il ne peut s'en servir en guise d'arme offensive.

L'œil est grand ouvert et affecte la forme d'un triangle arrondi par la base. Cet œil est étrange et ne ressemble à aucun autre. Il a la fixité torve, les sanglants reflets, l'abrutissement féroce. L'hyène ne regarde jamais de face. Elle a besoin de tourner la tête pour voir. Le museau n'a rien de la finesse du museau des renards. Il est obtus, camard, aplati ; il tourne au groin. Son épaisseur révèle des instincts vils et bas.

La queue est courte et pendante, avec un pinceau de poils assez peu fourni. Des glandes anales l'accompagnent. Ces poches profondes et distendues ressemblent à celles des vivevridés. Le corps est oblique, l'allure est sournoise, infléchie, rampante.

Les hyènes ne sortent jamais le jour. Retirées dans des cavernes, dans des grottes naturelles ou sous des amoncellements de rochers, elles dorment et digèrent. Au crépuscule, elles quittent leur retraite et se mettent en quête de nourriture. L'estomac de ces animaux n'est pas difficile. Il préfère à tout autre régal les viandes putréfiées et les cadavres qui ont déjà fait quelque séjour sous la terre. Il n'est pas rare de voir, en Orient, les hyènes pénétrer par bandes dans les sépultures et déterrer des morts. Je me souviens même à ce sujet d'une aventure assez étrange qui m'a été racontée par le chef des travaux du percement de l'isthme de Suez.

Au début de l'entreprise, un grand nombre d'ouvriers européens, peu faits au climat, prirent les fièvres, la dyssenterie, et moururent. On avait acheté un petit champ à quelques milles des tranchées et des digues, pour y déposer les restes des malheureuses victimes. Ce cimetière improvisé n'était pas très éloigné d'un autre lieu de sépulture exclusivement réservé à recevoir les musulmans de toute race.

Il y avait déjà une vingtaine des nôtres couchés dans cet éternel champ du repos. Au contraire le cimetière musulman ne contenait encore que deux ou trois tertres fraîchement amoncelés.

Or, un beau matin, me dit le brave directeur des travaux, comme nous conduisions en terre un pauvre camarade décédé pendant la nuit, quelle ne fut pas notre surprise de trouver notre petit cimetière labouré et remué comme un véritable champ de bataille, ou plutôt comme une véritable tranchée ouverte dans toute sa longueur. Je crus un instant à une profanation de la part de quelque musulman fanatique. Les fosses étaient fouillées et évidées avec soin et comme par une main d'homme. Les terres rejetées çà et là de tout côté révélaient seules un travail précipité et sans méthode. Nous étions dans la consternation. Il nous semblait que nous venions de perdre une seconde fois nos pauvres amis. Quant à moi j'éprouvai un sentiment très pénible en face de cette désolation.

— Ce sont les hyènes, me dit tranquillement à l'oreille mon voisin, un grand diable de Marseillais, qui avait la prétention de connaître l'Égypte comme la Cannebière.

— Vous me racontez des histoires, lui répondis-je. Il est impossible que les hyènes aient fait cela.

— Tè! pourquoi pas ! si elles étaient plusieurs.

« Ici, mon bon, en Égypte, les hyènes, elles vont par troupeaux comme dans la campagne. Je vous parie, moi qui vous parle, que ce sont les hyènes et non pas d'autres.

Tandis qu'on achevait d'enfouir notre camarade, quelques Arabes accoururent en toute hâte, les bras en l'air avec mille contorsions. Ils nous faisaient des signes d'appel des plus désespérés.

— Qu'est-ce que c'est ! demandai-je à mon Marseillais qui savait tout et ne restait jamais à court sur rien.

— Je devine un peu ! mais je vais voir. Ce doit être drôle.

Je le suivis avec curiosité. Les Arabes nous conduisirent en se lamentant aux abords de leur cimetière et ils nous montrèrent du doigt les fosses de leurs coreligionnaires toutes béantes et comblées d'une multitude d'ossements étrangers, de lambeaux de cadavres,

Des hyènes dévoraient les cadavres. (Page 689.)

de dépouilles à demi rongées. C'était affreux à voir. Ce charnier infectait.

— Qu'est-ce que je vous disais, me dit le Marseillais me regardant de son air vainqueur. Est-ce la hyène maintenant, hein ! C'est égal, le tour n'est pas mauvais. Ces chiens de Turcos qui se croient souillés de dormir avec nous, ont dû bien se remuer cette nuit en sentant des os de chrétien sur les leurs. C'est une bonne farce de la hyène. Moi j'en aurais fait autant, voyez-vous. Parce que, quand on est mort, il n'y a plus de religion, me semble, hein ! et l'on doit pourrir ensemble.

— Je ne m'explique pas bien, lui demandai-je, comment des hyènes ont pu opérer cette transposition étrange et mettre ici ce qui était là-bas.

— C'est simple comme tout, mon cher. Quand vous aurez vécu comme moi dans les pays chauds, vous saurez que la hyène mange rarement les cadavres à l'endroit où elle les a pris. Elle les transporte toujours à quelque distance, elle craint sans doute d'être interrompue dans son festin. La chose est donc limpide.

Les hyènes sont venues cette nuit en nombre ; elles ont enlevé nos pauvres compagnons et sont allées les manger sur la tombe des mauricos. Voici les restes de leur repas.

— Pourquoi n'avez-vous pas une bonne fois donné la chasse à ces vils animaux? dis-je au chef des travaux qui me faisait ce singulier récit.

— C'eût été parfaitement inutile, me répondit-il. Dans toute la Syrie et dans tous les pays d'Orient, les populations d'Orient protègent l'hyène. Il est rare qu'on lui fasse la guerre.

— Et pourquoi cette vénération pour une créature aussi répugnante et aussi puante ? Je comprends certains animaux sacrés, mais pas celui-là.

— On le respecte pour son utilité. Sans lui, la peste et toutes les épidémies feraient bientôt de l'Orient un vaste tombeau. Ce sont les hyènes qui font ici la police sanitaire. Elles sont membres très actifs du conseil de salubrité publique. Elles entrent la nuit dans les villes sans être inquiétées et s'en vont lorsque la sale besogne est terminée. Leur ventre est le dépotoir de toutes les immondices de ces pays arriérés.

J'ai vu moi-même dans les nombreuses cités orientales où j'ai résidé, des bandes d'hyènes enlever morceau par morceau des chevaux morts, des moutons entiers, des bœufs et toutes espèces de cadavres. J'avais moi-même apprivoisé une hyène qui me rendait de nombreux services domestiques. Ma maison était tenue par elle sur un pied d'excessive propreté. Rien ne traînait aux alentours. Ma hyène me suivait avec une fidélité canine, et au commencement de la nuit, je lui donnais la liberté d'errer à sa fantaisie dans les dépendances de mon habitation. Loin d'abuser de cette permission, elle faisait bonne garde et interdisait vaillamment à ses pareilles l'entrée de ma demeure. Elle se sentait investie d'une charge de confiance et d'une haute responsabilité. J'ai toujours remarqué que les animaux domestiques se tournent avec acharnement contre leurs frères et anciens amis restés dans la vie sauvage. Il y a là quelque chose de la sotte cruauté du parvenu. Bref, ma hyène me délivrait des hyènes. Mais il advint qu'un jour, la malheureuse tomba victime du devoir trop rigoureusement accompli. Au milieu de la nuit j'entends des glapissements nombreux et réitérés. Je n'y pris pas garde tout d'abord, habitué que j'étais à ces aubades nocturnes. Cependant un cri plaintif monta jusqu'à ma chambre à coucher. Je me levai promptement, je saisis mon fusil et entr'ouvris mes fenêtres. A la clarté chaude de la lune d'Orient je découvris un étrange spectacle.

Une trentaine de hyènes égorgeaient ma paupre hyène apprivoisée. Les sauvages se vengeaient ! Je ne pus contenir ma colère. J'ajustai et je tirai dans le tas mes deux coups chargés de chevrotines.

Quatre hyènes mordirent la poussière. Les autres s'enfuirent comme un troupeau de moutons épouvantés par un coup de fouet. Rien de plus lâche et de plus couard que l'hyène. En frappant dans vos mains, en criant, en sifflant vous mettez en fuite une légion de ces animaux. L'hyène est très vorace, mais peu courageuse et peu sanguinaire. Elle ne se jette sur des proies vivantes qu'à la dernière extrémité, réduite à la faim la plus absolue, manquant de charognes et d'aliments végétaux. Il est très rare qu'elle attaque l'homme. Même provoquée et chassée, elle ne se tourne pas contre son ennemi et préfère devoir son salut à la fuite. La théorie de la retraite glorieuse compose toute sa théorie guerrière.

L'hyène rayée, *hyæna vulgaris*, est très commune et très répandue en Syrie, en Egypte, en Abyssinie, au Sénégal, en Perse. Son pelage est rude, d'un gris jaunâtre, rayé transversalement de taches et de lignes noirâtres très irrégulières, dont le maximum de densité se trouve dans le voisinage des pattes de devant. Elle porte tout le long de la nuque et sur le dos une crinière mobile qu'elle hérisse lorsque la colère la saisit. De chaque côté des babines et au bas des oreilles une sorte de gros collier de poil plus fourni que partout ailleurs donne à sa face plus de développement et de carrure.

Il existe deux autres espèces du genre hyène. Ces espèces sont localisées dans l'Afrique australe, dans le voisinage du Cap de Bonne-Espérance.

L'hyène brune, *hyæna brunay*, est d'un gris fer très foncé et ne porte aucune tache sur le corps. Les pattes seules sont marquées de quelques stigmates noirâtres. Les colons du Cap la désignent sous le nom de loup de rivage et lui font une chasse assez suivie.

L'hyène brune est beaucoup plus féroce que l'hyène commune et ne se contente pas comme l'hyène d'Asie de proies mortes et empestées. Il lui faut assez souvent de la chair fraîche et elle renouvelle sa provision sur le troupeau du colon.

L'hyène tachetée, *crocata*, est grise, parsemée de grosses taches noires ; c'est pourquoi les naturels la désignent sous le nom de loup gris. Elle n'a rien cependant de la férocité de l'un et la sauvagerie de l'autre, car c'est peut-être des trois espèces d'hyènes, celle qui se rapproche le plus du chien pour la fidélité et l'intelligence. Il n'est pas rare de voir des Anglais, des Hollandais ou même des noirs aller à la chasse avec l'hyène tachetée d'Afrique. Elle court aussi vite que nos meilleurs chiens courants ; elle est douée d'un flair suffisant qu'elle complète par une excessive délicatesse de l'ouïe et de la vue.

Dans le groupe des hyéniens on fait entrer deux autres genres distincts de celui de l'hyène proprement dite. Je veux parler du protèle et de l'hyénoïde, deux genres excessivement rares et que je n'ai rencontré nulle part dans mes voyages, je l'avoue très humblement. Je n'en parlerai donc que sur la foi de Delalande qui a découvert le protèle dans la Cafrerie et le pays des Hottentots.

La description qu'il nous en donne le rapproche assez de l'hyène commune, avec des différences assez marquées cependant. Ainsi, son pelage et sa crinière sont ceux de l'hyène rayée, le train postérieur est plus bas que le train antérieur ; mais l'ensemble de la taille est plus petit et la tête plus svelte, moins massive. Le protèle est différent encore de l'hyène commune par ses pieds antérieurs et ses dents. Il a cinq doigts comme le renard, la civette et le loup, et non quatre comme l'hyène. De plus il possède quatre molaires en haut, en bas et de chaque côté. Quant à ses mœurs, elles sont quelque peu différentes de celles des hyènes d'Asie et d'Afrique. Il n'a aucun goût pour le cadavre et le faisandé.

Il est nocturne et noctambule. Il est friand de jeunes agneaux et le morceau de choix qu'il recherche et qu'il préfère, c'est le morceau des dames, des délicats : la queue et la loupe graisseuse qui l'entoure chez les moutons africains. Il n'habite pas comme l'hyène dans des retraites naturelles creusées par les éléments. Il se construit lui-même sa demeure. Comme le renard il se creuse un terrier profond et à double issue, dans lequel il passe tout le jour.

Quant à l'hyénoïde, *hyenoïdes picta*, elle est plus rare encore que le protèle. On la rencontre quelquefois dans le midi de l'Afrique.

C'est un animal singulier qui tient du chien de berger et de l'hyène. Elle a le courage de l'un et la voracité gloutonne de l'autre. Ce chien d'Afrique a le système dentaire exactement semblable à celui de nos chiens d'Europe. Ses pieds ont quatre doigts comme les pieds de l'hyène. Sa taille est celle d'un gros mâtin. La hauteur de son corps est partout à peu près égale. Son pelage est très beau, très varié. Il est gris taché irrégulièrement de plaques blanches, jaunes ou noires. Sa queue est très longue, très fournie et très pendante. L'hyénoïde va rarement seule. Elle se réunit en troupe et se lance à la chasse des antilopes qu'elle étrangle comme le loup fait de la brebis. Néanmoins l'hyénoïde se nourrit quelquefois de viandes corrompues à défaut de pitance fraîche et sur pied. C'est le contraire de l'hyène.

---

## LE CHACAL

C'est un gracieux et charmant petit animal qui tient du renard, du loup et du chien. Les naturalistes sont d'accord à son sujet. Ils le classent dans la famille des Caniens ou Canidés. Il est inscrit au livre d'or de la science sous les noms et prénoms de *Canis aureus*. Les Arabes, plus pratiques et plus pittoresques que nos hommes de cabinet, le désignent par son cri : wauï !

Ce renard des pays chauds est un peu plus haut sur jambes que celui de nos climats froids et tempérés. Le jackal, ou chacal, a beaucoup de la physionomie du loup, avec une pointe de gaieté en plus. C'est une tête de loup qui se déride, ne se prend pas au sérieux et tourne au fin sourire, à la malice grivoise. Ce qui donne ce petit air malin au chacal, c'est l'allongement futé du museau, la gorge grasse à double menton, les petites oreilles sans cesse en éveil et le petit œil pétillant et rutilant. Il est vraiment fâcheux qu'avec tant d'esprit et une apparence si comme il faut, cette mignonne bête néglige trop de se parfumer. Le chacal se révèle à son odeur : *ad odorem ung ventorum*. La fétidité qu'il répand empêche que l'on s'attache à lui et qu'on lui veuille quelque bien. Il est par trop décourageant.

Quelquefois dans l'Inde, en m'éveillant le matin, il m'était impossible de me défaire de cette odeur qui s'attache à tout et que les chacals laissent après eux dans l'air, et sur les objets dont ils se sont approchés. J'étais obligé de purifier ma vérandah en brûlant force pastilles du sérail. L'odeur du renard est très bénigne auprès de celle-là, et semble baume. C'est du musc empesté.

Il y a des auteurs, des naturalistes et des voyageurs même qui distinguent plusieurs variétés de l'espèce chacal suivant la contrée qu'il habite. Il m'a été donné de voir et de comparer les chacals de l'Inde, de la Morée, de la Nubie, de la Barbarie, du Sénégal et du Cap, et j'avoue à ma honte que je n'ai remarqué aucune différence entre eux qui puisse établir des variétés bien tranchées. Tout au plus existe-t-il quelques légères modifications dans la couleur du poil.

Mais je ne sache pas que les blonds, les roux, les châtains et les bruns forment des variétés de l'espèce humaine. C'est une petite affaire de pigment et de milieux. Le chacal *authus* du Sénégal a peut-être l'épine du dos un peu moins noire que le chacal keube du Cap; le chacal du Caucase, ainsi appelé parce qu'il est répandu dans toute l'Asie Mineure, en Perse et en Syrie, est peut-être plus fauve en dessus, plus blanc en dessous que le chacal de Barbarie ou d'Alger. Ce dernier porte quelques taches noires en plus sur le dos et sur la croupe, un cuissard noir en plus sur le devant des jambes, mais qu'est-ce que tout cela prouve? tout au plus une grande quantité de croisements. Ces signes héréditaires, ces grains de beauté sont peu sensibles. On peut dire que le chacal d'Asie et d'Afrique est partout le même. L'Europe et l'Amérique sont complètement dépourvues de cet intéressant animal.

Nous remplaçons le chacal par le renard, le chien et le loup.

On a dit aussi que le chacal est le type et l'ancêtre de notre chien domestique. Cela peut être vrai, mais ce n'est pas prouvé. J'ai moi-même opéré des croisements entre un chacal apprivoisé que j'avais à Pondichéry et un grand chien de garde. Après 63 jours de gestation, comme chez le chien, ma femelle chacal mit au monde 6 métis très bien conformés qui tenaient des deux producteurs. Ma chacal se montra très bonne mère. Elle allaita ses petits à la façon des chiens et les protégea sans trop les quitter pendant les deux mois de l'allaitement. Lorsque les petits chacals virent clair, c'est-à-dire après une douzaine de jours, la mère s'amusa à les caresser et à les faire jouer. Elle leur apportait tous les objets qui tombaient sous sa gueule. Les petits mordillaient et se faisaient ainsi les mâchoires.

Je m'aperçus un jour que mes pantoufles, mes souliers, mes bottes, mes gants disparaissaient avec un entrain regrettable. Je mis la faute sur le compte de mon singe domestique et je lui administrai une sévère correction. Le pauvre singe était l'innocence et la probité mêmes. Je le surveillai avec attention et je pus me convaincre que son service était irréprochable. Mes Indous me jurèrent que jamais il ne leur était venu à l'esprit de se saisir de ces sortes de choses qui leur sont parfaitement inutiles. Je retrouvai mes chaussures en pitoyable état dans la niche de mon chacal. Elles étaient déchirées et blanchies à la salive, prêtes à la déglutition. Lorsque les petits marchèrent tout seuls, la mère ne s'en préoccupa plus.

Dans l'Inde les chacals rôdent la nuit par bandes très nombreuses dans les rues et autour des habitations. Ils pénètrent jusque dans les cuisines, où ils vident le panier aux ordures. Personne ne les inquiète. Si ce n'étaient leurs cris glapissants: «Oua! oua!» qui troublent le sommeil et qui jettent leur note lugubre dans le silence des belles nuits, on vivrait avec eux dans les meilleurs termes. Mais bien souvent les serviteurs sont obligés par les maîtres de faire taire à coups de trique ces hôtes incommodes. C'est ainsi qu'autrefois on battait les mares à grenouilles afin de protéger le repos des seigneurs.

Comme l'hyène, le chacal débarrasse les villes de l'Orient des immondices. Bien que ses yeux ne soient pas nocturnes, il ne voyage que la nuit. Le chacal ne chasse que quand il ne trouve pas à piller autour de lui dans les maisons, d'où il emporte tout ce qu'il trouve. Rien de plus intelligent et de plus rusé que cet animal. Il déploie toutes les ressources d'instinct des chiens les mieux dressés.

En Afrique j'ai vu une bande d'une centaine de chacals se cacher dans de hautes herbes et guetter des heures entières le passage des gazelles et des antilopes. Ils se plaçaient de préférence aux environs des sources. Sitôt que les gazelles approchaient et se penchaient pour boire; ils se précipitaient sur elles et les étranglaient.

Je me souviens qu'un jour, après avoir poursuivi un troupeau d'antilopes sans parvenir à en tuer une seule, je fus tout étonné de voir mes fugitives revenir droit sur moi. Je les croyais dispersées et déjà bien loin. Elles accouraient comme des nuages de sable poussés par le vent. C'était une bonne fortune inespérée. Je me dissimulai de mon mieux et je les laissai venir à portée de fusil. Elles allaient d'un train infernal. Quel ne fut pas mon étonnement lorsque j'aperçus à leur suite une bande de chacals qui essayaient de les envelopper en exécutant un mouvement tournant plein de précision. Je laissai faire. Au bout de quelques instants, la troupe des antilopes fut cernée et forcée de se rendre à merci. Les vainqueurs abusèrent de la victoire et furent loin de se montrer généreux. Chaque chacal choisit sa victime et l'emporta. J'essayai mais en vain de faire lâcher prise aux ravisseurs. Je déchargeai quelques coups de fusil dans leur direction, mais ils s'enfuirent presque aussi vite qu'ils étaient venus malgré leur butin.

Le chacal attaque fort bien aussi un bœuf ou un cheval lorsqu'il est pressé par la faim. Il saigne l'animal jusqu'à ce qu'il soit abattu, alors il le dévore et le dépèce avec une gloutonnerie sans égale. Il respecte l'homme, la femme et l'enfant. Il a parfois des gaîtés charmantes, mais son humeur est très inconstante et il entre en colère sans motif apparent, par une sorte d'hallucination subite. Il mord alors comme le chien. Le seul moyen de lui faire lâcher prise est de le frapper fort sur le museau, sa rage s'apaise et il redevient caressant. Il n'est pas rare de voir dans le désert à la suite des caravanes de longues files de ces animaux qui happent au passage tous les débris que l'on abandonne. Ce sont eux qui débarrassent les campements de tout ce qui est oublié par les tribus errantes.

Parfois, le chacal ne dédaigne pas de se prendre au cadavre et de fouiller les cimetières.

Deux autres animaux se rapprochent du chacal et sont de véritables variétés de cette espèce : c'est le corsac ou adive et le karagan. Le corsac erre en liberté dans les landes de l'Asie depuis le Volga jusqu'au Gange. C'est un très joli animal, de la taille d'un gros chat. Sa peau est d'un gris jaunâtre un peu pâle. Sa queue est très longue, dépasse les talons et est terminée par une mèche de poils noirs. Son museau est celui du chacal. Deux raies noires partent de l'œil et courent jusqu'à l'extrémité de ce museau. Cela lui donne un air très coquet. Au XVIe siècle, les belles dames et les jolies châtelaines avaient leur adive, leur canis corsac comme plus tard leur levrette, leur king-charles. C'était une mode du bel air. Cela vous donnait une apparence tartare des mieux portées.

Le karagan ne doit pas être confondu avec le corsac. Il est gris cendre sur le dos et fauve pâle sous le ventre. Sa taille est plus forte que celle du renard. Les Kirghis le connaissent bien. C'est pour eux un objet de rapport. Chaque année ils apportent au marché d'Orenbourg plus de 100,000 fourrures de cet animal.

Kangourous.

Ils lui font une chasse acharnée, sans trêve ni merci. L'espèce tend à disparaître, sa reproduction n'étant pas très abondante.

Buffon a eu le tort de confondre le karagan avait l'isatis ou renard polaire. Rectifions en passant cette erreur de l'illustre naturaliste qui en a commis bien d'autres. Ceci soit dit pour la plus grande édification du lecteur.

## LES ANIMAUX D'AUSTRALIE

### LE KANGOUROU

— Gentlemen, fit master Parker, nous voici arrivés à Devil-Station.

— Je vous embrasserais bien pour cette bonne nouvelle, mon gros Parker, répondit une voix joyeuse, mais je garde cela pour Ketty, si le rôt est cuit à point et la bière bien fraîche.

— L'ami Merville, répondis-je, se voit déjà assis auprès d'un énorme roastbeef entouré de pommes de terre, et flanqué de cinq ou six bouteilles de scotch-ale; quel homme pratique!

— Mais, interrompit Bois-Gilbert, un de nos compagnons, il me semble que cela est en situation, et la longue course que nous avons fournie, aujourd'hui, n'est point faite pour diminuer notre appétit.

— En la forme et au fond, comme on dit au palais, je suis de votre avis, messieurs, continuai-je, et le festin annoncé par Merville sera le bienvenu.

— Un peu de patience, fit celui que je viens de présenter, par l'organe de mon compagnon, sous le nom de Parker, je vous promets, mes très chers, que votre attente ne sera pas déçue, vous allez voir bientôt que, dans le *Buisson* australien, on peut servir une table de façon à vous faire honneur.

Il faisait une de ces nuits australiennes, nuit sans lune, qui ne permettait pas aux voyageurs de voir plus loin que le bout du nez de leurs chevaux.

Les intelligentes bêtes, guidées sans doute par un sentiment identique à celui que venait d'éprouver Merville, s'étaient arrêtées subitement, sentant la fraîche avoine et la litière d'herbes parfumées qui les attendaient au ranche, et poussaient de petits hennissements pleins de satisfaction.

De furieux aboiements vinrent soudain interrompre ce dialogue, le bruit sec d'une carabine que l'on arme, se fit entendre, et une voix brusque lança aux arrivants la question d'usage :

— *Who is there ?* Qui est là ?

— C'est moi, Bob, répondit master Parker, fais rentrer Strangler et Tom dans leurs niches ; j'amène des amis, qui n'ont pas précisément l'intention de se faire dévorer par tes compagnons.

— Encore quelques vagabonds que vous aurez rencontrés dans le *Buisson !...* vous finirez par nous faire assassiner tous un beau jour, grommela l'inconnu en rappelant ses chiens.

— Trêve de tes sottes réflexions, et livre-nous passage, fit Parker d'un ton qui n'admettait point de réplique.

Puis, comme pour s'excuser auprès de ses hôtes, il ajouta :

— C'est un vieux serviteur dont le dévouement à toute épreuve fait oublier les intempérances de langage. On entendit alors comme le bruit d'une lourde porte qui tournait longuement sur ses gonds, et nos mustangs s'engagèrent d'eux-mêmes dans un chemin, au bout duquel nous ne tardâmes pas à apercevoir les lumières d'une vaste habitation.

Moins de dix minutes après, tous les voyageurs étaient retirés dans les chambres que Parker avait mises à notre disposition, et faisaient disparaître par de nombreuses ablutions les fatigues du voyage.

Pendant que les chiens, inquiétés par la présence d'étrangers, continuent à aboyer de plus belle dans le *kraal*, que les domestiques indigènes, stimulés par la présence du maître, remisent les chevaux et préparent le souper, en échangeant entre eux les interjections et les cris les plus variés, il est temps, je crois, de renseigner le lecteur, sur une foule de questions qu'il s'est peut-être posées, et de lui dire pourquoi je me trouvais en Australie, à cent cinquante lieues de Melbourne, de l'autre côté du Rio-Victoria, et sur le Run du fermier américain Parker.

Parti pour me rendre à Taïti, dans les îles de la Société, avec un de mes meilleurs amis, Bois-Gilbert, qui était comme moi au service de la magistrature coloniale, nous avions résolu, ayant quelques mois de congé devant nous, de nous rendre à notre poste par l'Australie, et de visiter en passant cette curieuse terre.

Nous étions partis de San-Francisco pour Melbourne sur le steamer

*Sacramento*, capitaine Hudson, et c'est à bord de ce navire que nous avions fait la connaissance de Merville.

C'était un franc et joyeux garçon, un peu vulgaire d'allures, mais parisien jusqu'au bout des ongles ; on lui reprochait bien un peu d'assourdir ses compagnons, avec les refrains en vogue alors, de l'*Œil Crevé*, du *Petit-Faust*, et de toutes les *blagues* de café-concert, qui couraient Paris et la France depuis dix ans, mais il était si bon et si ouvert, si français d'allures et de cœur, que tous lui pardonnaient aisément ce léger travers.

Il ne pouvait d'ailleurs en être autrement.

A douze ans, il était rue du Mail dans les châles, c'est-à-dire qu'il balayait le magasin, où les anciens les empilaient. A seize ans il passait dans les coutils, rue du Sentier, à vingt, il était dans les doublures pour tailleur; c'est là qu'il fit connaissance avec la machine à coudre qu'il ne quitta plus depuis, la machine à coudre lui révéla sa vocation.

— Je compris de suite, nous dit-il un jour dans son langage imagé, je compris de suite en la voyant, que c'était avec elle que j'allais faire mon *beurre*. Et depuis quinze ans il voyageait dans le monde avec cette mécanique, grâce à laquelle tous nos vêtements craquent aujourd'hui au bout de quinze jours par toutes les coutures.

Il ne rentrait guère à Paris que tous les deux ou trois ans. Alors pendant les quelques mois de repos qu'il était censé se donner, il travaillait comme un nègre à préparer sa nouvelle campagne de huit heures du matin à six heures du soir, et après son dîner, sous prétexte de *renouer* avec cette vieille vie de son *vieux* Paris, il se fourrait des indigestions de *Bouffes*, de *Folies-Dramatiques*, d'*Eldorado*, de *XIX*e *siècle* et d'*Ambassadeurs* à détraquer la cervelle la mieux équilibrée.

Aussi on voit d'ici le résultat : il était interdit de faire en sa présence la plus petite réflexion sur n'importe quoi, sans que notre homme trouvât immédiatement dans ses souvenirs, une scie ou un refrain de circonstance.

Un soir, à bord du *Sacramento*, on causait des inventeurs et des déboires qui accueillaient presque toujours leurs premiers pas ; et le nom de Jacquard fut prononcé entre autres.

— Quel homme! quel génie que ce simple ouvrier! avait dit Bois-Gilbert.

Et aussitôt Merville, du ton de cette spirituelle ganache qui a nom Baron, se mit à déclamer :

— Quel homme ! quel génie que ce Grédane ! il n'y a que lui, il n'y a que lui !

Stupéfaction de l'assistance qui, peu au courant des scies parisiennes, n'y comprit goutte.

Une autre fois, deux joueurs s'étaient installés sur une cage à perroquet, pour faire une partie de tric-trac, la propriétaire de l'animal, une vieille dame, ne voyant plus son cacatoès, le réclamait à tous les échos d'alentour.

Et Merville la suivait en chantant :

Qui qu'a, qui qu'a vu coco,
Coco dans l'*Sacramento ?*

Si d'aventure nous causions, Bois-Gilbert et moi, avec quelques passagers dans un coin du salon, Merville s'approchait sur la pointe du pieds, en fredonnant :

Pour être conspirateur
Il faut avoir perruque blonde...

Rêvions-nous parfois, le soir, appuyés sur les plats bords, au pays, aux absents, une voix de stentor éclatait tout à coup à nos oreilles : c'était Merville qui les deux mains réunies en porte-voix, criait de toute la force de ses poumons :

— Ohé... cocher ! aux *Ambassadeurs !*

De plus, il imitait le petit bossu Challier à s'y méprendre, et jouait tous les soirs, sur le cornet à piston, la berceuse de Gounod :

Dormez, dormez, ma belle...

— On peut raffôler de Gounod (je suis de ceux-là), mais tous les soirs entendre la même berceuse...

Bois-Gilbert, pour se servir d'une expression qui était familière au commis voyageur, disait en riant :

— Il est à tuer !

Cependant, nous l'avions malgré, ou plutôt parce que, en raison de tous ces côtés si parisiens, pris en très grande affection.

Il allait *faire* la machine à coudre en Australie et dans la Nouvelle-Zélande, et il avait été convenu que Bois-Gilbert et moi nous conformerions notre itinéaire au sien, jusqu'en Australie ; nous ne lui avions demandé en retour qu'un sacrifice, celui de varier ses airs sur son cornet à piston.

Arrivé à Melbourne, nous étions tous trois inséparables.

Nous descendîmes à Royal-Élisabeth, le lieu le plus confortable de la ville. Huit jours ne s'étaient pas écoulés, que Merville avait fait des affaires d'or, dans cette magnifique cité de plus de trois cent mille habitants.

Quand il s'introduisait dans une maison, du *bazement* à la corniche, il plaçait ses mécaniques, il ne vous lâchait son monde que quand il en avait glissé une, et grisé par ses succès, il avouait modestement lui-même qu'il n'avait pas encore rencontré une *platine* supérieure à la sienne.

Nous passions généralement nos soirées avec Merville au théâtre de Saint-Stephen et dans Yarra-Street, où nous avions découvert trois ou quatre petites Javanaises pour lesquelles la danse du cachemire n'avait pas de secrets, Merville, du moins, l'affirmait, et Merville était fin connaisseur.

C'est à Royal-Élisabeth que nous avions fait la connaissance de Parker, et le soir même de notre première entrevue, Merville ne l'appelait déjà plus, comme au début de ce récit, que mon gros Parker ! et certes, il méritait ce nom, car il pesait, poids vérifié, cent cinquante-six kilogrammes.

C'était un Américain qui avait obtenu du gouvernement colonial la concession d'un *run* aussi grand qu'un de nos départements, dans lequel il élevait des millions de chevaux, de bœufs, de moutons, de yacks, de zébus, qu'il expédiait par troupeaux, selon les besoins, sur tout le littoral habité de l'Australie.

Il avait donné à son *run* le nom de Devil-Station — station du diable — à cause de l'aspect sauvage de la contrée couverte de buissons et de forêts vierges.

Le pays était bien nommé, car nous apprîmes plus tard qu'il était connu sous le nom de *Karakoul-Fenoua*, ou terre des Sorciers, par les indigènes.

Il n'y a rien de plus intelligent, et qui facilite mieux la colonisation, que la manière dont le gouvernement anglais accorde ces concessions.

Le premier venu, quelle que soit sa nationalité, peut se présenter, on lui concède dans les lieux encore inexploités, dix, vingt, cinquante, cent mille hectares, suivant ses ressources et moyennant une redevance si minime, qu'elle ne sert pour ainsi dire, qu'à établir et sauvegarder le droit de propriété du gouvernement concédant ; il devient *usager* et en réalité propriétaire de ces immenses étendues de terrain ; on n'impose qu'une condition au nouveau *squatter*, c'est de recevoir et héberger pendant trois jours, tout Européen blessé, malade, ou simplement dépourvu de tout, et de lui fournir des vivres en quantité suffisante, pour atteindre la prochaine station.

Cette clause du contract est si rigoureuse, qu'un seul acte de refus d'exécution suffirait à faire retirer immédiatement la concession

Cette obligation imposée aux colons, a eu, il est vrai, pour résultat de créer une race d'aventuriers et de malfaiteurs connus en Australie sous le nom d'*écumeurs de buissons* qui se sont mis à voyager de *station* en *station*, de *run* en *run*, vivant aux dépens des *squatters* et ne manquant jamais un bon coup à faire, mais ils ont été vite connus et signalés ; les plus mauvais se sont fait tuer un beau jour dans un coin solitaire de la forêt, les autres, à force de rôder, ont fini par s'établir sur un coin à leur convenance ; à la première moisson qu'ils ont vu pousser, à la première portée de la brebis qu'ils avaient volée, l'amour de la propriété était arrivé, et ils ont demandé à leur tour une concession.

C'est ainsi que cet immense continent australien, qui représente les cinq-sixièmes de l'Europe, depuis moins de cinquante ans a su attirer, sur son sol, huit à dix millions d'hommes.

Si notre intelligente administration coloniale avait passé par là, nous y aurions bien quatre gendarmes, un piquet d'infanterie de marine, un tribunal, des douanes, toute une armée de commissaires de marine et autres officiers d'administratien, avec un évêque, dix églises, et un gouverneur, pour administrer une vingtaine de marchands de conserves.

Donc, le fermier Parker possédait une immense concession de l'autre côté du Rio-Victoria, et il était venu à Melbourne pour y vendre ses peaux, ses suifs, ses laines, ses bêtes d'engrais et se dégourdir un peu les jambes... quand il disait cela avec un léger clignement d'œil, nous savions que le soir nous le retrouverions dans Yarra-Street en train d'admirer les danses des belles Javanaises. On n'est pas parfait!

Dès que nous fûmes plus intimes, il ne se passa pas de jours sans qu'il nous proposât d'aller passer quelque temps à Devil-Station ; cette excursion comblait les vœux de Bois-Gilbert et les miens, et il eût

— Le chef blanc t'offre son amitié. (Page 710.)

d'autant moins de peine à décider Merville à nous accompagner, qu'en moins de six semaines il avait couvert Melbourne de machines à coudre de tous les systèmes, pour tailleurs, pour cordonniers, pour modistes... et qu'un de ses rêves, rêve passé à l'état de manie suraiguë, était de jouer la *Berceuse* de Gounod, en pleine forêt vierge, sur son piston.

Et voilà comment, après quinze jours de cheval, je me trouvais avec mes compagnons en plein *Buisson* dans l'habitation d'un squatter australien.

Le singulier paysage, qui a reçu le nom de *Buisson* dans cette partie du monde océanien, est un mélange de forêts et de broussailles, qui rappellerait assez bien les vierges solitudes de l'Amérique et les jungles de l'Inde, s'il n'était complètement dépourvu de cette sauvage grandeur et de ce pittoresque, que donnent à ces derniers leur fouillis de lianes et de bambous, asile inextricable des Tigres, des Panthères, des Éléphants sauvages, et de tout un monde de ces terribles serpents, qui se cachent dans le cœur des arbres morts, sous chaque touffe d'herbes, et jusque dans la mousse qui entoure le pied des banians séculaires.

La forêt et le buisson australien s'élèvent en touffes au milieu d'immenses tapis de verdure tout parsemés de fleurs, sorte de bosquets ornés d'arbres de 250 à 300 pieds de haut, qui se succèdent les uns les autres sans interruption, aussi loin que la vue peut s'étendre, aussi loin que votre cheval peut vous porter.

Voyagez pendant des jours et des mois, c'est toujours le même calme, la même prairie émaillée des mêmes fleurs, les mêmes arbres géants, le même silence rêveur, troublé seulement de temps à autre par le chant criard des perruches, ou la note monotone de quelque grand cacatoès qui, debout sur une patte, se rengorge, dans son jabot rose, en vous regardant passer.

Mais ce calme ne tarde pas à se revêtir de teintes sinistres, quand aux premiers pas que vous faites dans la forêt, votre guide vous avertit en vous disant : « Ne mettez pas la tige de cette fleur à la bouche, vous tomberiez foudroyé. Ne brisez pas cette branche avec la main : si une seule de ses épines vous effleurait l'épiderme, vous mourriez en douze heures dans des convulsions. Vous voyez bien cet arbre, c'est le Oui-Ouanga des indigènes, ne l'approchez pas, si vous l'effleuriez seulement, vous tomberiez paralysé sur le sol ; enfin ne vous désaltérez pas à ces claires fontaines, qui sortent de dessous un rocher de granit rose, et courent sur le gazon, le filet d'eau qui les compose traverse d'immenses couches de détritus végétaux, et il donne plus sûrement la mort que la ciguë antique... » Partout vous êtes enlacés de plantes vénéneuses, solanées, daturées, nicotianées, ombellifères et autres, qui, poussées sous un soleil tropical, distillent les poisons les plus rapides et les plus puissants.

— Dans ce pays, nous dit un jour Parker, l'homme, à une exception ou deux près, n'a rien à craindre du règne animal, c'est contre le règne végétal qu'il doit sans cesse lutter pour défendre sa vie.

Et cependant, rien n'est beau comme une forêt australienne, où la main de l'homme n'a pas encore porté la cognée.

Je n'oublierai jamais l'excursion que nous fîmes jusqu'aux extrémités du *run* de notre hôte, deux jours après notre arrivée à Devil-Station.

Prétendant que nous étions assez reposés, Parker avait organisé en notre honneur une chasse aux Kangourous, mais sans fusil, à la manière indigène.

Dès la veille, une dizaine d'indigènes s'étaient répandus dans le *Buisson* pour relever des pistes de Menouahs, ainsi qu'ils nomment le Kangourou géant, et plusieurs étaient revenus dans la nuit, apportant de bonnes nouvelles pour la poursuite du lendemain.

Parker nous fit réveiller avant l'aube, et après nous avoir offert deux doigts de *golden*, vin blanc chaud et doré comme son nom l'indique, qu'il tirait de Californie, il donna le signal du départ.

L'équipage de chasse était composé de cinq natifs ornés de lances commandés par l'illustre Ouittigo, le plus habile chasseur de toute la contrée à plus de cinquante lieues à la ronde, d'un vieux squatter nommé Collins, au service de Parker, et qui, depuis vingt ans, avait parcouru l'Australie dans tous les sens, et des trois voyageurs invités de Parker, Merville, Bois-Gilbert et moi.

Collins tenait en laisse les deux énormes dogues *Strangler* et *Tom*, qui nous avaient si bien reçus le soir de notre arrivée.

Un wagon chargé de provisions de toutes espèces, suivait. La petite troupe pénétra en forêt aux premiers rayons du soleil, et Merville qui aurait cru manquer à toutes les convenances, s'il n'avait pas salué le dieu du jour, entama à tue-tête avec une voix de machine à coudre, le fameux

Ah ! lève-toi, soleil,
Fais pâlir les étoiles !

de *Roméo et Juliette*.

Les indigènes le prirent pour un fou, et Ouittigo vint sérieusement dire à Parker, qu'on n'apercevrait pas même l'ombre d'un Kangourou, si ce monsieur persistait à invoquer son Motou-Oni aussi fort.

Le brave chasseur qui n'avait jamais entendu que les Corajis, ou prêtres australiens, hurler aussi fort pour éloigner les malins esprits, prenait Merville pour un Coraji blanc, en train de formuler quelque incantation ténébreuse.

Le joyeux compagnon se rendit de bonne grâce à l'observation de notre hôte, et il promit de laisser dormir son répertoire tant qu'on serait en chasse dans le *Buisson*.

Les indigènes et Collins allaient à pied pour reconnaître les passages, et signaler les pistes que le hasard pouvait leur faire rencontrer. Les chasseurs les suivaient sur les trois infatigables mustangs qui nous avaient amenés de Melbourne, et dont Parker nous avait fait cadeau.

Nous foulions un épais tapis de mousse tissé par les siècles, sur un lit de feuilles sèches et de bois mort, et pas un bruit, si ce n'est celui d'une branche qui de temps à autre frappait le poitrail des montures, ne venait troubler le silence de la forêt.

Vus au travers des vapeurs brumeuses du matin, les noirs natifs qui couraient en avant, ressemblaient à des ombres qui eussent glissé entre les ombres de la forêt sans toucher le sol.

Quand le jour fut bien établi, un profond sentiment d'admiration s'empara de nous tous, à la vue des merveilles végétales qui nous entouraient.

Çà et là, comme jetés pêle-mêle, Parker nous fit remarquer toutes les variétés de myrtes géants et de pins, qui n'ont pas leurs égaux dans le monde. L'eucalyptus globulosa, dont la sève abondante s'échappe par le trou que fait à son écorce le voyageur altéré. L'eucalyptus amygdalia, ou arbre à menthe poivrée, qui atteint des hauteurs de quatre cents pieds, le wellingtonia gigantea qui dépasse parfois cette altitude.

L'eucalyptus media, l'araucania imbricata, le cedrella australis, le bois de roses, noyal aux parfums de violette, et des centaines d'espèces d'acacias, de melia australis ou lilas blanc d'Australie, aux senteurs les plus suaves.

Nous traversions des bosquets entiers de figuiers, de Bass, d'où s'échappe une cire abondante, de palukas qui donnent une espèce de manne, et d'arbre à soies dont les fils venaient, comme une longue chevelure verte, balayer le sol.

Puis, c'étaient de vastes coulées de bruyères roses, de mimosas, d'héliotropes de toutes nuances, qui tantôt s'allongeaient en des ruisseaux de fleurs, au milieu de la verdure, tantôt se réunissaient en touffes aux pieds des eucalyptus, comme pour s'épanouir en paix sous la protection de ces géants des forêts.

Et au-dessus de leur tête passaient lourdement de ces aras gris-perle, rose, blanc, avec leurs crêtes orange, qui sont une des merveilles de ces nombreuses retraites, pendant qu'une de ces pies rieuses appelées *squatter clock*, horloge des squatters parce qu'elles éclatent en notes discordantes au lever et au coucher du soleil, saluait leur passage de son chant le plus criard et le plus monotone.

Nous marchions déjà depuis plusieurs heures, en proie à tous les enchantements qu'excite toujours dans l'âme humaine la grande flore des tropiques, lorsque sur un signe de Ouittigo, qui avait la direction suprême de la marche, tout le monde s'arrêta, et les cinq indigènes qui tenaient la tête se replièrent sur le gros de la troupe.

Mes amis et moi nous considérâmes le chef Nagarnook avec une attention que nous ne lui avions pas encore accordée.

On a beaucoup exagéré la laideur des Australiens. Ouittigo eut passé pour un homme bien fait dans tous les pays, sa taille au-dessus de la moyenne était bien prise, ses épaules larges, sa poitrine forte et bombée, ses muscles nerveux et bien attachés, tout en lui annonçait la force, l'agilité et l'adresse.

— Maître, dit-il à Parker, faut-il laisser les chevaux?

— Est-ce que nous approchons, Nagarnook? répondit le squatter en lui donnant le nom de sa nation, ce qui était une attention délicate qu'on n'accorde qu'aux grands chefs.

— Il y a près d'ici une remise pleine d'ombre et de fraîcheur où le Menouaa, quand il a bien pâturé dans le Kraal, vient se reposer aux heures chaudes.

« Tout auprès est un ruisseau où il vient se désaltérer, et si le coraji blanc ne nous a pas jeté un sort, nous en tuerons un avant le milieu du jour.

Le coraji blanc c'était Merville. Comme le Nagarnook jetait sur le jeune homme des regards pleins de défiance, Parker fut obligé de traduire à ce dernier la phrase qui le concernait.

Le commis voyageur prit aussitôt une pose tragique.

— Je vais *épater* le moricaud, dit-il. Il allait sans doute entamer un de ses refrains de circonstance, lorsque le chef indigène, voyant celui qu'il prenait pour un sorcier tendre le bras dans sa direction comme pour le menacer, saisit sa lance et se mit en arrêt.

— *Elle est bien bonne!* fit Merville.

Et il marcha sur lui, en exécutant un de ces cavaliers seuls, qui devaient le faire porter en triomphe à Valentino.

Bois-Gilbert et moi riions à nous tordre de cet amusant spectacle. Tout à coup Parker saisit le danseur au collet, le rejeta en arrière avec une force peu commune.

— Vous voulez donc vous faire embrocher comme un poulet? lui dit-il.

Il était temps, la lance du sauvage passa en sifflant au-dessus de la tête de Merville, que le fermier avait à demi renversé.

Croyant que son adversaire dansait son pas de guerre, Ouittigo s'était vu menacé, et il avait pris les devants.

Merville s'était relevé d'un bond, et avait armé son revolver, mais on n'eut pas de peine à l'apaiser.

Parker, de son côté, dont l'influence était grande sur le Nagarnook, lui fit comprendre sans peine que le blanc n'était pas un sorcier et crut l'affaire terminée.

Mais on comptait sans le point d'honneur du sauvage.

— C'est bien, fit le chef quand il fut persuadé qu'il s'était trompé, j'ai lancé mon *Ouahua* contre le blanc, que le blanc me tire dessus maintenant avec son arme, et nous serons quittes.

— Jamais, illustre boule de neige, répondit Merville que Parker avait instruit du désir du chef; je préfère exécuter une seconde fois sous tes yeux la bamboula de mon pays.

Parker traduisit de nouveau, car le Nagarnook attendait sans comprendre.

— Le chef blanc t'offre son amitié.

— Qu'il tire d'abord, insista Ouittigo.

Il fallut en passer par là. Mis au courant de la situation et des exigences du point d'honneur du sauvage, Merville recula de quelques pas, visa le chef avec une attention qui nous fit frémir et tira en l'air. Ouittigo n'avait pas sourcillé. Les deux adversaires se donnèrent la main.

Cependant, la petite troupe laissa les mustangs à la garde d'un natif, et précédée du chef indigène, elle s'engagea la carabine au poing dans un véritable dédale de verdure. A tout moment, nous étions obligés de nous incliner presque sur les genoux pour passer, tellement l'épaisse voûte de feuillage se rapprochait du sol.

Quoiqu'on ne dût pas s'en servir, chacun avait conservé ses armes, on ne quitte jamais sa carabine dans le Buisson.

De temps à autre, Ouittigo nous faisait arrêter pour écouter et humer à pleines narines les émanations de la forêt, puis on se remettait en marche, en redoublant de précautions.

Les chasseurs arrivèrent enfin, après deux grandes heures de cette course pénible, sur la lisière d'une petite clairière, coupée en deux par un ruisseau, si étroit, qu'on l'eût franchi d'une seule enjambée.

Les indigènes glissaient avec une vitesse qui tenait du prodige, à travers les hautes herbes, et nous avions la plus grande peine à les suivre.

— Nous sommes arrivés, fit tout à coup le chef à voix basse, les Kangourous ne sont pas encore là, mais ils ne tarderont guère à venir, je vais vous placer, soyez aussi immobiles et aussi muets que les arbres de la forêt.

Il posta chacun à sa convenance, les indigènes en demi-cercle, et les Européens un peu en arrière, au centre.

Sous aucun prétexte, nul ne devait faire aucun mouvement, ni sortir des épaisses broussailles où il se trouvait caché.

Puis, il s'éloigna en recommandant une dernière fois le silence le plus absolu.

Dix minutes s'écoulèrent.

Tout à coup, on entendit un léger bruit derrière le poste des blancs. Les Kangourous allaient-ils venir par ce côté?

Les chasseurs tournèrent doucement la tête, nous les imitâmes. Quelle ne fut pas notre stupéfaction, en apercevant un énorme buisson, tout couvert de fleurs et de salsepareilles grimpantes, qui s'avançait lentement vers la clairière.

— Chut! fit Parker à voix basse, en mettant un doigt sur ses lèvres, c'est Ouittigo.

— Comment... dans ces buissons! fit Bois-Gilbert.

— C'est un déguisement, pour pouvoir approcher plus facilement des Kangourous.

De nouveau le silence se fit, et chacun continua à examiner avec une attention pleine de curiosité la manœuvre du chef Nagarnook.

Le buisson s'avançait insensiblement, comme s'il eût été poussé par une brise légère, sur la calme surface d'un lac; quand il passa à quelques pas de nous, nous eûmes beau donner à nos regards toute la force de fixité dont ils étaient capables, il nous fut impossible de distinguer quoi que ce fût, décelant la présence de l'indigène, au milieu de l'épais rideau de verdure dont il s'était entouré.

Le buisson était composé avec tant d'art, de doryanthes à la tige lancéolée, de branches de pommier de rivière avec grandes roses maranthes, le tout recouvert de salsepareilles grimpantes, dont les milliers de fleurs bleues dansaient au moindre souffle comme de petites clochettes, que l'œil même de l'hôte des bois que l'on venait poursuivre, devait s'y laisser prendre.

Quand il s'arrêta au centre de la clairière, nul n'eût pu affirmer que cette touffe de verdure et de fleurs n'avait pas capricieusement poussé sur ce coin de la prairie.

Près d'une heure s'écoula sans que rien vînt modifier les positions respectives de toute la troupe, les cinq indigènes n'avaient pas révélé leur présence par le moindre geste. Ouittigo était toujours immobile dans sa cachette de verdure.

Parker s'était allongé sous des touffes de mimosas, et s'était plongé dans une demi-somnolence; il n'était pas jusqu'à Merville qui, piqué au vif par la situation, n'ait mis son amour-propre à ne troubler en rien cette silencieuse attente.

Midi était loin déjà, un soleil de plomb incendiait la forêt, les chasseurs éprouvaient sous l'ombrage du Gruff-Oak, ou *chêne boudeur*, qui leur donnait asile, comme de vagues baisers de vapeurs, et déjà nous désespérions du succès de notre longue attente, quand le cri du squatter-clock se fit de nouveau entendre.

Bois-Gilbert et Merville regardèrent sous les arbres qui les entouraient, mais ils ne purent apercevoir la pie rieuse, qui venait ainsi rompre la monotonie de la situation.

Je me contentai de sourire de leur étonnement.

Bientôt, les notes criardes se succédèrent sans interruption, et si près de nos amis, qu'il leur était impossible de comprendre comment cet oiseau dont la voix aigre et fausse faisait concurrence à Merville, pouvait se cacher à tous les yeux. Pour faire cesser leurs tourments, je leur montrai du doigt le buisson de Ouittigo.

C'était le chef, qui imitait ce cri avec une rare perfection, mais dans quel but?

Nous ne tardâmes pas à le comprendre.

L'œil fixe, le cou tendu, Parker regardait au fond de la clairière, avec un sentiment de satisfaction qui transfigurait son visage, si placide d'ordinaire.

Nous l'imitâmes, et tout à coup, avec la vitesse de la pensée, nous sentîmes le sang nous affluer au cœur, aux tempes, et nos jambes trembler d'émotion.

Un magnifique Kangourou de plus de six pieds de haut venait de

Le jeune homme était déjà sur l'animal. (Page 716.)

pénétrer dans la clairière, par l'extrémité opposée à celle où se trouvaient les chasseurs.

Il était environ à cent cinquante mètres de la petite troupe.

Le cri de la pie qu'Ouïttigo avait imité dès qu'il avait aperçu sa proie, n'avait d'autre but que d'avertir son escouade de se tenir sur ses gardes.

Le plus profond silence se fit de nouveau, chacun était tout yeux et retenait son souffle.

Le Kangourou s'avançait sans défiance, broutillant de-ci, de-là, une touffe de fleurs, s'asseyant sur son train de derrière, pour mâcher en ruminant avec plus de félicité, puis il se remettait en marche, en retombant sur ses courtes pattes antérieures, et lançait en zig-zag deux ou trois ruades de satisfaction. Bientôt il fut près du ruisseau, où il se désaltéra à longs traits. Quel ne fut pas l'étonnement dont nous fûmes tous saisis, en voyant tout à coup sortir de sa poche abdominale une petite tête aux yeux noirs et perçants qui se mit à regarder curieusement autour d'elle, puis, comme rien ne paraissait troubler la solitude où il se trouvait, le gentil animal, d'un bond sortit du giron de sa mère, et s'en fut gambader sur le gazon.

Cette vue nous ravit au suprême degré : l'embuscade nous parut barbare et, n'eut été la crainte de froisser les sauvages dans leurs usages intimes, et peut-être aussi l'ami Parker, nul doute que nous ne nous fûmes élancés dans la clairière, pour mettre en fuite la pauvre bête et sa progéniture, avant qu'un trait mortel ne l'eût couchée sur l'herbe verte, qu'elle pâturait à plaisir.

Mais sa mort paraissait lointaine encore, car le prudent animal ne quittait pas la rive du ruisseau qui était à plus de trente mètres des chasseurs, et à cette distance Ouittigo ne pouvait, malgré son adresse, lui lancer son trait avec la certitude de le tuer... Mais c'était compter, hélas! sans l'habileté infernale de ces sauvages. Quel ne fut pas notre surprise, quand en reportant les yeux sur l'asile de verdure du Nagarnook, nous vîmes que le buisson n'était plus à sa place.

Avec une dextérité et une incroyable force musculaire, le chasseur dans sa forteresse de broussailles fleuries, et par le seul secours des mains, glissait insensiblement sur l'herbe de la clairière, sans que rien, si ce n'est au bout de quelques instants l'espace parcouru, ne vînt déceler la marche du chef indigène.

On avait beau regarder, fixer toute l'intensité de son rayon visuel sur ce mystérieux buisson, rien ne bougeait, rien ne décelait la vie, le mouvement, la mort cachée dans ces fleurs, et cependant il approchait, muet, insensible, et dans quelques instants allait se trouver à portée de sa victime.

Bois-Gilbert voulait douter, il prit un arbre pour point de repère : en dix minutes il était dépassé... Dix minutes, c'est long comme un siècle, lorsque l'émotion vous étreint. Tout à coup, le Kangourou poussa un léger cri, d'un bond son petit fut dans la poche maternelle.

— Le Kangourou a eu vent de quelque chose, ils sont sauvés, fit mon ami avec joie.

Vain espoir : l'animal n'avait rappelé son enfant que parce qu'il s'était trop éloigné au gré de sa tendresse... et le fatal buisson était à portée. Tout d'un coup, comme par enchantement, sans que le buisson se soit écarté, la lance de Nagarnook partit avec la vitesse de l'éclair, et le Kangourou, frappé au cœur, tomba à la renverse sans même pousser un cri. Bois-Gilbert s'élança pour recueillir le petit.

— Arrêtez-vous, lui cria Parker; si la mère n'est que blessée, elle va vous déchirer avec ses griffes.

Recommandation superflue, mon ami était déjà sur l'animal, et malgré les efforts que le jeune menouah faisait pour se cacher, il s'en empara. De l'avis des indigènes, il était déjà en âge de se passer de la mère.

— J'adopte le pauvre orphelin, fis-je aussitôt, en voyant qu'il n'était pas blessé.

— Moi aussi, fit son protecteur.

— Et moi donc! exclama Merville, je réclame l'honneur d'être son parrain, et le brave garçon, enchanté de donner libre carrière à sa joyeuse humeur, ajouta : D'abord, je l'appelle Joseph comme moi, et j'espère qu'il fera honneur à tous les illustres personnages qui ont porté ce beau nom.

L'adresse de Ouittigo tenait du prodige, il reçut avec une réserve pleine de dignité les compliments que nous lui adressâmes tous.

Le pauvre Kangourou, fendu sur-le-champ, fut dépouillé de ses intestins, le foie et le cœur furent hachés avec du beurre, du jambon, des œufs cuits dur, des épices et des herbages aromatiques, et cette farce de haut goût servit à le garnir à l'intérieur.

Pendant que Ouittigo lui-même présidait à cette besogne, les indigènes avaient creusé un trou de deux pieds de profondeur, l'avaient rempli de caillous et de bois mort auquel ils mirent le feu; le tout réduit en braise fut retiré du trou, et le menouah fut couché dans une tombe ardente, entouré de caillous brûlants et de charbons ; on l'avait préalablement enroulé dans une brassée de salsepareille comme on fait d'une caille dans une feuille de vigne. Toute la terre extraite de l'ouverture fut alors ramenée par-dessus et battue. Le Kangourou cuisait dans son poil et à l'étouffée.

— Je n'ai jamais rien mangé de meilleur... en Australie, entendons-nous, fit Bois-Gilbert, car la reconnaissance que j'ai toujours éprouvée pour les bienfaits dont m'ont comblé les râles de genêts, les bécassines, les poulardes truffées ou non, et mille autres produits merveilleux de mon pays, ne me permettraient pas de me souiller d'une pareille hérésie.

Merville, dont les goûts étaient plus spartiates (l'habitude des restaurants à *32 sous!*) déclara qu'il s'accommoderait bien d'une pareille nourriture, même dans ses jours de gala.

De fait, le Kangourou est un excellent mets, surtout apprêté au four indigène.

Nous passâmes la nuit sous de bonnes tentes de quatters, et le lendemain, montés sur nos infatigables mustangs, nous nous apprêtâmes à continuer l'inspection du *run* de notre ami Parker.

Merville ne se sentait pas de joie d'avoir retrouvé la liberté de son répertoire.

Quant à Joseph, notre nouvel ami, que, vu son âge, nous ne pouvions emmener avec nous dans le *Buisson* pendant les quinze à vingt jours qu'allait durer notre absence, un de nos indigènes, sur l'ordre du squatter, l'emporta dans ses bras à Devil-Station, avec la recommandation expresse de ne le laisser manquer de rien.

Notre petite troupe voyageait depuis deux jours dans le *Buisson*, marchant d'enchantement en enchantement ; les chevaux couraient sur d'immenses tapis de verdure, sous des arbres gigantesques qui étendaient sur les voyageurs leur ombre bienfaisante.

De tous côtés des bosquets de melia australis envoyaient aux voyageurs leurs plus suaves parfums, en même temps qu'ils égayaient la vue par leurs grappes multicolores.

Les solitudes du grand continent australien sont peuplées de ces lilas dont les fleurs jaunes, rouges, blanches, violacés, roses, souvent réunies dans le même bosquet, forment à elles seules le plus charmant et le plus gracieux des assemblages.

Chose singulière, parmi ces espèces il en est deux qui semblent se partager le rôle d'embaumer tour à tour la forêt : l'un, le lilas blanc, sans parfum pendant les heures de repos, quand le soleil éclaire d'autres contrées, dès que l'astre radieux se lève, livre à la brise du matin les senteurs les plus douces et les plus suaves. On dirait que la gracieuse fleur a besoin de lumière et de chaleur pour faire jaillir de son sein les effluves parfumés qui vont bientôt attirer des milliers d'abeilles sur ses tiges flexibles.

L'autre, le lilas rouge, que les Australiens nomment *Night santed, la fleur embaumée des nuits,* tant que dure le jour reste tristement replié sur lui-même, ses grappes fatiguées par la chaleur semblent implorer les bienfaits de la rosée du soir; mais dès que le jour baisse, que le soleil incline ses rayons dans le vague crépusculaire de l'horizon, que l'ombre commence à assombrir d'une teinte plus foncée les vallées et les bois, le beau lilas se redresse au vent du soir qui vient rafraîchir la forêt; ses cassolettes légères semblent s'ouvrir avec bonheur, et les grands bosquets d'eucalyptus et de noyal sentent monter autour d'eux les aromes odorants qui s'échappent de la fleur aimée des nuits.

Nous vîmes passer beaucoup de Kangourous sans leur donner la chasse.

Le Kangourou géant est un animal caractéristique de l'Australie; il appartient au genre des mammifères, de l'ordre des marsupiaux australiens.

Les animaux de cet ordre sont herbivores, à museau allongé, à longues oreilles et à membres postérieurs beaucoup plus longs que les antérieurs.

Quelques-uns parmi ces animaux ne dépassent pas la taille de la souris; d'autres, au contraire, atteignent, comme le Kangourou géant qu'on ne trouve qu'en Australie, la taille d'un mouton.

Ce dernier notamment se fait remarquer par la petitesse de ses pattes antérieures et le volume extraordinaire de sa queue, qui avec ses deux membres postérieurs forme une sorte de trépied qui lui permet de se tenir très facilement debout.

Comme la sarigue, il possède une poche où il met ses petits, soit pour les faire dormir, les transporter au loin, ou les mettre à l'abri du danger.

Ces animaux sont très doux, très craintifs et sont susceptibles de se priver; leur chair est excellente, leur fourrure belle. Ce serait un bienfait si quelque éducateur intelligent les acclimatait en France où ils vivraient parfaitement.

Je passais mes journées à herboriser et à récolter des insectes

Merville nous égayait de ses saillies, entremêlées d'airs de piston.

Quant à Bois-Gilbert, il avait adopté avec enthousiasme la vie de coureur des bois.

Dès l'aube, il faisait retentir le *Buisson* de sa carabine et, malgré nos supplications, en apprenti chasseur, il massacrait tout être ailé qui passait à sa portée.

Ce qu'il abattait alors de petites perruches vertes et roses, d'aras, de cacatoès gris-perle, est inénarrable; il aurait pu en garnir tous les chapeaux vert-pomme, que Londres fabrique à l'emporte-pièce, pour les jeunes ou vieilles ladies qui courent les cinq mondes.

— Quelle drôle d'occupation! lui disait parfois Merville; enfin, si ça vous amuse de tuer comme ça des perroquets toute la journée! Encore si vous saviez préparer les ailes, je pourrais vous faire *traiter* une affaire avec un de mes amis, *plumassier* rue du Caire.

On doit penser de quels éclats de rire étaient saluées les boutades du commis voyageur qui, du reste, heureux de son effet, était toujours prêt à recommencer.

— Merville, lui répondait alors Bois-Gilbert, quel dommage que votre piston et vous soyez rivés l'un à l'autre comme Adam et Ève avant l'histoire de la côtelette! sans cela vous seriez le plus charmant garçon de la terre, et je vous ferais bien vingt-cinq mille francs de rente pour vous attacher à ma personne : je ne risquerais de mourir ni d'hypocondrie, ni de spleen.

— Je renoncerais à tout, déclamait alors le brave garçon, à Satan, à ses pompes, aux machines à coudre, au plaisir d'écouler les marchandises dans les cinq parties du monde, mais à mon piston, jamais! Et d'ordinaire il terminait l'entretien à sa manière en modulant d'une manière sentimentale sur son inévitable instrument, la scie célèbre des *Pompiers de Nanterre*. Merville avait trouvé le moyen de faire tout un poème musical, de ce chant si vraiment comique dans sa naïve simplicité, qu'il avait fait de suite le tour du monde depuis les Champs-Élysées jusqu'en Patagonie, des bords de la Seine au fleuve Jaune, et qu'il alterna avec la *Marseillaise* et *Yankee doodle* sur tous les pianos à mécanique de toutes les Américaines.

Le soir quand la tente était placée, que le repas était terminé et que la brise toute chargé des parfums des melias, des nopals, des salsepareilles sauvages, des mimosas, invitait chacun à jouir en paix de la fraîcheur odorante qui parfumait le *Buisson*, une voix éclatait tout à coup, celle de Bois-Gilbert plutôt que la mienne.

— On réclame la *Marseillaise de Nanterre!*

Merville alors, sans se faire prier, débarrassait son fidèle compagnon de son enveloppe de cuir et le concert commençait.

Non! il fallait entendre les sons graves, lents, solennels, avec lesquels le virtuose envoyait ses *bons pompiers à l'exercice.*

On sentait que les braves gens préludaient à l'accomplissement d'un devoir sacré. A l'aide de variations de sa façon, Merville nous les faisait voir jetant un coup d'œil sur leur fourniment, leur casque... avant d'aller manœuvrer sous l'œil du conseil municipal, il faut *qu'ils embrassent leurs femmes et puis leurs fils;* ce gueux de Merville n'avait pas son pareil pour rendre cette scène-là : il vous eût tiré des larmes des yeux d'un crocodile.

Mais attention! la mélodie devenait plus pressée, pimpante même : le beau pompier quitte sa demeure, tout Nanterre a l'œil sur lui... Gredin de Merville! rien qu'avec quelques modulations il vous fait voir Nanterre, le maire, qui attend sa compagnie de sapeurs, la pompe immobile sur le champ du triomphe, le curé qui quitte son église en souriant pour encourager les braves, et la marmaille qui piaule, hurle, court et gesticule comme une volée de pierrots insolents, tandis que dans un coin de rue, un bon gendarme, l'œil au repos, les mains en repos, le sabre au repos, le tricorne et les bottes au repos, de cet air superbe et narquois qui caractérise ce fonctionnaire, regarde en souriant la venue des soldats citoyens..

Alors le piston de Merville éclatait en notes pressées comme les accents d'une fanfare... Tout se trouvait chanté dans cet hymme immortel : la famille, la religion et la propriété, dont la pompe est le plus sublime symbole, puisqu'elle est destinée à la conserver... Avec la dernière note, Bois-Gilbert s'écriait, en battant des mains : « Allons, messieurs, le concert est fini, un ban à l'auteur, si parisien, et à l'exécutant des *Pompiers de Nanterre* qui nous font passer de si charmantes soirés. »

Ce que Merville était fier de son succès, le *Buisson* australien peut seul le savoir.

Ainsi s'écoulaient joyeusement les journées de voyage, à travers la vaste plaine australienne qui, très fréquentée, dans les endroits que nous parcourions, par les troupeaux de Parker, portait déjà quelques traces de *dévastations civilisées...* Chacun apportait son caractère spécial, son genre d'esprit : Bois-Gilbert et Merville, leur entrain; Parker, son originalité; votre serviteur, la note d'étude; la forêt, ses grands paysages, ses végétations puissantes, ses parfums. Sans les

Je pressais les flancs de ma monture. (Page 727.)

luttes constantes et les assauts d'esprit de Bois-Gilbert et de Merville, l'existence que nous menâmes pendant les premiers jours, au milieu de cette nature calme et immobile dans sa grandeur, eut revêtu une pointe de monotonie.

Au milieu de son immense famille de perroquets de toutes formes et de toutes nuances et d'une prodigieuse variété d'oiseaux aquatiques et de grands rapaces, l'Australie ne possède pas d'oiseaux chanteurs pour égayer les solitudes.

On n'y entend pas les douces notes du merle dans les taillis, les tendres gazouillements de la grive dans les jeunes arbres, le chant joyeux de l'alouette dans les rosées du matin.

Le babil des perruches criardes tient lieu, le jour, du gazouillement des fauvettes, et les notes pleines de tristesse du Kalopo, sorte de chouette, remplacent aux heures silencieuses où la lune se lève, les fraîches roulades du rossignol. De temps à autre, on y rencontre bien une sorte d'alouette beaucoup plus petite que la nôtre, mais son aspect grisâtre et son maigre chant, ressemblent à une parodie du plumage et du chant de l'alouette européenne, l'alouette de Roméo.

— Pourquoi n'importez-vous pas des oiseaux d'Europe? demanda Bois-Gilbert à Parker qui nous donnait tous ces détails, ils vivraient certainement dans ce merveilleux pays, et ne tarderaient pas à s'y développer de façon à peupler ces solitudes et à leur donner la vie qui leur manque.

— Il nous en arrive chaque jour par milliers, répondit le squatter, et principalement la petite alouette à huppe et le rouge-gorge; ils sont parfaitement acclimatés, et sont plus nombreux autour des fermes, que les fleurs de lianes dans la forêt, mais leur habitude de vivre en Europe en compagnie de l'homme, semble s'être transmise par hérédité, car ces charmants oiseaux, ou originaires des autres continents, ou descendants de premiers *importés*, ont conservé une affection singulière pour les lieux habités : l'un suit en chantant son *tirelire lire* le sillon que creuse le laboureur anglais venu du comté de Cornouailles, l'autre bâtit son nid sous le chaume des cabanes, dans les haies fleuries qui bordent les champs, accompagne les bestiaux dans la prairie en voletant autour d'eux, et souvent vient picorer effrontément les miettes qui tombent des mains des pâtres ou des enfants.

« Peu à peu, grâce à la rapidité de leur reproduction, à leur acclimatation plus complète, à l'oubli des habitudes héréditaires, les forêts de l'Australie se peupleront de ces hôtes charmants, et nous n'aurons rien à envier à l'Europe et à l'Amérique sur ce point.

— La forêt sans oiseaux chanteurs est triste, insista Bois-Gilbert, et si nous n'avions pas ce bon Merville pour les remplacer, nous serions réduits à siffler à tour de rôle, pour nous donner l'illusion des merles et des bouvreuils.

— Oh! très original, répondit Parker en scandant la plaisanterie de notre jeune compagnon, de son gros rire de *farmer*, mais si nous n'avons pas d'oiseaux chanteurs, en revanche nous possédons d'autres oiseaux tellement singuliers, curieux et bizarres de types, que la faune ornithologique de l'Europe ne saurait en donner une idée... sans parler des innombrables perroquets que vous devez connaître, monsieur Bois-Gilbert, car vous en avez fait de véritables hécatombes depuis que vous êtes sous bois.

— Merci, mon gros Parker, interrompit Merville, vous venez de venger mon piston.

— Nous avons, continua le squatter, une foule d'oiseaux dotés d'allures si baroques, d'habitudes si excentriques, de tics si amusants, que les pionniers qui ont parcouru ces contrées, ne sachant quel nom leur donner d'après leur conformation, leur genre, leur espèce, leur famille, les ont tout simplement appelés *Oiseaux farceurs*.

— Alors vous allez trouver de la concurrence, Merville, fit Bois-Gilbert en riant.

— Vous me revaudrez cela, répondit le commis voyageur.

— Soit, continua Parker, mais ils seront encore plus farceurs que vous.

Un éclat de rire universel accueillit cette boutade du fermier.

— Nous sommes battus, mon pauvre Merville, fit Bois-Gilbert.

— Ce n'est qu'une première manche, répondit le commis voyageur; Parker n'a qu'à bien se tenir maintenant.

— Et quels sont ces oiseaux plus farceurs que Merville et moi réunis? fit Bois-Gilbert.

— Tenez, quand on parle du loup, répondit Parker... écoutez.

Les cris perçants d'un oiseau se faisaient entendre dans le lointain.

— Pagou! Pagou! exclama Ouittigo; puis le chef, nous faisant signe à tous de nous taire et de le suivre, s'avança lentement dans la posture de l'homme qui ne veut pas être découvert, dans la direction du lieu d'où étaient partis les cris.

Notre petite troupe arriva sur sa piste, dans un massif de mélia australis et de fougères gigantesques, et elle aperçut à moins de cent mètres d'elle, dans une petite clairière, un oiseau des plus singuliers.

— Pagou! répéta Ouittigo en le montrant.

L'animal était perché sur une branche d'eucalyptus, il était de la force d'un jeune dindon, jaune, marbré de taches brunes, et possédait des ailes développées avec un cou d'une longueur extraordinaire.

Chacun retenait son souffle, et observait le singulier volatile qui continuait à pousser des cris perçants, se renflant, se rengorgeant, et jetant ses regards à droite et à gauche, comme pour voir si on l'observait.

Ouittigo semblait applaudir, en balançant la tête avec des signes évidents de satisfaction, comme un dilettante qui eût assisté à une représentation de choix.

L'oiseau continua ses appels joyeux pendant quelque temps encore et, chose singulière, peu à peu des bandes de perruches, de cacatoès et d'autres menus êtres ailés, accoururent de tous côtés de la forêt, et le Pagou en montra sa joie en joignant à ses cris mille contorsions du cou des plus comiques.

— On dirait un pitre, fit Merville à voix basse, qui débite son boniment devant la baraque d'un saltimbanque à la foire de Saint-Cloud.

Tout à coup, le *Pagou*, satisfait de la nombreuse assistance qu'il était parvenu à réunir autour de lui, se jeta au bas de l'arbre en faisant cinq ou six tours sur lui-même, ni plus ni moins qu'un clown qui parcourt un cirque en faisant des sauts périlleux.

L'assemblée des volatiles sembla prendre un plaisir extrême à ce premier excercice ; ce n'était qu'un prélude.

Dès qu'il fut à terre, le Pagou se mit à tourner autour de la clairière, en poussant de nouveau une foule de cris tous plus singuliers les uns que les autres ; puis, prenant le trot et battant des ailes, il parcourut cinq ou six fois, de toute la vitesse dont il était capable, l'enceinte improvisée où il exécutait ses tours, puis revenant dans le centre, d'un mouvement brusque il jeta ses pattes en arrière, et se mit à tourner sur lui-même la tête en avant, en faisant jaillir autour de lui des nuages de sable et de feuilles sèches. Quand il s'arrêta il avait la tête et le corps blancs de poussière.

Il se mit alors à agiter son long cou, en poussant des ronflements sonores, à se secouer de toute façon pour chasser le sable qui lui remplissait les yeux, les narines, le plumage, tout cela d'une façon si drôle, si comique, que nous ne pûmes tous nous empêcher de faire retentir la forêt de nos rires.

Ce fut comme un changement de décors à vue. Le Pagou, étonné par ce bruit inconnu qui venait le troubler dans ses exercices, déploya ses larges ailes et disparut dans les profondeurs de la forêt, suivi par toute la foule des oiseaux qu'il était parvenu à grouper autour de lui.

— Il va continuer plus loin sa représentation interrompue, fit Parker avec son gros rire de Yankee.

— Foi de Merville, lui dit notre commis voyageur, au comble de l'étonnement, pour peu que vous nous montriez encore deux ou trois originaux de ce genre, j'avouerai sans peine que je n'ai jamais rien vu de plus curieux; on dirait que celui-là a reçu la mission de donner des représentations de gala aux oiseaux de la forêt.

— Mon cher Merville, répondit le fermier, si vous restez en Australie vous en verrez bien d'autres; mais pour vous montrer la série entière de suite, vous avouerez que malgré tout mon désir de vous être agréable, je ne puis faire défiler à volonté tous les oiseaux de la forêt sous nos yeux. Cependant, comme nous nous enfonçons de plus en plus dans la partie la plus déserte du *Buisson*, nous aurons bien peu de chance si, en plantant notre tente ce soir, nous ne sommes pas entourés de Phalangers volants et de Courlis nocturnes.

— Est-ce que ces oiseaux font concurrence au Pagou?

— Non, ce sont des oiseaux chanteurs.

— La parade le matin et l'opéra le soir.

— Vous connaissez cette pie que les premiers pionniers australiens ont baptisée du nom de Squatter-clock, ou l'horloge du squatter, parce que cet oiseau salue de ses notes aigres et criardes le lever et le coucher du soleil, eh bien! les Courlis nocturnes et les Phalangers volants font exactement pour la lune ce que la Pie du Squatter fait pour le soleil; ils saluent de leurs battements d'ailes et de leurs cris, le lever et le coucher de l'astre aux rayons d'argent.

— C'est singulier comme vous êtes poétique à vos heures, mon gros Parker!... c'est rare pour un homme qui ne s'est jamais farci l'imagination que de roastbeef et de porter.

— Nous avons encore l'oiseau pendule, continua imperturbablement le *farmer*, sans relever la plaisanterie, on le nomme Rohi-Rohi, par une sorte d'imitation du cri qu'il pousse. Ce cri est monotone et régulier, comme le tic-tac d'un balancier, pendant que lui-même jette son corps alternativement à droite et à gauche, avec un mouvement aussi régulier que celui d'une pendule. Quand le matin vous apercevez sur une branche un Rohi-Rohi qui saute avec acharnement d'une patte sur l'autre, en lançant dans l'espace son cri singulier par sa régularité et surtout sa continuité, vous pouvez être assuré que la journée sera chaude.

— Que de choses singulières dans cette nature australienne! fis-je tout rêveur.

— Et dire, fit Bois-Gilbert en me regardant avec un sourire malin, que nous sommes venus en Australie pour expliquer tout cela, pour faire de la botanique, de l'ornithologie, de l'ethnographie, et une foule d'autre choses en *ie*.

— Et la première chose qui arrive, c'est que nous ne pouvons rien expliquer du tout, c'est que, sur cet étrange continent, nous sommes obligés de retourner à l'école ; c'est bien là votre pensée, n'est-ce pas, monsieur le mauvais plaisant?... Continuez, monsieur Parker, insistai-je, continuez ; tous ces renseignements sur la faune de votre pays m'intéressent au plus haut point.

— Je ne suis qu'un simple squatter, répondit le brave Yankee, et je ne sais pas donner à toutes ces choses une couleur scientifique, mais, ce que je puis vous affirmer, c'est que tous mes récits sont exacts. J'ai vu cent fois dans la forêt tous les oiseaux dont je vous parle et il y en a de plus curieux encore. Tenez, nous avons le Ya-Gounya.

— C'est un beau nom, fit Merville, qui, depuis quelques instant, ne pouvait se tenir en place, de ne plus trouver l'occasion de placer son mot, ça rime avec auvergnat.

— Vous croyez vous moquer, monsieur le mauvais plaisant! fit Parker en riant, le nom de ces oiseaux leur vient de leurs cris Ya-Gounya!

— Ya-Gounya, c'est bien cela, on se croirait en Auvergne, répondit Merville imperturbablement. Cette boutade eut le don de nous dérider pendant quelques instants.

Parker n'y comprit pas grand'chose, mais il se mit à rire, lui aussi, pour faire comme les autres... une gaîté de confiance.

— Et ces Ya-Gounya ont cela de particulier?... fit Bois-Gilbert, pour ramener la conversation sur son terrain...

— Qu'ils ne chantent, répondit le squatter, qu'à la veille des tempêtes et des grands orages. Tant que dure le beau temps, il est impossible de les apercevoir, ils vivent retirés dans les parties les plus épaisses du *Buisson*, ne sortant que la nuit; on les voit alors voler, presque sans bruit, comme des chouettes en quête de leur nourriture. Dès que paraissent les premiers rayons du soleil, ils se hâtent de s'enfuir vers leurs retraites; mais que des nuages noirs viennent tout à coup obscurcir le ciel, que l'électricité roule en grondant dans l'immensité des cieux, alors on les voit sortir par bandes, ils se perchent au sommet des plus grands arbres, en donnant des signes non équivoques de leur joie; laissez le vent se lever, courber les jeunes eucalyptus, plus il sera fort, plus il sera terrible, et plus ces oiseaux de malheur seront heureux; enfin le cyclone se déclare, rase les arbres dans la forêt, force le voyageur attardé à se coucher à plat-ventre, et à se retenir avec force pour ne pas être emporté par le tourbillon comme une feuille morte... alors, eux, les oiseaux de la tempête, abandonnant les branches d'arbre sur lesquelles ils s'étaient perchés, et que la tourmente fauche comme des épis mûrs, ils se lançent dans la tempête en dominant le bruit de leurs sinistres cris : ya-gounya! ya-gounya! Je vous assure, mon ami, que, quand on les entend dans cette situation, se demandant à chaque instant si la tempête ne va pas vous enlever et vous écraser contre le tronc d'un eucalyptus dix fois séculaire, on ne trouve rien de comique à leur huhulement plaintif, qui ressemble à un chant de mort. Je me suis trouvé une fois dans cette situation, et j'en frémis encore.

— Contez-nous cela, fit Bois-Gilbert, il n'y a rien de beau comme les histoires à mourir de peur, quand on est à l'abri du danger.

— Oh! c'est bien simple, répondit le squatter. Je revenais un jour d'une longue tournée d'inspection sur mon *run*, j'avais encore pour dix jours de marche avant de rentrer à Devil-Station, les domestiques qui m'avaient accompagné, sur mon ordre, avaient pris les devants, chassant devant eux un troupeau de taureaux sauvages, dont nous avions pris les petits, pour les forcer à suivre, lorsqu'un jour un vent de mauvais augure commence à souffler dans la forêt. J'étais un trop vieux pionnier d'Australie, pour me méprendre sur sa signification, et je fis hâter le pas à mon cheval, pour atteindre une forêt dont les arbres gigantesques de tronc et de ramure, étaient de taille à résister au cyclone qui se préparait, et qui pouvait, par conséquent, m'offrir un asile à peu près sûr.

De gros nuages noirs passaient dans les cieux avec une vitesse vertigineuse, deux heures de galop me séparaient encore du lieu où je devais trouver mon salut... Arriverais-je avant que la tempête soufflât dans toute sa force? Toute la question était là.

Une chose m'étonnait, mais en même temps me donnait de l'espoir : les sinistres oiseaux de l'ouragan n'avaient pas encore fait leur apparition. « Peut-être, me disais-je, ne sera-ce qu'un léger coup de vent et j'en serai pour mes appréhensions... » Et je pressais les flancs de ma monture, l'excitant de l'éperon et de la voix. La noble bête, comme si elle eût compris le service que j'attendais d'elle, dévorait l'espace au milieu des grands bois qui se chargeaient d'ombre, sous le ciel noir marbré par instants de longs zigzags de feu ; je devais ressembler à ce cavalier fantôme des ballades norvégiennes, qui n'apparaît que dans les tempêtes, les jours de la mort de quelque grand chef... Tout à coup je tressaillis et enfonçai mes éperons dans les flancs de ma monture, le cri du Ya-Gounya venait de se faire entendre; au-dessus de ma tête, en moins de rien, je fus enveloppé comme dans un tourbillon d'ailes et de cris de ya-gounya. Les féroces oiseaux accompagnaient l'ouragan qui, à partir de ce moment, se déchaîna avec une force irrésistible. Nous atteignîmes les rives du lac Kouiouaï, quand tout à coup mon cheval fut soulevé par une rafale et lancé dans le lac...

Le tourbillon d'oiseaux sinistres qui voltigeaient au-dessus de ma tête m'accompagna jusque dans l'eau de son lugubre cri : ya-gounya ! ya-gounya! Je me cramponnai comme je pus aux lianes grimpantes qui retombaient en grappes sur les berges du lac ; et heureusement, comme ces bourrasques appelées grains blancs , qui apparaissent et disparaissent sur l'Océan avec la même vitesse, la rafele sembla avoir épuisé sur moi son dernier effort; le calme se fit presque subitement, et j'en fus quitté pour un bain involontaire ; au moment même où, m'accrochant aux branches d'un chêne nain, je parvenais à me remettre sur pied, mon cheval abordait à quelques pas de moi sur une petite plage de sable.

A peine les grises nuées et les brumes dont l'ouragan avait chargé le ciel se furent-elles dissipées, que je fus témoin d'un bien curieux spectacle. Une troupe d'oiseaux, que les indigènes nomment Djailos, se précipitèrent en étourdissant l'air de leurs cris, sur les Ya-Gounyas qui garnissaient les arbres de la rive, et les mit en fuite, et prenant leur place au sommet des bois de fer, des eucalyptus et des grufloak, les Djailos se mirent à entonner leur chant de triomphe: ce sont les oiseaux des beaux jours et des grands horizons, tout marbrés de bleu et de soleil. Nous avons encore le Bikal, ou oiseau danseur; son nom lui vient de l'étrange manie qu'a ce volatile, de la famille des échassiers, de sauter sur ses longues jambes dès qu'il se trouve réuni à une troupe des siens. Quand plusieurs se rencontrent ainsi, il faut les voir tourner sur eux-mêmes, gravement, s'avancer, reculer, s'entrecroiser en suivant une sorte de cadence dans leurs mouvements ; puis sauter sur une patte en faisant claquer leurs longs becs avec un singulier bruit qu'on prendrait pour celui des castagnettes, accompagnant cette danse originale.

Rien n'est curieux comme d'observer de loin les mouvements désordonnés de leurs longs cous, marchant à contre-sens de leurs jambes,

Il le fit tournoyer autour de sa tête. (Page 733.)

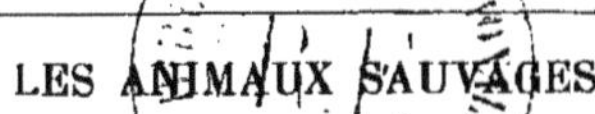

le battement singulier de leurs ailes, et l'air de gravité comique avec lequel ils exécutent leur figure chorégraphique.

— A quoi ressemble ce curieux oiseau? fis-je à Parker.

— Il a le cou fait à peu près comme celui d'une cigogne, le plumage d'un beau blanc, aussi éclatant que la neige qui vient de tomber, et l'extrémité de ses ailes est bordée de rouge. Il porte sur la tête une magnifique aigrette, d'un beau jaune soufre, qui se balance avec grâce lorsque l'oiseau se livre à ses distractions habituelles. Il a le cou très allongé, le bec pointu et tranchant; son œil est petit, noir, perçant, et ses jambes, marbrées de rose comme ses ailes, sont fines et robustes.

— Je vois, mon cher Parker, que l'Australie, pour avoir été obligée de demander à l'Europe et à l'Amérique de lui envoyer ces aimables hôtes de nos bosquets, qui font le charme des campagnes et des bois, n'est point cependant dépourvue d'hôtes ailés qui attirent l'attention par leur beauté et la curiosité de leurs mœurs.

— Peu de pays sont plus riches en oiseaux bizarres, peu en possèdent également qui revêtent des couleurs plus brillantes et plus variées : nos solitudes sont habitées par des myriades de pigeons à huppes, de Rain-Bowbird, ou oiseaux arc-en-ciel, nommés Beleck-Beleck par les naturels, de Nuttah, ou Orange ailée (Orange Winged), et par les Wanya-Wanya, petites colombes si blanches, si fines, si légères, que quand elles volent en groupes au milieu des myrtes et des mélias, on dirait des flocons de neige soulevés par le vent. Nous rencontrerons encore à chaque pas des Ibis-Corails, des *Mecrops* ou mangeurs d'abeilles, au plumage d'une richesse qui défie l'imagination, des *Zozeras* gros comme des fauvettes, tout éblouissants de reflets dorés, véritables bijoux vivants, et le Balanyra, ce roi de la faune australienne, appelé par nous autres colons, l'oiseau-lyre.

« C'est le plus bel oiseau de toute l'Océanie.

« Toute sa gorge argentée, ses ailes d'un bleu foncé, et son corps couvert des nuances les plus délicates et les plus variées, sa queue composée de seize pennes en forme de lyre en font le roi des oiseaux du continent australien, et s'il faisait partie d'un concours où se trouveraient réunis tous les oiseaux des deux Amériques et de l'Asie, nul doute qu'il occuperait une des premières places.

A cet instant, Ouittigo, un doigt sur les lèvres et de la main restée libre montrant un eucalyptus, interrompit la conversation des chasseurs.

— Qu'est-ce, Nagarnook? fit Parker.

L'indigène s'approcha du tronc massif de l'arbre et, les deux mains négligemment croisées derrière le dos, il se mit à faire lentement le tour de l'arbre géant, de son œil inquisiteur scrutant de tous les côtés la surface polie de l'arbre; après quelques instants d'examen, il s'arrêta et prononça ce seul mot:

— Oppossum!

— Quelle est cette formule magique? fit Merville, qui en voulait toujours un peu au chef d'avoir été pris par lui pour un sorcier.

— Vous en serez pour votre plaisanterie, mon cher Merville, répondis-je; l'Oppossum, si je ne me trompe, est un mammifère de la famille des Sarigues?

— Vous êtes parfaitement dans le vrai, répondit Parker en riant; c'est un animal de cette espèce qu'a flairé notre guide. Il passe sa vie sur les arbres comme les oiseaux; de jour, il ne donne pas signe de vie, il est impossible de le voir et de l'entendre; mais dès que le soleil disparaît, que le ciel se peuple d'étoiles, l'Oppossum se réveille de sa torpeur et fait retentir la forêt de ses cris joyeux; il y en a tellement parfois, dans certaines contrées, que chaque eucalyptus en abrite une famille.

— A quel signe Ouittigo a-t-il pu reconnaître que cet arbre que nous avons devant nous recèle un de ces animaux?

Parker se contenta, pour toute réponse, de traduire la demande de Bois-Gilbert au chef indigène.

Un sourire d'orgueil indiqua la confiance que Ouittigo avait dans sa supériorité; du doigt il indiqua de petites éraflures à peine visibles sur l'écorce polie du géant des forêts australiennes.

— Je vois parfaitement ces empreintes, lui dit le squatter qui voulait faire *mousser* un peu les connaissances de son ami, mais elles peuvent être vieilles de plusieurs jours.

— Le chef blanc veut rire, répondit l'indigène.

— Je t'assure, Nagarnoock, que je parle sérieusement; presque tous les arbres portent de pareilles égratignures: je comprends très bien, en les voyant, qu'elles ne peuvent être que l'œuvre d'un Oppossum, mais il m'est impossible de distinguer si elles sont anciennes ou récentes.

— Que le chef blanc regarde, fit simplement Ouittigo. Et il montrait les premières marques faites par l'animal dans le tronc de l'arbre quand il avait commencé à le gravir... De petits grains d'un sable blanc et humide y étaient encore attachés.

— Je ne suis pas plus avancé qu'avant, répondit en souriant le squatter.

Alors Ouittigo se mit à souffler doucement sur ces traces, auxquelles le sable était encore adhérent, et la poussière résista à l'impulsion qui lui était donnée.

L'expérience, recommencée deux ou trois fois avec plus de force, donna le même résultat.

— Voilà la preuve, fit le guerrier australien triomphant, que l'Oppossum a gravi cet arbre ce matin même, car si les traces eussent été anciennes, elles se seraient desséchées sous l'action du soleil, et le sable se fût envolé au premier souffle.

— Bien, chef! lui dit alors Parker; maintenant que tu nous as convaincus de la puissance réellement merveilleuse de ta sagacité, tu vas nous montrer comment on peut surprendre l'Oppossum dans sa retraite.

Ouittigo n'avait pas même attendu la demande du fermier : d'un coup de hache il avait creusé une première entaille à soixante centimètres de terre environ, et il y plaçait l'orteil de son pied droit; il s'enlevait alors en empoignant l'arbre du bras gauche, et en deux coups de hache faisait une nouvelle entaille pour son autre pied; il s'en servait pour s'enlever encore, et recommençait l'opération jusqu'à ce qu'enfin, arrivé au niveau du trou creusé par l'animal et dans lequel il dormait blotti, il pût s'en emparer.

D'une main il le saisit rapidement par la queue pour éviter les atteintes de ses crocs acérés, et l'ayant retiré de force de son abri, il le fit tournoyer rapidement autour de sa tête, et, le frappant contre une branche, il le jeta sans mouvement aux pieds des voyageurs.

L'animal fut préparé le soir au dîner, mais les Européens en trouvèrent la chair âcre et détestable; et ce ne fut pas l'avis des Nagarnook, qui en firent un véritable régal.

La contrée dans laquelle se trouvaient nos voyageurs renfermait de grandes quantités de ces petits animaux, gros deux ou trois fois seulement comme nos écureuils, car la tente à peine avait été tendue au coucher du soleil, que de tous les côtés de la forêt on entendit retentir un cri mélancolique dont l'Oppossum salue le retour de la nuit... La nuit, pour lui, c'est la liberté de s'élancer de branche en branche pour trouver sa nourriture, c'est le plaisir de poursuivre ses congénères qui viennent sautiller sur son arbre, ou bien s'y suspendre par la queue à une branche et s'y balancer pendant des heures entières.

En présence de cette abondance de leur gibier préféré, les indigènes vinrent demander au chef Nagarnook la permission de se livrer à cette chasse, qui représente aussi un de leurs exercices favoris.

Le chef transmit leur requête à Parker, car, engagés pour guider et accompagner les Européens pendant tout le temps de leur excursion dans le Buisson, il ne considérait pas que ses hommes ou lui eussent le droit de disposer de leur temps.

On conçoit que l'autorisation fut aussi vite accordée que demandée.

Nos chasseurs assistèrent alors à une scène étrange.

Les Australiens, après avoir confectionné des torches avec du bois résineux, qu'ils trouvèrent dans la forêt, commencèrent leur poursuite.

Les uns portaient les torches, les autres, la hache ou le boomerang à la main, se tenaient prêts à frapper le pauvre didelphe dès qu'ils allaient l'apercevoir. Le boomerang est l'arme par excellence de l'Australien, et il n'est connu par aucune autre peuplade du globe. Façonnée avec un morceau de bois dur, quoique flexible, et légèrement cambrée dans le milieu, cette arme terrible varie dans sa longueur de deux pieds et demi à trois pieds, sa largeur est d'environ trois ou quatre centimètres, et son épaisseur de deux centimètres seulement, elle est arrondie par une de ses extrémités et entièrement plate de l'autre.

Quand l'indigène se sert de cette arme, il la saisit fortement des deux mains par le gros bout, laissant la partie convexe en dehors, puis la fait tourner rapidement autour de sa tête, lui imprimant du poignet un mouvement particulier destiné à lui donner toute sa force. C'est, en effet, dans ce mouvement spécial, que va résider toute la force, tout l'effet en retour du boomerang.

Ainsi lancée, l'arme s'en va droit devant elle et parcourt l'espace d'environ dix mètres en avant; mais ce n'est qu'un prélude : au moment où elle touche la terre, elle rebondit à la hauteur de plusieurs pieds, et revient sur elle-même avec une telle vitesse, une telle précision et une telle force, qu'elle renverse, brise ou tue tout ce qu'elle rencontre sur sa route, et qui a été visé par l'indigène qui l'a lancée.

On raconte sur cette arme une curieuse aventure.

Lorsque les premiers pionniers australiens arrivèrent à Londres, et parlèrent pour la première fois de cette arme, les détails qu'ils donnèrent parurent si étranges que personne ne voulut y croire.

Un grand bruit se fit autour de cet instrument nouveau, et les journaux scientifiques s'étant emparés de cette question, des discussions mordantes eurent lieu, comme cela arrive toujours, entre les voyageurs *qui avaient vu*, et les savants officiels de la vieille Angleterre.

« Comment, disaient ces derniers, avec une certaine apparence de raison, une arme d'une combinaison si complexe aurait-elle pu sortir du cerveau de l'indigène australien, homme d'intelligence inférieure, ne sachant rien des lois naturelles, des projections, des réactions, des courbes et des tangentes, etc. ? »

Et les bons docteurs de rire, et les aimables savants de hausser les épaules.

Un d'eux, cependant, délégué de l'Université d'Oxford, s'étant rendu à Sidney, pour étudier sur place quelques animaux d'espèces nouvelles, fut mis, peu de jours après son arrivée, en présence d'un chef de tribu du nom de Paramba, sauvage de premier ordre, et passé maître dans le maniement de toutes les armes de son pays.

Conduit au milieu du parc du gouverneur, outillé de son meilleur boomerang, il fut prié de le jeter comme d'habitude, et de prendre pour but le zoologiste qui, souriant, les bras croisés et toujours incrédule, s'était volontairement posté comme cible humaine à quelques pas en arrière de lui.

Le grand chef, quoique surpris, ne se fit pas répéter l'ordre et, heureux de l'espoir de casser les deux jambes à l'Anglais, il prit d'un coup d'œil ses mesures, lança son arme, et le morceau de bois, après avoir parcouru sa distance réglementaire et touché terre, revint aussitôt avec un tel grondement et une telle vélocité sur le professeur ébahi, que celui-ci serait certainement retourné en Angleterre fêlé sur toutes les côtes, s'il ne se fût vivement et prudemment jeté le nez dans le gazon.

Quand notre savant se releva, il demanda à voir cette arme singulière, à la vertu de laquelle il ne pouvait pas encore se décider à croire ; mais sur un signe du gouverneur qui voulait pousser à bout son homme, Paramba vint gravement lui offrir de renouveler l'épreuve : le délégué d'Oxford déclara sur l'honneur qu'il était satisfait et qu'il ne lui arriverait plus désormais de nier aussi inconsidérément les admirables vertus du boomerang.

Acharnés à la poursuite de leur animal favori, les indigènes avaient déjà abattu une dizaine d'Oppossums. Malheur à celui que la fraîcheur de la nuit, le désir de prendre ses ébats attiraient hors de son nid! il était immédiatement le point de mire de tous les boomerangs, et devenait la proie de ses insatiables ennemis.

Bois-Gilbert voulut implorer pour les pauvres bêtes, mais Parker lui dit de n'en rien faire, les Australiens aimant peu à être troublés dans le plus cher de leurs plaisirs.

— Je n'aime pas, répondit le jeune homme au squatter, ceux qui font leur joie du meurtre inutile des animaux, et puisqu'ils en ont tué plus qu'ils n'en pourront manger dans deux ou trois repas, pourquoi continuent-ils cette chasse qui finit par devenir un bien cruel spectacle?

— Vous ne ferez jamais comprendre de pareils sentiments aux Nagarnooks; leur vie, comme celle de tous les peuples sauvages, se compose de pêche et de chasse, et ce serait les blesser profondément que de vouloir les gêner dans l'exercice du plus sacré de tous leurs droits, celui de pourvoir à leur nourriture.

— Ce ne serait pas les gêner, que de les prier d'en user avec modération.

— Parker a raison, mon cher ami, intervins-je, ces braves gens ne comprendraient rien à nos prétentions; ils sont chez eux, dans leurs forêts; nos idées de générosité auraient peu d'empire sur eux. Si ce spectacle vous fatigue, nous pouvons retourner au campement.

— Oh! bien volontiers, répondit le jeune homme. Au commencement, le jeu des lumières sous bois, l'imprévu du spectacle, les cris des indigènes, tout cela avait quelque charme pour moi; mais maintenant je me sens nerveux, agité, et ce massacre d'êtres inoffensifs me paraît odieux; et puis, nul ne peut se soustraire à l'empire des idées qui lui sont chères. Le plus pauvre Indou assiste sans murmurer au gaspillage du tiers au moins de sa récolte par les millions d'oiseaux qui pullulent dans les campagnes. Il croit que tout ce qui existe a le droit de vivre, et considère le meurtre du moindre insecte comme une action blâmable; sans doute il pousse ce respect de la vie animale jusqu'au préjugé, mais je préfère sa superstition à l'inhumanité des Australiens.

— Vous avez raison, répondis-je, l'animal joue son rôle dans la nature comme nous, et peut-être a-t-il le droit de vivre au même titre que nous également.

— Dans toutes les grandes villes de l'Inde, continua le jeune homme, il y a des hospices spéciaux, entretenus à grands frais par de riches dotations, où l'on reçoit les animaux estropiés ou malades. Dans

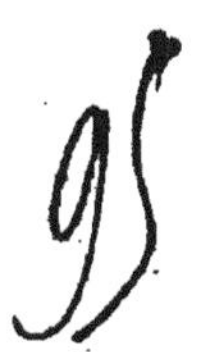

Merville ne riait plus. (Page 750)

les plus petits villages, il y a toujours également un abri pour eux, entretenu par quelque pauvre brahme, à l'aide d'aumônes. J'ai vu beaucoup d'Européens sceptiques, commencer par rire de cette coutume quand ils arrivaient à Bombay... et puis cela finissait par les rendre rêveurs.

— Est-ce que cette coutume n'a pas sa base dans la croyance à la transmigration des âmes?

— Oui, mon ami. Je crois que toutes les créatures qui existent ne forment que des anneaux plus ou moins parfaits d'une chaîne, et que la vie monte de la boue à la plante, de la plante jusqu'aux animaux et à l'homme.

— Et de l'homme?...

— Et de l'homme jusqu'à l'infini. L'homme n'est que la forme actuelle du plus parfait; cette terre n'a pas dit son dernier mot, et les âges futurs verront des êtres merveilleux, que nous ne soupçonnons pas encore. C'est la loi fatale de la vie, de se transformer sans cesse dans le sens du mieux : elle ne saurait s'arrêter sous peine de n'exister plus.

— Vous pensez alors que toutes les espèces vont en se transformant progressivement?

— Qui pourra jamais sonder ce mystère!... Mais c'est ce que tous les livres saints enseignent dans l'Inde.

— Les livres de l'Inde ont raison, mon cher ami, répondis-je à Bois-Gilbert; toutes les métaphysiques se valent et ne sont que des rêveries, mais c'est une chose utile que d'inspirer à l'homme le respect de la vie dans toutes les créatures : de pareilles croyances doivent le rendre meilleur... Mais ici, nous sommes sur une terre neuve, l'homme n'y est encore qu'à l'état d'enfance; il est inutile de vouloir hâter l'éclosion d'idées élevées dans ces cerveaux rudimentaires, on ne serait pas compris; laissons donc les sauvages à leurs plaisirs, et regagnons notre campement.

Au moment où nous nous apprêtions à rebrousser chemin, de grands cris vinrent frapper nos oreilles.

Bien que la langue dans laquelle ils étaient poussés nous fût inconnue, nous comprîmes cependant, avant que Parker ait eu le temps de nous traduire ces interjections, qu'elles exprimaient la plus vive douleur et imploraient du secours. Nous courûmes dans la direction d'où ces plaintes étaient parties, et aperçûmes, au milieu de ses compatriotes, qui s'étaient déjà portés à son aide, un des chasseurs Nagarnooks qui se roulait par terre avec tous les signes de la plus grande douleur.

— Qu'a-t-il donc? fit Bois-Gilbert, arrivé un des premiers.

— Ouaïa-Nandi! Ouaïa-Nandi! répondit Ouittigo, en montrant du doigt une espèce de manchon noirâtre, qui semblait recouvrir toute la figure du patient.

Puis le chef se précipita sur l'indigène, et, saisissant son couteau avec la rapidité de l'éclair, il fendit dans toute sa longueur la masse noirâtre qui lui recouvrait le visage.

En quelques secondes, cet objet informe, ainsi incisé, se détacha peu à peu de la tête de l'Australien et tomba sur le sol, laissant à nu six plaies béantes par lesquelles le sang s'échappait avec abondance de la figure du malheureux.

Ce que les Européens avaient pris pour une sorte de bandeau ou de manchon, était ni plus ni moins qu'un affreux reptile. Le Ouaïa-Nandi, qui fait sa demeure habituelle dans la mousse des arbres séculaires, se confond avec elle par la couleur, et de là saute sur tout être, homme ou bête, qui passe à sa portée, se cramponne à lui, et suce son sang jusqu'à la dernière goutte... C'est la mort, si de prompts secours n'arrivent à la victime, et le seul moyen de se débarrasser de l'horrible bête, est de lui fendre le dos avec un instrument tranchant. C'est en vain que l'on essayerait de l'arracher par force de la figure ou du corps de l'infortuné sur lequel elle s'est précipitée, on n'arriverait qu'à augmenter les douleurs du patient et à hâter sa mort.

Ce n'est qu'au bout d'une grande heure d'applications d'eau fraîche, que le sang cessa de s'échapper des blessures de l'indigène et qu'il lui fut possible de raconter ce qui lui était arrivé.

Il venait de s'approcher d'un eucalyptus, pour examiner de près des traces d'Oppossum qu'il avait cru apercevoir, lorsque le Ouaïa-Nandi lui avait sauté à la face et s'y était cramponné.

On comprend qu'après cet accident la chasse fut naturellement terminée : les naturels firent un brancard avec des branches d'arbres pour transporter leur camarade affaibli par une énorme perte de sang, et toute la troupe se dirigea lentement vers la clairière, où était établie notre tente.

Quand on fut arrivé, le Nagarnook fut étendu sur un lit de feuilles sèches, et à l'aide de simples plantes, dont les indigènes connaissaient les vertus, on acheva de panser les plaies du malheureux.

— Dans quatre jours il n'y paraîtra plus, fit Ouittigo d'un air entendu, et il sera en état de supporter les fatigues de la route.

— Cela va nous faire quatre jours de station en ce lieu, fit Parker ; nous les emploierons à faire quelque chasse intéressante.

Le blessé convenablement installé, chacun voulut examiner à loisir le terrible animal qui l'avait mis en cet état et qui avait payé son attaque de sa vie.

Un des indigènes avait ramassé son cadavre et l'avait apporté entre les feuilles de ces fougères gigantesques, qui sont une des caractéristiques de la flore australienne.

A la vue de cet affreux reptile, et en pensant aux graves blessures qu'il avait faites, Merville déclara le premier, avec une gravité d'autant plus comique qu'elle jurait avec son caractère, qu'aucun arbre ne le verrait désormais à une distance de moins de dix mètres, et qu'il en avait assez de la chasse dans les forêts de l'Australie.

L'étrange animal que nos voyageurs avaient sous les yeux, et qui n'est guère connu que de nom en Eupope, avait un développement d'environ cinquante centimètres, sur douze centimètres de largeur et six d'épaisseur.

Toute la partie supérieure était d'un brun rougeâtre, couleur des mousses, des eucalyptus et des vieux chênes où l'animal affectionne d'établir sa demeure. Toute la peau du dos était garnie d'un poil très court, assez dru, et doux au toucher, et sur les côtés s'étendaient, de distance en distance, en forme de nageoires, des bouquets de poils longs et raides, comme les moustaches des chats.

On ne voyait aucune trace, ni d'yeux, ni de bouche, ni d'oreilles, et l'horrible bête était tellement identique par les deux extrémités qu'il était impossible de distinguer de quel côté il fallait placer la tête ou la queue.

L'animal entier était lourd, visqueux et mou comme un poisson de mer qui commencerait à entrer en décomposition.

Mais ce qui était horrible et repoussant à voir, c'est la partie où se trouvaient les moyens d'attaque et de défense du reptile : le ventre, d'une couleur jaune, livide et repoussante; il était piqué, comme moucheté sur toute sa surface, de trous garnis de plis, pouvant par ce moyen se dilater ou se resserrer à volonté et affectant la forme d'une tête de trèfle; tous ces trous, agissant à la façon de ventouses, servaient à l'animal d'abord à adhérer fortement aux objets sur lesquels il se jetait, et ensuite à opérer par succion à la manière des sangsues.

Bois-Gilbert compta jusqu'à quatre-vingts de ces terribles pompes aspirantes, qui, très larges dans le centre même de la bête, diminuaient peu à peu de grandeur en s'approchant des deux extrémités.

— Quelle bête horrible et curieuse à la fois! fit le jeune homme après l'avoir longuement examinée.

— Ce serait un des dangers les plus grands de nos forêts, à les rendre même inhabitables, fit Parker, si cet animal n'était presque aussi rare qu'il est à redouter. Depuis plus de vingt ans que j'habite l'Australie, c'est le troisième que je vois.

— C'est peu, en effet.

— Nous me rassurez un peu, papa Parker, fit Merville, qui depuis quelques instants ruminait par quel moyen il pourrait bien regagner au plus vite son dépôt de machines à coudre.

— Je ne crois pas, continua le squatter, qu'un seul spécimen en soit parvenu en Europe. Il est presque impossible de le prendre vivant; quant à le conserver, il faudrait avoir séance tenante de l'alcool et un bocal, toutes choses dont on ne s'embarrasse guère dans la forêt. Vous vous promèneriez des années avec votre appareil sans rencontrer un seul de ces animaux, et vous mettriez la main dessus, ou plutôt il vous sautera au visage, au moment où vous vous y attendriez le moins. Il y a quelques années, comme on m'avait dit à Melbourne que les savants d'Europe niaient l'existence de l'Ouaïa-Nandi, je me piquai au vif et voulus en expédier un au Muséum de Londres.

— Il ne faut pas que cela vous étonne, mon cher Parker; tant que messieurs les savants officiels, fis-je en riant, n'ont pas fourré un animal dans une classification; qu'ils ne lui ont pas épinglé un nom grec sur la poitrine; qu'ils ne l'ont pas disséqué ou introduit dans un bocal à cornichons, ils prétendent qu'il n'existe pas.

— Enfin, continua le squatter, je voulus contenter mon envie, et je promis à tous les indigènes que je donnerais à celui qui m'apporterait un Ouaïa-Nandi vivant du rhum et du tabac pour sa consommation d'une année; vous voyez que c'était tentant, car le rhum et le tabac sont les deux choses les plus prisées de l'Australien; celui-là est riche qui ne manque jamais de ces deux choses. Eh bien! ce n'est qu'au bout de six mois qu'un Nagarnook, parent de Ouittigo, m'apporta un de ces animaux dans un filet. J'avais fait préparer une sorte de cage à parois de verre pour le conserver jusqu'à mon prochain voyage à Melbourne.

— Vous pouviez lui donner à manger?

— Oui, des oppossums, des couleuvres, des ignames, et jusqu'à des grenouilles, dont il est très friand... mais un matin j'entends des hurlements affreux, j'accours, et je vois la vilaine bête accrochée à la tête d'un de mes chiens; je la fendis immédiatement par le procédé que vous connaissez, et j'eus toutes les peines du monde à sauver mon dog, auquel je tenais énormément; cela me dégoûta de désabuser messieurs les savants; depuis, on en a transporté au muséum de Melbourne. Que les incrédules fassent le voyage d'Australie, cela en vaut la peine, du reste; ils en verront bien d'autres, depuis la vipère sourde à la queue fourchue jusqu'à l'anguille de verre et l'oiseau-feuille; notre faune et notre flore n'ont rien de commun avec celles de l'Europe et de l'Amérique, et on doit s'attendre à marcher d'étonnement en étonnement quand on les étudie.

Après avoir suffisamment examiné l'Ouaïa-Nandi, on le jeta dans le buisson.

— Demain, fit le fermier, les fourmis géantes nous en auront débarrassés.

Il était tard quand on se sépara pour prendre du repos.

En nous souhaitant le bonsoir, Parker nous annonça que Ouittigo nous conduirait le lendemain à une chasse aux abeilles sauvages.

Le jour pénétrait à peine sous bois que tout le monde était debout.

Le pauvre indigène, si maltraité la veille, était en excellente voie de guérison ; la fièvre, suite naturelle de ses blessures et surtout de la peur, s'était complètement calmée, et sans l'ordre formel que Parker lui fit intimer par Ouittigo, il se serait levé pour accompagner les voyageurs dans la partie de chasse que le chef Nagarnook avait organisée.

Une chasse aux abeilles dans le buisson australien est une des plus intéressantes choses qu'on puisse offrir à la curiosité des Européens ; elle a ce premier mérite d'être sans danger et de procurer un mets d'une saveur et d'une délicatesse dont nos miels d'Europe ne pourraient que difficilement donner une idée.

Une petite scène réjouissante signala le départ.

Ouittigo, s'approchant de Merville, lui montra son cornet à piston avec un signe plein de grâce et de bonhomie.

— Est-ce qu'il voudrait que je lui joue un air, le *Chant du départ?* fit le commis voyageur en riant.

— Nullement, répondit Parker, qui avait échangé quelques paroles avec le chef; il vous dit simplement de ne pas oublier votre instrument, que cela servira pour rassembler les abeilles.

— Je crois que le Nagarnook veut me faire poser, répondit Merville qui n'avait pas oublié sa première altercation avec Ouittigo.

— Il n'a jamais été plus sérieux, mon cher Merville, fit le squatter; du reste, l'Australien plaisante rarement.

Le soleil commençait à lancer ses flèches d'or dans le plus épais du Buisson lorsqu'on se mit en marche.

Merville, que la compagnie de son piston avait mis en belle humeur, se mit à souffler à pleins poumons l'air de :

Allons, chasseur, vite en campagne!
Du cor n'entends-tu pas le son?
Ton ton, ton taine, ton ton.

Celui qui n'a pas vu un lever de soleil dans les forêts australiennes ne se doute pas de la splendeur de cet imposant spectacle.

A peine les dernières étoiles de la Croix du Sud ont-elles disparu à l'horizon, qu'un flot de lumière change le ciel noir en un ciel bleu et or, presque sans crépuscule appréciable.

Les cimes des grands bois, doucement caressées par la brise qui se lève régulièrement à cette heure, se parent des nuances les plus chatoyantes et les plus vives, pendant que sous leur épais feuillage règne encore une mystérieuse obscurité.

Peu à peu l'astre s'élève, envahissant les vastes tapis de verdure, les plaines sans fin et les buissons impénétrables où le Kangourou, l'Oppossum, l'Ému et tous les hôtes agiles de ces forêts séculaires, regagnent leurs réduits, fuyant devant l'invasion de la lumière.

Alors que tous ces coureurs de nuit, charmants et craintifs quadrupèdes, redoutent l'éclat du jour, des myriades de perruches aux couleurs les plus variées, de toutes les espèces et de toutes les tailles, s'élancent par troupes innombrables dans les champs de salsepareille et de sorgho sauvage, picorant les fleurs dans les bosquets de lilas, et jetant au vent, en glanant leur pâture, toutes les notes criardes de leur répertoire peu varié.

De grands cacatoès blancs, violets, rouges, gris-perle, à huppes multicolores, se disputent en caquetant au sommet des eucalyptus, tandis que les bandes de djylos, qui voyagent en compagnie, saccagent les fleurs de melias et les baies des buissons.

Et partout, pas un étang, pas une flaque d'eau, pas un marécage, où ne grouillent pêle-mêle des sarcelles au plumage vert, des pluviers dorés, des cormorans, des goitreux, des cygnes noirs et de gros canards australiens, qui pâturent l'herbe verte en fouillant la vase de leurs longs becs, pendant que de chaque branche d'arbre, de chaque tige de buisson, s'élancent, rapides comme une flèche, de gros martins-pêcheurs, qui becquètent à qui mieux mieux les crabes d'eau douce et les jeunes anguilles.

Et c'est à peine si sur le passage des chasseurs toute la gent emplumée interrompait, pendant quelques secondes, ses ébats pour regarder, mais sans nulle crainte, ces étrangers qui venaient la troubler dans sa solitude.

Tous les voyageurs étaient sous le charme.

— Quelle nature animée et pleine de parfums ! fit Bois-Gilbert.

— C'est un des coins les plus pittoresques du Buisson, répondit Parker, il est connu des squatters sous le nom de la vallée des Mille-Fontaines.

— D'où lui vient cette appellation?

— De l'innombrable quantité de petites flaques d'eau qu'on rencontre en ce lieu, et qui ne tarissent jamais, car elles sont le produit de petites fontaines qui jaillissent à fleur de terre comme de petits puits artésiens.

En ce moment nous passions auprès d'une grosse roche en granit noir; à ses pieds, et à demi cachée sous un épais rideau de joncs et de graminées aquatiques, se trouvait une de ces sources qui, creusant le sol, s'était façonné comme un bassin naturel, petit lac, puisqu'il ne devait rien au réservoir des cieux, fleuri sur tous ses bords, et plein d'une eau bleue, claire et profonde.

— Comme cette eau est belle à voir, et comme on en boirait avec bonheur !

— Gardez-vous-en bien, interrompit le fermier, ce liquide limpide et frais recèle la mort dans ses flancs. Cette masse de feuilles vertes qui dort au fond des eaux, et qui semble se confondre avec les plantes de la rive, est un amas de tiges et de feuilles mortes, tombées au fond de l'eau, et qui la rendent mortelle.

— De quelle espèce sont donc ces plantes?

— Tout autour de ces claires fontaines, poussent des plantes vénéneuses de la famille des solanées, qui, engendrées par une terre vierge, mûries sous le soleil des tropiques, sont autrement énergiques dans les poisons que leurs flancs recèlent que nos plantes d'Europe. Ceux qui ont le malheur de boire de ces eaux généralement glaciales, et qui altèrent outre mesure, sont aussitôt attaqués de dyssenterie aiguë qui fait rarement grâce aux tempéraments européens.

« Des milliers de nos compatriotes, dans les premiers temps de la découverte de l'or, sont morts ainsi dans le Buisson.

— Charmant pays, ne put s'empêcher d'interrompre Merville, que celui où on ne peut boire de l'eau sans réciter son *de profundis !*

Il fendit la masse noirâtre qui lui couvrait le visage. (Page 738.)

— Il y a moyen d'apaiser sa soif sans danger, mon cher Merville, répondit le squatter.

— C'est de ne boire que du vin, fit le commis-voyageur en riant.

— Ce n'est pas précisément ce que je veux dire.

— Alors c'est d'emporter son eau avec soi, puisque vous dites que toutes vos fontaines sont empoisonnées.

— Il y a un moyen plus simple.

— Vous êtes sorcier, mon gros Parker ; si toute l'eau est malsaine et si vous n'en emportez pas avec vous, à moins de procéder comme le chameau, qui fait sa provision pour huit jours, je ne vois pas...

— Il suffit de purifier ces fontaines dont l'eau se renouvelle sans cesse et se perd sous ces immenses tapis de mousse.

— Ah ! vous purifiez...

— Mais c'est plus simple de vous le montrer... D'où donc croyez-vous que nous provient notre eau depuis notre départ de Devil-Station ?

Et le fermier appela Ouittigo.

— Que désirez-vous ? fit le Nagarnook qui s'était empressé d'accourir à l'appel de son nom.

— Nous désirons boire un peu de cette eau qui a si belle apparence, lui dit le fermier, crois-tu qu'elle soit empoisonnée ?

— Il vaut mieux nettoyer la fontaine, répondit le chef en secouant la tête d'un air de doute.

Il appela ses hommes et, en moins de rien, ils eurent arraché toutes les plantes grimpantes, dont les tiges pendaient dans l'eau, et enlevé du fond de l'excavation toutes les feuilles mortes amoncelées.

Nos voyageurs eurent alors le spectacle singulier d'une de ces fontaines dépourvue de toute son ornementation végétale, elle ressemblait à un entonnoir qui aurait reçu constamment sa provision, par l'extrémité inférieure.

Les indigènes, munis de grandes coupes creusées dans des portions de tronc d'arbre, et qui leur servent à conserver leur nourriture, se mirent en devoir de vider complètement la fontaine ; il leur suffit de quelques minutes pour atteindre ce résultat. Ils frottèrent alors vigoureusement les parois avec des poignées d'herbes, lavant au fur et à mesure que l'eau remontait, ils firent de nouveau le vide par deux fois, puis laissèrent l'excavation se remplir, et pour montrer que le liquide était désormais inoffensif, ils se couchèrent à plat ventre et se mirent à boire à longs traits l'eau pure et fraîche qui, de nouveau, avait pris possession de son domaine.

Tout le monde en goûta alors et elle fut, d'un avis unanime, trouvée excellente.

— Et il faut toujours prendre cette précaution avant de boire? fit Merville ébahi.

— Certainement.

— Eh bien ! si la route était plus fréquentée, je m'établirais marchand d'eau fraîche dans cet endroit-là, ce que je ferais d'affaires... je ne vous dis que ça !

— Vous avez le génie de la spéculation, et vous finirez par fonder quelque comptoir au milieu des Kangourous et des Ya-Gounyas, répondit le fermier, qui souligna sa plaisanterie, qu'il trouva très fine, de son gros rire de Yankee, dont la franchise communicative gagnait d'ordinaire tout l'entourage.

A cet instant, un des indigènes, parti un peu en avant pour explorer les lieux, revint en toute hâte annoncer qu'il venait de découvrir des abeilles en grande quantité sur les fleurs d'un bosquet de melias et de mimosas.

Notre petite troupe le suivit.

Elle tomba tout à coup sur une troupe d'abeilles vagabondes qui, la tête perdue dans les corolles d'azur et d'or des melias, des banksies et des mimosas, butinaient dans les étamines et couvraient leurs pattes de pollen.

Sur un signe de Ouittigo, tout le monde s'arrêta.

Chaque indigène se mit alors à confectionner, avec des brins de joncs, une petite cage carrée, pas plus grande que la main, puis, découpant une longue lanière d'écorce verte, sur la tige d'un jeune eucalyptus, il la présenta aux abeilles qui se précipitèrent avec joie sur l'écorce tout humide de sève parfumée. Alors l'Australien, avec une dextérité merveilleuse, se mit à saisir, une par une, environ une douzaine de ces *amies des fleurs*, comme il les appelle dans son poétique langage, et il les enferma à mesure dans la cage qu'il venait de confectionner.

Pendant tout le temps que dura l'opération, les voyageurs le suivirent d'un œil attentif, n'osant questionner les indigènes sur cette manœuvre par peur de leur causer des distractions qui eussent pu les déranger de leur travail.

— Nous venons de trouver des abeilles, fit Parker qui, les préparatifs terminés, se mit en devoir de satisfaire la curiosité générale.

— C'est étonnant comme ce gros Parker est perspicace, fit Merville, qui cherchait toujours à prendre sa revanche des plaisanteries de l'Américain : il a vu tout de suite en rencontrant des mouches à miel que c'étaient des abeilles.

— Oui, mon cher Merville, fit le squatter sans s'émouvoir, j'ai vu cela tout de suite, aussi facilement que vous distinguez une machine à coudre d'une paire de bottes à l'écuyère, mais c'est que qui voit l'abeille ne voit pas la ruche.

— De plus fort en plus fort...

— Et que si l'on veut du miel, il ne faut pas se contenter de regarder en bâillant, comme vous faites, l'ouvrière qui le produit, mais qu'il faut découvrir le lieu où elle se cache.

— Toujours si clair et si simple que je suis bien forcé de me rendre : quand on veut du raisin on se rend à la vigne.

— Et vous allez nous conduire à la vigne, c'est-à-dire à la ruche ; non, n'est-ce pas ?... dans un jardin, vous sauriez tout de suite où vous diriger, mais ici.

— J'avoue que pour trouver la ruche... balbutia Merville.

— Il faut trouver l'abeille, continua malicieusement le squatter en reprenant sa phrase cause de la digression... et ce sont précisément les abeilles qui vont nous indiquer le lieu de leur demeure et nous faire les honneurs de chez elles. Suivons Ouittigo, et nous allons avoir bientôt l'explication de ce phénomène.

Le chef Nagarnook, quand tous ses hommes furent en possession de leurs cages pleines d'abeilles, fit signe aux Européens de monter sur leurs mustangs et de se préparer au départ.

En cinq minutes, tout le monde fut en selle.

Alors Ouittigo, suivi de ses guerriers, prit la tête du cortège ; on marcha à petits pas sur les traces du chef pendant près d'une demi-heure, les indigènes portaient leurs petites cages à la main, sans paraître s'inquiéter autrement de leurs prisonnières ; quelques-uns même poussaient l'insouciance jusqu'à chanter quelques refrains de leur tribu, dont les notes coupées et gutturales s'harmonisaient assez bien avec les cris des cacatoès qui passaient au-dessus de leurs têtes d'un vol curieux et pesant.

Cette manière de trouver les ruches d'abeilles en se promenant tranquillement sous bois, sans but apparent, servit de thème, il est inutile de le dire, aux inépuisables plaisanteries de Merville.

Tout à coup Ouittigo se mit à siffler d'une façon particulière: les chevaux s'arrêtèrent d'eux-mêmes.

— Attention, fit Parker, assujettissez-vous bien sur vos montures, et vous, Merville, qui montez à cheval comme une paire de pincettes allemandes, tenez-vous à pleines mains à la selle, si vous ne voulez pas rouler sous le ventre de votre cheval.

Ces paroles étaient à peine prononcées, et avant que le commis-voyageur ait eu le temps de répondre, Ouittigo, qui avait pris une cage des mains de ses hommes, donnait la liberté à une abeille et se précipitait sur ses traces, suivi par tous ses indigènes, avec une vitesse qui tenait du prodige.

Ces gens, habitués dès l'enfance aux courses et à tous les exercices du corps, sont capables de forcer un Kangourou à la course : on comprend dès lors que, pour les suivre, les mustangs avaient dû prendre immédiatement le grand trot de chasse.

L'abeille, heureuse de se voir libre, après avoir été si longtemps retenue prisonnière, sans s'inquiéter de butiner des fleurs, se mit à fuir de toute la vitesse de ses ailes, sans doute dans la direction de sa ruche, pour aller raconter à ses compagnes l'aventure qui lui était arrivée.

Malgré la vitesse avec laquelle les indigènes suivaient ses traces, la mouche rapide eut disparu en quelques minutes. Ouittigo, sans modérer sa marche, en lâcha une seconde et la course recommença de plus belle, animée par les cris des indigènes et les hennissements des chevaux qui commençaient à s'échauffer. Une autre encore suivit, puis peu à peu toute la première cage fut délivrée, sans que les chasseurs eussent atteint le but de leurs désirs. Chaque mouche faisait parcourir à sa rapide escorte environ la distance d'un kilomètre, et puis il fallait lui donner immédiatement un successeur.

Cramponné d'une main à la crinière de son cheval, et l'autre à la selle, Merville ne riait plus, il était même dans une situation qui devenait de minute en minute plus pénible, car il sentait la selle de sa monture jouer légèrement sous la sangle, qui s'était peu à peu desserrée dans le mouvement, et il s'attendait à chaque instant à la voir tourner et à se trouver sous le ventre du mustang.

Ouittigo et ses hommes, que cette lutte excitait, dévoraient l'espace avec une vigueur croissante ; enfin, après avoir parcouru ainsi une quinzaine de kilomètres, le chef Nagarnook vit la dernière abeille, qu'il venait de lâcher, faire un détour dans une petite clairière où l'on apercevait de loin deux ou trois troncs d'eucalyptus à demi desséchés, et dont les ans avaient depuis longtemps abattu la tête. Il jugea, avec son instinct sauvage, qu'on approchait du but, et il modéra un peu sa course pour ne pas effrayer, par un bruit insolite, l'insecte qu'on allait sans doute surprendre dans sa retraite ; il ne tarda pas à apercevoir l'abeille qu'il poursuivait disparaître dans un des troncs d'arbre.

Au même instant des cris perçants, qui partaient de la troupe d'Européens qu'il précédait, se firent entendre ; il tourna légèrement la tête, et malgré sa gravité naturelle, il ne put retenir un formidable éclat de rire qui retentit d'une manière brusque sous les voûtes de la forêt : il venait de voir Merville, qui, les pieds dans les étriers qui avaient tourné avec la selle, les mains accrochées à la crinière de son cheval, jouait les Mazeppa, avec une tournure si comique que toute la caravane, en s'arrêtant, fit chorus avec le sauvage. La gaieté est tellement contagieuse dans ces cas qu'on ne songea à secourir Merville que quand le premier accès fut passé.

Ce fut Bois-Gilbert qui le dégagea.

— Voilà les ruches à miel, fit Ouittigo, en désignant les arbres verts de l'entrée de la clairière.

Puis comme il se disposait à s'en approcher, il s'arrêta de nouveau et ramassa en tressaillant un informe paquet de plumes.

— Qu'as-tu? lui dit Parker, ému par cette scène rapide.

— C'est une coiffure de guerre d'un chef Ngotaks...

— Eh bien !

— Les Ngotaks sont sur le sentier de la guerre contre les gens de ma tribu.

— Est-ce que vous croyez qu'il y a du danger pour nous à parcourir le Buisson dans cette circonstance ? demanda Bois-Gilbert, saisi d'une inquiétude subite.

— Je ne pense pas, répondit le fermier d'un ton embarrassé.

— Cependant votre visage s'est subitement rembruni.

— C'est vrai, dit alors Parker d'une façon dégagée, car il tenait avant tout à rassurer ses compagnons.

— Eh bien ! alors ?

— Alors, mon cher, je suis profondément vexé d'être obligé d'interrompre ma tournée ; voilà plus de trois ans que je n'ai pas parcouru tout mon Run...

— Ne cherchez pas à nous en imposer, mon cher, fis-je en l'emmenant à l'écart; au nom du ciel, dites-moi la vérité.

— Bien, très bien, continua Parker en éclatant de rire... mais riez donc, il faut qu'on nous voie rire tous les deux, ou je ne vous dis rien.

— Vous me faites trembler, et, en prononçant ces paroles, je fis retentir la forêt du rire le plus indifférent en apparence.

— Restez calme et le sourire aux lèvres.

— Vous voyez que je m'en acquitte assez bien.

— Eh bien! nous courons les dangers les plus épouvantables.

— Que dites-vous là, Parker?

— Si nous étions seuls, cela me serait égal, mais...

— Expliquez-vous, je vous en prie, ne me tenez pas ainsi sur des charbons ardents.

— Bien, mais riez donc, Merville nous regarde.

— Mais pourquoi me faites-vous jouer un pareil rôle? fis-je avec une nuance d'emportement.

— Il ne faut pas que personne, à part le chef, vous et moi, se doute de ce qui se passe.

— La raison de cela?

— Je n'ai pas confiance dans le courage de Merville.

— Soit, mais je vous donne mon ami Bois-Gilbert comme un homme sur lequel vous pouvez compter.

— Oui, je le crois, mais il ne faut pas que rien vienne troubler la quiétude de notre commis-voyageur.

— Que risquons-nous donc?

— Nous avons quatre-vingts chances contre cent de tomber dans un parti des Ngotaks avant de pouvoir atteindre Devil-Station, dont nous séparent quinze jours de cheval: ce sera donc une lutte de tous les instants, et plaise à Dieu que nous ne tombions pas dans une embuscade qui ne nous permette pas de nous défendre les armes à la main... tout plutôt que de tomber vivants entre leurs mains.

— Quel sort, en ce cas, nous serait donc réservé?

— La mort dans de longues et terribles tortures. Vous voyez bien que j'ai raison de ne vouloir rien ébruiter.

— Je ne suis pas de votre avis, Parker, fis-je pensif.

— Pourquoi cela? répondit le squatter en éclatant de rire: il continuait à jouer consciencieusement son rôle.

— Comment, vous, un vieux coureur des bois, vous ne voyez pas à quel point votre projet est impraticable?

L'animal est placé sur le dos. (Page 764.)

— Non, monsieur, je ne le vois pas ; l'important pour moi, c'est que nous ayons le temps d'adopter une ligne de conduite, un plan, et de l'exécuter rapidement, sans avoir à compter avec les affolements que pourrait entraîner l'annonce du danger que nous courons.

— Je vous réponds de Bois-Gilbert.

— Oui, mais *la machine à coudre?* fit Parker, qui malgré la situation, ne pouvait résister au désir de s'égayer un peu sur le compte de Merville.

— A vous dire vrai, Parker, répondis-je tout songeur, il m'est impossible de préjuger de la tenue de mon compatriote, en face d'un danger éminent, mais de ce côté encore vaut-il mieux, je persiste à le croire, que tout le monde soit parfaitement renseigné sur la situation; c'est au contraire le seul moyen d'éviter ces affolements dont vous parliez et que vous n'éviteriez en ce moment, que pour les voir se produire avec plus de force à la première alerte; aussi, vais-je prévenir tout le monde immédiatement.

— Agissez comme vous l'entendrez.

Je fis quelques pas du côté de mes compagnons qui, ne comprenant rien à cette scène d'explication entremêlée de rires, me regardaient avec une certaine curiosité.

Mais je m'arrêtai tout à coup : je m'étais ravisé.

— Je vais, dis-je au squatter, user d'un moyen qui, parfois, transforme les plus couards en héros. Je suis sûr, ainsi que je viens de vous le dire, de Bois-Gilbert; il n'y a donc qu'à s'assurer de notre compagnon.

— Je commence à croire que vous avez raison.

— Merville, venez donc ici un instant, dis-je en interpellant le jeune homme de l'air le plus naturel du monde.

Personne n'avait compris un mot à la phrase du chef Nagarnook.

Seules les paroles de Parker : « Voilà qui est grave ! » avaient un peu inquiété la petite troupe, sans cependant donner un corps quelconque à ses appréhensions.

La scène bien jouée de Parker avait même contribué à détourner la pensée des autres voyageurs de toute idée de danger.

Le commis-voyageur s'était approché en souriant.

— Mon cher Merville, lui dis-je en lui passant familièrement le bras autour de la taille, venez donc dire à cet incrédule de Yankee que j'ai raison.

— Il faudrait que je sache auparavant...

— Voici ce dont il s'agit...

— Je ne sais ce dont il s'agit... mais avant de rien entendre, je suis persuadé que c'est Parker qui a tort.

— C'est aussi mon avis... Donc je disais à notre hôte que le courage en France était une chose absolument vulgaire, que les lâches tempéraments étaient à ce point une exception qu'on n'en parlait jamais.

— Que disais-je? Vous avez cent fois, mille fois raison.

— Oui, mais ce n'est pas tout, intervint le squatter.

— Je vous écoute, mais vous ne me ferez pas changer d'opinion.

— Nous allons voir, fit le fermier légèrement narquois...

— Il me reste à vous dire, mon cher Merville, comment cette conversation a commencé entre nous.

— Ce n'est pas la peine.

— Au contraire, car c'est très grave.

— Hein! quoi! très grave! est-ce que nous courerions quelque danger?

— Chut! plus bas, mon cher Merville, plus bas. Je vous ai fait appeler pour vous communiquer une chose de la dernière importance; riez un peu, pour qu'on ne puisse distinguer à l'impression de nos visages, la nature de notre entretien.

— Volontiers, fit le pauvre diable, qui essaya d'esquisser un signe de gaieté factice et qui ne put accoucher que de la plus affreuse de toutes les grimaces.

— C'est cela, vous y êtes... Il faut que vous sachiez, mon ami, que l'Australie compte encore un certain nombre de tribus absolument sauvages, qui, quand elles sont en guerre, ne connaissent, ne respectent aucune des lois des peuples civilisés.

— Est-ce qu'il se passerait quelque chose par ici? interrompit Merville, dont les jambes commençaient à ne plus rester bien d'aplomb.

— Laissez-moi achever.

— Brrr!... ça me donne la chair de poule; c'est qu'il faudrait décamper au plus vite.

— Attendez-donc! la tribu Ngotaks...

— Connais pas, fit Merville dont les dents claquaient.

— C'est une poule mouillée, nous n'en ferons rien, pensai-je; cependant je continuai:

« Vous ferez connaissance avec elle plus tôt peut-être que vous ne le voudrez!... Donc la tribu des Ngotaks, ennemie héréditaire de la tribu des Nagarnooks, dont font partie nos guides, vient de lui déclarer la guerre.

— Nous voilà dans de beaux draps!

— C'est ce que le chef vient de nous apprendre à l'instant, et, d'un moment à l'autre, nous pouvons tomber aux mains des ennemis de nos amis...

— Ah! mon Dieu!

— Et alors, c'en est fait de nous.

— Que diable suis-je venu faire dans cette affreux pays! Si les amis de la rue du Sentier me voyaient...

— Alors, continuai-je imperturbablement pour frapper mon grand coup, comme il est à peu près sûr que nous succomberons avant d'avoir regagné les lieux habités...

— Alors, c'est donc sérieux?... Mais je trouve la plaisanterie de mauvais goût, moi ! je ne suis pas venu en Australie pour me faire assassiner... Il n'y a donc pas de gendarmes ici ?... Et nos machines à coudre? que va dire la maison Lawson, Bird, Fichtel and C° pour laquelle je voyage? C'est un abus de confiance... c'est odieux.

— Alors, continuai-je simplement, sans paraître m'inquiéter de la peur verbeuse de mon compagnon, alors, je me suis dit : Le sacrifice de ma vie, je le fais, mais si je suis tué le premier...

— Fichtre ! comme vous prenez votre parti, vous.

— Si le hasard veut que la première flèche empoisonnée soit pour moi...

— Des flèches empoisonnées, maintenant... il ne manquait plus que cela !

— Que le premier trait lancé me perce le cœur, continuai-je en suivant la gradation et la développant avec le plus grand sang-froid... en un mot, si je succombe, à qui pourrai-je confier le soin de remettre aux miens un souvenir sacré? fis-je en tirant de ma poche un vieux portefeuille sans importance.

— A qui? fit Merville, se redressant d'un coup.

— Oui, à qui puis-je me fier?

— A qui pouvez-vous dire cela ? à qui pouvez-vous vous fier?... mais à moi ! s'écria le commis-voyageur d'une voix de stentor, et en se redressant de toute la hauteur de sa taille... mais à moi ! à moi seul !

— J'étais sûr de votre réponse, mon cher Merville, absolument sûr, sans cela je ne vous en eusse pas parlé.

— Est-ce que vous pouviez avoir l'ombre d'un doute?

— C'est ce que je disais à Parker.

— Est-ce que ce méchant engraisseur de moutons, fit le commis-voyageur complètement passé à l'état de matamore, se permettrait de suspecter mon courage !

Parker se fût tenu les côtés si la situation n'eût pas été aussi grave.

— Ainsi, vous me jurez d'accomplir cette mission ?

— Je vous le jure! répondit Merville d'un ton toujours emphatique mais ferme.

— Vous croyez à ce serment-là? fit Parker en anglais.

— Si j'y crois ! lui dis-je, dans la même langue, cet homme-là est courageux, soyez-en sûr, mais il ne s'en doute même pas. Au lieu de porter des armes, de chasser, de monter à cheval, de parcourir comme vous le buisson australien, toujours aux prises avec le danger, il a passé sa vie dans la doublure, le calicot et les machines à coudre. S'il avait vécu à votre école, le danger le frapperait de suite au bon endroit et trouverait un homme; si vous aviez, au contraire, vécu à la sienne, Parker, vous ne sauriez, à l'heure critique, où prendre le calme, le sang-froid dont vous êtes capable dans les cas difficiles ; en un mot, vous ne sauriez pas faire sortir votre courage. Toutes les facultés ne se développent que par l'usage, et à moins d'une de ces poltronneries nerveuses, contre lesquelles il n'y a rien à faire, on fait l'éducation d'un homme pour l'envoyer au danger, comme on la lui fait pour vendre du fil ou du drap : ce sont deux chemins différents, voilà tout. Sachez bien que l'homme ne naît point aventurier ou épicier paisible... Dans tous les cas, retenez bien cela, Parker, car c'est un des côtés caractéristiques de notre nation, mettez en avant une femme à protéger ou à sauver, et vous ne trouverez pas un Français qui soit lâche.

A la suite de cette conversation, dans laquelle Merville s'était, ni plus ni moins, posé en héros, pour l'honneur de la rue du Sentier, une sorte de conseil de guerre fut tenu, dans lequel on décida qu'on allait immédiatement partir, non pour Devil-Station, qu'on mettrait plus de quinze jours à atteindre, mais pour le pays des Nagarnooks, qui n'était guère à plus de quarante-huit heures de marche de la contrée où on se trouvait.

De l'avis même de Ouittigo, on pouvait compter s'y rendre sans trop de dangers, car on était loin des terres des Ngotaks, et comme la déclaration des hostilités ne devait pas remonter à plus d'un jour ou deux, sans cela les Nagarnooks eussent été avertis par quelqu'un des leurs, il s'en suivait, selon toute apparence, que le gros des forces ennemies ne devait pas avoir encore quitté les terres de ses tribus. On avait donc tout au plus à redouter la rencontre de quelque avant-garde, que nos armes perfectionnées devaient parfaitement suffire à tenir en respect, sans compter la petite troupe de Ouittigo, qui était un appoint des plus sérieux, car sa connaissance de la forêt devait éviter toute embûche aux voyageurs.

Bois-Gilbert avait écouté les révélations que je lui avais faites sur la situation, d'après les dires de Ouittigo et de Parker, avec la froide indifférence d'un homme résolu et sûr de lui; la scène dans laquelle, en exaltant le courage de Merville, je l'avais pour ainsi dire fait naître, avait failli lui arracher un accès de gaieté qui n'était guère en situation, mais d'un coup d'œil je l'avais arrêté.

— Il ne faut pas, lui avais-je dit, ébranler un aussi jeune courage.

Et de fait, Merville était prêt à tout; tant que ses compagnons paraîtraient ne pas douter de lui, il était de taille à se lancer dans les plus grandes témérités, comme tous les poltrons à qui la peur, par un phénomène étrange, cache quelquefois l'importance du véritable danger; mais à la moindre plaisanterie que Bois-Gilbert lui eût faite sur son attitude martiale, tous les grands airs de résolution qu'il affichait se fussent affaissés, comme cette légère pellicule que le lait développe quand on le porte à l'ébullition, et qui disparaît au moindre souffle qui vient rafraîchir sa surface.

Avant de nous remettre en marche et de tourner complètement le dos à Devil-Station, je voulus avoir un dernier avis du chef Nagarnook. Après avoir mis en quelques mots Parker au courant de mes désirs, ce dernier aborda Ouittigo.

— Dis-moi, chef, es-tu bien sûr que les Nagarnooks soient en ce moment sur le sentier de la guerre?

— Parfaitement sûr.

— Cette coiffure que nous avons trouvée par hasard te paraît donc un indice suffisant?

— C'est la coiffure du sang des Ngotaks, et jamais un Ngotak n'oserait s'aventurer dans le Buisson, si près des terres des Nagarnooks, avec ce signe de guerre.

— Pourquoi cela?

— Parce que, dès qu'un guerrier revêt ce signe de combat, tous les indigènes qui ne sont pas de sa race ont le droit de le tuer, car chacun se tient sur le qui-vive, et se trouve en cas de légitime défense. C'est la loi de nos tribus. Pourquoi voudriez-vous qu'un guerrier cherche à se faire tuer dans le Buisson, s'il ne marche pas sur le sentier de la guerre? car nul ne viendra le prévenir ; une flèche ou un boomerang peuvent partir du premier fourré venu, et l'envoyer chasser le kangourou et le zébu dans le séjour des ancêtres.

Le Nagarnook avait raison.

Ni Parker ni moi ne jugeâmes à propos d'insister.

Sans plus tarder on se remit en marche, pour aller plier la tente et prendre le blessé.

Malgré les périls cachés de la situation, car malgré les dires rassurants de Ouittigo, chaque touffe de melias, de mimosas ou de fougères paraissait recéler un ennemi, notre petite troupe fit une légère et rapide collation, puis les mustangs, suivis au pas de course par les indigènes, firent retentir la forêt de leurs pas rapides.

Le soleil dardait d'aplomb ses rayons de feu dans les clairières, la forêt australienne n'est qu'une succession de grands bosquets et de prairies verdoyantes; aussi, toutes les trois ou quatre minutes, la petite troupe était brûlée par les ardeurs du soleil, et, sans transition, rafraîchie par l'ombre de la forêt.

A un moment donné, Bois-Gilbert se plaignit d'une soif ardente.

Les gourdes étaient vides d'eau.

Parker s'adressa à Ouittigo.

— Vous avez soif, répondit le chef, je vais vous donner de l'eau fraîche, suivez-moi.

Le Nagarnook avait inspecté le lointain de son regard d'aigle et se dirigeait vers un massif d'arbres aux troncs lisses et blancs et à ramures immenses.

— Voilà de l'eau, fit-il en désignant le lieu où se trouvaient ces géants des forêts.

Quand notre petite troupe fut arrivée au milieu du bosquet d'arbres que Ouittigo lui avait désigné, c'est en vain qu'elle chercha l'eau promise : partout le tapis de mousse émaillé de fleurs couvrait la terre, rien n'annonçait la présence d'une fontaine, chacun commençait à regarder Ouittigo comme un mauvais plaisant.

Merville, qui avait déjà fait claquer sa langue, en simulant, avec un art infini, par un coup de gosier, le glouglou d'une bouteille qui se vide, exercice dans lequel il n'avait pas de rivaux quand il était dans la mercerie, allait, dans son langage imagé, décocher quelque nouvelle plaisanterie à l'égard du chef Nagarnook.

Seul, Parker souriait.

Tout à coup, Ouittigo se précipita sur un de ces arbres et fendit de la pointe de sa lance une des grosses racines qui émergeaient du sol; au même instant on vit comme de grosses larmes sortir de la blessure, puis le mouvement des gouttes s'accentuer. Un mince filet d'eau claire et fraîche tomba sans discontinuité sur le gazon.

Le chef indigène remplit une gourde de ce liquide et nous la présenta.

— Vous pouvez boire, fit Parker, cette eau est fraîche et salutaire.

Chacun se précipita alors sur les précieuses racines, qui, incisées comme venait de le faire Ouittigo, donnèrent de l'eau avec abondance.

Les indigènes buvaient à même en appliquant leurs lèvres sur les blessures de l'arbre, les Européens remplissaient et vidaient leurs gourdes.

De l'avis de tous les voyageurs, l'eau fut trouvée excellente.

— Cet arbre, la providence des pionniers et des squatters, est l'*Eucalyptus globulosus* à fleurs jaunes, fit Parker à ses compagnons émerveillés par ce phénomène naturel.

— Enfoncé le père Moïse avec sa baguette et ses fontaines! fit Merville, qui avait retrouvé toute son assurance en voyant la forêt aussi calme qu'avant l'alerte qu'il avait reçue le matin.

— Vous ne sauriez croire, continua Parker, quels services rend aux indigènes et à tous ceux qui traversent le Buisson, cet arbre merveilleux. Non seulement il est toujours prêt à les abriter de son ombre, à les rafraîchir de son eau, à leur donner ses branches pour la construction de leurs cases, mais encore il leur fournit, par la pression de ses feuilles, une huile sans odeur, dont ils se servent pour accommoder leurs aliments et s'éclairer. On pourrait l'appeler le cocotier d'Australie, tellement les services qu'il rend aux indigènes ressemblent à ceux que le cocotier rend aux Océaniens des îles basses.

« J'ai voyagé dans les Pomoutou, à l'est du groupe des îles de la Société et au sud de celui des Marquises; eh bien! rien n'est curieux à observer comme la vie des habitants de ces îles qui ne s'élèvent pas à un mètre au-dessus de la plus haute marée, insensible du reste dans le Pacifique. Ces pauvres gens doivent tout au cocotier : leur terre d'abord, car ces îles madréporiques se sont formées par le travail des polypes et des coralliaires. Dès qu'elles ont affleuré sur l'Océan, le premier fruit du cocotier battu par les flots qui est venu s'échouer au milieu des récifs a pris germe ; ses racines, fortifiées par l'eau de la mer, se sont tordues autour d'un morceau de corail; l'arbre s'est élevé, courbant sa tige au-dessus des flots, et, bravant la tempête, ses fruits sont tombés, germant à leur tour, et faisant à l'ancêtre toute une famille de fils et de petits-fils, se soudant aux racines mères et aux rochers voisins. Les sables ténus, transportés par le vent, se sont arrêtés aux pieds de ces arbres retenus par les radicelles, les feuilles mortes et l'humus, formé par la dépouille annuelle des arbres ; le tout s'est soudé par le travail lent mais continu de la nature ; les

Préparation des mammifères. (Page 765.)

tempêtes, en couvrant l'îlot naissant d'eau de mer, y laissaient des sables et des coquillages, exhaussant ainsi le sol; les îlots se sont soudés ensemble formant des îles. Des milliers d'années après, on rencontrait des archipels conquis sur les eaux, et dans des milliers d'années d'ici on rencontrera des continents là où ne sont encore que des archipels.

— Eh! eh! mon gros Parker, interrompit Merville, vous parlez comme un livre ou un professeur en Sorbonne.

Cette boutade fut sans effet, tellement la digression de Parker intéressait tous les voyageurs.

Du reste, la situation ne manquait pas de grandeur.

Pendant que les indigènes achevaient de remplir les gourdes avec l'eau qui continuait à couler des blessures de l'Eucalyptus, appuyés contre le poitrail de nos montures, prêts à nous élancer à cheval au premier signal, nous écoutions les récits du squatter, sans paraître nous soucier des dangers qui pouvaient nous environner.

Ouittigo, l'œil perdu dans le lointain, inspectait chaque touffe de buisson.

— Ainsi, continua Parker, qui seul avait souri de la boutade de Merville, c'est bien au cocotier que les indigènes des îles Pomoutou doivent leur patrie. C'est à lui, également, et à lui seul, qu'ils ont dû leur existence depuis des siècles. Avec le bois de cet arbre merveilleux, ils construisent leurs cases; avec ses feuilles ils en couvrent la toiture et tressent des filets pour prendre le poisson. Avec l'eau de ses fruits, ils se rafraîchissent et font cuire leurs aliments, car on ne trouverait pas dans toutes ces îles un seul puits : l'eau de la mer est, en creusant, à moins de deux mètres du sol. Avec l'amande de son fruit ils se nourrissent, font de l'huile pour s'éclairer et fabriquent leur *tairoo*, sorte de condiment fermenté dont ils relèvent la préparation de leur poisson.

« Eh bien! avais-je raison de dire que l'*Eucalyptus globulosus* était le cocotier de l'Australie?

— Bravo! mon cher Parker, fit Bois-Gilbert qui avait écouté le Yankee avec un véritable intérêt. Bravo! Voici un aperçu que je ne manquerai pas de consigner dans le premier mémoire que j'enverrai à la Société d'ethnographie, dont je suis membre.

# LES ANIMAUX D'AMERIQUE

## LE CASTOR. — LE VISON

### Les Trappeurs.

« Pour préparer les *mammifères*, me dit le vieux trappeur, on commence par en séparer la peau de la manière la plus favorable au montagne. A cet effet, l'animal étant placé sur le dos, la tête tournée du côté gauche de l'opérateur, on écarte de côté et d'autre les poils du sternum et du milieu du ventre sur lesquels on pratique une incision longitudinale jusqu'à un pouce de l'anus. Il est quelques précautions à prendre en faisant cette incision : la première est de ne pas endommager les parties génitales ; la seconde de ne pas séparer les muscles abdominaux qui laisseraient passage aux intestins, ce qui serait non seulement très sale, mais encore une cause de souillure pour les poils.

L'incision faite, on prend avec la main gauche ou avec une bruxelle les bords de la peau que l'on détache, avec un scapel, de dessus le corps, jusqu'à ce que l'on ait mis à découvert les cuisses et les muscles fessiers qu'il faut couper afin de rendre plus facile la désarticulation du fémur d'avec les os du bassin. Après avoir opéré de cette manière des deux côtés, on détache le rectum près de l'anus et on enlève la peau de dessus les premières vertèbres de la queue pour pouvoir faire sortir plus aisément les autres de leur fourreau, ce qui ne se fait pas toujours très facilement. Cependant, on y parvient de plusieurs manières : la première, employée pour les petites espèces, est assez simple : on a un bâton que l'on fend dans sa longueur et avec lequel on enfourche les vertèbres mises à découvert et près de la peau que l'on fait filer en tirant avec la main droite le bâton qui la pousse, tandis que de la gauche on opère un tiraillement en sens contraire : ces efforts, qui se contrarient, forcent la peau à sortir de sa gaîne. La seconde manière n'est employée que pour les gros animaux pourvus de queue très longue et très charnue. On fait à sa partie inférieure une incision qui prend depuis sa naissance jusqu'à son extrémité, et par laquelle on détache la peau de côté et d'autre, dans toute la longueur, jusqu'à ce qu'elle puisse sortir de sa gaîne. Après cette opération du train postérieur, on passe à l'antérieur.

On retourne l'animal sur le ventre et on détache la peau de dessus le bassin et du dos jusqu'aux épaules, où l'on sépare les membres du tronc, laissant après ce dernier l'omoplate. On fait ensuite filer la peau du cou jusqu'aux dernières vertèbres cervicales, où l'on sépare la tête en laissant le larynx et la langue après le tronc qui se trouve séparé de la peau. On dépouille ensuite la tête jusqu'au bout du museau, en prenant les plus grandes précautions pour ne l'endommager d'aucune manière; car, malgré tous les soins que l'on prendrait en la raccommodant, on ne pourrait dissimuler complètement la solution, les poils étant très courts et quelquefois nuls dans cet endroit. On sépare les oreilles en coupant leur cartilage à un tiers à peu près de leur longueur, en ayant soin de laisser la plus grande partie attenant à la peau et l'autre au crâne. Arrivé aux yeux, on opère un tiraillement sur la peau pour faire tendre la membrane clignotante et donner facilité de séparer de la tête la peau des yeux, sans endommager les paupières.

Beaucoup de préparateurs s'arrêtent à ce point dans le dépouillement de la tête des animaux; mais il est préférable de le pousser plus loin, c'est-à-dire de dédoubler les lèvres. Voici comment on fait : on sépare avec un bon scapel la peau inférieure des lèvres d'avec la supérieure jusqu'aux bords de la bouche, de manière à pouvoir enlever toutes les fibres musculaires qui, en se séchant, se racornissent et font prendre à l'organe une mauvaise forme. On enlève ensuite toutes les parties charnues de la tête, et à l'aide d'une curette, on fait sortir le cerveau de la boîte. On peut, pour plus de facilité, agrandir le trou occipital, mais ce moyen ne doit être employé que lorsque la tête osseuse est pour toujours rester dans la peau. La tête ainsi nettoyée, on passe aux membres, que l'on sort de leur gaîne et que l'on dépouille jusqu'au bout des doigts, ce qui est facile à faire pour les petites espèces; mais pour les grosses, on n'y parvient qu'en faisant une incision en dessous, par laquelle on enlève toutes les parties graisseuses et même les tendons, à l'exception, cependant, aux pattes de derrière, de celui qui s'attache au talon, et que l'on appelle d'Achille.

Le dépouillement ainsi fait, on passe à la préparation de la peau, qui, dans les petites espèces, consiste simplement à bien les imprégner de savon arsenical et à les bourrer de manière à leur faire reprendre leurs premières formes, après quoi on les met dans un endroit sec et à l'ombre pour les sécher, en ayant soin chaque jour de les retourner pour éviter que le côté qui pose à terre s'échauffe et s'abîme. Pour les gros animaux dont la peau est dure, le savon arsenical ne suffit pas pour les préserver des insectes rongeurs; alors on emploie un préservatif liquide qui, étant absorbé plus facilement, préserve la peau et la rend inaccessible aux insectes. On donne à ce préservatif le nom de *bain d'alun*. Il faut, pour mettre les peaux dedans, que le liquide n'ait que 30° de chaleur à peu près. Il y a des animaux qui ont le derme si dur qu'il ne suffit pas de les passer une seule fois au bain ; alors on est obligé de faire chauffer de l'eau, et d'y ajouter de nouvelles quantités d'alun et de sel marin.

Pour les animaux dont la peau est dure, comme celle de l'éléphant, et il y en a un assez grand nombre, on est obligé, pour les dépouiller, de fendre les membres depuis le haut jusqu'en bas ; la queue, quand ils en ont, doit être aussi fendue.

Pour les Ruminants, dont le cou est très étroit et la tête très grosse, et quelquefois pourvue de cornes, il est de toute impossibilité de retourner celle-ci par le cou. On est obligé de faire sous la gorge une incision qui se prolonge un peu sous le cou. On doit calculer en pratiquant cette ouverture l'espace qu'il faut au juste pour faciliter le dépouillement, afin d'éviter d'avoir à faire une trop grande couture. Par cette incision, on détache la peau de côté et d'autre, on met à découvert le cou et ses dernières vertèbres, et l'on sépare la tête du tronc, près de l'occiput.

Dans les individus qui n'ont que de très petites cornes, on peut facilement pousser le dépouillement jusqu'aux yeux et même dédoubler les lèvres sans faire d'autre incision que celle du dessous de la gorge. Mais dans ceux qui ont de grandes cornes, comme le cerf à l'état adulte, il faut, pour dédoubler les lèvres et soulever la peau du dessus de la tête, entre les yeux et les cornes, pratiquer une incision tout autour des mâchoires et près des dents, pour retourner la peau du museau sur elle-même, en ayant soin de ne pas endommager les cartilages du nez, pour donner facilité au passage d'un instrument tranchant en dessous de la peau dans le dessein de couper toutes les fibres qui pourraient la retenir sur les os. Il faut prendre bien attention, lorsqu'on dépouille de cette manière une antilope ou un cerf, de ne pas couper ou enlever les larmiers de leur cavité, parce qu'il est très difficile de les remettre en place. Après avoir fait le dépouillement de la tête, il est une autre opération qui demande assez de temps et surtout beaucoup de soin, et que plusieurs préparateurs ont oublié de faire connaître dans leurs ouvrages de Taxidermie, c'est le dépouillement des jambes des cerfs et antilopes, que l'on peut faire en pratiquant dans le bas une incision à sa partie intime, et enlever par là tous les tendons qui pourraient, en séchant, leur faire prendre une mauvaise forme. Ce moyen a l'inconvénient de laisser voir toujours la place où l'on a fait l'incision, et quelquefois même, lorsqu'on n'a pas eu soin de recoudre de suite la peau à cet endroit, de ne pouvoir plus la faire joindre, tant elle se raccourcit en séchant. Les bons préparateurs, pour éviter tous ces inconvénients, se servent d'un bâton de deux pieds environ, qu'ils arrangent à l'une des extrémités en spatule étroite; on la passe entre la peau et les tendons pour relever la première tout autour, de manière à laisser passage au savon arsenical que l'on y introduit et que l'on fait couler jusqu'aux sabots.

Il faut faire cette opération même quand on est obligé de passer la peau de ces animaux au bain.

Pour terminer tout à fait la mise en peau des grands mammifères, lorsque cette peau est bien imprégnée d'alun et de sel, dans lesquels on l'a laissée plusieurs jours, il faut la retirer et la faire égoutter, puis la bourrer et lui redonner ses formes, après quoi on la met sécher dans un endroit ombragé, car si on la laissait au soleil, elle deviendrait cassante.

Lorsque l'on veut monter un mammifère, il faut, si la peau est sèche, la faire ramollir, soit en la mettant tout entière dans l'eau, après l'avoir débourrée, ou lui mettre des chiffons mouillés sur les pattes, la tête et la queue, et en remplir le corps, ou la mettre dans du sable mouillé. Ce moyen n'est bon que pour les petites espèces. Le temps qu'il faut pour ramollir une peau ne peut être limité, seulement on ne doit pas la laisser, soit dans l'eau ou avec ses chiffons mouillés, lorsqu'elle a repris à peu près sa souplesse; car alors elle se macère, son épiderme se soulève et l'on ne peut l'arranger qu'avec de grandes difficultés en y employant beaucoup de temps, encore ne reforme-t-on jamais un bel animal. Pour monter avec facilité et faire une belle pièce, il faut que la peau soit fraîchement dépouillée ; alors on peut en tirer tout le parti désirable et lui faire reprendre ses formes premières. La description suivante est faite comme si l'on opérait sur une peau qui n'a pas été mise au bain et qui vient d'être retirée de dessus le corps.

Avant de commencer l'opération, il faut avoir préparé les fers qui doivent servir pour la carcasse, et que l'on choisit de grosseur proportionnée à l'épaisseur des membres de l'espèce qu'on veut monter. On en coupe cinq morceaux, donc quatre pour les membres et le cinquième pour le milieu du corps. C'est ce dernier qui sert de charpente, et après lequel on attache les autres. Pour les mammifères qui ont une queue d'une certaine longueur, il est urgent d'avoir une sixième tige métallique un peu moins forte que les autres; elle est destinée à remplacer la partie solide de la queue. Il n'est pas nécessaire de dire que chaque tige destinée pour les membres, doit être plus longue que ceux-ci, et que celle du corps doit avoir au moins un tiers de plus que la longueur totale de l'animal. Après les avoir suffisamment redressées, on commence le montage. La queue est la première chose de la dépouille dont on doive s'occuper. On en fait une factice avec le plus mince des fils de fer que l'on enveloppe de filasse jusqu'à ce que l'on ait atteint le degré d'épaisseur de la partie qu'elle doit remplacer; après cela on l'enduit d'une couche de savon arsenical, et ainsi préparée on l'introduit dans l'enveloppe caudale. Ensuite on passe aux membres antérieurs dans lesquels on met des fils de fer de manière à ce qu'ils longent l'os auquel on les fixe, avec de la filasse que l'on tourne autour en commençant par le bas et continuant graduellement jusqu'en haut; ces fils métalliques doivent toujours être introduits en dessous des pattes et au milieu, quelle que soit la position qu'on destine à l'animal; après cela on enduit la jambe de préservatifs, et on la remet en place. Comme on ne peut jamais de cette manière donner tout à fait les formes, on y supplée en bourrant de la filasse hachée jusqu'à ce que l'on ait atteint les proportions du modèle. On fait ensuite les membres postérieurs de la même manière que les autres; seulement ici il faut attacher le tendon d'Achille avec une corde que l'on passe dans le trou que laisse l'ouverture anale, afin de pouvoir la tendre lorsque l'animal sera sur pied. Ce procédé de faire les tendons a un inconvénient, c'est que lorsque la peau se dessèche, elle fait fléchir la corde et déforme la patte en cet endroit, tandis que celui que Mlle Charpentier a indiqué offre plus de justesse. On ôte le tendon et il est remplacé par un fil de fer que l'on fait entrer dans l'os du talon et que l'on entoure de filasse, pour lui donner une grosseur convenable; ce fer s'attache avec de la filasse le long de la jambe. On enduit ensuite la peau de savon et on fait rentrer la jambe, puis on la baisse, comme il a été indiqué pour les autres.

Préparation des oiseaux. (Page 771.)

Les quatre membres ainsi faits, on s'occupe de la tête qui demande une grande précaution, d'abord pour les lèvres et aussi pour les yeux. L'arrangement des lèvres consiste à remplacer les parties charnues que l'on a enlevées, ce qui peut se faire de plusieurs manières assez simples en elles-mêmes. On coupe du coton bien mince que l'on mêle avec du savon arsenical très épais, pour en composer une sorte de mastic que l'on met à la place des chairs des lèvres, ou bien on prend de la cire à modeler, avec laquelle on remplace les parties charnues enlevées ; ensuite on bourre les orbites après les avoir bien enduites de savon ; puis on forme les joues avec de la filasse hachée, que l'on maintient avec un morceau de calicot fin, avec lequel on entoure la tête, et que l'on coud sous la gorge. Ce morceau de linge sert encore à empêcher la tête de se plaquer sur les os. On enduit le tout de savon, et on retourne la peau jusqu'aux cartilages des oreilles que l'on recoud, après quoi on finit de la remettre en place. On passe ensuite le sixième fil de fer au milieu du corps et du cou et on le fait traverser les os de la tête entre les yeux. On pratique, à la hauteur des membres, un anneau dans lequel passent les fers adaptés aux membres, que l'on noue ensemble et que l'on assujettit avec celui qui passe au milieu du corps; les membres antérieurs ramenés à la position qu'ils doivent avoir, on procède de même pour les postérieurs, pour lesquels on fait un nouvel anneau qui doit être placé à la même distance qu'avaient les omoplates, à l'articulation du fémur au bassin.

C'est pour pouvoir fixer les fers juste à l'emmanchement des membres que l'on a recommandé de tenir compte des longueurs du corps des animaux. On fixe ensuite le fer de la queue en le tordant autour de celui du milieu, que l'on a retourné sur lui-même pour que l'attache des trois fers ne fasse pas un trop gros volume dans la queue. Tous les fers étant noués, on place les membres dans la position qu'ils garderont lorsque l'animal sera monté, et on les bourre le plus régulièrement possible, en leur donnant la forme convenable; ensuite on préserve avec du savon arsenical le cou, que l'on bourre avec soin, pour ne pas laisser de vide autour de la tête et pour ne pas le faire plus gros que nature. On remplit le corps en lui donnant autant que possible les formes qu'il avait, et on coud à point de suture les deux bords de la peau, en commençant par la poitrine; ce moyen permet de remettre de l'étoupe dans le corps avec plus de facilité, s'il en manque

L'animal ainsi bourré, on remet autant qu'il est possible les membres à leur véritable place, pour n'avoir plus qu'à le poser sur une planche, dans laquelle on perce quatre trous à la distance qu'exige la taille de l'espèce que l'on monte; ces trous sont destinés à recevoir les fils de fer des membres que l'on fixe, en dessous de la planche, avec des clous, de manière à ce qu'ils ne bougent pas et que l'on puisse imprimer à l'animal une pose qui réponde à l'une de celles qui lui sont les plus familières. Comme il n'est pas de procédés à indiquer pour poser un animal, que tout dépend du goût, de la connaissance des habitudes et de l'anatomie de l'espèce, on ne doit plus parler que des derniers soins à donner à la peau et à quelques-uns de ses parties.

Il arrive quelquefois que l'animal est irrégulièrement bourré et que par suite une partie est trop grosse et l'autre trop petite. Pour remédier à ce défaut on prend un poinçon à lame triangulaire, et au moyen de cet instrument, que l'on enfonce à l'endroit où la peau fait creux, on retire la filasse que l'on joint avec celle qui l'entoure. Il faut ensuite attacher ensemble les cordes qui tiennent les tendons, et qui passent dans l'anus; on les maintient tendues en les posant à cheval sur le bout d'un bâton, à l'extrémité duquel on a mis un clou à moitié entré pour les maintenir; ce bâton ne doit pas avoir plus de longueur que l'animal qui est monté n'a de hauteur; après que les tendons sont ainsi maintenus, il faut les piquer en dessus avec du fil assez fort pour que la peau ne puisse pas se déranger.

On arrange ensuite la bouche en modelant les lèvres et leur faisant reprendre leurs formes premières. Il faut aussi arranger les narines et les remplir de coton pour les empêcher de se racornir. Enfin, on remet les paupières en état de recevoir les yeux factices, que l'on fait tenir en les collant avec de la gomme fondue. On lisse ensuite tous les poils, et on fait tenir les oreilles en position avec des morceaux de carton ou de liège.

On peut laisser ainsi sécher l'animal; il n'y a plus qu'à voir chaque jour si la peau en se séchant ne gonfle pas dans quelque endroit, ce à quoi on remédie de suite.

Lorsque l'on veut monter un gros mammifère, il est presque impossible de le faire avec la charpente que l'on vient d'indiquer. Il faut prendre un morceau de bois de la longueur du corps, depuis l'omoplate jusqu'à l'articulation du fémur au bassin; on le taille carrément et on lui fait d'abord, sur le côté et à chaque bout, deux trous pour entrer les fers des membres, que l'on fixe dessus avec des clous, plus un autre trou sur la face pour y adapter un autre fer qui doit tenir la tête et le cou.

Ce moyen offre une très grande solidité, mais il ne peut être employé que lorsque l'on est plusieurs personnes pour préparer.

La préparation des *oiseaux* exige beaucoup plus de soins; non pas qu'il y ait plus de difficultés à vaincre, mais les couleurs brillantes qui enrichissent le plumage de la plupart d'entre eux perdraient beaucoup de leur éclat et de leur fraîcheur, si l'on ne prenait toutes les précautions convenables pour les préserver des souillures, dans le cas où il y aurait des taches; ces précautions ont été exposées plus haut.

Au reste, on emploie pour les oiseaux à peu près les mêmes moyens que pour les animaux de la classe précédente; seulement, ici, il faut non seulement boucher les ouvertures naturelles, mais encore les narines, après y avoir passé un fil qu'on laisse dépasser de quelques pouces, ce qui sert à tirer la tête, lorsqu'elle est retournée dans la peau; *cette précaution de mettre le fil dans les narines n'est bonne que pour les très petites espèces;* après quoi on procède au dépouillement, qui s'opère de même que pour les mammifères, à quelques exceptions près, qui résident surtout dans la manière de les fendre : elle varie selon que les espèces ont les plumes du ventre plus ou moins fournies ou qu'elles sont de couleurs plus ou moins claires.

L'oiseau placé sur le dos, la tête à gauche de l'opérateur, on écarte les plumes du milieu du ventre sur lequel on fait une incision longitudinale jusqu'au croupion; on prend ensuite les bords de la peau avec la main gauche, et de l'autre, avec le manche d'un scalpel, on la dégage de dessus le ventre jusqu'à ce qu'on ait mis à découvert les cuisses, que l'on sépare de la jambe à l'articulation du genou, laissant le fémur après le corps. Ensuite on détache la peau du derrière tout autour de la queue, et l'on sépare celle-ci du tronc, un peu au-dessus de l'insertion de ses plumes; avec une pince on le maintient par la colonne vertébrale et on détache la peau jusqu'aux ailes, que l'on désarticule à l'extrémité de l'humérus, près de la fourchette. On fait ensuite filer la peau du cou jusque sur la tête, en ayant soin d'enlever les membranes des oreilles de leur cavité. Pour les grandes espèces, on est forcé de se servir d'un instrument tranchant; mais, pour les petites, il faut l'éviter; alors on pince la peau fortement, très près du crâne, de manière à faire sortir la membrane. On détache la peau des yeux sans attaquer les paupières, après quoi on désarticule la tête du tronc à la dernière vertèbre cervicale, et on enlève de dessus toutes les parties charnues; on extrait le cerveau avec une curette; on peut aussi, comme pour les mammifères, couper le derrière de la tête, mais toujours avec précaution, pour ne pas endommager la peau.

La tête ainsi dépouillée, il faut de suite la bourrer et la préserver avec grand soin. On remplit les yeux avec du coton, sous lequel on met du savon arsenical pour manger les chairs, et sur les joues, que l'on remplace par du coton haché bien fin. La tête ainsi arrangée, on met avec un pinceau du savon sur la peau et on la retourne en la tenant de la main droite avec des bruxelles, tandis que de la gauche on plisse la peau, que l'on remonte jusqu'à ce que l'on voie le bout du bec, que l'on tire par le fil que l'on a passé dans les narines, en ayant la précaution de maintenir la peau. Avec un peu d'habitude et de soin on vient facilement à bout de cette opération. L'oiseau ainsi retourné, on le prend par le bec et on le secoue un peu pour faire tomber le plâtre qui se trouve sous les plumes; on remet celles-ci en place, soit en soufflant dessus du haut en bas, soit avec une bruxelle. Il ne faut jamais attendre que la peau soit sèche pour faire cette opération, car les plumes ne reviendraient que très difficilement. On écarte ensuite les paupières que l'on maintient avec le coton que l'on retire un peu de l'orbite et que l'on écarte de manière à bien former un œil rond. Il faut apporter beaucoup de soin dans l'arrangement des paupières, car les petites plumes qui sont autour d'elles se chiffonnent très facilement, et, pour remédier à cet inconvénient, on prend une aiguille avec laquelle on les remet en place sans déranger aucunement leurs barbules. On se sert aussi de cette même aiguille pour peigner les plumes de la tête et pour remettre en place les sacs des oreilles. Mais pour bien réussir dans cette opération et bien faire la tête d'un oiseau, il faut plisser la peau de la tête, pour qu'elle ne plaque pas sur les os, et pour pouvoir remettre les oreilles en place plus facilement. Il reste maintenant à bourrer très légèrement le cou avec une seule mèche de filasse assez grosse pour remplacer les parties charnues; on l'enduit de savon, on la fourre dans le cou et on la fait entrer dans la tête par le trou occipital, ce qui a l'avantage de bien réunir le cou avec la tête sans laisser aucun vide autour de cette dernière.

On dépouille ensuite les ailes en détachant la peau de dessus les muscles, jusqu'aux radius et cubitus que l'on met à découvert seulement en dessus, parce que si on détachait les plumes qui sont insérées en dessous, on ne pourrait les remettre en place que très difficilement, et souvent même il serait impossible d'y arriver. On enlève de dessus les os toutes les parties charnues, et on passe entre le radius et le cubitus un fil assez long, qui est destiné à arracher les ailes et à les maintenir dans leur véritable position; on met une couche de préservatif entre les os et la peau et l'on fait rentrer l'aile dans sa place. Les deux ailes ainsi dépouillées, on les attache ensemble avec le fil passé entre les os, en les laissant séparées l'une de l'autre à la même distance où elles se trouvaient dans leur adhérence au corps; pour cela il n'est d'autre moyen que de prendre la mesure sur le corps lui-même.

On dépouille ensuite les membranes postérieures autour desquelles on tourne un peu de filasse pour remplacer les chairs, et l'on enlève les parties charnues qui sont restées à la base de la queue, sur laquelle on met du préservatif. Il ne reste plus qu'à remplir le corps; après l'avoir bien préservé avec du savon, par-dessus lequel on met de la filasse hachée, en ayant la précaution de ne jamais bourrer en long, mais toujours en large, pour remplacer les muscles pectoraux et pouvoir, sans allonger et tirailler la peau, réunir les deux bords de l'incision que l'on coud à points de suture, et de manière à ce que les plumes ne soient pas retenues par le fil.

Lorsque l'oiseau est bourré et cousu, on remet les plumes du ventre en place, puis on le retourne et l'on place les ailes dans leur position naturelle et la moins embarrassante, c'est-à-dire fermées et posées le long du corps. On replace les plumes qui pourraient être dérangées et on le maintient par une bande de papier qui entoure l'oiseau et que l'on attache en dessus avec une épingle. Il faut, avant de mettre cette bande, placer les jambes de manière à ce que les talons ne dépassent pas la naissance de la queue; dans cet état de préparation, on n'a plus qu'à mettre l'oiseau dans un endroit sec et à l'ombre; on le laisse sécher en le retournant chaque jour et en visitant si quelques plumes ne se sont pas dérangées. Il est une remarque à faire, c'est que les peaux d'oiseaux séchées au soleil ou dans un four ne peuvent jamais ou presque jamais être montées; elles sont devenues très cassantes.

Pour les oiseaux aquatiques, on est presque obligé de les dépouiller par le dos, les plumes du ventre étant très épaisses et souvent de couleur très claire, et aussi, pour eux, la préparation est un peu plus difficile. Comme ils sont pourvus presque toujours d'un petit cou et d'une grosse tête, il faut, pour dépouiller celle-ci, faire une incision sous la gorge, *de même que pour les Ruminants*, qui se prolonge un peu sous le cou et par laquelle on enlève toutes les parties charnues. Il faut de suite, après le dépouillement, recoudre les deux bords de la peau que l'on a fendue, afin d'éviter que le savon que l'on va introduire dans le cou ne salisse les plumes.

Pour les autruches, cigognes, etc., dont le cou est presque dépourvu de plumes, il est mieux de faire l'incision pour dépouiller la tête, en dessus du cou, parce qu'il est plus facile, dans ces oiseaux, de masquer la couture.

Il faut, pour monter un oiseau, que sa peau soit molle et souple. Lorsque c'est une peau préparée depuis longtemps, on est obligé de la débourrer et de mettre à la place de la filasse, des éponges ou des chiffons mouillés. On peut aussi les ramollir en les mettant quelque temps dans du sable humide, ce qui est même préférable, après quoi on les monte.

Que l'on suppose opérer sur une peau que l'on vient d'enlever de dessus le corps et qui est bourrée.

Il faut d'abord choisir du fil de fer dont la grosseur soit proportionnée au volume des tarses de l'espèce que l'on va monter. *Il faut éviter de le prendre trop gros, car il ferait crever la peau des pattes*, et on en coupe trois morceaux, lorsqu'on veut le poser les ailes fermées, et cinq pour les ailes ouvertes; ces derniers sont placés dans les ailes pour les maintenir; ils sont attachés comme ceux des membranes antérieures des mammifères. Des trois premiers, deux sont pour les pattes et l'autre pour le milieu du corps, il sert de charpente. Ce dernier doit être au moins un tiers plus long que l'animal entier et les deux autres doivent à peu près l'égaler.

On commence par les passer dans les tarses, et les faire longer les os avec lesquels on les fixe en les entourant de filasse ou de coton. Il ne faut pas oublier que ces matières sont destinées à remplacer les chairs et qu'elles doivent, par conséquent, être mises avec soin de bas en haut en augmentant progressivement, ce qui permet d'imiter les formes naturelles. Les jambes factices ainsi faites, il faut les enduire de préservatif et les remettre à leur place.

On arrange ensuite le fer du corps, que l'on fait traverser le cou et sortir du milieu de la tête entre les yeux; on pratique à ce fer un anneau aux deux tiers de sa longueur, laissant la portion la plus longue du côté de la tête; on passe dans cet anneau les deux fers des membres que l'on noue ensemble et que l'on assujettit avec celui du milieu, que l'on a eu le soin de laisser assez long pour pouvoir le faire entrer dans les os de la queue et déborder jusqu'au milieu des pennes afin de les soutenir. Lorsque l'oiseau que l'on prépare a une queue très large, on ajoute un second fer que l'on attache à celui du milieu, et qui, étant posé sur le côté, l'empêche de tourner. Les fers ainsi attachés, on place de suite les membres postérieurs, on laisse une portion de fer assez grande pour remplacer les fémurs et pour pouvoir former d'un seul coup la grosseur de l'oiseau. Il faut toujours que les talons ne dépassent pas la naissance de la queue. Les pattes placées, on bourre le croupion et le dessous des cuisses, puis on retourne à la partie antérieure : on figure la poitrine et enfin le ventre, après quoi on recoud l'oiseau en commençant par le bas.

Il y a quelques précautions à prendre en faisant la couture, c'est d'abord de ne pas laisser dépasser la filasse et de prendre garde que les plumes ne soient retenues par les fils.

L'oiseau fait, on le met sur un juchoir ou sur une planche, selon ses habitudes, et on le pose le plus naturellement et le plus gracieusement possible; on remet toutes ses plumes en place, avec une bruxelle sans dentelures. On maintient les ailes dans leur position avec un fil de fer très mince, à l'une des extrémités duquel on fait un crochet que l'on fixe aux grandes pennes d'une des ailes, vers le milieu de leur longueur; on l'arrondit en le courbant sur le dos et on l'attache à l'autre aile par un nouveau crochet fait à l'autre extrémité. On peut aussi les fixer en faisant traverser le corps de l'oiseau par une broche de fil de fer qui dépasse de chaque côté, et aux extrémités de laquelle on attache un bout de fil que l'on fixe sur le dos; ensuite on arrange la queue que l'on maintient avec un fil de fer courbé en deux, entre lequel on met les pennes que l'on écarte selon sa volonté.

On arrive ensuite à la tête, que l'on peigne avec le plus grand soin, tout en renfonçant les sacs des oreilles, et en plaçant d'une manière convenable les plumes qui les recouvrent, et l'on apprête les paupières pour y mettre les yeux que l'on colle avec de la gomme.

On lisse enfin les plumes du cou et du dos, et on replace celles des ailes, que l'on maintient avec une bande attachée sur le dos avec des épingles. Il faut encore mettre une seconde bande pour tenir les plumes du ventre. Un oiseau ainsi monté peut rester quelques jours sans que l'on y touche, après quoi on enlève les bandes, et l'on replace les plumes qui se seraient dérangées.

Pour les oiseaux dont les peaux sont mauvaises, comme la plupart des oiseaux de Paradis, on est obligé de les monter plume à plume et sur un mannequin de filasse entouré de fil et de colle de pâte. Cette opération est une des plus difficiles et des plus longues à faire; aussi n'est-il pas beaucoup de préparateurs qui y réussissent parfaitement.

Plusieurs procédés ont été indiqués pour la préparation et la conservation des *Reptiles*. Celui qui est employé le plus souvent par les voyageurs, est de les mettre, lorsqu'ils sont de petite taille, dans une liqueur spiritueuse, de l'alcool faible, par exemple; mais avant de les y plonger, il faut leur faire une incision sous le ventre, pour que la liqueur puisse entrer dans l'intérieur du corps et conserver tous les intestins.

Un village de castors. (Page 78.)

Ce moyen peut être employé avec succès pour les lézards, les grenouilles, les crapauds, les serpents, et enfin pour tous les reptiles dont le volume n'est pas considérable; mais pour ceux dont la taille est comme celle du crocodile, par exemple, il faut les dépouiller, ce qui se fait de la manière pratiquée pour les mammifères, seulement on est obligé, leur peau étant excessivement dure et pourvue d'écailles, de prolonger l'incision du dessous du ventre jusque sous la gorge, parce qu'alors on peut, sans retourner la peau, l'enlever de dessus le corps. Pour les tortues, on est quelquefois obligé d'avoir recours, pour faire l'incision, à une scie à main. Leur enveloppe est si dure que l'on ne peut jamais la couper, surtout dans les espèces terrestres. On sépare le plastron de la carapace en opérant une incision de chaque côté, et coupant avec le scapel la peau qui entoure les membres antérieurs et postérieurs, ce qui laisse le plastron libre. On le retire alors pour mettre à découvert tous les intestins que l'on extrait de leur boîte, après quoi on dépouille les membres qui sont quelquefois pourvus d'une peau si dure que l'on est forcé de la fendre depuis le haut jusqu'en bas pour pouvoir enlever toutes les parties charnues qui sont dessous; il ne reste plus que la tête, que l'on ne retourne pas complètement, parce qu'on détacherait les plaques qui sont à sa superficie. On se contente donc d'enlever les yeux sans endommager les paupières et de retirer le cerveau, après quoi on enduit de préservatif toutes les parties que l'on recouvre d'étoupe par-dessus laquelle on remet le plastron que l'on maintient avec un brin de fil de fer.

Il y a de si grosses espèces de serpents qu'il faut les dépouiller afin de les conserver.

On a indiqué, pour cette opération, plusieurs procédés : le premier, qui doit être rejeté à cause du danger auquel il expose l'opérateur, est de faire passer tout le corps par la bouche en retournant la peau sur elle-même. Les autres sont beaucoup moins dangereux, et peuvent être mis à exécution très facilement; seulement, il faut toujours prendre attention aux écailles en faisant l'incision longitudinale sous le ventre, un peu sur le côté, pour ne pas endommager les grandes plaques qui servent de caractères secondaires. On enlève la peau du corps avec un manche de scalpel et on sépare la tête du tronc à sa dernière vertèbre, puis on remplit la peau avec du sable sec ou de la sciure de bois par-dessus laquelle on met un peu de coton pour l'empêcher de s'échapper à travers les espaces que laissent les points de la couture que l'on doit faire de suite.

Pour monter les crocodiles, les lézards, les crapauds, et tous les reptiles pourvus de pattes, les procédés sont les mêmes que pour les mammifères, seulement il faut, lorsqu'ils sont tout à fait montés et secs, mettre sur leur corps une couche de vernis à l'esprit de vin.

Pour les serpents, on est obligé d'en agir autrement : on prend un fil de fer que l'on taille de la même longueur que le corps et autour duquel on tourne de la filasse jusqu'à ce que l'on soit arrivé à peu près à la grosseur convenable du corps ; on l'enduit de savon arsenical et on l'introduit dans la peau, que l'on a eu le soin de rider et de ramollir avec des chiffons mouillés, si elle est sèche et dure ; ensuite, on finit de la bourrer, avec de la sciure de bois ou du sable bien sec, par-dessus lequel on met un peu de coton à l'endroit de l'incision, afin d'empêcher que rien ne s'en aille ; puis on recoud la peau, en prenant bien garde de faire tomber les écailles ou de les abîmer avec le fil. Il faut surtout ne pas faire passer le fil dans le milieu des grandes écailles du dessous du ventre, mais dans leurs interstices. On lui donne ensuite l'attitude et les formes qui lui sont propres, et on lui met des yeux factices. Comme la peau des paupières se retire et se déforme facilement, on ne saurait les arranger trop soigneusement. Une fois le montage terminé, on essuie les écailles et on les lave avec de l'essence de térébenthine, ce qui offre le double avantage de hâter la dessiccation et de faire reprendre aux couleurs leur état primitif.

Pour les tortues, il n'est vraiment pas de procédés qui leur soient propres, seulement on attache la charpente du milieu du corps à un fil de fer que l'on passe dans une des cavités que laissent les côtes en dedans de la carapace. Il faut, pour elles comme pour les autres reptiles, leur donner une couche de vernis à l'esprit de vin après les avoir lavées avec de la térébenthine.

On fait usage, pour conserver les *Poissons,* des moyens employés pour les reptiles ; seulement, avant de les appliquer, il faut faire subir aux individus une petite opération, qui est de les laver pour enlever le mucilage qu'ils auraient pu conserver ; après quoi on les met dans une liqueur spiritueuse. On peut aussi les dépouiller et préparer leurs peaux, en les préservant avec du savon arsenical et les bourrant ensuite de manière à pouvoir être montés plus tard. Ces opérations demandent beaucoup de soins et de temps. Quelques auteurs ont indiqué plusieurs procédés. Le premier est de séparer en deux la mandibule inférieure pour obtenir plus d'espace afin de faire sortir le corps, que l'on enlève par morceaux. Le second est de sacrifier un côté, c'est-à-dire de faire l'incision sur le côté et d'enlever, avec un manche de scalpel, la peau de dessus le corps, en ayant soin toujours de laisser intactes les nageoires; mais le meilleur est de faire l'incision en dessous du ventre, un peu sur le côté, pour ne pas couper les nageoires, puis d'enlever la peau de dessus les côtés du corps, de séparer la queue et de retourner la peau sur le dos pour enlever la nageoire dorsale, et détacher le tronc de la tête tout près de l'occiput, après quoi on retire les branchies que l'on fait sécher après les avoir lavées, et on prépare la peau, soit en la bourrant, en la recousant après et en la fixant sur une planche, soit en collant en dedans des feuilles de papier mises les unes sur les autres, ce qui la consolide et ne lui fait pas perdre ses couleurs; ensuite on arrange les nageoires sur une plaque de liège ou de carton à laquelle on les fixe au moyen d'épingles.

On ne saurait trop recommander cette dernière opération, car les nageoires servent de caractères et sont les parties qui se déforment le plus vite.

Pour monter les poissons d'une manière convenable, il faut prendre beaucoup de précautions pour ne pas détacher les écailles et pour rendre aux poissons leurs formes primitives. Plusieurs auteurs ont indiqué différents procédés de montage qui sont tous très bons, mais dont plusieurs offrent beaucoup de difficultés. Voici celui qui est employé le plus souvent :

On prend un fil de fer du double de la longueur du corps du poisson, on le ploie de manière à ce que les deux extrémités que l'on doit attacher au socle pour maintenir l'animal, le séparent en trois parties égales; alors on préserve la peau à l'intérieur et on la bourre avec de la filasse hachée ou du coton, selon que l'espèce a la peau plus ou moins dure, puis on la coud à point de suture et on le fixe sur son plateau; après quoi on lui fait reprendre ses formes et on lui met les yeux. Ce moyen a l'inconvénient de faire un animal mou et sec à qui on ne peut faire garder parfaitement ses formes. Le moyen le plus sûr, mais aussi le plus difficile, est de faire le corps en bois sur lequel on met la peau que l'on fixe avec de la colle forte et des petites pointes pour qu'elle ne puisse se déranger. Lorsqu'elle est tout à fait sèche, on la lave avec un peu d'alcool; on laisse sécher et ensuite on passe une couche de vernis à l'esprit de vin pour donner un peu de brillant; enfin on pose les yeux factices que l'on fait tenir avec du mastic, lequel, en débordant un peu, laisse autour de l'œil une épaisseur que l'on arrange de manière à former la paupière, qui ne peut que très difficilement être arrangée d'une autre manière, et que l'on peint ensuite avec de la couleur à l'huile. Il faut arranger le dedans de la bouche avec de la filasse hachée et de la gomme mêlées ensemble en consistance de mastic.

Si l'individu sur lequel on opère est sec, et que les nageoires n'aient pas été étalées, il faut les piquer de suite sur une plaque de liège ; car si on les laissait sans être arrangées, elles se déformeraient et ne laisseraient plus voir leurs caractères.

Parmi les *Mollusques,* les uns sont renfermés dans une coquille, les autres ont le corps nu. Dans le premier cas se trouvent les coquilles proprement dites, soit marines, fluviatiles ou terrestres. Dans le second sont un nombre infini de mollusques marins, fluviatiles et terrestres, et beaucoup d'autres animaux connus sous différents noms.

Tous ces animaux peuvent être conservés dans de l'esprit de vin ou dans toute autre liqueur spiritueuse. Pour les mollusques dépourvus de coquilles, il n'est pas d'autre moyen de conservation que celui-là ; mais, pour ceux qui en ont une que l'on veut conserver séparée de son animal, on est obligée de faire mourir celui-ci en le plongeant avec sa coquille dans de l'esprit de vin très fort; on l'y laisse quelques minutes, apres quoi on le retire de sa coquille très facilement, ce qui se fait en le retirant simplement avec un fil de fer pointu.

Lorsque l'on veut conserver la coquille et montrer ses belles couleurs, il faut lui enlever son drap marin ; à cet effet on emploie de l'acide nitrique affaibli ou de l'eau seconde, que l'on verse dessus en frottant avec une brosse un peu dure, jusqu'à ce qu'il soit enlevé, après quoi on la plonge dans de l'eau ordinaire pour lui enlever l'acide qui pourrait être resté; on l'essuie et on l'enduit un peu d'huile pour faire ressortir les couleurs. »

Mon vieux trappeur, comme on peut le voir, était un préparateur distingué, rien ne lui était inconnu dans cet art difficile et délicat de conserver les animaux. Il avait été attaché pendant dix ans, comme aide, au riche cabinet d'histoire naturelle de Baltimore; puis, la nostalgie des grands bois, de la vie libre et aventureuse qu'il avait menée dans sa jeunesse, l'ayant repris sur le tard, il avait rendu son tablier de naturaliste et, muni d'un rifle, c'est-à-dire d'une carabine Winchester à longue portée, et de tous les pièges et autres instruments du trappeur, il était venu s'établir dans l'Orégon, où il chassait le terrible grizzly, ou ours gris, le vison, la loutre, le castor, le daim, le buffle, selon les lieux où il se trouvait.

Je fus donc très heureux d'avoir recours à son expérience, pour donner comme complément de mes récits sur les animaux, le moyen de pouvoir les conserver. Je me suis borné à élaguer tous les hors-d'œuvre d'uue conversation le plus souvent à bâtons rompus, pour présenter au lecteur, grâce à la science de mon vieux compagnon, un aperçu à peu près complet de l'art du préparateur naturaliste.

J'avais fait la connaissance de Pierre Levert, c'était le nom de mon trappeur, Canadien d'origine française, à San Francisco, où il venait chaque année passer un mois à six semaines pendant la belle saison, pour y écouler ses fourrures, et renouveler ses provisions de poudre et de cartouches, et j'avais accepté l'invitation qu'il m'avait faite d'aller passer trois ou quatre mois, dans l'Orégon, sur son territoire de chasse.

Ce temps compte comme un des plus calmes et des plus heureux de ma vie. Tout en menant la rude existence de coureur des bois, mon compagnon ne dédaignait pas le confortable ; il s'était fait confectionner par les squaws indiennes, très habiles dans ce genre d'ouvrage, une tente en peau de bison spacieuse et commode, qui pouvait tenir deux petits lits de camp en fer, une table, quatre ou cinq escabeaux, un grand coffre où il enfermait ses pelleteries, un autre plus petit, contenant ses drogues pour la préparation des animaux, et une demi-douzaine de caisses de conserves. Le tout pouvait être facilement porté par un âne de forte taille, qui répondait au nom familier de Charlot, aidé dans cette besogne par master Bob, un nègre du plus beau teint que le trappeur louait à l'année, pour son service.

Charlot et Bob étaient devenus deux compagnons inséparables.

Charlot refusait de marcher lorsque Bob n'était pas là. Quant à ce dernier, il ne mangeait pas une galette de blé noir au sirop de canne, pas un épis de maïs cuit sous la cendre, sans les partager avec son compagnon aux longues oreilles.

C'était plaisir à les voir aller de conserve quand le trappeur déplaçait son campement. Charlot disparaissait presque sous sa charge beaucoup plus encombrante que lourde; les longs piquets de tente dépassaient l'animal à l'avant et à l'arrière, comme les brancards d'une charrette, puis les coffres et les caisses étaient alignés par le travers sur son dos. Protégé par une double couverture, le mobilier primitif que j'ai décrit était ensuite installé sur les caisses, et le tout était protégé contre la pluie, par la tente en peau qui recouvrait le tout comme une bâche. La tête intelligente et fine de Charlot émergeait seule du chargement, dont l'énorme volume donnait à la bête de faux airs d'éléphant nain.

Bob se tenait près de son ami, et marchait, la main appuyée entre les deux longues oreilles de l'Arcadien, lui tenant pendant la route de longues conversations, où il lui racontait, avec cette naïveté des nègres des habitations, les principaux événements de son enfance.

Le noir avait conservé un cuisant souvenir des coups de fouet qu'il avait reçus du commandeur de la plantation où il avait passé comme esclave une partie de sa jeunesse, et les plaintes que cela lui occasionnait servaient de thème ordinaire à ses interminables monologues.

— Tu n'as pas connu master Simpton, mon pauvre Charlot? disait-il à l'âne; puis il s'arrêtait quelques instants comme pour ponctuer son interrogation... Non, tu ne l'as pas connu, n'est-ce pas? C'est heureux pour toi, car c'était un bien méchant homme.

Une fois sur ce terrain, Bob en avait pour de longues heures à conter toutes ses souffrances à son ami qui, bercé par les paroles du noir, s'en allait tout somnolent d'un pas régulier et majestueux. L'animal était tellement habitué à l'intarissable faconde de son conducteur, qui devait lui produire aux oreilles comme une sorte de bourdonnement perpétuel, qu'il s'arrêtait tout net quand Bob se taisait, et que ce dernier était obligé, pour le faire marcher, de recommencer pour la centième fois le récit de ses mésaventures. Le plus drôle de l'affaire était que le noir ne comprenant pas que Charlot s'était tout simplement habitué au bruit de sa voix comme les enfants que l'on a habitués à s'endormir en leur chantant quelque refrain populaire, et qui en arrivent à ne pas vouloir fermer les yeux sans cela, était fermement persuadé que l'âne comprenait ses récits et y prenait plaisir.

Nous partagions nos journées entre la chasse et la pêche, qui nous procuraient une foule de distractions agréables, et fournissaient abondamment notre table de vivres frais et variés.

Je ne sais rien d'agréable comme cette vie libre du trappeur, à travers les forêts et les savanes de l'Amérique, en dépit de tous les philosophes et de tous les rêveurs. Cette existence est cent fois plus attrayante, plus paisible, plus conforme à la nature de l'homme, que la vie de luttes, d'hypocrisie, de mensonges, que mènent les peuples civilisés, que des jouissances factices éloignent de la nature et du véritable bonheur.

Un matin, mon vieux trappeur me dit en souriant, avec ce calme et bon visage que donne seule l'existence indépendante et insouciante de la forêt :

— Vous m'avez demandé plusieurs fois déjà de vous conduire à un établissement de castors, je vais vous en faire visiter un aujourd'hui ; nous entrons dans la saison où la fourrure de ces animaux est la plus belle, la mieux fournie, et surtout la plus solide : nous allons faire la première chasse de l'année.

A dix kilomètres environ de notre campement, se trouvait en pleine forêt, au fond d'un vallon solitaire, un petit lac alimenté par cinq ou six petits ruisseaux qui descendaient des coteaux voisins, et s'échappaient du lac en un seul cours d'eau qui, à sa sortie, formait une cascade de sept à huit mètres de hauteur, sur une longueur totale de près de cent mètres. Les eaux se canalisaient au bas de la chute, peu à peu le lit se resserrait, et la rivière s'en allait serpenter dans la plaine sous le nom de Red-River, ou Rivière Rouge, nom qu'elle devait aux marnes rougeâtres du sol à travers lesquelles elle se frayait un chemin. C'est là, à quelques pas seulement de la cascade, que les castors avaient établi leur barrage et édifié leurs demeures. Par opposition sans doute à Red-River, le lac avait reçu des rares chasseurs de la contrée, le nom de Withe-Lake ou Lac Blanc.

Nous levâmes le camp de façon à arriver près du lac un peu après le coucher du soleil ; le trappeur ne voulait pas donner l'éveil aux castors, et pour cela il était nécessaire qu'il tendît ses trappes pendant la nuit. A partir de ce moment, les fusils doivent rester au repos, car pour ne pas endommager la peau de ces précieux animaux, on ne les prend qu'au piège. Nous nous établîmes sur le haut du lac, à environ un kilomètre de la station des castors, pour ne pas leur donner l'éveil ; car ces charmantes bêtes sont très fines, et devinent facilement la présence de l'ennemi.

Le trappeur évaluait la population du village de castors à environ trois cents têtes.

— Pourvu que je puisse en prendre le tiers seulement, me dit-il, je serai content de ma saison.

Le castor d'Amérique est le plus beau de l'espèce ; il atteint un mètre à un mètre dix centimètres de long, sur une hauteur de trente-cinq centimètres. Ses formes sont lourdes et ramassées, son pelage bien fourni est d'un roux marron. Il a les doigts des pieds de derrière unis par une membrane, et possède une grande queue ovale aplatie horizontalement et couverte d'écailles. Cette queue lui sert de truelle pour les barrages et constructions qu'il élève sur pilotis, sur les fleuves ou les lacs.

L'été, il habite des terriers qu'il creuse sur le bord des fleuves, et l'hiver des huttes qu'il se construit, comme je viens de le dire, sur les eaux.

Ces huttes ont deux étages, l'un sous l'eau pour ses provisions, et l'autre au-dessus pour son habitation dans les eaux courantes ; il place en avant de sa demeure des digues solidement construites. Pour cela, il coupe et ébranche des arbres, les roule dans le fleuve et les abandonne au courant jusqu'au lieu qu'il a choisi ; si c'est dans un lac au cours insensible, ils se réunissent à plusieurs, et poussent en nageant les arbres devant eux.

Quand tout est préparé, ils divisent admirablement leur travail ; les uns plongent au fond de l'eau pour y creuser un trou qui doit recevoir le tronc d'arbre équarri comme un pieu, les autres tiennent le pieu verticalement pendant que leurs confrères l'ajustent et l'enfoncent au fond de l'eau, et le fixent avec du mortier, qu'ils savent admirablement préparer et gâcher avec leurs longues queues plates.

Quand ils ont placé ainsi deux rangées de pieux sur toute la largeur du cours d'eau, ils les enlacent avec des branches flexibles, et remplissent l'intervalle, qui reste entre les pieux, avec de la terre gâchée.

Ces digues ont de 3 à 4 mètres de largeur à la base, et vont un peu en diminuant en s'élevant à niveau d'eau, on en rencontre qui ont jusqu'à 60 et même 100 mètres de longueur.

Cette petite république connaît admirablement la division du travail ; elle possède ses charpentiers pour la coupe et l'équarrissage des bois, ses maçons et ses gâcheurs pour la construction, ses tresseurs pour enlacer les tiges de saules ou de bouleau entre les pieux, et enfin ses ingénieurs qui surveillent et dirigent le travail.

Ce qu'il y a de plus extraordinaire dans ces travaux, c'est que l'animal raisonne parfaitement ce qu'il fait ; les naturalistes, qui prétendent que le castor obéit machinalement à une sorte d'instinct, se trompent profondément, et la preuve, c'est que cet animal ne construit pas de la même manière sur un lac, sur un étang, ou sur un fleuve au cours rapide. Il se soumet pour ses travaux aux nécessités locales, les modifie, selon les accidents de terrains, sait profiter des roches qui arrivent à fleur d'eau, et donne plus de force à ses digues dans les grands courants, que dans les eaux plus tranquilles. S'il n'avait qu'un instinct machinal, il construirait toujours bêtement d'après le même modèle, ce qui n'est pas; de plus, il ne saurait point se tirer d'affaire dans les difficultés imprévues.

Je ne peux me défendre d'une sensation pénible en songeant à l'œuvre de destruction que nous venions accomplir. Pourquoi, en effet, venir porter la dévastation au milieu d'êtres inoffensifs et charmants, qui, au point de vue de la nature, ont aussi bien que l'homme le droit de vivre? Il semblerait que le castor ait été mis par la nature elle-même dans une situation qui le plaçait en dehors de nos convoitises. En effet, sa chair fortement musquée ne peut servir à la nourriture de l'homme, mais nos élégantes ne veulent point se contenter de la laine de nos moutons, du poil soyeux des chèvres de Cachemyr, de la soie que file le ver de Chine et du Japon, ainsi que du coton qui pousse aux branches des arbres, non plus que du lin que fournit le chanvre : il faut qu'elles se parent de fourrures, qu'elles ornent leurs épaules avec le pelage souple et doux de ce charmant et inoffensif castor; et pour leur plaire et satisfaire à leur besoin de luxe, l'homme va porter la mort et le deuil au milieu des animaux les plus doux et les plus industrieux qui existent.

Mon vieux trappeur était un des plus habiles chasseurs du pays; il connaissait de longue date toutes les ruses de ses pauvres victimes, et, malgré la finesse de ces dernières, venait placer ses trappes si habilement, que les castors se faisaient prendre, sans même s'apercevoir du piège qui leur était tendu.

Cette chasse est la plus vulgaire qui se puisse voir. Pierre plaçait ses trappes un peu avant le coucher du soleil, car le castor ne sort jamais de son humide forteresse pendant le jour; dès qu'un des siens s'est fait prendre et manque à l'appel, on dirait qu'il devine le mystérieux danger qui l'entoure. Avant le commencement de la chasse, en s'approchant avec précaution pour ne pas éveiller leur attention, on voit les gentilles bêtes aller et venir librement, se livrer en paix à leurs travaux, réparer leur barrage, consolider leurs maisons, et transporter des provisions. A la première d'entre elles qui se laisse surprendre, ignorant d'où vient le danger, elles ne quittent plus leur abri que furtivement, quand le soleil est couché.

Elles s'imaginent peut-être échapper plus facilement ainsi à leurs nuisibles ennemis.

Le lendemain, au lever du soleil, on va visiter ses trappes, et il est rare, quand elles sont placées intelligemment, que l'on ne trouve pas quelques-uns de ces malheureux rongeurs pris par le cou ou l'arrière-train.

Cependant quand les castors s'aperçoivent qu'ils sont obligés de payer régulièrement leur tribut et que leur cité se dépeuple, ils se décident à un douloureux et suprême sacrifice : ils abandonnent leur digue si péniblement construite, leurs maisons si commodes, où ils ont amassé tout ce qui devait leur rendre la vie agréable, les abondantes provisions amassées pour l'hiver, et ils émigrent en masse, transportant seulement leurs petits et les vieillards infirmes qu'ils n'abandonnent en aucune circonstance.

C'est ce qui nous arriva. Au bout de six semaines, le vieux trappeur se trouvait à la tête d'une centaine de peaux environ : le tiers des habitants de Withe-Lake.

— Je n'ai jamais vu une saison de chasse commencer aussi bien, me dit-il ; si cela pouvait continuer, avant deux mois, je les aurais pris jusqu'au dernier.

Mais ce souhait, heureusement pour les pauvres bêtes, ne devait pas se réaliser. En effet, un matin mon compagnon revint du lac les mains vides ; il ne s'en étonna pas plus que de raison, car il lui était déjà arrivé plusieurs fois de rentrer bredouille.

— J'ai laissé nos trappes en position, fit-il, demain me dédommagera d'aujourd'hui.

Ce jour-là, il vint à la chasse avec moi. Nous chassâmes toute la journée sous bois, et rentrâmes le soir, ployant sous le poids de nos victimes. Au sixième lièvre, nous nous étions arrêtés d'un commun accord, et pour ne pas faire d'inutiles destructions, nous y ajoutâmes quelques perdrix, et, ce que je prisais le plus, dix-huit râles de genets, tellement gras et en chair qu'ils avaient de la peine à s'envoler. Le vieux trappeur cacha le tout, assemblé avec des ficelles, au cœur d'un arbre pour le reprendre au retour. On ne connaît plus de pareilles chasses en terrain libre en France depuis au moins un siècle ; dans l'Orégon, le fait est journalier, et nous avions fait cette chasse en moins de deux heures. Un peu avant la chute du jour nous tombâmes sur une remise et j'eus la joie d'abattre un jeune élan d'un seul coup de feu ; mais comme il nous était impossible de l'emporter vu son poids et sa taille qui atteignait celle d'un jeune cheval, le trappeur le recouvrit de feuilles sèches, pour le cacher, en attendant que nous revinssions le lendemain le prendre avec notre âne.

En rentrant au campement, mon compagnon vit passer quelque chose dans un buisson ; il tira rapidement au juger, c'était un Vison blanc, sorte d'animal de la famille des Martres — *Mustela vison* — dont la fourrure est très estimée.

Bob fut enchanté de notre chasse ; nous venions d'approvisionner sa cuisine pour plusieurs jours. Le lendemain matin, je vis revenir le trappeur, avec ses pièges à la main; il me fit de loin un signe de mauvaise humeur dont je compris la signification. Les castors avaient fini par s'émouvoir de la disparition quotidienne d'un certain nombre des leurs, et ils avaient quitté Withe-Lake, pour aller rebâtir dans quelque lieu solitaire leur cité dévastée par l'avidité humaine.

Je cachai ma joie à mon compagnon, mais je fus enchanté, je dois le dire, de l'émigration des pauvres bêtes. J'avais un peu contribué à l'événement car, deux jours auparavant, j'avais profité de l'éloignement du trappeur, qui avait été chercher une bottelée de saules le long du Red-River, destinée à la fabrication d'une nasse, pour aller chasser sur les bords de Withe-Lake, malgré la défense de mon hôte. Je m'étais montré d'une manière ostensible aux castors, et, en guise d'avertissement, j'avais même tiré plusieurs coups de feu dans leur direction.

Les intelligents animaux m'avaient sans doute compris, car ce fut le lendemain que mon vieux trappeur rentra bredouille.

# TABLE DES MATIÈRES





FIN DE LA TABLE

SCEAUX. — IMP. CHARAIRE ET FILS

www.ingramcontent.com/pod-product-compliance
Ingram Content Group UK Ltd.
Pitfield, Milton Keynes, MK11 3LW, UK
UKHW020147250726
13967UKWH00002B/908